Schule der Erkenntnis

Lehrbuch
der
Psychobiologie

Von

Hans Lungwitz

Dr. med. et phil.

Nervenarzt in Berlin-Charlottenburg

WALTER DE GRUYTER & CO.

vormals G. J. Göschen'sche Verlagshandlung, J. Guttentag,
Verlagsbuchhandlung, Georg Reimer, Karl J. Trübner, Veit & Comp.

Berlin 1955

Lehrbuch der Psychobiologie

Erste Abteilung, 1.–3. Band:

Die Welt ohne Rätsel

1. Band: Das Wesen der Anschauung. Der Mensch als Reflexwesen. Von den Eigenschaften und Funktionen. 756 S.
2. Band: Die neun Sinne. 585 S.
3. Band: Die Psychobiologie der Sprache. 392 S.

Zweite Abteilung, 4. und 5. Band

Die Psychobiologie der Entwicklung

4. Band: Der Mensch als Organismus. Die Kultur. 804 S.
5. Band: Die Weltanschauung. Der Charakter, 676 S.

Dritte Abteilung, 6. und 7. Band

Die Psychobiologie der Krankheit

6. Band: Das Wesen der Krankheit und der Genesung. 551 S.
7. Band: Die Neurosenlehre. Die Erkenntnistherapie. 2 Teile.

Vierte Abteilung, 8. Band

Das Buch der Beispiele

1. Teil: Aus der Weltauschauungskunde.
2. Teil: Aus der Neurosenkunde.

 - Archiv-Nummer 51 64 55 - Printed in Germany - Druck: Wilhelm Möller KG, Berlin-Waldmannslust

Des Lehrbuches der Psychobiologie

Dritte Abteilung

Sechster und siebenter Band

Die Psychobiologie der Krankheit

Siebenter Band

Die Neurosenlehre
Die Erkenntnistherapie

Erster Teil

Motto: Der schrecklichste der Schrecken,
Das ist der Mensch in seinem Wahn.
(Schiller)

Vorwort

In meiner Broschüre „Psychobiologie der Volksseuche Neurose" habe ich auch von der epidemischen Verbreitung der Neurose gehandelt. Sie ist die Hauptkrankheit unseres Zeitalters und stiftet seit langem unabsehbaren Schaden im privaten wie im öffentlichen, im nationalen wie im internationalen Leben, mögen das auch viele Neurotiker, besonders solche in gehobenen Stellungen, nicht einsehen oder nicht wahrhaben. Angesichts dieser Tatsache habe ich es für meine Pflicht als Neurosenfachmann erachtet, dieser gefährlichen Krankheit und ihrer exakten Therapie, der Erkenntnistherapie, eine ausführliche Darstellung zu widmen *). Es ist freilich unmöglich, die neurotischen Symptome und Symptomenkomplexe („Krankheitsbilder") auch nur annähernd vollständig aufzuschreiben: alle Funktionen kommen auch in der neurotischen Abart, außerhalb der normalen Variationsbreite vor. Ich kann also hier wie im 8. Bande nur Beispiele geben; weitere finden sich im 6. Bande sowie in meinem Buche „Erkenntnistherapie für Nervöse" vor. Es ist aber auch unnötig, noch mehr Beispiele anzuführen als geschehen; an jedem Beispiel ist das Grundsätzliche der Neurose zu erkennen, und die so gewonnene Einsicht ist auf die unzähligen Fälle der Praxis anzuwenden; hierzu genügt auch die kursorische Darstellung der Beispiele.

Über das Wesen der Krankheit und der Genesung handelt der 6. Band. Für das volle Verständnis des 7. Bandes ist das Studium des 6. Bandes unerläßlich, und wer sich der psychobiologischen Neurosenkunde und -therapie widmen will, muß das ganze Lehrbuch, auch „Die Entdeckung der Seele", meine Schriften überhaupt — nicht bloß lesen, sondern studieren, und zwar nicht im Sinne der gläubigen Hinnahme meiner Lehre, sondern im Sinne der Nachprüfung in Theorie und Praxis.

Natürlich ist das genaue Studium meiner Bücher auch die für jeden ehrlichen Wissenschaftler, jeden anständigen Menschen

*) Das Rohmanuskript wurde 1942 aus Berlin nach Kirchhain N.-L. verlagert. Von dort holte es Anfang 1945 einer meiner Freunde, Alois Hauser, unter Lebensgefahr in dankenswertester Weise nach Berlin zurück und rettete es so vor der Vernichtung; es wurde zunächst in einem kleinen Bunker, den Hauser im Keller des verbombten Hauses hergerichtet hatte, aufbewahrt. In den Jahren darauf erfolgte die Durcharbeitung und die Reinschrift, und nun ist das Werk vollendet.

selbstverständliche Voraussetzung der Kritik. Es sind denn auch im Laufe der Jahre sehr viele hohe Anerkennungen im In- und Auslande erschienen, anderseits werde ich von gewissen Kreisen aus Unkenntnis meiner Werke, aus Mißverständnis, Unfähigkeit, das bisherige Denkniveau auch nur um Haaresbreite zu verlassen, auch aus Fanatismus, Gehässigkeit, Eifersucht, Phlegma, Leichtfertigkeit u. a. Nöten, die zu Tugenden gemacht werden, konsequent totgeschwiegen oder diffamiert. So soll ich z. B. ein Feind der Religion und der Kirche sein; in Wahrheit zeige ich ihr unerschütterliches biologisches Fundament auf (s. besonders im 5. Bande), und so ist die Psychobiologie die langersehnte lückenlose Versöhnung von Religion und Naturwissenschaft. Ich soll die Seele leugnen, in Wahrheit leugne ich überhaupt nichts, sondern weise jeder Denkweise ihren biologischen Ort in der Entwicklungsgeschichte der Weltanschauung nach. Ich soll beanspruchen, die Welträtsel gelöst zu haben; nun, das Wort „Lösung" wird im doppelten Sinne verwendet, einmal im horizontalen Sinne: wer im Rätseldenken verbleibt, kann selbstverständlich kein Rätsel lösen, — sodann im vertikalen Sinne: wer das Rätseldenken genetisch verlassen, also das realische Denken erreicht hat, hat die Rätsel überwunden und somit gelöst, und in diesem Sinne habe ich allerdings die Welträtsel gelöst, also dargestellt, daß wir der Rätselei entraten können und wie die Welt ohne Rätsel erlebt wird. Ich soll ausschließlich meine Weltanschauung anerkennen, in Wahrheit habe ich die Entwicklungsgeschichte der Weltanschauung beschrieben und erkenne selbstverständlich die Denkweise jeder Entwicklungsstufe an. Ich soll Materialist, Subjektivist, Solipsist, Positivist, Realist (im Aristotelischen-J. F. Herbartschen-C. Ch. Planckschen Sinne, s. im 5. Bande), Rationalist (Glaube an die Göttin Vernunft) sein — und was sonst noch für -ismen die Kritikaster mir anhängen mögen. Nun, solchen Aus- und Unterlegungen, Entstellungen, Verfälschungen, Deuteleien u. a. Unfug ist jeder ausgesetzt, der etwas Neues bringt, und ich bringe gar eine neue Weltanschauung! Ich kann nur immer wiederholen: man studiere erst meine Bücher, ehe man sie kritisiert! — und: man zeige mir eine einzige Tatsache auf, die mich widerlegt, bisher ist dieses noch niemandem gelungen.

Berlin-Charlottenburg, im April 1955.

Hans Lungwitz

Inhaltsübersicht

Erster Teil

§ 1. Die Systematik der Neurosen

§ 2. Die Struktur der neurotischen Erlebnisse

Seite

§ 3. Klinik der Trophosen

Seite

Zweiter Teil

Seitenzahl im II. Teil

Seite

Seite

Seite

§ 4. Klinik der Genosen

Seite

Abkürzungen

EdS. = Die Entdeckung der Seele
Akt., Aktn. = Aktualität, Aktualitäten
Akt.-Reihe = Aktualitätenreihe
biolog. = biologisch
DZ = Denkzelle
HRS, ARS, SRS, TRS, FRS = Hunger-, Angst-, Schmerz-, Trauer-, Freudereflexsysteme
H., A., S., T., F. = Hunger, Angst, Schmerz, Trauer, Freude
Hstadium, Astadium usw. = Hungerstadium, Angststadium usw.
HASTF = Hunger-Angst-Schmerz-Trauer-Freudereihe
hgf., agf., sgf., tgf., fgf. = hungergefühlig, angstgefühlig usw.
hhaltig, ahaltig usw. = hungerhaltig, angsthaltig usw.
inftlisch = infantilistisch
fktl. = funktionell
kr. = krank
Kh. = Kohlehydrat
Lb. = Lehrbuch der Psychobiologie
ml., wbl. = männlich, weiblich
Pat. = Patient
RS = Reflexsystem
Sk. = Symbolkomponente
s. = sive („oder" bei Synonymen), in andern Fällen = siehe
Var.-B. = Variationsbreite
vw. = vorwiegend
WA = Weltanschauung

§ 1. Die Systematik der Neurosen

1. Die Arten der Neurose

„Neurose" ist die Gesamtbezeichnung für die reinfunktionellen Krankheiten, also Leptosen, die zwischen Norm und Phrenose (sog. Psychose) stehen *). Wie jede Krankheit so ist auch die Neurose Infantilismus, und zwar (im Unterschied von den Hadrosen) reinfunktioneller: es sind also gewisse, d. h. die so-spezifischen, so-disponierten Reflexsysteme (RSe) einschl. ihrer Denkzellen funktionell auf einer foetal-infantilen, hauptsächlich frühinfantilen Entwicklungsstufe stehen geblieben, während sich die andern RSe des Organismus höherentwickelt haben, und jene sind beim Heranwachsen des Organismus funktionell hypertrophiert **), auf ihrer Entwicklungsstufe gewuchert und dabei ausgealtert, so daß sich die E n t w i c k l u n g s d i f f e r e n z zwischen den kranken und den gesünderen und fastgesunden RSen mehr und mehr herausstellte, die Neurose also aus der Latenz manifest wurde, und zwar gemäß der Spezifität des Organismus früher oder später, bes. in (nicht „durch"!) Entwicklungskrisen, vorstufig (präsymptomatisch) und wenigstens für den Fachmann diagnostizierbar, aber oft auch ausgeprägt schon im Kindesalter, spätestens ausgeprägt in der Pubertät. Die Neurosen des Kindesalters unterscheiden sich nicht im Prinzip, sondern nur in den Funktions-, also auch Erlebnisweisen, die eben kindliche sind, von den Neurosen der Erwachsenen ***).

Der funktionelle Infantilismus prägt sich speziell an der Hirnrinde als dem Organ des Bewußtseins aus, also in der Art, wie der Kranke „die Welt auffaßt", in seiner Weltanschauung. Die Neurose ist W e l t a n s c h a u u n g s k r a n k h e i t (s. im 6. und im 8. Bde., auch in der „Erkenntnistherapie für Nervöse"). Die WA des Neurotikers ist gemäß der Entwicklungsdifferenz disharmonisch: im herdmäßig kranken Bezirk chaotisch-animistisch-

---

*) Mit „Nervosität" bezeichnet man im allgemeinen die leichten Formen der Neurose, also die der Norm nahestehenden, aber schon pathologischen Grade der Erregbarkeit der RSe (6. Bd. § 4), seltener die der Abnorm nahestehenden, aber noch normalen Grade der Erregbarkeit der RSe, bes. der ARSe und SRSe.

**) Für „funktionell hypertroph" kann man auch „hyperergisch" sagen, doch ist jenes Wort eingebürgert.

***) Es sind in diesem Buche, wo nicht anders vermerkt, immer die Neurotiker beiderlei Geschlechts gemeint.

magisch (primitiv-dämonistisch), in den reiferen Bezirken je nach dem Reifegrad mythisch, mystisch, humanisch bis psychologisch-kausalisch (altersmäßig verdünnt-dämonistisch), doch sind diese reiferen Stufen niemals ganz gesund, sondern im Sinne der Ingredienz infantilistischer Elemente krankheitlich nuanciert, sie liegen im Schatten des Primitivismus, d. h. der Neurotiker wahrt seine infantile Alleinheit-Absolutheit gegenüber allen Differenzierungen, Einzelheiten der reiferen Stufen, die seiner Alleinheit tatsächlich ein Ende machen, somit aber eben magisch entdifferenziert, enteinzelt, in die Alleinheit einnivelliert werden müssen; er ist auch weltanschaulich Radikalist, Extremist. „Das Kind“ im Neurotiker dominiert über „den Größeren-Großen“, um so mehr, je mehr die kranken Funktionen auswuchern, die Entwicklungsdifferenz zunimmt. Er ist funktionell ein Zwergriese oder Riesenzwerg. Der infantile Sinn wird zum infantilistischen Unsinn, der Glaube zum Aberglauben. Das Tun des Neurotikers, also seine inneren und äußeren Reflexausdrücke sind im kranken Gebiete allemal spastisch; sie entsprechen reflexmäßig der kranken WA. Somit ist die kranke WA der Ansatzpunkt für die exakte (radikale) Neurosentherapie; die weltanschauliche Aufklärung, also die Erkenntnistherapie muß bis zum realischen Denken durchgeführt werden, sonst beruft sich Pat. mit Recht auf den wenn auch verdünnten Dämonismus des psychologisch-kausalischen Denkens, um seinen primitivistischen Dämonismus, also seine Neurose zu rechtfertigen. Je mehr die Erkenntnistherapie fruchtet, desto mehr gleicht sich die funktionelle Entwicklungsdifferenz aus, desto mehr differenzieren und korrigieren sich die kranken Hirnfunktionen und damit auch die kranken Ausdrucksweisen, die Spasmen an den inneren und äußeren Organen.

Es gibt nun verschiedene Arten der Neurose: a) nach der Spezies der im kranken Gebiete dominierenden RSe die Hunger-, Angst-, Schmerz-, Trauer- und Freudenneurosen, dazu die Stauungs- und die Mischneurosen; b) nach der Struktur die Gefühls-, die Gegenstands- und die Begriffsneurosen; c) nach der Zugehörigkeit zur Trophik oder zur Genik die Trophosen und die Genosen. Vgl. 6. Bd. § 1, 5, E, § 2, 4 u. 5. Im 6. Bd. § 5 ist dargetan, daß die Neurosen Weltanschauungskrankheiten sind, und sind die WA-Typen geschildert. Neben den Hyperfunktionen bestehen Hypofunktionen; auch können Hyperfunktionen in Hypofunktionen übergehen und demgemäß die Formen der Neurosen sich ändern. In diesem Bande werden die Hyperfunktionen dargestellt, nicht in den Einzelheiten vollständig (man müßte da sehr viele Bände schreiben), aber doch systematisch, so daß alle Einzelformen sowie die Hypofunktionen verständlich und einzuordnen, auch zu behandeln sind. Über die Reflexstruktur des Organismus ist in den vorangehenden Bänden ausführlich gesprochen; hier sei nur kurz folgendes wiederholt.

Ein RS setzt sich zusammen aus der peripheren Empfangsstelle (der sensibeln Nervenendigung), der zentralwärts leitenden (sensibeln) Nervenstrecke, der peripheriewärts leitenden (motorischen) Nervenstrecke und dem Ausdrucksorgan (Bindegewebe in den mannigfachen Differenzierungen, Drüsen- und Muskelzelle). Die Funktion des RSs ist der Reflex. Wir unterscheiden die interganglıären, spinalen, medullären, subkortikalen und kortikalen Reflexe je nach der Ausdehnung der Reflexstrecke. Ein komplettes RS läuft über die Hirnrinde, d. h. seine sensible Strecke (Kette von Neuronen) reicht über das Rückenmark usw. bis zur Hirnrinde, dort beginnt mit den kortikalen Neuronen die motorische Strecke, die am Ausdrucksorgan endet. Das gesamte Nervensystem setzt sich aus dem sympathisch-parasympathischen (sogen. autonomen, vegetativen), dem sensorischen (sogen. willkürlichen, animalischen) und dem idealischen System zusammen; letzteres ist die Schicht der idealischen Denkzellen s. Begriffszellen der Hirnrinde. Zu einem kompletten RS gehört ein sympathischer bzw. parasympathischer, ein sensorischer und ein idealischer Anteil. Die vegetativen Ausdrucksorgane sind Bindegewebe, elastisches Gewebe, Drüsen, glatte Muskeln (einschl. des Herzmuskels), die sensorischen Ausdrucksorgane sind die querstreifigen Muskeln, während das idealische System nur indirekt mit der Motorik verbunden ist (1. Bd. II. Teil; dort auch über den vegetativen Innervationsanteil der Skelettmuskeln usw.). Der Nervenstrom ist „Eronenstrom“ (1. Bd. §§ 5, 8). Aus dem vegetativen Anteil eines RSs treten je nach der Reflexschaltung mehr minder zahlreiche Eronen in die sensorische Strecke (sympathogene Eronen) über, das gleiche gilt für die idealische Strecke (ideogene Eronen); auch hierüber l. c. sowie 4. Bd. § 4, $_{3,F}$ u. § 7, $_{1,A}$ Genaues.

Die RSe gruppieren sich zu den *trophischen* (ernährerischen, arbeitlichen) und den *genischen* (platonischen und sinnlichen, 1. Bd. § 27,$_4$). Den ersteren sind die Ernährungsorgane (Mund-Magen-Darm mit Anhängen, Atmungsapparat, Herz-Gefäß-Nierensystem), anteilig auch die Sinnesorgane (Haut, Auge usw.), den letzteren, und zwar den platonischen anteilig die Sinnesorgane und innere Organe, z. B. das Herz (herzliche Zuneigung usw.), mit peripheren Verbindungen aus der Genitalregion, den sinnlichen das Zeugungsorgan, anteilig auch die Sinnesorgane zugehörig; zu jeder Gruppe gehören auch sensorische Muskeln. Beide Gruppen sind mannigfach ineinander verschränkt, so daß genische RSe auch den Ernährungsorganen, trophische auch dem Zeugungsorgan zu eigen sind, demnach das Trophische (= die troph. Anteile des Organismus) streng genommen nur

„vw. trophisch", das Genische nur „vw. genisch" ist (1. Bd. §§ 26, 27).

Wir bezeichnen die RSe nach den Gefühlsspezies, sprechen also von Hunger-, Angst-, Schmerz-, Trauer- und Freude-RSen, dazu von Stauungs- und Misch-RSen. Die RSe ordnen sich genetisch zu Gefügen, deren jedes aus HASTF-RSen besteht und als Einzelgefüge teilhat an größeren Gefügen, letztens am Organismus. Die Ausdrucksaktionen sind somit Bewegungseinheiten aus Verengung-Drehung-Erweiterung bzw. Beugung-Drehung-Streckung. Alle kranken Ausdrucksaktionen sind krampfig-lähmig, wie 6. Bd. S. 113 f. dargelegt. Auch im Ausdruck dominiert die hypertrophe Spezies der RSe.

Die Hirnrinde ist das Organ des Bewußtseins. Die kortikalen Nervenzellen — mit Ausnahme der assoziatorischen Neuronen, die nur leiten, — sind so-spezifisch, daß mit der Funktionsakme das (für jede Denkzelle spezifische) Bewußte, die Aktualität „da" ist. Die Denkzellen sind vegetative s. sensile, sensorische s. modale und idealische, also Gefühls-, Gegenstands- und Begriffszellen, und zwar gehören zu einem kompletten RS schematisch Zellen der drei Arten, ist also ein bestimmtes Gefühl mit einem bestimmten Gegenstand und Begriff genetisch assoziiert (Systemgenese, 4. Bd. S. 248 ff.). Zwar ist jede DZ mit jeder andern direkt oder indirekt (über Kollateralen) assoziiert, aber unter Erhaltung der gen. Grundstruktur der kortikalen Systeme.

Hunger ist allgemeine Bezeichnung für alle einzelnen Hgefühle, Angst für alle einzelnen Agefühle usw. Wir gruppieren die Gefühle (wie die Gegenstände, die Begriffe, die RSe) als die trophischen und die genischen, sprechen also von trophischem und genischem H., trophischer und genischer A. usw. Die Gefühle sind „in" die Organe lokalisiert, d. h. jedes Gefühl ist „seinem" Organ zugeordnet (1. Bd. § 26, $_2$), ist also ein „Organgefühl", doch sind die den inneren Organen zugeordneten Gefühle von den den Sinnesorganen zugeordneten zu unterscheiden: als Organ- und als Sinnesorgangefühle.

Die trophischen Organgefühle sind die gastralen, die kardiovasalen, die pulmonalen, die genischen sind die genitalen; dazu die Verschränkungen (S. 25, 48). Wir sprechen also von Magen-, Darm-, Leber- usw., Herz-, Gefäß-, Milz-, Nieren-, Blasen-, Gewebe-, Nerven-Gehirn- usw., von Lungen- s. Brust- sowie von Genitalgefühlen, und zwar Hunger, Angst, Schmerz usw. Ferner werden die Organgefühle nach den organspezifisch aufnehmbaren Gegenständen bezeichnet, sprechen wir also z. B. von Eiweiß- (Fleisch-, Ei-, Käse- usw.), Fett-, Kohlehydrat- (Brot-, Mehlspeise-, Zucker- usw.), Salz- usw., Flüssigkeits-, Lufthunger, -angst usw., und wiederum ist das Gefühl spezifisch je nach der Sorte des Fleisches, des Fettes, des Kh., der Flüssigkeit usw. Auf eine der beiden Weisen sind alle Organgefühle zu bezeichnen, üblich ist es, die Gefühle bald auf diese, bald auf jene Weise zu benennen, z. B. spricht man von Lufthunger, Luft- s. Atmungsangst, nicht aber von Luftschmerz, sondern Brustschmerz, Lungenstichen, und die Gefühle, die wir Lufttrauer und -freude nennen, haben bisher überhaupt noch keine spezielle Bezeichnung — außer etwa „Lungenerweiterungsgefühle". Analog den Aufnahme- s. Einverleibungsgefühlen werden die Abgabe- s. Ausscheidungsgefühle bezeichnet; man spricht also von Entleerungshunger, -angst usw., lokalisiert in die Endabschnitte der Entleerungsorgane (Darm, Blase, Genitale), bes. von Kot-, Harn-, Unterleibsdrang usw.*). Die Aufnahme- wie die Abgabegefühle sind HASTF (1. Bd. S. 224, 236 ff., 314 ff.). Die Stoffe sind die Gegenstände, die mit den einzelnen Organgefühlen genetisch assoziiert sind, auf die sich die einzelnen Gefühle richten (2. Bd. § 31,$_5$). „Brot" z. B. ist Akt.-Reihe solcher Gegenstandszellen, die mit Gefühlszellen, deren Akt.-Reihe gewisse Magengefühle sind, ein assoziatives System bilden; Brot ist also mit diesen Magengefühlen, analog Alkohol mit gewissen Gefäß-Magengefühlen assoziiert usw., daneben natürlich — als optische Gegenstände — auch mit gewissen Sehgefühlen (Sehhunger usw.). Diese Gegenstände sind aufnehmbar (Nahrungs- und Genußmittel), also verschieden von den Abscheidungsstoffen Kot, Harn usw., die normaliter auch nur mit Abscheidungsgefühlen assoziiert sind, und zwar vollzieht sich diese Differenzierung aus frühinfantiler Indifferenz (Kosten von Kot und Harn usw., 4. Bd. § 7,$_5$) im Laufe der Entwicklung

*) Hunger richtet sich auf Erfüllung. Kann er sich auch auf Entleerung richten? Es sei der Magen gefüllt, so leitet das Hstadium die Entleerung ein; alsbald wird entspr. dem Fortgange der Entleerung der H. stärker, er richtet sich dann auf die neuerliche Füllung, leitet den Aufnahmevorgang ein. Von Entleerungshunger kann man also sprechen, indem man den H. nach der mit ihm einsetzenden Abgabe bezeichnet; er ist aber immer auch H. nach neuer Aufnahme. Der Magenhunger ist aktuell, nachdem die Magenentleerung ziemlich weit vor sich gegangen ist; bis dahin funktionieren die HRSe unaktuell. Wir bezeichnen also den Magenhunger im allgem. nach der Aufnahme, doch wird er in patholog. Fällen, z. B. bei zu langer Verweildauer des Speisebreies, bei Aufstoßen, Brechneigung, als Entleerungshunger (Magendrücken) bezeichnet und hat da auch eine bestimmte Nuance: Unbehagen bis Übelkeit (nicht mit Ekel zu verwechseln). Der in die Endabschnitte der Ausführungswege des Leibes lokalisierte H. wird nach der eben dort stattfindenden Entleerung als Entleerungshunger bezeichnet, zumal die neuerliche Aufnahme von oben her erst allmählich erfolgt, die Funktion des Gesamtgefüges also zunächst zu unaktuellen Graden absinkt. Hier ist also „die Erfüllung" zunächst das Fstadium des Entleerungsvorganges (Gefühl des Befreitseins). Tenesmus ist patholog. gesteigerter die Entleerung überdauernder Entleerungshunger; umgekehrt

zusammen mit der Sonderung der Gegenstände, die nicht einzuverleiben sind.

Die nicht einzuverleibenden Gegenstände sind hauptsächlich mit Sinnesorgangefühlen assoziiert, sind also Aktn. von Gegenstandszellen, die kortikale RSe bilden mit solchen Gefühlszellen, die Sinnesorganen zugeordnet, deren Aktn. je in ein Sinnesorgan lokalisiert sind, wie 1. Bd. § 27,$_4$ berichtet. Wir sprechen also von Seh-, Hör-, Tast- (Berührungs-), Schmeck-, Riech-, Wärme-Kälte-, Bewegungs- (Lage-, Kraft- und Richtungs-)hunger, -angst usw., indem diese Gefühle nach den sensorischen Funktionen bezeichnet werden; man kann aber auch von Augen-, Ohr-, taktilen und thermischen Haut-, von Muskelgefühlen sprechen, nicht aber die Schmeck- und Riechgefühle mit Gaumen- und Nasengefühlen — diese sind taktile Gefühle — bezeichnen. Jedes dieser Gefühle ist, wie beschrieben, mit „seinem" Gegenstand genetisch assoziiert, in dieser Art auf ihn gerichtet.

Alle diese Strukturen differenzieren sich im Laufe der Entwicklung, also rein biologisch-autogen genau aus. Veränderungen betreffen nicht die Grundstruktur an sich, sondern die Intensitäten der einzelnen Gefühle, den Grad der Gefühligkeit (Wert) der Gegenstände, die Gewöhnung, das Nachlassen des Interesses, ferner die Anzahl der zusammengehörigen Aktn. (Wachstum-Minderung), die Ausbreitung der Assoziationen zwischen den individualen Gefügen, auch der phänomenal-phänomenologischen Assoziationen (Gegenstand — Beschreibung), die Zugänge zur Motorik, die Innigkeit der vegetativ-sensorischen und der idealisch-sensorischen Kontakte usw. Die genetisch-assoziative Genauigkeit erkennt man leicht, z. B. ich habe Hunger, einen Wald, einen bestimmten Baum, einen See, ein Gebirge, eine bestimmte Land-

---

kann patholog. Aufnahmehunger auch bei gefüllter Höhle fortbestehen (unstillbarer H.). After und Harnröhrenende sind normaliter nur Ausscheidungsöffnungen, nur abnormaliter ist dahin auch Aufnahmehunger lokalisiert und werden Röhren, durch die Wasser oder medikamentöse Flüssigkeit einläuft, in den After auch der Finger oder pervers-genisch der Penis aufgenommen, und zwar leitet der Aufnahmehunger die Aufnahme ein und ist nach Ablauf der Aufnahme, die in der Erfüllung endet, Einleitung der Abgabe, also Abgabehunger, der wieder in Aufnahmehunger übergehen kann. Analog die Abgabe- und Aufnahmevorgänge des wbl. Genitales usw.

„Drang" ist hhaltige A., auch ahaltiger H. (6. Bd. S. 215). Harndrang z. B. ist taktil-koordinatives vesikales ahaltiges H- und hhaltiges Agefühl im Anschlusse an das Gefühl der Blasenfülle (Vollgefühl, Blasensättigungsgefühl), ihr Ausdruck ist Blaseneinengung, wobei sich zunächst auch der Schließapparat und konfungent verengende Muskeln des Beckenbodens usw. kontrahieren, bis die Kontraktion des Blasenkörpers stärker wird als die des Schließapparates. Der Drang kann auch bei rel. geringer Harnmenge in Asituationen auftreten, bei Neurotikern übersteigert, auch als Tenesmus. Man kann den reinen H. als Druckgefühl vom Dranggefühl unterscheiden.

schaft, einen bestimmten Menschen, ein bestimmtes Kunstwerk usw. zu sehen, ich habe Lesehunger usw., ferner ich habe Musikhunger, und zwar nach z. B. Verdischer oder Wagnerscher oder Mozartscher Musik, Worthunger (Hunger, eine bestimmte Sprache, einen bestimmten Menschen, ein bestimmtes Wort zu hören), ich habe Verlangen nach einer bestimmten Berührung, einem bestimmten Duft oder Geschmack, nach einer bestimmten Muskeltätigkeit (meiner Arbeit, einer Abwechslung, zu schreiben, zu hämmern, zu hobeln, Kunden zu besuchen, zu wandern, reiten, schwimmen usw. usw.), genisch Hunger, die Mutter zu sehen, den Freund zu sprechen, den Liebespartner zu treffen, zu küssen, zu umarmen usw. — kurz jedes Gefühl in jedem Sinnesgebiet ist genau ausgerichtet, und nur in noch unfertigen RSen kann die Gegenstandszelle, auf deren Akt. sich das zum System gehörende Gefühl richten wird, noch unaktuell funktionieren, aber auch da ist das Gefühl als zum System zugehörig doch schon implizit ausgerichtet (1. Bd. S. 579).

Mit den einzelnen Gegenständen sind die B e g r i f f e genetisch assoziiert, die vorstehenden Darlegungen gelten auch für die Ausrichtung der einzelnen Gefühle auf die zum System gehörenden Begriffe. Wir haben also H. nach einer bestimmten Erinnerung, nach bestimmten Wortbegriffen (Denkhunger), dann analog A., S. usw. (Denkangst, -schmerz usw.) — je assoziiert mit den phänomenalen bzw. phänomenolog. Begriffen, auf die sich das Gefühl richtet. Die zum System gehörenden Gegenstände brauchen nicht aktuell zu interkurrieren; sie müssen aber natürlich genetisch zunächst aktuell gewesen sein, sonst kann man sich ihrer ja nicht erinnern.

Die einzelnen Gefühle sind also spezifiziert gemäß dem Organ, in das sie lokalisiert sind, und gemäß dem Gegenstand und dem Begriff, mit denen sie ein genetisch-assoziatives System bilden, auf die sie in dieser genetischen Art gerichtet sind. Genetisch sind immer zuerst die Gefühle, dann die Gegenstände, dann die Begriffe aktuell; im fertigen System kann aber auch das Gefühl auf den Gegenstand oder den Begriff oder der Gegenstand auf den Begriff folgen, können so auch die Aktn. sich abwechseln, je nachdem, durch welche DZ jeweils die aktuelle Funktionswelle läuft. In einem bestimmten HRS ist das Hgefühl gerichtet auf Brot, es ist also ein Magenhunger, und zwar ein Brothunger (Appetit auf Brot); in einem ARS ist das Agefühl gerichtet auf die Straße, es ist eine Sehangst, und zwar eine Straßenangst; in einem SRS ist das Sgefühl gerichtet auf eine bestimmte Speise, es ist ein Magenschmerz, der nach Aufnahme der Speise aktuell werden kann, in einem andern SRS ist das Sgefühl gerichtet auf das stechende (schneidende usw.) Eßgerät, es ist ein Sehschmerz beim Anblick einer Gabel, eines Messers usw.; in einem

TRS ist das Tgefühl gerichtet auf eine bestimmte Melodie (akustische Gegenstandsreihe), es ist ein Hörtrauergefühl, das mit der Melodie assoziiert ist; in einem FRS ist das Fgefühl gerichtet auf eine bestimmte Berührung (taktile Gegenstandsreihe), es ist eine Tastfreude, die mit dieser Berührung assoziiert ist, usf. Natürlich nehmen an der Hochfunktion eines Gefüges alle zugehörigen RSe teil, die Beispiele sollen nur die Genauigkeit der Systemstruktur belegen. Sie ist in der Norm wie in der Abnorm festzustellen, die assoziative Unsicherheit (Chaotik) der frühinfantilen Stufen geht bei der Auswucherung der kranken RSe in eine Verfestigung über, wie an der Symptomatik (assoziative Zwanghaftigkeit) bemerkbar.

Es sei neuerdings betont, daß (auch) zwischen Gefühl, Gegenstand und Begriff realiter kein Kausalnexus, sondern lediglich ein zeiträumlicher Zusammenhang in der Abfolge besteht. Auch das Organ verursacht nicht die dorthin lokalisierten Gefühle, sondern das Gefühl ist Akt. der vegetativen RSe, deren Empfangs- bzw. Ausdrucksapparat das Organ, der betr. Organteil ist und die gemäß ihrer spezifischen Periodik unaktuell — aktuell — unaktuell funktionieren. Der Magen z. B. „macht" also keinen Magenhunger (usw.), sondern die Magen-HRSe nehmen in ihre sensibeln Nervenendigungen gemäß ihrer spezifischen Funktionsperiodik — beim Funktionsanstieg mehr, beim -abfall weniger — Hungereronen (Paßformen) „aus dem Magen" auf, und auf dem Höhepunkte der Funktionskurve ist die Akt. „Magenhungergefühl" da; Ausdrucksorgan jedes HRSs ist die zugehörige elastische Faser oder Muskelzelle, wobei die Kontraktion zur Hweite erfolgt und die Hungereronen abgegeben werden. Magenhunger ist als Akt. von gastralen HRSen, die nach je spezifischer Periodik aktuell funktionieren, deren Funktion aber „vom Magen" nicht in Gang gesetzt oder gehemmt wird. Das gleiche gilt für Magenangst, -schmerz usw. An eine Speise — gemäß der Systemstruktur und -funktion, also beim einen an diese, beim andern an jene Speise und auch das nicht jedesmal — kann sich Magenschmerz a n s c h l i e ß e n, nicht aber kann die Speise die SRSe oder ihre Funktion verursachen; die Funktionsperiode ist im normalen wie im patholog, Falle spezifisch, „autonom", läuft aber natürlich immer in gewissen (systemgenetischen) zeiträumlichen Zusammenhängen ab. Man sagt, die mechanische Dehnung verursache Schmerzen; realiter aber kann man nur sagen: an die mech. Dehnung k a n n sich die aktuelle Funktion von SRSen a n s c h l i e ß e n, die Dehnung selber ist schon Ausdruck von SRSen, diese können aus der unaktuellen Funktionsintensität zur aktuellen ansteigen, und zwar geschieht dies alles nur bei der so-spezifischen Beschaffenheit des Individuums, also bei den Individuen, die derart hyperfungente SRSe haben.

Wer sich den Magen überlädt (wobei man an mechanische Dehnung denken könnte) und dann Schmerzen bekommt, ist in dieser spezif. Art krank; viele „Völler" bekommen keine Magenschmerzen (wo bleibt da „die Ursächlichkeit"?). Ein anderer Fall ist es, daß Pat. bei blandester Diät, ja ohne Nahrungsaufnahme Magenschmerz bekommt, wieder ein anderer Pat. hat Magenschmerz bei Magengeschwür, d. h. als Begleitsymptom (das Geschwür „macht", „verursacht" nicht den Schmerz) usw. — Oder: man erörtert, wie „die Kopfschmerzen bei Migräne zu erklären seien". L. R. M ü l l e r (Die Lebensnerven 1924, Kongr. f. inn. Med, 1925, Münch. Med. Wschr. 1926 Nr. 33) schuldigt die Drucksteigerung des Hirnwassers an, durch die „zweifellos"

„eine erhöhte Spannung der harten Hirnhaut bedingt wird"; die dort endenden sensibeln Nervenfasern „können die erhöhte Spannung der Dura durch die Auslösung von Kopfschmerzen der Psyche zum Bewußtsein bringen". Aber die Drucksteigerung ist ja schon Folge von Angiospasmen (wobei Serum austritt, „exsudiert"), also auch von vasalen Sreflexen — und nicht anders die erhöhte Spannung der Dura; es liegt also nur eine Reihe von Hyperfunktionen von SRSen in der Art eines Symptomenkomplexes vor, in die die Kausalität — unter Bemühung der Psyche — hineinfingiert wird. Döllken meint (Münch. Med. Wschr. 1928 Nr. 7), die „mechanische Dehnung" der Blutgefäße, die „an wichtigster Stelle im Mechanismus der Attacken stehen", verursache die Schmerzen. Aber, wie gesagt, die „Dehnung" der Blutgefäße ist ja schon Ausdruck der A- und S-spasmen, und diese Reflexe erreichen nun eben spezifitätgemäß ihren aktuellen Funktionsgrad, von „Verursachung" kann realiter keine Rede sein. Die Psychobiologie lehrt also: Migräne geht in den typischen Fällen (es gibt auch M. ohne aktuellen Kopfschmerz) mit aktueller Funktion von Schmerzzellen einher, die „dem Kopfe" (bestimmten Stellen) zugeordnet sind; Ausdrucksapparate dieser Sreflexe (wie auch der stets beteiligten Areflexe) sind Hirngefäße, bes. Pia- und Plexusgefäße, bei diesen Angiospasmen kommt es (wie auch anderswo) zu Stauungen und Austritten von Serum ins Gewebe, zu Hirndruckerhöhung usw., und mit Absinken der Funktion der kranken RSe hört natürlich der Kopfschmerz, auch der Angiospasmus auf, bis die kranken Funktionen wieder ansteigen (Periodik). Natürlich ist der Kopfschmerz nicht das einzige Symptom, aber alle andern sind analog zu verstehen. Daß diese (wie alle andern) kranken Funktionsabläufe „unter gewissen Umständen" stattfinden, ist selbstverständlich; diese Umstände liegen im Rahmen der spezifisch-speziellen Systemgenese, so bekommt nur der Migräniker seinen „Anfall", d. h. seine akute Welle nach bestimmten „schweren" Speisen, der andere nach Rauchen, nach Alkoholgenuß, der andere nach Aufregungen, nach dem Geschlechtsverkehr, die eine Kranke bei „sitzender Arbeit", die andere bei der Periode, nach dem Koitus usw. usw., aber diese Umstände sind nicht Ursachen, sondern nur symptomatologische Einzelheiten der kranken Funktionswelle, nicht „tut die Kategorie Kausalität ihren unverbrüchlichen Dienst", sondern diese Kausalität wird in die assoziativen, rein zeiträumlichen Zusammenhänge nur hineingedeutet, und zwar ohne daß damit eine über die reinen Tatsachen hinausgehende Erkenntnis gewonnen würde. Gewiß, meidet Pat. seine Gefahrsituation, unterläßt er z. B. das Rauchen, so bekommt er (so und so oft) seine Migräne nicht, aber damit ist nicht die Ursächlichkeit bewiesen, sondern es läuft das kranke Erlebnis nur in einer anderen Weise, speziell ohne aktuelle Funktion der SRSe ab. Daß die Meidung der Gefahr keine echte Therapie, sondern bloß eine Ablenkung ist, leuchtet ein. In vielen Fällen ist die migränische Situation nicht zu meiden (z. B. Menstruation).

Der systemgenetische Zusammenhang des kompletten, d. h. aus dem vegetativen, sensorischen und idealischen Anteil bestehenden RSs findet sich natürlich auch an den Ausdrucksorganen. So gehört zu dem Gefühl „Magenhunger nach Brot" systemgenetisch die gegenständliche und begriffliche Akt.-Reihe „Brot", und so gehören zu den Magenhungermuskeln und -drüsen und ihren Funktionen systemgenetisch bestimmte sensorische Hmuskeln und ihre Funktionen: auf Brot gerichtete Bewegungen, optisches Suchen, Auslangen nach Brot. Diese konsensuellen (1. Bd.

S. 247) Muskeln sind in Konfunktion derart, daß die sensorische Hochfunktion auf die vegetative sogleich (und oft unter starkem sympathogenem Zufluß) oder erst in einer Zeit (nach einigem Hungern) folgt, oder daß umgekehrt die sensorische der vegetativen Hochfunktion vorausgeht, also Brot vor dem Aktuellwerden des Hgefühls gekauft wird. Analog entspricht der Aktion der Magenangstmuskeln die Aktion der systemgenetisch zugehörigen Skelettmuskeln, z. B. in der Art des Annäherns, auch Zögerns, das sich an das Auslangen usw. anschließt. Den Magendrehungen entsprechen bestimmte sensorische Drehungen, z. B. Ergreifen, Zerschneiden, Zerbeißen des Brotes, der „Brot-schnitte"; der beginnenden Magenerweiterung (Trauerausdruck, stückweises Anfüllen) entsprechen bestimmte sensorische Streckungen (Nachlassen), und der vollendeten Magenerweiterung (Freudeausdruck, Sättigung, Füllung) entspricht die vollendete Streckung der zugeordneten sensorischen Muskeln (Weglegen der Eßgeräte, Aufstehen vom Tisch). Der vegetativ-sensorische Synergismus (1. Bd. § 14,$_1$ Anm.) ist eine allgemeine Tatsache; an ihm sind auf die je-spezifische Art die idealischen Funktionen beteiligt.

An den äußeren Öffnungen oder in ihrer Nähe gehen die glatten in die querstreifigen Muskeln über, schließen sich an die inneren die äußeren Funktionen an oder umgekehrt. Die Aufnahme ins Innere, z. B. am Munde beginnt mit den sensorischen Funktionen, die Abgabe aus dem Inneren, z. B. am After endet mit sensorischen Funktionen. Die sensorischen Muskelaktionen sind also auf Gegenstände gerichtet, die ins Innere aufnehmbar und nach gewisser Umwandlung aus dem Inneren abgebbar sind, die einverleibt und ausgeschieden werden, ferner aber auch auf solche Gegenstände, die nicht einverleibt werden, aber in einem gewissen Zusammenhange mit jenen stehen, nämlich zu ihnen verarbeitet oder gegen sie in natura oder in Wertzeichen (Geld) eingetauscht werden oder Arbeitsgeräte usw. sind, deren Behandlung (Handhabung) Lohn-Lebensunterhalt einbringt (Trophik), bzw. in der Art der platonischen und der sinnlichen Liebe behandelt werden (Genik).

Der (je-spezifische) Systemzusammenhang G e f ü h l : e i n v e r l e i b b a r e r G e g e n s t a n d : n i c h t e i n v e r l e i b b a r e r G e g e n s t a n d stimmt zu dem Zusammenhang inneres Organ : Schwelle (an der Körperoberfläche) mit einverleibbarem Gegenstand : nicht einverleibbarem Gegenstand, also auch mit dem Zusammenhang O r g a n f u n k t i o n : E i n v e r l e i b u n g : B e h a n d l u n g (Handhabung). Analog O r g a n f u n k t i o n : A u s s c h e i d u n g (Ausverleibung) : B e h a n d l u n g. Im Trophischen ist die Einverleibung Essen, Trinken, Einatmen, kurz Ernährung, und ist die Behandlung Berufstätigkeit, Arbeit, Erwerb; analog die Ausscheidung Kot-, Harn-, Schweiß-, Atementleerung usw., die Behandlung das Entfernen des Ausgeschiedenen. Im Genischen ist die Einverleibung die Aufnahme genischer Stoffe (z. B. in Genußmitteln), in der Sinnlichkeit letztens die Aufnahme des Penis und des Spermas und ist die Behandlung (Handhabung) das platonische (künstlerische usw.) Schaffen und das Umgehen mit dem Werk, Schenken, freundschaftliche Zärtlichkeiten und sinnliche Liebkosungen, das Werben und der Umgang mit Freunden und mit dem Liebespartner; analog ist die Ausscheidung Abgabe der Genitalsäfte und -produkte, letztens des Kindes und ist die Behandlung die Beseitigung des Ausgeschiedenen, die Aufzucht des Kindes. Die Begriffe entsprechen den Gegenständen, die idealischen Funktionen sind „ideogen" beteiligt. Alle diese Vorgänge sind HASTF-Gefüge, werden also nach den Gefühlsspezies bezeichnet, wie anderseits die Ausdrucksbezeichnungen auch zur Bezeichnung der Gefühle verwendet werden, z. B. Arbeitshunger, Arbeitsscheu, Arbeitseifer, Arbeitsträgheit, Arbeitsfreude usw. (1. Bd. § 26, $_1$).

Die gen. systemgenetischen Zusammenhänge bestehen nicht bloß im Optischen. Daß die inneren Organe in Form der Gefühle in allen Sinneszentren vertreten sind, also über die je zugehörigen Gefühlszellen innerviert werden können, ist im 1. Bd. § 26, $_2$ beschrieben; den inneren Funktionen (Gefühlserregungen) kann im fertigen System eine — und zwar die genetisch assoziierte — gegenständliche Akt.-Reihe vorausgehen, jene folgen auf diese, werden aber nicht von diesen verursacht. Diese Zusammenhänge zeigen sich bes. deutlich in neurotischen Fällen, z. B. bekommt Pat. beim Hören von Musik, die er als sgefühlig erlebt, je nach Reflexstruktur Ohren-, Kopf-, Nerven-, Zahn-, Magen-, Darm-, Leber-, Herzschmerzen usw. mit entsprechenden Ausdrucksweisen (z. B. Tränen usw.), Pat. mit Eßängsten (Sitophobie) kann nur bei Radiomusik essen (Ablenkung von den Agefühlen, also suggestive Veränderung der Gefühlsabläufe infolge, nicht durch Musik. Pat. bekommt bei Berührung der Mundschleimhaut „durch Fäserchen" der xmal durchgeseihten Suppe Schlund- und Magenkrämpfe, Pat. bekommt rheumatische Schmerzen bei Zugwind, Pat. bekommt Übelsein, Durchfall, Herzjagen bei „schlechten" Gerüchen und Geschmäcken; Asthma bei kalter, bei feuchtwarmer, diesiger, föhniger Luft; Schwindel, Übelsein, Erbrechen beim Fahren usw. Aber auch in der Norm sind die Zusammenhänge bekannt, z. B. Harndrang bei Wasserrauschen usw. Auch die sensorischen Muskeln sind über alle Sinneszentren via motorisches Feld der Hirnrinde zu Kontraktionen zu innervieren, aber die oben geschilderte Bewegungsfolge Behandlung, Einverleibung durch den Mund usw., also der Übergang eines optischen Gegenstandes in einen anderen findet nur im Optischen statt, einen Knall, einen Ruf, eine Melodie, einen Duft usw. kann man nicht mit Händen greifen und in das Ohr bzw. die Nase stecken, man kann sich nur gemäß der jeweiligen Innervation zu den Aktn. der anderen (außeroptischen) Sinnesgebiete verhalten (z. B. einem Knall, einem Ruf, einer Melodie nachgehen usw.). Der der optischen Einverleibung analoge akustische Vorgang ist das Übergehen z. B. eines Klanges in einen anderen; so auch in den übrigen Sinnesgebieten, wie 2. Bd. in den §§ 33—37 unter „Weibliche und männliche Reihen" geschildert. Alle diese Vorgänge sind assoziiert mit „ihren" optischen Entsprechungen und vertreten diese sozusagen in der spezifischen Art des betr. Sinneserlebens. Von diesen bewußten Aufnahmen-Abgaben sind die unbewußten zu unterscheiden: die Aufnahme der je spezifischen Paßformen in die Nervenendigungen und ihre Abgabe am motorischen Ende der Reflexstrecke (1. Bd. § 10).

Nach der Spezies der im kranken Gebiete dominierenden RSe, nach der Struktur der kranken RSe und nach der Zugehörigkeit zur Trophik oder Genik ist folgendes Schema der Neurosen aufzustellen (bereits veröffentlicht in Ztschr. f. d. ges. Neur. u. Psych. 1926 Bd. 105 H. 3/5):

Trophosen	Genosen
Gefühls-, Gegenstands-, Begriffs-Trophosen	Gefühls-, Gegenstands-, Begriffs-Genosen
Hunger-, Angst-, Schmerz-, Trauer-, Freude-, Haß-, Ekel- und Misch-Trophosen	Hunger-, Angst-, Schmerz-, Trauer-, Freude-, Haß-, Ekel- und Misch-Genosen

Statt Gefühls-, Gegenstands- und Begriffsneurosen kann man auch sensile s. vegetative, modale s. sensorische und idealische Neurosen sagen. Die vegetativen Neurosen heißen auch Organneurosen, die sensorischen auch Zwangsneurosen (i. e. S., „zwanghaft" sind alle Neurosen), die idealischen auch Denkneurosen („Denken" i. e. S. svw. begriffliches Denken). Die Haß- und die Ekelneurosen sind Stauungsneurosen (Haß = gestauter Hunger, Ekel = gestaute Freude-Sättigung); auch die übrigen Gefühle kommen als gestaute vor, doch heben sich die Haß- und Ekelneurosen als Stauungsneurosen bes. deutlich ab. Die Mischneurosen sind mono- oder di-, triphasische (6. Bd. S. 161), z. B. Zorn-, Neidneurose usw. und Hunger-Angst- oder Trauer-Freude- oder Angst-Schmerz- oder Angst-Trauerneurose usw. Eine andere Art von Mischneurose sind Trophosen mit großem genischem und Genosen mit großem trophischem „Einschlag"; man kann diese Mischneurosen als heterophasische von jenen unterscheiden (vgl. § 1, $_3$). Die Trophosen bzw. die Genosen sind die Neurosen, die man bisher unter den Namen „Neurasthenie“ bzw. „Hysterie“ zusammenfaßt. Die Hunger- und die Angstneurosen sind die schizoïden, die Trauer- und die Freudenneurosen die zykloïden Neurosen (Schizoïdie, Zykloïdie), die Schmerzneurosen gehören zur einen oder zur andern Gruppe (6. Bd. § 2, 3, B u. 4).

2. Die Trophosen und die Genosen.

Die Trophosen sind die Neurosen im Ernährungs- und Berufsgebiete, die Genosen die Neurosen im Liebesgebiete. Die trophischen und die genischen RSe sind in mannigfacher Weise in einander verschränkt (1. Bd. § 26, 3, § 27, 4), es finden sich im Trophischen auch genische, im Genischen auch trophische Anteile, so daß streng genommen das Trophische nur vw. trophisch, das Genische nur vw. genisch, also auch die Trophose nur vw. trophische, die Genose nur vw. genische Krankheit ist; indes bestimmt das „vw.“ die Diagnose. Aus der Tatsache, daß die Zeugung, Gestation und Geburt in der Genitalregion, also im genischen Gebiete verläuft, darf man nicht (etwa nach Freuds oder Jungs Libidotheorie) schließen, daß der Mensch ein reines Geschlechtswesen sei, daß es also auch nur Genosen gebe. Wie l. c. ausgeführt, enthält das Genische auch Trophisches wie das Trophische auch Genisches, wachsen die Keimlinge in spezifischem Stoffwechsel heran, impliziert dann die Keimzelle die gesamte Genik wie Trophik des werdenden Individuums, wie sich schon an ihr selbst erweist: Zellernährung, Zellteilung. Je nach der Spezifität entwickelt sich im Falle der Neurose eine Trophose mit genischen Anteilen oder eine Genose mit trophischen Anteilen.

Bei der Trophose treten die genischen Störungen soweit zurück, daß sie diagnostisch-therapeutisch zwar nicht übersehen, aber doch als unwesentlich erachtet werden dürfen; umgekehrt treten die trophischen Störungen bei der Genose weit zurück. Eine Magenneurose, ein Asthma usw. ist als Trophose zu diagnostizieren und zu behandeln, sofern das Liebesleben des Pat. weniger angekränkelt oder so gut wie in Ordnung ist; dagegen als Genose, sofern die Störungen des Liebeslebens im Vordergrund stehen, die Magen- bzw. die Atmungsbeschwerden also Kennzeichen der Hypertrophie genischer gastraler bzw. pulmonaler RSe mit Assoziation zu genitalen RSen sind. Viele Kranke können freilich die Diagnose so genau nicht stellen; dazu ist der Arzt da, er darf sich mit dem Bericht des Pat., so sorgfältig er ihn zu beachten hat, nicht zufrieden geben, sondern muß eingehender untersuchen, den Tatbestand psychobiologisch erforschen. Oft bringt Pat. zunächst ein Nebensymptom vor, das ihm vielleicht am lästigsten ist oder das er für die Hauptsache hält, oft ist er auch ängstlich derart, daß er sein Hauptsymptom als sein Geheimnis verschweigt — in der törichten Erwartung, daß er „auch so" „gesund gemacht" werden könne, mancher Pat. stellt den Arzt auf die Probe und ist dann auf seine Art „zufrieden", falls der Arzt nicht dahinterkommt („die Ärzte wissen auch nichts"), usw.

Streng genommen sind also alle Neurosen heterophasische Mischfälle, kommen „reine" Trophosen und Genosen nicht vor, doch sprechen wir von solchen Mischfällen, also Tropho-Genosen oder Geno-Trophosen nur da, wo sich neben den trophischen die genischen bzw. neben den genischen die trophischen Symptome stärker, ja bis zur Äquivalenz bemerkbar machen. So kann z. B. eine Prostituierte im „Geschäftsverkehr" „frigide" sein (sie benutzt da perverserweise ihr Geschlechtsorgan als Geschäftsorgan), dagegen im Verkehr mit ihrem Liebhaber (Zuhälter usw.) wollustfähig sein, sogar konzipieren und gebären (das arme Kind!); solche Fälle rechnen zur Trophose, gewisse Beeinträchtigungen der Geschlechtlichkeit sind allemal vorhanden, können aber eben weit zurücktreten. Andere Prostituierte sind unter allen Umständen frigide, impotent, sie rechnen zu den Mischfällen, wobei in dem einen Falle das Geschäftliche, im andern das Geschlechtliche symptomatisch im Vordergrund steht. Wieder andere Frauen sind nur als Geschlechtswesen frigide, sie verbinden mit ihrem Liebesleben keine erwerblichen Interessen, in ihrem Berufe, auch als verheiratete Hausfrau, sind bes. auffällige Symptome nicht zu konstatieren, sie rechnen zu den Genosen. Ein Pat., 27 Jahre, „muß trotz aller Abneigung Frauen lecken" (Zwang zum Lambitus); es stellt sich heraus, daß er von klein auf den Harn für ein Zauberwasser (Lebens-Todeswasser, „Gift") hielt, Angst hatte, ihn wegzugeben, zu „verlieren", in Persistenz des foetalen Trinkens von harnhaltigem Fruchtwasser (4. Bd. S. 165) den Zwang verspürte, ihn wenigstens teilweise (magisch: Teil = Ganzes) aus „dem (Klosett-) Becken" wieder aufzulecken und damit die Feind-Dämonie „des Beckengeistes", der ihm den Harn entriß, zu überwinden, seine Allmacht zu wahren, — und so „mußte" er auch den Harn aus „dem Frauenbecken", das *insofern* für ihn noch nicht Genitale war, auflecken: das Symptom war trophotisch, es beeinträchtigte, gleich, ob das Lecken stattfand oder nicht, den Koitus, der *dann* aber doch ziemlich befriedigend war. Auch im Beruf hatte Pat. „immer" „mit dem Tode zu ringen": ein Trophotiker mit mäßigen genotischen Einschlägen.

Der Etymologie des Wortes nach bezeichnet man mit *Hysterie* (ὑστέρα Gebärmutter) gewisse „nervöse" Störungen des Weibes, die man als solche des Geschlechtslebens auffaßt. Beim Manne meint man sie nicht vorzufinden oder doch bei seinen nervösen Symptomen keine Vergleichspunkte vorzufinden, die dazu berechtigten, auch ihm Hysterie zuzusprechen; männliche Hysterie sei ja eigtl. auch eine contradictio in adjecto. Dem Manne wurde also „Neurasthenie“ zugebilligt und der Satz geprägt: „Die Neurasthenie des Mannes ist die Hysterie des Weibes“. Tatsächlich aber kann auch der Mann hysterisch, das Weib neurasthenisch sein. Die Genitalien des Mannes und des Weibes sind ja grundsätzlich analog gebaut: dem Uterus entspricht die Prostata, der Klitoris der Penis usw. (4. Bd. § 3, $_4$). Sieht man also als „Sitz der Hysterie“ den Uterus an, dann muß man auch dem Manne Hysteriefähigkeit zubilligen. Man hat ferner nur eine gewisse, aber keineswegs genau umschriebene Gruppe nervöser Störungen des Weibes mit Hysterie bezeichnet, und zwar bes. die der genischen Gefühlssphäre; andere funktionelle genische Krankheiten, bes. solche der Gegenstandssphäre mit ihren sensorischen Ausdrucksweisen, also die krankhaften Formen der Onanie (die Onanose), den Exhibitionismus, den Sado-Masochismus, die sog. Homosexualität, die genischen Formen des Fetischismus usw., also die genischen Zwangsneurosen nahm man nicht mit in die Hysterie hinein, sondern beschrieb sie in der „Sexualpsychopathologie“. Die genischen Begriffsneurosen konnten vor der Psychobiologie überhaupt noch nicht klar abgegrenzt werden, wenn man auch mancherlei „Beziehungen zwischen Hysterie und Bewußtsein“ feststellte. Nun ist beim Weibe die Gefühlssphäre im Verhältnis zur Gegenstands- und bes. Begriffssphäre reicher entwickelt als beim Manne (1. Bd. S. 621 ff.) und nimmt das Liebesleben beim Weibe — man denke an Schwangerschaft und Aufzucht des Kindes — einen umfänglicheren Raum ein als beim Manne; demgemäß ‚sah‘ man auch die Hysterie beim Weibe oder doch mehr beim Weibe als beim Manne, der sogar als hysteriefrei galt. Die Bezeichnung „Hysterie“ ist weder prägnant noch umfassend genug. Ich ziehe vor, dieses Wort fallen zu lassen und als Gesamtbezeichnung aller genischen Neurosen einschl. der in der Sexualpsychopathologie beschriebenen Krankheiten das Wort „G e n o s e“ zu verwenden *).

Ähnlich verhält es sich mit dem Worte „N e u r a s t h e n i e“, „Nervenschwäche“: der Wortsinn ist zu allgemein und eigentlich nichtssagend, in der Anwendung zu unbestimmt. Immerhin weigert sich der Neurastheniker, als Hysteriker zu gelten, und möchte der Hysteriker als Neurastheniker gelten, ein Zeichen, daß die Neurasthenie sozusagen für „anständiger“ gehalten wird; man bringt die Neurasthenie gern in ursächlichen Zusammenhang mit der Arbeit: man habe sich überarbeitet, man habe nur die Arbeit, seine hohen Aufgaben im Kopfe, sei dadurch neurasthe-

*) Anatomisches Zwittertum (4. Bd. S. 142) ist eine Anomalie, gehört also zu den Hadrosen.

nisch geworden und verdiene dafür gar noch besondere Anerkennung! Die Hysterica dagegen ist ein „verrücktes Frauenzimmer“, sie solle sich zusammennehmen mit ihrem Getue, sie müßte mal eine ordentliche Tracht Prügel bekommen usw. (ein mir bekannter Arzt vollzieht denn auch die „hintere Pönitenz“ als „Therapie“ und hat zwar keinen Erfolg, aber einigen Zulauf von solchen Hysterischen, denen diese Sorte Therapie ebenso gut bekommt wie den französischen „Sünderinnen“ des 18. Jhrhdrts. die „obere“ und „untere Pönitenz“; übrigens gibt es auch männliche Hysterische, d. h. Genotiker dieser Art). Ich bezeichne alle trophischen Neurosen als „T r o p h o s e n“.

Die g e n o t i s c h e n S y m p t o m e kennzeichnen sich in einer Art, die man mit Worten wie lüstig, lüstern, wollüstig, leidenschaftlich, schwärmerisch, manieriert, theatralisch, geziert, launisch usw. beschreibt (p h ä n o m e n a l e E i g e n a r t). Die t r o p h o t i s c h e n S y m p t o m e sind sozusagen glaubwürdiger, ernsthafter, weniger „albern“, weniger „lächerlich“, weniger „romantisch“, in einer andern, sozusagen nüchterneren Weise unecht, mehr konsequent in der Inkonsequenz als die genotischen Symptome, dazu frei von Lüstigkeit, kurz die Unterschiede, die in der Norm zwischen Genik und Trophik bestehen, zeigen sich auch in der Abnorm, freilich in der spezifischen (eben pathologischen) Abwandlung, als Infantilismus, und oft sind die genotischen Symptome mit trophischen, die trophotischen mit genischen Ingredientien so stark vermischt, daß es zur Differentialdiagnose eingehender Untersuchung bedarf. Man könnte einwenden: beim jungen Kinde sind Trophik und Genik zunächst noch undifferenziert und gliedert sich dann die Trophik eher als die Genik aus, wie 4. Bd. § 2, $_2$, § 7, $_4$, 5. Bd. in §§ 4, 7 und 8 beschrieben; somit könne auch das Infantilistische als hypertrophiertes Infantiles Trophik und Genik nur noch ungeschieden enthalten. Der erste Satz ist richtig, doch hypertrophiert eben mehr der trophische oder der genische Anteil, so daß die kranken Gefüge beim Auswachsen-Ausaltern mehr und mehr im Sinne des „vorwiegend“ ihre Zugehörigkeit zur Trophik oder zur Genik aufzeigen.

Von manchen „Psychotherapeuten“ hört man die Ansicht, daß die neurotischen Symptome „gemacht“, „arrangiert“ seien, als mehr minder raffinierte Tricks ausgeführt werden, wo es dem Neurotiker vorteilhaft erscheine. Es ist nicht angegeben, ob diese („endopsychischen“!) Arrangements unbewußt, von der Seele oder dem Unbewußten oder der „tiefsten Schicht der Seele“, der „Existentialschicht“ (O. S c h w a r z) usw. getroffen werden — oder bewußt, absichtlich, wofür die Bezeichnungen sprechen; doch kann ja wohl auch die Seele, die göttlich-teuflische, allerlei solche verschmitzte Kunststücke machen — wer kennt sich im „Metaphysischen" aus?! Realiter kann von einem „Machen" weder der trophotischen noch der genotischen Symptome die Rede sein; auch der kranke Mensch ist ein Reflexwesen, und seine Symptome sind Funktionen der kranken RSe, die er eben hat und die er sich ebenso wenig an- wie weghexen kann. Er „kann nicht dafür", daß er krank ist, wie der Gesunde nicht dafür kann, daß er gesund ist. Der Kranke i s t krank, er ist nicht ein Gesunder, der „krank spielt", er kann sich nicht „krank machen", er kann sich auch nicht gesund „machen". Das Unechte, Wechselvolle der neurotischen Symptome ist eine pathologische Eigentümlichkeit und darf nicht dahin mißverstanden werden, daß es in der (seelischen) Macht des Pat. läge, neurotisch zu sein oder nicht. Daran ändert auch nichts die Tatsache, daß das neurotische Verhalten mit allerlei Überlegungen verbunden ist, die Pat. selber als Dämonist zweifelnd für dämonische Ursache der Symptome hält und gegen die er die Dämonie seiner „Energie" (vergeblich) wirken läßt, usw. — dummes Zeug!

Für die Differentialdiagnose „Trophose oder Genose?" ist ferner wichtig, in welcher S i t u a t i o n die Symptome auftreten. Unter Situation verstehen wir das jeweilige funktionelle Gesamt aller RSe des Organismus. Unmittelbar zu beobachten ist der Mensch in seiner gegenständlichen Umgebung; wir nennen sie die ä u ß e r e Situation und wissen per logischen Schluß, daß der beobachtete Mensch „seine" äußere Situation analog der des Beobachters erlebt, und daß wir aus dem äußeren Verhalten des Menschen legitim Schlüsse auf seine inneren Funktionen, also auch auf sein Gefühls- und Begriffserleben, kurz auf seine i n n e r e Situation ziehen dürfen, ja müssen (eine andere Möglichkeit besteht nicht). Die Situation ist nun eine trophische oder eine genische, der Mensch ernährt sich und arbeitet, und er liebt. Man könnte also meinen, daß die in der trophischen Situation auftretenden Symptome trophotische, die in der genischen Situation auftretenden genotische seien. In vielen Fällen trifft das auch zu, es kann dann auch die Lokalisation und die Motorik der Symptome zur Norm stimmen. Eine neurotische Herzangst z. B., die vor oder bei der Begegnung mit dem Liebespartner oder ante coitum usw. auftritt, ist ein genotisches Symptom — im Unterschied von einer neurotischen Herzangst, die vor dem Essen oder vor dem Examen oder vor einem Vortrage oder einer geschäftlichen Unterredung usw. auftritt. In anderen Fällen kommen genotische Symptome in trophischen Situationen und trophotische in genischen Situationen vor. So ist z. B. der Onaniezwang bei einem peinvoll mit einem Klassenaufsatz beschäftigten Schüler ein genotisches Symptom, und an dem Überfleiß eines Impotenten sind genotische Funktionen stark beteiligt. Anderseits sind z. B. aus der Tagesarbeit fortgeführte Küchenerwägungen einer Frau intra coitum trophotisch, allerdings verbunden mit genotischen Symptomen (Angst vor der Wollust, der Empfängnis); dagegen ist ein beim Anblick des Liebespartners oder intra coitum auftretender Brechreiz oder ein solches Erbrechen ein gastrales genotisches Symptom (analog dem Erbrechen der Schwangeren), es steht nicht im Zusammenhang mit der trophischen Magenfunktion, mit der Nahrungsaufnahme, wie das bei einem trophotischen Brechreiz oder Erbrechen der Fall ist. Es können also trophotische Symptome in genische und genotische in trophische Situationen pervers (§ 1, $_3$) einassoziiert sein, so daß die Kenntnis der Situation allein nicht immer zur Differentialdiagnose ausreicht. Übrigens können die Symptome unter gleichen Umständen — gemäß der Funktionsperiodik der kranken RSe — mehr oder weniger heftig auftreten oder auch latent bleiben.

Meist ist der Arzt auf die Schilderung des Pat. von seiner symptomatischen Situation angewiesen, abgesehen davon, daß Pat. auch beim Arzte und ihm gegenüber natürlich nicht symptomfrei ist. Die Schilderung ist explorativ zu erweitern und in die G e s a m t p e r s ö n l i c h k e i t des Pat., die über die intuitive Erfassung hinaus ebenfalls sorgfältig zu explorieren ist, einzubeziehen. Aber auch bei unmittelbarer Beobachtung des Pat. ist die Einordnung der Symptome in die Gesamtpersönlichkeit unerläßlich. Gewiß ist in vielen Fällen die Diff.-diagnose ohne weiteres zu stellen, in vielen andern aber erst bei genauerer Untersuchung, und auch in jenen ist die Diagnose explorativ zu sichern. Ergibt sich z. B., daß eine Frau „materiell eingestellt" ist, z. B. die trophische Hyperfunktion „Geldgier" aufweist, so wird man ihre Geschenkgier im Liebesleben als fehlassoziierte Geldgier, somit als trophotisch aufzufassen haben, während bei einer andern Frau eine Geschenkgier in der Art einer genischen Gier nach Liebesanerkennung genotisch ist (in der Liebe wird normaliter geschenkt, im Beruf gekauft, 4. Bd. § 7, $_{6,D}$). Eine dirnenhafte Frau kann z. B. vom Liebhaber für den Koitus Geld fordern (trophotisch), und nachdem sie es bekommen hat, fragen: was schenkst Du mir? (genisch). Verlangt aber eine Ehefrau Wirtschaftsgeld, so nicht als Bezahlung ihrer Liebe, sondern im Rahmen ihres Berufes als Hausfrau; abgesehen davon beschenken sich Eltern und Kinder gegenseitig in Liebe. Wir beobachten eine Frau, wie sie sich geniert, in den Laden zu gehen und Einkäufe zu machen. Trophose oder Genose? Die Exploration ergibt, daß sie, von erblich-frühkindlichen Ursprüngen her, die Sinnlichkeit ablehnt, auch die Ehe nur eingegangen ist, um „den Mann und sich selber von der Fleischeslust zu erlösen" („man tilgt die Sünde, indem man sie begeht"!); betritt sie nun den Laden, so „könnte" man ihr, obwohl sie keinen Ehering trägt, anmerken, daß sie verheiratet ist, „so etwas macht", sie „fühlt sich sozusagen prostituiert" usw. — ihr Symptom ist genotisch. In einem andern Falle ist die Angst vorm Einkauf trophotisch: Angst der Pat. vor der Prüfung, ob sie auch schon fähig sei, „allein" einzukaufen, Warenkunde und Geld genug habe usw. (ein kleines Kind geht ja auch noch nicht allein einkaufen, und Pat. erlebt sich in ihrer Angstsituation als Kleinkind im Großformat, als Zwergin, die sich zur Riesin aufgezaubert habe und diesen Zauber, sobald „die andern" ihn entdeckten, verlieren und so in „ein Nichts" verwandelt, „vernichtet" würde; vgl. Lohengrin usw.).

Die Kenntnis und Erforschung der äußeren Situation, in der die Symptome auftreten, ist auch insofern wichtig, als sich an ihr die weltanschauliche Abart des Pat. bes. sinnfällig und ausführlich darstellen läßt. Die Gegenständlichkeit wird im direkten Verfahren beschrieben, während die Gefühle und die Begriffe im indirekten Verfahren beschrieben werden (3. Bd. § 38,$_{3, 4}$). Die Gefühls- wie die Begriffsneurosen stehen im genetisch-assoziativen Zusammenhang mit der (je ihrer) Gegenständlichkeit. Eine Asthmawelle tritt gemäß der spezifischen Funktionsperiodik der kranken RSe auf, zu deren Aktualitäten auch eine gewisse Gegenständlichkeit gehört: nach ihr läßt sich „das Asthma" spezifizieren; tritt es z. B. als Arbeitsasthma (in gewissen beruflichen Situationen) auf, so ist es trophotisch, tritt es z. B. ante oder intra coitum auf, so ist es genotisch, in beiden Fällen werden die „Aufgaben" (wissentlich oder unwissentlich) als „Probleme", als feindliche dämonische Mächte erlebt, die Pat. mit der Eigendämonie Angst entdeckt, fest-stellt und somit bannt, entmachtet (Schutz vor der Aufgabe, Meidung der Lebens-Todesgefahr), und diese Sachverhalte lassen sich an den gegenständlichen Situationen leichter auseinandersetzen als an den Gefühlssymptomen für sich. Es geht natürlich auch nicht an, eine Trophose als Genose und eine Genose als Trophose zu behandeln; beide Neurosenarten müssen bei aller Überschneidung diagnostisch-therapeutisch getrennt werden. Erst die Psychobiologie und die Erkenntnistherapie hat diese Scheidung so sauber wie möglich durchgeführt.

Die Genosen sind die Neurosen der Sinnlichkeit (Geschlechtlichkeit) und der Platonik (1. Bd. § 27,$_4$). Die Platonik umfaßt die Kind-Eltern-Liebe, die Freundschaft, die Menschenliebe, also die religiöse Liebe, die Liebhabereien, die Liebe zur Kunst und Wissenschaft. Von der Sinnlichkeit unterscheidet sich die Platonik darin, daß sie zwar zum genischen Anteil des Organismus gehört, aber als sinnesorganeigen nur peripherisch an die Genitalregion angeschlossen ist — so, daß ihr die spezifisch-geschlechtliche Totalqualität abgeht; die Platonik ist also die unsinnliche, ungeschlechtliche Liebe. Von den Neurosen der Platonik ist im Anhang die Rede. Hier werden zunächst die Neurosen der Sinnlichkeit abgehandelt.

Bei genauer Exploration ergibt sich allemal, daß sich die genotischen Symptome um das Genitale, die trophotischen um das eine oder andere trophische Organ gruppieren. Neurosen, bei denen die Zentrierung der Symptome um das Genitale (als genisches Zentralorgan) nicht vorliegt, sind Trophosen. Neurosen, deren Symptome nicht um eines der drei trophischen Organsysteme oder einzelne ihrer Organe zentriert sind, sind Genosen. Ein neurotisches Erbrechen ist eben auf die Weise als genotisch zu diagnostizieren, daß sich bei genauer Exploration der Zusammenhang mit kranken genitalen Funktionen ergibt: das Genitale ist da die Zentrale (Hauptstelle), der genotisch kranke Magen eine Filiale (Nebenstelle), auch falls diese „viel mehr von sich reden macht als jene", ja ihre Dysfunktion vom Pat. als hervorstechendste oder gar einzige Beschwerde angegeben wird. Bei ziemlich intakter Genik dagegen ist das neurotische Erbrechen, das dann auch ein anderes Gepräge hat (s. o.), als trophotisch anzusehen. Ein Schlafloser, der nachts unablässig in Gedanken weiterarbeitet, Geschäftsbriefe schreibt, Sorgen wälzt usf., ist trophotisch; hierbei ist das Liebesleben mehr minder, aber in einem nebensächlichen Grade beeinträchtigt. Dagegen ist die Schlaflosigkeit, die auf den Koitus folgt oder sich sonst „um Liebesdinge dreht", genotisch, und rasendes Herzklopfen, Schweißausbruch usw. sind hier Angstsymptome als Filialsymptome zur genitalen Funktionsstörung. Die Trauerneurose eines Schülers, der sitzen geblieben ist, sich das „zu sehr zu Herzen nimmt", ist Trophose. Die Trauerneurose eines Mädchens, das in der Liebe „sitzen geblieben" ist, ist Genose. Die Trauerneurose eines älteren Kindes oder eines Jugendlichen über die aufkeimende und schon dringlicher werdende Geschlechtlichkeit ist Genose. Usw.

Die Neurose kann bereits beim kleinen Kinde derart manifest sein, daß auch die Eltern „etwas merken" (Unarten usw.) und der Arzt die Diagnose stellt. Auch da ist die Trophose von der Genose meist schon zu unterscheiden, ja die Genose ist um so auffälliger, als sich beim Kleinkind normaliter die Trophik eher als die Genik ausgliedert. Das 4- oder 5jährige Mädchen, das verlegen der Tante berichtet, es hätte den Vater nachts zur Mutter ins Bett gehen sehen und das „schlecht einschlafen kann", ist genotisch, es wird, vielleicht nach kürzerer oder längerer Latenz des Symptoms („das Kind schläft ausgezeichnet, das Mittel hat Wunder gewirkt"), in eine „ausgesprochene" Schlaflosigkeit hineinwachsen, die freilich nicht in jenem Erlebnis (etwa als sogen. „psychischem Trauma") ihre Ursache hat, sondern erbüberkommen und bei jener Gelegenheit manifest und als genotisch diagnostizierbar geworden ist; im Erleben des Kleinkindes ist freilich Trophik und Genik noch nicht oder erst inzipient unterschieden. Ein kleines Mädchen, das an Oxyuriasis leidet und sich an After und Scheide kratzt, ist nicht Onanistin, sondern hat eine trophische Störung, bei deren Behebung auch „die Onanie" schwindet (es kann aber auf diesem Wege eine echte Onanie entstehen); dagegen ist die Kleine, die sich vor Pappi mit gespreizten Beinen hinlegt und nur von ihm gepudert sein will, oder die sich lüstern an der „Mimi" herumkrabbelt usw., genotisch. Ein kindliches Asthma, das nachts das rätselhafte „Stöhnen" der Eltern begleitet, ist genotisch; es kann bestehen bleiben, auch nachdem das Kind aus dem elterlichen Schlafzimmer in ein anderes Zimmer übergesiedelt ist, es kann auch gegenüber einer Frühonanie zurücktreten oder sich mit ihr ablösen usf. Ein Kind, das sich lüstig die Ferse oder den Absatz gegen den After-Damm quetscht, ist genotisch, treibt eine Art der Paronanie, ein anderes hat Angst vor dem Kotverlust, ein trophotisches Symptom. Ob ein verweichlichtes, ein vertrotztes usw. Kind trophotisch oder genotisch ist, muß von Fall zu Fall an der Art des Gebarens, aus der symptomatischen Situation, auch aus der Neurose oder andersartigen Krankheit der Eltern diagnostiziert werden. Die Überkreuzbindung (4. Bd. § 7, $_{6}$, c) ist in Betracht zu ziehen; die Platonik kann da hypertroph sein, aber auch schon die Sinnlichkeit mitspielen. Die vorauseilende Ausgliederung der Trophik kann genotische Symptome eine Zeitlang verdecken. Die „Weltkatastrophe" des Kleinkindes, der Übergang aus der alleinen in die mehrheitliche Welt (etwa 3. Lebensjahr; s. 6. Bd. § 5, $_{1}$) ist ein Entwicklungsschub auch der kindlichen Neurose; auch der erwachsene Neurotiker hat, soweit krank, jene Krisis noch nicht überwunden. Im Heranwachsen geht normaliter die trophische Reife der genischen voraus, wird letztens erst die trophische, dann die genische Meisterprüfung abgelegt (s. im 4. Bd.); beim Neurotiker können trophische RSe zurückbleiben und die Genik sich im wesentlichen fastgesund differenzieren oder genische RSe zurückbleiben und die Trophik sich im wesentlichen fastgesund differenzieren, immer aber ist beim Trophotiker die Genik, beim Genotiker die Trophik weniger oder mehr angekränkelt oder mitkrank. Das Zeugnis über die bestandene Prüfung beweist nichts gegen das Vorhandensein der Neurose, doch hat jeder Gesunde seine Zeugnisse.

3. Die Perversionen.

Pervers ist svw. verkehrt, Perversion svw. verkehrte Anordnung (Koordination, 2. Bd. § 30, $_{5}$ usw.), Verbindung, Assoziation. Wie im 6. Bd. (S. 130, 208 usw.) dargelegt, ist alles kranke Gewebe in sich wie im Verhältnis zum fastgesunden Gewebe des Organismus fehlgeordnet. Das Geschwulstgewebe zeigt eine abnorme Struktur, und sein Zusammenhang mit der Umgebung weicht von der Norm ab (vgl. „Versprengung"); dies trifft auch für entzündliches, verödetes, anomales Gewebe — und ebenso für das reinfunktionell kranke Gewebe, für die kranken RSe einschl. DZn zu. „Perversion" ist also eine Eigentümlichkeit jeder Krankheit, und man kann von hadrotischer und leptotischer Perversion sprechen. Nun wird aber das Wort Perversion z. Z. als Bezeichnung für gewisse geschlechtliche Abweichungen gebraucht*) und damit in einem zu engen Sinne. Wir wollen das Wort in der klinischen Terminologie zur Kennzeichnung der Struktur der Neurose überhaupt verwenden, mit „Perversität" also die Funktion der pervers verbundenen RSe bezeichnen — unbeschadet der Tatsache, daß konstitutionsbiologisch alles Kranke fehlgeordnet, pervers ist. Wir sprechen also von trophotischen und genotischen Perversionen und Perversitäten. Mit „Assoziation" wird im allg. die Kontaktverbindung der kortikalen Neuronen bezeichnet; die kranken DZn sind also pervers assoziiert und ebenso ihre Aktn., und zwar in normnäherer Art, der Desoziation (Dekoordination), und in normfernerer Art, der Dissoziation (Dis- s. Inkoordination), also der Entordnung der Reihen von der Verschrobenheit

---

*) So definiert A. Kronfeld, Sexualpsychopath., 1923, S. 27 (im Handb. d. Psychiatrie von Aschaffenburg): „Als pervers bezeichnet man Handlungen und Ausdruckserscheinungen, bei denen deutlich oder wenigstens naheliegend ist, daß sie durch ein abartiges psychosexuelles Verhalten, insbes. durch abartige Triebneigungen motiviert sind. Perversität ist nach dem Sprachgebrauch der Inbegriff derartiger Handlungen, Perversion (Paraphilie, Parasexualität) die spezifische Eigenart des ihnen zugrunde liegenden psychosexuellen Motivs." Von den Perversionen sollen die „sexuellen Neurosen" unterschieden sein „dadurch, daß nicht der Geschlechtstrieb selber, sondern seine seelische Verarbeitung durch das Subjekt sich in abartigen Weisen vollzieht und dadurch zu abartigen Folgezuständen hinführt" (l. c. S. 78). Die psychologische Interpretation der Symptome ist nur Umschreibung und bringt keinerlei Klarheit. Was ist „psychosexuelles Verhalten"? Hat die Psyche auch Sexualität, und wie ist das vorstellbar? Wie ist es denkbar, daß die Psyche sogar abnorme Sexualität „insbes. Triebneigungen" habe und zu ihrer Befriedigung sich des Leibes bediene — die göttliche oder die teuflische, die weiße oder die schwarze Seele?! Und bei den Neurosen soll nun der Geschlechtstrieb in Ordnung sein, nicht aber seine „seelische Verarbeitung durch das Subjekt"! Aber eben wurde doch gesagt, daß der Geschlechtstrieb selber seelisch sei, und nun soll er erst wieder seelisch verarbeitet werden, und zwar durch das Subjekt! Was soll man sich unter einer solchen „Verarbeitung" vorstellen, wie soll sie vor sich gehen, und was ist „das Subjekt", das nun wieder Seelisches verarbeitet, und zwar abartig? Und durch diesen Dämonenzauber sollen dann „abartige Folgezustände" herbeigeführt werden (in der Seele oder im Leibe oder wo?)! Pseudowissenschaftliche Phrasen.

usw. bis zur Zusammenhanglosigkeit, Isolierung und Ausfälligkeit von Teilstrecken, Desorientiertheit, Stereotypie usw., wobei die amöboiden Bewegungen der Nervenzellen und die Spasmen der Hirngefäße mit Ischämie, also mehr minder weitgehender Reduktion der Hirnfunktion, also auch der Bewußtseinshelligkeit mitspielen. An den kortikalen Neuronen enden die zuleitenden (sensibeln) Nervenstrecken, und sie sind die ersten Neuronen der ableitenden (motorisch-sekretorischen) Nervenstrecken, mit der perversen Assoziation ist also allemal eine perverse sensibelmotorische Verbindung gegeben. Der Einfachheit halber umfasse das Wort „Assoziation“ hier auch die subkortikalen usw. Nervenverbindungen; es ist dies um so eher zulässig, als bei den Neurosen als Denk- s. WA-Krankheiten die kortikalen Funktionsstörungen im Vordergrunde stehen.

Über das Gefüge der RSe s. 1. Bd. § 15. Jedes RS hat entspr. der Zahl der es bildenden Fibrillen mehrere Empfangs- und Ausdrucksapparate. Diese sind einander in zweierlei Weise zugeordnet: gewisse Empfangsapparate sind den zum RS gehörigen Ausdrucksapparaten benachbart, gehören also zum nämlichen Organ (k o l l o k a t i v e Z u o r d n u n g); andere Empfangs- und Ausdrucksapparate gehören verschiedenen Organen des gleichen oder verschiedener Organsysteme an, z. B. Mund-Magen, Genitale-Magen, so daß Reflexe vom Mund auf den Magen, vom Genitale auf den Magen erfolgen (d i s l o k a t i v e Z u o r d n u n g). In dieser Weise sind alle Organe direkt oder indirekt nerval verbunden, zunächst und am reichlichsten die zu einem Organsystem, z. B. zum Verdauungstraktus, gehörigen Organe, dann auch die Organsysteme untereinander.

Im Assoziationsnetz jedes RSs sind ein H a u p t w e g und N e b e n w e g e zu unterscheiden (1. Bd. S. 396, 5. Bd. S. 102). Die kollokative Zuordnung ist normaliter den Haupt-, die dislokative den Nebenwegen eigentümlich. Eine dem Magen zugeordnete Gefühlszelle, z. B. Hungerzelle, erhält ihren Hauptzufluß von der gastralen sensibeln Empfangsstelle (Nervenendigung), Nebenzuflüsse von anderen Stellen des Verdauungstraktes sowie von andern Organen, z. B. der Lunge oder dem Herzen oder dem Genitale her; der motorische Hauptweg führt kollokativ zum Magen, die Nebenwege führen zu anderen Organen, können sich auch an sensorische Bahnen anschalten: so findet dieser Reflex, in dessen Ablauf die Akt. „Magenhunger“ auftreten kann, normaliter seinen Hauptausdruck in Kontraktionen gewisser (der zugeordneten) Magenmuskeln und -drüsen, seine Nebenausdrücke in Aktionen anderer (zugeordneter) Drüsen oder glatter oder (sympathogen-anteilig innervierter) querstreifiger Muskeln. Das Analoge gilt für die sensorischen RSe. Die idealischen Neuronen sind nur indirekt (ideogene Eronen) an der Motorik beteiligt.

Das Gefühl ist an die Stelle des der Gefühlszelle zugeordneten Organs lokalisiert, also des Organs, von dem der Hauptzufluß zur Gefühlszelle ausgeht und an dem der Hauptabfluß endet (1. Bd. § 26,$_2$). Analog ist der Gegenstand — je spezifisch — in den Bereich des nach dem Sinnesorgan bezeichneten Sektors der gegenständlichen Welt lokalisiert, die Sehgegenstände in den optischen, die Hörgegenstände in den akustischen Raum usw. (1. Bd. § 27,$_3$). Analog die Begriffe (1. Bd. § 28,$_4$). Über trophische und genische Aktn. ist im 1. Bd. § 26,$_3$ u. 27,$_4$ berichtet.

Die Perversion ist die *Verkehrung eines Hauptweges zum Neben- und eines Nebenweges zum Hauptwege*. Hierbei sind auch die übrigen Nebenwege von der Norm mehr minder abweichend. Es ist also die sensibel-motorische Verbindung „verkehrt". Die sensible Nervenfaser erreicht hauptwegig eine DZ, die normaliter direkt oder indirekt nur über einen Nebenweg angeschlossen ist, und dazu ist das Assoziationsnetz der beteiligten DZn abnorm verflochten; demgemäß führt auch die motorische Hauptlinie zu einem pervers angeschlossenen Organ. In dieser Weise sind auch die Aktn. pervers assoziiert; man sagt populär ganz richtig vom Neurotiker, er sei „verdreht", und macht dazu mit der Hand eine Drehbewegung vor der Stirn. An den Randzonen des kranken Gebietes nähern sich die Zellen und ihre Assoziationen mehr und mehr der Norm an, bis der Übergang ins Fastgesunde stattfindet. Im kranken Gebiete brauchen natürlich nicht alle Assoziationen pervers zu sein, falls man nicht (was sich wohl vertreten ließe) das Beteiligtsein am kranken Gefüge eo ipso auch als Beteiligtsein an den Perversionen auffassen will. Die perversen Assoziationen können sich im Werdegange der Krankheit in mannigfacher Weise (je spezifisch) umbauen, erweitern und einengen; ein Umbau kann auch bei der Therapie stattfinden, und zwar ein Umbau auf dem kranken Niveau bei horizontaler, ein Aus- und Aufbau bei vertikaler Therapie. Die Perversion ist Überrest der infantilen assoziativen Chaotik-Unsicherheit, ausgealtert und verfestigt. Alle Perversion ist zwanghaft (6. Bd. S. 130, 524).

Die Perversion kann noch im Bereiche der kollokativen Zuordnung bleiben oder dislokativ sein. Der Neurit der pervers angeschlossenen DZ kann also zu dem nämlichen Organ (Organteil) hinführen, von dem die zuleitende Faser ausgeht; die Ausdrucksbewegung ist dann zwar — abgesehen von ihrer patholog. Intensität und Rhythmik — lokativ auch nicht ganz normal, aber klinisch unmerklich oder kaum merklich abweichend. Magenschmerz z. B. kann Akt. von Gefühlszellen sein, die zwar miteinander sowie mit Gegenstands- und Begriffszellen pervers assoziiert sind, aber ihre Neuriten allesamt in eine gewisse Magengegend, z. B. die Pylorusgegend, schicken, so daß dort die krampfigen Drehungen stattfinden, die sich rein lokativ von den analogen normalen nicht unterscheiden; die sensible Faser F langt nur eben nicht bei der normaliter zugehörigen Magenschmerzzelle S an, sondern bei S', deren Neurit nicht wie normal zu der Muskelzelle M, sondern M' hinleitet. Solche Perversionen sind aber immer mit weiterreichenden, dislokativen Zuordnungen verbunden, z. B. die sensible Faser F endet an Schmerzzellen, die dem Darm oder der Leber usw. oder dem Herzen oder der Niere oder der Lunge usw. zugeordnet sind, so daß egastrale (aus dem Magen aufgenommene, 1. Bd. S. 402) Eronen über perverse Verbindungen in jenen Organen ihren (krampfigen) Ausdruck finden. Beispiel: die sensible Sfaser gelangt von einer Stelle des Magens aus über spinale usw. Zwischenstationen zu einer Szelle, die dem Jejunum zugeordnet ist, deren Akt. also ein Jejunalschmerz ist und deren motorische Nervenstrecke an einer gewissen Muskelfaser oder Drüse des Jejunums endet. Sucht man nun gemäß der Lokalisation des S. „die Krankheit" („die Krankheitsursache" oder „Schmerzursache") im Jejunum, so findet man dort nur krampfige Aktionen, nicht aber das „ursprünglich" kranke Organ, das ja eben der Magen ist. Die krampfigen Aktionen sind natürlich auch nicht „die Ursache" der Schmerzen, sondern Ausdruck von perversen Sreflexen. „Eigentlich" müßte Pat. Magenschmerzen haben. „Blinddarmschmerz" kann Akt. von Szellen sein, die pervers an gastrale SRSe angeschlossen sind; analog Nieren-, Herzschmerzen usw. „Schulterschmerz" ist häufig nicht Symptom eines lokalen Rheumas (Deutung: „durch Rheuma verursacht"), sondern „verlagerter", „ausstrahlender" S., d. h. Akt. von pervers angeschlossenen Szellen, linksseitig z. B. bei Angina pectoris, Aortenkrisen, rechtsseitig bei Leber-Gallen, Magenkrisen usw. Kopfschmerz bei Obstipation ist Akt. von Szellen, die dem Kopfe (den Kopf-Hirngefäßen usw.) zugeordnet und pervers an Darm-SRSe angeschlossen sind; Pat. müßte „eigentlich" Darmschmerzen haben und hat sie auch, sofern die perverse Assoziation zu den Kopfschmerzzellen nicht besteht; oft läßt der Kopfschmerz nach, sobald Durchfall einsetzt, also die Darmsperre gelockert, die Funktion der beteiligten A- und SRSe abgesunken ist; dann tritt er natürlich wieder auf. Analog Kopfschmerz bei Magenneurose: perverse Zuschaltung gastraler SRSe zu Szellen, die dem Kopfe zugeordnet sind; der Kopfschmerz verschwand plötzlich, berichtet Pat. mit Einsetzen einer Magenblutung (Nachlassen der A- und Sspasmen), kam dann aber wieder (vgl. Nachlassen von Kopfweh bei Dysmenorrhoe, sobald das Blut „durch" ist). Usw. — Wie der S. kann auch jedes andere Gefühl „pervers" sein.

Das Gefühl ist „in" das zugeordnete vegetative Ausdrucksorgan lokalisiert. In eine Magengefühlszelle, z. B. Hungerzelle fließen pervers hauptsächlich epulmonale Eronen ein (es ist also hier eine normaliter nebenwegig oder gar nicht angeschlossene von der Lunge ausgehende sensible Faser hauptwegig an diese Magenhungerzelle angeschlossen), die Akt. dieser Zelle ist ein Magenhunger, in den Magen lokalisiert, aber es ist einem Lungengefühl, also Lufthunger mehr minder angeähnelt, der Ausdruck ist eine Magenbewegung nach Luft (Luftschlucken, 4. Bd. S. 235), der Magen kann gefüllt und doch das (vom Magen her nicht zu stillende) perverse Hgefühl aktuell sein. Oder: die vom Genitale ausgehende sensible Faser ist pervers an eine genische Magengefühlszelle, z. B. Angstzelle, angeschlossen, die Akt. ist eine Magenangst, in den Magen lokalisierte Angst, einem Genitalgefühl mehr minder angeglichen, eine perverse Liebesangst (genische Appetitlosigkeit usw.), Ausdruck der perversen genischen Reflexe sind Kontraktionen der zugeordneten Angstmuskeln und -drüsen des Magens. Usf.

Wir erinnern daran (S. 25 f.), daß „trophisch" eigentlich nur „vw. trophisch", „genisch" eigtl. nur „vw. genisch" bedeutet, d. h. daß alles Trophische eine genische, alles Genische eine trophische Komponente enthält, aber diese Komponenten treten normaliter weit zurück. Die trophischen RSe und Aktn. sind in dieser Art eben trophische, die genischen genische. Die den einzelnen Organen zugeordneten Gefühle sind „organspezifisch", es sind also auch die den trophischen Organen zugeordneten genischen Aktn. nicht mit denen zu verwechseln, die dem Genitale zugeordnet sind, ebenso sind die dem Genitale zugeordneten trophischen Gefühle nicht mit denen zu verwechseln, die den trophischen Organen zugeordnet sind. Jeder Magenhunger (usw.) hat also normaliter einen geringen genischen „Einschlag" — wie jede trophische Akt.; aber auch die Aktn. der genischen gastralen Hzellen sind natürlich kein genitaler Liebeshunger, sondern eben genischer Magenhunger, ein solcher, der vom trophischen Magenhunger nicht ausgeprägt verschieden ist, der sich auf die genischen Anteile der Speisen richtet und in der Beschreibung mit Worten wie „Lieblingsspeise" usw. mitgemeint ist. Das Analoge gilt für die übrigen Gefühle. Viel ausgeprägter bis zur Äquivalenz ist der genische Anteil des Herzens, des Mundes, der Lippen (küssen — kosten), der Sinnesorgane. Die Verbindung der genischen RSe der Ernährungsorgane zum Genitale und der trophischen RSe des Genitales zu den Ernährungsorganen ist normaliter nur nebenwegig.

Anders im Falle der Neurose, der Perversion. Nehmen wir im vegetativen Bereich z. B. die Magengenose. Es sind da genische gastrale RSe hypertroph, und dabei besteht allemal eine abnorm reichliche, wenigstens teilweise hauptwegige Verbindung mit genitalen RSen, also ein abnorm starker egenitaler Zufluß, so daß die Aktn. deutlicher den genischen Charakter zeigen, aber doch eben in organspezifischer Eigenart. Der genotische Magenhunger (s. o.) ist ein Magenhunger als perverser Liebeshunger, um so ausgeprägter genisch, je stärker der egenitale Zufluß zur Hzelle ist. Ein solcher Magenhunger richtet sich auf Stoffe, die zwar in den Magen aufgenommen werden können, aber im inftlschen Erleben des Pat. einen ebenso hochgradig sinnlichen Einschlag haben wie das Hgefühl; solche Stoffe können — je spezifisch — alle möglichen Nahrungs- und Genußmittel, Arzneien, auch Geschlechtsprodukte (Samen, Menstrualblut) sein. Je nach der Reflexschaltung verläuft ein solches perverses Erlebnis vw. in der Gefühlssphäre derart, daß die Aufnahme nicht in Betracht kommt, oder auch in der Gegenstands- und Begriffssphäre mit Aufnahme solcher Stoffe und mit der begrifflichen Vorstellung hiervon („schmutzige Phantasie" usw.), natürlich auch mit der entspr. Beschreibung (Deutung), doch kennt Pat. (und Laie) oft das pervers-genische Ingrediens des Stoffes — abgesehen von den geschlechtlichen Gegenständen — ebensowenig wie das der Beschreibung. Die auf ein solches perverses Hstadium folgenden ASTF-Stadien sind auch pervers, also zwar Magengefühle, aber mit hohem genischem Ingrediens, „nach Liebe schillernd".

Umgekehrt können trophische RSe des Genitales funktionell hypertroph und unter einander und mit troph. RSen des Magens (usw.) pervers verbunden sein; diese patholog. Gefühle sind zwar Genitalgefühle, aber gemäß der reichlichen egastralen (usw.) Komponente den Magengefühlen angeähnelt, perverse Nahrungsgefühle, um so ausgeprägter trophisch, je stärker der egastrale Zufluß. Die so kranken Genitalgefühle sind systemgenetisch assoziiert mit Gegenständen, die zwar ins Genitale aufgenommen bzw. aus ihm abgegeben werden können, aber im inftlschen Erleben des Pat., ohne daß er davon zu wissen braucht, einen ebenso hochgradigen trophischen Einschlag haben wie die Genitalgefühle. Das Geschlechtsorgan funktioniert insoweit als eine Art Filiale der Ernährungsorgane, die Geschlechtsprodukte sind in dieser perversen Art „Nährstoffe", der Penis eine trophische Einfüllungsröhre, der Liebespartner „Ernährer", die wbl. und ml. Prostituierten haben den „horizontalen Beruf", die so-kranken Eheleute leben in einer Versorgungs-, Geschäftsehe, sind „Kinderfabrikanten", zeugen für Geld u. a. Vorteile (kranke, mindestens neurotische) Kinder. Die trophisch-platonische Gefühlsperversion besteht darin, daß die freundschaftlichen, künstlerischen usw. Gefühle einen zu großen erwerblichen Einschlag haben; bei der platonisch-trophischen Perversion haben die trophischen Gefühle einen zu großen freundschaftlichen, ungeschäftlichen Einschlag; bei der sinnlich-platonischen Perversion sind die platonischen

Gefühle zu stark sinnlich, bei der platonisch-sinnlichen Perversion die sinnlichen Gefühle zu stark platonisch imprägniert.

So im Grundsätzlichen die Struktur der vegetativen, aber auch der sensorischen und idealischen Perversionen. Es gibt keine vegetative Neurose, also Perversion „für sich", d. h. ohne sensorisch-idealische Begleitperversion — und umgekehrt, nur steht die eine oder andere Störung im Vordergrunde und bestimmt die Diagnose. Die sensible sensorische Nervenstrecke geht natürlich allemal von „ihrem" Sinnesorgan aus (die optische vom Auge, die akustische vom Ohr usw.), sie erreicht aber im Falle der Perversion hauptwegig eine andere DZ wie normal, und demgemäß ist auch die motorische Nervenstrecke und ihr Ausdrucksapparat (querstreifige Muskelzelle) eine andere wie normal *). Auch hier kann die Perversion im Bereiche der kollokativen Zuordnung bleiben oder disloziert verlaufen, sie ist am Fehlverhalten, mindestens an der krampfigen, zwanghaften Art der neurotischen Aktionen kenntlich, also verschieden von den normalen Varianten der Ausdrucksbewegungen nach Reflexschaltung (spezif. Funktionsperiodik), Koordination, In- und Extensität, Rhythmus usw. Die pervers angeschlossene Gegenstandszelle erhält auch andere Zuflüsse aus der vegetativen Sphäre, und zwar aus systemgenetisch assoziierten, ebenfalls kranken Gefühlszellen, so daß die Eronenkombination der DZ, demnach auch ihre Akt. von der Norm abweicht. Das Analoge gilt auch für die kranken Begriffszellen. Zum abnormen Erleben und Beschreiben, zur kranken WA gehört immer mehr minder normferne Fehlassoziation sowohl der kranken Aktn. unter sich wie auch zu den fastgesunden Gebieten; die Assoziationen können bestenfalls fastnormal sein; der Pat. lebt eben in „seiner", d. h. hier: seiner besonderen, abartigen Welt.

Die im Sinne der Perversion abnorme Beschaffenheit des Erlebens ist aus dem Verhalten einschl. der Aussage des Pat. zu erschließen. Der Eßtrophotiker z. B. weiß mit den Nahrungsmitteln und Speisen nicht recht umzugehen, er verhält sich zu ihnen in einer von der Norm eigenartig-abweichenden Art und Weise: die Anordnung der Aktn. wie ihrer individualen Reihen ist eben „verkehrt", die Zubereitung findet in einem unklar-sonderbaren Durcheinander, in einer bis zu offenkundiger Ver-

*) Es ist denkbar, daß sich die Perversion innerhalb der Motorik korrigiert, indem in einer neuerlichen Fehlschaltung der Anschluß an die normgleiche motorische Linie erreicht wird, also ein Fehler den andern ausgleicht — wobei aber die zwei Fehler vorhanden bleiben (vgl. 6. Bd. S. 176, 233). Ferner kann die Perversion nur innerhalb der Motorik liegen: Kollaterale, normaliter Nebenweg, ist Hauptweg und führt über pervers angeschlossene motorische Neuronen zu ganz abseits liegenden Ausdrucksorganen. Doch haben solche komplizierten Strukturen mehr theoretisches Interesse.

wirrung und Ratlosigkeit verschrobenen Fehlordnung, im Zwange der Vorschrift (automatistisch-mechanistisch) statt, analog das Tischdecken, die Speisenfolge (alles durcheinander essen, pedantische Auswahl nach Qualität und Quantität, nach „gesundheitlichen Gesichtspunkten", „Diät" usw.), Nebensachen werden zu Hauptsachen und umgekehrt, Pat. „weiß nicht, woran er ist". Mancher Pat. ißt normaliter Ungenießbares wie Bleistifte, Kreide, Haare, Fingernägel, Nasenschleim, madigen Käse mitsamt den Maden, Kotfresser und Harntrinker ordnen die Ausscheidungs- unter die Aufnahmestoffe ein (genetische Sonderung [4. Bd. S. 341] ausgeblieben) und erweisen sich so als pervers. Ist die pulmonale Komponente der Speisen abnorm groß, so nähern sie sich einer luft-, gasähnlichen, lockeren usw. Beschaffenheit, die festen und flüssigen Bestandteile treten rel. weit zurück, „Luft" kann selber als „gastrales Nahrungsmittel" auftreten („lebt von der Luft", Luftschlucker, Magen luftig aufgetrieben, Flatulenz, Meteorismus, Hochstand des Zwerchfells, Atemnot bei Verknappung des Brustraumes usw.). Ist die vasale Komponente der Speisen abnorm groß (perverse Assoziation vasaler RSe zu DZn, deren Aktn. die — normaliter festen — Speisen sind), dann nähern sie sich der breiigen bis flüssigen Beschaffenheit an, feste Speisen „kommen (insoweit) nicht in Betracht", Pat. lebt von Brei, Suppe, Getränk, mittels dessen er auch feste Speisen „verflüssigt". Die normale Speisenordnung ist gestört (abartig) auch beim Vegetarier, Rohköstler und allen andern Arten Eß-Sektierern, beim Brot-, Kartoffel-, Fleisch-, Saucenfanatikern usw.; dazu „verrückte Ideen" wie z. B. die, im Essen könne „Gift" (gemeint ist „magisches Gift") enthalten sein, alles Essen sei Gift, todgefährlich, Fleisch sei Gift, „mache" Harnsäure und Gicht und Arteriosklerose, sei gesundheitsschädlich überhaupt, errege die „Fleischeslust", die verderbliche Sinnlichkeit, Fleischessen sei Sünde (unschuldige Tiere werden gemordet), ja Todsünde, die auch mit Krankheit und Tod bestraft werde (Rache der beim Töten ausgetriebenen Dämonen, „welches Tages Du davon issest, wirst Du des Todes sterben" usw.).

Die trophische Perversion zeigt sich auch im sonderbaren Verhalten des Pat. zu den Eß-, den Küchengeräten, auch zu den Arbeitsgegenständen, zu und bei der Arbeit, im Beruf, zum Gelde, zu Berufsgenossen, zu beruflichen Gruppen, zur Staatswirtschaft als der national umfassenden ökonomischen Organisation, zur Weltwirtschaft. Das verkehrte Verhalten ist verschieden je nach der hypertrophen Spezies der RSe, immer aber krampfig, zwanghaft; es kann normfern oder normnah gerichtet sein, also an falsche bis normnahe, scheinnormale („äußerlich normale") Ziele führen. Der Geldgierige „sieht" nur das Geld (als die dämonische Macht), die Leistung ist ihm Nebensache. Der Machtgierige erstrebt nur die Machtstellung, d. h. die Wahrung seiner Allmacht, die Mittel und Methoden sind ihm gleich-gültig, sie werden „vom Zweck geheiligt“, der „Zweck“ ist in der Allmacht, die ja machen kann, was sie will, schon erreicht, in der inftlschen Alleinheit schon enthalten. Dagegen sieht der Arbeitsfanatiker nur die Arbeit (als Feind-Dämon, den es zu bezwingen gilt), der Lohn, in dem sich die allgemeine Bewertung der Arbeit ausdrückt, ist ihm gleichgültig, seine „Arbeit“, die ja die Dämonie der Arbeit bannt, ist seine „Mission“ und überhaupt nicht mit Geld zu bezahlen, nicht nach menschlich-irdischen Maßstäben zu beurteilen. Der eine benutzt seine Gemeinschaft als Leibgarde, als Ernährerin, er stellt sie in seinen Dienst, nutzt sie — unter Betonung gemeinnütziger (sozialer) Gesinnung — parasitisch zu seinem Vorteil aus (Individualist), der andere „geht ganz in der Gemeinschaft auf“, „verleugnet“ sein Ich, seine Persönlichkeit, die somit all-ein, unversehrt bleibt (Kollektivist); beide ordnen sich falsch ein in die ausgegliederte Pyramide der Gesellschaft hoher Kultur. Ein Geschäftsmann nutzt seine privaten Freunde aus: „nur der ist mein Freund, der mir für meine (faulen) Geschäfte seinen Namen, seine Verbindungen, sein Geld zur Verfügung stellt“; er vermengt-verwechselt Geschäftsfreunde mit Privatfreunden, Beruf mit Freundschaft (trophisch-platonische Perversion). Die Berufsdirne erlebt und behandelt ihre „Liebhaber“ als Ernährer (trophisch-sinnliche Perversion).

Analog verhält sich der Genotiker verkehrt. Pat. weiß — gemäß seinem inftlschen Erleben — mit Verwandten, Freunden und mit Liebespartnern nicht recht umzugehen, er ist sich selber zuviel-zuwenig freund, er liebt sich in der Art des Narziß, spielt in perverser Weise mit den Genitalien (Paronanie, Paramixie, Impotenz usw.), praktiziert allerlei andere geschlechtliche Abartigkeiten (Sado-Masochismus, Homophilie usw.). Die DZn, deren Aktn. die Liebesobjekte sind, sind hauptwegig an andere sensible Nervenfasern wie in der Norm angeschlossen, und so ist auch der Ausdrucksapparat mehr minder abweichend von der Norm bis grob disloziert im Raume der Genitalien selber, die somit verkehrt gehandhabt werden, wie auch im extragenitalen Raume, indem gewisse Körperteile, ferner Tiere, Pflanzen oder Sachen einen pervers-geschlechtlichen Einschlag in Hypertrophie haben, ohne daß Pat. das übrigens zu wissen braucht. Die kranken DZn erhalten da auch hypertrophe vegetative Zuflüsse aus der pervers angeschlossenen Genitalregion. Arbeitlicher Überfleiß kann also auch genotisch sein: es drücken sich dann in den Arbeitsbewegungen hypertrophierte und pervers angeschlossene genische Reflexe aus, „die Arbeit frißt die Liebe auf“, Pat. „hat wenig oder nichts für die Liebe übrig“, „keine Zeit für die Liebe“, hat vermeintlich-angeblich „höhere Aufgaben“, „Probleme zu lösen", „eine Mission zu erfüllen, von der er sich trotz aller Versuchungen nicht ablenken lassen darf", d. h. er ist in dieser perversen Art liebeskrank (sinnlich-trophische Perversion). Pat. erlebt und behandelt seine Geschäftsfreunde als Privatfreunde, schenkt im Beruf, wo doch ge- und verkauft wird, und erwartet Geschenke statt Arbeitslohn, erweist im Beruf nur Gefälligkeiten, Wohltaten (Gefälligkeitsneurotiker, Philantropist), die ja auch normaliter — als platonisch — nicht bezahlt, sondern „erwidert" werden, verrichtet seine Arbeit als eine Art Sport, der ja auch kein Geld, sondern Ehrenpreise einträgt, als eine Liebhaberei, läßt sich nicht „bezahlen", wie das „geringe Menschenwerk" bezahlt wird, Anerbieten von Geld ist ihm Beleidigung usw. (platonisch-trophische Perversion).

Aus dem Verhalten, bes. der Beschreibung des Pat. kann man auch auf idealische Perversionen schließen. Es handelt sich da um pathologische Individualbegriffe, also um unmittelbare Erinnerungen an ein pathologisches gegenständliches Erleben, auch um hypertrophe Phantasien (Phantastereien, 5. Bd. § 7, 3, c), in sich pervers assoziiert und in umfänglichere auch differenziertere Reihen pervers eingeordnet (Fehlerinnerungen, falsche Vorstellungen usw.); ferner um patholog. Begriffe der Verstandes- und der Vernunftsphäre (Kollektivbegriffe), also unverständige und unvernünftige Vorstellungen in perversen Zusammenhängen, die man auch Hirngespinste, höheren Blödsinn usw. nennt. Im Falle der trophisch-genischen Perversion enthalten die kranken genischen Begriffe (analog den entspr. Gegenständen) einen abnormen trophischen Einschlag und sind trophische Begriffsreihen pervers in genische einassoziiert; umgekehrt bei der genisch-trophischen Perversion. Bei im übrigen höher- oder hochdifferenzierten Menschen kann die kranke „Ideologie" zu ganzen Systemen — je nach Spezifität des Kranken zu solchen beruflicher, sozialer, politischer, wissenschaftlicher, ethischer, künstlerischer usw. Art — ausgestaltet und fixiert sein; die Diagnose ist da (sogar falls es sich um Wahnsysteme handelt) oft nur dem Fachmanne möglich (vgl. 4. Bd. S. 534 ff.), und um so schwieriger, als das abwegige Denken mit oft weiten Strecken vernünftigeren und fastvernünftigen Denkens verwebt ist.

Bei alledem ist nicht die Dauer der kranken Funktionen (z. B. die Dauer einer Zecherei, also das Quantum Alkohol, das ein Süchtiger „vertilgt"), sondern der Zwang (z. B. zum Trinken eines auch nur geringen Quantums Alkohol) für die Diagnose maßgebend.

Wir unterscheiden also vier Arten der Perversion (vgl. 6. Bd. S. 248 ff.):

1. die *endotrophische* P.: Fehlleitungen (Fehlanschlüsse) innerhalb der Trophik: der Ernährung, der Arbeit und des troph. Spieles-Sportes,

2. die *endogenische* P.: Fehlleitungen innerhalb der Platonik (einschl. des gen. Spieles-Sportes s. 4. Bd. § 7,$_{5,\mathrm{Du}.6,\mathrm{D}}$) und der Sinnlichkeit sowie zwischen beiden Gebieten,

3. die *trophisch-genische* P.: trophische Hypertrophie mit Fehlanschlüssen an hypertrophierte RSe in der Platonik und-oder der Sinnlichkeit, Einmischung trophischer Hyperfunktionen in genische Situationen,

4. die *genisch-trophische* P.: genische (platonische und-oder sinnliche) Hypertrophie mit Fehlanschlüssen an hypertrophierte genische RSe in der Trophik, Einmischung genischer Hyperfunktionen in trophische Situationen.

Das pervers angeschlossene Organ kann man als *Filiale* der *Zentrale*, d. h. des Organs, von dem die Fehlleitung (die sensible Faser) ausgeht, bezeichnen, aber die Organe bleiben natürlich die, die sie sind, d. h. der genotisch kranke Magen ist nicht Genitale, sondern Magen, als genotisch aber Filiale des Genitales, der luftschluckende Magen ist nicht Lunge, aber als luftschluckend Filiale der Lunge, das Genitale der Berufsdirne ist nicht Magen, sondern Genitale, aber als trophotisch Filiale des Magens, ihre Bewegungen im Verkehr sind genische, aber als trophotisch „berufsartig" usf. Die Filialen funktionieren immer auf Kosten der Zentrale. Wir sprechen von den Filialsymptomen als trophotischen und genotischen; sind sie bes. vordringlich, so kennzeichnen wir die Trophose bzw. Genose auch nach dem betr. Organ oder Sinnesorgan, z. B. Magengenose, Genitaltrophose.

Die Fehlleitung der Nervenströme (Eronenströme) ist vergleichbar der Fehlleitung von Kapitalien einer Bank derart, daß die Zentrale in sich Fehlanordnungen trifft (s. o. 1 und 2), oder derart, daß sie zuviel Kapital in Filialen legt und selber zu wenig verfügbar hat. Man kann die Fehlleitung auch mit der falschen Verteilung der Truppen im Kampfgelände vergleichen. Die Fehlleitung ist natürlich nicht ein „psychischer Akt" oder Wirkung eines solchen usw., sondern eine rein biologische, und zwar pathobiologische Struktur- und Funktionseigentümlichkeit.

Viele Kranke wissen von ihrer Perversion nichts, sie haben eben nur ihre Symptome, die bewußten (Beschwerden) und die unbewußten, die wissentlichen (Krankheitseinsicht) und die unwissentlichen. Es gehört zu den Aufgaben des Arztes, den Sachverhalt zu ermitteln und den Kranken aufzuklären (doch ist diese Aufklärung noch Diagnostik, noch nicht Therapie, die ja erst in der Aufklärung über den weltanschaulichen Sinn-Unsinn der Symptome besteht).

4. Die Gefühlsneurosen.

Die kranken RSe sind immer im ganzen krank, doch überwiegt bei den Gefühlsneurosen die funktionelle Hypertrophie der vegetativen Anteile, es sind also im kranken Gebiete vw. die Gefühle hypertroph, weniger die Gegenstände und Begriffe (6. Bd. § 2, $_4$). Niemals gibt es kranke Gefühlsabläufe bei gesunder (zum System gehöriger) Gegenständlichkeit und Begrifflichkeit; dies gilt auch umgekehrt. Die vegetativen Strecken können — je nach der Spezifität, d. h. der spezifischen Funktionsperiodik — auch im Falle der Hochfunktion von den sensorischen und idealischen Strecken mehr minder abgeschaltet sein, der Kontakt kann also mehr minder gelockert, ja vorübergehend aufgehoben, unterbrochen sein (Diastase); dabei verbleiben die kranken Gefühlserregungen mehr minder vollständig in ihrem, dem vegetativen Bereiche, „im Inneren", ein Übertritt sympathogener Eronen in die sensorische Strecke, eine „Gefühlsäußerung" findet nur nach Maßgabe des Grades der Innigkeit des Kontaktes statt; ein Mensch kann also äußerlich „ruhig" erscheinen und nur innerlich stark erregt sein, doch sind während vegetativer Hochfunktionen normaliter auch die zugehörigen sensorischen und idealischen Strecken in einer höheren Erregung, und wenigstens der Menschenkenner merkt dem Innerlich-Erregten diese Erregung auch äußerlich an (6. Bd. § 4, $_1$, dort auch über vermeintliche „Selbstbeherrschung" usw.). Bei abnorm heftigen Gefühlserregungen kann das sensorische und idealische Bewußtsein herabgesetzt, getrübt oder unterbrochen sein, dies bes. bei kortikaler Ischämie, also Spasmen der Hirngefäße (6. Bd. S. 222, 234 usw.) als Ausdrücken heftiger Angst- und Schmerzreflexe; hierbei können in einer Art circulus vitiosus auch die Gefühlsaktn. selber an Intensität (Helligkeit) verlieren, ja die Funktion der Gefühlszellen bis zu unaktuellen Graden absinken (Ohnmacht, „Hexenschlaf", d. i. „Einschlafen" bei den unerträglichen Schmerzen der Folterung, usw.); demgemäß sind die sensorischen Aktionen reduziert, falls nicht subkortikaler oder subzerebraler Reflexkurzschluß mit tonisch-klonischen Krämpfen stattfindet. Die vegetativ-sensorische Zuschaltung kann plötzlich so innig werden, daß sensorische „Gefühlsausbrüche" stattfinden („Abreagieren"), sie kann auch plötzlich abbrechen (z. B. bei Schreckerlebnissen), so daß der Innerlich-Erregte äußerlich rel. ruhig, wie „kaltblütig" ist und handelt. Zur inneren Situation gehört systemgenetisch allemal eine äußere, nur kann sie der Neurotiker nicht immer (genau) angeben, und auch gesunde Gefühlserregte erleben die äußere Situation nur interkurrent und in geringer Helligkeit und können sie auch nur demgemäß beschreiben (vgl. Unsicherheit von Zeugenaussagen, die bei Neurotikern besonders groß ist).

Bei Lockerung-Unterbrechung des Kontaktes (der Leitung) zwischen den sensibeln Neuronen oder zwischen dem kortikalen sensibeln und dem (sonst) angeschlossenen motorischen Neuron, also der Gefühlszelle besteht pathologische Herabsetzung der Helligkeit des Gefühls bis „Gefühllosigkeit“, sog. Sensibilitätsstörung mit entspr. Ausdrucksstörung (EdS. im § 94). Am auffälligsten ist die „Schmerzunempfindlichkeit“ bei Stichen, Verbrennungen u. a. Verletzungen, doch können auch die übrigen Arten der Gefühlszellen in dieser Art abgeschaltet sein und in unaktueller Funktion bleiben, also eine spezielle Art der Hunger- (Wunsch-, Willen-), Angst-, Trauer-, Freudelosigkeit usw. bestehen. Diese Störungen treten bei Neurosen im Unterschied von analogen hadrotischen Leitungslockerungen oder -unterbrechungen periodisch auf. Sie sind klinisch ähnlich, aber nicht identisch mit den allo- und autosuggestiven Hypofunktionen von Gefühlszellen. So werden manche Menschen während eines intensiven Zwangsdenkens, einer sog. Konzentration, Meditation, inneren Versenkung, Ekstase usw. während anhaltender gleichmäßigrhythmischer Bewegungen schmerzunempfindlich auch gegenüber erheblichen Verletzungen (Fakire, Derwische usw., vereinzelt auch „Artisten“ solcher Art); hierbei kontrahieren sich verletzte Blutgefäße, so daß kein Blut austritt. Bei Primitiven sind solche Vorkommnisse normal, bei Menschen höherer Kulturstufen abnormal, aber auch der Gesunde spürt bei Ablenkungen, in Angsterregungen usw. Verletzungen oft nicht und gerät bei rhythmischen Bewegungen (Tanzen usw.) in einen rauschartigen Zustand. Es handelt sich um normale und abnormale funktionelle Situationen gemäß der biolog. Beschaffenheit der Individuen, nicht um „psychologische Rätsel“, „seelisch-geistige Wirkungen“ oder sonstige Dämonie.

Wir bezeichnen die Neurosen nach den Gefühlspezies. Die Gefühlsneurosen spezifizieren wir nach dem inneren Organ und dem Sinnesorgan, dem das kranke Gefühl zugeordnet, in das es lokalisiert ist und an dem der Ausdruck stattfindet. Wie von Organ- und Sinnesorgangefühlen, so sprechen wir auch von Organ- und Sinnesorganneurosen.

Schema der Gefühlsneurosen

I. Trophosen

1. Organtrophosen

A. Gastraltrophosen

a. Hunger-, b. Angst-, c. Schmerz-, d. Trauer-, e. Freude-, f. Stauungs-, g. Mischtrophosen

B. Kardiovasaltrophosen

a. bis g. wie unter A.

C. Pulmonaltrophosen

a. bis g. wie unter A.

D. Perversionen zur Genik:
Genital-, platon. Trophosen

2. Sinnesorgantrophosen.

a. bis g. wie unter A.

A. Sehgefühls-
B. Hörgefühls-
C. Tastgefühls-
D. Wärme-Kälte-Gefühls-
E. Riechgefühls- } trophosen
F. Schmeckgefühls-
G. Lagegefühls-
H. Kraftgefühls-
I. Richtungsgefühls-
je a. bis g. wie unter 1 A.

II. Genosen

1. Organgenosen

A. Genitalgenosen

a. bis g. wie unter I 1 A.

B. Perversionen zur Trophik:
Gastral-, Kardiovasal-, Pulmonalgenosen

2. Sinnesorgangenosen

a. bis g. wie unter I 1 A.

A. bis I. und je a. bis g. wie bei den Trophosen.

Mit Gastralneurosen werden alle Neurosen des Magen-Darm-Traktus und seiner Anhänge (Leber, Pankreas usw.), mit Kardiovasalneurosen die Herz-, Gefäß-, Milz-, Nieren-, Blasen-, Gewebsneurosen (einschl. Nervengewebsneurosen, also Hypertrophien der ins Nervengewebe, in die Nerven, ins Gehirn lokalisierten Gefühle, z. B. Denkhunger-, -angst, -schmerz, -trauer, -freude, Neuralgien usw.) zusammengefaßt; vgl. 1. Bd. S. 537.

Die Gewebsneurosen sind die rein funktionellen Krankheiten des inneren (intermediären) Stoffwechsels, also die Dysfunktion (Hyper- bzw. Hypofunktion) der Gewebszellen, somit die Störungen der Assimilation (der Aufnahme und Verarbeitung der in Blut und Lymphe dargebotenen trophischen und genischen Stoffe im intrazellulären Biochemismus) und der Ausscheidung der

Stoffwechselprodukte. Es finden statt Zellspasmen (Spasmen der Zellkörper und ihrer Poren) als Ausdruck gewebseigner Reflexe (die auch an zentripetale und zentrifugale Reflexe angeschlossen sind) in Verbindung mit Spasmen der interstitiellen Gefäße und der zugehörigen Drüsen (Hyper- und Hyposekretion und -inkretion, Dyshormonie). Wir haben auch hier Hunger-, Angst-, Schmerz-, Trauer- und Freudenneurosen zu unterscheiden, d. h. im Ablaufe der Zellfunktionen, also der Verengung-Drehung-Erweiterung dominiert die eine oder die andere Reflexspezies pathologisch, und demgemäß weicht der Stoffumsatz biochemisch, d. h. koordinativ und quantitativ von der Norm ab. Die vegetativen Erregungen können als diffuse Gefühle, lokalisiert in die kranke Gewebsregion, auch integriert in die entspr. Magen- oder Mund- oder Lungengefühle (z. B. Hunger nach Festem, Flüssigem, Gasigem, d. h. nach dem zum Krankheitsgebiet gehörenden Stoff, ferner Angst davor usw.) bewußt werden. Diese Dysfunktionen der Gewebe sind die neurotischen Formen der klinisch bekannten Arten der Stoffwechselkrankheiten, also die neurotischen Störungen des Eiweiß-, Kohlehydrat-, Fett-, Wasser-, Mineral-, Gas- usw. umsatzes in den Geweben, z. B. neurot. Gicht (Pseudogicht), Rheuma, harnsaure Diathese, (orthostatische) Albuminurie, Diabetes mellitus, Fettleibigkeit-Magerkeit, Lipurie, Diabetes insipidus, Oedembildungen (Quinckesches Oedem usw.), Rhachitis (als rein funktionelle Abnorm des Kalkumsatzes: spastisch-hormonale Unfähigkeit der Knorpelzellen zur Assimilation des Ca usw.), Oxydationsstörungen, das Heer der neurot. Dermatosen und Dermatitiden usw., wobei abnorme Depotbildungen (Ablagerungen von Harnsäure, Fett, lymphatisch-serös-wässerige Schwellungen usw.) regionär oder diffus, oft mit plötzlicher Ausschwemmung analog Verstopfung-Durchfall, Geiz-Verschwendung, oft auch mit intermittierenden Besserungen bei Absinken der Hyperfunktionen; oft werden die Störungen nach einem Schock manifest, z. B. Diabetes, Abmagerung. Gewebstrophosen sind diese Störungen im trophischen, Gewebsgenosen im genischen Stoffwechsel; Differentialdiagnose (auch von Perversionen) aus der Gesamtpersönlichkeit des Pat. zu stellen. — Mit Rücksicht auf die Zusammenhänge mit Dysfunktionen der zu- und abführenden Gefäße stellen wir die Gewebsneurosen zu den Vasalneurosen, weisen aber auf die Zusammenhänge mit Gastral- und Pulmonalneurosen ausdrücklich hin. S. 6. Bd. § 1, s. c.

Gefühlsneurosen ohne Organsymptome gibt es nicht. Nicht alle Gefühlsspezies aller Organe oder Gewebe kommen aktuell vor, auch nicht pathologisch, z. B. leiden viele Menschen an neurotischen Nervenschmerzen, aber andere Nervengefühle (Nervenhunger usw.) kommen aktuell nicht vor, dagegen sind die ins

Gehirn (in den Kopf) lokalisierten Gefühle aller Spezies aktuell. Ein Pat. wird kaum über Nierenhunger klagen, sondern über ein Druckgefühl in der Nierengegend (Drang, s. S. 28 Fn.), über Nierenschmerzen, über ein dumpfes Schweregefühl, ein Vollgefühl in der Nierengegend (Nierentrauer und -freude), sowie über Drang und Erleichterung, Entspannung, Befreitsein als Entleerungsgefühle. Oft werden „Organsensationen" nicht richtig bezeichnet, sind auch oft der Spezies und der Lokalisation nach so unbestimmt, daß die Einordnung schwierig ist; am sichersten lokalisiert sind die hypertrophen Angst- und Schmerzgefühle. Die Neurotiker, die den Arzt aufsuchen, sind meist A- und Sneurotiker, oft mit Nebensymptomen, von denen die Pat. oft nichts wissen. Hunger und Angst werden oft als Druck und Drang bezeichnet, die Trauer als dumpfes, totes Gefühl. Daß es normale Ängste und Schmerzen gibt,. ist vielfach unbekannt; sie sind bei Kindern häufiger aktuell als bei Jugendlichen und Erwachsenen, bei denen ja die Gefühle mehr und mehr hinter der Gegenständlichkeit und Begrifflichkeit zurücktreten. Alle Erlebnisse sind HASTF-Reihen. Jeder sticht, stößt sich mal, macht unzählige Drehbewegungen, die von leichten Schmerzen begleitet sind, usw. Die Organgefühle sind nicht mit den ins Innere lokalisierten gegenständlichen koordinativen Aktn., also den Registrierungen der inneren Muskelaktionen nach Lage, Kraft und Richtung zu verwechseln; man hat z. B. ein Magenangst- oder -schmerzgefühl und außerdem eine Bewegungswahrnehmung der Magenkrämpfe („es ist, als ob da was zusammenschnürt, drückt, zittert, zwickt, dreht"). Vgl. 2. Bd. §§ 30, 31. Alle neurotischen Ausdrucksaktionen sind krampfig, vgl. 6. Bd. S. 135, 141.

Eine Neurose ist niemals auf e i n Organ oder Sinnesorgan oder e i n e n Sinnesbezirk beschränkt, sondern verbunden mit kranken Funktionen anderer Organe des gleichen oder eines andern Organsystems bzw. eines andern Sinnesorgans bzw. Sinnesbezirks, doch ist die eine Stelle das Zentrum der Krankheit. Magenneurose ist immer verbunden mit Leber- und Darmbeschwerden, oft auch mit Beschwerden an andern Organen. Oft beginnt eine Gastralneurose mit Obstipation, dann schließen sich höhergelegene Spasmen („Sicherungen") an bis zur Eßangst (Deutung: ist die Kotabgabe etwas Dämonisch-Böses, so tut man gut, die bösen Stoffe weiter oben festzuhalten, am besten sie gar nicht erst zu sich zu nehmen, z. B. Fleisch usw.) — oder an einen Blasenverschluß schließen sich Ureter-, dann Nierenspasmen an bis zur Trinkangst; oft ist die Reihenfolge umgekehrt. Es gibt keine monosymptomatische Neurose, wohl aber steht ein Symptom oder Symptomenkomplex (Syndrom) im Vordergrunde. Die Heftigkeit der Symptome, d. h. die Funktionsintensität der kranken RSe schwankt periodisch; sie können zeitweise so gut wie ganz unaktuell sein, z. B. Kopfschmerz bei Migräne, oder mehr weniger abflauen, z. B. kann Schlaflosigkeit mit Zeiten leidlich guten Schlafens abwechseln. Immer aber sind die kranken RSe im Organismus vorhanden und am Funktionsgesamt beteiligt; der Migräniker ist also in der Zeit zwischen zwei Wellen nicht etwa gesund, sondern mehr minder latent-migränisch, und dieses zeigt sich auch an gewissen ängstlich-schmerzlichen Nuancen des Erlebens und Verhaltens (wenigstens dem Kenner) an.

Eine weitere, nähere Spezifizierung der Neurosen ist in dem systemgenetischen Zusammenhang Gefühl : Gegenstand : Begriff gegeben. In dieser Art, also gemäß der Struktur der kranken RSe gehört zu einer Gefühls- immer eine bestimmte Gegenstands- und Begriffssituation, und bes. die Gegenstandssituation zu ermitteln, ist für Diagnose und Therapie unerläßlich (S. 39 f.). Wir stellen also die Frage: bei welcher Gelegenheit, unter welchen gegenständlichen (äußeren) und begrifflichen Umständen treten die Gefühlserregungen auf? Oft ist diese Frage leicht zu beantworten, in andern Fällen bedarf sie genauerer Ermittelung. So wird festgestellt, welche Gruppe von RSen krank ist, wie wir also die kranken Funktionen auch therapeutisch, d. h. quoad weltanschaulichen Sinn zu beschreiben haben. Pat. weiß oft die äußere Situation nicht oder nicht genau anzugeben, er sagt z. B. er habe „immer“ Angst, die Leberschmerzen seien eigtl. dauernd vorhanden, in der Nacht sei das innere Zittern am stärksten, und da sei es doch dunkel, die innere Pein sei um so rätselhafter, als „äußere Ursachen“ nicht vorhanden seien, usw.; er bedarf also der Aufklärung darüber, daß z. B. auch „Luft“ (Gas) gegenständlich ist, daß zwar die Nacht „optisches Dunkel“ ist, dabei aber doch allerlei akustische, taktile, thermische usw. Gegenstände und natürlich viele Gedanken aktuell sein können, aus deren Ermittelung sich die Gefühle spezifizieren lassen (ohne daß dabei „Ursächlichkeit“ „wirksam“ ist). Schlaflosigkeit ist so z. B. als Angst vorm Dunkel, vor nächtlichen Geräuschen, vor dem Bett, der Bettwärme, vor der Umarmung des Liebespartners, vor dem Einschlafen als Bewußtseinsverlust = (magischem) Tod usw. zu spezifizieren — und hiernach richten sich auch die weltanschaulichen Aufklärungen.

Beispiele.

Pat. K. gibt an, er bekomme beim Rauchen (er sagt „durch das Rauchen“) Herzkrämpfe, schon beim Gedanken an die Zigarre, und bei ihrem Anblick melde sich die Herzangst (Angina pectoris). Hier ist klar: die Agefühle und ihr Ausdruck am Herzen stehen im systemgenetischen Zusammenhang mit dem Rauchen. Das Rauchen ist ein sensorischer Vorgang: die Zigarre ist Akt.-Reihe der Modalzellen gewisser optischer RSe, der Ausdruck dieser Reflexe sind Augenbewegungen, Ergreifen usw. der

Zigarre, Mundbewegungen (Saugen) usf.; weiter gehören zum Gefüge taktile, olfaktorische usw. Aktn. Diese Gruppe sensorischer Strecken ist systemgenetisch an bestimmte vegetative Strecken, und zwar hauptsächlich an oral-nasale und pulmonale (Rauch hier svw. nikotinhaltiger Hauch mit feinstverteilten festen Partikeln), daneben auch an kardiovasale, daneben auch an genische angeschlossen. Das Rauchen als Ablauf der Funktion der Gesamtgruppe beginnt mit dem Rauchhunger, also der Hochfunktion der Rauch-HRSe („Hunger“ als Bezeichnung der Funktion der vegetativ-sensorisch-idealischen HRSe); in diesem Hstadium ist bald das Hgefühl (das Verlangen), bald die Zigarre als hgf. Gegenstand (Rundung, Umriß), bald als hgf. Begriff aktuell, verbunden mit den entspr. inneren und äußeren Ausdrucksaktionen (Einengung auf Hweite, Suchen, Auslangen nach der Zigarre). Dann Astadium: ein gewisses Zögern, Schwanken, Auswählen. Nun Sstadium: Zig. wird herausgenommen, Spitze abgeschnitten, Zig. angebrannt, nach und nach verbrannt. Tstadium: Zig. aufgeraucht, Stummel weg, rauchmüde. Endlich Fstadium: befriedigt, rauchsatt. Hierbei werden gewisse Stoffe, spez. Nikotin, als Paßformen für gewisse RSe aufgenommen (Anregung-Beruhigung). In die Einzelstadien gehen allerlei kleinere HASTF-Reihen ein, je nuanciert nach dem betr. Stadium des Gesamtvorganges, z. B. optische, olfaktorische usw. Kleinreihen, endend in der Freude an der Zigarre, an ihrem Duft usw. Das Rauchen kann im Sstadium abgebrochen werden: die Zig. schmeckt nicht; es folgt dann ein Tstadium (schade! ärgerlich!) und ein Fstadium (nicht zu ändern, also gut) mehr minder aktuell. Oder es wird eine zweite Zig. geraucht usw. Diese Funktionen variieren im Sinne der Anregung-Beruhigung. Die ersten Rauchversuche gehen nicht selten mit hohen Gefühlserregungen einher: Würgen, Husten, Herzklopfen, Erröten-Erblassen, Übelkeit, Erbrechen, Durchfall usw. (vgl. 4. Bd. § 8, 4. B), bis man sich gewöhnt hat. Der Rauchneurotiker hat das Rauchen noch nicht oder noch nicht recht gelernt, er ist Kettenraucher (Abusus), nikotinabstinent, „frißt“ die Zig. oder weiß sonst nicht mit ihr umzugehen. für ihn ist die Zig., das Feuer, der Rauch, das Nikotin die Feind-Dämonie, die es (so oder so) zu bannen gilt. S. meine Monographie „Tabak und Neurose“.

Bei Pat. K. sind speziell die zum Raucherlebnis gehörenden kardialen ARSe hypertrophiert, mit dem Rauchen ist also systemgenet. eine hochgradige Herzangst verbunden, sie äußert sich in Herzkrämpfen, die (auch) koordinativ registriert, als erregte Herzaktion wahrgenommen werden. Er leidet an einer Herzangstneurose in Verbindung mit Rauchen. Er hat schon vor dem Rauchen, vor der Zig. aktuelle Herzangst, und diese wellt bis ins sensorische Sstadium hinüber, in das auch leichte Herzschmerzen, -stiche fallen; die Zig. wird alsbald beiseitegelegt (Tstadium), dann tritt „Erholung“ ein (Fstadium), alle Stadien sind stark ahaltig, ängstliche Gedanken über die Schädlichkeit des Rauchens, bes. für das Herz interkurrieren und können sich systemisieren, das Ganze ist ein neurotisches Angsterlebnis.

K. hat schon als ganz kleines Kind am Rauch, am Feuer herumgerätselt. „Rauch“ war schwarzes, graues Gespenst, das sich unheimlich dem unheimlichen Feuer enthob; in Feuer aber verwandelten sich geheimnisvoll Holz, Kohle u. a. „Wesen“, die den Feuer-Rauch-Zauber in sich bargen. Angstvoll, mit bangem Herzen sah der kleine K. Feuer-Rauch im Herde, im Ofen, am Streichholz, an der Zigarre, der Pfeife der großen Wesen (Männer), dann in dem Teufelsungeheuer Lokomotive usw. Das Feuer brennt in der Hölle, z. B. im Pfeifenkopf, und es raucht aus der Mund-Hölle des Alten. Aber auch vom Himmel fällt Feuer (Sonnenlicht, Blitz) und kann zünden und sich in Rauch verwandeln, der wieder emporsteigt, usf. Wer Feuer-Rauch beherrscht, ist Herr über Leben und Tod; so

„mußte" man zündeln, Streichhölzer stehlen und in Serien anstreichen, ein wenig brennen lassen, dann in die Erde stecken (Feuer in die Hölle), auch „dem Alten" das brennende Streichholz an die lange Pfeife halten — ein Zeichen, daß man das Feuer bannen konnte. So mußte man auch die Sonne anstarren, den Blitz „aushalten" usw. Aber es war hochgefährlich, mit Feuer und Rauch umzugehen: man konnte erblinden (= sterben), ersticken (= sterben), aber die Angst vor Feuer-Rauch war schon der allmächtige Schutzdämon, der den Feind-Dämon bannte: meldete sich das Klopfen in der linken Brust, so war der Feind-Dämon erkannt und damit gebannt, er wirkte magisch auf das Herz, aber dieses schlug dagegen — mit dem Erfolg, daß „die (Herz-)Attacke, der Tod abgeschlagen wurde", K. also „das (magische) Leben" behielt.

Der erste Rauchversuch (mit 12 Jahren) war ein furchtbares Ereignis, dennoch war der Hunger, es den andern gleichzutun, so stark, daß der schwere Kampf mit dem in der Zigarette hausenden Feuer-Rauch-Dämon unter tausend Ängsten vor der Zauberwirkung, auch vor dem Ertapptwerden wiederholt wurde, auch nach dem „Hängen und Würgen" eine gewisse Genugtuung über das bewiesene Heldentum aufkam (man tat schon etwas, was eigentlich nur die Großen tun dürfen). Bis dahin waren nun auch schon andere Ängste hypertrophiert (vorm Dunkel, vorm Gefragtwerden usw.), doch war das „innerliche Beben" am stärksten beim Rauchen, dieses war somit die konzentrierte Dämonie, die höchste Gefahr und galt als Ursache der Herzneurose, wie das später auch von Ärzten (unrichtig) bestätigt wurde.

Tatsächlich bestand die Neurose wie immer latent (als Disposition) ab origine, dann manifest, wenn auch noch nicht diagnostiziert, schon in der frühen Kindheit, also lange bevor Tabakrauchversuche gemacht wurden, sie wuchs dann weiter aus, als das Rauchen, eine Art Pubertätsprobe, aktuell wurde. Rein systemgenetisch, also gemäß der biolog. Struktur des kranken Gefüges steht die Zigarre als Hauptgegenstand und -begriff in Assoziation mit kardialen RSen, unter denen die ARSe hypertrophiert sind. Das Rauchen ist also nicht die Ursache der Herzneurose, sondern K. raucht neurotisch. Wie sollte wohl auch das Rauchen, ja die ungerauchte Zigarre eine Herz- oder sonstige Neurose oder Krankheit „verursachen"! Ohne Zauber ginge das nicht! Auch Nikotin, CO u. a. Brenzprodukte der Zig. können eine Neurose nicht verursachen; es gibt nur eben gewisse Menschen, die neurotisch rauchen (Rauch- s. Tabakneurotiker). Die Fiktion „Ursächlichkeit" ist weder eine „Erklärung" noch eine „Befriedigung des Kausalbedürfnisses" (man fragt ja immer weiter „warum"?), sondern nur eine Bestätigung und Bestärkung des dämonistischen Denkens der Pat.

Zu diesem Deutedenken gehört auch die horizontale Therapie: 1. Verbot, Meidung der Zig. als der vermeintlichen Ursache der Herzkrämpfe, Aufgeben des Kampfes, Flucht von der Front, Bestätigung der Schwäche. Scheinbeweis der Kausalität mittels des Irrealis: wenn K. nicht rauchen würde, bekäme er auch keine Herzkrämpfe; realiter: wenn K. nicht rauchen würde, würde er nicht rauchen, d. h. das Erlebnis „Rauchen", hier einschl. Herzkrämpfen findet dann eben nicht statt. 2. Suggestion, das Rauchen sei in der Tat schädlich, gefährlich, es sei verdienstlich, es zu unterlassen, abstinent zu sein in Tabak (dazu am besten auch gleich in Alkohol, Fleisch und Liebe), womit denn die Dämonie des „Teufelskrautes" usw. anerkannt und in Form der Negation magisch entmachtet wird; analog Appell an die „Selbstbeherrschung" gegenüber der „Versuchung", Diffamierung des Rauchens als „seelische Schwäche", Training im Zwangsdenken gegen die Versuchung, Gelübde als Ablenkungen usf. 3. Suggestion, Pat. möge sich beruhigen, das mäßige Rauchen sei auch für ihn ganz harmlos; der Arzt ist da der Vater-Dämon, der mit seiner Erlaubnis dem Kind-Pat. das Rauchen ungefährlich (schuld-, sündlos) „macht". 4. Empfehlung entnikotinierter, bonikotierter, mit schlechtschmeckenden Stoffen imprägnierter Zigarren (s. 1.). 5. Verordnung von Herzberuhigungsmitteln usw. 6. Psychoanalyt. Mitteilungen, die Zig. sei Penissymbol, das Rauchen Koitussymbol, die Rauch-Herzangst sei durch Verdrängung geschlechtlicher Wünsche verursacht und eigentlich Angst vor der verpönten Geschlechtlichkeit, vor der Kastration (Abbrennen des Penis) usw. In der Tat ist für den genot. Raucher das Rauchen ein pervers-sinnlicher Vorgang, nicht aber für den trophot. Raucher; ferner ist die Perversion eine biolog. Fehlstruktur, nicht durch ein „psychisches Trauma", durch ein „psychisches Manöver" (Symbolbildung, Maskierung des „eigentlich Gemeinten" usw.) verursacht und durch psychologische Deutungen-Deutereien, die obendrein in der Art der Verallgemeinerung sowie des Mißverstehens der gestalt- und verfahrensmäßigen Analogie als „nur libidinös" falsch sind, nicht rückgängig zu machen; endlich ist auch die für den Genotiker zutreffende Aufklärung über den strukturell perversen Tatbestand noch immer Diagnostik (für den Trophotiker Fehldiagnostik) und noch nicht Therapie, man müßte es denn schon Therapie nennen, daß man Pat. glauben macht, diese Diagnostik sei eben die Therapie. Die vertikale Therapie (die Erkenntnistherapie) ist die Herausführung aus der dämonistischen Denkweise, so daß Feuer-Rauch-Zigarre usw. totaliter als rein physische Dinge erkannt werden und somit der Zauber, also auch die ihm entspr. „Aufregung" (als magische Warnung-Abwehr, als Gegenzauber) entfällt.

Frau S., 34 J., klagt u. v. a. über „ein unerträgliches Gefühl der Schwäche in den Beinen", sie werden „ganz schlotterig", während sie am Herde stehe und koche, es sei ihr, als müsse sie jeden Augenblick umsinken, die Schwäche steige bis in den Leib und ins Herz hinauf usw. Ihre und ihrer Ärzte Deutung: Das Stehen ist schuld, „bekommt Ihnen nicht", also „setzen Sie sich beim Kochen!" oder „lassen Sie Ihr Mädchen kochen!" oder „nehmen Sie sich zusammen!" usw. Tatsächlich wird der Herd, das Feuer, mit dem Pat. umgehen muß, die Aufgabe zu kochen (Prüfung durch den Ehemann!) analog erlebt wie vom neurot. Raucher Feuer-Rauch-Zigarre. Das Gegenstandsgefüge Herd-Feuer-Nahrungsmittel usw. ist Akt.-Reihe optischer usw. Modalzellen, die z. T. funktionell krank (infantilistisch), z. T. fastgesund sind; der Ausdruck der kranken RSe ist Krampf der zugehörigen Skelettmuskeln, hier bes. der Beinmuskeln, koordinativ registriert als Beben, Zittern, auch das Gefühl der Schwäche, des Umsinkens, Vergehens; systemgenetisch assoziiert sind kranke vegetative, hier bes. kardiovasale Reflexstrecken, unter denen ebenfalls die Angst- und Schmerzreflexe dominieren, Ausdruck: krampfige Kontraktionen von Bein-, Bauch- und Brustgefäßen bis zu schmerzhaften Herzkrämpfen, von Hirngefäßen, wobei Ischämie, Ernährungsstörung des Gehirns, Minderung der Helligkeit des Bewußtseins als „Verschwimmen der Dinge", „Ohnmachtsanwandlung" usw. Deutung: im (schwarzen) Herde, der Höhle-Hölle haust der Teufel-Tod, der „Schwarze", der aus den Kohlen das Feuer entfacht und so wie Satan-Saturn seine eigenen Kinder verzehrt, er röstet, brät, kocht getötete Wesen (Kartoffeln, Fleisch usw.), er zaubert auch der Frau, die mit ihm umgeht, die Schwäche an, die als Todeszauber der Tod selbst und doch zugleich die Bannung des Todes, also Lebenszauber ist: Pat. lebt ja noch — aber als was? als Höllen-Teufelswesen, das mit dem Teufel vertraut ist, oder als Himmels-Gotteswesen, dem der Teufel nichts anhaben kann? Schon dem kleinen Kinde war die Küche, der Herd. die Mutter, die da „tötete" (zerschnitt, zerstückte usw.), die mit dem Feuer umging, unheimlich, und angstvoll sah sie „die Hexe" in der „Hexenküche" werken, das Stechen, Schneiden usw. „schnitt ihr ins Herz". In diesem magischen Erleben lernte sie selber das Kochen, das Beherrschen des dämonischen Feuers

(Essen darf nicht anbrennen, muß rechtzeitig fertig werden usw.) „im Schutze ihrer Angst", freilich ohne diesen weltanschaulichen Sinn ihrer Symptome zu kennen; es kam also nicht auf die physische Zubereitung von Speisen, sondern auf die Bannung des Herd-Dämons an. Die Meidung der „Kampfstätte" ist natürlich keine Heilung, und der Befehl „Nehmen Sie sich zusammen!" ist eine leere dämonistische Phrase. Der Heilweg ist die Entdämonisierung des Herdes und des Menschen, letztens der Welt überhaupt.

Eine Pat. hat „unerträgliche" Angst vor und beim Bahnfahren mit Herzjagen, Beklemmung, Schwitzen, Todesahnen usw. Angebliche „Ursache" ein plötzliches Bremsen des Zuges am Brenner, wobei Koffer im Abteil herunterfielen. In Wahrheit hat sie sich schon als ganz kleines Kind vor den Wagen-Ungeheuern, die die Menschen verschlingen und in die Fremde, ins Unbekannte, ins Jenseits entführen, schwer geängstigt, alles Fahren war unheimliche Gefahr. Etwa 1½jährig wurde sie von der Mutter in ein Krankenhaus gefahren, wo man sie behalten wollte, sie schrie aber so erbärmlich, daß Mutter sie wieder mitnahm, eine frühe Erfahrung, die ihre Angst vor den bösen Wagen bestätigte. Später ist sie „leidenschaftlich gern" gereist (Hunger, das „Wagnis" herauszufordern und zu bannen), aber immer nach peinlichster Vorbereitung („alles geordnet", „man kann ja nie wissen, was passiert", „es geschehen doch Bahnunglücke, nicht wahr?"): die Fahrt ist die Lebens-Todesfahrt, im Wagen und um ihn lauert der Tod usw. Dann wucherten die Ängste aus: die Dämonie des Todes flößt ihr die ahnende Angst ein, aber damit verrät sie sich der Ebenbürtigen, so daß „die Angst" sie warnt und schützt. Der Vorfall am Brenner war also nicht „Ursache", sondern ein Erlebnis im Rahmen der Neurose, das „mit besonderer Wucht" die dämonische Gefährlichkeit des Reisens bestätigte. In solcher Angst kann mancher Pat. nicht einsteigen (Überschreiten der Schwelle = Entscheidung über Leben und Tod, Zuschlagen der Tür = Schicksalsschlag, es gibt kein Zurück), mancher nicht längere Strecken fahren (unentrinnbare Gefangenschaft, das Unheil muß doch mal kommen, jetzt ist es da ... und jetzt ... und jetzt), aber die dämonische Angst bannt das Unheil: es geschieht nichts, alle gerettet! Lokomotive = schwarzes Ungetüm, in der Bauch-Hölle Feuer, schwarze Männer = Teufel, die das Höllenfeuer schüren, die Menschen in die Unendlichkeit fahren usw.

In vielen anderen Fällen ist der systemgenetische Zusammenhang nicht so leicht ersichtlich. Pat. hat heftige Neuralgien, sobald sie sich ins Bett legt, „die Schmerzen lassen sie nicht schlafen", „ich weiß nicht, was das ist", „man muß geradezu an Nachtgeister glauben, die einen ängstigen und peinigen", „es ist die reine Hölle" usw. Kinderglaube: Nacht = Schlaf = Toddämon (vgl. Morpheus, Mors, nox-nex usw.), Abschied von der Mutter, vom Tage, vom Lichtdämon usw.; schon das kleine Kind hat dabei heftig geweint, auch Schmerzen gehabt als Anzeichen, daß „die Nacht", die Gespenster an ihm herumreißen, es in den Tod reißen wollen, wogegen sich „das Kind" schmerzlich wehrt, so daß „der Schmerz" wiederum ein guter Dämon ist; auch das Fege-Höllenfeuer ist der Schmerz, also Teufels- oder Gotteszauber zur Sühne für die Sünden der Welt (Christi Marterung und Höllenfahrt), usf. Eine Tablette „bringt den Schlaf", „schläft für mich", d. h. der Arzneizauber verscheucht die Todesboten, so daß man im Schutze dieses Zaubers ruhig einschlafen kann, es ist ja kein echter Schlaf, sondern ein künstlicher, ein Scheinschlaf, der Tod hat keine Macht, er ist überwunden (vgl. Tablette = Hostie = Sacrum, das den Tod bannt und die Hölle entmachtet). Im Sanatorium wacht der Magier-Arzt, hält die Nachtfahren und Nachtgefahren ab, aber hoffentlich ist er zaubermächtig genug, besser, man paßt auf, ob nicht doch

Schmerzen kommen, — da, nun zwickt es richtig im Nacken, dann das Bein hinunter (Schmerzzellen aktuell) usf. Vertikale Therapie: psychobiologische Aufklärung über das Wesen von Tag und Nacht, Wachen und Schlafen, Schmerz usw., so daß alle Dämonie entfällt.

Pat. hat seit langem einen trockenen Nasenrachenkatarrh mit zeitweisem Verschluß der Ohrtrompete, Mandelschwellungen, Hörstörungen usw. Vorher Jahre hindurch flüssiger Katarrh; „Abknipsen" der Mandeln, Koupierung der Nasenscheidewand, unzählige Einlagen usw., alles vergeblich. Der flüssige ist dann in einen trockenen Katarrh übergegangen, der Pat. lästiger ist als jener („da lief das Zeug wenigstens ab"). Ärztl. Rat: Rauchen, staubige Luft, Alkohol meiden usw. Man sucht also nach äußeren „Ursachen", ihre Beseitigung müsse den Katarrh heilen, aber „er denkt gar nicht daran, sich zu bessern". Tatsächlich ist der Katarrh so alt wie Pat., war nur zunächst latent, merklich aber als „Neigung zu Erkältungen", dann mehr und mehr manifest, zeitweise als „Durchfall" (Hypersekretion = krampfige Kontraktion der Drüsenkörper), dann als „Verstopfung" (Krampfverschluß der Drüsenöffnungen, Trockenheit der Schleimhaut, s. 6. Bd. S. 170, 233), dazu Muskelspasmen in Rachen, Ohrtrompete, Gefäßspasmen mit Schwellung der Mandeln usw. Die zugehörige Gegenständlichkeit ist „die Luft", gedeutet als dämonische Lebenstodesmacht, geheimnisvoll wirksam als Kälte, Staub, Rauch, Nebel, Bazillen, Pollen (vgl. Heuschnupfen usw.), aber auch als Seelenreich usw.; Reaktion: Ausschwemmen der Todeskeime, anderseits Verschluß der Pforten, beides magische Lebensrettung, Wahrung der Allmacht über Leben-Tod. Vertik. Ther.: weltanschauliche Aufklärung dieses Aberglaubens, der gewucherten frühkindlichen Deutungen.

Periodisch treten bei Pat. heftige Leberkrämpfe (mit Verstopfung, Ikterus usw.) auf. „Was ist schuld?" Vielfache ärztliche Untersuchung, auch von Internisten-Autoritäten. Verordnung: Diät, Cholagoga, Badekuren, Klinik usw. — nichts hilft. „Ist die Zeit um, ist der Anfall wieder da". Also gibt es keine Ursache? Nein, es gibt keine, die kranken RSe haben ihre spezif. Funktionsperiode, aber natürlich im Zusammenhang mit gewissen äußeren Umständen. Schon als ganz kleines Kind war Pat. (einziges Kind, Vater gestorben an progress. Paralyse, Mutter melancholisch) tief traurig über das Unheil in der Welt, bes. über das „ewige Sterben", „Welt ein Trümmerhaufen", das Kind weinte viel, mußte sich opfern, indem es „die Trümmer" beseitigte, also „alles vertilgte", bes. alle Speisereste aufaß, „alles Aas aß" und somit „aus der Welt schaffte", die Welt vom Tode erlöste usw. Aber der verschlungene Tod drückte auf die rechte Seite im Innern (Lebergegend), so daß schon früh manchmal so ein unheimliches Gewese dort bemerkbar wurde, — das nun eben später „Leberkrämpfe" hieß (das Kleinkind weiß ja noch nichts von „inneren Organen" und kann sich, auch falls es den einen oder anderen Namen kennt, nur Dämonisches darunter „vorstellen": Kampf im Innern zwischen guten und bösen Dämonen usf., vgl. G. R. Heyers Dämonologie, 6. Bd. S. 49 f.). Der Leberdruck usw. hing also mit „dem Essen" zusammen, aber rein systemgenetisch, von wirkender Ursächlichkeit im Sinne der magischen Deutung der Pat. oder der kausalen Deutung der Ärzte kann realiter nicht die Rede sein. Der Fall war eine Trauer-Angsttrophose (T. haupt-, A. nebenhypertroph).

Pat. W., 25 J., leidet seit 11 Jahren an häufigen „Anfällen" von unstillbarem Erbrechen, dabei „todelend", „völlig erschöpft und ausgetrocknet" „wie eine Mumie". Wiederholt Krankenhausaufenthalt mit Magenausheberung, Röntgenuntersuchung usw., „normaler Befund"; alle Kuren, Mittel vergeblich. „Ursache" unbekannt, auch den Ärzten rätselhaft, ein Professor habe von einer Krankheit im Zwischenhirn gesprochen. „Ich habe weder im Beruf (Kontoristin) noch in der Familie (lebt mit der Mutter) Aufregungen, lebe sehr solide, Vergnügungen sind mir zu schal, Freund habe ich keinen, will von der Liebe nichts wissen, wer soll auch ein so krankes Mädchen heiraten. Periode erstmalig mit 14 Jahren, war mir graulich und peinlich, ja unheimlich, Schmerzen eigtl. nicht, aber ich hätte die Blutung lieber nicht gehabt. Seitdem regelmäßig, in Ordnung." Auf Befragen: „Blut sehr wenig, ein bis zwei Tage, ich mag mich nicht darum kümmern". Auf weiteres Befragen: „Ich habe nie Blut sehen können, auch nicht rote Farbe, es war mir immer unheimlich, ich erinnere mich, daß ich schon als Kleinkind so ein banges Gefühl im Magen hatte; einmal, 5 Jahre alt, sah ich im Abort eine blutige Wurst, eine Monatsbinde, da habe ich mich übergeben müssen, es war schauderhaft; später wenn von Blut und Blutung die Rede war, bekam ich Ohrensausen, Schwindel und Übelkeit. Mein eignes Blut kann ich auch nicht sehen, aber das Erbrechen tritt nicht immer bei der Periode auf, auch zu anderer Zeit, aber man sieht ja Blut, Blutiges, Rotes öfter, ich darf gar nicht daran denken, da wird mir schon bang im Magen — das wird mir jetzt erst klar, nachdem Sie mich gefragt haben". Usw. Es besteht also eine perverse Reflexverbindung Genitale — Magen, der zugehörige Gegenstand ist Rotes, bes. Blut, und zwar genisch erlebt, der zugehörige Begriff entspricht diesem Gegenstand. Das Erbrechen tritt ein, sobald die kr. RSe gemäß ihrer spezif. Periodik ihre Hochfunktion haben; früher bestand „banges Gefühl im Magen", auch beginnende Übelkeit, mit 5 Jahren einmal Erbrechen; nach Eintritt der Menses, also der pubertätlichen Entwicklung der Genitalien, somit auch ihrer Spasmen (Oligomenie) weitere Hypertrophie der perversen Reflexe, bes. Areflexe zu langanhaltender Hochfunktion: unstillbares Erbrechen*). Deutung der Pat.: Blut ist Lebens-Todes-Dämon, Zauber, der in mein Inneres wirkt, mir das Leben aus dem Leibe pressen, mich töten will, mich zur Mumie austrocknet usw., aber ich halte die Heimsuchung aus, mein Opfer rettet mich, der Tod-Teufel-Gott kann mich nicht holen, ich breche den Todeszauber aus, ich lebe noch. Erkenntnistherapie, Heilung.

Beim Suchen nach den „Ursachen" der inneren Krankheit, hier der Gefühlsneurose findet man, daß nicht e i n e, sondern m e h r e r e, ja v i e l e „U r s a c h e n" von je verschiedener „Dosis Ursächlichkeit" (Ursachen und Bedingungen, EdS. §§80,81) „schuld" seien. Realiter sind alle diese „Faktoren" Umstände, unter denen sich die Neurose entwickelt und somit Glieder dieser Entwicklung, mit den anderen im zeiträumlichen Zusammenhang stehend (6. Bd. § 1, $_4$). Im Kausalitätsdenken gilt die Ursachwirkung prinzipiell, hängt alles mit allem kausal zusammen. Der Alltagsmensch ist gemäß der rel. geringen Auspräzisierung von Einzelzusammenhängen im Assoziationsnetz mit allen „erdenklichen" Kausaldeutungen zur Hand, aber auch der Wissenschaftler bringt seine differenzierteren Kausalreihen in weitere Zusammenhänge (von „geminderter Ursächlichkeit") und letztens in den allgemeinen Kausalzusammenhang. Im Bereich der prinzipiell unbeschränkten Möglichkeiten laufen auch viele irrige und falsche Assoziationen ab, werden also die Dosen oder

*) Vgl. Durchfall, Harnflut, Menorrhagie, Fluor albus, Speichel-,Tränenfluß, Hyperhidrosis usw., auch Hypersekretion bei Heuschnupfen usw. — Ausscheidung-Abwehr „feindlicher Dämonie".

Grade der Ursächlichkeit einzelner oder mehrerer „Faktoren" als zu hoch oder zu niedrig angegeben: Fälle falscher Kausalität (s. 1. Bd. S. 88). So wird ein Schlafloser auf Urlaub geschickt, weil er sich überarbeitet habe und dadurch gesund werden könne, wenn man die Ursache beseitige; in Wahrheit ist die Tatsache, daß jem. „sich überarbeitet", d. h. krampfig arbeitet, schon neurotisches Symptom, oder die Schlaflosigkeit hat mit der Arbeit nichts zu tun, sondern liegt im Genischen; der Urlaub aber ist nicht Ursache der Heilung, sondern höchstens Funktionspause der kranken RSe. Der Fluor albus soll durch ein kaltes Bad entstanden sein, die Blinddarmschmerzen durch Verwachsungen, durch ein Stück Kirschkuchen, einen verschluckten Kirschkern, durch Oxyuren usw., die Impotenz durch eine üble Erfahrung mit einem Mädchen, die Ehefeindlichkeit durch die „Erfahrungen", daß „die Männer alle nichts taugen", oder dadurch, daß man sich „höheren Aufgaben widmen müsse" (weshalb die Impotenz oder Ehelosigkeit beim „Helden, Heiligen und Genie" nicht abnorm sei!), die Neuralgie durch die Geburt des dritten Kindes, der Charakterfehler durch die schlechte Erziehung, die Herzneurose durch die Skrophulose, die Epilepsie, die Gedächtnisschwäche durch einen Fall auf den Kopf, den Pat. als kleines Kind erlitten habe (als ob nicht alle Kinder ungezählte Male hinfallen!), die Hysterie durch einen Überfall, die Nervosität durch die Onanie, die Sterilität der Frau durch das Rauchen usw. usw. — Fiktion und Irrtum zugleich.

Zu der in den „Außenfaktoren" gesellt sich die in den „Innenfaktoren" wirksame Ursächlichkeit. Die Gefühle werden als seelisch gedeutet, die Seele zerfällt in Seele und Geist, die in geheimnisvoller Weise auf und gegen einander und auf das Anhängsel Leib und die Außenwelt wirken und anderseits von daher beeinflußt werden, eine Dreiheit, die zwar eine Dreiheit und doch eine Einheit sei, usw. Ursachen der gefühlsneurot. Symptome seien die Organe, in die sie lokalisiert sind, oder das Unbewußte, in dem die verdrängten Wünsche spuken, das Es, das dem Ich und Über-Ich zu schaffen mache, die guten oder bösen Dämonen, die in den Organen oder als Zellseelen in den Zellen hausen, oder die Geister, die im Kopfe wohnen und im Kampfe mit den unteren Dämonen liegen, usw., ferner die Hormone, die neuerdings in der innerdämonistischen Hierarchie einen hohen Posten bekleiden, die bei aller quantitativen Kleinheit — das sei ja gerade Beweis ihrer Zauberkraft — auf Seele und Geist unerhörte Wirkungen ausüben, ja den ganzen seelisch-geistig-leiblichen Betrieb in Ordnung oder Unordnung halten oder bringen, also mit einer über dem Ganzen schwebenden Dämonie ausgestattet sind...! Und schon stehen die Hormone in Konkurrenz mit den Vitaminen, aber schon künden sich in der

Ferne die geheimnisvollen Kräfte des „Lebensstoffwechsels“ an, der neben dem leiblichen und dem seelischen bestehe und z. B. das Altern „bedinge“... (vgl. 4. Bd. § 3, 2 u. 3).

Es versteht sich, daß die Denkkranken in ihrem primitivistischen (rohdämonistischen) Denken, das in sich verwirrt und auch an die reiferen Denkbezirke fehlassoziiert ist, in unklaren Kausalannahmen, abergläubischen Deutereien, „Motivierungen“ und Vorwänden Besonderes leisten. Es ist also die Aufgabe der echten Therapie, die Unklarheit aufzuklären; es genügt nicht, falsche Kausaldeutungen zu berichtigen und dabei den Kausalglauben zu belassen und anzuerkennen, sondern es muß das Kausalproblem selber, das metaphysische Problem in seinen rohen und verdünnten Stufen, das Leib-Seele-Problem derart geklärt werden, daß es entfällt.

Für das Verständnis der Gefühlsneurosen ist von Wichtigkeit die Tatsache, daß die vegetativen Funktionen auch ohne Vorhandensein der organspezifischen Füllmaterials ablaufen wie 1. Bd. § 13, $14,_1$ beschrieben. Magenschmerzen z. B. können auch bei leerem Magen auftreten, Tenesmus bei leerem Darm, Genitalkrämpfe auch im Intermenstrum usw., auch ein Beweis, daß das Füllmaterial nicht Ursache der Beschwerden ist.

Über den Zusammenhang Begriff : Gefühl ist nichts wesentlich anderes zu sagen wie über den Zusammenhang Gegenstand : Gefühl. Nicht selten werden Gefühle nach „ihren“, d. h. den systemgenet. zugehörigen Begriffen aktuell, bleibt die zugehörige Gegenständlichkeit unaktuell. So sagt jem.: „Ich darf gar nicht daran denken, dann wird mir das Herz schwer“ usw. Beim Gefühlsneurotiker sind hierbei die Gefühle eben hypertroph; er gerät bei einer Erinnerung, die im analogen Erleben des Gesunden nicht mit hohen Gefühlserregungen verbunden ist, in einen „Aufruhr der Gefühle“, der als übertrieben kenntlich ist; anderseits „bleibt er innerlich unberührt“ bei Erinnerungen, die im analogen Erleben des Gesunden mit höheren Gefühlserregungen verbunden sind. Wiederum sind die Begriffe nicht die magische-mystische Ursache der Gefühlserregungen mit ihren organ- und sinnesorganneurotischen Ausdrucksaktionen, sondern besteht lediglich ein systemgenetisch-assoziativer Zusammenhang.

5. Die Gegenstandsneurosen.

Bei den Gegenstandneurosen überwiegt die fktl. Hypertrophie der sensorischen Anteile der kranken RSe, es sind also im kranken Gebiete vw. die Gegenstände hypertroph, weniger die Gefühle und die Begriffe. Der Kontakt der sensorischen Strecken mit den zum System gehörenden vegetativen bzw. idealischen kann mehr oder weniger innig sein (S. 56), demgemäß sind die

Ausdrucksaktionen mehr oder weniger sympathogen (impulsiv usw.) bzw. ideogen (besonnen, überlegt, berechnet usw., 6. Bd. § 4), immer aber krampfig, zwanghaft. Eine Neurose kann zunächst Gefühlsneurose sein, dann in eine Gegenstands- oder eine Begriffsneurose übergehen, umgekehrt kann eine Gegenstands- oder Begriffsneurose in eine Gefühlsneurose, auch eine Gegenstands- in eine Begriffsneurose übergehen — gemäß der Spezifität des einzelnen Falles; bei der Abgrenzung der Neurosenformen ist ja eben das „vorwiegend" maßgebend. Ein Sportler z. B. kann lange Jahre übereifrig, verbissen trainieren und später Rheumatiker werden, der „sich nicht mehr rühren kann"; ein Pat. kann als Schüler überfleißig, auch später Überarbeiter im Begriffsdenken sein und dann mehr und mehr an Kopfschmerzen leiden, so daß die Kopfarbeit beschränkt wird; Trunksucht geht manchmal in Zwangsdenken gegen den „Alkoholteufel" über usf. Während der Involution gehen nicht selten Hyperfunktionen in dauernde Hypofunktionen über; dieser Vorgang imponiert als „Heilung", ist aber tatsächlich nur eine mehr minder weitgehende Milderung manifester Beschwerden, auch mit Symptomverschiebung. So werden z. B. Fanatiker im Alter ruhiger, manche Angstkranke leistungsfähiger, manche Migräne usw. schwindet im Klimakterium (Involution genitaler ARSe und SRSe) usw.; hiermit kann eine Zunahme der Begriffshypertrophie verbunden sein, wie ja auch normaliter die Begrifflichkeit sich zur Altersweisheit erweitert-erhöht.

Auch im sensorischen Gebiete kommen Kontaktlockerungen und -unterbrechungen zwischen den sensibeln Neuronen und zwischen der sensibeln und der motorischen Strecke sowie Hypofunktionen vor: Absinken bis „Ausfall" der betr. Gegenstände mit entspr. Ausdrucksstörungen. Solche Sinnesdysfunktionen sind punktförmige oder ausgebreitetere Trübungen, Einengungen, Ausfälle im Gesichts-, Hör-, Tastsinn usw. Pat. ist „unempfindlich" gegen Wärme-Kälte, kann sich sogar verbrennen, Pat. „merkt" nicht mehr, ob er Beine hat, und muß erst hinsehen (partieller Ausfall der koordinativen Registrierung, auch wechselnd, z. B. bald sind die Beine „weg", bald der Kopf vom Rumpfe getrennt, bald verliert Pat. den Boden unter den Füßen „wie schwebend", meist mit Angst), Pat. „hat den Geruch verloren" usw. Der Ausfall usw. kann kürzere oder längere Zeit in Schwankungen anhalten, sich verengen oder ausdehnen auch über ein ganzes Sinnesgebiet (neurot. Blindheit, Taubheit usw.), der Kontakt kann sich allmählich oder plötzlich wiederherstellen. Diese Dysfunktionen sind zu unterscheiden von andern Bewußtseinstrübungen und -verlusten, z. B. jenen bei Schreck u. a. Angstzuständen, bei heftigen Schmerzen (mit Angiospasmen im Hirn, S. 31) usw. und natürlich bei hadrotischen Hirnprozessen.

S c h e m a d e r G e g e n s t a n d s n e u r o s e n :

I. Trophosen

1. Einverleibungstrophosen

A. Eßtrophosen

a. Hunger-, b. Angst-, c. Schmerz-, d. Trauer-, e. Freude-, f. Stauungs-, g. Mischtrophosen.

B. Trinktrophosen

a. bis g. wie unter A.

C. Atmungstrophosen

a. bis g. wie unter A.

2. Ausscheidungstrophosen

a. bis g. wie unter A.

3. Arbeitstrophosen und Spiel-Sport-Trophosen

(Neurosen der Berufstätigkeit bzw. der Spiel-Sporttätigkeit und der Aufnahme-Abgabe des trophischen Besitzes)

a. bis g. wie unter A, spezifiziert nach Sinnesbezirken: optische, akustische, taktile, thermische, olfaktorische, gustatorische, kinästhetische, statische, topische Trophosen.

4. Perversionen zur Genik

(trophot. Funktionen im Sinnlichen und im Platonischen)

II. Genosen

1. Einverleibungsgenosen

a. bis g. wie unter I 1 A.

2. Ausscheidungsgenosen

a. bis g. wie unter I 1 A.

3. Genosen der Liebestätigkeit

(Neurosen der Sinnlichkeit und der Platonik, des Schaffens-Zeugens und der Aufnahme-Abgabe des genischen Besitzes)

a. bis g. und spezifiziert nach Sinnesbezirken wie unter I 3.

4. Perversionen zur Trophik

(genot. Funktionen im Trophischen).

Die Gegenstandsneurosen sind die sog. Z w a n g s n e u r o s e n (i. e. S.); genauer müßten wir sagen: modale Zwangsneurosen, sofern nämlich auch Begriffsneurosen mit „Zwang“ (Zwangsdenken) gekennzeichnet werden. Genau genommen sind alle Neurosen „zwanghaft". Es wird da das Wort „Zwang" pathographisch verwendet. Auch das normale Geschehen verläuft „zwangsläufig" im Sinne des biolog. Determinismus (4. Bd. § 3,₁), der biolog. Ordnung, also der Tatsache, daß sich alles Geschehen innerhalb der norm. Var.-B. so vollzieht, wie es sich vollzieht, und niemals anders (der Dämonist deutet diese biolog. Ordnung als Wirkung eines metaphysischen ordo ordinans; realiter ist die Ordnung eine rein biolog., nämlich assoziativ-koordinative Tatsache, 1. Bd. § 4 usw.); in diesem allgemeinen Sinne „zwangsläufig" ist natürlich auch alles kranke Geschehen, nur ist die kranke Ordnung Fehlordnung (6. Bd. S. 129, 209). In der allgemeinen Zwangsläufigkeit des Geschehens heben sich Verlaufsweisen ab, die unter gewissen Einengungen, Beschränkungen, unter Zwang vor sich gehen (4. Bd. S. 301, 313 usw.). In der Neurosenlehre charakterisiert „Zwang" die kranken Erlebnisse und Verhaltungen als assoziativ-koordinativ fixiert, maschinenmäßig invariabel, sie wiederholen sich in starrer, „absoluter" Unabweichlichkeit, z. T. entgegen der Hunger- (Willens-) richtung, z. T. entgegen der besseren Einsicht („ich will es ja gar nicht tun, aber ich muß, es geschieht von selbst, alle Überlegung, daß es Unsinn ist, nützt nichts"). Viele Zwangskranke haben keine Krankheitseinsicht, viele haben Angst vor der Diagnose, alle aber deuten „den Zwang" als heimlich-unheimliches Wirken dämonischer Mächte, als dämonisch selbst, und auch bei Krankheitseinsicht wird „die Krankheit" eben als dämonischer Zwang immer wieder in Zweifel gezogen: ist der Zwang Schicksal, das Zwangsverfahren Schicksalsverfahren, magisches Zeremoniell, die einzig mögliche Kampfmethode gegen die Feind-Dämonie, kann da „die Krankheit" noch Krankheit sein? darf, ja kann das Schicksalsverfahren (vgl. „necessitas") auch nur im allergeringsten „von sich selber abweichen"?, die Feind-Dämonie aber sucht das Schicksalsverfahren irgendwie und -wo zu durchbrechen, und am gefährlichsten sind gerade die winzigsten Versuche, deren jeder doch die „ganze Dämonie" enthält. So „legitimiert" der Neurotiker „seinen Zwang" mit dem zwanghaften circulus fictionalis.

Auch die kranken vegetativen Reflexe verlaufen zwanghaft. Der Asthmatiker „muß" Atemnot leiden, husten, auswerfen usw., der neurot. Diarrhoiker „muß" täglich 20- oder 30mal den Abort aufsuchen, er kann es nicht ein einziges Mal nicht tun, die frigide Frau kann das Wollustgefühl nicht herbeizaubern, sie „muß" aufpassen, was „da unten" geschieht, manchmal fängt es leise an zu kommen, aber dann „schnappt es ab", und „je mehr sie sich bemüht, es zu erzwingen, um so mehr entschwindet es", usf. — unheimlich genug, dieses innere autonom-dämonische Geschehen, das, selber Zwang, jedem Zwange zwanghaft widersteht, obwohl man doch verlangt, daß „das Ich" es beherrsche! Auch die kranken Gefühle selbst sind in ihrer Periodik, Hartnäckigkeit, Heftigkeit, Aufdringlichkeit zwanghaft. Indes nennt man gewöhnlich die Gefühlsneurosen nicht Zwangsneurosen, und wir wollen demgemäß nur die Gegenstandsneurosen als Zwangsneurosen bezeichnen, dazu auch den Ausdruck „Denkzwang", „Zwangsdenken" beibehalten. Das Wort „Zwang" beschreibt sprachbiolog. eigtl. nur das Angststadium (Zw-ang, Ang-st, Dr-ang usw.), dann aber allgemein den neurotischen Automatismus.

Wie die normalen, so sind auch die Zwangsbewegungen je, jeweils über ein Sinneszentrum (eine Zellgruppe desselben) innerviert. Auch die Aktn. der zu den hypertrophen RSen gehörenden DZn treten zwanghaft auf: abnorm häufig, aufdringlich, hartnäckig, in starrer Fehlordnung, „wie hingezaubert und selbst voll Zaubers", „gebannt-bannend" (6. Bd. § 2, $_4$). Wir sprechen also von optischen, akustischen usw. Zwangsvorgängen; die einzelnen Zwangserlebnisse und -verhaltungen setzen sich aus assoziierten Anteilen verschiedener Sinnesgebiete zusammen, wobei die Assoziation-Koordination — über Inkoordination s. 2. Bd. S. 155 ff. — mehr minder weit von der Norm abweichen kann. Diese z e r e b r o g e n e n Zwangsbewegungen sind von den z e r o b e l l o g e n e n zu unterscheiden. Jede Muskelaktion wird von einem Nervenstrom gespeist, der sich aus idio- und syntonischen Eronen zusammensetzt (2. Bd. S. 156 f.); jene kommen über ein Großhirnzentrum, diese über das Kleinhirnzentrum, das koordinative Zentrum, womit die Lage-, Kraft- und Richtungszentren zusammen bezeichnet werden (2. Bd. § 30). Die syntonischen Eronen sind also die koordinativen. Ist ihre Zahl bes. groß, so sind die Muskelaktionen als koordinative Bewegungen zu kennzeichnen (z. B. Turnen, 4. Bd. S. 252 usw., 364). Im Falle der koordinativen Hyperfunktion sind die Muskelaktionen koordinative Zwangsbewegungen. Sie sind zwar auch von einem andern Sinneszentrum her (idiotonisch) gespeist, doch ist diese Zuordordnung oft nicht ohne weiteres zu diagnostizieren. So ist z. B. eine Tickbewegung nicht ohne weiteres als einer optischen oder akustischen oder taktilen usw. Situation zugeordnet erkennbar, es bedarf da genauer Exploration. Pat. „zuckt" z. B. nur gegenüber einer Autoritätsperson (er „muckt" auf diese inftlsche Weise) oder zuckt da heftiger, dagegen weniger heftig bei Abwesenheit des (dennoch gemeinten) Gegners, also bei unaktueller Funktion der betr. Gegenstandszellen, es kann das Zucken dabei zeitweise überhaupt aufhören, es kann wieder auftreten beim Denken an den Gegner, im Schlafe zuckt Pat. nicht (Funktionsintensität abgesunken; in andern Fällen ist das Zucken gerade im Schlafe heftiger).

Den beiden Arten der zwanghaften Assoziation-Koordination ist eigentümlich, daß das Eigenschaftliche der Dinge, die zwanghaft erlebt und behandelt werden, an Bedeutung mehr minder weit hinter der Funktion zurücktritt — gemäß der funktionellen Hypertrophie und damit gemäß der frühinfantilen chaotisch-gespenstischen Erlebens- und Verhaltensweise, in der die Gestaltung, die Gestalt und ihre Veränderung, ihr Ortswechsel, die schwebende Wandelbarkeit aller „Erscheinungen", das Ineinander aller Formen, also die diffuse und beginnend-strukturelle Assoziation-Koordination sinnfälliger als das Eigenschaftliche der Schemen ist, also das Funktionale als die eigentliche Wirkung der animistisch-magischen Mächte gedeutet wird. So ist für den Zwangskranken das Technische, Mechanische, Formal-Förmliche das Alleinwesentliche, die (seine Zwangs-) Methode gilt für das gesamte Geschehen, sie ist die Alleinmethode, nach der sich alles zu richten hat, nach der man absolut sicher-unsicher fühlt (sich fühlt), sieht, hört usw., sich und die Welt bewegt, tut und denkt, sie ist die vom Schicksal, der Allmacht (dem Allwillen usw.), der Eigen- oder Fremddämonie, dem Eigen- oder Fremdzauber verfügte Art und Weise, mit der Welt, mit Leben und Tod fertig zu werden, sie ist das So-und-nicht-im-allergeringsten-anderskönnen- und -machen, das Starr-Automatische, das Um-keinen Preis-lockerlassen, die absolute Richtschnur, Vorschrift, Gesetzlichkeit, Verpflichtung, das „Prinzip" (alleinseligmachend, allmächtig, Prinzipienreiter), der allgemeingültige Leitfaden, das absolut genaue Nachmachen des Vorgemachten, das Stereotype, das Schema, die ewig identische Wiederholung, das grammophonartige Sprechen (Hersagen), das absolut korrekte Benehmen, Zeremoniell, das Äußerliche, das Atrappenhafte (Schaufensterfigur), das raffinierte Verfahren (der Gesunde ist nicht raffiniert, sondern klug), der Schliff, die Etikette, die Ordnung, der Rhythmus, der Plan, das Programm, die Reihenfolge als der Universalzauber, das absolut verletzliche-unverletzliche Tabu. Der „Gang der Dinge" ist wesentlich, die Dinge selber sind es nicht (so sehr). Das Eigenschaftliche der Dinge kann lediglich Marke sein, an der sich das Wirken des Funktionalen erkennen läßt, Merkmalsreihe, an der man sich (wie der Betrunkene an den Häusern, die ihm dabei ja nicht Wohnstätten sind) entlangtasten, trainieren und dressieren kann, mnemotechnische Hilfen von spezieller Gültigkeit des allgemeinen Funktionsverlaufes. Der Stoff ist ja nur Materie-Material der dämonischen Kraft, der Leib wird von der Seele, dem Geiste kommandiert, gelenkt und geleitet wie die Pferde vom Kutscher, die Eigenschaften der Materie stehen ja nur im Dienste, zur Verfügung der wirksamen Dämonie, ja werden von ihr erst be- und gewirkt in und zu der Vollführung der Zaubermethoden, die sich von innen nach außen und umgekehrt erstrecken, also in den inneren und äußeren krampfigen Vollzügen geltend machen, und zwar mit der Zuverlässigkeit des pathologischen Automatismus, dem auch die Krankheitseinsicht keinen Abbruch tut. Die Logik des Zwangsgeschehens ist auch gegen das Einreden der gesunden Logik „gefeit". Ist es gleich Tollheit, hat es doch Methode.

Über die schizoiden und die zykloiden Bewegungsgestalten — jene sind steif, starr, springend, diese weich, fließend, schwingend — s. 4. Bd. S. 249, 5. Bd. § 13, 1, B, 6. Bd. § 4, 1 u. 2.

Alle Bewegungen, auch alle Zwangsbewegungen sind gerichtet auf etwas, mag auch das Bewegungsziel nicht immer ohne weiteres ersichtlich sein. So auch mimische und gestische Zwangsbewegungen wie zwanghaftes Lachen, Weinen, Grimassieren, Verkrampfung von Gesichtsmuskeln („Gesichtskorsett", „Maske, hinter der man versteckt ist", analog „Bauchpanzer", „Leib weggezaubert", magisch ent-leibt, zu Stein, Holz erstarrt usw.), Vorstülpen der Lippen (Schnauzkrampf, analog Saugebewegung) u. a. Ticks, Achselzucken, Hochziehen-Hochhalten der Schultern = Einziehen des Kopfes (eine krampfige Schutzbewegung, quasi Einziehen des Kopfes in die obere Brustapertur), Verstecken des Kopfes in der Mütze, die weit über das Gesicht herunterreicht (Tarnkappe), Krummgehen, Daherstolzieren Kopf in den Nacken geworfen („was kostet die Welt?", „ICH bin der Herr!"), Drehgang nach Art des Fuchsganges (der Fuchs läuft in der Furche, setzt einen Lauf vor den andern), „komische", bizarre (auch pseudochoreatische) Finger-, Hand- und Armbewegungen u. a. Manieriertheiten. Für die Diagnose und Therapie ist es unerläßlich, „die Adresse", an die die Bewegungen gerichtet sind, zu ermitteln. Mimik und Gestik sind Ergänzungen des Sprechens, das ja auch immer an jem. gerichtet ist, manchmal an den Sprecher selbst. Nicht alle Bewegungen gehen auf Berührung aus, sie sind gleichwohl gerichtet, so z. B. auch die Augenbewegungen. Man kann alle sensorischen Bewegungen als auf optische Gegenstände gerichtet betrachten; auch die Bewegungen nach einem Klang, einer Berührung, einem Duft usw. sind solche, die sich auf das optische Individuum richten, das mit dem betr. Klang usw. assoziiert ist. Sofern der Gegenstand unaktuell ist, scheint die Bewegung „ziellos", „ungerichtet", ist es aber tatsächlich nicht. Auch die athetotischen, choreatischen Bewegungen, alle zwanghaft, sind gerichtet auf.. (idioton. Ataxien, 2. Bd. S. 157), aber eben in der frühkindlichen Art des Chaotischen, Fahrigen, Unbestimmten. Auf sich selber kann freilich eine Bewegung nicht gerichtet sein, also auch nicht auf die sie registrierenden Lage-Kraft-Richtungspunkte; und indem diese koordinativen Punkte allesamt in die Muskeln-Knochen des sie erlebenden Individuums lokalisiert sind, kann die Bewegung des

Partners unmittelbar nicht in meinem koordinativen Erleben registriert werden, sondern nur in der Weise, daß ich aus den meine Widerstandsbewegung registrierenden koordinativen Punkten auf die Lage, Kraft und Richtung der partnerischen Bewegung schließe, dazu auch die Bewegung optisch beobachte. Die Prüfung all dieser Sachverhalte ergibt die inftlsche Entwicklungsstufe und den weltanschaulichen (chaotistisch-magischen) Sinn der Zwangsbewegungen.

Jede einzelne Bewegungseinheit und Gruppe von Bewegungseinheiten erfolgt im Falle der Neurose zwanghaft. Wir sprechen z. B. von Zwangsbewegungen der Augen, und zwar je nach der hypertrophen Spezies der RSe von zwanghaftem Umhersuchen mit dem Blick, Augenrollen, scheuem Blick, Schielen, Zwinkern, Blinzeln, Augenverdrehen, stechendem, bohrendem Blick, Augensenken, Augenaufreißen, verzücktem Blick usw., von Zwangsmimik (Gesichtszucken usw.), Zwangsessen, -trinken, -rauchen, -reden, -lachen, -weinen, -gestikulieren, -anfassen, -putzen, -waschen, -arbeiten, -ordnen usw., auch von Zwangseinnehmen von Arzneien usw., von einem Zwangszeremoniell beim Schlafengehen, Aufstehen, im Verhalten zu (gewissen) Sachen, Pflanzen, Tieren, Menschen im trophischen oder genischen Umgang usw.

Von den Zwangsbewegungen ist der Zwang zu einer Bewegung, z. B. vom Zwangsreden der Redezwang, vom Zwangslachen der Lachzwang, vom Zwangsnachahmen der Zwang zum Nachahmen usw. zu unterscheiden. Hier wird mit „Zwang" nach dämonistischer Deutung die Wirkung der hinter der körperlichen Aktion stehenden seelisch-geistigen Ursache (Motiv usw.) benannt, deren Allmacht-Zaubermacht das Unwiderstehliche, Triebhafte, damit auch das Unheimliche der Zwangsbewegung „erkläre". Realiter kann man die pathologisch invariable Assoziation der kranken Gefühlserregungen zu den systemgenetisch zugehörigen sensorischen Funktionen als Zwang bezeichnen; nicht aber übt das Gefühl einen Zwang auf die sensorischen Muskeln aus und „erzwingt" ihre Aktion, ihren Aktionsverlauf. Die Gier nach Alkohol ist das hypertrophe Hgefühl gerichtet auf Alkohol und assoziiert mit den sensorischen Bewegungen „Trinken", Pat. leidet an Trinkzwang, und falls er säuft, d. h. die hypertrophen sensorischen Funktionen sich aktuell anschließen, an Zwangstrinken, Trunksucht (Abusus); er ist aber nicht „vom Alkoholteufel besessen, der ihn zum Saufen kommandiert", usw. Der Alkoholängstliche (Abstinente) meidet nicht nur sensorisch zwanghaft den Alkohol, sondern auch gefühlsmäßig, aus hypertropher Angst. Hypertrophe schmerzliche, traurige, freudige Gefühlserregungen mit dem Alkohol und den entspr. sensorischen Bewegungen verbunden sind Zwang zum Ringen, K(r)ampfe mit dem Alkohol, Zwang zum sensorischen Trauerverhalten (Niedergeschlagenheit, Katzenjammer usw.), Zwang zum sensorischen Freudeverhalten (übertriebene Ausgelassenheit, Hypomanie usw.), also zu einem Zwangsverhalten zum Alkohol. Auch in diesen Zusammenhängen bezeichnet also Zwang nicht bloß das Angststadium, sondern alle andern Stadien als patholog. invariabel. „Drang" dagegen gibt nur H.-Astadien an (S. 28, Fn.). Indem jede Gegenstandsneurose mit Gefühlssymptomen verbunden ist, mag klinisch die Unterscheidung „Zwang zum Handeln" und „Zwangshandeln" unerheblich sein.

Je nach der Reflexschaltung können die eine Gegenstandsneurose begleitenden Gefühlserregungen „sich durchsetzen" oder mehr „in sich verlaufen": bei innigem vegetativ-sensorischem Kontakt gehen rel. zahlreiche sympathogene Eronen in die zugeschalteten sensorischen Reflexstrecken über, findet der innere Zwang (4. Bd. S. 301 f.) zum Handeln seinen Ausdruck in dem entspr. Handeln (z. B. der Berührungszwang in der entspr. Zwangsberührung), bei gelockertem Kontakt verbleibt die Gefühlserregung vw. im vegetativen Gebiete, der innere Zwang findet insoweit äußeren Ausdruck nicht oder kaum (z. B. der Berührungszwang ist nicht von der entspr. Berührungsbewegung gefolgt, oder der sensorische Ausdruck ist nur angedeutet). Man deutet diese Fälle dämonistisch als „mangelnde" bzw. als „gelungene Selbstbeherrschung", realiter handelt es sich lediglich um Varianten der vegetativ-sensorischen Kontaktinnigkeit, die eine rein biolog. Tatsächlichkeit (spezif. Funktionsperiodik der betr. Neurosen) ist. Natürlich kann die Zwangshandlung auch ohne interkurrente aktuelle Gefühle ablaufen. Auch die „rein" sensorische Zwangshandlung braucht das Ziel, auf das das Hstadium sich richtet, nicht zu erreichen, sie kann z. B. im Astadium abbiegen und an einem Fehlziel enden, sei es, daß der Ablauf aktuell erfolgt, sei es, daß er „versandet", in unaktuelle Intensitäten übergeht, wobei antagonistische, also auto- und allotherapeutische Funktionen sich geltend machen können. Entsprechend (zwanghaft gerichtet, fehlgehend, unvollständig usw.) verlaufen die zum kranken Gefüge gehörenden idealischen Funktionen, also auch die aktuellen Begriffsreihen; sie können assoziiert sein mit Begriffsreihen (Überlegungen) höherer Differenzierungsstufen, die diagnostischen und inzipienttherapeutischen Charakter haben, also Einsichten in die Abnormität des zwanghaften Denkens und Tuns und in seinen weltanschaulichen Unsinn sind, freilich ohne wesentlichen Erfolg, der eben erst mittels der Allotherapie, also der Erkenntnistherapie zu erzielen ist. Bei entsprechender Zuschaltung der idealischen Strecken zu den sensorischen ist das Zwangsverhalten ideogen modifiziert (mehr besonnen, überlegt, berechnet), es bleibt aber Zwangsverhalten (mit „Anklammern an die Besinnung, den Verstand" als die

„geistige Macht-Allmacht, die den Leib beherrscht" usw.); da liegen Übergänge zur Begriffsneurose vor. Die therapeutischen Funktionen sind nicht Ursachen der Varianten der kranken Funktionen und ihrer etwaigen Veränderungen, sie sind nur Eigentümlichkeiten eines funktionellen Ensembles, wie es eben bei Kranken (und nur bei Kranken) vorkommt. Die horizontale Auto- wie Allotherapie findet statt, ohne daß die kranken Funktionen ein höheres Differenzierungsniveau erreichen; es kann sich aber die vertikale Entwicklung „von selbst" anzubahnen beginnen und erfahrungsgemäß nur im Wege der Erkenntnistherapie fortsetzen und vollenden.

Das Zwangsverhalten richtet sich gegen den Kranken selber oder seine Umgebung (je gewisse Gegenstände). Der Zwangskranke lebt im Zwang („in der Zwangsjacke"), kann also auch nur Zwang ausüben. Aller Zwang ist Krampf, aller Krampf ist Zwang. Pat. erlebt und verhält sich, als ob er auf des Messers Schneide, auf einem Kunstseidenfaden, ja auf einer gedachten Linie über der Unendlichkeit balanzierte: der allergeringste Fehltritt, ja das allergeringste Schwanken — und dabei ist ja gerade das Balanzieren ein ständiges Schwanken! — bedeutet den Sturz ins „Bodenlose" (!); so muß Pat. unablässig die Mächte der Tiefe, die ihn hinunterziehen wollen, entmächtigen, er muß sich auch zunächst gegen jeden wehren, der ihm klar machen will, daß er ja in Wahrheit auf der Erde wandelt, solche Wahrheit wäre Lug und Trug der Hölle, solche Aufklärung wäre ja nur eine Form der feinddämonischen Versuchung, sie würde den Auserwählt-Verfluchten in seiner „nachtwandlerischen Sicherheit", in seiner „einzig-möglichen" Methode, sich entgegen aller Feind-Dämonie die Allmacht zu erhalten, die Geister der Finsternis, den Tod, die Hölle zu bannen und so die Welt zu erlösen, in seiner einzig-einmaligen „Mission" irre machen und damit ihn und die Welt „vernichten". So benimmt sich der Neurotiker, ohne sagen zu können, wie denn diese „Vernichtung" möglich sein und „aussehen" solle, ja ohne die für sein Erleben und Verhalten allein zutreffende weltanschauliche (nämlich rohdämonistische) Deutung überhaupt oder über eine nebelhafte Unklarheit hinaus zu kennen, ohne „zu wissen, was er tut", mag er auch noch so ausführlich über seine Beschwerden berichten und s e i n e Logik vorführen. Er „muß" also seinen Zwang auf die Umgebung, „auf die Welt" aus-, besser: verüben, die Welt in seinen Bann zwingen. Er scheitert aber an den Tatsachen: „die Welt" läßt sich nicht zwingen, nur Zwangskranke können sich dem Zwangskranken anschließen, die Gesunden verhalten sich auch zum Kranken gesund, sie lehnen den Zwang ab, sondern den Sonderling aus und ab, notfalls mit Methoden, die man auch Zwang nennt (z. B. Einsperren), die aber nicht ein krankes

Zwangsverhalten sind, sondern eine Art des gesunden Verhaltens zum Kranken.

Viele Neurotiker haben keine Krankheitseinsicht, aber auch die, die Krankheitseinsicht haben (oft ist sie nur die allgemeine Einsicht, daß „Krankheit“ besteht), können die Diagnose nicht genau stellen und wähnen, der Zwang ginge von der Umgebung aus, ihr eignes Verhalten werde durch den „äußeren Zwang“ verursacht, sei (wie A. Adler in grundsätzlichem Irrtum annahm) „die normale Reaktion der Seele auf die kranke Umwelt“. So sei die Aufgliederung der „Gemeinschaft“ zu Schichten, Klassen, Ständen mit vertikal verschiedenen Leistungen und Ansprüchen die Kulturkrankheit, die die Menschen krank mache und die geheilt werden könne und müsse, indem man die Gesellschaftspyramide einebne, „alles gleich mache“, den Auftrieb zu höheren Differenzierungsstufen abbaue, so daß ICH alles (Individualismus) und jeder jedes leisten könne (Kollektivismus); Bildung, Vorwärtsstreben, Besitz gilt da als asozial, gemeinschaftswidrig und muß ausgerottet, mindestens verachtet werden. In Wahrheit ist gerade die reiche Ausgliederung der Gesellschaftspyramide das Merkmal der gesunden Hochkultur (4. Bd. § 12). Im Einzelnen macht der Neurotiker gern die Umgebung für sein „Leiden“ verantwortlich und nimmt sich selber aus (als Ausnahme-Mensch, auf den ja eben die Maßstäbe der andern nicht anwendbar seien). „Mein Vater hat mich verbockt“, war das erste Wort eines ärztlichen Pat., als er sich in meinen Sessel setzte. „Die Erziehung ist schuld, daß ich so krank geworden bin; wenn Sie diese unsinnigen Methoden erlebt hätten, wären Sie auch neurotisch geworden“. „Ich wollte für mein Leben gern Künstler werden wie mein Bruder, ein bekannter Maler, aber mein Vater hat mich gezwungen, in die Technik zu gehen und später Eisenbahnbeamter zu werden, er wollte mir ein sicheres Brot verschaffen, aber ich werde es ihm nie vergessen, daß er mein Lebensglück vernichtet hat“. „Bis zu meiner Ehe war ich kerngesund; seit ich verheiratet bin, ich möchte sagen: durch die Hochzeit fing mein Leiden an; ich habe aber auch eine Frau, die einem das Leben verbittern kann“. „Ja wenn ich reich wäre, würde ich auch keine Nerven haben“. Usw. Unsinn über Unsinn.

Daß der Mensch durch äußere Verhältnisse gezwungen werden könnte, ein anderer zu werden, als er gemäß seiner biologischen Beschaffenheit „hätte werden können“, daß also auch der Zwangskranke durch äußeren Zwang aus einem gesunden Menschen zwangskrank „gemacht“ worden sei, ist Fiktion und Irrtum zugleich (4. Bd. § 3; 6. Bd. § $1,_4$). Der Mensch ist mit der Gründung seiner Keimzelle „fix und fertig“, seine Entwicklung ist im ganzen wie in allen Einzelheiten erbdeterminiert, autogen, ist die Reihe der Zellteilungen, die ihren Anfang mit der Teilung der Keimzelle nimmt. Wer in die Krankheit wächst, stammt von kranken Eltern; kranke Eltern sind schlechte Erzieher (4. Bd. § 7, 7), als Neurotiker wenden sie auch auf die Kinder Zwangsmethoden an, aber diese Methoden sind nicht die Ursachen dafür, daß auch die Kinder zwangskrank werden, sondern sie werden es als Erben, im Zuge ihrer Entwicklung, die WA wird mehr und mehr manifest-krank, und die erzieherischen Zwangsmethoden, der äußere Zwang gehören wie alle andern Erlebnisse und Erfahrungen zu der schon kranken WA, sie gelten — abgesehen von der Ursachdeutung — als Bestätigungen ihrer Richtigkeit. Der Gesunde kann weder zwangskrank noch sonstwie krank werden. Die Neurose ist wie jede andere Krankheit biologische Eigentümlichkeit. „Der Zwang" ist weder von innen noch von außen an das (gesunde!) Individuum „herangetragen" worden, er ist das Eigentümliche der pathobiologischen Beschaffenheit, der Zwangskranke kann in diesem Sinne nicht ohne Zwang „gedacht" werden, kann ohne Zwang nicht „leben" (außer im Falle der Genesung), er zwingt nicht nur, sondern „läßt sich" auch zwingen, er zwingt seine Umgebung, ihn zu zwingen, er setzt Zwang gegen Zwang, er „macht" Zwang zur „Freiwilligkeit". Der Vater, der den Sohn in einen bestimmten Beruf zwingt, ist ebenso zwangskrank wie der Sohn, der sich zwingen läßt, der gezwungen werden muß. Der Gesunde macht seinen Weg ohne Zwang, kein Zwang kann ihn von seinem Wege abbringen. Wer sich „von seinem Wege abbringen läßt", ist zwangskrank, „sein Weg" ist eben der erzwungene, und es ist eitel Fiktion und Irrtum von ihm zu wähnen, „sein Weg" sei „eigentlich" ein ganz anderer und er dürfe oder müsse die Eltern usw. oder äußere Umstände beschuldigen dafür, daß er diesen „eigentlichen" Weg nicht habe gehen können, daß ihm so „das Lebensglück" vernichtet worden sei. Auch die Liebeswahl (4. Bd. § 8, 5) ist Kennzeichen der biologischen Beschaffenheit des Liebenden. Der Zwangskranke wählt im Zwange, die Zwangsehe ist gegenseitiger Zwang, niemals wird jem. durch die Ehe zwangskrank oder sonstwie krank, eine kranke Ehe kann nur von kranken Partnern geschlossen werden, ihre Krankheit kann aber im Entwicklungsschritt „Eheschließung" bes. ausgiebig manifest werden. Auch reiche Leute „haben Nerven", der Prozentsatz an Neurotikern ist unter ihnen sogar größer als unter den Unbemittelten, aber weder Reichtum noch Armut „macht" nervös, und mit dem Irrealis ist alles und nichts zu „beweisen" (1. Bd. S. 66 f. usw.). Usf.

Die Gegenstände, auf die sich die Zwangshandlung richtet, gehören natürlich zum Zwangserlebnis, sie sind inftlsch wie die Zwangshandlung. Dem Säufer ist Alkohol oder (es gibt auch solche Säufer) Milch oder Wasser nicht das erwachsene Getränk, sondern Zaubertrank, Schicksals-, Lebens-Todesträger, Gottesgabe oder Teufelsgeschenk. Die Arbeitsstoffe und -geräte sind für den Zwangsarbeiter dämonische Spielzeuge, und es gilt nicht, menschliche Arbeit zu leisten, sondern die Feind-Dämonie „Arbeit" zu bannen — und dies eben ist „die Arbeit" des Zwangskranken; er erlebt also die Arbeitsstoffe und -geräte ganz anders wie der Gesunde, aber das ist lediglich am Zwangsverhalten einschl. der Beschreibung — die Stoffe und Geräte sind ja für den gesunden und den kranken Arbeiter „äußerlich" die gleichen, gleichnamigen — zu diagnostizieren. Die genetischen Unterschiede (auch) des gegenständlichen Erlebens sind hierbei zu bedenken; das kleine Mädchen, das der Mutter in der Küche hilft, erlebt und behandelt die Gegenstände anders wie die Mutter, es mahlt Kaffee anders wie das ältere Mädchen oder die Mutter, doch sind diese Unterschiede „äußerlich gleicher Handlungen" nur entwicklungsbiologisch zu verstehen. Die Gegenstände sind Aktn. von DZn kollokativ oder dislokativ gebauter RSe, z. B. kann die Zwangsonanie am Genitale oder an einer andern Stelle des Körpers (z. B. als zwanghaftes Streichen des Beines, als Kitzeln der Nasenschwellkörper mit der zum Herumschlängeln um den weichen Gaumen einexerzierten Zungenspitze, als Spiel an den Lippen, als habituelles Reiben der Augen, der Nase, Kratzen der Haut usw.) oder an einem extrakorporalen Gegenstand (z. B. als Reiben, Quetschen, Drücken eines harten geraden Dinges, Spielen am Verschluß des Handtäschchens usw.) ausgeübt werden. Das neurot. Verhalten ist oft dem analogen normalen ganz ähnlich, das Zwanghafte ist da erst bei genauerer Exploration zu ermitteln. Auch der Gesunde geht vorsichtig über die belebte Straße, macht sich Notizen, hält Ordnung in seinem Arbeitszimmer usw., manche Neurotiker tun dies in einer solchen Weise, daß sich erst bei näherer Untersuchung das Zwanghafte (das So-müssen, die Peinlichkeit, Pedanterie usw.) herausstellt, das die norm. Var.-B. nicht kennt und anerkennt. Zur scheinbaren Legitimation seiner Neurose beruft sich der Kranke gern auf die analogen normalen Verhaltensweisen, die er nicht von den seinigen unterscheiden kann.

Wir bezeichnen bekanntlich auch die Gegenstands- und die Begriffsneurosen nach dem zum System gehörigen Gefühl, sprechen also von sensorischen s. modalen bzw. idealischen H.-, A.- usw. neurosen. Wir spezifizieren sie weiterhin nach den Sinnesgebieten, dann nach der Funktionsgruppe, endlich nach den Gegenständen, auf die sich (auch in der Art der Meidung) die Zwangsbewegungen richten. Bezeichnungen wie z. B. Lese-, Schreib-, Rede-, Arbeits- usw. hunger-, angst-, schmerz- usw. neurose oder Alkoholismus als Alkoholhunger-, angst- usw. neurose, Besitzhunger-, angst- usw. neurose gelten auch für die betr. Gefühlsneurosen, die eben nach den sensorischen Funktionen oder nach den zugehörigen Gegenständen spezifiziert werden; zur Abgrenzung setze man hier „vegetativ“, dort „sensorisch“ hinzu. Für manche Neurosen gibt es ferner spezielle Namen, z. B. Sucht, Abstinenz, Schlaflosigkeit, Schielen, Vegetarimus, Onanose, Sado-Masochismus, Homophilie (Homosexualität), Exhibitionismus usw. Auch verwendet man vielfach charakter- und temperamentkundliche Bezeichnungen, z. B. Streber, Fanatiker, Feigling, Trotzkopf, Pedant, Nörgler, Griesgram, Phlegmatiker, Pechvogel, Luftikus, Glückspilz usw., endlich weltanschauliche Bezeichnungen, grundsätzlich: Nihilist, Negativist, Severist, Pessimist, Optimist (6. Bd. §§ 3—5) als die betr. Gefühls-, Gegenstands- und Begriffsneurosen zusammenfassende Namen.

Beispiele.

Pat. C., 46 J., hat früher „schwer getrunken“, hat sich „das Saufen aber abgewöhnt“ und kann nur hin und wieder „geschäftlich nicht umhin, mal mitzuhalten“ (er kommt wegen anderer Beschwerden zur Behandlung). Schon als kleines Kind starkes Interesse für die Flasche, aus der Vater oft einen Schluck nahm, mit der er auch Gäste begrüßte usw. „Das Geheimnis mußt du ergründen“; es war die Dämonie des Väterlichen, das Zaubermittel, das Lebenselixier, sozusagen die Muttermilch der großen Gottheit. Mit 5 Jahren gelegentlich einer Einquartierung erster Versuch, die Dämonie der Flasche, des Alkohols zu überwinden; C. nahm sich eine Flasche Schnaps, trank und wurde dann in tiefer Narkose aufgefunden; Vater lachte. Später mehrfach ähnliche Versuche. Wurde Geschäftsreisender, dabei „mußte“ er „mitsaufen“, das „gehörte zum Geschäft“. „Ich war gezwungen mitzutun, dadurch bin ich Säufer geworden“ (so wähnte Pat.!); in Wahrheit war er erblich alkoholkrank, zunächst latent, dann schon in früher Kindheit periodisch manifest, und die Sucht machte dann bei Entwicklungsschüben auch ihre Fortschritte, sie verquickte sich mit dem Beruf (Lebensmittelhandel). Diese Gegenstandsneurose ging „eines Tages“ in eine Gefühlsneurose über: an den H. nach Alkohol schloß sich eine nunmehr stark hypertrophierende Angst vor dem Alkohol an, daran das schmerzliche Gefühl des Verzichtes, die Trauer über das mühselige Dasein, die Freude über die „Standhaftigkeit“ gegenüber der „Versuchung“: nunmehr überwand er den „Alkoholdämon (Gott oder Teufel?)“ in Form einer Art der Abstinenz, d. h. die mit dem Alkohol systemgenetisch verbundene Gefühlsreihe lief nunmehr „in sich“, ohne aktuelle sensorische Funktionen ab, nur hin und wieder setzt sich die Gier durch, erreichen die sensor. Funktionen „Saufen“ wieder die Hochfunktion: „Es ist da ein innerer Zwang tätig, aber auch der äußere Zwang der lustigen Gesellschaft“ (Verführung“ s. 4. Bd. S. 121 usw.). Vgl. Quartalssäufer. C. hat sich natürlich über seine „Wandlung“, auf die er stolz war, seine Gedanken gemacht: „Ich sagte mir, so kann das nicht weitergehen, du mußt dich beherrschen“ usw., damit beschrieb er aber nur die aufgewucherte Angst vor dem Alkohol, die heftiger wurde als der Hunger, so daß schon der H. stark ahaltig wurde. Es lag nur eine Symptomverschiebung vor, und die „vernünftigen Gedanken“ waren nicht die Ursache der „Besserung“, sondern lediglich Begleiter der Symptomverschiebung (C. hatte solche Gedanken früher übrigens auch schon oft genug gehabt — „erfolglos“). In manchen Fällen geht die

Trunksucht in eine Alkoholbegriffsneurose über: an Stelle des gegenständlichen Trinkens tritt mehr und mehr der Zwangsgedanke, in krampfiger Wiederholung als Gelübde, Training: „Der Alkohol hat keine Macht mehr über mich, er ist mir ganz, ganz gleichgültig, ich bin gegen seine Versuchung gefeit". K(r)ampf der Dämonie des „Geistes" gegen die Dämonie des „Weingeistes", des Alkohols, den Pat. ja nicht so wie der Gesunde erlebt, sondern als Träger eines Zaubers, der gebannt werden muß. Alle diese Fälle sind alkoholkrank, der Abstinent ist es so gut wie der Abutient, gewiß ist es aber besser, abstinent als abutient zu sein.

Alkoholkrank war auch Pat. P., 42 J., Kontrollbeamter einer Großbank: er hatte stets ein Nuckelfläschchen, wie man es auf Jahrmärkten gefüllt mit roter Limonade kauft (einst ein heißbegehrter Gegenstand des Pat.), in seiner Westentasche, seine Frau füllte ihm morgens $1/2$ Glas Rotwein ein, und er mußte nun jedesmal, bevor er bei seinen Kontrollbesuchen in ein Zimmer trat, heimlich einen Tropfen Rotwein durch das Gummihütchen saugen, dann konnte er „die Schwelle überwinden", dann „war er seines Gottes voll" und unüberwindlich, unfehlbar, allwissend: kein Fehler = keine Teufelei konnte ihm entgehen. Ohne das heilige Fläschchen war er ratlos, ja berufsunfähig. Säufling — Säugling, Säugling im Großformat: die erste „Flasche" ist die Mutterbrust, die Milch Mutters Segen, der alle Not „stillt", der „Milchzauber" wandelt sich in den „Alkoholzauber", in dessen Schutz alle Prüfungen mit ihren dämonische Gefahren zu bestehen sind. — usw. Vgl. S. 142.

Trunksucht ist sensorische Hungerneurose: Zwang zum „Vertilgen" des Alkohols, verbunden mit der Angst, die große (Zech-)Probe nicht bestehen zu können, sich also „tödlich zu blamieren", und mit dem übereifrigen Ringen mit den Zechkumpanen um „den ersten Preis". Gegenstück: Zwang gegen den Alkohol, Abstinenz als Sucht (Fanatismus, Antialkoholismus), Scheu, Eifern in Wort und Tat gegen den „Feind der Menschheit", vgl. § 2, 2, E. Die sensor. Alkoholtrauerneurose ist das pomadig-phlegmatische Trinken, das Zerkauen (Zerstückeln) des Getränkes, die Leichenbittermiene, mit der man „dem Weltfeind ins Auge sieht", das Verfahren, mit dem man das Unvermeidliche, das Unheil auf sich nimmt, das „heulende Elend", der pathologische Katzenjammer mit Gelübden, „es nie wieder zu tun". Die sensor. Alkoholfreudeneurose ist das überheitere, läppische bis hypomanische Getue um den Alkohol, seine Lobpreisung-Anbetung als das Glück der Welt, das man beherrscht, indem man es in sich aufnimmt. Natürlich sind mit diesen Zwangsneurosen auch immer kranke Gefühle (Stimmungen) und Begriffe verbunden In vielen Fällen ist die Trunksucht Nebensymptom, assoziiert mit Angst vor vermeintlich oder tatsächlich großen Aufgaben in Beruf und Liebe, vor geahnten Lebensereignissen, Schicksalsschlägen, den An- = Herausforderungen-Prüfungen des Tages usw., kurz vor der Feind-Dämonie in den mannigfachen (je spezif.) „Verkörperungen", der Alkohol ist da die Freund-Dämonie, der Lebensretter, Sorgenbrecher, der Gott, der den Teufel bannt, — oder doch der böse Feind, der von der Leistung der gottgewollten Aufgabe weglockt und verführt? (Flucht in den Alkohol usw., „zur Mutter"). Nach der Struktur der Neurose hat sich die Therapie zu richten; sie hat z. B. bei dem Kranken, der in Verfolgungsangst in die Kneipe, zum „Altar des Gottes" (oder Teufels?) rennt und sich in die Alkoholnarkose rettet, an der Verfolgungsangst anzusetzen.

Pat. K., 27 J., hat als kleines Kind „alles zerstört", die Zerstörung war die Methode, mit der er „alles, was an ihn herankam", beherrschte, es war gleichgültig, was es für ein Gegenstand war, es handelte sich ja nicht um den Gegenstand, sondern um die Bannung der Feind-Dämonie, die Wahrung der Allmacht. Später „spezialisierte" sich die Zerstörungswut auf Glas, Fenster, auf die Augen, „die gesehen hatten und dafür zerstört werden mußten“ (vgl. Wotan, Oedipus), auf den Spiegel, der „die Wahrheit sagte“, „die Seele aus dem Leibe zog“, dann auch auf Personen, die ihm Vorhaltungen machten, ihm irgendwie Widerstand leisteten, unter ihnen auch auf die Mutter (Vater wurde staroperiert, als Pat. 4 Jahre alt war, er starb, als Pat. 11 Jahre alt wär, Mutter, die Hexe — oder Göttin? — war an allem schuld, Pat. mußte auch mit ihr fertig werden, sonst würde sie auch ihn vernichten). Zur Zerstörung waren Messer und Schere geeignet, die furchtbaren Zauberinstrumente, die den Tod mit dem Tode überwanden, die Feind-Dämonie auslöschten, wobei freilich die Fassade, hinter der sie sich verbarg, der Leib durchstoßen werden mußte. Mehrfach ging der Knabe-Jugendliche auf die Mutter mit Messer oder Schere los, dann wandelte sich die von hypertrophem H. begleitete sensorische Schmerzneurose zur Gefühlsneurose mit haupthypertropher Angst und mit interkurrenten Zwangsgedanken („mit Messer losgehen, aber das ist ja furchtbar, zur Strafe muß ich mir selbst die Augen ausstechen, mich töten“ usw.). Der sensorische Ablauf unterblieb, Pat. war äußerlich „brav geworden“, Mutter hatte keine Angst mehr vor ihm, „wie's drinnen ausschaut, geht niemand was an“.

Pat. G., 23 J., „muß alles anfassen, was ein Geräusch gemacht hat“ (s. S. 144 f.), und kommt dabei zu keiner Arbeit (Stenotypistin), sie hat Wichtigeres, ja das Einzigwichtige überhaupt zu tun: die Dämonie zu bannen, die in den Dingen waltet, die „spricht“ und zum Anfassen zwingt und sich dabei selber neutralisiert (vgl. anfassen als Geste der Besitzergreifung, primum capiens = princeps, Handschlag usw., auch Handauflegen als magische Heilmethode). So war Pat. Herrin über Leben und Tod, Welterlöserin — was sollte da die lächerliche Arbeit ums tägliche Brot! Sie selber durfte nicht berührt werden, dann wäre ja ihr Tabu, ihre Dämonie ausgelöscht; so mußte sie morgens reglos im Bett liegen bleiben, da jede kleinste Bewegung eine Änderung im „ruhenden Berührungsausgleich“ gewesen wäre, somit die Entfesselung des dämonischen Kampfes zwischen den eignen und fremden Berührungsmächten mit dem ewigen Zweifel „wer wen?“, d. h. ob die eigne die fremde oder die fremde die eigne Dämonie entlüde = bannte. Gegen Mittag aber „mußte“ die Mutter „das faule Ding“ aus dem Bett jagen: dann hatte sie den Berührungszauber übernommen (die Tochter zwang sie dazu) und trug die Verantwortung im Dienste der göttlichen Tochter, die nun außerhalb des Bettes ihrer „Weltaufgabe“ nachging. Dabei kündigten auch Klopfgeräusche den Berührungszauber an: sie mußte dann in ganz gleicher Weise gegenklopfen und so den Klopfgeist annektieren. Die kleinen Kinder fassen bekanntlich alles an, was sie tatsächlich oder magisch (z. B. den Mond) e r r e i c h e n können: die alleine Welt ist der All-r e i c h tum, und was sich der Allmacht des Kindes entzieht, sich nicht greifen, fassen läßt, also „unbegreiflich, unfaßlich“ ist, vernichtet eben seine Allmacht: mit der Wahrung der Allmacht ist Pat., soweit krank, „immer“ beschäftigt, alles andere ist unwesentlich.

5. Begriffsneurosen.

Bei den Begriffsneurosen überwiegt die fktl. Hypertrophie der idealischen Anteile der kranken RSe, es sind also im kranken Gebiete vw. die Begriffe hypertroph, weniger die Gegenstände und die Gefühle. Je geringer der vegetativ-idealische Kontakt, desto „nüchterner“, „kälter“ ist das Begriffsdenken; je inniger dieser Kontakt, desto „gefühlvoller“ ist das Begriffsdenken, desto mehr ist es von Gefühlserregungen, aktuellen Gefühlen durchsetzt. Je geringer der sensorisch-idealische Kontakt, desto „weltferner“, d. h. gegenstandsferner ist das Begriffsdenken, desto geringer der ideogene Anteil der sensorischen Bewegungen; je inniger dieser Kontakt, desto „weltnäher“ ist das Begriffsdenken, desto größer der ideogene Anteil der sensor. Bewegungen, doch ist das hypertrophe Begriffsdenken eben als hypertroph immer in einer pathologischen Art selbständig, in sich abgeschlossen, versponnen und so weltabgewandt (über „introvertiert“ s. 6. Bd. S. 251). Die zum kranken Gebiete gehörenden Ausdrucksbewegungen sind auch hier allemal krampfig, bei hohem ideogenem Anteil in der Art der übertriebenen Absichtlichkeit, Berechnung zwanghaft. Innerhalb der Begrifflichkeit selber kann es zu Kontaktlockerungen kommen, also zu Erschwerungen bis Unterbrechungen des Vorstellungs- und Gedankenablaufes, verbunden mit Absinken der kranken Funktionen, auch bis zu unaktuellen Graden, und zwar über begrenzte oder ausgedehnte Gebiete (Einengung des Denkens, Gedächtnisschwäche, Gedächtnisverluste, partielle Amnesie, optische, akustische usw. Agnosie, 1. Bd. S. 723). Fehlerinnerungen zeigen sensorisch-idealische, aber auch zwischenbegriffliche Fehlassoziationen an. Oft ist die Begriffsneurose von stärkeren Gefühlssymptomen durchsetzt; je nach Funktionsperiodik bleiben die Gefühlserregungen kürzere oder längere Zeit in niedrigen Intensitäten und erreichen dann höhere und hohe Grade, auch mit Zuschaltungen zu den sensorischen Strecken, so daß es zu sensorischen Gefühlsausbrüchen kommt; man spricht da auch von „Nervenzusammenbruch“ in der bes. Art des „Versagens der Selbstbeherrschung“, der „geistigen Selbstzucht“, (auch) diese Funktionsänderungen dämonistisch deutend (6. Bd. S. 134).

Der Gefühlsneurotiker lebt, soweit krank, vw. in der Gefühlswelt, die Gegenstände und die Begriffe sind ihm Gebilde geringeren Ranges, bedeutsam nur nach Maßgabe der Affekte. Der Gegenstandsneurotiker lebt, soweit krank, vw. in der Gegenstandswelt, die Gefühle und die Begriffe sind ihm Gebilde geringeren Ranges, bedeutsam nur nach Maßgabe der Gegenständlichkeit. Der Begriffsneurotiker lebt, soweit krank, vw. in der Begriffswelt, die Gefühle und die Gegenstände sind ihm Gebilde geringeren Ranges, bedeutsam nur nach Maßgabe der Begrifflichkeit, nur „Vorlagen“ für die in Hypertrophie fixierten Ideen (Vorstellungen, Gedanken), für die „Welt der Geister“, die „geistige Welt“, die dämonische Quintessenz und somit das Eigentlich-Wesentliche des „irdischen“ Geschehens. Im Anfang war der Geist, er schuf die Dinge (vgl.: Gott ist Geist, Gott schuf aus Nichts die Welt, nach seinem Ebenbilde die Menschen; es ist der Geist, der sich den Körper baut; Ideokratie usw.), die Dinge sind seine „Verkörperungen", er wirkt in ihnen und aus ihnen, er kann sie auch, wie und wann er will, verlassen, zerstören, wieder reiner Geist werden, am Ende aller Dinge befreit er sich aus den irdischen Banden. Die Ideen sind ewig, die irdischen Dinge sind nur vergängliche Schatten von ihnen; das Reich des Geistes ist nicht von dieser (gegenständlichen, irdischen) Welt. Umgekehrt sind die Begriffe „Bilder" des Diesseitigen und als solche jenseitig-metaphysisch. Die Gedanken sind „Inspirationen" des Allgeistes und somit selbst allgeistig, göttlich — oder auch teuflisch? gute — böse Gedanken? von oben „ausgegossen" (heilig) — oder von unten auftauchend (unheilig) — im ewigen Kampf mit einander? Das (dämonische) Ich — oder das (dämonische) Es denkt in „mir" (!), so ist der gut-böse Geist, alles Wissen, das Alldenken in mir und macht „mich" zum Herrn über Himmel und Hölle, Leben und Tod, „Ich" bin der Allwissende. Vom Gedankengang hängt alles (ursächlich) ab! Der Geist ist das Geschöpf der Seele, die das Leben ist, nun aber ihr „Widersacher", Feind des Lebens, der Leib aber ist beider „Organ". Usw. Der Begriffsneurotiker nimmt in dieser Art um so weniger am „Weltlichen" teil, je mehr die Begrifflichkeit hypertrophiert, er lebt vermeintlich „in der reinen Sphäre des Überirdischen, Übersinnlichen" im Unterschiede von den „Sterblichen" in ihrer fleischlichen Gebundenheit, — ER der Auserwählte-Verfluchte, der die Welt überwunden hat.

In dieser Art ist die kranke Begrifflichkeit hypertropher Ersatz für die (je-spezifischen) gegenständlichen Erlebnisse und Beschreibnisse: sie sind nur noch die schmale Ausgangsbasis für ausgewucherten Vorstellungen und Gedanken, die sich sozusagen selbständig gemacht haben und in der Häufigkeit ihres Auftretens, ihrer Zwanghaftigkeit die zentrale Wichtigkeit dokumentieren. Die kranken Begriffsreihen sind inftlsch, abartig wie die entspr. Gegenstands- und Gefühlsreihen. Jem. verbringt viele Stunden täglich mit Nachdenken, wie sich ein Viereck in einen Punkt verwandeln könne (s. S. 145): in ein Viereck wird über Eck ein kleineres gedacht, in dieses wiederum ein kleineres usw., bis nur noch der Punkt in der Mitte übrig bleibt, — „ein Wunder, die Wirkung meines Zaubers: aus dem Viereck den Punkt zu machen, aber ist der Punkt wirklich Punkt — oder nicht noch minimales Viereck?" Jem. hört einen Namen, und nun laufen „meilenlange" begriffliche Wortmanschereien, „Variationen um das Leitmotiv" mit wilden Ausschweifungen in Vergleiche, familiäre Zusammenhänge, Geburtstage und -orte, Jahreszahlen usw. ab: eine Art inftlsche Sippenkunde. Jem. will eine Zigarre rauchen, aber zuerst muß er sich peinlichst genau vorstellen, wie er sie aus der Kiste nimmt, abknipst, anzündet usw.: er „bannt" so den Tabakzauber und könnte nun „unbesorgt" rauchen, aber „es hat ja nun keinen Zweck mehr". Jem. hat sich im Zwangsdenken gegen den Alkohol trainiert: er trinkt begrifflich „so unmäßig, wie er nur will", gegenständlich kommt kein Tropfen Alkohol über seine Lippen; ein anderer „ruft sich am Biertisch innerlich zwangsmäßig zur Raison", d. h. es interkurrieren in die sensorischen Abläufe „Trinken" die Zwangsgedanken „Halt! Nicht weiter!", zeitweise aber „siegt die andere Stimme, die verführerische", und dann säuft sich Pat. wieder mal satt, d. h. in dieser Weise variieren die sensorischen und idealischen Funktionen. Jem. sagt dem Vorgesetzten mit allem Männerstolz „die Wahrheit" — aber „in Gedanken" (vgl. „Faust in der Tasche"). Jem. schreibt seinem Feinde stundenlang heftige Briefe, aber nur nachts begrifflich. Jem. stellt sich Liebesszenen vor, „verzehrt sich im Gedenken an die Geliebte", benimmt sich aber ihr gegenüber, als ob sie ihn gar nichts anginge; jem. schwelgt in perversen geschlechtlichen Phantasien und ist im übrigen Sittlichkeitsapostel. Jem. kann eine Melodie „nicht mehr los werden". „Jetzt mußt du fluchen — fluchen — fluchen!" zischelt der Teufel dem Pastor bei der Predigt ins Ohr. „Jetzt wirst Du stecken bleiben — jetzt jetzt!" raunt die fatale innere Stimme dem Vortragenden zu. Jem. schließt an ein paar gegenständliche Erlebnisse ganze Gedankensysteme, „Ideologien" an, die je nachdem mehr minder normfern sind und demgemäß zur Tatsächlichkeit nicht stimmen; der eine verspinnt sich, klösterlich abgeschieden, in sein Sinnen, der andere verkündet es im Wort, der dritte sucht es „zu verwirklichen" (sensorische Funktionen), alle scheitern früher oder später an der Norm. Das Lernen des Begriffsneurotikers ist nicht wie beim Gesunden ein echtes, organisches, produktives Einbauen in die sich vertikal ausgliedernde Begrifflichkeit, sondern ein mechanisches Aufspeichern von „totem Wissen" unter Entwicklung von Fehlassoziationen, wobei die Einzelheiten im Wissensdunst wie Irrlichter auftauchen und verschwinden; es kommt Pat. nur darauf an, die Einzelheiten zu ent-einzeln, ihre Zaubermacht zu bannen, sie in sein Wissens-Chaos einzunivellieren. Hypertrophiertes Wissen (etwa beim Streber, der fanatisch lernt, „alles" Wissen „auffrißt", unablässig Bücher aller Art „verschlingt", als „wandelndes Lexikon" „alles weiß") ist eine fehlgeordnete museale Sammlung, „Kraut und Rüben", „unverdautes Zeug", „geiles Gewächs" neben reiferen Bezirken. Das Wissen ist der Tod (vgl. Schiller, Lessing u. a.). Die Einzelheiten sind die Todfeinde des All, es gilt, sie zu entmachten, — nur das hat man zu lernen, nur dazu lernt man. Man ist stolz auf seine Intelligenz — und ist doch nur Intellektualist. Intellektualismus ist Begriffshypertrophie in Normnähe, doch darf man hohe Intelligenz- und Bildungsgrade in der Norm nicht mit Intellektualismus — „intelligenter Dummheit", Pseudointelligenz — verwechseln und sie schmähen, wie das gern tut — der Intellektualist (s. im 4. Bd. § 9, 3).

Oft gehen den kranken Begriffsreihen hypertrophe Gefühlserregungen voraus oder mischen sich ein oder folgen. Jem. träumt sich unerhörte Ziele vor und verspürt den Drang, sie zu erreichen. Jem. bekommt schon bei dem Gedanken an die Zigarre, an den Gang auf die Straße, an das Sitzen im Theater, an die Schulaufgabe, einen Vortrag, eine Begegnung Schweißausbrüche, Herzklopfen, Beklemmung, Bauchangst usw. Jem. erinnert sich an ein schmerzliches Erlebnis und bekommt aktuelle Schmerzen. Jem. kommt von einem Verlust gedanklich nicht los und sinkt dabei in tiefe Trauer. Jem. gerät beim „Denken in Erfolgen" (freudenneurot. Plänemachen) in übermäßige freudige Erregung („Hochgefühl im ganzen Leibe"). Ein Impotenter ergeht sich in sinnlichen Phantasien und bekommt dabei eine Erektion, die in praxi ausbleibt oder vorzeitig vergeht. Jem. bekommt auf der Straße beim zwangsgedanklichen „Untersuchen der Geschlechter" (Vorstellen der Geschlechtsorgane der Passanten mit transvestitischen Experimenten) unwiderstehlichen Harndrang und hat „ein Kroki der Klosetts" im Kopfe, die er jeweils aufsucht (Opfer an den Versucher Harnteufel, so daß er zufriedengestellt und so gebannt wird). Jem. zertheoretisiert die Liebe, gewinnt so die Überzeugung von ihrer Sinn- und Wertlosigkeit, der Notwendigkeit, den kühlen Verstand, die Besinnung (auch in actu) zu wahren, um „sich nicht zu verlieren", aber hin und wieder „geht alle Vernunft zum Teufel", und „jede Teufelei ist gerade gut genug, sie zu überwinden". Die „Abtötung des Fleisches durch den Geist" ist immer mit genitalen sowie filialischen gastralen, kardiovasalen, pulmonalen Symptomen verbunden. Usw. Die Symptomatik im Einzelfalle zeigt die biologische Struktur und Funktion des kranken Organismus an, nicht etwa die Wirksamkeit seelisch-geistiger Faktoren oder sonstiger metaphysischer Mächte. Wer seine Geschlechtlichkeit begrifflich „erledigt", darf sich dessen nicht als eines „Sieges über sich selbst" rühmen oder derart gerühmt werden, er ist nicht verehrungswürdig darob, kein Held oder Heiliger, sondern bloß ein armer Kranker.

Die Begriffe sind die Erinnerungen an die (je zugeordneten) Gegenstände. Das S c h e m a d e r B e g r i f f s n e u r o s e n ist also das gleiche wie das der Gegenstandsneurosen (S. 70).

Der pathologische Zwang ist die Zwangsläufigkeit des abnormalen Geschehens. Der „Gang der Gedanken" gilt da als das Wesentliche, die Gedanken selber gelten als nebensächlich; Mechanistik des Denkens (vgl. S. 71 f.). Also auch die kranke Begrifflichkeit ist zwanghaft; man spricht von Z w a n g s d e n k e n und

Zwangsgedanken, ohne aber die Begriffsneurosen speziell als Zwangsneurosen zu bezeichnen. Den Zwang deutet man auch hier dämonistisch: als Wirkung metaphysischer Mächte, ja die Vorstellungen und Gedanken gelten (nach ihrer biologischen Beschaffenheit, nämlich der rel. Unbestimmtheit, Variabilität der Koordinatik usw., 5. Bd. § 8, 1, c) selber als Geist, Geister, geistig, als gute und böse Gespenster, die kommen und gehen, wann sie wollen, und die „das Ich" doch zitieren, binden, bändigen, bannen kann oder soll. So wird auch der Denkzwang, der Zwang zum Zwangsdenken gedeutet, sei es, daß man die Gefühle, die (realiter) den Begriffen vorausgehen, sei es, daß man die Gegenstände meint, an die sie sich anschließen: sie sollen die Macht haben, die Gedanken herbeizuzaubern, aus sich zu entlassen und wieder in sich einzuziehen, falls die Gedanken nicht selbständig ihr lästiges-listiges-lustiges Koboldspiel weitertreiben. Usw. Realiter handelt es sich auch hier um pathobiologische Funktionen.

Die systemgenet. Zusammenhänge der Begriffe mit „ihren" Gegenständen und Gefühlen sind in vielen Fällen ohne weiteres ersichtlich. Die Individualbegriffe schließen sich ja genetisch immer an „ihre" Gegenstände an, können dann aber auch aktuell sein, ohne daß jeweils die zugehörigen Gegenstände vorher wieder aktuell sind. Dies trifft bes. für die Kollektivbegriffe, die Sphäre des Verstandes und der Vernunft zu. Diese Zusammenhänge hat als rein biologische erst die Psychobiologie klargestellt, im dämonistischen Denken aller Stufen und erst recht für den Neurotiker sind sie rätselhaft: es werden da die Gefühle und die Gedanken als seelisch-geistig gedeutet, also „der Welt" als „dem Physischen" polar gegenübergestellt und nun allerhand Theorien darüber erklügelt, wie denn die gegenseitige Einwirkung (der Übergang vom Seelisch-Geistigen zum Physischen und umgekehrt, also auch das Bewußtsein „vom" Physischen) möglich sei, oder ob es sich um „Parallelerscheinungen", nicht weniger rätselhaft als jene „Kausalwirkungen", handele, oder ob Seele, Geist und Leib eine Dreieinigkeit sei, wobei das Zauberkunststück „Drei identisch mit Eins" oder „Seele = innerer Aspekt des identischen Physischen" in Kauf genommen werden muß. Schließen sich also die hypertrophen Vorstellungen und Gedanken an bestimmte Gefühle oder äußere Ereignisse an, dann ist der Zusammenhang bestimmt angebbar, wenn auch im dämonistischen Denken geheimnisvoll. In andern Fällen werden als Ursachen mehr allgemeine „Faktoren", z. B. die Erziehung, Geldverhältnisse usw. genannt, wieder in andern Fällen scheinen die hypertrophen Begriffe ganz autochthon und in sich abgeschlossen, ganz metaphysisch.

Auch die Begriffsneurosen benennen wir nach dem je zum System gehörenden Gefühl, nach der Gefühlsspezies: Begriffs- oder idealische H.-, A.-usw. neurosen. Eine weitere Spezifizierung kann nach dem Namen des zugehörigen, also erinnerten Gegenstandes erfolgen, doch kann man nicht Wortungetüme wie „Alkoholbegriffshungerneurose" bilden, sondern wird die betr. Gegenstandsneurose angeben und davor „idealisch", „gedanklich" setzen, z. B. idealische Alkoholhungerneurose = idealische Alkoholsucht, idealischer Sadismus, gedankliche Onanie usw., oder den erinnerten Gegenstand separat angeben, z. B. Grübeln über etwas. Verläuft das kranke Begriffsdenken in den höherbegrifflichen Zonen, dann wird man es nach dem dort begriffstypisch zusammengefaßten Gebiete kennzeichnen, z. B. von religiöser, moralischer, juristischer, ästhetischer, politischer, sozialer, ökonomischer, philosophischer usw. Begriffsneurose sprechen und bes. die weitversponnenen Systeme weltanschaulich als nihilistische, negativistische usw. Ideologien näher definieren.

Beispiele.

Pat. S., 44 J., berichtet: „Vor vielen Jahren habe ich mal den M. gesehen, er fiel mir merkwürdig auf, es schien mir, als ob er mir eine besondere Miene wie eine versteckte Drohung machte, ich sehe ihn noch ganz deutlich vor mir, und ich muß mich seitdem immer und immer wieder fragen: was wollte der Mensch von mir? Aber dann habe ich bemerkt, daß mir auch andere Menschen solche Mienen machten, und es quält mich Tag und Nacht der Gedanke: was wollen die Menschen von mir? Jener M. ist die Ursache meiner Krankheit, es ist ja unheimlich, wie ein Mensch mit einer Miene so ein ganzes Leben zerstören, wie er unsichtbar mich so viele Jahre peinigen kann, das geht gewiß nicht mit rechten Dingen zu." Systemzusammenhang klar, wenn auch bisher ungeklärt: es stellt sich heraus, daß Pat. schon als ganz junges Kind „die Miene" der großen Dämonen, zunächst der Mutter, des Vaters studiert und sich viele Gedanken darüber gemacht hat, es kamen viele Leute in den elterlichen Gasthof, viele Mienen (Mutter der Pat. hieß Wilhelmine, sie selbst ebenfalls, wurde Mine, Minchen genannt, also Menschen = Mienen, vgl. „Maske, Person" usw.), die Miene ist die gute-böse, göttlich-teuflische Dämonie, ist Lebens- und Todeszauber, von jenen kindlichen Studien des „Mienenspiels" leitete sich genetisch jene „verhängnisvolle Miene" ab, die vermeintlich das Grübeln verursachte.

Pat. B., 53 J., unverheiratet, „hat immer schlechte Gedanken im Kopfe, die ihr der General L. eingibt, indem er immer an sie denkt". Sie hat ihm schon geschrieben, er möge sie doch in Ruhe lassen, aber dennoch: sobald sie auf die Straße geht, berührt sie der General unten, es geht ihr durch und durch wie Elektrizität, sie wehrt sich mit aller Macht ihrer guten Gedanken, die freilich arge Schimpfworte auf den Verfolger sind, aber „der General hätte mich längst verunehrt, wenn ihn meine Gedanken nicht abhielten". Pat. war schon als kleines Kind Onanistin, hat den „Teufelsfinger" beschuldigt, ihn dann mit energischen Gedanken zur Ruhe verwiesen, mit Zwangsgedanken „gelernt, sich zu beherrschen", wobei der Finger zum General L. avancierte, usw.

Pat. H., 32 J., verh., meint: „Die Erziehung hat mich zum Grübeln gebracht, ich wurde sehr streng gehalten, geradezu abgesperrt, durfte nicht mal allein das Haus verlassen, als ich schon ein großes Mädel war, habe z. B. mal furchtbare Prügel bekommen, als ich 17jährig mal mit einer Freundin in die Konditorei gegangen bin. Ich habe mich immer gefragt, ob ich so was Besonderes sei im guten oder im schlechten Sinne, eine Heilige, die im Sanktuarium lebt, oder eine Dirne, die bewacht werden muß." Mutter war ein „Heimchen", das Kind von Haus aus schwellenängstlich, „draußen" drohen die dämonischen Gefahren, Leben und Tod, das Verhängnis, großen Eindruck machte der Vers „siehe die Sünde ruhet vor der Tür, lasse ihr aber nicht ihren Willen, sondern herrsche über sie!" — nämlich durch Meiden des Draußen. So war der Zwang der Erziehung" nur die Bestätigung der eignen WA des Kindes.

„Das Leben", sagt ein schwer schizoider Theologe, „hat sich mir schon ganz früh als Teufelswerk offenbart, alles hackte auf mir herum, ich trug alles Unrecht, meine Kindheit und eigentl. mein ganzes Leben war ein Reigen des Unrechts, der Ungerechtigkeit. Aber das Leben ist doch Gottes Schöpfung, ich muß immer über Gott und Teufel denken, Gott läßt mir keine Ruhe, gegen den Teufel zu denken, so bringt mir der Teufel zum Bewußtsein, daß Gott in mir, in meinem Geiste wirkt, daß ich selber Gottes, göttlich bin, berufen, den Teufel, das Weltliche zu überwinden und die Menschheit zu erlösen." Pat. war schon als Kleinkind absonderlich, „für sich", ohne Spielkameraden, ohne Freunde, „hatte niemand und nichts außer seinen Gedanken", mit denen es spielte wie mit Engeln, die es aus dem Himmel besuchten und seine „Herkunft aus dem Himmel" bestätigten, woran sich unzählige Warums schlossen und zu tausend und abertausend Fragen verzwickten und verstrickten.

Pat. S., 33 J., verh., war als Kind ein unbändiger Tyrann, erzwang sich allen Willen, wurde „Hexe" genannt, hat „immer gern gedacht", mußte alles wissen, alle Gedanken zusammennehmen, nichts durfte ihr entgehen, war „vorzügliche Schülerin", wußte immer alles, beherrschte alles mit der Allmacht des Geistes (an die jeder Begriffsneurotiker glaubt). Dazu Angst, etwas zu vergessen, also die Allmacht, die Allwissenheit zu verlieren. Für Liebe keine Zeit, mußte „denken". Heiratete unter großen Ängsten (Schlaflosigkeit, „Gedankenchaos") einen Denker, der den Generalangriff auf ihr Alldenken unternehmen würde. Es „gelang" ihr, sich sein Denken zu unterjochen, er mußte denken wie sie, sie „ließ" ihn denken, aber im steten Zweifel, ob er nicht doch einmal „fremddenken" würde, anders wie sie denken würde, ihr einen Gedanken entzöge usw.; so mußte sie immer denken, daß er auf's Haar das dächte, was sie dachte. Es war ihre Not überhaupt, daß ein Fremder etwas dächte, was sie nicht wüßte; so mußte sie ihre Gedanken in den Fremden hineindenken, übertragen, Gedanken lesen, die Alleinheit wahren. Was auch an sie herantrat, mußte gedanklich erledigt werden, auch Verabredungen, Termine, der nächste Tag, die Zukunft; später dazu Notierzwang, „Denkzettel", mußte die Unmöglichkeit der Möglichkeit, etwas zu vergessen, denken, dann war eben das Vergessene nicht vergessen, sondern weggedacht und blieb in ihrer Allwissenheit. Sie konnte aber auch Gedanken „entlassen" (Denkpause), oder Angstgefühle ersetzten die Gedankenlücke, jagten den fliehenden Gedanken nach, holten sie auch ein: „ich muß immer komplett sein".

Pat. L., 49 J., seit langem „schlaflos". „Ich bin noch nicht im Bett, so fallen die Gedanken über mich her, schwirren in meinem Kopfe wie ein Bienenschwarm, lassen mich nicht zur Ruhe kommen. Gewiß, es sind Erinnerungen an konkrete Erlebnisse dabei, aber noch mehr weitausgesponnene Gedankenreihen, die in ihrer Selbständigkeit, Spontaneität ganz unirdisch sind, es sind Pläne, Voraussichten, sozusagen Inspirationen (der Heilige Geist wird auf den Kopf ausgegossen!), mit denen ich die Zukunft mir vergegenwärtige, aber keine erfreulichen, ich muß immer

„in Unheil denken", eine Art Kassandra, die sich ja auch nicht gerade wohlgefühlt hat. Ich habe den Gedanken, daß ich so das Künftige bannen könne, daß es nun nicht mehr so schlimm oder gar gut werden werde. Alle Mühe, die ich mir gebe, die Gedanken zu verscheuchen, sind vergeblich. Ich denke mir z. B. numerierte Schafe über die Hürde springen, aber habe ich damit angefangen, hören sie nicht mehr auf: der reine Hohn. Die Gedanken machen mit mir, was sie wollen." Usw. „Äußere Ursachen" liegen nicht vor, auch keine „inneren Ursachen", um so rätselhafter der Gedankenspuk.

Pat. R., 20 J., stud. jur., berichtet: „Ich werde bei der Arbeit fortgesetzt von sinnlichen Gedanken gestört, sie drängen sich so von unteninnen her ein als allerlei Bilder und Stimmen, die mich zwingen, mich mit ihnen zu beschäftigen. Meine Arbeit ist ein ständiger Kampf zwischen den guten Gedanken des Studiums und den bösen der Sinnlichkeit, also gar kein eigentliches Studium. Die störenden Gedanken sind vage Szenen von Onanie und Koitus, aber ich weiß das nur, daß es solche Szenen sind, sie selber sind ganz undeutlich, wirbelig, gespenstisch. Die Sinnlichkeit quält mich auch sonst, ich habe furchtbares Verlangen nach Befriedigung, aber noch mehr Angst." Früher ein paarmal onaniert, aber „aus Angst vor den Folgen O. unterdrückt", an Stelle der genitalen O. sind die Gedanken an die sinnlichen Szenen getreten. Schon von klein auf große Angst vor der unheimlichen Gestalt, die Mutter hieß, dann in vielen Verwandlungen auftrat. Mit 6 Jahren das Schnittchen bei dem 4jährigen Schwesterchen entdeckt, dann auch bei anderen Mädchen vermutet, aber mehr vorgestellt; Mutter mal im Bade überrascht, ganz schwarz da unten, Hexe! furchtbares Geheimnis. Usw. Hier ursächlicher Zusammenhang der Zwangsgedanken mit der Liebessehnsucht und Liebesangst angenommen; realiter rein biolog. Auswucherung, Ausgestaltung der kranken Funktionen.

Pat. K., 33 J., verh., muß sich immer zwei kämpfende Dienstmädchen vorstellen, bevor er, bei seiner Frau liegend, eine Erektion bekommt. Hat sich als Kleinkind für ein Mädchen gehalten, ohne zu wissen, was das sei. Liebeskampf also = Kampf zweier Mädchen; zuerst bei zwei Dienstmädchen beobachtet, auch auf Jagdbildern à la Watteau usw., die eben „so" aufgefaßt wurden. „Die Gedanken haben also eine geheimnisvolle Macht über die Gefühle, die vorgestellte Kampfszene erigiert den Penis."

Pat. E., 30 J., verheiratet, berichtet: „Ich erwache jeden Morgen mit Migräne, der Schmerz zieht auch den Nacken hinunter bis ins Kreuz — ich weiß nicht, was das ist. Ich bin, da mir niemand helfen konnte, auf den Gedanken gekommen, meine Gedanken gegen den Schmerz einzusetzen — so nach Coué: es soll nicht mehr wehtun, ich habe keine Schmerzen mehr, es tut nicht mehr weh, ich kann jetzt aufstehen. Mit solchen Übungen verbringe ich eine halbe Stunde, dann habe ich die Schmerzen soweit in der Gewalt, daß ich aus dem Bett finde, doch muß ich auch tagsüber immer wieder an meine Schmerzen denken, um sie wegzudenken, sonst nimmt die Migräne überhand. Erst am Abend Besserung." Usw. Mutter erzählt, daß Pat. als Säugling und Kleinkind den Kopf nicht recht habe aufrecht halten können, „man sah es ihm an, wie sehr es sich Mühe geben mußte". Deutung auch später: man muß den Kopf feststellen, um „sich b e h a u p t en" zu können, der Kopf kann leicht abfallen, abgeschlagen werden (hat vom Vater, Lehrer, der mit ihm arbeitete, sehr oft Schläge auf den Hinterkopf bekommen, — die also todgefährlich waren). Zunehmend hypertrophierende A- und bes. Sreflexe mit Krampfausdrücken an den Hinterkopf-Nacken-Rückenmuskeln. Nachts rel. Ruhe, aber „man muß immer auf der Hut sein", beim Erwachen beginnt der Tageskampf um den Kopf, flaut erst am Abend ab. Die Gedanken zwingen den Schmerz, sich ruhiger zu verhalten, haben also „Macht über den Schmerz"; realiter Zwangsgedanken abwechselnd mit A- und Sgefühlen. Vgl. den Fall Staudenmaier, 6. Bd. S. 49 f.

Frau P., 36 J., vor der Verheiratung (mit 29 J.) Lehrerin, kommt wegen Gedankenjagens, Gedächtnisschwäche, Schlaflosigkeit, allgemeiner Erschöpfung usw. „Seit ich denken kann, habe ich immer nur gedacht, mit der Allmacht meines Wissens-Gewissens die Welt beherrscht, aus der überirdischen Sphäre das Irdische angeschaut, wie Gott das irdische Geschehen betrachtet, auch lenkt und leitet, ohne selber an ihm teilzunehmen. Die Vorstellungen und Gedanken waren mir geistige Wesen, mit denen ich vertraut umging, selbst ein geistiges Wesen, in einen Leib gebannt (Inkarnation); bes. nachts besuchten mich „die Verwandten" aus dem Jenseits, Engel aus dem Himmel, aber auch Teufel aus der Hölle, um miteinander und mit mir zu spielen, wobei die Engel allemal die Teufel fortjagten oder ICH das ganze Spiel beherrschte, — es kann auch sein, daß ich die „Verwandten" im Jenseits besuchte. Die Welt war ein dunkles Rätsel, die Menschen, vorab die Eltern unheimliche Wesen, über deren „Wesen" ich schon als Kleinkind grübelte, und deren ich mich so erwehrte: die Weltdinge waren nur magische Störenfriede meines überirdischen Seins, Versuche-Versuchungen, mich auf die Erde herunterzureißen und so auf ewig zu verderben, aber mein Denk-Ich wies, ein Christus auf der Zinne des Tempels, die bösen Mächte ab. Ich wähnte lange Zeit, ich allein könne denken, und es war mir eine schwere Erschütterung, als ich hörte, daß „die andern" auch denken, aber, so dachte ich, das sind ja auch nur meine Gedanken, ich denke auch in den andern, ich denke für alle und in allen, alle andern denken in mir und durch mich. Das Lernen in der Schule usw. war mir die allmachtliche Methode, die immer neu auftauchenden Geister in meiner Gewalt zu halten, sie zu bannen, und darum war ich sehr fleißig, es war ja dies meine Lebensaufgabe, kein Gedanke durfte mir entrinnen, aber während ich hinter dem einen herrannte, waren andere da, die mir wegzulaufen drohten, und so mußte ich, ein verfolgter Verfolger, immer hin und her rennen und die neckischen Gedanken haschen, immer in Angst, daß mir einer — etwa durch die Lehrerin oder andere Versucherwesen — hätte entzogen werden können. Ich mußte immer „Bestand aufnehmen" — etwa wie ein Bibliothekar oder Buchhändler mit seinen Büchern, mein Wissen war sozusagen außer mir, aus-wendig, nur gesammelt, hoch-gestapelt wie die Bücher im Regal, ich war in dieser Art „Hochstaplerin des Wissens", ein Lexikon, in dem ich selber unablässig herumlas — immer in Angst, es könnte ein Artikel darin fehlen und so das ganze All-Lexikon wertlos sein. Als Allwissende mußte ich natürlich Lehrerin, und zwar die Weltlehrerin werden, ja schon ab ovo sein, aber ich sehe jetzt, daß ich mit all meiner pedantischen Gewissenhaftigkeit (in der Angst vor dem geringsten vermeintlichen oder tatsächlichen Fehler) eine schlechte Lehrerin war, mir immer nur meine Allwissenheit bestätigen mußte (ein Bemühen, so unablässig wie vergeblich!), das Wissen nur dazu benutzte (mißbrauchte), um meine Schülerinnen — und andere Leute — in und zu meinem Allzauber zu erziehen. „Hoch über'm niedern Erdenleben . . .", das war mein Wahlspruch. Auch der Leib war ja nur ein notwendiges Übel, ich Göttliche war ja nur wie Christus in den Leib gebannt, um eben den Versucher Leib-Irdisches zu überwinden; so suchte ich die Leibesfunktionen zu vergessen, klammerte mich gegenüber den Regungen des Unterleibes (Kot-, Harndrang, Sinnlichkeit) an die alleinseligmachende Methode des gedanklichen Negierens, mühte mich furchtbar ab, niemals die Besinnung, d. i. „mich", d. i. mein (ewiges) Leben zu verlieren, „den Kopf" nicht zu verlieren, mich zu verleugnen und die Welt zu verlassen, ein reines Leben zu führen, mit der Allmacht meines Geistes, die nun mal erforderlichen leiblich-irdischen Funktionen zu entzaubern. In dieser

Art, sozusagen ohne meine eigentliche Beteiligung (vgl. Christus in der Hölle) ist auch bisher die Ehe verlaufen und mein Kind entstanden. Ich war Asketin, nicht Mensch." Usw. Diagnose: idealische Hunger-Angst-Trophogenose.

Bei vielen Pat. entwickelt sich die Neurose so, daß sich zwei Fehler „äußerlich" ausgleichen, z. B. eine anfängliche Hneurose geht später in eine Aneurose mit nebenhypertrophem H. über, „A. vor der eignen Courage", fanatisches Losstürmen in Hemmung, so daß ein „gehemmter Fanatismus" herauskommt, der, falls normnahe gerichtet, „äußerlich" einem normalen Verhalten und seinen Ergebnissen ganz ähnlich sein kann. Aber zwei Fehler bleiben eben doch zwei Fehler (S. 50). So auch der „Ersatz" von Gefühls- oder Gegenstandssymptomen durch Begriffssymptome und umgekehrt.

§ 2. Die Struktur der neurotischen Erlebnisse.

Jedes Erlebnis ist eine HASTF-Reihe, setzt sich also aus einem (seinem) H-, einem Astadium usw. zusammen, diese Stadien folgen aufeinander in der gen. Reihe. Jede zu einem Erlebnis gehörende Akt. steht zur vorigen und zur folgenden in einem (je spezifischen) koordinativen, also lage-, kraft- und richtungsmäßigen s. kinästhetischen, statischen und topischen Verhältnis, und somit stehen auch die einzelnen auf einander folgenden Stadien jedes Erlebnisses zu einander, ferner auch das Anfangs- und das Endstadium jedes Erlebnisses zu dem Endstadium des vorigen bzw. dem Anfangsstadium des folgenden Erlebnisses in einem (je spezif.) koordinativen Verhältnis; vgl. 2. Bd. §§ 30, 31, zu „Erlebnis" 1. Bd. § 20. Die Koordinatik des Erlebnisses ist seine Struktur. Wie die Akt. als Ganzes, so ist auch ihre koordinative Symbolkomponente (entspr. den koordinativen Paßformen der aktuellen DZ) spezifisch, also ist auch die Struktur jedes Erlebnisses spezifisch, sie entspricht der assoziativen Reihe (dem Gefüge) der aktuellen DZn, somit der Konstitution des erlebenden Individuums, die man auch seine Struktur nennen kann (5. Bd. § $13,_1$, 6. Bd. § $2,_1$). Die H.-Aktn. sind in einem weiten, die A.-Aktn. in einem engeren Rund, die S.-Aktn. in Drehungen, die T.-Aktn. in kurzen, die F.-Aktn. in langen Geraden angeordnet, jedes Erlebnis besteht aus runden und geraden Reihen, der Übergang von Rund zu Gerade ist die Schwelle.

Die Norm ist das unter Analogem Häufigste (6. Bd. § $1,_1$). Dies gilt auch für die Strukturen: man vergleicht hierauf die analogen Erlebnisse und ermittelt so für sie die normale Struktur mit der norm. Var.-B. Vergleichbar sind hierbei nur Vollzüge, die zu einer bestimmten Kategorie gehören; man darf also diagnostisch nicht ein kindliches Verhalten mit einem entspr. Verhalten Erwachsener vergleichen, sondern analoge Verhaltensweisen von Individuen gleichen Lebensalters oder Standes oder Berufes oder gleichen Bildungsgrades usw. Der Entwicklungsstufe nach ist freilich das (nunmehr diagnostizierte) Kranke inftlsch, das normale Analogon also in der Kindheit, hauptsächlich der frühen zu suchen und zu finden.

Die abnormalen Strukturen liegen außerhalb der normalen und innerhalb der abnormalen Var.-B. Der Gesunde erlebt gesund, seine Erlebnisse und so auch sein Verhalten sind normal strukturiert. Der Kranke erlebt abnorm, seine Erlebnisse und Verhaltungen sind fehlstrukturiert, seine gesünderen und fastgesunden Erlebnisse sind normnäher bis fastnormal, niemals aber normal. Die abnormale Struktur ist abnormale Gestaltung der runden, gedrehten, geraden Anordnungen als solcher (Fehlgestaltung) und abnormale Zusammenordnung (Assoziationen) von Aktn. derart, daß mehr minder zahlreiche Aktn. im kranken Erlebnis vorkommen, die (analog) im vergleichbaren normalen Erlebnis überhaupt nicht oder in andern Zusammenhängen vorkommen (Fehlzusammensetzung). Die hadrotischen Aktn. (die Aktn. des hadrotischen Erlebnisses) unterscheiden sich dabei von den normalen anatomisch, die leptotischen nur funktionell, d. h. nur nach der koordinativen Symbolkomponente und ihrer Veränderung (diese ist eben die Funktion, 1. Bd. S. 418, 2. Bd. S. 97); mit der reinfunktionellen Abnorm ist die primitivistische Unklarheit (Verschwommenheit) der Akt. verbunden, doch ist diese Gesamtbeschaffenheit nicht ein anatomisches Merkmal, sondern nur biologisch zu verstehen (6. Bd. § $2,_4$). Die eigenschaftlichen Besonderheiten leptotischer Erlebnisse sind lediglich an der abnormen Funktion erkennbar, die sie determinieren.

Je normferner das Erlebnis, desto normferner seine Struktur. Dabei ist oft die Fehlgestaltung weniger auffällig als die Fehlzusammensetzung. Die In- und Extensität der Symptome ist nicht kennzeichnend für die Erlebnisrichtung: heftige und ausgebreitete Symptome können auch bei normnaher Richtung vorkommen. Die In- und Extensität wechselt periodisch; hierbei kann auch die Richtung wechseln, z. B. jem. ist zeitweise arbeitsunfähig, zeitweise leidlich arbeitsfähig. Im Ablaufe können sich Strukturfehler vorangehender Stadien (Fehler von Teilstrukturen) in solchen folgender Stadien mehr minder ausgleichen, ohne daß aber so die Fehler „ungeschehen gemacht“, „aus der Welt geschafft“ werden könnten (S. 50, 93). Die Annäherung an die Norm ist um so größer, je normnäher das kranke Erlebnis ist, oder je mehr fastgesunde Anteile zu ihm gehören. Das kranke Erlebnis bzw. das Kranke am Erlebnis läuft auf infantiler Entwicklungsstufe und ist zu den gesünderen und fastgesunden Erlebnissen bzw. Erlebnisteilen des Individuums ebenfalls fehlassoziiert, so daß auch in diesen Zusammenhängen strukturelle Besonderheiten bestehen. Die Hypertrophie einzelner Erlebnisstadien kennzeichnet auch richtungsmäßig die übrigen Stadien und somit das Gesamterlebnis; z. B. ist in einem hneurot. Erlebnis das Hstadium hypertroph und sind auch die folgenden Stadien — als rel. stark hhaltig — nach der Hstruktur hin nuanciert (vgl. 6. Bd. § 2, $_1$). Auch bei Hypotrophie ist die Struktur des Erlebnisses je spezifisch abartig. Die Erlebnisse stimmen reflexmäßig auch strukturell zu den je zugehörigen Ausdrucksaktionen (Aussagen, Verhaltungen); aus diesen erfährt ja der Beobachter von den Erlebnissen des Beobachteten oder schließt auf sie. Die Diagnose ist oft nur dem psychobiologisch geschulten Fachmanne möglich, bes. in normnahen oder sich in sich ausgleichenden Fällen (vgl. 4. Bd. S. 534 ff.).

Die Struktur und somit auch ihre Veränderung, die Funktion ist also nach Lage, Kraft und Richtung zu beschreiben. Die kranken Aktn. stehen zu einander in einem mehr minder abnormen, normferneren oder -näheren Lage-, Kraft- und Richtungsverhältnis: dieses ist die S t r u k t u r d e r K r a n k h e i t. Die Struktur einer Neurose z. B. ist die Gestaltung der funktionell kranken Anordnungen und die Zusammenordnung der Symptome. Die Hneurose z. B. weist eine der Hypertrophie der Hfunktionen gemäße Fehlanordnung und entweder ein Überwiegen der kranken Gefühle (Gefühlsneurose) oder der kranken Gegenstände (Gegenstandsneurose) oder der kranken Begriffe (Begriffsneurose) auf. Das Kranke steht auch zur Umgebung in einem abnormen koordinativen Verhältnis. Diese M i ß v e r h ä l t n i s s e werden bezeichnet nach der L a g e mit Worten wie „fehlgelagert, verlagert, verkehrt, zu weit, zu eng, verdreht, zu kurz, zu lang" usw., nach der K r a f t mit Worten wie „zu viel, zu wenig, über-, untermäßig, krampfig, lähmig" usw., nach der R i c h t u n g mit Worten wie „verkehrt, abwegig, irrig, fehlgehend" usw., der Funktionsverlauf zusammen mit Worten wie „falsch, fehl, absonderlich, pervers, über-, untertrieben, unsicher und dabei bis zu maschinenmäßiger Invariabilität verfestigt, erstarrt, zwanghaft" usw. Die Konstitutions-, Charakter- und Temperamentkunde sind spezielle Beschreibweisen des gesunden bzw. kranken Individuums nach Struktur und Funktion sowie der für die Einzelfälle und ihre Gruppen je spezifischen Eigenschaftlichkeit. Und so werden auch größere Erlebnisse, bestehend aus Individuen und ihrem Verhalten unter einander, zur Umgebung-Umwelt, also HASTF-Reihen jeder Größenordnung nach Lage, Kraft und Richtung, nach Struktur und Funktion und der je spezifischen Eigenschaftlichkeit beschrieben.

Dabei ist mit der Lageangabe immer auch die zur Lage stimmende Kraft und Richtung und vice versa im- und explicite mitgemeint.

Wir wollen hier das neurotische Erlebnis nach der Richtung und ferner als Aufgabe, sodann das therapeutische Erlebnis als Genesungsaufgabe betrachten.

1. Die neurotische Richtung

Jedes gesunde und jedes kranke Erlebnis hat einen (seinen) Anfang und ein (sein) Ende, sein H- und sein Fstadium, das über die A-, S- und Tstadien erreicht wird. Der Anfang schließt sich an das vorige, an das Ende schließt sich das folgende Erlebnis an. Man pflegt das Sstadium (die Schwelle) speziell als das Kampf-, Gefahr-, Hindernis-, Mühe-, Arbeits-, Leistungs-, Prüfungs-, Entschluß-, Entscheidungsstadium, auch als Aufgabe, die zu lösen ist, ferner das Fstadium als das Ziel zu bezeichnen (4. Bd. § 7, 1, c). Die Richtung im Hstadium ist das weite, im Astadium das engere Rund, im Sstadium die Drehung, im Tstadium die kurze, im Fstadium die lange (sich vollendende) Gerade. Jedes Erlebnis ist auch hierin spezifisch, und die Spezifität begreift in sich auch die normale bzw. abnormale Var.-B., also auch das Überwiegen des einen oder andern Stadiums innerhalb bzw. außerhalb der norm. Var.-B. Die Gesamtrichtung H- → Fstadium des Erlebnisses wollen wir die Erlebnisachse nennen: sie verbindet die Mittelpunkte der H- und Akreise und der Sdrehung und geht in die T- und Fgeraden über (4. Bd. S. 312). In dieser schematischen Linie wird also die Rundung und Drehung durch den Mittelpunkt vertreten, es kommt uns auf die Gesamtrichtung Anfang → Ende, Ausgangspunkt → Ziel an.

Die nachstehenden Figuren mögen die Gesamtrichtung veranschaulichen. Die Ordinate stellt die Erlebnissache, die Abszisse die Schwelle, das Sstadium (die Aufgabe) dar. Die Buchstaben sind die Anfangsbuchstaben der Namen der einzelnen Stadien. Die Größe der Punkte zeigt die Hypertrophie. Fig. 1 gibt die Richtung des normalen Erlebnisses an, die andern Figuren sind Beispiele der neurotischen Richtungen. Die vergleichbaren Erlebnisse haben die gleichen Startpunkte.

Das gesunde Erlebnis ist auch topisch gesund, hat eine gesunde Richtung. Der Gesunde kann nur vom gesunden Anfang aus auf gesundem Wege (mit gesunden Mitteln) an das gesunde Ziel kommen, nirgend anders hin. Der normale Verlauf liegt innerhalb der norm. Var.-B.; zu ihr gehört auch der normale Irrtum (5. Bd. S. 146). Es ist dem Gesunden unmöglich, fehlzugehen. Er geht immer den rechten, richtigen Weg, den man auch (unter Vernachlässigung der normalen Rundungen-Drehungen)

„den geraden“ nennt — zum Unterschied vom „krummen“ (unrechten, schleicherischen usw.) Weg. Der Weg des Gesunden kann mehr oder weniger richtig sein, richtig ist er immer, falsch ist er niemals (Beispiel 6. Bd. S. 30). Der gesunde Mensch ist das Maß aller Dinge. Er ist selber das Gesetz, die Norm. Das Erleben und Verhalten des gesunden Menschen ist die einzige Norm, die wir haben; eine metaphysische, übersinnliche Norm, die das Irdische nach ihrem unerforschlichen Ratschlusse ordnet, nach der sich das Irdische gefälligst zu richten hat, „gibt’s“ nur in der Deutung des Dämonisten. Die Gesetze sind nicht Ursachen der menschlichen Erlebens- und Verhaltensweisen, sondern ihre zu allgemeinen abstrakten Formeln zusammengefaßte Beschreibung. Der Gesunde braucht sie nicht zu kennen, er handelt doch echt (also „ungezwungen“) gesetzmäßig, er kann gar nicht anders, seine Reflexorganisation ist eben gesund, dafür kann er nichts, das ist nicht sein Verdienst. Er ist der „gerade Charakter“, der aufrechte und aufrichtige Mensch. Er hat keinen endgültigen Mißerfolg, er setzt sich immer (früher oder später) durch, er steckt sich keine Ziele, die über den Rahmen seiner Persönlichkeit hinausreichen, er kann konstitutiv nicht anders. Selbstverständlich „wählt“ er sich seine Aufgaben und Ziele, seine Richtungen nicht, sondern sie stellen sich als Funktion seiner RSe ein und sind somit seiner Persönlichkeit gemäß, „angepaßt“ (über „Wahl“ s. 4. Bd. S. 313, 588, 621). Auch das begriffliche Denken sowie die Beschreibung des Gesunden ist korrekt und endet am echtpositiven Ziele.

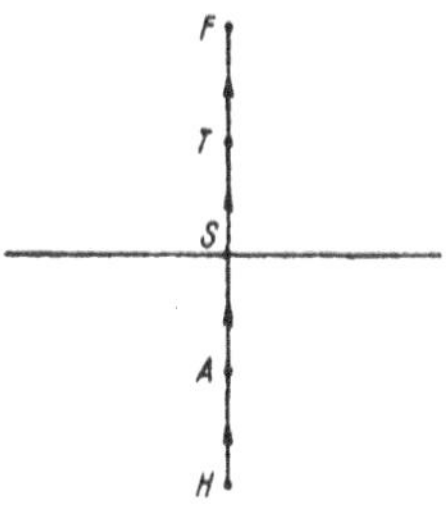

Figur 1.

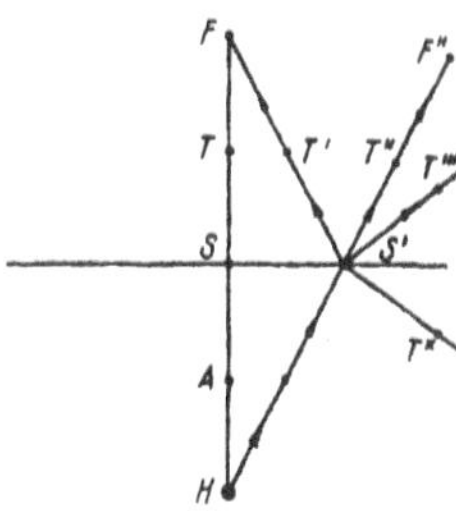

Figur 2.

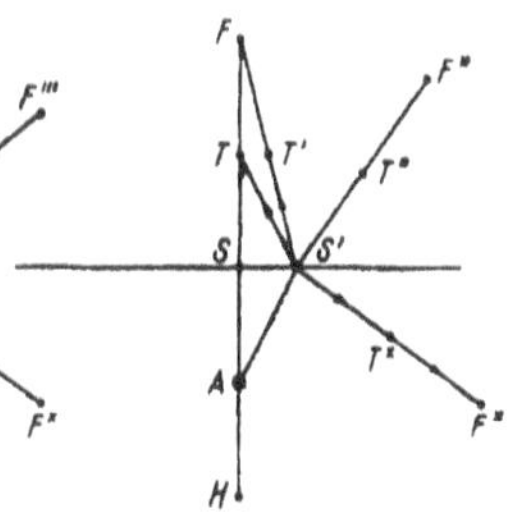

Figur 3.

Figur 1: Das normale Erlebnis H—F.

Figur 2: hungerneurotische Erlebnisse (Beispiele) H—F, $H—S^1—F$, $H—S^1—F^2$, $H—S^1—F^3$, $H—S^1—F^x$ usw.

Figur 3: angstneurotische Erlebnisse (Beispiele) H—F, $H—S^1—F$, $H—S^1—F^2$, $H—S^1—F^x$ usw.

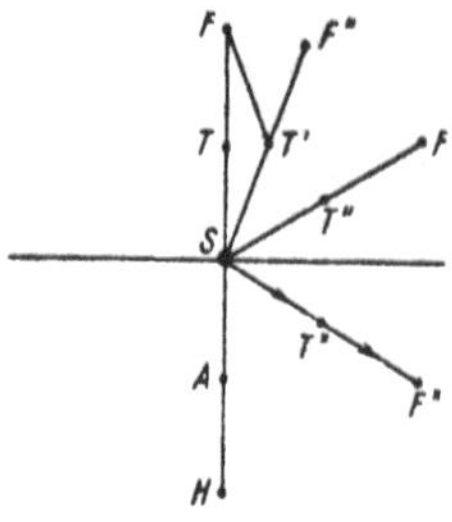

Figur 4.

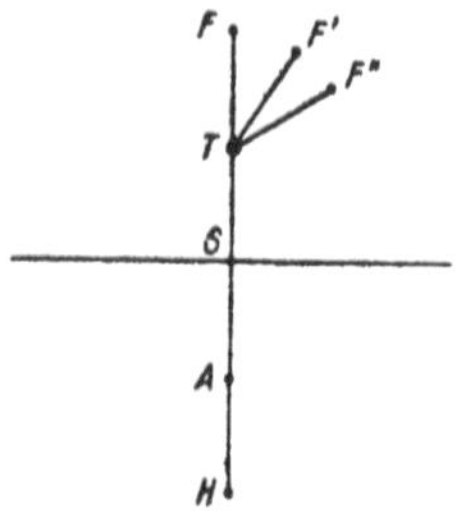

Figur 5.

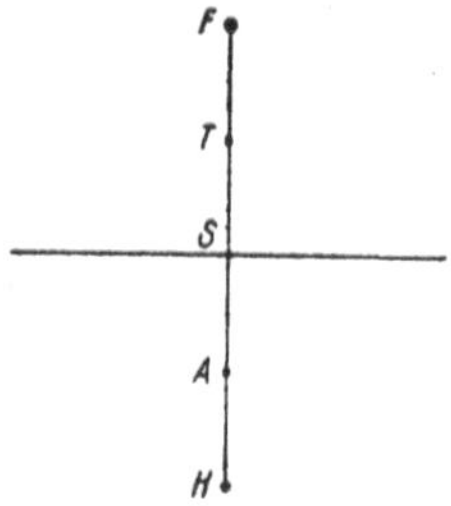

Figur 6.

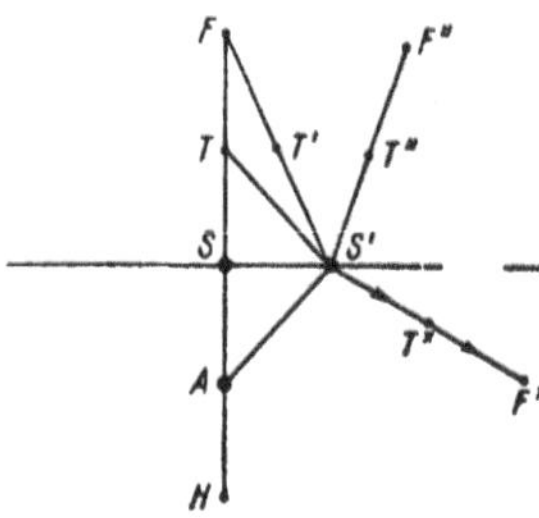

Figur 7.

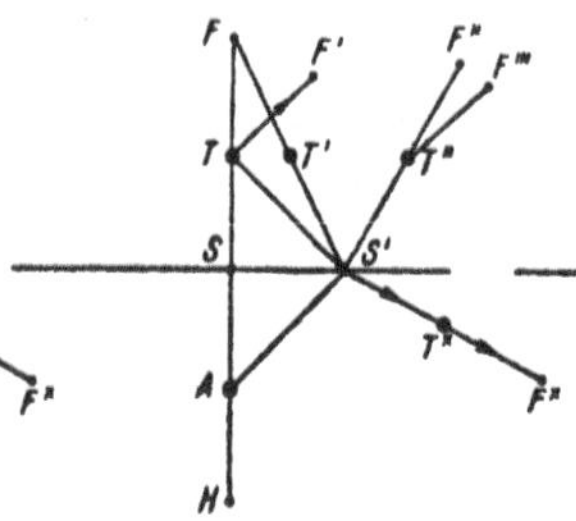

Figur 8.

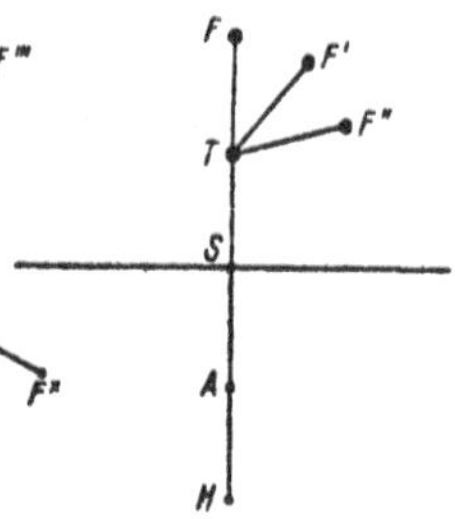

Figur 9.

Figur 4: schmerzneurotische Erlebnisse (Beispiele) H—F, H—S—F^1, H—S—T^1—F, H—S—F^2, H—S—F^x usw.

Figur 5: trauerneurotische Erlebnisse (Beispiele) H—F, H—T—F^1, H—T—F^2 usw.

Figur 6: das freudeneurotische Erlebnis H—F.

Figur 7—9: Beispiele kombinierter Neurosen.

Figur 7: angst-schmerzneurotische Erlebnisse mit reichlich H- und T-Komponenten.

Figur 8: angst-trauerneurotische Erlebnisse.

Figur 9: trauer-freudeneurotische Erlebnisse.

Das kranke Erlebnis kann auch topisch nur krank sein, nur eine kranke Richtung haben. Bei allem Hin und Her in den Teilstrukturen kann die Erlebnissache normnahe sein, also an einem normalen Ziele enden: dem neurotischen Springer kann der Sprung gelingen, der neurotische Schüler die Prüfung bestehen usw., dabei liegen die Richtungsfehler hauptsächlich in den hypertrophen (haupt- und nebenhypertrophen) Stadien, nuancemäßig in den übrigen Stadien, sie können so gering sein, daß nur der Kenner-Fachmann sie diagnostiziert. Das so-erreichte Ziel kann äußerlich mit dem normalen zusammenfallen, also mechanistisch-statistisch für normal gelten, während es biologisch nur normnahe, scheinnormal und so vom normalen verschieden ist. Das neurotische Erlebnis läuft ja (ausgealtert) im infantilen Entwicklungsraum, und so ist auch die normnahe Richtung und das normnahe Ziel inftlsch, in dieser biologischen Art vom vergleichbaren normalen verschieden; auch falls zum neurotischen Erlebnis fastgesunde Anteile gehören, etwa so, daß sich assoziationsgemäß an kranke Vollzüge fastgesunde anschließen, sind diese Vollzüge doch eben nur fastgesund, nach den kranken nuanciert. Manche Neurotiker erreichen (zunächst, eine Zeitlang, d. h. bis zum unausbleiblichen Zusammenbruch) sogar Ziele, die als hervorragend, ja einzigartig und genial imponieren: es wird da abnorm mit enorm, das Überzielhinausschießen mit der gesunden Spitzenleistung verwechselt oder gar als „unvergleichlich" gerühmt, es werden die angewandten Mittel und Methoden außer Betracht gelassen oder gar vom scheinbar großartigen Ziele her gebilligt und bewundert (etwa: „es ist ganz gleich, wie er das große Ziel erreicht hat, die Hauptsache ist, daß er es erreicht hat" oder „der Zweck heiligt die Mittel" usw.). Nur allzu wenige wissen, daß mit neurotischen Mitteln und Methoden auch nur neurotische Ziele erreicht werden können. Die Diagnose der Mittel und Methoden und dessen, der sie anwendet, kennzeichnet auch das mit ihnen erreichbare oder erreichte Ziel, wie umgekehrt die Diagnose des Zieles (Erfolges usw.) die Mittel und Methoden, die zu ihm geführt haben, kennzeichnen. Die normnahe Erlebnissache läßt sich als eine Figur zeichnen, die der Fig. 1 nahekommt, es sind nur eben gewisse Stadien hypertroph, und es läuft das Erlebnis im infantilen Entwicklungsraum ab, ist also von dem vergleichbaren normalen biologisch verschieden. Dieser biologische Unterschied findet sich auch in den geschichteten Erlebnissen, also denen, die aus inftlschen und höherdifferenzierten, bestenfalls fastgesunden Anteilen bestehen, sowie im Vergleiche dieser mit den gesunden Erlebnissen vor. Die normnahe Achse verläuft eben nicht innerhalb der normalen Var.-B., sondern der normalen Achse nur ungefähr parallel in der Abnorm, also auf entwicklungsdifferentem Niveau;

auch das „Zusammenfallen" z. B. des normnahen und des vergleichbaren normalen Zieles ist nur ein äußerliches, scheinbares, niemals ein biologisch echtes. Die Wichtigkeit der Erkenntnis dieser Tatsachen erhellt schon daraus, daß alles Kranke, also auch das Scheinnormale fehlwertig, für den Einzelnen und die Gemeinschaft schädlich, günstigenfalls mechanisch brauchbar, niemals aber echt-nützlich ist. Natürlich kann auch der Kranke nicht dafür, daß er krank ist: er ist es erbbiologisch-konstitutiv, aber ebenso natürlich muß er für den Schaden, den er stiftet, einstehen.

Der Fig. 1 nahe kommt auch die fneurotische Achse (Fig. 6). Die dem Fstadium vorangehenden Stadien sind topisch nach der Geraden hin abnorm nuanciert. Auch das fneurotische Erlebnis läuft in infantiler Entwicklungsebene, ist also vom vergleichbaren normalen biologisch verschieden. Die Hypertrophie des Fstadiums (Übermaß des — unverdienten — Erfolges, Glückspilz usw.) darf über diese biologische Differenz zwischen krankem (unechtem, scheinechtem) und gesundem (echtem) Erfolg nicht täuschen. Ist ein vorhergehendes Stadium normfern-nebenhypertroph, dann ändert sich dort die Richtung der Achse ins Normferne, es wird ein falsches hypertrophes Ziel erreicht, falls nicht in einem folgenden Stadium Richtungswendung zur Normnähe stattfindet. Es kann aber auch bei Mischneurosen jeder Art die Richtung normnahe sein.

In den Fig. 2—5, 7—9 sind normferne Achsen gezeichnet, in Fig. 2 z. B. einige Achsen hneurotischer Erlebnisse. Die gerade Achse H—F ist normnahe. In der Achse H—S'—F" wird die normferne Richtung in H (hypertropher H.: Fanatismus, Gier-Sucht usw.) eingeschlagen und sind die übrigen Stadien topisch entspr. abwegig. In der Achse H—S'—F''' ändert sich die Richtung in S' noch mehr zur Normferne. In der Achse H—S'—F^x wird die (normferne) Schwelle S' nicht überschritten, sondern eine Rückwärtsrichtung eingeschlagen. In den letzten drei Fällen wird über falsche Zwischenstadien ein falsches Ziel erreicht. In der Achse H—S'—F ändert sich die Fehlrichtung H—S' in S' in die Richtung nach dem F, dem im vergleichbaren normalen Erlebnis normalen Ziele, es wird also auf einem weiten Umweg das normnahe Ziel erreicht. Analog ist in Fig. 3 die gerade Achse die normnahe: der Aneurotiker kann also über die normnahe Schwelle (die mit der normalen „zusammenfällt") und das normnahe Tstadium zum normnahen Ziele kommen (mit zuviel Angstaufwand, Hemmungen). Andere Aneurotiker sind so strukturiert, daß sie im Astadium ausweichen, an eine normferne Schwelle gelangen, die vergleichbare normale Schwelle im engeren Bogen umgehen, umschleichen und je nachdem über ein normnahes bzw. normfernes Tstadium zum normnahen Ziele gelangen. Wieder andere wenden sich über die normferne Schwelle S' zu dem normfernen T'' und F'', noch andere treten in S' den Rückzug an usw. In Fig. 4 ist wieder die gerade Achse die normnahe: der Sneurotiker dieser Struktur geht die normnahe (im vergleichbaren Erlebnis die normale) Schwelle S an, überwindet sie auf neurotische Weise (krampfig, mit zuviel Schmerzaufwand, zuviel Mühe, Fleiß, Eifer, ist „immer" im Gefecht usw.) und gelangt über das normnahe Tstadium zum normnahen Ziele, das ihm freilich als rel. stark shaltig vergällt ist. Andere Leidensgenossen wenden sich von der Schwelle nach T'—F bzw. T'—F' bzw. T''—F'' bzw. T^x —F^x (weichen zurück, werden zurückgeschlagen, fallen durch usw.). Der Tneurotiker durchlebt ein hypertrophes Tstadium, die vorhergehenden Stadien — Fig. 5 — sind auch topisch tnuanciert, die Richtung ist normnahe und kann es auch im Tstadium zum Fstadium bleiben, andernfalls wird ein normfernes Fstadium (F', F'' usw.) erreicht. Fig. 6 s. o. Fig. 7—9 stellen die Achsen verschiedener Mischneurosen dar. Der Verlauf der neurotischen Erlebnisse ist als normfern in einem größeren Ausmaße dislokativ denn als normnah; im letzteren Falle kann die Dislokation innerhalb der kollokativen Breite bleiben (§ 1, $_3$).

Normnahe Fälle können bei Verschlimmerung (Auswuchern der Neurose) in normferne übergehen; Ziele, die bis dahin erreicht wurden, werden dann nicht mehr erreicht, höhere Ziele, die der Gesunde bei zunehmender Differenzierung erstrebt und erreicht, können für den Neurotiker auch in der normnahen Abart unerreichbar sein, falls er sie überhaupt erstrebt (z. B. die Ehe). Im nervösen Zusammenbruch werden bisher mögliche neurotische Erlebnisse unaktuell, wird die Richtung spätestens an der Schwelle rückläufig. Natürlich sind auch die kranken Ziele — eben Ziele, Menschliches, das in entspr. Abwandlung auch im normalen Erleben vorkommt. Ob jem. ein normfernes oder normnahes Ziel anstrebt und erreicht, ist nur aus dem Vergleich mit dem analogen, eben dem vergleichbaren normalen Vorgang zu diagnostizieren. Die Aufgabe, in die Schule, ein andermal die, ins Bad zu gehen, wird dem gesunden und dem kranken Schüler gestellt; wer aber die Aufgabe, in die Schule zu gehen, so „löst", daß er schwänzt und ins Bad geht, erreicht das normferne Ziel. Auch die falscheste Richtung kann immer nur zu Zielen führen, die auch — als normale, wohlverstanden, also entspr. „anders" — in der Richtung normaler Erlebnisse liegen. Die Richtung, die jem. einschlägt, die Mittel und Methoden seines Vor-gehens und das Ziel, das er erreicht, sind niemals „an sich" zu beurteilen, sondern immer aus dem Vergleich mit der Norm. Auch der „größte Erfolg" kann auf krummen Wegen erreicht sein und ist dann nur Scheinerfolg, falsches Ziel, verwerflich, und manche „Größe", gepriesen und bedenkmalt, ist nur ein Kork auf der

Welle oder eine schillernde Seifenblase: man darf nicht daran rühren, sonst ist ihr Glanz dahin.

Natürlich kann der Kranke seine Erlebnisse, somit auch ihre Richtung nicht „eigenmächtig", „mit der Macht seines Gemüts", „mit der Kraft seines Willens, seines Ich, seiner Seele, seines Geistes" oder sonstwie dämonisch bestimmen, auswählen usw., sondern auch seine Erlebnisse verlaufen gemäß seiner biologischen Struktur und Funktion, zeigen eben seine biologische Beschaffenheit an. Man kann vom Kranken füglich nicht verlangen, daß er — nicht krank sei, also entgegen seiner kranken Struktur und Funktion eine gesunde Richtung einschlagen solle; es ist töricht, ihm solche Ratschläge zu geben, ihn dazu zu ermuntern oder gar zu „verpflichten, gesund zu sein". Mit dem Befehl „nimm dich zusammen!", mit dem Appell an die „Selbstbeherrschung", die „seelische Energie" usw. ist eine kranke Struktur und Funktion ebenso wenig gesund zu „machen" wie mit der Suggestion, die Krankheit sei nur „eingebildet", also „eigentlich" garnicht vorhanden, u. a. Zaubersprüchen der sog. Psychotherapie, die also „die Seele" „heilt". Die krampfige Anstrengung des Kranken, so zu tun, als ob er gesund sei, ist selber Symptom, und nur ein Münchhausen konnte das Märchen erzählen, er habe sich am eignen Zopfe aus dem Sumpfe gezogen.

2. Die neurotische Aufgabe

A. Hauptaufgabe und Nebenaufgaben

Bezeichnen wir das Schmerz- s. Schwellenstadium des Erlebnisses als Aufgabe (S. 96), die Funktionen dieses Stadiums als Ringen, Kampf mit der Aufgabe (normaliter um die produktive Lösung), so ist das Hstadium als H. nach der Aufgabe, Vorbereitung im weiteren Sinne, Einleitung, Anlauf, das Astadium als A. vor der Aufgabe, Vorbereitung im engeren Sinne, vorsichtige Annäherung, das Tstadium als T. nach dem Ringen, Ermattung nach der Mühe, eine Art Ausruhen, das Fstadium als F. über das erreichte Ziel, die Bewältigung der Aufgabe, die Vollendung zu bezeichnen. Die Entwicklung des Individuums ist die Entwicklung auch seiner Aufgaben. Im Vergleiche der einzelnen Entwicklungsstufen sind die Aufgaben n i e d e r e (einfachere, geringere) und h ö h e r e (vielfältigere, bedeutendere); so wird der Unterschied des biolog. Niveaus angegeben. Die jeweilige Entwicklungsfront des Gesunden ist einheitlich mit norm. Var.-B. (5. Bd. § 3), so daß es im Ausmaße dieser Var.-B. auf jeder Entwicklungsstufe niedere und höhere Aufgaben gibt, die man auch l e i c h t e r e und s c h w e r e r e, schwierigere nennt. Die niederen Aufgaben sind von einem größeren Kreise von Menschen zu leisten als die höheren; jene sind allgemeinere, gewöhnliche, diese differenziertere, speziellere, nur von entspr. differenzierten, aus-gebildeten Menschen („Spezialisten") zu leisten. Der Gebildete verrichtet aber auch leichte Aufgaben, Alltägliches in seinem Entwicklungsniveau, insofern anders wie der Ungebildete: der Gebildete kann z. B. nicht primitive Muskeln betätigen (er hat ja keine solchen), seine Hirnfunktionen sind nicht primitiv, der Gelehrte ißt und trinkt anders wie der Primitive, er hebt eine Last anders, er spricht auch im Alltag, z. B. beim Einkauf einer Ware, anders usw., er kann sein Bildungsniveau nicht verlassen; der Primitive wiederum verrichtet auch die in seinen Bereich fallenden höheren Aufgaben in seiner primitiven Art. Der „Muskel-Knochen-Mensch" ist eben kein „Gehirnmensch", der „Kleinhirnmensch" kein „Großhirnmensch". Der Basismensch ist kein Mittelschichtler und kein Spitzenmensch in der Struktur der Gesellschaftspyramide (4. Bd. § 12). Der ungelernte Arbeiter ist kein Generaldirektor, und falls er einen solchen Posten „einnimmt", ist er Emporkömmling — oder der Posten ist „heruntergekommen", eingeebnet, kollektiviert. Der Diener ist kein Herr (vgl. „wie er räuspert und wie er spuckt...", Schiller, Wallensteins Lager, 6. Auftr.), und der Gernegroß spielt nur den Großen, spielt sich auf und vor, ist ein Riesenzwerg — usw. Dies alles sind biolog. Tatsachen, an der kein Augenschließen und keine Nivellierungssucht etwas ändern. Vgl. 4. Bd. § 9, $_3$.

Viele Aufgaben sind während des ganzen Lebens g l e i c h n a m i g, z. B. Kartoffeln kochen können die wbl. Personen etwa vom 8. oder 10. Jahre an das ganze Leben hindurch, dennoch ist die Aufgabe jeweils anders erlebt, die Ausführung jeweils b i o l o g. v e r s c h i e d e n, mag auch die Technik die gleiche sein. Der ältere Knabe erlebt und liest die Zeitung anders wie der Mann, die Nachrichten werden gemäß der jeweiligen Entwicklungsstufe verstanden; Terentium aliter legunt pueri, aliter Grotius. Usw. Dies gilt auch für die Beschreibung: gleiche Wörter verschiedener Entwicklungsstufen sind biologisch ebenso verschieden wie die von ihnen beschriebenen Erlebnisse. Wegen des Laut-, Bedeutungs-, Assoziationswandels ist es für die Menschen verschiedener Differenzierungsstufen (z. B. für Naive und Gelehrte) nicht immer leicht, sich zu verstehen und zu verständigen; und bes. schwer ist die Verständigung zwischen Gesunden und Kranken, wiederum bes. zwischen Gesunden und Neurotikern mit ihrer gestuften Entwicklungsfront.

Viele Aufgaben gehören also einer ganzen Reihe von Entwicklungsstufen an, sind aber auf jeder biolog.-genetisch verschieden. Jeder Stufe sind ihre Aufgaben „a n g e m e s s e n", „paßrecht", also auch jedem Individuum sind auf jeder Stufe seine Aufgaben angemessen („Pensum"), passen zur jeweiligen Leistungsfähigkeit dessen, der sie als die seinen erlebt, sie können rein biologisch, d. h. gemäß der Reflexstruktur niemals außerhalb des individuellen Rahmens liegen. Gewiß erlebt jeder auch Aufgaben, die von andern verrichtet werden, also für andere passen, und der Gesunde weiß, daß sich eines nicht für alle schickt, er kann seine und fremde Aufgaben unterscheiden und lehnt Aufgaben ab, die für ihn nicht passen, mutet auch andern keine unpassenden Aufgaben zu. Nicht selten ist die Aufgabe die: unpassende Aufgaben als unpassend zu erkennen und abzulehnen. Der Gesunde kann auch kranke Aufgaben nicht verrichten, es fehlen ihm die kranken RSe. Der Kranke kann außer seinen kranken gesündere und bestenfalls fastgesunde, niemals aber gesunde Aufgaben verrichten; die symptomatischen Aufgaben des Kranken und seine Verhaltensweisen pflegt man aus dem Vergleich mit den analogen gesunden auch als unpassend, unschicklich usw. zu bezeichnen, diese sind aber eben die für den Kranken passenden. Es ist durchaus abwegig, dem Kranken die Leistung normaler Aufgaben zuzumuten, ihn sogar therapeutisch (!) hierzu zu „ermuntern", sie ihm anzuraten, etwa dem Asthmatiker zu „verordnen", er solle sich im richtigen Atmen üben, dem Eßneurotiker, er solle nur tüchtig zulangen, dem Impotenten, er solle nur recht fleißig zu den Mädchen gehen, am besten heiraten! Usw. Es ist unsinnig, von einem Menschen etwas zu verlangen, wozu er seiner biologischen Beschaffenheit nach nicht fähig ist, vom Kranken also etwas, was er eben in seiner Krankheit nicht leisten kann (S. 71). Der Kranke muß sich (im Wege der Erkenntnistherapie) aus der Krankheit herausentwickeln, dann denkt und tut er „ganz von selbst", rein reflexmäßig das (ihm mögliche) Richtige.

Die weltanschauliche Entwicklung des Gesunden ist im 5. Bd. dargestellt und im 6. Bd. § 5,$_1$ rekapituliert. Das Kleinkind lebt zunächst, identisch mit ihr, in der chaotisch-alleinen Welt, in ihr gibt es noch keine Gegensätze, Unter- und Verschiedenheiten. Es reift seiner „Weltkatastrophe" entgegen, bei der die all-eine Welt in die mehrheitliche übergeht, die Individuation einsetzt, also die Gegensätze mit ihren Unter- und Verschiedenheiten, die Einzelnen und Einzelheiten sich primitiv einstellen, die ehemals vagen Gestaltungen mehr und mehr zu Gestalten werden, die, noch gespenstischer Art, animistisch-magisch gedeutet werden. Das Auftreten der Einzelheit (des Ich und des Du) ist das Ende der Allheit, dämonistisch: die Einzelheit vernichtet die Allheit (Allmacht, Allwissenheit usw., Alleinheit, Absolutheit, Gottheit [altgerm. god svw., das Allgemeine, Chaos usw., s. auch 8. Bd. § 1]). Weiterhin differenziert sich die Welt des Kindes in stetig-krisisch vorrückender Front, schließt sich an die rohdämonistische die mythische, dann die mystische Denkweise an, und auf sie folgen die weiteren Verdünnungsgrade des Dämonismus, wie Bd. 5 beschrieben. Alle Forschung des Kindes richtet sich auf das „Dahinter", das metaphysisch gedeutet wird, aber doch „bloß" immer physisch ist.

Der Neurotiker hat, soweit krank, hauptsächlich die frühkindliche Weltkatastrophe nicht durchlebt, ist in jener Frühzeit mit ihren Deutungen stecken geblieben, und bei seinem Heranwachsen sind die zurückgebliebenen RSe mit ihren DZn und Aktn. funktionell gewuchert und ausgealtert; andere RSe haben höhere infantile Differenzierungsstufen erreicht und sind auf diesen funktionell hypertrophiert, und die fastgesunden RSe des erwachsenen Neurotikers haben sich über die Pubertätsschwelle hinausentwickelt und die jeweils normaliter zuständigen Reifegrade in krankheitlich nuancierter Art, also eben als fastnormale erreicht. So abgestuft, disharmonisch wie die Entwicklung und die jeweilige Entwicklungsfront ist auch die Reihe der Aufgaben. Die neurotische Aufgabe hat ihr genetisches normales Analogon in der entspr. infantilen (niederen, geringen) Aufgabe, nur ist sie eben hypertrophiert und ausgealtert, also nicht mehr die echt-kindliche Aufgabe; hierin ist sie von der vergleichbaren (zuständigen) normalen Aufgabe biolog. verschieden, eine Art Karikatur zu ihr.

Es ist sonach verständlich, daß die neurotische Aufgabe weltanschaulich die Wahrung-Verteidigung der frühkindlichen Alleinheit (Gottheit, Absolutheit, Alldämonie) gegen die feindliche Dämonie der Dus, der „andern", bes. der Großen-Alten-Götter-Teufel ist und daß diese Aufgabe um so schwerer wird, je mehr das Kind partiell heranwächst, auf der Lebensleiter mit dem einen Fuße — der andere bleibt „unten" — emporsteigt, also immer schwieriger werdende „Ansprüche-Herausforderungen-Versuchungen" zu „bewältigen" hat, wobei sich die unentwirrbaren Zweifel mehren, ob es dem Abenteuer auf (magisch) Leben oder Tod in all seinen Verwandlungen „gewachsen" sei und sein werde oder nicht, und was in dem einen oder andern Falle geschehen werde. Und so hat jeder Neurotiker — nicht nur der Aneurotiker, der aber am heftigsten — Angst davor, als klein und dennoch groß, als groß und dennoch klein, als jung und dennoch alt, als alt und dennoch jung, als niedrig und dennoch hoch, als hoch und dennoch niedrig, als Gespenst-Wichtlein, das den Großen spielt-imitiert, als Riesenzwerg-Zwergriese, als „große Null", als Säugling im Großformat, als Scheingröße, Großtuer, Gernegroß, Schwindler, Prahlhans usw., kurz als das Als - ob - Wesen entdeckt-durchschaut-erkannt-gebannt-verbannt-verworfen-ausgestoßen-ausgelacht-ausgelöscht, seiner Gottheit-Alldämonie beraubt und so vernichtet zu werden. Das Kind hat ja, sagt die Angst, im Reiche der Großen mit ihren unheimlichen Geheimnissen nichts zu suchen, hat sich aber doch „empört" (Empörer, vgl. Prometheus) oder sich hineinziehen, groß-ziehen lassen und ist nun genötigt, den größeren und großen Ansprüchen des (dämonischen) Lebens auf dämonisch, auf Leben oder Tod zu genügen. Besser wäre der Neurotiker, so wähnt er total, in der frühkindlichen Alleinheit verblieben, besser wäre ihm die (zerebrale) Geburt des Ich und des Du, dann der Aufstieg bis zum Erwachsensein erspart geblieben („denn der Kindlein ist das Reich Gottes", Mark. 10, 14), aber leider ist es nolens volens großgezaubert worden oder hat es sich großgezaubert und muß nun die Weltnot, der Welt Not tragen-ertragen (vgl. die Worte des Harfenspielers in Goethes „Wilhelm Meisters Lehrjahre" 2, 13: „Wer nie sein Brot mit Tränen aß usw.") — aber wiederum: daß er dazu fähig ist, verdankt er (so wähnt er) seiner Neurose, die ihm die dämonische Gefahr anzeigt (lies: vorgaukelt), ihn warnt und damit schon vor dem Untergange schützt. Dies die grundsätzliche (wissentliche oder unwissentliche) Deutung aller Neurotiker.

Zu bedenken ist ferner, daß das neurotische Erlebnis Rest aus der frühen Kindheit, nur eben hypertrophierter und ausgealterter Rest, Über-rest ist, daß also allerlei Anteile des entspr. kindlichen Erlebnisses genetisch ausgefallen sind, z. B. Mutter, Vater usw. jetzt in einem andern Orte wohnen oder gestorben sind, die Umgebung sich mannigfach verändert hat, kurz der Kranke in seinen gesünderen und fastgesunden Anteilen herangewachsen ist; die restlichen Anteile sind, eine pars pro toto (4. Bd. S. 250 usw.), in die reiferen Anteile einassoziiert (und auch so nicht ohne weiteres als Reste, als Präsentanten des kindlichen Erlebnisses kenntlich). Um also das kranke Erlebnis „ganz" zu verstehen, muß man es nach dem entspr. frühkindlichen Erlebnis des Pat. „ergänzen". Auch er lebte zunächst all-ein, in Alleinheit mit der Mutter, dann trennten („ent-zweiten") sich Ich und Mutter, dann trat der Vater hinzu, die Geschwister, auch andere Wesen, trophische und genische Verwandlungen-Abspaltungen-Vertreter der nächsten Angehörigen, fremde Wesen menschlicher, tierischer usw. Gestaltung schlossen sich an, weiterhin begann sich mit der primitiven sozialen Ordnung die Gruppierung aller andern „Dinge" um den Menschen anzudeuten und mehr und mehr herauszustellen, wie im 4. und 5. Bd. geschildert. So ist zu allen neurot. Erlebnissen, in denen jene Urgestaltungen und -gestalten oder ihre chaotistisch-magischen Verwandlungen unmittelbar nicht mehr vorkommen, sondern nur noch erinnert werden und sich übrigens zu Vorgesetzten u. a. autoritär erlebten Personen (zu denen auch tatsächlich Untergebene, auch Kinder — als „Aufpasser" — gehören können), ferner zu Freunden, Liebespartnern usw. „gewandelt" haben, dennoch die Anwesenheit jener Wesen, der Bezug auf sie hinzuzudenken, will man solche Erlebnisse ganz verstehen. Der Neurotiker nimmt in seiner Krankheit seine frühe Kindheit mit bis an sein Lebensende — falls er nicht genest.

Beispiele:

Der Machtgierige will noch immer die Dämonie der Mutter, des Vaters, der „Alten" auslöschen, seine Allmacht-Alleinheit wahren gegen alle Nachfolger-Verwandlungen der Urgötter-teufel. — Der Straßenängstliche hat sich vom Schutze der elterlichen „Burg", von der Hand, dem Gängelbande der Mutter noch nicht abgelöst, die Straße, die Fremde ist ihm noch so unheimlich, wie sie dem Kleinkinde war. — Der Obstipierte lebt quoad Kotentleerungsangstschmerz noch in dem Frühalter, in dem sich die Leibesfunktion „Kotentleerung" noch unentdeckt oder kaum entdeckt in der All-einheit vollzog und dann diese Alleinheit bedroht wurde von den unheimlichen Ab-gängen, herausgezaubert durch das rätselhafte Mutterwesen, das aber doch auch schützte-diente, dann von dem schrecklichen „Maul"(Abortloch) und-oder von inneren Mächten, die Dämonisches nach unten austreiben wollen (??), — und etwas verlieren heißt alles verlieren, „sich" verlieren usw.; er darf also „nichts" hergeben oder doch nur Entmachtetes (Materie unwesentlich), sei es unter Kontrolle des „höheren Wesens", das „das untere Wesen" beherrscht, sei es als freiwillig-erzwungene „Spende" an die Unteren (Teufel = Gott des Kotes), die somit entmachtet, nämlich zufriedengestellt werden, sei es mit Auftrag an das Abführmittel, dessen Zauber in den Dienst der Alldämonie gestellt wird und verantwortlich für das Geschehen ist; war schon das Töpfchen unheimlich, so noch viel unheimlicher der Abort, und mancher Obstipierte hat sich von seinem Töpfchen noch nicht trennen können (eine elegante Dame führte auf ihren Reisen ihr Töpfchen — mit hygienischen „Motivierungen" — im Koffer mit). — Der Schmerz des Sneurotikers steht noch in magischer Verbindung mit dem Mutter-Vater-Dämon, der ihn zufügte, der die furchtbare Prüfung abnahm, und ist so selber Dämon, auch Eigendämon wider den „Schnitter Tod", dessen Nahen sich schon in der Angst ankündigt. — Der in sein Laboratorium vergrabene, mit seinen „Problemen" ringende Ingenieur lebt noch in seinem kindlichen Bastel-Spielzimmer, über das sich das elterliche Haus wölbte wie der Betrieb über das Laboratorium, und niemand darf ihn (wie das Kleinkind) bei seinem Zaubern stören, mit dem er „die Naturmächte beherrscht" (der Störer wäre der böse Feind, den die feindlichen Naturmächte senden, um ihn zu verderben); aus dem Vater ist der Betriebsführer geworden; im praktischen Leben, „draußen" ist Pat. völlig hilflos, doch hat er eine Frau-Mutter, die „für alles sorgt", ihn „bemuttert". — Die Migränekranke X „ist" im „Anfall" „Mutter", nämlich: ihre Mutter litt an Migräne und mußte sich häufig hinlegen, dem Kleinkinde (das ja nie weiß, was eine „Mutter", ein „Vater", ein „Kind" genealogisch ist, sondern gewisse primitive Unterscheidungsmerkmale wie z. B. Stimme, Kleidung, Größe, Gewohnheiten, Krankheiten erlebt und benutzt) war „das Mütterliche", der „Mutterzauber", das „Wesen der Mutter" eben „die Migräne" (Mutter klagte: „Ach ich habe wieder meine Migräne" usw.), eine böse Dämonin, die — vielleicht im Auftrage des Vaters? — die Mutter heimsuchte, der Todesanfall, bei dem sie sich hinlegen = sterben, das Zimmer verdunkeln, schmerzlich stöhnen mußte, um den „Anfall" zu überstehen, wieder aufzuerstehen, ins Leben zurückzukehren als Siegerin über den Tod „Migräne", mit dem sie aber doch immer wieder zu ringen hatte; somit: groß werden = Migräne bekommen, dann „ist man Mutter" (der Kinder bedarf es also nicht!), dazu weitere Deutungen: Kopfweh = Wehen, also Kopfgeburt, Geburt eines „Geistwesens" (vgl. Zeus — Athene), auch wohl göttliche (Mutter stöhnte: O mein Gott, mein Gott!), oder teuflische Heimsuchung als geistige Hochzeit usw. — Der Junggeselle lebt noch als Kleinkind in seiner (des Kleinkinds) Familie-Umgebung, ihren „Bannring" hat er nicht verlassen, an seinem Zauber werden alle Versuche, Versuchungen des Liebesdämons zu nichts. Aber auch der neurotische Verheiratete erlebt, soweit krank, seinen Ehepartner als mütterlich oder väterlich oder beides (in kindlicher Unklarheit), als Darstellungen des Ewig-Mütterlichen und Ewig-Väterlichen, seine Kinder als Geschwister-Gespielen, als große und kleine Rätselwesen, um so rätselhafter, als der Ehepartner nun eben doch auch (in den reiferen Anteilen) sinnlich geliebt wird und die Kinder Vater und Mutter sagen und offenbar doch — nicht „geschaffen", sondern von beiden gezeugt sind. Usw.

Im frühkindlichen Erleben wandelt sich alles in alles, aber schon im animistischen Deuten keimt die Anthropomorphie des Dämonischen, und so ist jede Aufgabe von „jemand" gestellt, die neurotische Aufgabe von den dämonischen „Alten", deren Dämonie sich in die Aufgabe verwandelt. Die Zuständigkeit der rohdämonistischen Deutungen der neurotischen Symptome ergibt sich aus der Tatsache, daß Neurose weltanschaulicher Infantilismus, also funktionelles Verharren im frühkindlichen Entwicklungsraum und sogar Hypertrophie hierin ist, wie im 6. Bd. dargelegt. *Der Neurotiker leidet an der Dämonie. Der Kern jeder Neurose ist der Zweifel*, d. h. der primitivistische Wesenszweifel, verquickt mit den weltanschaulichen Zweifeln reiferer Denkstufen und mit allen Einzelzweifeln (5. Bd. S. 201 ff.).

Dieser Sachverhalt, dessen eingehende Kenntnis für die Deutungen, somit für die therapeutische Aufklärung über den Sinn-Unsinn der Symptome unerläßlich ist, kompliziert sich in der Weise, daß die kranken Erlebnisse oder daß kranke Erlebnisteile an gesündere und fastgesunde assoziiert sind, also neben den kranken Aufgaben höhere, ja sogar (gemäß dem individuellen Differenzierungsgrade der fastgesunden RSe) sehr hohe Aufgaben auftreten, mit jenen (fehl bis fastnormal) verbunden oder von jenen durchsetzt.

Beispiele:

Eine 20jähr. Kontoristin leistet „sehr exakte" Arbeit, aber essen hat sie noch nicht recht gelernt, d. h. erwachsene Kost ist ihr umheimlich wie einst, als sie die Großen bei Tisch beobachtete und dann auch selber die neuen Speisen essen sollte und doch „beim besten Willen" nichts essen konnte, sie nimmt Kleinkindkost in hypertropher, ausgealterter Form (lakto-vegetabile Kost, Rohkost) zu sich; das „Exakte" an ihrer Arbeit ist die neurotische Nuance, das Zwanghaft-Mechanische, an Pedanterie anklingend. — Viele Stotterer können im stillen Kämmerlein (leidlich) glatt sprechen, ihre Sprechangst (d. h. die Funktion der phonetischen ARSe) wird intensiver im Gespräch mit andern, bes. mit als autoritär erlebten Personen, am intensivsten beim Gefragtwerden, vor einem Vortrag, zu Beginn der Rede (Vorlesung usw.), sie flaut allmählich ab und wird schließlich unaktuell, so daß die Rede nun glatter fließt; diese Neurotiker haben, soweit krank, die frühkindliche Aufgabe, sprechen und insbes. mit und vor Großen (Prüfern als „Richtern über Leben und Tod") sprechen zu lernen, nicht bewältigt, sie sind im ungestörten spielerischen Lallen (Selbstgespräch) und in der Angst vor höheren Aufgaben (Fehlermachen, tödliche Blamage usw.) verblieben, darin hypertrophiert und ausgealtert, und dieser Infantilismus ist nun auch der Vorlesung des stotternden Professors oder der Rede des stotternden Direktors vor seinen Mitarbeitern beigemischt, diese Aufgaben werden in den kranken Anteilen so erlebt, wie sie das Kleinkind erleben würde, nur eben hypertrophiert-ausgealtert. — Manche Neurotiker verhalten sich in tatsächlich großen (hochkrisischen) Ereignissen quasi kaltblütig, ja ruhiger als beteiligte Gesunde; es handelt sich da um weitgehende Abschaltung der vegetativen Reflexstrecken, der Gefühlserregungen vom Sensorium (S. 56), auch mit Herabsetzung der Helligkeit des gegenständlichen und begrifflichen Erlebens. Jem. kann ohne Zittern kein Streichholz anzünden, aber bei einem Hausbrand benimmt er sich „heldenhaft". Jem. kann ohne Schaudern kein Blut sehen, aber auf dem Schlachtfelde „verschließt er seine irrsinnige Angst in sein Inneres" und „ist" so einer der Tapfersten („es war wie im Traum"). Jem. schläft die ganze Nacht nicht in schmerzlicher Reue, eine Büchse Mirabellen vielleicht um 10 Pf. zu teuer gekauft zu haben, nimmt aber einen großen Vermögensverlust gleichmütig hin. Deutung: Kleinigkeiten sind bes. gefährliche Verstecke der feindlichen Dämonie, müssen also entspr. beachtet werden usw. — Oft laufen erst die kranken Anteile einer Aufgabe ab, schließen sich dann die gesünderen und fastgesunden Anteile an, z. B. ein Student muß immer erst stundenlang den Schreibtisch sauber putzen, ehe er zur Studieraufgabe kommt, die aber auch mit einem spielerischen Einschlag verrichtet wird. Als krankheitlich nuanciert haben auch alle höheren Aufgaben des Neurotikers die Note des Zwanghaften, Krampfigen. In einer ausentwickelten Neurose laufen die Aufgaben stereotyp in serienartiger Monotonie ab, der Neurotiker lernt (ohne Erkenntnistherapie) nichts hinzu, lehnt vielmehr alles Neue mit den Mitteln seiner Neurose (fanatisch, gehässig, mit allen Zeichen des Entsetzens, mit Drehereien, in dumpfer Trägheit, mit leichtfertigem Schwung und Witz, jedenfalls radikalistisch, extremistisch) ab, „entneut" es, entmachtet den Zauber des Neuen, der etwas Altes zum Neuen macht, zaubert es in seine unterschiedslose Allmacht-Allwissenheit ein. Er ist der Mensch der verpatzten und verpaßten (echten) Gelegenheiten, aber eben diese seine Methode ist ihm „die einzige Chance".

Gemäß der Hypertrophie nimmt d i e k r a n k e A u f g a b e einen zu breiten Raum ein, sie ist für den Neurotiker die wichtigste, die wesentliche, die H a u p t a u f g a b e, ja die einzige, die es „eigentlich" gibt, die Weltaufgabe, vor ihr treten alle andern Aufgaben zurück, sind N e b e n a u f g a b e n, nebensächlich, ja nichtig, sie sind wichtig nur insoweit, wie sie krankheitlich nuanciert sind. Also auch an den höheren Aufgaben ist der — je nach Ausbreitung der Neurose geringere oder größere — infantilische Anteil (Einschlag) das Wesentliche, und so sind auch sie „eigentlich" doch nur Demonstrationen der all-einen Aufgabe, die sich eben auch in sogenannte höhere Formen verwandeln kann. Diese höheren Aufgaben sind die im Gange der Differenzierung auftretenden, immer schwieriger-schwerer werdenden Aufgaben, die in die Pubertätsprüfungen einmünden, dann auch im Jugendalter immer schwieriger-schwerer werden, bis ein Abschluß-Höhepunkt in der Meisterprüfung erreicht ist. Diese ganze Reihe von Aufgaben in Beruf und Liebe erlebt der Neurotiker als magische Verwandlungen der Ur-Aufgabe, der Aufgabe der Alleinheit, wobei sich die Feind-Dämonie, wirksam in den Alten-Großen-Prüfern und den von ihnen gestellten Aufgaben, mehr und mehr konzentriert, um den Emporstrebenden, den Kleinen klein zu halten, seiner Alleinheit, seiner Alldämonie, seines Allzaubers zu entkleiden und so spätestens im Endkampf zu vernichten. Menschliche Aufgaben kennt der Neurotiker nicht, er kennt nur den Kampf der Dämonen um die Allmacht, und die „materiellen" Aufgaben sind ihm nur Gelegenheiten zu diesem Kampf der Dämonen, die sich merkwürdigerweise der Materie, des Physischen, Irdischen zu ihrem ewigen Streite bedienen müssen wie Gott und Teufel des „Weltlichen", „Fleischlichen", wie die Seele des Leibes.

Die Nebenaufgaben, bes. die höheren stören den Neurotiker geradezu in der Erfüllung seiner kranken, d. h. ein-einzigen, einmaligen Aufgabe, die gewiß auch in mannigfachen Verwandlungen auftritt (allerlei Symptome), ohne aber ihr Wesen zu verändern. Die andern Aufgaben sind ihm dämonische Versuche(r), ihn von der Hauptaufgabe abzulenken, von deren Erfüllung vermeintlich Sein oder Nichtsein, das ewige Leben oder der ewige Tod, Welterhaltung und Weltuntergang, Alles und Nichts, die Welterlösung abhängt; man muß vor solchen Teufeleien unablässig auf der Hut sein, alle diese „Ansprüche" ablehnen-entmachten und gar die Zumutung, Menschliches zu leisten, sich menschlich zu benehmen, als Generalangriff auf das Übermenschentum, auf die einmalige „Mission", ja die (göttlich-teuflische) Allmacht selber abtun. Der Neurotiker sieht sozusagen mit einem Kinderfernrohr aus der klösterlichen Abgeschlossenheit in die Welt, sein zentraler Standpunkt ist die frühkindliche Alleinheit, in diese schmelzt er magisch „alles Künftige" (die höheren Differenzierungsstufen) ein, er enteinzelt alle Einzelheiten, nivelliert sie zum „Allgemeinen" und beherrscht sie so, wahrt seine „Weltherrschaft" — und hat bei allem Entwicklungs-, d. h. Genesungshunger übergroße Angst, seinen Stand-punkt, auf dem er krampfig balanziert, zu verlassen, d. h. für ihn: ins Bodenlose zu fallen.

Der Aufgabenkreis des Neurotikers ist also biologisch ein ganz anderer wie der des Gesunden, er liegt außerhalb der normalen in der abnormalen Var.-B. Der Neurotiker kann überhaupt nicht normal, sondern nur abnormal bis bestenfalls normnah erleben und beschreiben, denken und tun. Er kann also auch nicht „normal" und „abnormal" normal unterscheiden, sondern nur auf seine abartige Weise. Er kann niedere und höhere, leichtere und schwerere, wichtige und unwichtige Aufgaben nur in kindähnlicher Unklarheit, die auch reifere Einsichten überschattet, von einander abgrenzen, und seine Unterscheidungen (Werturteile usw., 6. Bd. § 5, 2.c). liegen in einer anderen Skala wie beim Gesunden, höchstens daß sich Überschneidungen vorfinden, in denen sich kranke und gesunde Aufgaben und Urteile äußerlich decken. „Für mich (die Gottheit-Teufelheit) gelten die menschlichen Maßstäbe nicht." Daß die vergleichbaren Aufgaben gleichnamig, die kranken Urteile Worte sind, die auch der Gesunde gebraucht, darf über den biologischen Unterschied nicht hinwegtäuschen, doch lassen sich eben Allzuviele täuschen.

Die meisten Neurotiker wissen, daß ihr neurotisches Erleben und Verhalten falsch, verkehrt, Unsinn, Blödsinn, dummes Zeug ist, aber diese Krankheitseinsicht, eine naive Diagnose, ist kein Mittel dazu, an den eigenen Aufgaben das Abnormale vom Fastnormalen erlebnis- und verhaltensmäßig klar zu trennen und hiernach „es richtig zu machen", auch kein Mittel dazu, die eigenen Aufgaben von denen der Gesunden nach der Normalität klar zu unterscheiden. Die selbstdiagnostische Charakterisierung, die in reiferen, aber bestenfalls doch nur fastgesunden Urteilsgebieten verläuft, also selber krankheitlich nuanciert ist, entschleiert nicht die Rätselhaftigkeit der Symptome, vermag sich nicht als erkenntnismäßige Beschreibung des „Unsinns", also Herausstellung des Sinnes des Unsinns zu rechtfertigen und so die „Weltaufgabe" zu entthronen: die Symptomatik besteht in voller Glorie weiter, ja kann noch auswuchern, sich verschlimmern. Die Diagnose ist eben keine Therapie. Gerade diese Selbständigkeit der Symptomatik gegenüber der besseren Einsicht, die Zwanghaftigkeit scheint dem Neurotiker ein Beweis dafür, daß der „Unsinn" doch etwas Einzigartig-Besonderes sein müsse, eine Dämonie, für die das Wort Unsinn (usw.) nicht im üblichen Sinne angewendet werden dürfe. „Die Dämonie des Unsinns ist doch wohl kein Unsinn." In dieser Art ist die Krankheitseinsicht des Neurotikers unecht: die Krankheit ist hiernach „eigentlich" keine Krankheit (wie überdies von sachunkundigen, vielfach selbst neurotischen oder doch im psychologischen Zweifel spekulierenden Ärzten, Geistlichen usw. bestätigt wird), sondern die besondere Form des Seelenlebens, die Ausnahme aus dem Bloß-Menschlichen, das Auserwähltsein („Heilige", Märtyrer, Mönch, Nonne usw.), das freilich auch ein Verfluchtsein ist, die Besessenheit von Gott oder Teufel oder beiden „Allmächten" (Ekstase, Prophetie, Trancezustände, Rausch usw.), die ihren ewigen Kampf im Auserwählten-Verfluchten und durch ihn vollführen, sich durch ihn offenbaren-verheimlichen-verunheimlichen usf., so daß der Neurotiker der All-Eine, die Allmacht, das Schicksal, der Herr über das ewige (magische) Leben und den ewigen (magischen) Tod selber ist. Die Krankheit gilt als „einzige Möglichkeit", als „Fähigkeit zu übermenschlichen Leistungen", als „willkommenes Leiden", das den Primawechsel auf die ewige Seligkeit ausstelle, das also gar nicht schwer genug sein könne, und das man ohne Murren, mit stolzer Genugtuung über die von der Vorsehung zugewiesene Rolle ertragen müsse — was könnte auch wohl der Arzt, ein Mensch gegen die Macht des Schicksals ausrichten!? In dieser zweifeligen Art glaubt der Neurotiker an sich, an seine Neurose, an die sich (strukturgemäß, also im Zwangsablauf) immer wieder bestätigende „absolute" Richtigkeit seines Erlebens und Beschreibens, seines Denkens und Tuns — und „muß" „alle" andern zwingen, an Seine Absolutheit ebenfalls zu glauben. Der Neurotiker kennt und anerkennt zweifelig nur e i n e Gottheit: die ist er selber, jeder Neurotiker ist Selbstanbeter, auch falls er „den fremden Gott" anbetet, zwingt er ihn, entgottet er ihn, identifiziert er sich mit ihm, entmachtet er ihn in seine Allmacht.

So „erweist" sich ihm der „Unsinn" als der erste und letzte, einzige, all-eine Sinn des Daseins, die neurotische Aufgabe als die einzige, alleine, als die W e l t a u f g a b e : die Bannung der Feind-Dämonie, die mit allen Mitteln, auch in der Form nebensächlicher, wenn auch irdisch-schwierigerer oder sogenannter höherer Aufgaben der Allheit das Ende bereiten, die Weltkatastrophe erzwingen will. Jeder Neurotiker dünkt sich „Welterlöser", und jeder „Welterlöser" ist mindestens Neurotiker. Daß also „die andern" ihre menschlichen Aufgaben erfüllen können, haben sie dem Alleinen zu verdanken, der dank seiner Mission den Weltfeind, er heiße Verhängnis, Leben oder Tod, Himmel oder Hölle, Gott oder Teufel usw., unablässig und überall bannt oder seinen Bann aushält, somit das Übermenschliche, die ewige und unendliche Weltaufgabe leistet. Weil ICH (der Neurotiker) der Versuchung, Fleisch zu essen, widerstehe, also die Dämonie des Todes, des Tötens und des Toten banne, können die andern ruhig essen, ja sie müssen essen, da sich ja an ihrem Essen die Wirksamkeit meiner Allmacht erweist. Weil ICH den Straßendämon banne, können die andern ruhig über die Straße gehen. Weil ich unaufhörlich „arbeite" (auch im Schlafe usw., 25 Stunden des Tags), also den Arbeitsdämon, die Dämonie der Arbeit an mich banne, auf mich nehme, können die andern überhaupt erst ihre Arbeit verrichten, ja müssen sie eigentlich ebenso unablässig wie ICH, bis „zum letzten", bis zur „Aufopferung", bis zum Zusammenbrechen verrichten, weil ICH die Allmacht, also auch ihr Bann niemals untätig sein kann, ja die Aufgaben, die Arbeit erst „mache", „die Welt beschäftige", und nur wann und solange ICH es anordne oder erlaube, darf der

Sklave ruhen. Weil ICH rastlos damit beschäftigt bin, nichts zu tun, jede Arbeit zu meiden, somit den Dämon Arbeit überwinde, können die andern arbeiten, ICH „lasse“ sie arbeiten. Weil ICH liebesabstinent (impotent) bin, also mit meiner Omnipotenz (lies: Impotenz) den Liebesdämon bezwinge, können, ja müssen (in meiner Allmacht) die andern lieben und zeugen, ohne „schuldig“ zu werden und dem ewigen Verderben anheimzufallen. Weil ich die Satanie der Ehe, also die definitive Hingabe an „die Eva“, die Verführerin, die verkörperte Sünde, die Todbringerin meide-banne (Zölibat, Junggesellentum), können die Profanen heiraten; besser wäre es freilich, sie täten es nicht, das verderbte Menschengeschlecht würde aussterben (vgl. Paulus an die Korinther I Kap. 7 V. 38 — u. v. a. Menschen- und Weltfeinde). Andere Neurotiker heiraten, um den Sinnlichkeitsteufel in der Ehe-Hölle aufzusuchen und mit „Keuschheit“ zu überwinden oder eifrig auszufege(l)n! Usw. So wird aus der Not die Tugend „gemacht“, und es gibt immer noch viele, viele Dumme, die die Verfälschung der Menschlichkeit nicht durchschauen, in der Neurose den morbus sacer sehen, dem frommen oder tückischen Betrüger glauben, den ebenso kümmerlichen wie aufgeblasenen Tropf für einen Heiligen und Helden und seine Krampfleistungen für Wundertaten halten. Es ist wahrhaft erschütternd, zu beobachten, was für Unheil die Neurose anrichtet.

Über die Zweifel des dämonistischen Denkens im allgemeinen ist im 5. Bd. und über die gewucherten Zweifel des Neurotikers im besonderen ist im 6. Bd. berichtet. Dort (S. 297 ff., bes. S. 334) ist auch darauf hingewiesen, daß Pat. diese primitiven Deutungen nicht in extenso kennt; er sagt gern: „das habe ich nie gedacht“ oder „Ich denke gar nicht so“ — nun ja freilich in seinen reiferen Denkbezirken nicht, er muß aber natürlich zugeben, daß auch er einst im Märchenalter gelebt, an Gespenster geglaubt hat usw. — wie er zugeben muß, daß er geboren worden ist, obwohl er sich nicht an den Vorgang erinnern kann. Es wird ihm nachgewiesen, daß sein reiferes Denken, dem allemal der Glaube an die Seele, den Geist, an das Metaphysische, das Rätseln um die Welterschaffung und künftige Weltvernichtung durch den allmächtigen Gott usw., kurz das Leib-Seele-Problem eigentümlich ist, sich aus der primitiven (rohdämonistischen) Denkweise entwickelt hat, und daß er in der Symptomatik die frühkindliche Erlebens- und Verhaltensweise nicht verlassen hat, diese also auch nur primitivdämonistisch zu beschreiben und so erst recht zu verstehen ist. Zudem werden Worte leichter vergessen als Erlebnisse, und Gedanken sind selber Erinnerungen, an sie kann man sich überhaupt nicht erinnern, sie können eben nur wieder aktuell werden, soweit die Begriffszellen aus der Kindheit her noch erhalten und noch zu aktueller Funktion fähig sind (1. Bd. im § 28, $_5$). Zudem ist die Weltanschauungslehre, obwohl jeder (s)eine WA hat und auch weltanschaulich beschreibt, noch fast unbekannt. Und übrigens ist ja jede Über- und Unterfunktion deutungsmäßig „über- bzw. unter-, jedenfalls außermenschlich", also dämonistisch zu beschreiben, realiter pathobiologisch.

Die Formulierungen der Märchen sind im einzelnen unwichtig; wichtig ist nur, daß Pat. erkennt, daß er, soweit krank, im frühkindlichen Alter lebt. Manche Pat. wissen aber, daß ihre Symptome Aberglaube, Zauberei, Besessenheit von guten oder bösen Dämonen „sind", die den Leib, das Irdische überhaupt beherrschen, auch unter einander und gegen äußere feindliche Dämonen ringen, sie halten sich selber für dämonische Wesen, für vom Schicksal electi oder condemnati usw., — und sie wissen dazu, daß es Magie-Dämonie garnicht gibt. Dieses Wissen gehört entweder zum kranken Denken selbst und ist da lediglich Negierungszauber, der mit seinem Nicht und Nein die feindliche Dämonie neckt, bannt, beherrscht, — oder es gehört zum reiferen Denken und ist da autotherapeutisch in der Art der Autosuggestion, also der Selbstberuhigung-ablenkung (auch als Selbstironie, Aus-lachen der Dämonen, die somit doch anerkannt werden, sonst könnte man sie ja nicht aus-lachen und damit bannen, usf.), ist also doch auch nur Zauber gegen die Symptome, die nun eben der Allmacht des Zauberspruchs weichen müss(t)en und ja auch oft vorübergehend „zurücktreten". Diese „Ablehnung" des Dämonischen, mag sie auch in (zwanghaft-) bestimmten Formeln erfolgen, ist also doch noch mehr spielerisch, noch nicht echt und klar, ja sie „darf" im Zweifeldenken keine reale Gültigkeit haben, sonst wäre sie ja als Gegenzauber nicht zu gebrauchen, und es wird sogar in der Therapie eine mehr minder heftige Angst aktuell davor, dieses Wissen zu einem echten zu erhöhen, da vermeintlich mit der Preisgabe des Eigenzaubers der Fremdzauber triumphieren und das Schicksal des Magiers (in einer unvorstellbaren Weise) besiegelt sein würde. Immerhin ist die reifere Einsicht des Pat., daß es Dämonen im primitiven Sinne nicht gibt, der keimhafte Ansatz zur echten weltanschaulichen Erkenntnis; diese muß nun in der vertikalen Therapie (der Erkenntnistherapie) definitiv erarbeitet werden und voll ausreifen, sie muß zum Erlebnis werden: ist die Dämonie als Deutung, Fiktion echt erkannt, so entfällt sie und schwindet die neurot. Symptomatik. In der Therapie ist streng darauf zu achten, daß Pat. die realischen Einsichten nicht in den Dienst der Neurose stellt und — weiterzaubert, ja den Arzt als den großen Zaubermeister erlebt, bei dem er das Zaubern erst richtig lernen könne. —

Den ontischen Entwicklungsstufen mit ihren jeweiligen Deutungen sind analog die phylischen Entwicklungsstufen mit ihren jeweiligen Deutungen (vgl. 4. Bd. § 12 sowie im 5. Bde.); diese letzteren sind in der Erkenntnistherapie mit Vorteil zur Erläuterung des neurotischen Deutens heranzuziehen, sie sind in den ethnologischen Büchern, z. B. Buschan, Frazer, Stoll, Frobenius u. a. verzeichnet. Infantilismus ist immer auch Archaismus (6. Bd. S. 155 ff.).

In der gen. Art werden also die beim Heranwachsen des noch latent oder schon manifest neurotischen Kindes und dann des Jugendlichen-Erwachsenen sich mehrenden und erhöhenden Aufgaben einnivelliert in die urtümliche Aufgabe, die das Kind als seine Weltkatastrophe, als Auf-gabe der All-einheit, als Übergang in die individuierte Welt, als Anbruch des Ringens mit dämonischen Gewalten erlebt, die in den von ihnen geheimnisvoll bewirkten und verwandelten Gegensätzen, Unter- und Verschiedenheiten des an sich unwesentlichen Physischen wirken. Diese Weltaufgabe bleibt als Kern (Zentrum) der Neurose erhalten und hypertrophiert mehr und mehr; die sich genetisch anschließenden Aufgaben gelten als immer neue Verkleidungen des Rohdämonischen, das, absolut feindlich, in immer verwickelteren, komplizierteren Formen auftritt und so der Alleinheit, der Allmacht, der dämonischen Integrität, dem Tabu, der magischen, göttlich-teuflischen Vollkommenheit des Neurotikers immer gefährlicher wird. So ist das Heranwachsen ein dämonisches Hintreiben zum „Endkampf" (zur „Götterdämmerung"), aber die Eigendämonie bannt alle, die gröblichsten wie die leisesten Versuche des Feind-Dämons, die Allheit zu vernichten, so daß im Fortgange der Differenzierung die Pubertätsschwelle und alle folgenden Aufgaben (Prüfungen, Ansprüche, Leistungen) mit den Mitteln und Methoden der allheitlichen Dämonie überstanden werden. Dieses Überstehen ist nicht mit „menschlichem" Maßstabe zu messen, es kann nicht (bloß) eine Lösung der Aufgaben, ein Bestehen der Prüfungen in der „üblichen", „gewöhnlichen" Weise sein, es handelt sich ja garnicht um das physische (irdisch-menschliche) Geschehen, denn das Physische ist ja nur die Fassade der wirksamen Dämonie, ihr Organ oder Instrument, ihre „Verkörperung", „Verfleischlichung" („Inkarnation"), ihr Versteck-Offenbarungsmittel, und so ist „das Wesentliche" eben das Metaphysische, ist die Aufgabe die, die Feind-Dämonie zu bannen, und diese Bannung, also die Überwindung des Lehrers u. a. Prüfer und der von ihnen gestellten Aufgaben, kann auch in Form des Ausweichens, der Flucht, des Durchfallens durchs Examen, des Überlistens, Erschleichens usw. geschehen. Diesen Dämonenkampf kann nur ICH (der Neurotiker) leisten, „die andern" sind als gewöhnliche Sterbliche nur Knirpse, Geringfügigkeiten, leben und sterben nur von Meinen Gnaden, in meiner Allmacht, und wer sich im geringsten von mir sondert, wendet sich schon gegen mich, ist mein Tod-Feind und muß „so oder so" vernichtet werden. Es bleibt aber zweifelhaft, ob meine Dämonie die Feind-Dämonie bannt oder umgekehrt, ob die Feind-Dämonie nicht bloß in meiner Allheit, Allmacht, Absolutheit existiert und nur versucht, sich loszuringen und so MICH die Allheit zu vernichten, — ein Versuch, der „im Keime erstickt werden muß". So erlebt und verhält sich der Neurotiker, ohne, wie wiederholt betont sei, diesen weltanschaulichen Sinn seiner Symptome (seines Unsinns), wenigstens in extenso, zu kennen. Selbstverständlich sind die Aufgaben sowie die Mittel und Methoden für jeden Pat. verschieden, doch wähnt jeder Pat. innerhalb seiner Symptomatik, die Gottheit, der Alleine, Absolute zu sein, auch derart, daß er alle Krankheit auf sich nehme, der Allkranke und damit der Allgesunde, der Heiland sei, der ja allein „die Krankheit" bannen, die Welt vom Übel erlösen könne-müsse.

In der Alleinheit gibt es noch keine Individuen, kein Ich und kein Du, keine individualen Erlebnisse, keine Einzelerlebnisse, keine dif-ferenten HASTF-Reihen, Funktionsganze, Aufnahmen und Abgaben, keine Gegensätze, Unter- und Verschiedenheiten, keine Aufgaben. Die erste Aufgabe des Kleinkindes ist die Aufgabe der Allheit; das primär-primitive Auftreten des „Anderen", Differenten, Neuen, Fremden, des Du (im weitesten Sinne, vgl. duo zwei) gegenüber dem Ich ist das Ende des All. Das Einzelne bildet sich aus dem All, dem Allgemeinen, dem Ungeschiedenen, dem Chaos heraus, hebt sich ab, scheidet sich ab oder kommt hinzu: nun hat die Allheit aufgehört, ist die Welt „entzwei", „entzweit", doch erlebt das Kleinkind zunächst noch gespenstisch (verschwommen, unklar usw.), die „Erscheinungen" sind animistisch-magische Verwandlungen und so nur „erscheinungsmäßig" verschieden, wie im 5. Bd. ausführlich dargelegt. Was immer das Kind aufnimmt (Speisen, Getränke, Luft usw.) und was es abgibt (Atem, Worte, Tränen, Schweiß, Harn, Kot, Haare, Nägel, Hautteilchen, auch wohl mal Blut usw.), was es sieht, hört, tastet usw., die Gefühle, die Gegenstände und die Begriffe aller Sinnesgebiete, die inneren und die äußeren Bewegungen sind physisch (stofflich, materiell) gleich-gültig, sind animistisch-magisch identisch.

Während sich das gesunde Kind über diese Entwicklungsstufe hinaus vertikal entwickelt (differenziert), bleibt der Neurotiker, soweit krank, hauptsächlich in dieser primitiven Entwicklungsstufe stehen, während die übrigen RSe sich zu höheren Stufen differenzieren, gemäß ihrer Spezifität im Rahmen der biologischen Beschaffenheit des Organismus. So muß er von seinem zentralen weltanschaulichen Standpunkte aus „prinzipiell" die

Alleinheit-Allmacht-Alldämonie-Absolutheit wahren: er darf nicht das Allergeringste abgeben, weggeben, sich entgehen, entreißen usw. lassen und nicht das Allergeringste annehmen, aufnehmen, zulassen, zufügen, hinzubringen usw. lassen, da ja sonst seine Allheit (in unvorstellbarer, nämlich dämonischer Weise) aufgehoben würde, wobei der prinzipielle Zweifel besteht, ob die Allheit überhaupt noch existiert, wenn doch ein „Anderes" (vgl. lat. secus, secundus zu sequi folgen) existiert, und wie die Allheit, die Gottheit sich überhaupt oder teilweise aufgeben kann. Jede Veränderung muß magisch entmachtet werden, so daß sie stattfindend nicht stattfindet. Und um die Allheit geht es auch noch den beiden Generaldämonen „Sein" : „Nichtsein", „(ewiges) Leben" : „(ewiger) Tod", „Tag" : „Nacht", „Gott" : „Teufel", „weiße Seele" : „schwarze Seele", „guter Geist" : „böser Geist" usw. sowie den zahlreichen Einzeldämonen als den Aufteilungen der beiden Generaldämonen, ebenso zahlreich wie die physischen Dinge, allmächtig allesamt oder doch allmachtlich (?) und ewig im Kampfe um die Allmacht begriffen, die doch eben nicht mehr da sein kann, sobald es zwei Partner gibt, die sich um sie streiten! Die feindlichen Dämonen stehen sich im Innern des Ich gegenüber, das somit der Kosmos, das All ist, in dem sich die ewigen Kämpfe abspielen, oder sie wirken von innen nach außen und umgekehrt (wobei „innen" und „außen" noch unscharf getrennt sind) oder erscheinen „im Geiste", als „Geister" als Begriffe), die der Allwissenheit den Garaus machen wollen, aber in die Allwissenheit eingebannt werden müssen. Die Bannung-Entzauberung-Entmachtung der feindlichen Mächte ist natürlich nur die primitivistische Deutung der realiter rein biologischen Funktionen, die eben beim Neurotiker auswuchern und somit zwanghaft verlaufen. Die allgemeine Bezeichnung für die Funktionen sind Aufnahme und Abgabe (vgl. 3. Bd. S. 259, 4. Bd. S. 50, 266 usw.); nicht das Allergeringste aufnehmen bzw. abgeben — das hieße nämlich: „alles" verlieren (magisch: Teil ist Ganzes, 4. Bd. S. 250 usw., 6. Bd. S. 453) — ist das Prinzip des Neurotikers, d. h. was immer er im Ablaufe der biologischen Funktionen aufnimmt bzw. abgibt, es sei viel oder wenig, muß magisch entmachtet werden und verbleibt so in der Alleinheit-Alldämonie: auf das Physische (Stoffliche, Materielle, Irdische usw.) kommt es, wie gesagt, nicht an, sondern nur auf das Dämonische, das Metaphysische, das in und aus allen „Dingen", mögen sie noch so verschieden sein, wirkt.

Die Entdeckung der Nahrungsaufnahme z. B. ist für das Kleinkind (wie alles „andere") das Ende der Alleinheit, in der sich bisher die Ernährung vollzog: es kommt jetzt „etwas" hinzu, die Aufgabe „Essen" ist zu bewältigen. Dann mehren sich die Speisen qualitativ und quantitativ. Der Eßneurotiker erlebt in den verschiedenen Speisen nur magische Verwandlungen des „in den Mund Aufnehmbaren“, das Stoffliche ist an sich gleichgültig, die Dämonie ist das Wesentliche, sie will feindlich die Alleinheit-Alldämonie aufheben und muß „so oder so“ (mit Abstinenz oder Abusus) entmachtet werden. Das Kleinkind ißt noch kein Fleisch, der Vegetarier erlebt „das Fleisch“ als eine Verwandlungsform des „In den Mund Aufnehmbaren“ überhaupt, und zwar als eine bes. gefährliche, da von getötetem Tier herrührend, also sozusagen konzentriert todhaltig, ein „Gift“, das nur „große Wesen“ aufnehmen-entzaubern können, nicht aber das „Kind im Neurotiker“, dieses widersteht aber dem Versuchungszauber und entmachtet ihn so, und nur weil ER die Dämonie des Fleisches erkennt und bannt, können die andern ruhig Fleisch essen. — Die Entdeckung der Kotabgabe ist wiederum für das Kleinkind das Ende der Alleinheit: es wird etwas abgegeben, das bis dahin in der Alleinheit verblieb. Der Obstipierte wahrt seine Alleinheit, indem er den Kot lange zurückhält und dann nur so ausscheidet, daß er ihn „eigentlich“ nicht ausscheidet, z. B. den Abführmittel-, Klistierzauber usw. in seinen Dienst stellt; dazu die Deutungen: ist der Kot böse, teuflisch, dann darf ich es nicht „herauskommen“ lassen, daß ich böse, teuflisch bin, oder ich muß „das böse Gift“ „vollständig“ (= zu 100%) in die Abort-Hölle schicken, um innerlich absolut rein, gut, göttlich zu sein, auch um dem Teufel zu geben, was er braucht, ihn zufrieden zu stellen, ihm aus der Bauch-Hölle, des Teufels Küche (er frißt ja nur Verwestes, Kot, Harn usw.) zu opfern — und doch eben damit absolut rein zu bleiben, die Unversehrheit-Alleinheit zu wahren, den Teufel zu entmachten. — Das Kleinkind hat noch keine Menses, es weiß auch noch nichts davon, es erlebt aber alles, was es — bei stofflicher Verschiedenheit — ausscheidet, als drohende, später tatsächliche Aufhebung seiner Alleinheit. Die Dysmenorrhoica erlebt, soweit krank, die „Periode“ nicht als Kennzeichen der Geschlechtsreife, sondern als Blutung, d. i. Verlust einer geheimnisvollen roten Flüssigkeit (etwa statt Harn = gelbe Flüssigkeit usw.), also „nur“ als magische Verwandlung des Ausscheidbaren überhaupt, das Stoffliche spielt keine Rolle, sondern ausschließlich die Dämonie des Blutes, die der Alleinheit-Absolutheit von außen oder innen ein Ende macht und die es also zu entmachten gilt, z. B. mit Errichtung einer Sperre an der Pforte (Hypertrophie genitaler A- und Sreflexe), einer peinlichen Kontrolle, die das Abgehende in der Alldämonie, dem Allwillen der Abgebenden hält — so wie der Geizige mit seinem Zauberzeremoniell „dreimal umdrehen“ die Magie des Pfennigs, d. h. des Geldes überhaupt, des Mammons in seinem Allbesitz zu halten wähnt, usw. — Das Kleinkind kann noch nicht heiraten; die genitalneurotische Frau erlebt, ohne es zu wissen, den Liebespartner als eine besonders gefährliche magische Erscheinung „des Väterlich-Männlichen", wie sie es als Kleinkind erlebte, und den Penis als magische Verwandlung des „Eindringenden" überhaupt, als des Tödlichen, des Todes (das Physische ist ja gleich-gültig): und ferner die Geburt des Kindes als einen Einzelfall der „Ausscheidung" überhaupt, die — in welcher substantiellen Art und Form immer — den Allverlust, den (ewigen) Tod bedeuten würde, wenn sie nicht entmachtet würde, die also stattfindend magisch nicht stattfindet, das Kind aber ist auch nur ein Einzelfall des Ausgeschiedenen überhaupt, magisch identisch mit jedem andern Ausgeschiedenen und wie dieses dunkel-rätselhaft-dämonisch, lebens- oder todesmächtig, ein göttliches oder teuflisches Gespenst, das der „mütterlichen" Allheit-Alldämonie zu entrinnen, sie zu vernichten droht, also entzaubert, in der Allheit gehalten werden muß (Krampfwehen usw., dann magisches Auslöschen der Existenz des Kindes). — Analog ist jedes Wort, jeder Blick usw., jede Bewegung eine todgefährliche Abgabe, die magisch entabgabt werden muß. Jedes fremde Wort (und bes. Fremdwort) bedroht die Allheit, jeder fremde Blick ist das magische Mittel, den Neurotiker zu entdecken-erkennen und so seine Alleinheit-Allmacht-Unnahbarkeit zu vernichten, jede Berührung ist „magische Entladung", Versehrung-Aufhebung der „absoluten Unberührbarkeit", des Tabu usw. — und all das muß entzaubert werden, in welcher physischen Form der Feind-Zauber sich auch entgegenstellen mag. Kurz: jedes Aufzunehmende (Aufnehmbare, Zukommende) und jedes Abzugebende (Abgebbare, Abgegebene), was immer es sei, ist ein „Fehler", ein an der Allheit Fehlendes und bedeutet die Aufhebung der Allheit-Alldämonie, die Weltkatastrophe, das Ende der (frühkindlichen, neurotischen) Welt — und dieses (als dämonistisch unausdenkbare, unvorstellbare) „Ende" muß weggezaubert, die Ewigkeit-Unsterblichkeit, die Allheit-Allmacht usw. gewahrt werden; die Tatsache, daß er weiterlebt, deutet der Neurotiker als Wirkung seiner Dämonie, die ja unvergänglich ist. In dieser Art werden auch alle höheren Aufgaben, auch die der höchstmöglichen Differenzierungsstufe, die der einzelne Neurotiker gemäß seiner biologischen Beschaffenheit in seinen fastgesunden RSen erreicht, ins Allgemeine-Ursprüngliche einnivelliert.

So lebt der Neurotiker (quasi) in seiner Alleinheit-Absolutheit-Ausschließlichkeit-Abgeschlossenheit usw., im magischen Kreise, im Bannringe (wie Faust und unzählige andere „Zauberer"), im Selbstgefängnis, unsichtbar, unhörbar, unnahbar, unantastbar usw. wie Gott und Teufel u. a. Dämonen und sich selber auch unerkennbar. Der Hungerneurotiker, so sehr er aus der Alleinheit hinausstreben mag, verbleibt doch inmitten des weiten-leeren

Zauberkreises und nähert sich kaum der Öffnung-Schwelle, die ins „Jenseits“ führt. Der Angstneurotiker bleibt in der Öffnung, d. h. in dem engeren Zauberkreise stecken und hütet sich absolut vor der Schwelle und dem „Jenseits“. Der Schmerzneurotiker verweilt krampfig in der Schwelle und wehrt sich prinzipiell dagegen, die Alleinheit aufzugeben. Der Trauerneurotiker hat zwar die Schwelle soeben stückweise überschritten, aber er trauert das Geschehene weg, macht es ungeschehen und wahrt so die Alleinheit. Der Freudenneurotiker endlich freut das Geschehene weg und lebt so auch noch nicht in der ICH-Du-Welt, sondern in dem ewig-alleinen Glücke, im Allglücke, in der Allfreude, die alles Geschehen in sich einzaubert und so auch die Trennung von der Alleinheit ungeschehen macht. Und in dieser Art wahrt auch jeder Misch- und jeder Stauungsneurotiker, jeder Trophotiker und jeder Genotiker die Allheit, die „Existenz“. Überflüssig zu sagen, daß die Alleinheit-Alldämonie das Als-ob des primitiv-primitivistischen Erlebens, die rohdämonistische Deutung (Fiktion) ist und sich an den realen Tatsachen als unhaltbar erweist. —

Man kann die Aufgaben auch Probleme nennen, sofern man sie dämonistisch deutet. Die Aufgaben des Neurotikers sind Probleme von der besonderen Art, daß sich an die zentrale chaotistisch-rohdämonistische Problematik die Probleme höherer Differenzierungsgrade anschließen, diese aber gemäß dem Krankheitsgehalt nach der primitiven Problematik hin nuanciert sind, ja (vermeintlich) hierin erst ihre „wahre“ Bedeutung haben und nur als Abformungen jener Wesensproblematik gelten, die nur Versuche der Feind-Dämonie sind, den um die Wahrung der Allmacht ringenden Neurotiker von dieser seiner Hauptaufgabe abzulenken. In der Problematik des Neurotikers sind also alle Verdichtungs-Verdünnungsgrade des Dämonismus (bis zu dem Verdünnungsgrade, der der erreichten Differenzierungsstufe des Neurotikers gemäß ist) zusammengewirrt. Die Chaotik, die primitivistische Verschwommenheit, Unklarheit überwiegt dabei entspr. der Hypertrophie, das Hauptproblem ist (noch immer) das dämonistische Problem in seiner rohen Urtümlichkeit, die Frage nach dem kosmischen Sein oder Nichtsein, die bei Einsetzen der Individuation erstmalig erlebt wird, die animistisch-magische Deutung, wonach das Schicksal, dann Leben und Tod als die dämonischen Urgewalten, dann auch Einzeldämonen als „Aufteilungen“ jener Allgewalt(en) in und aus den gespenstisch erlebten Gestalten wirken. Hiernach sind alle reiferen Stufen des dämonistischen Denkens, die Problematik der Götter und Teufel, des Gottes und Teufels, das Leib-Seele-Problem, naturwissenschaftlich das Kausalproblem abschattiert, verunklart, in die Ebene der primitiven Problematik einbezogen und nur insofern wichtig, „wesentlich“, „sonst“ aber nebensächlich, ja bedeutungslos.

Das Problem aber ist (eben als „Problem“) unlösbar, auch das (vermeintlich) übermenschliche Ringen um die Lösung führt bloß zu Scheinlösungen, die nur spielerische Stellungswechsel des Feind-Dämons, neckisch-gefährliche Verkleidungen in eine dichtere Physizität-Materialität, Vortäuschungen einer naturwissenschaftlichen Faßbarkeit sind (realiter: man kann aus dem Problemdenken nur hinauswachsen, das Problem genetisch überwinden). Immer wieder tritt dem Neurotiker das Urproblem entgegen, bannend-gebannt, in ewiger Bindung an IHN, den Einzig - Ebenbürtigen, ihn zwingend und von ihm gezwungen, „jeden Preis“ fordernd und bietend. Er lebt in Maß- und Grenzenlosigkeit: alles Maß und alle Grenze ist Todfeind und muß ausgetilgt, ins Maß- und Grenzenlose ausgedehnt und übernommen werden, wobei „die Substanz“ (das Irdische, Physische, Materielle, Diesseitige, Natürliche) gemäß dem verschwommen-gespenstischen Erleben nur Erscheinungsform (Fassade, Träger, Offenbarungs-, Kampfmittel, Organ usw.) des Dämonischen (des Über-Unterirdischen, Metaphysischen, Immateriellen, Jenseitigen, Übernatürlichen, Lebens-Todes, Göttlich-Teuflischen, Seelisch-Geistigen) ist und somit „eigentlich“ gar nicht interessiert. ER, der Alleine in seinem Wahn ist Alles und Nichts, hat alles und nichts zu verlieren und nichts und alles zu gewinnen (der Gesunde ist Etwas, hat etwas zu verlieren und etwas zu gewinnen, vgl. 4. Bd. S. 402 ff.). Er lebt im Weltproblem, er ist das Weltproblem selber, das alle Probleme in sich begreift und so „löst“ (= ins Allgemeine auf-löst) und in seiner ewigen Unlösbarkeit Problem und Lösung zugleich ist. Anfang, Weg (Aufgabe) und Ziel schwinden ins Ungeschiedene, der Alleine ist immer am Anfang und am Ziel zugleich, ohne Anfang und ohne Ende, von Ewigkeit zu Ewigkeit: das Chaos, die Gottheit.

In dieser Art schwimmt alles in und durch einander, auch die zwanghaft erstarrten, mechanistisch invariabeln und somit vermeintlich „straff“, „sicher“ und „klar“ ausgerichteten Vollzüge sind nur verkrampfte Unsicherheit, die dem Nichtkenner als sogar prima Sicherheit (Zielbewußtheit, eiserne Energie usw.) imponieren kann. Wer sich (seinem Wahne nach) mit dem Schicksal herumschlägt und so selber Schicksal ist, muß von diesem seinem zentralen Standpunkte aus alles chaotisieren-dämonisieren und nach der „Theorie der einzigen Chance“ verfahren. Er übertreibt alles nach oben oder unten, setzt immer alles aufs Spiel — und zweifelt immer, ob Sieg nicht Niederlage, Niederlage nicht Sieg sei. Er dünkt sich — wissentlich oder unwissentlich — die Allmacht, der Weltherr, Gott-Teufel — und ist doch nur ein kindischer Mißwachs, ein schlimmer Narr und Schädling, mag er auch in seinen fastgesunden Anteilen mechanisch Brauchbares leisten. Er kann in seiner „Allmacht“ noch nicht einmal die einfachsten Leibesfunktionen anständig und ordentlich verrichten. Er dünkt sich (mindestens) Übermensch — und kann noch nicht einmal das Menschliche vollführen, wie es sich gehört. Er dünkt sich Welterlöser — und bedarf selber der „Erlösung“, d. h. der ärztlichen Behandlung und Befreiung aus seiner Krankheit, seinem Erlöserwahn. Das „Weltproblem“ findet sich im Gebiete der individuellen Hypertrophie vor, beim Asthmatiker im pulmonalen, beim Magenkranken im gastralen, beim Nierenkranken im renalen, beim Liebeskranken im Liebesgebiete, beim Arbeitsneurotiker im Arbeitsgebiete, beim Begriffsneurotiker in seiner denkerischen Verstiegenheit. Der „Allmächtige“ kann also noch nicht einmal richtig atmen, essen, trinken, verdauen, lieben, arbeiten, sehen, hören usw., denken usw. — und daß er das nicht kann, daß er (ganz einfach) krank ist, „macht“ er gar zum Beweise seines Übermenschentums, seiner einmaligen Sendung, ja seiner Göttlichkeit, die vielleicht auch Teuflischkeit ist, — und findet sogar Gläubige! Er schlägt sich mit Mächten herum, die realiter gar nicht existieren, mimt selber die Allmacht und muß so an den Tatsachen scheitern.

Differenzierung ist Aufeinzelung, Herausbildung von Einzelnen und Einzelheiten aus dem Ursprünglich-Einheitlichen. Jedes Individuum, jede Aufgabe, jedes Problem ist ein Einzelnes, jede Unter- und Verschiedenheit eine Einzelheit. Primär tritt die Einzelheit mit dem Einsetzen der Individuation auf, und der Einzelheiten werden viele, sie mehren-erhöhen sich genetisch unabsehbar. Die Einfältigkeit wird zur Mannig- und Vielfältigkeit. Es ist klar, daß die Einzelheit für den Neurotiker der Tod-Feind ist: sie ist das Ende der Alleinheit, er „muß“ sie also in die Alleinheit einzaubern, enteinzeln, unschädlich machen, ihre Dämonie „aufheben“, in die Alldämonie „einschmelzen“, bei aller physischen Verschiedenheit magisch verallgemeinern. Die Einzelheit „will“ sich prinzipiell aus der Allheit entfernen oder in sie eingehen, jedenfalls die Allheit, Absolutheit, Vollkommenheit aufheben, es gilt also: nicht das Geringste abgeben, weglassen, sich entgehen, entreißen lassen und nicht das Geringste aufnehmen, zulassen, sich darbieten, hinzubringen lassen, d. h. es gilt: alle Veränderung magisch auslöschen, immer alles beim Alten lassen, komplett bleiben, die Ursprünglichkeit wahren.

In seinen infantil gebliebenen Anteilen lebt der Neurotiker noch im chaotisch-rohdämonistischen Stadium der Weltanschauung. Er ist insoweit noch kein Ich oder erst ein keimhaft werdendes Ich, und es gibt noch kein Du oder erst ein keimhaft werdendes Du, die Gestaltungen und dann Gestalten sind noch im Allgemeinen angedeutete, beginnende Ausschnitte in und aus der chaotisch-magischen Alleinheit, deren jeder die Alleinheit aufzuheben beginnt und dann aufhebt. Man dürfte eigentlich den Neurotiker (soweit krank) weder mit Du noch gar mit Sie ansprechen, er dürfte sich eigentlich nicht Ich nennen, er ist ja das All ungeschieden und im Beginne der Ich-Du-Scheidung, die immer noch als animistische Allheit erlebt wird, so ist es verständlich, daß er weder „sich selbst" als Ich, d. h. als Einzelwesen Mensch, als eigenlebiges, wohl gar selbständiges Individuum von bestimmter Beschaffenheit, bestimmten Eigenschaften und Funktionen — noch „die andern" als Dus, als Einzelwesen erlebt-erkennt-anerkennt, also auch nicht duldet, daß er von den Dus als Ich erlebt-erkannt-anerkannt wird, und daß er bei allem Hunger, aus seiner chaotisch-magischen Alleinheit herauszutreten, neurot. Angst vor der „Weltkatastrophe" hat und sich gegen die Gefahr, „erkannt", d. h. der Alleinheit beraubt, dämonistisch: gebannt, entmachtet = entallmachtet zu werden, mit den Mitteln der Neurose (krampfig) wehrt. Vgl. 6. Bd. § 5, $_{2 u. 3}$.

Vom Beobachter aus ist gewiß die Geburt des Kindes das höchst-krisische Ereignis der kindlichen Frühperiode; das Kind selber aber erlebt die genitale Geburt mit sehr viel geringerem Bewußtsein als die „zerebrale Geburt" aus der alleinen in die mehrheitliche (individuierte) Welt, in die Ich-Du-Welt, die, Weltuntergang und Welt(neu)schöpfung, um das 3. Lebensjahr herum stattfindet und von der der naive Beobachter des Kindes kaum etwas oder überhaupt nichts merkt. Hauptsächlich diese Weltkatastrophe hat der Neurotiker in seinen infantil gebliebenen (kranken) Anteilen nicht durchlebt, und er sieht seine Weltaufgabe darin, die Welt-Aufgabe, d. h. die Auf-gabe seiner Welt zu vermeiden, somit die alleine Seinsform, die Identität mit der Welt, die All-Ohnmacht, die Alldämonie gegen die feindlichen Zaubermächte, die jene aufheben wollen, zu erhalten. Man kann aber das neurotische Erleben und Verhalten auch am Geburtsvorgang „veranschaulichen", zumal manche RSe funktionell auf der foetal-natalen Entwicklungsstufe stehen geblieben und nur eben ausgealtert und hypertrophiert sind. Alle nach dem frühkindlichen Entwicklungsraum genetisch auftretenden Differenzierungen, also alle „künftige" Herausbildung von Einzelheiten-Problemen in Ernährung-Beruf und Liebe werden von dem urtümlichen zentralen „Standpunkte" aus erlebt, als feindliche Mächte, die die Alleinheit zerstören wollen, gedeutet und allmachtlich entzaubert-ausgelöscht, ins Allgemeine eingeebnet — nur „dazu" lernt das heranwachsende noch latent oder schon manifest neurotische Kind in Haus, Umgebung und Schule, nur in dieser unechten Art lernt es „die Welt" kennen und alle seine

Aufgaben sowie diejenigen, die sie stellen, alle seine Probleme „erledigen" — und ebenso hält es der neurotische Jugendliche und Erwachsene. Er sammelt Ziegelsteine, aber er baut kein Haus. Die Einzelheiten sind ihm Flöhe, die er knicken muß, und sie werden größer und größer, werden zu Wanzen, Käfern usw., ja zu Elefanten — und alle muß er entmachten.

Echte Einzelheiten kann der Neurotiker also weder erleben noch anerkennen, zu echter Vertiefung, echtem Lernen und Forschen ist er unfähig. Die Einzelheiten, die sich auch bei ihm genetisch einstellen, sind ihm nur Absprengsel, Abformungen des Alleinen-Ganzen, sie sind es immer noch und immer wieder, sie sind jede „die" Einzelheit, magisch identisch, nur Verwandlungen ohne Wesensänderung. Auch dem auf das Minimale erpichten Pedanten, dem Splitterrichter, der mit ängstlich-schmerzlicher Rastlosigkeit nach feinsten Fehlern sucht, dem Feinsichtigen, der „das Gras wachsen sieht", dem Feinhörigen, der „die Flöhe husten hört", dem Neuralgiker, der sogar im geschlossenen Raume den „feinen Zugwind" peinlich registriert, dem Grübler, der „sein Problem" unablässig zerlegt und zerbohrt, usw. usw. ist „die Einzelheit" nicht Glied und Merkmal der Differenzierung wie dem Gesunden, sondern „das Einzige", das, worauf „alles ankommt", das Urtümlich-Ganze, das Dämonische schlechthin, das sich, wie ganz groß, so ganz klein machen kann und das eben nur der Ein-Einzige, der Allein-Ebenbürtige („Du gleichst dem Geist, den du begreifst") auch im „minimalsten" Versteck finden, „erkennen" und somit schon bannen, unschädlich machen kann. Rings um seinen Zauberkreis fühlt, sieht, hört usw., denkt der Neurotiker die feindlichen Gewalten-Gestalten, sie wollen den Zauberkreis sprengen, das Tabu verletzen und so aufheben. Freund und Feind kann der Neurotiker so wenig unterscheiden wie das Kleinkind, Freunde sind nur maskierte Feinde, mögliche Feinde, und die allergeringste Möglichkeit (an sich nur als solche, eben als Möglichkeit Tatsache) gilt ihm als Tatsächlichkeit: denn, so wähnt er, wenn der mögliche Feind tatsächlich nicht vorhanden wäre, würde ich ihn ja nicht erspüren (Circulus fictionalis), also muß ich mich dem möglichen als einem tatsächlichen Feinde gegenüber verhalten; er dekretiert sogar die Möglichkeit der Unmöglichkeit. Wer absolut mißtrauisch ist, kann es niemals nicht sein. So ist z. B. der geringste (vermeintliche oder tatsächliche) Fehler, das „Fehlerchenchenchen" der „Fehler schlechthin" (ethisch: „die Fehle" svw. die Schuld, Sünde, das Böse usw.), und mit der Entdeckung des allergeringsten Fehlers ist der Fehler schlechthin, das Fehlerische überhaupt entdeckt (magisch: Teil = das Ganze) und damit gebannt, „fest-gemacht", fixiert. Seine Allmacht der Pedant, Seine Heiligkeit der Skrupulant usw. kann so die Welt vom „Fehler schlechthin" erlösen, indem er ihn unablässig in den feinsten Nuancen erspürt und somit entfehlert; denn der entdeckte, fixierte, festgestellte Fehler ist magisch entmachtet, wobei die „materielle Form" nur als „Gelegenheit des Fehlerteufels" interessiert. Ist es Gottes Werk, das das Wirken des Teufels bannt, oder kennt sich nur der Teufel in „seinen" Unternehmungen aus? — oder bannt der Teufel den Gott „in mir"? Bin ICH auserwählt, ein Christus, die Welt zu erlösen, oder dazu verdammt, allenthalben Fehler, auch die feinsten zu finden? Muß der, der alle Fehler sieht, hört usw., nicht alle Fehler haben? muß er nicht der Böse sein, weil er sonst das Böse nicht allenthalben sehen könnte? oder sieht nur Gott, der Göttliche, alle Fehler und muß sie sehen, um sie zu bannen (übernehmen-vergeben)? — oder gehört zur Fehlerlosigkeit nicht auch die gesamte Fehlerschaft (der Fehlerlosigkeit, der Unfehlbarkeit darf doch auch kein Fehler fehlen), wie die Allmacht Gott und Teufel, Leben und Tod in sich vereint? und doch sind diese „Mächte" die ewigen Feinde, deren jeder allmächtig ist und sein muß wie „jede" Dämonie? Usf. — absurdum in infinitum.

Gibt es also im Dämonischen Sieg und Niederlage? Der Neurotiker muß seine Allmacht-Dämonie-Zaubermacht unablässig auf die Probe stellen, aber „die Probe aufs Exempel" kann er ja gar nicht machen. Zum ersten: Allmacht kann ja nicht entmachtet, Dämonie nicht entdämonisiert, Zauber nicht entzaubert, das ewige Leben kann ebenso wenig wie der ewige Tod ausgelöscht werden. Wie sollte denn das zugehen, und was sollte aus der entmachteten Allmacht usw. werden? wie beschaffen ist gebannter Zauber? ist er „nichts"? aber er kann sich doch dem Banne entringen, aus ihm lösen und so in alter Frische wieder „da" sein und wirken? und wer von den beiden Zauberern bannt wen? muß Allmacht, Dämonie, Zauber nicht ewig, zeitlos, unvergänglich sein? Nun, die neurotischen Funktionen laufen ja strukturgemäß immer wieder ab, sie können nicht nicht ablaufen, also bestätigt sich auch bei jeder neuen „Probe" die Allmacht usw. immer wieder, freilich auch bestätigt sich der Zweifel, ob sie der Feind-Dämonie gegenüber überhaupt noch Allmacht ist, ob sie das nächste Mal auch noch wirkt usw., aber eine Entscheidung gibt es im dämonischen Gegenüber niemals (Gott kann den Teufel und umgekehrt nicht abschaffen, beide sind „Allmächte"!). Zum zweiten aber: Allmacht, Dämonie, Zauber usw. ist ja nur Deutung, Fiktion, das Metaphysische, wie immer es benannt werden mag, existiert ja realiter gar nicht — wie sollte es also „auf die Probe gestellt werden" und sich irgendwie „erweisen"! Der Neurotiker ist also schlimm daran: er leidet ja an der Dämonie, seine Zweifel sind hypertrophiert, er kann (strukturgemäß) zur Erlangung irgendeiner

Gewißheit immer nur — die Zweifelsmethode anwenden, in der ewigen Unsicherheit seine „Sicherheit“ sehen, seine ewige Frage an das Nichts richten, das also auch nicht(s) antworten kann. Nur seine Existenz, mag sie auch grundsätzlich zweifelhaft sein, ist dem Neurotiker „Beweis“ für die welterhaltende Wirksamkeit seiner Dämonie. Realiter ist diese „dämonische Wirksamkeit“ ja nur eben Deutung, und zwar Mißdeutung der biologischen Tatsächlichkeit, zu der ja auch die Existenz des Neurotikers gehört.

In der Einebnung der Einzelheiten ist der Neurotiker Individualist (Säugling im Großformat) und Kollektivist (Kleinkind im Großformat): seine Einzelnen sind chaotistisch-magische Identitäten, vage-flüchtige Gestaltungen-Gestalten der magmatischen Masse und somit noch immer Masse selbst. Zum Erleben der normal ausdifferenzierten Individuen ist der Neurotiker gar nicht fähig: er erlebt sie krankhaft oder bestenfalls fastgesund, die Einzelnen und Einzelheiten sind ihm nur Objekte seiner Nivellierungskunst, er bringt sie mit seiner spezifischen Zwangsmethode theoretisch oder-und praktisch auf gleich und gleich, auf Uniform und Uniformität, er entselbständigt sie, nimmt ihnen die Eigenlebigkeit; er „sieht alles durch seine Brille“, wie aber die Welt in Wahrheit ist, wie die Tatsachen tatsächlich sind, kann er, der Abseitig-Absonderliche, nicht sehen, nicht einmal ahnen. Der Individualist kann keinen andern Gott neben sich dulden, der Kollektivist keine reifen Persönlichkeiten, keine echten Besitzer, keine wahrhaft freien Menschen: nur Sklaven, Kreaturen, denen er freilich auch befehlen kann zu — widersprechen, eine Pseudoselbständigkeit zu mimen, — und denen er, der Tyrann, sklavisch gehorchen muß, damit sie Sklaven bleiben! Für echte Größe hat der Neurotiker weder Sinn noch Verständnis. S. 6. Bd. § 5, $_{4,K}$.

Der nivellistischen Enteinzelung der Einzelheiten, dem „Leben im Allgemeinen“ entspricht auch die Beschreibung (6. Bd. § 5, $_{3}$); sie ist ebenso geschichtet wie das Erleben, also, soweit krank, kleinkindartig-allgemeine Angabe (Allsprache-Lallsprache, Märchen) in ausgealterter Form und, soweit höherdifferenziert, mit der Note des Verallgemeinerns der Einzelheiten, der Aufhebung des Einzelheitlichen an der Einzelheit behaftet. So schwimmt auch hier die Einzelheit ins Allgemeine ein, sie hat etwas Nur-Scheinbares an sich, sie ist „da“, aber, wie die erlebte Einzelheit, nur als eine Verwandlungsform des Alleinen; dabei können die Einzelheiten zahlreich, ja überzahlreich sein (z. B. beim Genauigkeitsfanatiker, Überexakten, Panhistor (Alles- und Allesbesserwisser), Wortpedanten, Tüftler, Wortdreher und -verdreher aller Bildungsgrade), sie sind doch immer „dasselbe“. Zu einer echtdifferenzierten Beschreibung ist der Neurotiker in seiner Denkkrankheit ebensowenig fähig wie zu einem echt-differenzierten Erleben, er kann bestenfalls Auswendiggelerntes höherer oder hoher Differenzierungsstufen anderer Menschen hersagen. Die Einzelheit ist auch in der Beschreibung der Todfeind der Allheit. Das Einzelwissen vernichtet die Allwissenheit, die Nichtswissenheit zugleich ist („das Wissen ist der Tod"). Der Neurotiker drückt sich allgemein aus, auch falls er Einzelheiten angibt: sie sind nur Wellen im Chaos des Wissens und der Worte oder Inseln, die vom Meer immer wieder überspielt und überspült werden.

Der Arzt fragt den Pat.: „Wo feht's?" Pat.: „Ach — überall". Arzt: „Ja damit ist weder Ihnen noch mir gedient. Sie müssen sich schon genauer ausdrücken." Pat.: „So genau, wie Sie wohl wünschen, kann ich das auch nicht sagen." Arzt: „Aber Sie haben doch wohl Beschwerden." Pat.: „Das müssen Sie ja wissen, Sie sind ja der Arzt." Arzt: „Sie fühlen sich doch wohl krank." Pat.: „Manchmal geht's mir ganz gut, und dann wieder ist alles durcheinander." Arzt: „Was — ‚alles'! Ein Beispiel!" Pat.: „Ich rege mich über alles auf — oder über nichts — ich weiß auch nicht." Mancher Pat. ist wortkarg, mancher weitschweifig im Ungewissen, kommt vom Hundertsten ins Tausendste. Man erfährt beschwerliche Situationen, aber auch die Angabe von Einzelbeschwerden, z. B. Migräne, Herzklopfen, Durchfälle, Schlaflosigkeit, verrückte Ideen usw., ist doch mehr naive Bezeichnung des Krankseins (vgl. 6. Bd. S. 436 f., wo von einer analogen Verirrung der ärztlichen Krankheitsauffassung die Rede ist), nicht medizinische Diagnose. „Ich bin schon lange leidend, der Schlaf ist ganz schlecht — und so vieles andere — sehen Sie mal, das ist ja auch kein Wunder, wenn man so viel durchgemacht hat wie ich — wenn ich Ihnen das alles erzählen wollte, würden wir wohl ein Jahr brauchen — mit meinen Eltern war das schon schlimm — leider, leider — Sie wollen das doch wissen, nicht wahr nicht? — immer Spuk und Spektabel, das soll ein Kind nicht gemütskrank machen, ich möchte meinen Kindern — sie sind Gottseidank ganz gesund — kein solches Vorbild geben...". Pat. spricht als großes Kind; auch falls er mit medizinischen Ausdrücken um sich wirft, versteht er (selbst als Arzt!) sie nicht im fachlich-präzisen Sinne. Man kann von ihm nicht verlangen, daß er anders spreche, als er es seiner Struktur nach eben kann.

Der Neurotiker erlebt und erledigt die Aufgabe, Einzelnes einzeln zu beschreiben, „etwas" („Greifbares", „Näheres", „Substantiiertes" usw.) auszusagen, so wie die entspr. phänomenale Aufgabe: als Herausforderung der Feind-Dämonie, die gebannt werden muß, nicht aber als rein menschliche Aufgabe, die rein menschlich zu lösen ist. Er weiß ja gar nicht, daß alle Aufgaben rein menschliche sind und gar nichts anderes sein können; für ihn sind sie, auch falls er sie „menschliche" nennt, unheimlich, schicksalhaft, verhängnisvoll, göttlich-teuflisch, über-unterirdisch, über-untermenschlich, seelisch-geistig, kurz dämonisch, und die Dämonie kann sich auch im Wort, in der Wortaufgabe verkörpern (5. Bd. S. 261 f.). So dominiert die ausgealterte Kleinkindweisheit, die allgemeine Redensart, der Gemeinplatz, die verwaschene Sprechweise, die, auch als krampfig zugespitzt, erklügelt, nichts und alles, nur nicht etwas sagt, zu nichts und allem, nur nicht zu etwas verpflichtet. Und die höherdifferenzierten Aussagen, an jene seltsam angeschlossen oder von jenen durchmischt, sind zwar Einzelangaben, aber gemäß der krankheitlichen Nuance mit Unbestimmtheit abschattiert, „wesentlich" nur Träger und Beiwerk des Ursprünglich-Allheitlichen, in dessen Nachbarschaft sie liegen; sie sind keine echten, ausgereiften Einzelheiten, die sich präzis von einander abheben und wohlgeordnet sind, die eben eine chaotistisch-magische Zentrale nicht haben, sondern einer einheitlichen Entwicklungsfront angehören.

Der Neurotiker „flieht gern ins Allgemeine". Er sagt, d. i. alle sagen, man sagt. Ein Unglück ist geschehen, d. i. es gibt nur Unglück in der Welt, selbst das sog. Glück ist nur verschleiertes Unglück. Der Lehrer, der Vorgesetzte hat getadelt, d. i. sie taugen alle nichts, man muß das ganze System ändern, die Älteren herunterholen und sich an ihre Stelle setzen. Er findet nicht die Richtige, d. i. die Weiber sind alle nichts wert. Er hat Angst vor der Ehe, d. i. die Ehe ist ein unnatürlicher Zwang und gehört abgeschafft — mindestens für Se. Alleinheit den Junggesellen und seine „Kampfgenossen". Er führt eine schlechte Ehe, d. i. alle Ehen sind schlecht. Er führte eine meintlich gute Ehe, d. i. die Ehen sind im Grunde genommen alle gut, der Ehehimmel ewig heiter, die Wölkchen zählen nicht, sind nicht ernst zu nehmen. Usw.

Sobald die Einzelheit auftaucht, verschwindet der Neurotiker in der Masse, „macht sich unsichtbar", zaubert so die Aufgabe weg. Seine Aussagen haben mehr minder deutlich das Merkmal des Automatisch-Mechanischen, Zwanghaft-Stereotypen, Eindressierten, Auswendiggelernten, Nachgeplapperten, Unbeteiligten, Unselbständigen, Unverbindlichen, „Nur-so-gesagt-seins". Er spricht in einer Art Kauderwelsch, zu dem kindisches Geschwätz und „ganz Vernünftiges" — mehr dies oder mehr jenes — zusammengewirrt sind, und dieses In- und Durcheinander zeigt sich um so deutlicher, je mehr er sich bemüht, seine Unsicherheit z. B. mit den Mitteln der Phrase, der Rhetorik, der Suada, der Dialektik, der Ironie, der aufgeblasenen Rechthaberei, der listigen und hinterlistigen Dreherei, der pseudoüberlegenen „Einsicht" in „die großen Zusammenhänge", des großtuerischen Schwulstes, der pseudowissenschaftlichen Ideologie, der Witzelei vor sich und andern zu verbergen. Selbst Phrenotiker können zeit- und streckenweise „ganz vernünftig“ reden, ja dem Laien überhaupt nicht auffällig sein.

Die Schaumschlägerei trifft man bes. bei den viertel- und halbgebildeten Neurotikern, die ihre Begriffshypertrophie zusammen mit dem, was sie gelernt haben, für einen „einmaligen“ Grad von Intelligenz halten und sich als Alles- und Allesbesserwisser, als Hans Dampf in allen Gassen gebärden (mit dem Zweifel, ob sie nicht doch Nichtwisser seien). Von dieser „einzigartigen Warte“ „übersehen“ sie die Einzelheiten wie Gott seine Geschöpfe, — die sich freilich gegen den Schöpfer wenden können und daher immer in der Allheit gehalten werden, die Allmacht verspüren müssen. Sie machen und reden also „in großen Linien“, in zwei- und vieldeutigen Orakeleien, in „Weltideen“, aber diese „allumfassenden Betrachtungen“ schweben zentral im Entwicklungsraum des Kleinkindes, das ja auch „allumfassend“ im Sinne des Chaotisch-Magischen erlebt und beschreibt. Diese banalen, trivialen Verallgemeinerungen liegen vor der Differenzierung, und was sich an Differenzierung genetisch eingestellt hat, sind nur „Blasen aus dem Ungestalteten“ (Ausdruck eines Pat.). Das Vielerlei, wie immer es (je nach Spezies der Neurose) erlebt und erledigt werden mag, ist nur ein Film, der in unwirklichen Figuren, in Bildern vor dem Zuschauer abrollt. Wie für das Kleinkind alles „da“ und „dada“ ist, so sind alle Neurotiker „Dadaisten“, jeder in seiner Art (nihilistisch, negativistisch usw.) ein verwirrter „Weltphilosoph“, sei es, daß er in unsystematischen allgemeinen Ansichten und Urteilen sich ergeht, sei es, daß er aus platten Selbstverständlichkeiten und halbverdauten reiferen Einsichten bizarre Doktrinen über Welt und Menschheit, über die sozialen, politischen, ökonomischen usw. Verhältnisse, über Religion, Moral und Recht, über Kunst und Wissenschaft usw. zusammenspinnt und zu verwirklichen trachtet.

Indes auch der hochgebildete Neurotiker ist, soweit krank, nur breitgebildet, und seine Beschreibung weist auch in den fastnormalen Gebieten die unreife Nuance (wenigstens dem Kenner) auf. Der neurotische Wissenschaftler, der in seinen fastgesunden Anteilen durchgebildet, hochdifferenziert ist, kann die Wissenschaft wesentlich doch nur von seiner chaotisch-magischen Zentrale aus auffassen und betreiben, er hat den Kampf gegen den Dämon Wissen nur bes. weit vorgetrieben, auch ihm ist die Einzelheit des Wissens etwas, das magisch entmachtet, ins Allgemeine eingeglichen werden muß, nur in dieser zwangsmethodischen Art nimmt er von ihr Kenntnis, er ist seiner biolog. Beschaffenheit nach nicht in der Lage, die Einzelheiten als echte

Bestandteile des Wissens anzuerkennen, aufzusuchen und in die Verstandes- und Vernunftsphäre, also in das überblickliche Denken einzuführen. Er lernt auswendig, nicht inwendig. Demnach ist auch seine Beschreibung, mag sie noch so minutiös sein, „allgemeinhaltig", sie enteinzelt die Einzelheiten zum Primitiv-Allgemeinen, zum Starr-Formalistischen, zum Öde-Schematischen, hat die Tendenz, ins Dogmatistische, Doktrinäre, Spekulativ-Unsubstantiierte abzugleiten, ist Theoretik und Theoretikasterei und hebt mit wissenschaftlichen Mitteln die Wissenschaft auf — je nach der Art der Neurose nihilistisch, negativistisch, severistisch, pessimistisch oder optimistisch. Dabei ist es dem Neurotiker keineswegs klar, daß er gegen die Wissenschaft, nicht um sie kämpft, und welchen weltanschaulichen Sinn sein Gebahren hat. Auch falls er weiß, daß er neurotisch ist, wähnt mancher, die Neurose habe mit seiner wissenschaftlichen Tätigkeit nichts zu tun — oder gerade sein Verfahren habe ihm zu seiner Position verholfen, nur gerade so, wie er sei, könne er „das Große" leisten, und so lehnt er in seiner neurot. Manier, auch unter Anführung zahlloser Beispiele die Aufklärung ab und bekennt doch mit jedem Worte, daß er in die faustischen Zweifel verstrickt ist und „die Worte an die (mechanistische) Formel hängt" und somit „bändigt". Er kann auch den Unterschied zwischen dem reifen Überblick, der sich bei und nach der Differenzierung, der Vertiefung in die Einzelheiten und ihrer Eroberung herausbildet, die erfahrenen Einzelheiten also in sich begreift, und der unreifen Verallgemeinerung, die vor der Difeferenzierung liegt und sie, soweit sie sich genetisch einstellt, „in ihren Bann zieht", nicht ohne weiteres sehen. Er kann eine echte große Idee, eine hohe Einsicht, eine letzte Erkenntnis, höchstreife Weisheit, die ja „auch" zusammenfaßt, von den Allgemeinsätzen der kindlichen Einfalt und der kindischen Einfältigkeit nicht unterscheiden — und viele Gesunde können das auch nicht, sie können es um so weniger, je normnäher die neurotische Beschreibung ist, je zahlreicher die fastnormalen Bestandteile sind, und je ferner dem Hörer-Leser das beschriebene Gebiet liegt.

Zudem kommen in jeder Sprache die meisten Wörter (des (Alltags) gleichlautend auf kindlichen wie auf erwachsenen Entwicklungsstufen vor, sie sind entwicklungsbiologisch verschieden und haben auch einen entwicklungsbiologisch verschiedenen Sinn (zu „Wort — Sinn" s. 3. Bd. S. 328, die Entwicklung der Sprache ist im 5. Bd. dargestellt). Die „Begriffsbestimmung" (3. Bd. S. 331) differenziert sich aus der primitiven Unklarheit zu zunehmender Klarheit. Jeder kann nur in seiner Entwicklungsstufe sprechen und hören (schreiben und lesen) und die Worte verstehen. Das Wort „Mensch" z. B. wird von Kindern und Erwachsenen gebraucht, aber es bezeichnet im frühen Kindesalter den Menschen als ein gespenstisches, später als ein beseeltes und erst im realischen Denken als ein rein biologisches Wesen, und ebenso ändert sich der weltanschauliche Sinn des Wortes „Mensch“ aus der primitiven Rätselhaftigkeit bis zur realischen Erkenntnis, daß das Wort „auch nur“ eine rein biologische Tatsächlichkeit, nämlich akustische Akt.-Reihe ist. Auch die Kranken gebrauchen im allgem. (abgesehen von mancherlei Wortverstümmelungen, Wortspielereien, usw.) keine anderen Wörter wie der Gesunde, und es ist nicht immer ohne weiteres zu erkennen, in welchem Niveau der geschichteten Entwicklungsfront seine Wörter liegen, in welchem Sinne er sie meint. Soweit krank, ist die Sprache ausgealterte Kleinkindsprache; sie ist in absonderlicher Art mit reiferen Ausdrucksweisen assoziiert, auch in sie eingemischt. Der Neurotiker rühmt sich seiner „Energie“, aber er bezeichnet so seine addierte Schwäche, er spricht „Kampf“ und meint Krampf, er spricht „Mut“ und meint Übermut oder Mut zur Feigheit, er spricht „Langmut“ und meint angstgehemmte Ungeduld oder Entschlußunfähigkeit, er spricht „Leistung“ und meint Überleistung oder Meidung der Leistung, er spricht „Arbeit“ und meint leere Vielgeschäftigkeit (Leerlauf), er spricht „Selbstbeherrschung“ und meint Unfähigkeit zur Tat, er spricht „Tugend“ und meint Not, er spricht „Glaube“ und meint Aberglauben usw. „Gemeinschaft“ ist Bezeichnung für alle Entwicklungsstufen der Gesellung, der Neurotiker aber „versteht“ unter Gemeinschaft die chaotisch-kollektivistische, in die alle höheren sozialen Stufen einnivelliert werden „müssen“, und wähnt, seine Auffassung von „Gemeinschaft“ sei die höchste, ja die einzig-mögliche und ihre Verwirklichung die letzte Lösung der „sozialen Frage“ und die wahre Menschheitsbeglückung. „Besitz, Eigentum“ erkennt er an, aber im Sinne von „alles mein“ und „alles allen“; „jedem das Seine“? — jawohl, natürlich, sagt er, aber nur „im Rahmen des kollektiven Allbesitzes“ (vgl. „Tote Hand“, Staatskapitalismus), alles gehört allen, und letztens bin ICH der Allbesitzer, der somit nichts (Eigenes) besitzt. „Persönlichkeit“ ist nur, wer in der kollektivistischen Gemeinschaft aufgeht und ihre Ideologie verkündet. Er sagt „Freiheit“ und meint Zwang, er sagt „Gehorsam“ und meint Unterwürfigkeit, er sagt „Strenge“ und meint Brutalität, er sagt „Straffheit“ und meint Erstarrung, er sagt „Großzügigkeit“ und meint Oberflächlichkeit, er sagt „Recht“ und meint Gewalt, er sagt „Begeisterung“ und meint Fanatismus, er sagt „Streben“ und meint Streberei, er sagt „Selbstachtung“ und meint Prahlerei, er sagt „Macht“ und meint seine Allmacht, er sagt „Größe“ und meint Geblähtheit, er sagt „Aufbau“ und meint Zerstörung, er sagt „Kultur“ und meint Barbarei usw. — und manchmal schillern die Worte doch nach höherem Niveau. Er übersetzt Worte in andere Worte und wähnt mit Umbenennungen zu „erklären". Er hält seine mehr minder ausführliche Symptombeschreibung (Beschreibung der neurot. Situation) für eine „Motivierung", an deren Richtigkeit er glaubt, so daß die Symptome ursächlich erklärt und somit berechtigt scheinen, die Neurose sich selbst beweist; als „Beweise" werden auch normale Verhaltungen und Beschreibungen, wie Pat. sie erlebt, angeführt, die Symptome mittels reiferer Einsichten pseudolegitimiert und pseudologifiziert, derart „kompromißlos" verteidigt. Er benutzt die Tatsache, daß viele Wörter homonyme Bezeichnungen für Krankes und für Gesundes sind (z. B. die Namen der Gefühle, vieler Verhaltensweisen, äußerer Situationen, vieler Denkabläufe), um seine Symptome zu entsymptomisieren, als Norm hinzustellen, somit zu rechtfertigen; z. B. sagt er: „Sie gehen ja auch nicht leichtsinnig über die Straße" und will so sein zwanghaftes Stehenbleiben an der Bordschwelle legitimieren. Er geht sich gemäß seinen Fehlassoziationen in Herumreden, Ausreden, Ausflüchten, Vorwänden, Vorurteilen, Lügen, pathol. Irrtümern, Mißverständnissen, Verfälschungen, Verdrehungen, Spitzfindig- und Spitzfintigkeiten, Selbstbeschönigungen, Selbstbezichtigungen, träger Beharrlichkeit, leichtfertigem Drüberhin usw., immer in Pseudologik, die immer eine Verteidigung der Alleinheit ist. Der Verwirrte kann nur verwirrt beschreiben, und zur Verwirrung gehört auch der Zweifel am Sinn-Unsinn der eignen Rede („ich verstehe mich selber nicht").

Der naive Hörer-Leser, der weder die Diagnose stellen kann noch die entwicklungsbiolog. Unterschiede der Wörter und des Wortsinnes kennt oder nur ahnt, nimmt die Worte des andern, zunächst wenigstens, in seinem (des Hörers-Lesers) Sinne auf und stimmt hiernach zu oder lehnt ab, aber vielleicht hat der Redner-Schreiber etwas ganz anderes gemeint. Die Gefahr dieses Aneinandervorbeiredens ist bes. groß, falls der Neurotiker, der sich ja frei im Alltag bewegt, einen hohen Posten einnimmt, „anerkannte Autorität" ist. Man kommt dann wohl dahinter, daß zwischen Theorie und Praxis, Rede und Tat eine (übrigens nur scheinbare) Kluft liegt, und wird an der „Autorität" irre, aber dann ist es zu spät und schon viel Schaden angerichtet, und es ist nur gut, daß aus den kranken Anordnungen usw. das Kranke auf dem Wege durch die nachgeordneten Instanzen, falls diese gesund sind, zum mehr minder großen Teile abfiltriert wird. Der Kenner aber kann wie die Tat so auch die Rede diagnostizieren, läßt sich nichts vorreden und weismachen, er weiß, daß zur Tat die Rede stimmt, auch im Falle der Lüge, Verstellung und des Widerspruchs, und daß der Neurotiker genau so verwirrt handelt, wie er redet. Bei der weiten Verbreitung der Neurose und dem schier unermeßlichen Schaden, den die Neurotiker stiften, ist es dringend nötig, die Sprache der Neurotiker kennen und durchschauen zu lernen.

B. Die Allverantwortung

Verantwortung ist: Rede und Antwort stehen, geprüft werden. Verantwortlichkeit ist: fähig sein, sich jederzeit der Prüfung zu unterziehen. Jeder hat die seiner Entwicklungsstufe zukommende Verantwortung. Jeder Gesunde ist sich seiner Verantwortung bewußt. Jeder Gesunde denkt und tut (rein gemäß seiner biolog. Beschaffenheit) so, daß er jederzeit zur Verantwortung gezogen werden kann und die Prüfung besteht. Wird der Gesunde von Kranken zur Verantwortung gezogen, so kann er zunächst Unrecht leiden, dennoch besteht er die Prüfung in der Weise, daß er und andere das Unrecht erkennen und er früher oder später gerechtfertigt wird (Gesetz der immanenten Gerechtigkeit, 4. Bd. S. 401). Die Verantwortlichkeit ist keine einseitige, nicht ist bloß der Untere dem Oberen, der Jüngere dem Älteren usw. verantwortlich, sondern jeder ist jedem im Rahmen der Zuständigkeit (ethisch: Anständigkeit) verantwortlich: auf seine Weise prüft auch der Untergebene den Vorgesetzten, das Kind die Älteren (Eltern usw.), und der Gesunde erkennt dieses Recht an, wie er es auch für sich in Anspruch nimmt. „Führerprinzip" ist eine Bezeichnung für die Ausgliederung der sozialen Pyramide und schließt normaliter in sich die Verantwortlichkeit der Geführten gegenüber den Führern wie der Führer gegenüber den Geführten (pathologisches Mißverständnis ist die Identifizierung dieses „Prinzips" mit Tyrannei). Auch der Kranke ist verantwortlich; aus der Prüfung eines Verhaltens ergibt sich die naive oder fachliche (ärztliche, juristische usw.) Diagnose und die Therapie, d. h. die Art, wie der etwa angerichtete Schaden wiedergutzumachen und der Kranke zu belehren, zu bessern oder zu heilen ist. Gewisse Krankheitsformen sind so normfern, daß der Kranke bei der Prüfung seiner Verantwortlichkeit als unzurechnungsfähig erkannt wird; man sagt dann wohl auch, er sei für seine Tat nicht verantwortlich, s. Anmerkung. Im allgem. Sprachgebrauch bezeichnet man das kranke Denken und Tun kurz als unverantwortlich — in dem Sinne, daß es bei der Prüfung der Verantwortlichkeit nicht zu rechtfertigen sei im Unterschied vom gesunden Denken und Tun. Verantwortung, Verantwortlichkeit sind realiter Bezeichnungen für rein biolog. Tatbestände, nicht etwa für „Psychisches". Dafür, daß jem. so ist, wie er ist, kann er nicht verantwortlich gemacht werden.

Der Neurotiker wähnt, in seinem Erleben nur e i n e Aufgabe leisten zu müssen, die einzige, die es überhaupt gibt, die Weltaufgabe: die Wahrung der Allheit, Gottheit gegen die Feind-Dämonie. Er erlebt zwar die (seine) Hauptaufgabe und Nebenaufgaben, aber diese sind nur Ableger jener, wesentlich mit jener identisch und auch nur insofern bedeutsam, „sonst" bagatellisch. Auch die Aufgaben aller andern Wesen liegen wie die Wesen selber in seiner Alleinheit, Absolutheit. Somit ist er auch allverantwortlich. Aber wie die Allheit Alles und Nichts, das All-Nichts ist, so ist die absolute Verantwortlichkeit identisch mit der absoluten Verantwortungslosigkeit: der Allverantwortliche kann für nichts und von niemand zur Verantwortung gezogen werden — so wie das Kleinkind alle (künftige) Verantwortung ungeschieden, implikat trägt und so vor (außer) aller Verantwortung lebt. Unlösbarer Zweifel des Neurotikers, ob er für alles oder für nichts verantwortlich und wie das eine oder das andere und beides zugleich möglich sei.

Wie ist es: wenn ICH allverantwortlich bin, ist dann irgendwer sonst in meinem Kreise, in der Welt überhaupt auch nur im geringsten verantwortlich — einem andern oder MIR, dessen Allverantwortung die Einzelverantwortung doch aufhebt? Wenn einer „außer" mir verantwortlich wäre, das wäre das Ende meiner Allverantwortlichkeit, meiner Absolutheit, das Weltende. Die Verantwortlichkeit des Einzelnen kann nur in meiner Allverantwortlichkeit liegen, die Einzelnen und ihre Verantwortlichkeiten sind somit nur Phantome im Banne meiner Alleinheit. So fehlt denn jede „Instanz", der ICH der Allverantwortliche verantwortlich sein könnte. Der Allmacht? — aber die bin ICH ja selber — oder sie wirkt in MIR — ist sie Gott oder Teufel — oder beides in einem? Oder: bin ICH „nur mir (meinem Gewissen) verantwortlich", wie soll diese Verantwortlichkeit aussehen? kann das Absolute sich selber verantwortlich sein, sich selber zur Verantwortung ziehen? absurder Gedanke! Ein Mensch kann sich prüfen, wie er andern Rede und Antwort stehen kann, aber die Gottheit kann das doch nicht — und die Teufelheit auch nicht — und wäre es möglich, daß das Göttliche das Teuflische und umgekehrt zur Verantwortung ziehen könnte, die eine Dämonie die andere, beide allmachtlich, „Allmächte" selber? — und etwa gegenseitig verantwortlich?? Bin ICH ein Doppel-Ich, zwei Iche, von denen das eine (vielleicht das gute?) das andere (vielleicht das böse — oder auch umgekehrt?) zur Verantwortung zieht? vielleicht das seelisch-geistige Ich das körperliche? aber das körperliche Ich (was ist das übrigens?) steht doch in der Herrschaft des seelisch-geistigen Ich (was ist das übrigens?), ist sein Organ usw. — wie dann verantwortlich? — oder können sich beide Iche entzweien? wie kann „ich" „mich" zur Verantwortung ziehen? Und wie kann ICH der Allverantwortliche andere zur Verantwortung ziehen, wo doch eine Einzelverantwortung das

Ende meiner Allverantwortung wäre? Ich schiebe jedem seine Verantwortung zu wie ein Amt, ein Lehen, ich „mache" alle verantwortlich, dann bin ICH der Allverantwortliche, der Herr aller Verantwortung, frei von jeglicher Verantwortung? ICH die Allmacht oder doch ihr Träger bin tabu, kann tun und lassen, was ich will, alles Gute und alles Böse, stehe außerhalb der Gesetze, die ICH erlasse, außerhalb jeder Kritik, die nur MIR zusteht, außerhalb der Gemeinschaft, die ICH absolut beherrsche — absolut, d. h. ohne jede denkbare Berührung mit ihr — und doch ihr Herr, ihre Spitze, ihr Kern? Und wenn doch mein Allwille, absolut geheimnisvoll, in allen wirkt, ist dann nicht jeder absolut und die Gemeinschaft, ja die Welt gesprengt, „innerhalb" deren doch aber gerade der absolute Wille wirkt? Kann und muß nicht jeder in meiner Allverantwortung tun und lassen, was er will, Gutes und Böses? Und darf ich jem. zur Rechenschaft ziehen, wo doch alles, was geschieht, auch jede Schuld, jede Teufelei in Meinem Willen geschieht und damit schon gerechtfertigt ist? Jeder verantwortlich und zugleich verantwortungslos — verantwortlich vielleicht nur für die Verantwortungslosigkeit? Wer sich dem Allwillen 100%ig unterwirft, im Zwange der allmächtigen Vorschrift lebt, hat er nicht den Allwillen, die Allmacht entthront, ist er nicht sie selbst geworden? sie kann ihm nichts tun, er erfüllt ja kadavergehorsam das Gesetz, er ist ja gar nicht selbständig, ohne die allmächtige Vorschrift, die äußere oder die innere und beide magisch identisch, ist er „verloren", in unvorstellbarer (lies: unmöglicher) Weise „ins Nichts gesunken". Aber wer sich nun auflehnt, tut er das nicht auch im Allwillen — oder ist er der Feind-Dämon, der den Allwillen brechen will und somit vom Allwillen zu seiner Wahrung vernichtet werden muß? tut er außerhalb meiner Allverantwortung — und wie wäre das möglich? — oder doch in meiner Allverantwortung und ist so auch als Sünder gerechtfertigt? (Vgl. z. B. Brünnhildens Straftat in Wagners Walküre, Adams Verteidigung des sog. Sündenfalls, Christi Welterlösung und die unzähligen „Welterlösungsdogmen" unzähliger Neurotiker.) Der Neurotiker erkennt also die soziale Abstufung der Verantwortlichkeit wie überhaupt die soziale Pyramide nicht an (mag er es auch behaupten), als Individualist-Kollektivist verabsolutiert-nivelliert er die Verantwortlichkeiten aller zur Allverantwortlichkeit und rätselt in seiner verworrenen Art an ihr ebenso herum wie an der Alleinheit, deren Attribut oder Identität sie sein soll. Vgl. 5. Bd. S. 409 ff.

Es gibt zu Zeiten neurotische Organisationen um je einen Gründer als Kern-Spitze, religiöse (einschl. antireligiöse), philantrophische, soziale, politische, populärphilosophische, wissenschaftliche usw. Sekten je mit einer „Lehre", die ein dogmatistisches System von „Klug und Blöde“ (Joh. Bresler), „auf schmalem Grund ein schwindelnd schwankes Werk“ ist. Sie sind alle idividualistisch-kollektivistische Gemeinschaften, Haupt und Glieder sind „eines“, das Haupt dünkt und gebärdet sich als Allmacht, Allwissenheit, Allgerechtigkeit usw., die Anhänger glauben an IHN und sind in seiner Allmacht selber allmachtlich, und alle sind im Zwang und wähnen frei zu sein, alle erheben den Anspruch auf Ausschließlichkeit und verdammen jeden „Andersgesinnten“ — je nachdem mit dem magischen Worte oder der magischen Tat, bei der freilich oft der irdische Leib mit „weggezaubert“ wird (vgl. z. B. die „Erlösungstaten“ der Inquisition, die Hexenverbrennungen, die Greuel politischer Sektierer und ihrer Mitkrämpfer usw.). An solchen Sekten zeigt sich die Unsicherheit auch über die Verantwortlichkeit in bes. grotesker Erstarrung. Alle sind verantwortlich und keiner ist verantwortlich, und der Häuptling ist nur sich selbst und damit der Allmacht verantwortlich, also frei von jeglicher Verantwortung — und all dies schwebt im Dunst der dämonistischen Zweifelei. Vernunft wird Unsinn, Wohltat Plage, Norm Abnorm und Abnorm Norm — in wirrem Durcheinander.

Anmerkung: Zum Begriff der Unzurechnungsfähigkeit.

Unzurechnungsfähig ist, wer sich zur Zeit der Begehung einer an sich strafbaren Handlung in einem Zustande von Bewußtlosigkeit oder einer andern krankhaften Störung der Hirntätigkeit befindet, bei der die Einsicht in das Unerlaubte der Handlung ausgeschlossen (bei verminderter Zurechnungsfähigkeit: erheblich vermindert) ist. Die einfache Unkenntnis des (bes. juristischen) Unerlaubtseins einer Handlung charakterisiert den, der sie begeht, noch nicht als unzurechnungsfähig; es muß eine Krankheit der angegebenen Art vorliegen. Die Unfähigkeit, gemäß der Einsicht, daß eine zu begehende Handlung unerlaubt ist, zu handeln, d. h. die geplante Handlung zu unterlassen, kennzeichnet nicht die Unzurechnungsfähigkeit, wie entgegen dem § 51 StGB. zu betonen ist. Wollte man alle, die trotz besserer Einsicht Unerlaubtes begehen, für unzurechnungsfähig erklären, dann könnte sich die Rechtspflege zur Ruhe setzen. Die Fassung des § 51 setzt implicite immer noch die „freie Willensbestimmung“ voraus, die der Gesetzgeber anzuführen vermeiden wollte; es ist nur für „Wille“ „Einsicht“ gesagt, diese soll z. B. den Verbrecher bestimmen können, das Verbrechen zu unterlassen, also kein Verbrecher zu sein! Eine solche Instanz oder Macht aber wäre dämonisch, seelisch-geistig, wohl göttlich (wie? oder teuflisch?), metaphysisch, sie wäre absolut frei (wie eben der „freie Wille“), und es wäre nicht einzusehen, wieso sie das Verbrechen nicht allemal verhindere, wie und von wem ferner die Möglichkeit einer Beschränkung ihrer Freiheit denkbar sein solle, und nun gar wie der Verbrecher für den unerforschlichen Ratschluß seiner metaphysischen Einsicht und deren Wirken verantwortlich gemacht werden könne.

Eine solche Instanz oder Macht existiert nun freilich realiter nicht. Der Mensch ist ein Reflexwesen. „Wille“ ist synonym mit Hungerreflex; „freiwillig“ ist meine selbstgewollte, „unfreiwillig“ meine fremdgewollte Handlung. Der Mensch hat nicht den „freien Willen“, z. B. Verbrecher zu sein oder nicht, sondern der Verbrecher ist Verbrecher (und zwar der, der er ist) gemäß seiner biologischen Beschaffenheit als Reflexwesen, die wie die aller Kriminoiden und Kriminellen pathologisch ist. Die „Einsicht“ in das Unerlaubte ist realiter eine normative Überlegung, also eine Begriffsreihe, nicht aber eine Macht, die eine unerlaubte Handlung verhindern könne; sie kann das ebensowenig, wie die Diagnose — und die Einsicht ist ja diagnostischer Art — irgendeine andere Krankheit daran hindern kann, Krankheit zu sein, oder gar sie heilen kann! Man kann nur beobachten, daß bei Einsicht manche unerlaubte Handlung unterbleibt, begrifflich erledigt wird; dies ist aber auch „nur“ Kennzeichen der Reflexstruktur des betr. Menschen. In andern Fällen findet — wiederum gemäß der biolog. Beschaffenheit des Menschen — trotz Einsicht die unerlaubte Handlung statt, und wieder in andern Fällen wird die Handlung sogar aufs genaueste vorausbedacht, geplant (Intelligenzverbrecher). Also: der Schuldige, Kranke kann ebensowenig dafür wie der Gesunde, daß er so beschaffen ist, wie er ist, er ist nicht schuld an seiner Schuld, für die er aber verantwortlich ist und für die er nach der juristischen Diagnose und „therapeutischen Verordnung“ büßen muß (übrigens ist die juristische Therapie so gut wie erfolglos!). Auch der Freispruch aus § 51 erfolgt erst, nachdem der Täter zur Verantwortung gezogen worden ist, und auch der „Freigesprochene“ sollte nicht (mit dem sog. „Jagdschein“) frei herumlaufen und neues Unheil anrichten dürfen, sondern verantwortlich bleiben und behandelt, evtl. „auf Nr. sicher gebracht“ werden (vgl. meinen Aufsatz „Der gesetzliche Schutz gegen Gewohnheitsverbrecher“, Berl. Börs.-Ztg. Nr. 246/7 v. 20./21. Oktober 1927, mit Anempfehlung der Sicherheitsverwahrung).

S. weiter hierzu 1. Bd. S. 531, 2. Bd. S. 386, 4. Bd. S. 174 f., 301 ff. usw., § 7, s, E, 5. Bd. § 9, 2, A, i, § 9, 4; meine Aufsätze „Zur Psychobiologie des Verbrechers“ und „Psychobiologische Erziehung der Strafgefangenen“, Arch. f. Kriminol. 1927, Bd. 81 H. 4, 1928 Bd. 84 H. 2/3; Rechtsanwalt Dr. Georg Krueger, „Psychobiol. d. Rechts“, Berl Börs.-Ztg. Nr. 278 v. 30. Nov. 1926; Dr. Hans-Georg Rahn, „Zur forens.-psych. Beurteil. d. Verbrechers“, Psych.-Neur. Wschr. 1932 Nr. 30, ders., „Psychiatrie und Strafvollzug“, Psych.-Neur. Wschr. 1933 Nr. 44, usw.

C. Innere, äußere und jenseitige Aufgaben

Die inneren Aufgaben sind die Funktionen der vegetativen Gefüge, also einschl. der inneren Organe, nach dem Sstadium bezeichnet; man spricht von den Aufgaben des Herzens, der Leber, der Blutdrüsen usw. Die inneren Aufgaben stehen im systemgenetischen Zusammenhange mit sensorischen Aufgaben, die man als äußere bezeichnet, wiewohl sie sich räumlich z. T. mit „dem Innern“ überschneiden (1. Bd. S. 589), und diese Aufgaben stehen wiederum im systemgenetischen Zusammenhange mit den idealischen, den begrifflichen oder Denkaufgaben, die man als jenseitige bezeichnen kann („jenseitig“ im realischen, nicht im dämonistischen Sinne, 1. Bd. S. 698). Wie die Reflexe unaktuell und aktuell ablaufen, so kann man auch von unbewußten und bewußten Aufgaben sprechen (1. Bd. § 20). Die Verdauung z. B. ist Aufgabe des Magens, bewußt in Form der Magengefühle, systemgenetisch verbunden mit den äußeren Aufgaben Nahrungsaufnahme und arbeitliche Beschaffung der Nahrung und mit den Erinnerungen hieran (einschl. Überlegungen usw.), also den zugehörigen Begriffsaufgaben.

Die Aufgaben haben natürlich ihre Entwicklungsgeschichte. Der Beobachter des Säuglings sagt z. B., eine Aufgabe von ihm sei die, die Mutterbrust zu finden und zu saugen usw. Der Säugling lebt aber noch im Chaos, und die vom Beobachter festgestellten Aufgaben vollziehen sich in seinem Erleben noch ungeschieden; erst im Gange der Entwicklung beginnen sie sich von einander (zunächst ganz vage) abzuheben, das junge Kind „entdeckt" in dieser primitiven Art immer mehr Aufgaben, z. B. die der Ausscheidung aus einer vorderen und einer hinteren Bucht, die späterhin als Öffnung ertastet wird, aber noch wie alles andere tiefrätselhaft ist. Mit Einsetzen der Individuation trennen sich auch die individuellen Aufgaben, bleiben aber zunächst noch magisch identisch, erst allmählich differenzieren sie sich auch deutungsmäßig schärfer. Dies gilt auch für die gegenständlichen und begrifflichen Aufgaben. Dabei findet der Zentrierungsprozeß statt, der im großen ganzen „die Gruppierung der Dinge um den Menschen" ist. Die ersten Partner des jungen Kindes sind Mutter, Vater, Geschwister usw., dann auch andere Große und Kleine in mehr und mehr sich herausbildender sozialer Rangordnung. Die Aufgaben werden hiernach vom Menschen gestellt, vom Kinde selbst (Selbstaufgaben) und von Partnern (Fremdaufgaben), sie erweisen sich in irgend einem näheren oder ferneren Verhältnis zum Menschen. Wie die Menschen, so gelten auch sie als dämonisch, die Dämonie der Menschen geht in die Aufgaben über, wie ja alle Dämonie sich anthropomorph gestaltet. Die Überwindung (Lösung) der Aufgaben, die sich immer mehr vervielfältigen-erhöhen, ist also immer zugleich Überwindung dessen, der sie stellt, letztens die Überwindung der „Alten" (Eltern usw.), des Herrn, der Herrin (der Vater-, Muttergottheit), des Meisters, der Meisterin, so daß der Adept, die Adeptin selber Meister, Meisterin wird. Hierüber Genaues im 4. und 5. Bde.

Der Neurotiker ist, soweit krank, in den frühkindlichen Aufgaben, die er als die ein-einzige Aufgabe: die Wahrung der chaotisch-magischen Alleinheit erlebt, stecken geblieben. Er müht sich mit diesem seinem Problem — in der individuellen Art der Neurose — hypertroph-ausgealtert zeitlebens ab, falls er nicht genest. Auch die sich genetisch einstellenden höheren Aufgaben werden, wie beschrieben, einnivelliert, sind wesentlich „immer dieselbe" Aufgabe, „dasselbe" Problem. Es fallen in seiner Entwicklung mehr minder zahlreiche Einzelaufgaben, die der Gesunde durchlebt, aus, und anderseits hypertrophieren primitive Aufgaben zu zwanghafter Stereotypie. Die Aufgabe wird als dämonische Probe, als Schicksals-, Lebens-Todesprobe erlebt, im näheren oder ferneren Verhältnis zu dem Menschen, der die Aufgabe stellt und in ihr seine Dämonie wirken läßt. Es ist also die „eigentliche“ Aufgabe des Neurotikers, die in und aus dem Menschen wirkende Feind-Dämonie zu überwinden — analog den Pubertätskämpfen der Primitiven. Er schielt also während der Beschäftigung mit der gestellten Aufgabe nach dem Prüfer, der sie gestellt hat, er ist nicht recht bei der Sache, er muß immer (auch und hauptsächlich) Miene, Geste usw. des Prüfers beobachten, in dieser Art auf der Hut sein, den feindlichen Zauber bannen, die Allmacht wahren — darauf allein „kommt alles an“. So z. B. arbeitet ein Schüler nicht das Aufsatzthema aus, sondern kritisiert es und somit den Lehrer als „unmöglich“, zugleich „demonstriert“ er sich vor seinen Mitschülern. Manche (die so-spezifischen) Neurotiker führen ihren Kampf gegen den „Alten“, auch die Obrigkeit, die Gesellschaft tätlich ganz nach primitivem Muster: Schläger, Räuber, Totschläger, Mörder, Aufrührer, Asoziale, die da gar wähnen, „soziale Ideale“ zu verfechten. Immer ist die „Lösung“ der neurotischen Aufgaben von der normalen Lösung der (normalen) Aufgaben verschieden: jene ist unecht, unproduktiv (vermeintlich Entmachtung des Zaubers), diese ist echt, produktiv. Seiner Deutung nach kann der Neurotiker „seine“ Aufgabe überhaupt niemals lösen: sie liegt ja im Außermenschlichen und die Lösung wäre „das Ende aller Zeiten“; anderseits hat er sie aber in der Art der Bannung der Feind-Dämonie immer „schon gelöst“, sein Ziel ist sein Start (S. 122, 6. Bd. § 5,$_4$). Also wie: hat er sie nun gelöst oder nicht? Ach, die Entscheidung ist ja wieder „die Aufgabe“, für sie gilt der gleiche Zweifel, und aus dem Ringelreihen der Zweifel gibt es kein Entrinnen — außer auf dem Wege der Erkenntnistherapie.

D. Normnahe und normferne Lösung

Der Gesunde löst alle seine (seiner biolog. Beschaffenheit angemessenen, S. 102 f.) Aufgaben, kommt ans gesunde Ziel, seine Leistungen sind gesund. Der Neurotiker dagegen vollbringt niemals eine gesunde (echte, wahre usw.) Lösung seiner Aufgaben, sondern eine normferne, bestenfalls normnahe (scheinnormale) „Lösung“, kommt niemals ans gesunde, sondern ans normferne, bestenfalls normnahe Ziel, leistet niemals Gesundes, sondern Normfernes, bestenfalls Normnahes; seine Aufgaben sind niemals gesund, sondern normfern bis bestenfalls fastnormal. Die Lösungs- s. Leistungsdiagnose wird aus dem Vergleich des Verhaltens des Explorandon zu den Normalaufgaben gestellt. Normalaufgaben sind diejenigen Aufgaben, die — als alltägliche und als spezielle — dem Menschen je nach Alter, Bildung, Stand, Beruf, Geschlecht usw. angemessen sind, zukommen. Wer die zuständigen Normalleistungen „nicht kann“ d. h. falsch-fehl ausführt oder vor ihnen ausweicht, ist eben krank. Aufgaben, die nicht zu den zuständigen Normalaufgaben gehören, werden diagnostisch auch nicht in Betracht gezogen. Von einem 10jährigen verlangt man nicht, daß er Kants Philosophie lese und verstehe, der 20jährigen stellt man nicht die Aufgabe, mit Puppen zu spielen. Die Tatsache, daß der Neurotiker die Aufgaben anders erlebt wie der Gesunde, bleibt hierbei zunächst unberücksichtigt. Erst die nähere Erforschung der Neurosen ergibt die Sachverhalte der abgestuften, geschichteten Entwicklungsfront. Der Neurotiker erlebt gar nicht die Normalaufgaben als solche, sondern nur „seine“ Aufgaben, nämlich solche, die noch in frühinfantilem Niveau liegen, und solche, die in höheren Differenzierungsstufen liegen, aber krankheitlich mehr minder (bis zur Fastnorm) nuanciert sind. Das infantile Niveau ist auch in der Hypertrophie und Ausalterung entweder ohne weiteres oder erst bei fachmännischer Einsicht erkennbar; jeder sieht„ daß z. B. die 20jährige, die noch „puppelt“, oder die noch alles anfassen muß usw., sich kindisch benimmt, dagegen sind die neurotischen Organfunktionen, der Arbeitsfanatismus, das Strebertum, die Impotenz, die Grübelei usw. nicht ohne weiteres als infantilistisch zu erkennen, zumal diese Symptome mit reiferen Vollzügen, deren krankheitliche Nuance sich wiederum erst der fachmännischen Einsicht zeigt, mannigfach verflochten sind. Endlich bleiben viele Aufgaben zeitlebens erhalten, bleiben auch mit den gleichen Namen bezeichnet (S. 103), und die entwicklungsbiolog. Unterschiede sind gemeinhin wenig merklich, ja sogar unbekannt. Auch die geringsten Aufgaben werden natürlich nicht normal (= echt kindlich) erledigt, sondern bestenfalls normnahe, und oft genug werden zwar sie (als im Rahmen der „Allmacht“ liegend) normnahe erledigt, Aufgaben aber, die als todgefährliche Angriffe auf die „Alleinheit-Allmacht“ erlebt werden, nur normfern (z. B. die „erwachsene“ Tochter kann zwar stundenlang mit ihren Kinderpuppen spielen oder „schmökern“, aber der Mutter im Haushalt helfen kann sie nicht). Vielfach erledigt der Neurotiker seine Aufgabe normnahe, so lange er allein ist, dagegen normfern, so bald jem. anwesend ist, den er als den (feind-dämonischen) Prüfer erlebt (z. B. Briefunterschreiben nur möglich, falls niemand „über die Schulter guckt“ oder überhaupt im Zimmer ist). In andern Fällen ist es umgekehrt: Pat. „führt sich vor“, ist Mit- und Nachmacher, hat Angst aufzufallen (und fällt gerade darin auf) oder schielt nach Beifall usw. — und überwindet so die Feind-Dämonie des Einzelnen oder der Menge. Die gleiche Aufgabe kann zeitweise normfern, zeitweise normnahe erledigt werden — gemäß der periodisch wechselnden Funktionsintensität der kranken RSe (z. B. Pat. kann manchmal die Ladenschwelle nicht überschreiten, manchmal „ganz gut“ einkaufen usw.).

Beispiele.

a. **Innere Aufgaben.** Der Magenneurotiker hat die Magenaufgabe nicht bewältigt, er ist im infantilen Entwicklungsraum stecken geblieben, die kranken gastralen RSe sind hypertrophiert und ausgealtert. Die ihm angemessene Kost ist also die Säuglings-Kleinkindkost, alle andern Speisen passen nur, soweit er gesündere gastrale RSe hat, und zwar auch nur während deren Hochfunktion (also der Tieffunktion der kranken RSe, die in spezif. Periodik eintritt und als Nachlassen der Beschwerden bezeichnet wird), er muß nach Quantität und Qualität der Speisen, auch nach Zubereitung „immer Rücksicht auf den kranken Magen nehmen“, richtige erwachsene Kost verträgt er überhaupt nicht, auch falls er sie (krampfig) verschlingt. Dabei kann die Magenverdauung, wenn auch mit Beschwerden und mit allerlei Hilfsmitteln (unter gewissen Umständen) wie Wärmeapplikation, Arzneien usw. leidlich vonstatten gehen, kann das normnahe Ziel erreicht werden. In andern Fällen wird ein normfernes Ziel erreicht, z. B. bei perverser Reflexverbindung auf Zwerchfell und Speiseröhre (krampfiger Antiperistaltik) Aufstoßen und Erbrechen, oder auf die Leber Störungen der Gallenproduktion und -abscheidung oder auf Darmdrüsen und -blutgefäße Durchfälle, oft sofort, nach (bestimmter) Nahrungsaufnahme, oder auf die Lunge Husten mit oder ohne Schleimausscheidung („Magenhusten“), oder auf Herz-Gefäße Palpitationen, Erröten-Erblassen, Erhöhung-Senkung des Blutdruckes, genitale Erektionen, oder auf die Schweißdrüsen profuse Schweißausbrüche usw.

Der Darmneurotiker hat die Darmfunktion „noch nicht ordentlich gelernt“. Er ist z. B. verstopft-durchfällig, oft derart gemischt, daß der Kot ohne genauere Untersuchung normal erscheint; man muß diesen Ausgang noch als normnahe bezeichnen, er wird aber mit zuviel Aufwand erreicht. Normferne Ziele gemäß der perversen Reflexverbindung sind: die Antiperistaltik mit oder ohne Erbrechen oder die Abscheidung von Prostatasaft mit oder (fast) ohne Spermien oder beim Weibe Weißfluß oder Herzkrisen, auch mit Ohnmachtsanwandlungen (Spasmen der Hirngefäße, S. 63), „Absterben der Glieder“ (Gefäßspasmen) usw.

Der Eßneurotiker kann noch nicht richtig essen (S. 50). Der Vegetarier z. B. ist an der Aufgabe „Fleischessen“ hängen geblieben, er hat sie in Form der Meidung, der Fleischabstinenz, also normfern „gelöst“, nach der Norm also ungelöst gelassen; im Essen der vegetarischen Kost erreicht er aber das normnahe Ziel: er ißt Gemüse usw., aber doch eben in der bes. Art des Fleischabstinenten, nicht so frei und unbefangen wie der Eßgesunde seine Mahlzeit einnimmt. Der Rohköstler „hängt“ an der „rohen“ Sitte, unzubereitete Nahrung zu verzehren: das Kleinkind erhält Muttermilch, Obst, manche Gemüse wie z. B. Mohrrüben usw., der Primitive ist zunächst Herbi-Fruktivore, der Rohkostler, der auch sektenmäßig ähnlich den Mazdaznan-Leuten u. a. auftritt, ist „noch weiter zurück“ als der Vegetarier, der die Nahrung wenigstens zu Speisen zubereitet genießt (4. Bd. S. 542, 723). Natürlich fehlt es nicht an medizinisch-hygienischen Deutungen, sog. „Motivierungen“, die also das abnorme Eßverhalten „begründen“ sollen, realiter aber nur „medizinisch“ beschreiben. Pat. kann während der Hochfunktion seiner höherdifferenzierten Eßreflexe entspr. zubereitete Nahrung zu sich nehmen und insofern ans normnahe Ziel kommen. Das Analoge gilt für die vielerlei spezialisierten Eß- und Trinkneurosen.

Der Alkoholiker trinkt alkohol. Flüssigkeiten nicht wie der gesunde Erwachsene als Genuß-Nahrungsmittel, das um die Pubertätszeit richtig kennen gelernt wird, sondern als das dämonische, göttlich-teuflische Zaubermittel, dessen Einverleibung ihn zum Überwinder aller Lebens-Todesnöte, zum Herrn der Welt macht. Er trinkt in der Art der primitiven Rauschprobe, der Probe auf Giftfestigkeit, wobei „Gift" nicht chemisch definierter Stoff ist, sondern Dämon Tod, der bezwungen, Dämon Leben, der aufgenommen wird (vgl. 4. Bd. § 8, 3. B u. 4. B). Die alkohol. Flüssigkeit ist ihm als „Stillzauber" Nachfolge-Analogie der Muttermilch (Wein somit wirklich „Liebfraumilch"), der Säufling ist also „Säugling" hypertrophiert-ausgealtert, auch die Pubertätsaufgabe, Alkohol zu trinken, hat er nicht richtig gelöst, er „probiert" den Zauber immer von neuem, er kennt wohl die chemische Formel für Alkohol, gleichwohl ist er ihm als Alkoholkrankem das dämonische Lebens-Todeselixier, das er unbedingt, um jeden Preis, koste es, was es wolle, haben muß — wie der Säugling die Muttermilch. Der Säufer erreicht das normnahe Ziel, besteht (übersteht) die Zechprobe, aber falsch: er tut zu viel des Guten — und das ist allemal schlecht, er trinkt über-, unmäßig, wird überwältigend überwältigt. Der Abstinente weicht vor der Aufgabe aus, kommt ans normferne Ziel. Vgl. S. 81 ff.

Der Nierenverkrampfte schwitzt die Körperflüssigkeit, die normaliter als Harn entleert wird, z. T. aus, das Ausschwitzen ist normfern, das Harnlassen quoad Richtung normnahe, normfern quoad Funktionsablauf, Menge, Zusammensetzung, Konzentration (evtl. Steinbildung als Niederschlag) mit periodischen Schwankungen (auch Koliken usw.). Das Ausschwitzen kann auch in die Lungen geschehen (Verschleimung, Nierenhusten) usw.

Der Asthmatiker hat das Atmen noch nicht richtig gelernt, d. h. frühkindliche pulmonale RSe sind hypertrophiert und ausgealtert. Die Aufgabe „atmen" kann normnahe verrichtet werden, Pat. also mit zuviel Aufwand, krampfig Luft bekommen; er kann aber auch ans normferne Ziel gelangen, z. B. beim Inspirium Zwerchfellkrämpfe haben, die im Exspirium nachlassen, so daß er beides falsch macht (vgl. 1. Bd. S. 324 ff.).

Insofern jem. die kindliche Aufgabe, die Genitalien (als solche!) zu entdecken, nicht bewältigt hat, insofern „weiß" er auch als Erwachsener noch nichts von ihnen, ist er sozusagen un-, genauer vorgeschlechtlich, „neutral" (weder ml. noch wbl., aber beides), hat er nur einen Harnapparat oder eine Körperregion, die sich von andern der Anordnung nach unterscheidet, aber „unverständlich" ist. In anschließend höher differenzierten genitalen RSen vollziehen sich Funktionen, deren aktueller Verlauf das primitive „Geschlechtsbewußtsein" ist und die zunächst Spiel mit den Genitalien sind; weitere Differenzierungen sind Onanie, Pollutionen, Menstruation, Koitus, Schwangerschaft und Geburt. Der Genotiker hat in der Hauptsache das frühkindliche Stadium, in dem die Aufgabe „Genitale" noch nicht gelöst ist, aber bevorsteht, noch nicht verlassen; diese RSe sind hypertrophiert und ausgealtert der Hauptteil des kranken Bezirks. Die späteren Entdeckungen geschehen sozusagen im Schatten der frühkindlichen Unklarheit, und über die Pubertät gehen die kranken Differenzierungen überhaupt nicht hinaus, wohl aber die gesünderen und fastgesunden. Soweit krank, weiß der Genotiker mit seinen Genitalien nichts Rechtes anzufangen, und dieses Dunkel der ungelösten Aufgabe fällt nuancierend in seine reiferen Einsichten. Der Abstinent kommt ans normferne Ziel; er ist nicht, wie er wähnt, „ungeschlechtlich" oder „geschlechts-los" (die genitalen RSe sind ja da, sie sind nur krank), sondern nur pervers: er faßt z. B. die Genitalien nicht an, wohl aber betreibt er Paronanie, d. h. onanieähnliche Bewegungen an pervers angeschlossene Regionen (s. im § 4), die Hand „irrt" vom Wege zu den Genitalien ab und gelangt an die pervers angeschlossene Stelle, ja die anfängliche Bewegung zu den Genitalien wird als solche letztens (Einspielen der perversen Reflexe, Training) ebenso wenig diagnostiziert wie die Ersatz-Reibebewegung, Pat. weiß nicht, was er tut, und sträubt sich zunächst regelmäßig gegen die Diagnose. Der Abstinent ist also auch nicht „besser daran" wie der Abutient, z. B. der Onanotiker, der übertrieben onaniert (Abusus), ja man muß sagen, daß dieser „es nicht ganz so falsch macht" wie jener, seine kranken RSe sind hypertroph, aber ihr Ablauf geht zum normnahen Ende.

Für alle Genotiker ist das Genitale in seiner reifen Würde noch nicht erkannt, es ist ihnen eine Art kindliches Spielzeug, das „Genitale" (Schwanz", „Schnitt" usw.) heißt, mit dem man entweder nicht spielen darf, weil es teuflisch, böse ist, oder spielen muß, weil man so die Versuchung, die böse Lust austreibt, oder spielen darf, weil es etwas Göttliches, Schöpferisches ist. Ein solches Spiel ist so auch der Koitus des Genotikers vor und in der Ehe, auch der fruchtbare (arme Kinder!), Pat. kommt zwar zum normnahen Ziele, aber unter zentraler Mitfunktion der kranken RSE. So ist die Wollust nur unter ganz bestimmten Umständen und immer nur mangelhaft erreichbar, z. B. bei Sicherung gegen Empfängnis (Kondom usw.), bei bestimmten Zwangsvorbereitungen (Pat. muß erst an dem hierzu mit Klistier gesäuberten Anus schnuppern usw., Pat. muß die nur mit koketten Strümpfen bekleidete Frau erst anpinkeln usw., Pat. muß sadistische oder masochistische Prozeduren vorausschicken u. v. a. m.), bei bestimmten Zwangsmethoden (Lage oder Stellung, absolute Ruhe, da das geringste Geräusch stört, Pat. muß dem Manne auf dem Schoße sitzen und intra coitum defäzieren, sie sagt: „alles loslassen" u. v. a. m.); oft ist die Wollust nach hypertrophen Gefühlen, bes. Angst und Schmerz „bloß ein Lüstchen", „bis zur Unkenntlichkeit" getrübt, sie „schnappt vor dem Höhepunkte plötzlich ab", und alles „Bemühen, sie herbeizuholen", ist vergeblich, usf. Ans normferne Ziel kommen z. B. Eheleute, die mutuelle Onanie betreiben, ferner Genotiker mit Hypertrophie genischer RSe trophischer Organe, also perverser Reflexverbindung vom Genitale her, so daß die Ausdrucksaktionen z. T. statt am Genitale an den pervers angeschlossenen Organen oder Regionen erfolgen (z. B. genotisches Erbrechen, genotisches Asthma, Fellatio, Cunnilingus, Analkoitus usw.). Die genot. Frau, die ein Kind gebiert, hat zwar „ein Kind" bekommen, aber die Vorgänge der Zeugung, Schwangerschaft und Geburt sind ihr, soweit krank, dunkelgeheimnisvolles Geschehen (wie dem Phylisch-Primitiven und wie dem jungen Kinde in seinem chaotisch-magischen Erleben alles Aufnehmen, Innenleben und Abgeben), und das Kind ist ihr ein „Püppchen", in rätselhafter Weise hergezaubert, quasi ein magisches „Kind des Kindes", ein Rätselwesen, ein Engel (Bote Gottes ἄγγελος), ein Kobold, ein Zwerg, ein Teufelsbote von unheimlicher Macht, dem sie die Eigendämonie entgegensetzen muß, indem sie sich 100%ig unterwirft (das Kind nicht „aus den Augen läßt", jeder Regung mit magischer Sofortigkeit nachkommt, das Kind „maßlos verwöhnt") oder 100%ig auflehnt (das Kind „nicht sehen kann", jede Regung sofort unterbindet, immer das Gegenteil will und durchsetzt, das Kind irgendwie verstößt, mißhandelt, wohl gar umbringt, auf beide Arten die Existenz des Kindes magisch „aufhebt" — ganz analog dem jungen Kinde, das „sein Kind" (die Puppe oder ein neuangekommenes Geschwister = unheimliches Fremdwesen) in seiner Alleinheit, Allmacht hält und somit als Einzelwesen „aus der Welt schafft". Soweit gesünder und fastgesund, erlebt die Genotica die Zeugungsvorgänge und das Kind entspr. reifer, aber doch „im Schatten der zentralen Unklarheit". Auch das kranke Genitale kann also empfangen und austragen (s. 4. Bd. § 8, 5, A. § 9, 5), sofern es entspr. ausgereifte Anteile hat. Die Frau kommt dann zur normnahen Lösung der Aufgabe „Zeugung". Normfern ist die kranke Sterilität, der Abortus, die Frühgeburt, die Abstoßung einer Blasenmole usw., die Pseudoschwangerschaft (Schwangerschaft ohne Kind, schwangerschaftsähnliche Hypertrophie der Genitalien, genotische Fettleibigkeit) usw. Die Kinder der Genotica sind mindestens neurotisch krank, niemals Meisterstücke wie die gesunden ehelichen Kinder. Usf.

b. Äußere Aufgaben. B e r ü h r u n g s z w a n g : Pat., 23jähr., „muß alles anfassen, was ein Geräusch gemacht hat" (S. 83). Auch die kleinen Kinder fassen „alles" an, sind auch taktil fortgesetzt auf Entdeckungsreisen; das Anfassen entzaubert die Dinge („Handauflegen" usw.), ist Wahrung der Eigendämonie (Übertragung des Eigenzaubers), in der als in der Alleinheit die Schemen schweben. Die Wesen „machen" geheimnisvoll(e) Geräusche, ein Anzeichen ihres Zaubers, ihr Zauber selbst, der weiterwirkt: man kann ihn bannen, indem man das Wesen, das gerade ein Geräusch gemacht hat, anfaßt (übrigens auch indem man das Geräusch aufs genaueste, in magischer Identität nachmacht). Das Kind sieht ja auch, daß die Großen die Dinge anfassen und dabei auch zur Ruhe bringen; entspr. Zwangsanfassen als Nachahmekrankheit: mit der „absolut genauen" Nachahmung wird der Zauber der Großen übernommen, die Allmacht gewahrt. Normaliter verdünnt sich die Dämonie aus der Magik zur Mythik und Mystik usw., interessieren die Dinge mehr und mehr physisch, als Gebrauchsgegenstände usw., mit denen man richtig umgehen lernen muß. Da gibt es unzählige Aufgaben, sie werden immer schwieriger: der Bleistift ist nicht mehr bloß ein Ding zum Anfassen, sondern zum Schreiben, der Wasserhahn rauscht, aber man entdeckt, daß das Wasser zum Kochen usw. gebraucht und zu diesem Ende der Hahn auf- und zugedreht wird, man entdeckt auch die Geräusche als den Einzeldingen spezifisch eigentümlich, sie sind nicht mehr wie einst „die dämonische Stimme", die bald hie, bald da magisch identisch und magisch verwandelt vor-kommt und die man somit verfolgen muß. Anders die Pat.: sie ist im urtümlichen Dämonenglauben stecken geblieben und muß speziell die häuslichen Dinge (die frühkindl. Umgebung), sobald sie „sprechen", mit Anfassen entzaubern, andern Gebrauch macht sie nicht von ihnen — „im Prinzip", d. h. so lange die kranken RSe in Hochfunktion sind (und das sind sie in allmählicher Zunahme der Hypertrophie nunmehr „eigentlich immer", so daß sie z. B. auch keine Zeit zum Schlafen hat). Zwischendurch sind höherdifferenzierte RSe in Hochfunktion, dann kann sie mit allerlei Zeremoniell die Dinge handhaben, deren Dämonie sie ja kennt, vor der sie immer auf der Hut sein muß. Wie soll sie sich anziehen, wenn doch die Wäsche schon sie berührt und knistert, da muß erst der Gegenzauber „selbst berühren, knistern machen" angewandt werden, aber schon knistert es wo anders, man darf sich nicht einmal bewegen — eine „wahre Teufelei", mit der man stundenlang kämpfen muß und doch nicht fertig wird, bis der Spuk nachläßt (die Intensität der kranken Reflexe absinkt) oder eine „höhere Gewalt" einsetzt, erzwungenen Zwang ausübt und im Dienste der Pat. die Verantwortung übernimmt (Mutter treibt die „faule Trine" aus dem Bett). Pat. war Jahre hindurch im Büro des Vaters tätig (höherdiff. RSe.), da ging es leidlich, sie war ja da außerhalb der Wohnung, weg von Muttern, an der sie mit allem Hasse hing; auch bei fremden Leuten konnte sie „sich die magische Berührung denken" und so die gegenständliche Berührung unterlassen, so daß ihr „Spleen" im allg. unbemerkt blieb, doch mußte sie immer darauf achten, daß er nicht bemerkt, ihr Geheimnis nicht entdeckt, also ihre Dämonie nicht aufgehoben würde. Seit längerer Zeit kann sie die Bürotätigkeit nicht mehr ausüben (Ausbreitung der Neurose), sie „hat keine Zeit dazu". Beim Zwangsanfassen kommt sie, was das Anfassen anlangt, ans normnahe Ziel, dagegen was die sachgemäße Handhabung der Haushaltsgegenstände anlangt, so kommt sie ans normferne Ziel, nur zeitweise (Hochfunktion der gesünderen RSe) gelingt dies oder das. Sie hat die Aufgabe, die häuslichen

Gegenstände als Gebrauchsdinge zu handhaben, im wesentlichen nicht bewältigt. Auch die Schreibmaschine war ihr im Grunde genommen auch nur ein Ding zum Anfassen — wie alles andere, auch der Penis des „Geliebten", mit dem sie alle möglichen tollen Spiele trieb: es kam ja immer aufs Anfassen als Zaubermethode und damit auf die dämonische Entmachtung an.

Der Arbeitsneurotiker jeder Art „spielt arbeiten". Die kranken Arbeitsreflexe sind frühkindliche Spielreflexe, hypertrophiert und ausgealtert, die Aufgabe „Arbeit", die das gesunde Kind im Laufe der Entwicklung mehr und mehr kennen lernt und an die es heranwächst (4. Bd. § 4, 5, D), hat Pat., soweit krank, nicht bewältigt, und soweit er höherdifferenziert ist, also arbeiten gelernt hat, trägt seine Arbeit mehr minder deutlich die Note des Spielerischen. Soweit also die Arbeitsaufgaben spielmäßig „erledigt" werden können, kann der Neurotiker ans normnahe Ziel kommen; es sind dies die einfachen Verrichtungen, die mechanisch (über das Kleinhirn) erfolgen. Höhere Aufgaben, die mehr Großhirn erfordern, werden je nach der Richtung der Erlebnisachse normnahe (Leistung mit zuviel Aufwand) oder normfern (Meidung der Arbeit, Arbeitsabstinenz) „erledigt", immer aber zwanghaft, also dressurmäßig, in fixierter Methodik, ja dem Neurotiker gilt seine Mechanistik-Motoristik als das Einzig-Wesentliche, das, worauf „alles ankommt" (S. 71 ff.), und der Krampf, mit dem er sein „Kinderspiel" betreibt, kann dem Unkundigen als hervorragende, ja einzigartige Leistung imponieren. — Dies gilt auch für die Fälle, in denen hypertrophe genische Reflexe pervers angeschlossen inmitten von Arbeitsreflexen verlaufen; die Verwirrung ist da bes. groß insofern, als Liebestätigkeit im Arbeitsgebiet, wo sie nichts zu suchen hat, stattfindet, somit als Aufgabe wie als Leistung normfern ist.

Die Werbung um ein Mädchen muß gekonnt sein. Der 28jähr. Pat. hat diese Aufgabe nicht „auf normal", sondern „auf krank" bewältigt. Er ist, soweit genotisch, Säugling-Kleinkind, weiß noch nichts von zweierlei Geschlechtern, die „Frauen" sind ihm „Wesen mit Röcken, höherer Stimme usw.", wie einst die ersten „Frauen" unheimliche Gespenster, mit denen man nur unter Wahrung der Eigendämonie umgehen „muß". Pat. leidet an heftigem („unbändigem") Liebeshunger, aber er rennt um die Mädchen im weiten Bogen herum und von-vor ihnen weg (hypertrophe H.- und Areflexe), er ist „Mädchenjäger", er jagt sie fort, er kommt ans normferne Ziel: in die Einsamkeit, vielleicht daß er dort einmal eine Auch-Einsame trifft. Ein anderer kommt zwar an die Mädchen heran, tanzt mit ihnen, geht mit ihnen aus usw., aber dabei bleibt es; er löst also die Aufgabe „tanzen" normnahe (wie ja auch die Kleinen miteinander tanzen und gehen), vor der höheren Aufgabe „werben" weicht er aus: normferne Leistung.

c. Denkaufgaben („Denken" im S. v. „begriffl. Denken"). Auch die Begrifflichkeit des Neurotikers ist geschichtet: die kranken Bezirke sind inftlsch, hypertrophiertes und ausgealtertes frühkindliches Denken, die differenzierteren Bezirke krankheitlich nuanciert. Die Denkaufgaben sind natürlich individuell, in jedem Falle aber, soweit krank, „allgemein" im S. v. chaotistisch-magisch, soweit höherdifferenziert, „allgemeinhaltig".

Viereck und Punkt (S. 85). Pat., 30jähr., Jungfrau, Grenzfall schizoid: schizophren, liegt bis Mittag im Bett und „denkt", d. h. „sieht mit dem inneren Auge", also begrifflich ein großes Viereck, in dieses zeichnet sich über Ecke ein kleineres, in dieses wieder ein kleineres usw., bis das letzte so winzig geworden ist, daß es fraglich ist, ob es „noch" Viereck oder „schon" Punkt ist. Dieses Gedankenspiel, das etwa an das Problem „Quadratur des Kreises" erinnert, wiederholt sich fortgesetzt, „läßt ihr keine Ruhe". Pat. wird sehr ungnädig (wie das kleine Kind, das im Spiel gestört wird), sobald Mutter ihr „zumutet", aufzustehen und in der Wirtschaft zu helfen: ihre Denkaufgabe ist ja viel wichtiger, ja die einzig wichtige überhaupt, sie „hat das nach all dem Krimskrams der Schulaufgaben und der Philosophien seit langem erkannt“. Pat. hat hierin die frühinfantile Zeit nicht überwunden, in der sich gegenständliche, dann auch begriffliche Gestaltungen in und aus dem Chaos abzuheben begannen, mehr und mehr Kontur annahmen, sich zu Rund-Eckig und Gerade sonderten und doch über den Punkt ineinander magisch verwandelten, kurz in der das Problem Rund und Gerade auftauchte; die späteren Vermannigfaltigungen, Zusammenfügungen und Trennungen von Rund und Gerade, die hierin unterschiedliche Gestaltung der Wesen, auch der beiden Geschlechter, waren nur Beweise für die Ubiquität des „Urproblems“, des „Weltproblems“, des einzigen Problems. Dies galt es zu lösen, d. h. es galt, seine Dämonie zu bannen, es zu beherrschen, aus Rund Gerade, aus dem Viereck den Punkt zu machen, damit Schicksal, Leben und Tod, Werden und Vergehen in einem zu sein. Gemäß der begrifflichen Hypertrophie hatte sich schon früh das Interesse an der Gegenständlichkeit verringert, „alles lief auf das eine Rätsel hinaus, dessen geistige Quintessenz sie als einzige sich erdacht hatte“. So mußte sie sinnen und sinnen, aber niemandem hat sie ihr Geheimnis offenbart, und niemand durfte sie stören, wenn „der Geist sie heimsuchte“ und sie „das Ewig-Einzige sah“. Erst nachdem die begriffliche Hyperfunktion abgeklungen war, konnte sie sich „nebenher“ als „verkappte Philosophin“ im Haushalt betätigen, aber eigentlich war eine solche Tätigkeit ihrer unwürdig. Die Zentralaufgabe hat sie nicht lösen können, also normfern erledigt: immer wieder brach sie ihr Sinnen ab im Zweifel, ob „dies nun ein Punkt sei“, so mußte sie immer von vorn anfangen. Andere häusliche usw. Denkaufgaben (sie las gern in populären Philosophiebüchern) hat Pat. normnahe gelöst, unter mehr minder deutlicher Nuancierung nach dem Hauptproblem, also Geringschätzung und Entwertung gegenüber diesem. Unwichtig waren ihr auch die trophischen und genischen gegenständlichen Aufgaben: im Trophischen leistete sie gewöhnliche Aufgaben normnahe, zu feineren Arbeiten war sie unfähig, im Genischen hatte sie die Pubertät „vergeistigt“ (als „innere Erhebung“, „nun erst Aufgang der Sonne“, nachdem ein Zahnarzt der 14jähr. in den Mund gesehen und die Zähne für gut befunden, das Mädchen so „für reif erklärt“ hatte) erlebt, die Geschlechtlichkeit war „uninteressant“, „sublimiert“ („man kann sich das alles denken“), angeschlossen an das Viereck-Punkt-Problem und in ihm wesentlich beschlossen (Vulva-Klitoris-Penis, „geistige“ Onanie), die Geschlechtsaufgabe war normfern erledigt.

R e c h t h a b e r e i (s. auch im § 3, 3, B, c, α). Im chaotischen Erleben, im Absolutismus gibt es noch keine Gegensätze, also auch noch kein Recht und Unrecht, keine Rechtsunterschiede, sie sind noch impliziert; die Alleinheit ist auch die Rechts-Alleinheit, das absolute Recht ist identisch mit der absoluten Rechtlosigkeit (vgl. 5. Bd. § 7, 5). Mit Einsetzen der Individuation ist die Rechts-Alleinheit dahin, tritt erstmalig das Ich und das Du mit je seinem Recht oder Unrecht, das ethische Problem in den primitiven Frühstufen auf; dann differenziert es sich mehr und mehr zu den vielen Einzelfällen des moralischen, des rechtlichen und des religiösen Gebietes mit den je zugehörigen Normen, letztens zur Rechtsordnung und Rechtsauffassung des Erwachsenen bis zur wissenschaftlichen Rechtskunde. Die Aufgaben, die das Kind normaliter in stetiger und zeitweise krisischer Zunahme-Erhöhung zu bewältigen hat und bewältigt, werden also — in der jeweils zuständigen unklaren Weise — auch rechtlich bedacht; es werden so die eignen Verhaltungen mit denen anderer Menschen (älterer, jüngerer, männlicher, weiblicher, gesunder, kranker, fachunkundiger, fachkundiger) verglichen und die Unterschiede im einzelnen wie zusammenfassend-normativ, also auch nach Richtig und Unrichtig, Recht und Unrecht beschrieben, wobei an den Anweisungen, Vorschriften, Urteilen (nicht: durch sie!) vorbildlicher Personen („Instanzen"), die „es wissen müssen", gelernt wird. Bei dieser kategorialen Sonderung der Aufgaben, der Mittel und Methoden ihrer Lösungen, der Lösungen selber und ihrer Folgen bleibt freilich das Problem Recht: Unrecht (Gut: Böse usw.), also die Frage nach dem Wesen auch in den letzten Verdünnungen des dämonistischen Deutens (Rechtsnorm als metaphysisches Prinzip usw. vgl. S. 136) erhalten, bis auch diese Zweifel in der realischen Weltanschauung ihr Ende finden (3. Bd. § 38, $_6$). Auf allen Entwicklungsstufen löst der Gesunde seine Rechtsaufgaben gesund, normal.

Der Rechtsneurotiker ist, soweit krank, hauptsächlich in der frühkindlichen Stufe, der Stufe der Rechts-Alleinheit verblieben, und alle seine höherdifferenzierten Aufgaben, also auch ihre rechtliche Beschreibung einschl. Beurteilung sind hiernach nuanciert. Er wahrt „um jeden Preis", „unter allen Umständen", „koste es, was es wolle", „unerbittlich", „kompromißlos" seine Rechts-Alleinheit, sein Allein-Recht gegenüber jedem, der sie bzw. es, indem er auch Recht haben will, antasten und damit (magisch) vernichten könnte. Er wähnt (wenn nicht in diesen Worten, so doch im symptomatischen Verhalten) das „Rechtsprinzip", die außerweltliche Weltgerechtigkeit zu sein, die Allgerechtigkeit, die alles Recht kennt, stiftet, bestimmt, verfügt, deren Entscheidungen also allemal und ausnahmslos mindestens 100%ig Recht sind, auch falls „die andern" sie für Unrecht erklären und obwohl er selber prinzipiell zweifelt, ob sein Allrecht nicht notwendig auch das Allunrecht in sich begriffe wie das Allgute das Allböse — oder ob beide dämonische Mächte prinzipielle Widersacher seien wie eben Gott und Teufel, die göttliche und die teuflische Gerechtigkeit. Das „Recht der andern" ist MEIN Recht („ICH will vergelten") — oder ein todgefährlicher, todeswürdiger Eingriff in MEIN Alleinrecht, somit allemal Unrecht, das einzig mögliche Unrecht und muß ausgelöscht, entmachtet werden. Die Rechtsurteile der Menschen (auch der Richter) interessieren den Neurotiker nur insoweit, als sie (vermeintlich oder tatsächlich) ebenfalls Angriffe auf die ausschließliche Richtigkeit, absolute Unantastbarkeit seiner Rechtsurteile sind. ER macht und „macht" „alles" richtig, „absolut richtig und recht", die Kritik seitens der andern (Fremdkritik) gilt ihm als „berechtigt" nur, soweit sie mit seiner Kritik (Selbstkritik) übereinstimmt, also (in magischer Identität) seine eigne Kritik ist, soweit er sie in seine Recht(s)absolutheit einverdauen, in dieser Art ent-fremden, sich zu eigen machen kann, im übrigen wird sie weg-gehört, überhört, nicht zur Kenntnis genommen, „strictissime" abgelehnt, weg-opponiert, Pat. kann nichts hinzulernen, was er hinzuzulernen scheint, ist Ent-neutes, magisch ins Allgemeine, Schon-längst-Gewußte-Erlebte Einnivelliertes, es kommt ihm ja nicht darauf an, etwas echt hinzuzulernen, sondern das Neue zu entzaubern, — und von alldem braucht er nicht einmal etwas zu wissen — und bestreitet auch das wieder: er ist eben tabu, im magischen Kreise, in den nichts hinein- und aus dem nichts herauskann, eine Seifenblase, die bei der geringsten Berührung platzen würde und diese daher nicht duldet, d. h. magisch bannt. Indes — er w ä h n t ja nur, die alleine Norm zu sein, und dieses Wähnen ist Krankheit, nur ein Kranker kann sich als allrichtig, allgerecht, unfehlbar vorkommen und gebärden — und dabei denkt und tut er niemals normal, sondern mehr minder abnormal, bestenfalls fastnormal, niemals richtig-recht, sondern unrichtig-unrecht, bestenfalls fastrichtig-fastrecht. Die alleine Aufgabe des Rechtsneurotikers, die Allrichtigkeit, das Allrecht zu wahren, ist als in mannigfachsten Formen wiederkehrend nie lösbar — und doch eben in der Art der Bannung des dämonischen Rechtsanspruchs der andern „gelöst" —? Auf die „materielle" Aufgabe und ihre Lösung kommt es gar nicht an, und hierin unterscheidet sich die neurotische Aufgabe und ihre „Lösung" durchaus von der normalen Aufgabe und ihrer normalen Lösung.

Der Rechthaber „hat" also „immer" recht, auch wann und wo er unrecht hat. Hat er (nach „feindlicher" Meinung) unrecht, so ist es eben sein Recht, unrecht zu haben, und somit ist sein „Unrecht" entunrechtet, rechtens zum Recht „gemacht", das Unrecht aus dem Unrecht herausgezaubert. Er widerspricht sich fortwährend, aber es kommt ihm ja aufs Rechthaben an, und dazu ist ihm jedes Mittel recht. Er redet in Orakeln (zwei- und mehrdeutig, „nur nicht festlegen", „immer unverbindlich", „Bindung" evw. magische Entmachtung); seine „bestimmten" Formulierungen sind nur formalistische Erstarrungen im Unnur „unterirdisches" (unaktuelles) Weiterreden oder „überirdisches" (begriffliches) Fortspinnen „unnahbar euern Worten". Er kann sogar zugeben, daß er unrecht habe, Unrechtes getan habe; einmal ist alles Unrecht in seinem Allrecht enthalten, sodann ist sein Zugeben das Verfahren des Allgerechten, das begangene Unrecht zum Recht zu „machen", das Unrecht (das Böse, die Teufelei) „aus der Welt zu schaffen", seine etwaige Bitte (lies: sein Befehl) um Entschuldigung ist die magische Entschuldung der Schuld, so daß nur der unwesentliche „materielle" Tatbestand übrigbleibt, und niemand darf nun noch von einer Schuld sprechen (vgl. die magische Vergebung der Sünden, das Verbot des Tyrannen, eine Schuld, die er irgendwie „entschulden läßt", auch nur zu erwähnen, usw.). So kann, ja muß der Rechtsneurotiker „alles" Unrecht verüben, ohne schuldig zu werden.

Hierbei kann die mit einer Normalaufgabe vergleichbare Aufgabe des Neurotikers normfern oder normnah „gelöst" werden — sowohl im Gegenständlichen wie im Begrifflichen. Eine Normalaufgabe ist es z. B., die bürgerlichen Schuldverhältnisse („Soll und Haben") kennen zu lernen und gemäß dieser Kenntnis zu verfahren. Der Gesunde erfüllt diese Aufgabe normal, also mit der norm. Var.-B. (Zahlungstermine usw.) und denkt auch normal-rechtlich, es ist ihm selbstverstänlich, daß eine Schuld in der üblichen Weise mit dem Gegenwert ausgeglichen wird. Der Rechtsneurotiker denkt hierüber anders. A z. B. denkt: jede Schuld muß sofort, am besten schon im Voraus, bevor sie entsteht, beglichen werden, es wäre ihm unerträglich, jem. auch nur einen Pfennig zu schulden, usw., er denkt normnahe, aber zwanghaft, übertrieben korrekt, pedantisch. Dagegen meint B: ich denke gar nicht daran, meine Schulden zu bezahlen, es hat noch Zeit — und wieder Zeit, der Gläubiger kann warten, es ist seine Pflicht, Kredit zu geben, aber er hat nicht das Recht, mir die Zahlungspflicht aufzuerlegen und mich zu mahnen, jede Mahnung ist eine Unverschämtheit, die man unverschämt oder pseudoüberlegen-sarkastisch usw. zurückweisen muß, er kriegt schon „mein" Geld, aber wann ICH will, nicht wann er will, zwingen lasse ich mich nicht (und „Zwang" ist dem B schon die übliche Erinnerung usw.); B denkt normfern, auch seine Methode ist zwanghaft, pedantisch in der Ablehnung des vermeintlichen Zwanges, in der Angst um jeglichen „Verlust". Beide kennen die norm. Var.-B. nicht. Sie sind auf ihr Verfahren eingeschworen. Beide spielen Mein und Dein, Nehmen und Geben in dem frühkindlichen Niveau, in dem die Alleinheit aufhört und die Individuation einsetzt. Beide ent-schulden die Schuld: A mit magischer Sofortigkeit des Ausgleichs. B mit Überführung der Schuld in eine Nichtschuld, nämlich der Verpflichtung in eine Freiwilligkeit. Credit und Debet, Mein und Dein werden so in die Alleinheit eingezaubert, in das Alleinrecht, in die Allgerechtigkeit, so daß Pat. der Allherr über Schuld und Gegenleistung, Schuld und Sühne ist. Das Spielverfahren hat sich stabilisiert, mechanisiert, methodisiert, läuft zwanghaft ab, „ich bin es so gewöhnt", und wehe dem, der die „heilige" Gewohnheit zu stören wagt. Die Einzelfälle werden in diese allgemeine, allgemein- und alleingültige Auffassung einnivelliert. Allgemeine Überlegungen schließen sich an wie z. B.: Mein und Dein sind Besitzunterschiede, diese aber widersprechen der „Gemeinschaftsidee“, Besitz ist nicht Gemeinschaft, Eigentum ist Diebstahl, also stellt der, den die andern Leute Dieb nennen, nur die verletzte Gemeinschaft wieder her und verdient Anerkennung; analog ist der Gläubiger — der Schuldige; bleibt alles in allem und alles in einem, so ist alle Schuld, sind alle Schulden abgeschafft, man kann als Gottheit alles allen nehmen und alles allen geben (alle individualistischen-kollektivistischen Theoretiker und Praktiker); vgl. 4. Bd. S. 783 f. Daneben kommen reifere Rechtsideen vor, die jenen widersprechen und so die Verwirrung mehren, aber zur Verteidigung des Alleinrechts gegen jedweden Einspruch gute Dienste leisten. Manche Pat. halten ihre Hirngespinste geheim, andere äußern sie in „prinzipieller Opposition“, in bluffenden, ausweichenden, spitzfindigen, zersetzenden usw. Redensarten, die aus falsch und fastrichtig seltsam verwoben sind und immer darauf hinauslaufen, daß Pat. das letzte Wort hat und somit rechtzubehalten wähnt. Und alles Verhalten wird von der geistigen, metaphysischen, göttlichen oder teuflischen, absoluten Rechtsnorm, der Heiligen Vorschrift, welche nach Kant „das Sittengesetz in mir“ heißt, inszeniert: das allergeringste Abweichen würde den „Untergang“ bedeuten und muß um jeden Preis (d. h. krampfig) vermieden, als Versuchung gebannt werden. Aber zu Zeiten kommt der Zusammenbruch, dann „läßt“ man sich gehen und rettet so (mit dem selbstherrlichen „lassen“) sein Alleinrecht.

Analog der neurotische Moralist und Religiöse (vgl. 5. Bd. § 11, 2. Anm., auch 8. Bd.).

E. Abstinenz und Abusus.

Man kann die Arten, wie die Neurotiker ihre Aufgaben erledigen, zu zwei Gruppen ordnen und die eine als Abstinenz, die andere als Abusus kennzeichnen. Mißbrauch, Fehlbrauch, Abusus im allgem. Sinne treibt freilich jeder Neurotiker, auch der Abstinent: wer sich der Liebe enthält, mißbraucht die Liebesorgane usw. Anderseits ist auch der Abutient abstinent in dem Sinne, daß er seine Aufgabe nicht eigentlich löst, sondern (vermeintlich) ihre Dämonie bannt, also den Differenzierungsgrad, in dem ein richtiger Vollzug stattfindet, nicht erreicht hat: der Don Juan oder die Messalina (Männerverbraucherin) haben die reife Liebesfähigkeit nicht, ihr Übereifer ist nur ausgealtertes Spielen mit den Genitalien, als Abstinenz vom reifen Liebesverkehr. Im Gebiete seiner Krankheit ist der Abstinent genau so hypertroph beschäftigt wie der Abutient, nur eben in anderer Weise: der Liebesabstinent ist abstinent gegenüber der vergleichbaren Liebesaufgabe, und die Abstinenz ist — auch als Routine, Dressur — krampfige Anstrengung, ferner ist Liebesabstinenz ja nicht Ungeschlechtlichkeit, sondern hypertrophierte genische Fehlleitung (Perversion); wer also die Geschlechtlichkeit für eine Sünde hält, sündigt erst recht, in dem er sie pervers ausübt (verübt), auch falls er die Diagnose nicht stellen kann, der Asket ist kein Heiliger, sondern nur ein Scheinheiliger, er ist genau so ein Sünder wie der Abutient, nur in einer andern, sozusagen versteckten Weise, die sogar „unsympathischer" ist als der „offene" Abusus. Er verhält sich so, als ob das Heilige (Obere, Gute, Göttliche) in ihm das Unheilige (Untere, Böse, Teuflische) in ihm banne, kann also nur Heiliger und Unheiliger, Heilige und Hexe, Gott und Teufel, weiße und schwarze Seele zugleich im gegenseitigen Banne sein — ein blühender Unsinn wie der Sinn aller Neurose.

Indes sind die beiden Wörter medizinisch Bezeichnungen für das neurotische Verhalten verglichen mit dem entspr. normalen, für die — allemal unechte — Art, wie der Neurotiker seine mit je einer Normalaufgabe vergleichbaren Aufgaben erledigt. Der Abstinent verfährt in der Art der krampfigen Meidung. So bleibt der abstinente Hneurotiker der normnahen Schwelle weit fern, schlägt schon im Hstadium einen (seinen) Irr-, Fehlweg ein und kommt an eine Fehlschwelle, einen „falschen Kriegsschauplatz" und an ein Fehlziel; dabei ist der Irrweg leichter oder schwerer zu begehen, oft ist die normferne Schwelle schwieriger zu nehmen als die gemiedene normnahe, manchmal ist sie überhaupt nicht zu überwinden („unmögliche Aufgaben", z. B. über ein Gewässer gehen, eine Eisenplatte mit dem Finger durchkratzen, einen Toten erwecken, die Sterne vom Himmel holen, die Menschen unter einen Hut bringen, die Bewegung bewegungslos, z. B. die Konjunktur erstarren machen usw.); die „Größe" der Aufgabe entscheidet nicht über ihre Normalität, manche „Größe" ist nur Scheingröße. Der abstinente Aneurotiker nähert sich zwar der normnahen Schwelle, aber er verschließt sich ihr krampfig, weicht aus oder zurück, kommt auf Abwege und so über eine normferne Schwelle zu einem normfernen Ziele. Der abstinente Sneurotiker erreicht die normnahe Schwelle, aber kämpft krampfig gegen sie und schlägt dann den Fehlweg ein: weicht zurück, gibt auf, verzichtet schmerzlich, wird zurückgeschlagen. Dieses a- und sneurotische Verhalten ist bes. sinnfällig abstinent und wird daher besonders mit Abstinenz (im e. S.) gemeint, nur konnte man es nicht spezifizieren und machte aus der Not eine Tugend.

Diese Abstinenten sind Schizoïde, die Zykloïden stehen ihre (!) Aufgaben durch, aber der Tneurotiker mit zuviel Trauer-, der Fneurotiker mit zuviel Freudeaufwand (zu matt bzw. zu flott), insofern unecht. Abstinent sind sie also nicht. Ihre Arten der Aufgabenüberwindung sind als Arten des Abusus zu kennzeichnen: der Tneurotiker erschöpft sich im Zertrümmern, Kleinmachen, der Fneurotiker schwelgt im Vollenden, Großmachen. Es können aber auch die Zykloïden in eine Art der Abstinenz verfallen, so der Tneurotiker nach schlechter Erfahrung traurig verzichten („es wird ja doch nichts"; traurige Mutlosigkeit), der Fneurotiker „den ewigen (vermeintlichen oder tatsächlichen) Erfolg satt haben“ und „keinen Finger mehr rühren“. In diesen Fällen schließt sich an das abnorm t- bzw. fhaltige Hstadium die Erinnerung an die durchlebten gleichen Abläufe an, während das sensorische Verhalten inaktiv oder im Hstadium stecken bleibt und „im Sande“, d. h. in die Inaktivität verläuft. Diese Fälle sind von den Mischneurosen zu unterscheiden, bei denen eine schizoïde Abstinenz und dazu eine T- bzw. Fhypertrophie besteht.

Der A b u t i e n t erledigt seine (d. h. also die je einer Normalaufgabe entsprechenden) Aufgaben in der Art der k r a m p f i g e n Ü b e r w i n d u n g. Er überwindet mit zuviel Aufwand die normnahe Schwelle direkt oder indirekt (mit Umgehen, Umschleichen, Überlisten) und kommt je nach der weiteren Richtung der Erlebnissache zum normnahen oder zu einem normfernen Ziele. Der Hneurotiker „schafft es“ mit zuviel Wucht, der Aneurotiker mit zuviel (ängstlicher) Hemmung, der Sneurotiker mit zuviel Mühe, der Tneurotiker mit zuviel Trägheit, der Fneurotiker mit zuviel Schwung. Mit Überanstrengung bezeichnet man speziell die hypertrophen A- und Sfunktionen, doch kann man auch alle Überfunktionen so bezeichnen. Der Abutient überanstrengt, übernimmt sich, er leistet dabei Schlechtes bis bestenfalls Brauchbares. Er ist keineswegs besser daran als der Abstinent, oft aber schlimmer (z. B. der Säufer). Auch er macht aus der Not eine Tugend und findet vielfach unverdiente Anerkennung.

In einem speziell abgestimmten Sinne spricht man von Abstinenz zur Kennzeichnung des Verhaltens bei primärer oder sekundärer H y p o f u n k t i o n (6. Bd. S. 134, 259 ff.) der Hreflexe. Bei primärer Willensschwäche kommt das Erlebnis nicht über den — eben schwachen — Anlauf hinaus, wird die Aufgabe gar nicht in Angriff genommen. Der hypotrophe H. ist nicht mit abnorm ahaltigen H. des Aneurotikers, dem abnorm shaltigen H. des Sneurotikers usw. zu verwechseln; die Arten der Abstinenz sind entspr. verschieden. Die sekundäre Hypofunktion ist katastrophisch (Zusammenbruch) oder atrophisch; in beiden Fällen will und kann Pat. nicht mehr leisten, was er bisher leisten wollte und konnte, doch ist der zusammengebrochene Willensmensch (Fanatiker) noch immer krampfig und geht die Hypofunktion in kürzerer oder längerer Zeit (je nach der spezif. Funktionsperiodik der kranken RSe) wieder in Hyperfunktion über, dagegen läßt bei der atrophischen Hypofunktion der Krampf nach, Pat. wird allmählich „ruhiger, älter“, wenn auch die Reste des Fanatismus sich noch geltend machen; nicht selten ist der Zusammenbruch die Einleitung der atrophischen Hypofunktion, Pat. „erholt sich nicht mehr“. Auch die andern Spezies der Neurotiker erleben periodisch ihre Zusammenbrüche und können in chronische Hypofunktion übergehen. Diese Art der Abstinenz ist von der Abstinenz als Hyperfunktion zu unterscheiden. Natürlich kann während der Hypofunktion weder die Abstinenz noch der Abusus der Hyperfunktion mehr geleistet werden. Von der Abstinenz in Hypofunktion ist auch zu unterscheiden die Abstinenz, die sich bei dem Übergang einer Gegenstands- in eine Begriffsneurose (auch nach einem bisherigen Abusus) einstellen kann: hierbei baut sich das kranke Assoziationsgefüge derart um, daß sich die Innervation der sensorischen Muskeln mehr minder vom kranken Gebiete abschaltet, diese Muskeln also entspr. untätig sind; das neurotische Erlebnis verläuft also vw. im Begrifflichen, als Zwangsdenken, wie z. B. S. 150 bei „Abstinenz der Zykloïden" angegeben, der bisherige Abusus ist sozusagen begrifflich geworden (vgl. Scheinheilung beim J. H. S c h u l t z schen „autogenen Training"). Eine analoge Abstinenz = Untätigkeit kommt auch beim Überwiegen der kranken vegetativen Funktionen mit Abschaltung vom Sensorium vor (vgl. S. 109). Hierbei kann es auch zu einer „Denkabstinenz" als „Ausfall der Gedanken" kommen (z. B. bei neurot. Angst vorm Denken, Meidung des Denkens, der Denkaufgaben, des Wissens als der todgefährlichen Dämonie usw.). „Denkabusus" ist die Hypertrophie der Begrifflichkeit überhaupt oder speziell die krampfige Überwindung der Denkaufgaben. — Mit Abstinenz und Abusus kann man schließlich auch die Funktionsstörungen bei H a d r o s e n kennzeichnen, z. B. die diätetische Enthaltsamkeit oder die Diätsünden des Gichtikers. Wir behandeln hier nur die Abstinenz und den Abusus des Neurotikers als Hyperfunktionen.

Mit Abstinenz und Abusus sind gewöhnlich s e n s o r i s c h e (gegenständliche) Verhaltungen bezeichnet. Die systemgenetisch je zugehörigen vegetativen Dysfunktionen sind mitgemeint. So finden sich z. B. beim Fleischabstinenten spezielle v e g e t a t i v e Dysfunktionen, z. B. am Magen mit Veränderungen der Abscheidung von Säften, ihrer Qualität und Quantität (Pepsin-Salzsäure-Minderung usw.), also Dysfunktionen „im Sinne" der Fleischabstinenz; beim Fleischabutienten Pepsin-Salzsäure-Überschuß usw. (der Arzt verordnet da entspr. Ausgleichsmaßnahmen, horizontale Therapie). Ferner gehören dazu entspr. Dysfunktionen des Darmes, die sich mehr minder ausgeprägt als Verstopfung = Abstinenz und Durchfall = Abusus „äußern". Will man die vegetativen Dysfunktionen nicht auch mit Abstinenz und Abusus bezeichnen, so muß man doch allgemein von Miß-, Fehlbrauch der inneren Organe sprechen. Es gibt keine Abstinenz und keinen Abusus, bei denen sich nicht auch entspr. vegetative Dysfunktionen vorfänden, d. h. bei jeder Gegenstandsneurose finden sich auch innere Symptome, sie mögen zwar hinter den äußeren Zwangssymptomen zurücktreten, sind aber allemal da und vom Kenner nachzuweisen. Das Analoge gilt für die i d e a l i s c h e n

Dysfunktionen: Pat. erinnert sich seiner kranken gegenständlichen Erlebnisse und betreibt so Abstinenz und Abusus begrifflich, bei Begriffsneurosen derart, daß er sich, soweit krank, vw. in solchen kranken „Gedankengängen" bewegt und die entspr. gegenständlichen Vorgänge mehr minder ausfallen.

Abstinenz und Abusus sind Gegenstücke (6. Bd. S. 233). Beide sind je nach Ausbreitung der Neurose mehr spezialisiert oder mehr kombiniert, sie können sich auf ein Gebiet beschränken oder auf mehrere Gebiete erstrecken, Pat. kann auf dem einen Gebiet abstinent, auf dem anderen abutient sein, die Verhaltungen wechseln nach In- und Extensität gemäß der spezif. Funktionsperiodik der kranken RSe, sie können auch um eine „mittlere" (scheinnormale) Haltung funktionieren.

Beispiele.

Pat. G. ist Vegetarier, also fleischabstinent, von Zeit zu Zeit schmeckt ihm aber auch das Gemüse nicht mehr, er verliert den Appetit bis zu fast völliger Nahrungsabstinenz, die kürzere oder längere Zeit anhält; dazu Magen-Leberkrämpfe, hartnäckige Verstopfung usw. — und Arzneiabusus. Jeder Krampf läßt periodisch nach. Die neurotische Nahrungsabstinenz (vgl. auch Hungerstreiker) ist nicht durchführbar (der Hungertod ist anatomische Krankheit, Hadrose), der Obstipierte hat schließlich doch eine, wenn auch unzureichende Entleerung, der Nierenverkrampfte gibt doch ein gewisses Harnquantum auf dem Harnwege ab, mag er auch einen großen oder den größten Teil innerlich deponieren (Stauungen-Schwellungen, z. B. als Pseudogicht) oder ausschwitzen. Der Irrealis „nähme der Obstipierte nicht Abführmittel, würde er niemals Kot absetzen" oder „bekäme der Nierenverkrampfte keine Diuretica, würde er an Urämie sterben" usw. ist eben — Irrealis, Unwirklichkeitsfall. An der (reinen) Neurose stirbt niemand. Die gen. ärztlichen Maßnahmen geben keinen Aufschluß über die Periodik der neurotischen Funktionen, sie „verwischen" sie vielmehr; sie sind horizontale Therapie, erleichtern jeweils, also vorübergehend die Beschwerden und sind insofern richtig, besser aber ist die vertikale Therapie (Erkenntnistherapie), bei der sich die krampfigen Funktionen normalisieren, so daß die Beschwerden nicht mehr auftreten.

Pat. H. ist abstinent gegen Fleisch, Alkohol, Kaffee, Tee, Tabak, zeitweise auch gegen Butter, er ist auch liebesabstinent, seine genitalen Reflexe, deren Ausdruck Werbung und Geschlechtsverkehr wäre, sind pervers an Arbeitsreflexe angeschlossen, so daß er Arbeitsfanatiker ist; er arbeitet „immer", hat nie Zeit, kennt keine Ruhe, ist „ewig" gehetzt und hetzt andere, seine Arbeitsweise ist eine finstere Gewalttätigkeit mit sadistischem Einschlag, der Hauptteil seiner „Arbeit" ist Leerlauf, Betriebsamkeit in geringen allgemeinen Aufgaben (primitiven „Richtlinien"), höhere Aufgaben werden in der Art des Abusus erledigt, doch kommt es auch vor, daß er ihnen gegenüber in Angst vor der eigenen Courage versagt, abstinent ist. Erhebliche innere Beschwerden. Übrigens rühmt er sich seiner Askese, die ihn allein zu seinen „einmaligen" Leistungen (Bannung der todgefährlichen Dämonie der Arbeit usw.) befähige, die Menschen müßten ihm ewig dankbar sein, und es finden sich auch Leute, die ihn bewundern.

Pat. J. ist nahrungsabutient, schlingt hneurotisch alles durcheinander in sich hinein (so wie das Kleinkind „alles" probiert, „alles" trinkt-ißt, nur hypertroph und ausgealtert), die qualitative und quantitative Differenzierung der Speisen hat sich nicht recht vollzogen — ähnlich bei dem Aneurotiker K., der „nach Augenmaaß“ ißt, auch nicht weiß, was und wieviel er essen soll, die „allmächtige Vorschrift“ braucht: eine gemilderte Abstinenz. Pat. L. treibt Alkoholabusus bei geringem Speisebedürfnis, er „trinkt“ sich (analog dem Säugling) satt. Pat. M. ist Quartalssäufer: Perioden des Alkoholabusus wechseln mit solchen der „striktesten Abstinenz“, wobei „heilige Vorsätze: nie wieder einen Tropfen . . . usw.“ Der Alkoholabstinent ist alkoholkrank wie der Abutient. Pat. N. ist „eigentlich“ Vegetarier, aber in Gesellschaft ißt er auch etwas Fleisch, „um nicht aufzufallen“; die Intensität der Abstinenz-Reflexe sinkt also gelegentlich, unter gewissen Umständen soweit ab, daß die Leistung der sonst gemiedenen Aufgabe „leidlich“, d. h. doch eben mit „leisen Hemmungen“ stattfindet, die Angst, sich zu blamieren, ist größer als die Angst vorm Fleisch. Pat. O. ist Alkohol-, Milch-, Wassersäufer, er trinkt, was ihm vor den Mund kommt, „in rauhen Mengen“, am liebsten aber Milch, Festes wird mit viel Getränk „verflüssigt“. Vgl. auch S. 81.

Pat. P., 29 J., ist koitusabstinent, aber treibt exzessive Onanie, man kann sagen: Onanieabusus, doch ist es ja nicht Normalaufgabe des 29jährigen, zu onanieren, insofern gibt hier „Abusus“ nur das Übermaaß und dazu das Unangemessene an. Ähnlich Pat. Q., der eheabstinent, aber koitusabutient, ein Don Juan ist. Pat. R. ist zeitweise arbeitsabstinent, er hat den ganzen Tag „die Weiber im Kopfe“; von Zeit zu Zeit „stellt er sich um“, arbeitet Tag und Nacht, „kennt keine Frau“: es sind dann nicht mehr die hypertrophen Liebes-, sondern die Arbeits-RSe in Präfunktion, Pat. leidet an Arbeitssucht mit Angst, nicht genug (d. h. nicht „alles“) fertig zu kriegen, wie er in der „liederlichen Zeit“ an Liebessucht mit Angst, nicht genug fertig zu kriegen (Ende der Omnipotenz), leidet. Usf.

Pat. S. kann „beim besten Willen“ keine Arbeit finden, er ist arbeitshungrig und rennt den ganzen Tag umher, aber er schlägt den falschen Weg ein, einen Weg, der zur Arbeit nicht hinführt, der im weiten Bogen um die Arbeit herumführt und irgendwo „in die Leere“ ausläuft; S. ist in dieser Art arbeitsabstinent, seine „Arbeit“ ist die Arbeitssuche, er ist nicht zu verwechseln mit dem Vagabunden, der in hypertrophem Weitenhunger bei unaktuellem oder hypotrophem Arbeitshunger („will nicht arbeiten“) die Welt durchzieht. Pat. T. ist arbeitsscheu und derart arbeitsabstinent: in der Angst vor der Arbeit reißt er vor ihr aus usw. Pat. U. kommt zwar an die Arbeit heran, aber er bekämpft sie, wehrt sich gegen sie, wirft sie alsbald hin, „schmeißt den Krams“, ist ewiger Streiker, schimpft auf die „Lohnsklaverei“, die Unternehmer, die „alle Blutsauger sind“, ist „Klassenkämpfer“ usw.: sneurotische Arbeitsabstinenz. Pat. V. klagt: es hat ja doch keinen Zweck, sich zu bemühen, ich bin nun eben vom Unglück verfolgt usw.: tneurotische Abstinenz. Pat. W. lacht Arbeit und Arbeiter aus und ist „glücklich“ in seiner Arm s e l i g k e i t: fneurotische Arbeitsabstinenz. Man kann solche Kranke zur Arbeit zwingen, dann leisten sie eben Zwangsarbeit, die maschinenmäßig, mechanistisch verrichtet wird und bestenfalls brauchbar ist, bes. zur Bedienung von Maschinen, denen es sozusagen gleichgültig ist, wer „auf den Knopf drückt“; die Gewöhnung an den Zwang, die Routine in der Zwangsarbeit darf nicht mit Genesung des Arbeitskranken und nicht mit gesunder, echter Arbeit verwechselt werden. — Der Arbeitsabutient überrennt die Arbeit, „läßt sich keine Zeit“ (hneurot.) oder überanstrengt sich zögerlich-vorsichtig (aneurot.) oder peinlich, pedantisch (sneurot.) oder leistet sie träge und stückhaft (tneurot.) oder macht es sich zu leicht, ist leicht-fertig (fneurot.).

Jede Aufgabe stellt ein Risiko dar (4. Bd. S. 402 ff.), der Gesunde nimmt es an, der Gewinn ist normaliter größer als der Verlust, steht zu ihm in einem bestimmten Verhältnis. Der Abstinent nimmt das Risiko nicht auf sich: der Hneurotiker hält sich weit fern, kennt es gar nicht, der Aneurotiker weicht ihm aus, der Sneurotiker wehrt sich dagegen, der Tneurotiker verzichtet müde, der Fneurotiker lacht es aus. Der Abutient nimmt zwar ein Risiko auf sich, aber das Verhältnis von Einsatz und Gewinn ist abnorm: es wird, gleichen möglichen Gewinn angenommen, zu viel riskiert, alles auf eine Karte gesetzt, rücksichtslos und brutal (hneurot.) oder leichtsinnig und groß-artig (fneurot.) drauflosgewirtschaftet („ich habe alles und nichts zu verlieren und zu gewinnen", S. 121) — oder es wird zu wenig = „nichts" riskiert, zu vorsichtig, pedantisch, schwerfällig operiert (a-, s-, tneurot.) — und in jedem Falle wird hasardiert. Der Abstinent schont sich, geizt mit sich und seinem Besitz, gibt „nichts" her, der Abutient gibt sich „ganz" aus und preis, vergeudet sich und seinen Besitz, beide wahren ihre chaotisch-dämonische Alleinheit, Unversehrtheit, All-Nichtsbesitzlichkeit. Der Liebesabstinent meidet das Liebesrisiko, der Don Juan „muß" „das Weib", das sich ihm in den einzelnen Frauengestalten, magisch verwandelt, „entgegenstellt", „um jeden Preis" besitzen, die Dämonie des Weibes überwältigen, das Weib erniedrigen, sei es in Liebesgier (Typ Schürzenjäger, der „die Weiber" er- oder verjagt), sei es in Angst vor einer Niederlage mit Umschleichen, List und Tücke, sei es in sadistischer Zermürbung oder Gewalttätigkeit, sei es als mitleidheischender Liebhaber, sei es als Günstling, dem „die Weiber nachlaufen". Usf.

Seinem Erleben nach ist es „die Aufgabe" des Abstinenten wie des Abutienten, die Dämonie der mit einer Normalaufgabe vergleichbaren Aufgabe und dessen, der sie stellt, zu bannen. Er kann dafür natürlich auch nur die physische Aufgabe angeben, die er abstinent oder abutient erledigt; er kann sie mehr minder ausführlich beschreiben — pragmatisch, ethisch und ästhetisch, er kann expressis verbis von Allmacht, Vorsehung, Schicksal, Zauber, Wunder, Dämonen usw. sprechen oder Worte des verdünnteren Dämonismus wie Gott, Seele, Geist, Ursächlichkeit, Kraft usw. gebrauchen — der weltanschauliche Sinn seines Verhaltens, ob er ihn (in nuce) kennt oder nicht, ist allemal der, die Feind-Dämonie, die sich als „das Wesentliche" im Physischen vergegenwärtigt, zu bannen, also die Aufgabe und ihren Präsentanten „absolut" zu meiden oder zu überwinden: nur so kann der Neurotiker die Alleinheit, die Alldämonie, die Einzigkeit und Einmaligkeit wahren.

Alle Entwicklung verläuft stetig mit periodischen Schüben (Krisen), in geringerer und größerer Geschwindigkeit. Während des rel. langsamen Entwicklungstempos verändert sich das Erleben und Beschreiben rel. wenig, so daß wir von „Zuständen", „Gewohnheiten" sprechen: man hat eine gewisse Lebenssphäre erreicht und verbleibt eine Weile in kaum oder wenig merklicher Veränderung darin, bis — rein biologisch — eine neuerliche Entwicklungsbeschleunigung einsetzt, die Gewohnheit verlassen wird, der Übergang in die neue Sphäre sich vollzieht, in der man dann wieder heimisch wird, sich einlebt, eingewöhnt. Alle Entwicklung ist ein ständiges Verlassen von Gewohnheiten und Eingewöhnen in neue Verhältnisse. Jeder dieser Vor-gänge, Fortschritte ist eine HASTF-Reihe, Leistung einer leichteren oder schwereren Aufgabe; also auch der Gesunde „hängt" an seinen Gewohnheiten, er hungert zwar nach Neuem, aber er hat dann Angst davor, muß sich durchringen, trauert über den Verlust des Bisherigen, und zuletzt freut er sich des erreichten Ziels. „Lebensgewohnheiten" sind solche Gewohnheiten, die der grundsätzlichen Struktur und Funktion des Individuums entsprechen, grundsätzlich also in jedem Entwicklungsstadium gleich bleiben, z. B. jem. ist von klein auf gewöhnt, frühzeitig aufzustehen. Vgl. 4. Bd. § 6, $_1$, 7, $_2$, 5. Bd. § 7, $_3$, c.

Der Kranke hat eine geschichtete Entwicklungsfront. Demgemäß sind seine Gewohnheiten gestaltet. Im kranken Bezirk findet eine Entwicklung aus dem infantilen Niveau, also eine vertikale Entwicklung überhaupt nicht statt, sondern nur eine Entwicklung im infantilen Niveau, eine horizontale Entwicklung, eine Hypertrophie, Wucherung. Demgemäß bleiben die kranken Gewohnheiten erhalten, auch beim Ausaltern. In den gesünderen und fastgesunden Anteilen des Kranken ändern sich die Gewohnheiten bis zu den jeweils erreichten Differenzierungsstufen, doch sind sie nach den zentralen Gewohnheiten nuanciert und in dieser Art auch verfestigt, so daß jede Umgewöhnung schwieriger ist als beim Gesunden, um so schwieriger, je älter Pat. wird. Gemäß der im Prinzip gleichbleibenden Struktur seiner Entwicklungsfront bleiben die Erlebnisse und Beschreibnisse des Neurotikers im Prinzip gleich, sind Serien, die zu Erfahrungen (Lebenserfahrungen) werden und dem Neurotiker sein Denken und Tun, seine WA immer wieder bestätigen. Er beruft sich — von seinem Standpunkte aus mit Recht — auf seine Erfahrungen, nur sind sie eben die eines Weltanschauungskranken, liegen allesamt im Pathologischen. Er vermag — wieder im Unterschied vom Gesunden — fremde Erfahrungen nicht im mindesten anzuerkennen, nicht das Mindeste aus ihren Mitteilungen, d. h. als etwas „Anderes“, „Neues“ zu übernehmen. Die Neurose bestätigt sich immer selbst — wie sie sich immer selbst widerlegt. Alles Neue erlebt Pat. als dämonischen Angriff auf seine Alleinheit, als verhängnisvolle Störung der in der Alleinheit laufenden Gewohnheiten, als Versuch, sie und damit die Alleinheit, die chaotistisch-magische Existenz zu vernichten; demgemäß „muß“ er das Neue als die Feind-Dämonie entmächtigen, ent-neuen, in seine Alleinheit einverdauen, und nur soweit wie diese An- und Eingleichung in die Gewohnheit möglich ist, kann er es „akzeptieren“, „das Übrige“ existiert nicht für ihn, er lernt nichts aus der Erfahrung der andern außer dem einen, daß es für ihn nichts zu lernen gibt. Die Ent-neuung des Neuen „macht“ also das Neue zum Alten, Gewohnten, Bekannten: es gilt nur als eine „andere“ Erscheinungsform des feindlichen Dämonischen, mit dem Pat. ewig d. i. dämonisch im Kampfe zu liegen wähnt. Je nach der Neuroseart geschieht die Entzauberung des Neuen zum Alten nihilistisch, negativistisch, severistisch, pessimistisch oder optimistisch. Jeder Neurotiker klebt also „unerbittlich“, „kompromißlos“ an seinen Gewohnheiten, verteidigt sie extremistisch, mit den Mitteln und Methoden seiner Neurose, ist ultrakonservativ (konservativistisch); auch der Hneurotiker, der neugierig, neuerungssüchtig, immer auf der Jagd nach Neuem ist, tut dies nur zur radikalistischen Entzauberung, Entmachtung alles Neuen, in Wahrung seiner unverbrüchlichen Gewohnheit, seines unantastbaren Allkonservativismus, der alles Neue vernichtet (nihiliert) und so chaotisiert. Es muß alles immer so bleiben, wie es ist *).

Natürlich kann Pat. nichts dafür, daß er so starr und zäh an seinen Gewohnheiten festhält: sie sind ja eben Merkmale seiner pathobiolog. Beschaffenheit und können sich nur mit dieser ändern. Die „schlechten Gewohnheiten“ (Angewohnheiten) sind ebenso wenig Wirkungen eines dämonischen Willens oder einer dämonischen Willensschwäche usw., wie sie durch „festen Wil-

---

*) Ein interessantes Beispiel vom neurotischen Erleben der Veränderung gewohnter Verhältnisse ist in der Münch. Med. Wschr. 1936 Nr. 42 von K. Nordmeyer u. K. Howe (aus der Göttinger Univ.-Frauenklinik Prof. H. Martius) veröffentlicht. Unter der Überschrift: „Über die Ursachen der Landjahrsamenorrhoe“ berichten Verf.: „Von den 96,5 % regelmäßiger Zyklen vor Antritt des Arbeitsdienstes (Mädchen nach dem 17. Lebensjahre) finden wir gegen Ende nur noch 47,3 %, also die Hälfte, und von 89,6 % beim Landdienst (14- und 15jähr. Mädchen) nur noch 27,3 %, also weniger als ein Drittel. Diejenigen Mädchen, die vor dem Arbeitsdienst unregelmäßig menstruiert waren, sind alle, und beim Landdienst alle bis auf eine amenorrhoisch geworden. Bei einigen wenigen, und zwar in beiden Lagern ungefähr gleich oft, ist die Periode unregelmäßig geworden. Die Zahlen sind zwar gering (insges. 553 Fälle), entsprechen aber früheren Beobachtungen in Mädchenpensionaten usw. Auffallend dagegen ist entspr. dem Absinken des %satzes der regelmäßigen

len“, „Selbstbeherrschung“ beseitigt werden können. Die Einsicht, daß die kranken Gewohnheiten „Unsinn“ sind, ist kein Mittel, sie zu beheben, sie ist nur Diagnose (S. 111). Selbstzwang (auch in der Form der Selbstermahnung, Selbstbeschimpfung usw.) ist selber symptomatisch. Autotherapeutische Überlegungen, z. B. „das muß anders werden, ich muß es schaffen, aus dem Unglück herauszukommen, ich muß die Krankheit überwinden usw.“, ändern an dem biolog. Niveau der kranken Vollzüge gar nichts. Die Bemühungen, Gesunde zu beobachten, und es ihnen gleichzutun, gehören zur Neurose, und die Neurose kann sich mit ihren eignen Mitteln und Methoden nicht — von der Neurose befreien. Der Kranke kann obendrein das gesunde Verhalten nur auf seine Weise, also krank bis fastgesund, beobachten; wie das gesunde Verhalten tatsächlich ist, kann er gar nicht erfahren; es liegt außerhalb seiner Welt. Bestenfalls kann sich ein imitatives Verhalten und darin eine Dressur, ein Automatismus einspielen, aber auch dieses Verhalten ist krankhaft, niemals gesund, mag es auch Brauchbares ergeben. Die Beschäftigung mit den Symptomen derart, daß man sie detailliert, bis ins Einzelne beschreibt, vergleicht usw., also eine Art Symptomatologie betreibt, oder daß man sie anamnestisch abzuleiten sucht usf., läßt die Symptome, die kranken Gewohnheiten unberührt — ebenso wie die Ablenkung, die selber zwanghaft ist, z. B. als Vorsatz, nicht mehr daran zu denken, so zu tun, als ob man gesund sei, als zwanghaftes Beschäftigen mit andern Dingen usf.

Pat. ist ja auch an seine Gewohnheiten gewöhnt, nicht selten derart, daß er die Beschwerden gar nicht mehr als solche verbucht, er „kennt es gar nicht mehr anders“, er kann sich gar nicht vorstellen, daß man auch anders leben kann — und gar er selbst. Mancher ist eintrainiert auf seine Beschwerden und faßt es als „Sieg über sich selbst“, als „Selbstüberwindung“ auf, sie zu ertragen, ohne zu murren. Mancher „fühlt sich ganz wohl“ in seinem verkümmerten Lebensniveau, das reduziert ist auch

---

Zyklen die Zunahme der Amenorrhoen: Im Arbeitsdienst auf 39,5 %, davon 2/3 zeitweilig und 1/3 für die ganze Dauer, im Landdienst auf 64,9 %, davon nur 1/4 zeitweilig und 3/4 für die ganze Dauer. Diese hohen %zahlen stimmen mit den Beobachtungen aus anderen Lagern überein“. Verf. halten die Versetzung in eine fremde Landschaft-Umwelt, und zwar spez. den Klimawechsel für die „Hauptursache“. Ich sage: die neurot. Mädchen erleben den Übergang aus der gewöhnten Umgebung in eine neue mit hypertrophen Ängsten (und Schmerzen), die sich am Genitale (usw.) als Verkrampfungen ausdrücken. Bei 28 nachuntersuchten Mädchen wurde die Periode „nach Rückkehr in die alte Umgebung wieder regelmäßig“, doch spricht diese äußerliche Angabe der Mädchen keineswegs gegen die Diagnose: die Genitalneurose ist nur eben weniger manifest, mehr latent geworden. Der Aufsatz ist zugleich ein Beweis für die weite Verbreitung der Neurose.

bei sonst großartiger Lebensstellung, aber das „Wohlbefinden" ist doch nur Gewöhnung an den Krampf, an die Unfähigkeit, die nach „freiwilligem, heldenmütigem" Verzicht schillert. Mancher huldigt dem stillen Duldertum, das er für die erhabenste Form des Selbstopfers hält (Heimsuchung à la Hiob usw.); mancher ist ruhmredig in der Schilderung seiner „Heimsuchungen". Wie sollte es sein, wenn es anders wäre, wie es ist! „Die Krankheit ist meine Herrin, ich bin ihr Sklave, aber eben damit, daß ich mich ihr geduldig unterwerfe, vermag sie mir nichts anzuhaben — bin ich ihr Herr." Wie sollte ich ohne mein gewöhntes Schlafmittel, meinen Alkohol, mein Morphium (usw.) auskommen, wie ohne mein inneres Zittern im Theater sitzen, wie ohne „meine Ehekräche", ohne den geliebten Feind existieren usw.! Pat. kann bei jeder Gelegenheit dem Partner sagen: ich werde mich nie an deine Eigenarten gewöhnen — und damit bekunden, daß man an das Protestieren und in der Art des Protestes an seine Gewohnheiten gewöhnt ist. Man kann auch das Joch lieben lernen, das einen drückt und unterdrückt, man ist „von Natur" ein Unterjochter und hat seine unentbehrlichen Unterjocher; man kann sich so an das Joch gewöhnen, daß man es (zeitweise) „nicht mehr verspürt": es ist dabei dennoch vorhanden, aber eben „entmächtigt". Man kann „sich üben, die Beschwerden zu vergessen": sie sind dann aber nur „weggedachte" (und so „gebannte"), nicht etwa geheilte Beschwerden, sie werden periodisch intensiver aktuell, Pat. sagt: sie drängen sich aus dem Unbewußten ins Bewußtsein, brechen durch, lähmen den Willen usw. Schließlich ist es das Los des Einmaligen, „Heiligen" (Auserwählten-Verfluchten), eine solche Krankheit, nein, d i e Krankheit, d a s Leiden, d a s Übel, die Allkrankheit (magisch: eins = alles) zu tragen, gegen die es keine Hilfe gibt und geben „darf". „Ich bin gar kein Mensch mehr", klagt Pat. mit einer Art von Genugtuung; nun so muß er wohl ein außermenschliches Wesen sein!

So wenig der Pat. seine Gewohnheiten durch „die Macht des Gemütes" (Kant), des Willens, durch Selbstzwang, Turnen, Spazierengehen, Erholungsreisen, Badekuren, Medikamente, Meditationen, Entspannungsübungen usw. verlassen, sich am eignen Zopfe aus dem Sumpfe ziehen kann, so wenig vermag er sie durch fremden Rat, fremdes Zureden, Ermuntern, Verordnen (Ge- und Verbieten), Ablenken, Schonen, Hypnotisieren, Analysieren, anamnestisches Detaillieren, vages Theoretisieren und Dogmatisieren usw., durch Fremdzwang aufzugeben. Der Kranke kann sich und man kann den Kranken nicht zwingen, gesund zu werden oder zu sein; Zwang heilt nicht Zwang. Suggestive Methoden können nicht das Geringste zum Ausgleich der Entwicklungsdifferenz, der Schichtung der Entwicklungsfront beitragen: die Schichtung bleibt, wie sie ist, nur innerhalb der Schichtung können sich gewisse Umstellungen, also innerhalb der kranken Gewohnheiten gewisse Veränderungen (Symptomverschiebungen) vollziehen, sie bleiben aber im bisherigen Niveau, auch falls sie vorübergehend mehr minder latent werden. Auch mittels Prügeln u. a. Strafen lassen sich schlechte Gewohnheiten (Unarten) nicht ab-, sondern höchstens umgewöhnen, d. h. unter den Umständen „Strafe“ kann sich ein Umbau, z. B. in Richtung auf „eindressiertes Bravsein“ oder in Richtung auf „größere Vorsicht“ vollziehen, je nach der biolog. Beschaffenheit des Pat., also auch ihrer Veränderungsfähigkeit. Die horizontale Therapie trägt der geschichteten Entwicklungsfront, also den Gewohnheiten des Pat. Rechnung und will und kann nur Beschwerden mildern, ohne das Kranksein selber anzugehen. Sie handelt tatsächlich so, als ob der Kranke krank bleiben und dabei gesund werden könne. Wie die Ausdrucks- so läßt sie auch die Denkgewohnheiten des Pat. niveaumäßig unberührt, sie sucht innerhalb des kranken Denkens bestenfalls Korrekturen anzubringen und muß erfahren, daß Pat. nur das annimmt, was er in sein krankes Denken einverdauen kann, also eigentlich nichts hinzulernt, sondern in seinen Denkgewohnheiten verbleibt und sie gegen alle „Angriffe“ mit allen Mitteln der Neurose verteidigt. Die Lebensgewohnheit gilt ihm als „das (magische) Leben“, als die einzig-mögliche Lebensmethode. Es ist ganz zwecklos, mit dem Neurotiker, der ja aus seiner Haut, seinem Käfig, will sagen: aus seinen Denkgewohnheiten nicht herauskann, in seinem Niveau zu rechten, zu debattieren, „Tennis zu spielen“, ihm zu raten, ihn zu belehren, ihn aufzufordern, er solle gesund denken und tun: er ist ja eben krank, er kann ja nur akzeptieren, was er so schon weiß, was in sein krankes Denken hineinpaßt, dabei können sich seine Kenntnisse erweitern, aber das Denken bleibt krank, Gesundes kann er weder denken noch aussprechen noch hören noch verstehen noch annehmen. Es ist mit ihm vernünftig nicht zu reden. „Was nützt es, einem Narren Weisheit zu predigen, so er doch ein Narr ist“. Seine Fehllogik ist für die normale Logik unzugänglich. Seine Welt ist von der Welt des Gesunden bei aller menschlichen Analogie durchaus verschieden und kann sie nur in den (fastgesunden) Randbezirken berühren. Dies schließt aber die Heilbarkeit nicht aus; der Therapeut muß nur die Unbelehrbarkeit nicht belehren wollen, sondern sie beheben.

Das Verlassen der kranken Gewohnheiten ist der vertikale Heilweg, der biolog. Prozeß, der sich in der Erkenntnistherapie vollzieht. Hierbei wird die Gewohnheit, die Symptomatik nicht als solche angegriffen, sondern ihr weltanschaulicher Sinn (= Fehlsinn) vorgeführt. Es wird nicht an den kranken als den gesunden Menschenverstand appelliert, sondern die weltanschauliche Eigen-Abart des kranken Erlebens und Beschreibens einfach tatsachengemäß aufgezeigt — die einzige Art der Aufklärung, bei der sich seine Unzugänglichkeit nolens volens alsbald lockert und nach und nach behebt; es wird „am weltanschaulichen Prinzip operiert". Darin ist die vertikale Methode grundsätzlich von den horizontalen Methoden verschieden. Der Ansatzpunkt ist ein ganz anderer. Pat. wird nicht belehrt, wie er „es richtig machen soll" (das kann er ja eben als Kranker nicht), sondern er erfährt in Form des weltanschaulichen Unterrichts, daß er sich, soweit krank, in einer chaotistisch-rohdämonistischen Welt bewegt, also sich mit Feinden herumschlägt, die es realiter ebenso wenig gibt, wie die Alleinheit, die Eigendämonie, die Pat. wahren zu können und zu müssen wähnt. Nicht Meinungen, Ansichten, Ratschläge, Ge- und Verbote, Verordnungen usw., über die man disputieren kann, werden dem Pat. mitgeteilt, sondern einfache biolog. Tatsachen, über die man eben nicht streiten kann, sondern die man erkennen und anerkennen lernt. Daß 2 mal 2 = 4 ist, ist eine Tatsache, über die man nicht streitig hinundherreden kann, sondern die erkennen und anerkennen muß, wer richtig rechnen lernen will; über die grammatikalische Syntax, wie sie eben beschaffen ist, gibt es keine Dispute, sondern sie ist eine Tatsache, die erkennen und anerkennen muß, wer sich richtig ausdrücken will. Solcher Art sind die weltanschaulichen Tatsachen, die der Pat. erfährt und zu denen er sich im Wege der Nachprüfung hinorientiert; nur in diesem weltanschaulichen Sinne werden die Symptome besprochen, sie werden in der allein zutreffenden (primitivdämonistischen, chaotisch-märchenhaften) Weise beschrieben, in Worte übersetzt, es wird so dem Pat. klar, daß er erlebt und sich verhält (benimmt), als ob er seine Allheit gegen feindliche Dämonen, seine Allmacht gegen feindliche Zaubermächte, seine Welt gegen die feindliche Welt wahren müsse, und als ob eben diese Bannung seine Weltaufgabe, sein Weltproblem sei. Der Erkenntnistherapeut „kämpft" nicht mit dem Pat., auch nicht im Felde seiner Symptome, und der Widerstand, den Pat. dem Arzte wie andern autoritären Personen, also als lebens-todesgefährlich erlebten Zauberwesen leisten „muß", verpufft ins Leere und schwindet um so mehr, je mehr Pat. erkennt, daß der Arzt ihm ja nur (nachprüfbare) Tatsachen mitteilt und von ihm „nichts will". Auch der Schüler hat ja mit dem Lehrer, z. B. des Französischen, nicht zu streiten, sondern er hat zu lernen, und die Unterhaltung ist normaliter eine förderliche. Ebenso wenig wie z. B. der Sprachunterricht ist die Erkenntnistherapie eine graue Theorie, sondern ist lebendige Praxis. Sie ist die Praxis, bei der Pat. ganz von selbst aus seinem weltanschaulichen Dunst, seinem Wahn, seinen Zweifeln in die realische Klarheit wechselt, somit seine kranken Gewohnheiten entwicklungsmäßig „verlernt“.

3. Die Genesungsaufgabe.

A. Die horizontale und die vertikale Aufgabe.

Die Genesung gehört zum Krankheitsgeschehen (6. Bd. § 7, $_{1}$), sie erfolgt unter den Umständen, die man „Therapie, Behandlung“ nennt, wobei die therapeutischen Stoffe und Funktionen zu den kranken in gegnerischer Partnerschaft stehen. Jede Welle ist eine HASTF-Reihe (6. Bd. S. 143) mit Überwiegen des hypertrophen Stadiums bzw. der hypertrophen Stadien. Quoad Genesung bezeichnet ist die Reihe: H. (Wille) nach Genesung, A. vor der Schwelle zur Genesung, S. als Kampf um, auch gegen die Genesung (Krisis, schmerzliches Ringen), T. als Ermattung nach dem Kampf (Rekonvaleszenz), endlich F. als die vollendete Genesung, Freude über das erreichte Ziel. Auch hier ist das Schmerz- s. Schwellenstadium die Aufgabe, also die Genesungsaufgabe.

Der horizontale Ablauf endet in mehr minder weitgehender Annäherung an die Latenz, Pat. behält seine kranken RSe, ihre Funktion steigt periodisch zu neuen Wellen an, Pat. bleibt in seiner kranken Gewohnheit, auch seiner Denkgewohnheit, seiner chaotistisch-rohdämonistischen Weltanschauung (WA), worin „die Krankheit“ Schicksal, Lebens-Todes-Dämonie ist, die Pat. mit der Eigendämonie, verstärkt durch den Zauber des Arztes und seiner Mittel, bannen muß. In dieser Art stellt Pat. den Arzt in seinen Dienst: er „läßt“ sich behandeln, übernimmt die Dämonie des Arztes, den er als autoritäres Wesen wie einst den Vater ansieht, dem gegenüber er also auch die Alleinheit wahren muß.

Der Neurotiker kann natürlich auch die Genesungsaufgabe und den, der sie stellt, nur gemäß seiner Neurose erleben: nihilistisch, negativistisch, severistisch, pessimistisch, optimistisch. Er kann nicht beim Arzt gesund und anderswo krank sein, vielmehr sind seine Symptome beim Arzte als dem „großen Magier“ oft besonders aktuell; freilich verwischt oder verschiebt sich oft die Symptomatik infolge unabsichtlicher oder absichtlicher persönlicher oder medikamentöser usw. Suggestion, zu der sich im letzteren Falle die pharmakologischen usw. Folgen gesellen. So wird der Arzt (magisch) vernichtet: er „kann nichts“, seine Mittel taugen alle nichts, man muß „den richtigen“ suchen, von einem zum andern rennen, überall klagen und fragen — und finden, daß sie alle nichts wissen, keiner helfen kann, und daß es zwecklos ist, überhaupt noch zum Arzt zu gehen, man hat eben die

Allkrankheit, die man als Heiland auf sich genommen hat und gegen die es keine Hilfe gibt. Oder der Arzt wird negiert: man ist aufsässig-unterwürfig, man geht zu ihm „gerüstet", „mit aller Ablehnung, allem Vorbehalt (Vorurteil) geladen", unzugänglich, man hört kaum und mißversteht, was er sagt, es ist ja auch unwichtig, man sucht ihn (wissentlich oder unwissentlich) nur auf, um die ärztliche Unfähigkeit festzustellen und so die Alleinheit zu wahren. Oder Pat. k(r)ämpft mit dem Arzte: ist widersetzlich-nachgiebig im ständigen Gefecht mit ihm und seinen Verordnungen, räsoniert kreuz und quer, schimpft gegen und auf ihn usw. Man kann „seinem" Arzte in der A. vorm Wechsel, vor einem neuen Arzte oder in der Gewöhnung an ihn als geeigneten Kampfpartner, aus Bequemlichkeit „treu" bleiben, andere laufen in der A., der Arzt könne sie „erkennen", hinter ihr „Geheimnis" kommen, oder im Bemühen, einen Feind-Dämon nach dem andern zu „erledigen", von Arzt zu Arzt. Oder man klebt „treu" an seinem Arzte in der pessimistischen Meinung, es sei ja doch alles verloren, und da sei es doch nutzlos, sich noch weiter zu bemühen, die Ärzte seien ja ohnehin einer wie der andere. Oder man ist „im Handumdrehen" gesund oder geht überhaupt nicht zum Arzte in der optimistischen Meinung, der (Über-)Optimismus sei keine Krankheit oder, wenn doch Beschwerden, so seien sie unbeachtlich und eigentlich ganz angenehm. Bei allen schwimmen berufliche und freundschaftliche, gelegentlich auch verliebte, also trophische und genische Einstellungen zum Arzte in der Art des frühinfantilen Verhältnisses Kind : Vater wirr in und durch einander — je nachdem mit dem Akzent auf der einen oder der andern Bindung und allemal mit hypertrophen Ansprüchen.

Ganz anders ist die Genesungsaufgabe im vertikal gerichteten Ablauf. Er ist natürlich auch eine HASTF-Reihe: der H. zielt auf dauernde Heilung („ich will ganz gesund werden, habe das ewige Kranksein satt"), dann kommt die A., ob man es schaffen wird, wie es dann sein wird, nachdem man die bisherigen Gewohnheiten, die ja bei allen Beschwernissen die „Annehmlichkeit" hatten, daß man „sich auskannte", verlassen haben wird; daran schließt sich der Kampf um den vertikalen Fortschritt, also die Bewältigung der Genesungsaufgabe an, nach dem Kampf ist Pat. ermattet in einer Art Rekonvaleszenz und geht schließlich in die Freude an der vollendeten Genesung über. So der Gesamtverlauf, er setzt sich aus vielen Einzelreihen zusammen. Die vertikale Therapie der Neurosen ist die Erkenntnistherapie. Sie ist eine harte, männliche Methode, sie stellt die schwerste Aufgabe, die Pat. lösen muß, will er echt-gesund werden: „Verlaß die bisherige Lebensgewohnheit! Gib die bisherige (kranke) WA auf! Lerne weltanschaulich um!

Erkenne dich selbst, wie du realiter bist, und erkenne die Welt, wie sie realiter ist! Erarbeite dir die Gesundheit!"

Im Gange der Erkenntnistherapie vollzieht sich in HASTF-Einzelreihen mehr und mehr der Ausgleich der Entwicklungsdifferenz. Die Genesungsarbeit i. e. S. ist die Lösung der Genesungsaufgabe (also das Sstadium), die Erkämpfung der Gesundheit; sie kann dem Pat. nicht geschenkt werden, den Eintritt in die neue Lebenssphäre muß er sich verdienen, er muß selbst leisten — wie der Bergsteiger, der unter Leitung des Führers den Gipfel erklimmt, wie der Schüler, der unter Leitung des Lehrers das Klassen- und Schulziel erarbeitet. Der Arzt kann den Pat. nicht „schonen", nicht gesund „machen", er kann auch nicht „für ihn" gesund werden, d. h. Pat. die Genesungsarbeit, bei der sich ja eben der Ausgleich der Entwicklungsdifferenz, die Normalisierung der Entwicklungsfront vollzieht, abnehmen. Die vertikale Genesungsarbeit liegt nicht im Rahmen der bisherigen, gewohnten Mittel und Methoden und Ziele, sondern überhaupt auf einem andern Gebiete, nämlich auf dem weltanschaulichen, ihr Mittel und ihre Methode sind die weltanschauliche Aufklärung, ihr Ziel ist die weltanschauliche Klarheit, das Aufgeben der dämonistischen zu gunsten der realisch-biologischen WA. Die Erkenntnistherapie ist ein therapeutischer Unterricht, der mittels Erkenntnis die Neurotiker zur Erkenntnis und zwar zur realischen Erkenntnis führt — und damit zur echten Genesung. Gemäß der Ausreifung der kranken Weltanschauung zur realischen Erkenntnis, also gemäß der Ausreifung der kranken Nerven-Hirnfunktionen normalisieren sich auch die inneren und äußeren krampfigen Ausdrucksweisen (Organsymptome). Die Frage nach der Weltanschauung des Neurotikers und ihre Beantwortung im Rahmen der realischen Erkenntnis, die tatsachenrichtige Aufklärung über den weltanschaulichen Sinn-Unsinn des neurotischen Denkens und Tuns, Erlebens und Verhaltens ist ein neuer Heilweg, und zwar ist er der Weg zur echten (definitiven) Heilung: die erreichte Differenzierungsstufe kann nicht wieder absinken. Auch darin müssen die Kranken sowie die Gesunden, auch die Ärzte umlernen: daß es nämlich keinen andern wie den gewohnten horizontalen Weg gebe; es gibt eben auch den vertikalen. Sein Durchwandern ist lediglich ein biologischer Vorgang, hat mit Dämonie gar nichts zu tun, vielmehr gehört zu ihm wesentlich die Erkenntnis, daß „Dämonie" nur Deutung, Fiktion ist und realiter gar nicht existiert. Wie weit die biolog. Differenzierungsfähigkeit reicht, so weit legt Pat. den Genesungsweg zurück; ob und wieweit er ihn geht, hängt nicht von einem dämonischen Schicksal oder guten-bösen Willen des Pat. (oder des Arztes) ab, sondern ist Eigentümlichkeit seiner biolog. Spezifität. Jeder tut „sein Bestes"; niemand kann mehr tun, als er tut, aber auch nicht weniger. Auch wer die volle Genesung erreicht, muß sich erst in „das neue Leben“ eingewöhnen; zuletzt wird es ihm „selbstverständlich“, er hat seine einstigen Beschwerden nicht nur vergessen, er hat sie überlebt, er kann sich garnicht mehr denken, daß er „einmal so krank gewesen sein soll“.

Auch an die vertikale Genesungsaufgabe kann Pat. natürlich nur gemäß seiner Neurose herangehen: er soll ja erst im Gange der Therapie aus der Neurose herauswachsen. Er bringt seine Symptome, seine gewohnten Einstellungen auch zum Erkenntnistherapeuten mit und sieht auch in diesem Arzt den Vater-Ersatz-Nachfolger, den Gott-Teufel, den dämonischen Herrn über Krankheit und Genesung, über Leben und Tod, auch ihm gegenüber kann er sich zunächst nur symptomatisch verhalten (s. o.), also „seine Allmacht wahren“. Alsbald aber läßt der Krampf nach — um so mehr, je mehr Pat. einsieht, daß der Arzt ihm seine Symptome ja nicht „rauben“ will, ihn nicht „angreift“, er sich also gar nicht zu verteidigen braucht, daß der Arzt ihn nicht kritisiert, ihn weder lobt noch tadelt, sondern ihm schlichte und einfache Tatsachen mitteilt, noch dazu ohne Anspruch zu erheben, daß Pat. sie glauben solle, im Gegenteil mit dem Vorschlag, sie selber nachzuprüfen und seine Bedenken, Zweifel, Einwände usw. ungeniert auszusprechen. Er lernt immer mehr einsehen, daß der Arzt ihn nicht überreden, sondern überzeugen will, daß er ihn nicht mit irgend einer „Theorie“ vergewaltigen will, sondern ihm einfach die Wahrheit sagt, daß er ihm die für jeden nachprüfbaren Tatsachen vorführt mit dem Anheimgeben, sich mit ihnen zu beschäftigen, — genau so wie in jedem andern Unterricht Tatsachen gezeigt, nicht aber Suggestionen verübt werden (man kann dem Schüler nicht einmal das ABC einsuggerieren, geschweige Daten der differenzierten Welt). Er lernt einsehen, daß der Arzt ja gar kein Dämon ist, sich nicht so benimmt, als ob er „mit dem Pat. machen könne, was er wolle“, im Gegenteil seine reine Menschlichkeit an Hand der psychobiolog. Tatsachen zu erkennen gibt und es so dem Pat. ermöglicht, die eigne Menschlichkeit zu erkennen und in das reine Menschentum hineinzuwachsen. Es gibt nur menschliche Aufgaben, keine über-unter-, keine außermenschlichen; so ist auch die vertikale Genesungsaufgabe rein menschlich — und so schwindet mehr und mehr der Krampf, der ja eben die Über-Untermenschlichkeit der Aufgaben „beweise“, der Krampf sowohl in der Haltung des Pat. dem Arzte und seinen Mitteilungen gegenüber wie auch der Krampf im übrigen Erleben. Und alle seine Zweifel verlieren ihre Gültigkeit um so mehr, je mehr sie als bloße Deutungen, noch dazu frühkindlicher Art erkannt werden; sie sind nur noch historisch interessant, sie werden sozusagen inhalts-, gegenstandslos, die Fiktionalität des dämonistischen Denkens wird durchschaut und entfällt, Pat. erkennt, daß er sich in seinen Symptomen mit „Mächten“ herumschlägt, die es realiter gar nicht gibt, er verlernt das Dämonisieren seiner selbst und der übrigen Welt, er wird ein wahrer und wahrhafter Mensch.

Der Erkenntnistherapeut nimmt die Symptomatik, auch die in den Therapiestunden sich zeigende zur Kenntnis und geht mit dem ersten Worte, das er spricht, an die Aufklärungsarbeit. Er bedrängt den Pat. nicht mit Fragen, „quetscht ihn nicht aus“, er ist Menschenkenner und weiß ohne langes Reden, Zergliedern usw., woran er ist. Pat. muß wissen, daß der Arzt nicht neugierig ist, sondern seine Fragen nur stellt als Anregungen („Tips“) für den Kranken, sich über seine Symptome, ihre genetischen und episodischen Zusammenhänge klar zu werden und daraus die weltanschaulichen Einsichten zu gewinnen: die Mitteilungen des Pat. dienen „nur“ als Beispiele, an denen die weltanschauliche Abartigkeit durchgesprochen und erläutert wird; es bedarf also nicht einer „Unzahl“ von Symptomangaben und Erinnerungen, die weltanschauliche Klarstellung gilt für alle Symptome, und so vollzieht sich der therapeutische Entwicklungsprozeß nicht nur im Gebiete der besprochenen Symptome, sondern auch im Gebiete der andern Symptome, von denen Pat. oft gar nichts weiß, kurz in der Gesamtpersönlichkeit.

Der Erkenntnistherapeut interessiert sich für seine Pat. nur ärztlich, also beruflich, er betrachtet und behandelt ihre Persönlichkeit „unpersönlich“, sachlich, seine Freundlichkeit ist Menschenfreundlichkeit, nicht aber Freundschaft und noch weniger Sinnlichkeit, er „liebt“ seine Pat. nicht, er kann mit ihrer „Liebe“ nichts anfangen, er will nicht ihr „Vertrauen“, schon gar nicht ihr „blindes Vertrauen“ — und er sagt ihnen auch klar und nüchtern, daß er nur im ärztlichen Berufsverhältnis zu ihnen steht, daß sich „Einladungen in die Villa“ usw. nicht mit der Therapie vertragen, daß er kein „Vertrauen“, sondern nur die Überzeugung von seiner Fachkenntnis, der „Wahrheit des Arztschildes“ beim Pat. voraussetzt. Dem Arzte „zu Liebe“ kann niemand genesen, auch nicht durch die Liebe des Arztes. Pat. muß lernen, Beruf und Liebe zu trennen. Nicht selten entwickelt sich aus der Behandlung, also nach ihrem Abschlusse ein freundschaftlicher Verkehr, aber während der Behandlung ist er unangebracht. „Offiziell“ ist nicht „privat“. Wer sich durch „Liebenswürdigkeiten“, Geschenke oder gar sinnliche Avancen usw. der Pat. aus seiner rein beruflichen Einstellung herauslocken läßt, wer „dem Pat. zu Liebe“ ein Auge zudrückt, d. h. auf die erforderliche Klarstellung von Tatsachen verzichtet, zeigt nur, daß er von Neurosen nichts oder doch nicht genug versteht, und hat ebenso verspielt wie der Arzt, der in Wort, Miene, Geste, Ungeduld, Verletztheit, Übelnehmen (auch falls Pat. es darauf anlegt, ihn zu kränken, zu provozieren) oder andere Aufgeregtheit zum Ausdruck bringt: Pat. triumphiert über den Arzt und bricht aus der Therapie aus (das heißt übrigens nicht, daß sich der Arzt „alles gefallen lassen müsse", er sagt aber gegebenenfalls dem Pat. in aller Ruhe, daß er zwar wisse, daß der Kranke nichts für sein Kranksein könne, daß er aber mit Rücksicht auf die in solchen Fällen erfahrungsgemäß ungünstige Prognose die Weiterbehandlung ablehne). „Gefälligkeiten" soll der Arzt nicht verlangen oder annehmen: sie gehen zu Lasten der Therapie (Pat. beruft sich auf sie, verpflichtet sich den Arzt, beansprucht freundschaftliche Nachsicht usw., eine Art (Bestechung). „Versprechungen" werden wie andere Symptome behandelt, der Arzt nutzt den „Enthusiasmus" der Pat. nicht aus. Der Arzt gibt acht, daß nicht der Pat. ihn „behandelt". — Das Honorar wird zu Beginn der Behandlung vereinbart (Höhe nach sozialen Gesichtspunkten) und die Vereinbarung in einem „Honorarschein" schriftlich bestätigt*). Pat. gilt als „juristische Person", und Rechtsgeschäfte müssen recht-mäßig erledigt werden. Arzt und Pat. sind in der Therapie nicht gleichgestellt, beide sind gewiß „nur" Menschen, aber der Arzt ist der Führer-Lehrer, der Pat. der Geführte-Schüler; diese Stellung bedeutet nicht Herrschaft und Unterwerfung, nicht Autoritätsdünkel und Anbetung, nicht Götterspruch und Glaube, sondern Lehren und Lernen.. Die Erkenntnistherapie ist lehr-lernhafte Zwiesprache.

Der Erkenntnistherapeut muß in jeder Hinsicht vorbildlich, d. h. er (sie) muß gesund sein. Er (sie) muß verheiratet sein. Erst vollreife Persönlichkeiten können diese Therapie ausüben. Sie ist erlernbar. Die Erkenntnistherapie ist nicht schwieriger, aber sehr viel zeitraubender als eine schwierige Operation. Der Lehrling lernt, der Gesell übt, der Meister kann sie.

B. Die Stadien des vertikalen Genesungsweges.

Jedes Erlebnis ist eine HASTF-Reihe, das Hstadium ist das Anfangsstadium, ohne dieses gibt es kein Erlebnis. So beginnt auch das Erlebnis der Heilung, der vertikale Genesungsweg mit

*) Muster: Ich habe mit Herrn Dr. (Name) ein Honorar von (Zahl) M. für die Einzelstunde, für die Doppelstunde also das Doppelte vereinbart. Stunden, die nicht spätestens tags zuvor abgesagt sind, werden voll honoriert. Erfüllungsort für beide Teile: Wohnort des Arztes. — Wer sich beleidigt fühlt, ist aufzuklären; wer sich weigert, mag gehen. Nicht selten kann das Honorar nur in Teilbeträgen gezahlt werden; es ist gut, auch diese zu vereinbaren und im Honorarschein zu vermerken. Stets wird die geldliche Lage des Pat. berücksichtigt. Seide spinnen kann der Erkenntnistherapeut nicht, aber ein gutes Einkommen haben.

seinem Hstadium, dem Genesungshunger (G.-H.) oder -willen. Wo kein Genesungswille, da auch kein Genesungsweg. Der H. ist hier Entwicklungshunger (4. Bd. § 6, $_1$) im Sinne von Differenzierungshunger, Funktion kranker HRSe und DZn, die ihrer biolog. Spezifität gemäß in eine verspätete Höherdifferenzierung eintreten; Pat. beschreibt diesen H. mit Worten wie „ich will endlich mal richtig gesund werden". Dieser H., der hier nach seiner Richtung (topischen Symbolkomponente) gekennzeichnet wird, ist ein anderer wie der horizontal gerichtete Genesungshunger, an den sich der gewohnte Krankheitsablauf anschließt.

Wo der vertikale Genesungshunger nicht vorhanden ist, wird auch der vertikale Heilweg nicht beschritten. Diese Pat. wissen gar nicht, daß es einen solchen Heilweg gibt, und falls sie davon hören oder lesen, so denken sie gar nicht daran, daß er für sie in Betracht kommt, ja notwendig ist, sie meinen vielmehr, „so etwas" sei nur für die andern da, raten wohl auch andern, sich derart behandeln zu lassen, begleiten sie sogar zum Erkenntnistherapeuten und sind — dies gilt besonders für die Angehörigen — erstaunt, etwa zu erfahren, daß sie selber in dieser Art behandlungsbedürftig seien. Sie haben dazu „keine Lust", sie wollen nicht so behandelt werden, sie „verstehen nicht, was der Arzt von ihnen will", „so gesund möchte ich gar nicht werden, das wäre ja langweilig", „ich müßte mich Ihnen unterwerfen, und das könnte ich nicht", ihre Differenzierung ist abgeschlossen, sie bleiben krank. Immerhin kommt es vor, daß sich der (horizontale) Genesungshunger in die Vertikale ausrichtet, falls die Pat. von der Möglichkeit, echtgesund zu werden, hören, sich orientieren, etwa einen Versuch machen. Zwingen kann man freilich den Pat. nicht, den vertikalen G.-H. zu haben oder zu bekommen, und er selber kann sich auch nicht dazu zwingen. Die Erkenntnistherapie arbeitet grundsätzlich ohne Zwang, sie führt ja aus dem Zwang heraus, und mit Zwang kann man Zwang nicht heilen; sie kann also auch als Einleitung der Behandlung den Zwang nicht gutheißen. Pat. muß*) natürlich erfahren, daß es die Erkenntnistherapie gibt, es ist auch richtig, daß ihm z. B. von seiten der Angehörigen oder genesener Pat. die Vorteile der echten Genesung dargelegt werden: nicht selten erreicht unter solchen Umständen der vertikale G.-H. eine zur Behandlung hinreichende Intensität. Pat. kann auch von Angehörigen zum Arzte begleitet werden, z. B. falls er zunächst zu große Angst hat, allein zu kommen. Aber zwingen soll man den

*) „Müssen" gibt hier und im Folgenden nicht einen Zwang an, sondern eine Notwendigkeit — wie in dem Satze: wer auf die Höhe kommen will, muß hinaufsteigen, niemand aber zwingt ihn dazu.

Pat. zum Arzte nicht; mit Gewalt, Drohungen usw. soll man ihn nicht bringen: er verschließt sich sonst radikal dem Arzte, den er als „Mitverschwörer“ bemißtraut, ebenfalls als Bezwinger erlebt und gegen den er sich zur Wahrung seiner Allmacht mit allen seinen Mitteln zur Wehr setzt. Pat. muß von sich aus, aus eignem Willen kommen. Der Arzt darf ihn auch nicht zur Behandlung überreden oder sonstwie „nötigen“, er sagt: ich rede nicht zu, ich rede nicht ab, wer kommt, ist willkommen. Er setzt aber pflichtgemäß dem Pat. die Notwendigkeit, den Weg und das Ziel der Behandlung auseinander. In diesem Sinne ist auch die erk.-therap. Behandlung in Anstalten, in die man die Pat. mit mehr oder weniger Zwang bringt, prognostisch nicht eben günstig, ganz abgesehen davon, daß Pat. dort von der Lebensfront entfernt ist, an der er leisten soll, und an der er eben auch behandelt werden soll; auch haben die Anstaltsärzte für den Einzelnen nicht die erforderliche Zeit.

Eheleute werden am besten beide (getrennt, evtl. nach gemeinsamer Unterrichtung in den allgem. psychobiolog. Tatsachen) behandelt. Falls das unmöglich ist, besteht die Hoffnung, daß sich an der Genesung des einen Partners, dessen Verhalten sich also ändert, der andere ebenfalls „gesundlebt“, ohne es zu merken. Der behandelte Ehepartner soll aber den andern nicht „belehren“, nicht Erkenntnistherapeut sein wollen, sonst richtet sich die neurot. Einstellung des Partners gegen diesen Versuch der Aufklärung und gibt es nur gemehrte Zwistigkeiten. Therapie ist Berufstätigkeit, Eheleute aber stehen im Liebesverhältnis. Daher pflegt der Arzt auch seine Angehörigen nicht selber zu behandeln. Werden Freunde behandelt, so ist das freundschaftliche Verhältnis in der Therapie auszuschalten. Beruf und Liebe sind nicht zu verwechseln oder zu verschmelzen, sonst gibt es hier wie da Fehlansprüche, Enttäuschungen, Trennungen.

Manchmal wird der in Behandlung befindliche Ehepartner vom andern, der den Pat. wohl gar erst zum Arzte geschickt hat, aus Angst, ihn aus der Alleinheit und somit diese selbst zu verlieren, gegen den Arzt „beeinflußt“, ja verhetzt, so daß sich die Behandlung erschwert oder als undurchführbar erweist. Auch kommt es vor, daß der andere Ehepartner dem Arzte „auf die Bude rückt“ und ihm aus seiner Unkenntnis heraus „die Meinung sagt“, auch wohl allerlei „Ratschläge“ anbringt in dem Wunsche, der Arzt solle aus dem Pat. das machen, was sich der andere Partner denkt*). Ist ein Ehepartner neurotisch, so auch der

*) „Erkundigungsbesuche“ von Angehörigen sind meist unangenehm. Der Besucher, selbst neurotisch, steht der Erkenntnistherapie meist völlig fremd gegenüber, hat keine Ahnung, was da eigentlich geschieht, verlangt aber Auskünfte, als ob er urteilsfähig wäre, äußert sich auch kritisch usw.

andere (Krank heiratet Krank — ein biolog. Naturgesetz); er „wünscht", daß der Arzt den Pat. nach den Ideen des Partners, der doch ebenfalls krank ist, „zurechtschneidere". Konflikte sind da manchmal unvermeidlich, der Arzt muß auch da Therapeut sein und bleiben. Fast immer werden kranke Ehen in der Behandlung besser bis heil, doch kommt es auch mal — in meiner über 3 Jahrzehnte langen Praxis ist es nur 3mal geschehen, und da lebten die Eheleute schon vorher getrennt — vor, daß eine kranke Ehe bei Genesung des einen Partners vollends in die Brüche geht, geschieden wird. Die Erkenntnistherapie ist kein Ehekitt. Ihre Aufgabe ist einzig und allein die, den Kranken zur Genesung zu führen. Kranke Kinder stammen von kranken Eltern; manchmal leisten die Eltern in ihrer Neurose der Behandlung des Kindes, das sie „dem Arzte anvertraut" haben, offen oder hintenherum Widerstand. Man kann natürlich mit Neurotikern nicht wie mit Gesunden reden, mit Laien nicht wie mit Fachleuten. Fast alle Leute und in Sonderheit die Neurotiker, die ja Alles- und Allesbesserwisser sind, halten sich in Sachen „Persönlichkeit", „seelisch-geistiger Vorgänge", „Charakter" usw. für mindestens so erfahren wie der Fachmann; der muß nun sehen, wie er da am besten durchkommt. „Gute Freunde" u. a. Neunmalkluge bemühen sich, Pat. aus der Therapie zu locken, und mancher erliegt solchem suggestiven Gerede. Auch viele Ärzte, Geistliche usw. glauben, weil sie Medizin, Theologie usw. studiert hätten, wüßten sie nun auch „in der Seele" Bescheid und könnten über die Psychobiologie, von der sie vielleicht nur den Namen kennen, urteilen, also auch zur Erkenntnistherapie „Stellung nehmen". Dazu kann man oft nur schweigen. —

Ist der vertikale Genesungshunger zu schwach, ist die Prognose meist ungünstig. Solche Pat. sagen wohl: „Wenn ich doch auch so leben könnte wie die andern!", aber darin liegt die Genugtuung darüber, daß sie „Schicksalsträger" seien, auserwählt-verflucht, die „schöne Welt" nur von ferne zu sehen und ihren Zauber zu überwinden (vgl. Jesus auf der Zinne des Tempels: „Apage satanas!"). „Ich möchte schon, aber mir fehlt die Kraft", seufzt Pat. und nimmt seine Tabletten oder Kügelchen. Er möchte „für sein Leben gern" (sagt er) gesund werden, dabei aber — seine Krankheit behalten, sich die Gesundheit erarbeiten, sein unbequem-bequemes Leben aufgeben — nein, das mag er nicht. Es kommt aber vor, daß sich, falls Pat. sich überhaupt stellt, seine Willensschwäche im Gange der Therapie be-

---

Der Arzt kann da nur einige allgemeine Tatsachen mitteilen, sich aber auf Einzelheiten, gar auf Diskussionen nicht einlassen, und der Besucher nimmt das leicht übel, auch den Hinweis auf das ärztliche Berufsgeheimnis. Noch unangenehmer sind derartige telephonische „Erkundigungen".

hebt und die Behandlung so zu einem befriedigenden Ergebnis führt. Mit „Ermutigung“ freilich u. a. suggestiven Einreden, der Pat. möge nur wollen, er könne schon, wenn er nur wolle usw., ist der Genesungswille nicht zu „wecken“ oder zu „stärken“; mit Willen kann man den Willen nicht herzaubern oder ankurbeln, nicht die Willensschwäche in Willensstärke verwandeln.

In andern Fällen ist der Genesungshunger intensiv genug, daß Pat. sich stellt, dabei aber doch kranker H., wenn man ihn auch als „guten Willen“ bezeichnet. In wieder andern Fällen ist er zu intensiv, hypertroph. Pat. leidet da an Genesungsgier, Genesungssucht, er hat es zu eilig, kann es nicht erwarten, stürzt sich in die Therapie, findet alles selbstverständlich, ist schon fertig am Anfang, er sagt: „ich muß es schaffen, ich will unbedingt gesund werden“, d. h. mit seinem Willen will er die Genesung erzwingen, ja hat sie schon hergezaubert, von oder mit dem Willen ist schon „alles“ getan (magische Sofortigkeit). Er überrennt die Genesungsaufgabe, aber damit genest er nicht, er nihiliert ja nur die Krankheit, den Arzt und seine Methode. Den gesunden H. kennt er nicht, er meint, sein Wille sei gesund, ja besonders „energisch“, und mit diesem H. als einem Dämon könne er „die Krankheit“ als den Feind-Dämon magisch auslöschen, wegzaubern. Pat. wird darüber aufgeklärt, daß sein vermeintlich „stahlharter, unbeugsamer, fanatischer“ Wille bloß krampfiger H. ist, und obendrein, daß der Wille kein Garant für die Erfüllung, sondern eben bloß das erste Stadium des Ablaufes ist; auch da muß „der Glaube an die Dämonie“ fallen. Pat. muß lernen und lernt geduldig werden, warten und ruhig arbeiten. Um vom 10. Jahre an 15 Jahre alt zu werden, mußte er genau 5 Jahre warten; die Entwicklung vollzieht sich in ihrem biolog. Tempo: der „Wille“ kann es weder beschleunigen noch hemmen. Es zeigt sich, daß Pat., je geduldiger er im Streben nach Genesung ist, um so eher zum Ziele kommt; freilich ist wie die Ungeduld so auch die Übergeduld (Indolenz, Fatalismus, pathol. Hemmung usw.) ein Symptom, beide: die Ungeduld wie die Übergeduld sind schlechte Lehrmeister. „Sie sagen ja selber, ich müsse geduldig sein, also warte ich ab und brauche nichts zu tun“, so der Pat.; er muß erfahren, daß nur ruhige, stetige Arbeit zum Ziele führt, und daß sein Schwanken zwischen Un- und Übergeduld „therapeutisches Symptom“ ist. „Ich bin schon 14 Tage in Behandlung und merke noch keine Besserung, dabei treibe ich Tag und Nacht Therapie“, sagt Pat. und zappelt mit Händen und Füßen; er erfährt, daß sich die Entwicklung stetig vollzieht, daß sie sich nicht erzwingen läßt, daß er zu viel des „Guten“, somit Schlechtes tut mit seiner „ewigen Therapie“, daß auch die DZn, deren Aktn. die „therapeutischen Gedanken“ sind, hypertroph funktionieren können, daß er nicht jeden Augenblick und mit dem Zentimetermaß feststellen kann, ob und wieweit er schon gebessert ist, usw. Er möchte dann gern „n o c h etwas" tun, um die Therapie zu fördern, und muß einsehen, daß es nur e i n e n Weg auf die Höhe gibt und daß er diesen (in der Erkenntnistherapie) geht. „Sie sind ein Wundertäter, Herr Doktor, ich bin gesund!" verkündet ein anderer Pat., als er zur 2. oder 3. Besprechung kommt; so hat er den Arzt und seine Therapie „überwältigt", aber — er erfährt, daß er sich nur in einer dämonistisch aufgefaßten Suggestion befindet, an deren Lösung wir sofort herangehen; der Arzt sagt: „Nun, so wollen wir anfangen zu arbeiten!"

Auch der vertikal gerichtete G.-H. kann n o r m f e r n und n o r m n a h gerichtet sein. N o r m f e r n ähnelt er mehr oder weniger dem horizontalen H., Pat. verhält sich mehr oder minder ähnlich dem Pat., der in seinem gewohnten Übergalopp bleibt: er eilt rastlos auf Ab-, Irrwegen, unentwegt von Arzt zu Arzt, von Kur zu Kur, von Pfuscher zu Pfuscher, und je alberner das „Heilverfahren", desto hungriger ist er dahinterher. Er vergeudet Zeit und Geld, er hat nie Zeit und Geld, es ist ja „alles gleich". Nirgends hält er aus, hält er durch, überall ist er und nirgends. Er ist nie zu „fassen", zu „fesseln", alles, was er sagt und tut, ist „unverbindlich", „freibleibend". Er ist immer „im Handumdrehen fertig". „Das haben Sie sich ja ganz schön ausgedacht", sagt er dem Arzte im Vorüberschweben. Der Heilungsucher sucht das Wunder, ja er fordert es in Wahrung der Eigendämonie heraus: ihr muß sich auch das Heilwunder fügen, er darf es nicht loslassen, er muß es überall erspüren und ihm nachjagen, den jeweiligen Arzt als Wuntertäter (suggestives Nachlassen von Beschwerden) jetzt anbeten und bald darauf enttäuscht verlassen und verfluchen (vgl. Hosiannah! — Kreuziget ihn!), er muß „die Therapie", gleichgültig welche, ob diese oder jene, die Alltherapie „fressen", „verschlingen", also bannen — und es ist klar, daß er so niemals zur Genesung kommen kann. Aber statt aus den Mißerfolgen zu lernen, daß er auf falschen Wegen herumirrt, verdoppelt der ewige Wanderer seine Eile, des Heilzaubers habhaft zu werden. Wo von einem Wunderheiler die Rede, da muß er hin; dabei rennt er um die echte Therapie, die echte Genesungsaufgabe in weitem Bogen herum. Es muß doch auch für mich Heilung geben, tut und sagt er, sonst würde ich doch nicht ruhelos darnach suchen, die innere Stimme treibt mich unablässig an, — dies aber bedeutet, daß ich sie doch nie finden werde, daß es für mich keine Heilung gibt, — so habe ich das Heilwunder und seinen Träger überwunden, so ist das Unerreichbare immer schon erreicht und ist das Erreichte immer das Unerreichbare, ist der Unheilbare der Geheilte, ja der Allgeheilte, der Allheiler, der Heilwundertäter, der Heiland, der alles Heil und Unheil in seine Allheit einschmelzt, in seiner Allheit hält. In seiner Unheilbarkeit findet er seine Genugtuung: niemand und nichts kann ihm dem Allhelfer helfen, und so muß er weiter reisen, um alle Heiler, allen Heilzauber zu entmachten und sich anzueignen.

Manchmal aber lernt Pat. doch auf die normnahe Richtung um (eine rein biolog. Veränderung der Topik seines Heilstrebens). Er stößt „zufällig" auf die Erkenntnistherapie, und je nachdem ist die „Berührung" flüchtig (er „schwebt vorüber") oder dauernd (er „bleibt hängen", hält durch). Zunächst sieht er in der vertikalen Methode „auch nur eine Modifikation des Altbekannten" (was wirklich „neu" ist, taugt nichts, und das Alte taugt sowieso nichts, denn es hat mir ja nicht helfen können), „man kann's ja mal probieren", „kann mal hören, was der Mann zu sagen hat", man weiß ja schon im Voraus, daß es nichts ist, daß er auch nur eine Null ist. Pat. muß also dahin umlernen, daß die vertikale Therapie grundsätzlich von der horizontalen verschieden ist, daß sie weder im rohen noch im psychologisch-kausalischen Zauberglauben verläuft, sondern aus ihm herausführt. Vollzieht sich hierbei die Umstellung der Genesungsrichtung auf Norm, so hat Pat. schon viel gewonnen; vollzieht sie sich nicht, so gibt's kein Halten, unfähig zur echten Heilarbeit, ja sogar zum Widerstand gegen sie, ja sogar zur Angst vor ihr „sucht er das Weite". Eine Art des „Immer-unterwegs-seins" ist auch das „Schweifen der Gedanken" in der Therapiestunde: Pat. sitzt zwar in seinem Sessel, sitzt seine Stunden brav ab, aber „in Gedanken ist er weit weg", hört gar nicht oder nur bruchstückweise, was ihm gesagt wird, löscht die Worte aus, ist „wie berauscht", und der Arzt muß ihn erst aufklären, daß er sich auf diese Weise der Therapie entzieht, ihren vermeintlichen Zauber vermeintlich vernichtet, seine Jenseitigkeit, Unerreichbarkeit, Freizügigkeit, Absolutheit, Alldämonie, Alleinheit wahrt.

Auch der normnah gerichtete G.-H. verbürgt noch nicht das Gelingen. Pat. eilt zwar auf die Heilaufgabe vertikal los, aber er kann (spizifitätgemäß) noch immer in einem folgenden Stadium abbiegen. Man muß von vornherein hierauf aufmerksam machen in der Erwartung, daß Pat. wenigstens soviel „verdauen" kann, daß er nicht ausbricht; in der Regel gelingt das auch. Je mehr Pat. aus seiner neurotischen, also chaotistisch-magischen WA herauswächst, desto mehr lernt er einsehen, daß der Arzt kein Feind-Dämon, die Heilaufgabe keine dämonische Hinterlist des Arztes ist, den Pat. „zu Falle zu bringen", und dabei verblaßt die Dämonie überhaupt, also auch die Dämonie der symptomatisch erlebten Aufgaben: sie werden mehr und mehr reinmenschliche, also echt leistbare. Der normnah gerichtete G.-H. gestattet an sich eine günstige Prognose.

Das 2. Stadium des Genesungsvorganges ist das Astadium, das Stadium der Entwicklungsangst, der Angst vor der Genesungsaufgabe und der Genesung, vor dem „Essen vom Baume der Erkenntnis" und seinen „verhängnisvollen" Folgen. Sie ist Funktion kranker ARSe und DZn, die ihrer biolog. Beschaffenheit nach in eine verspätete Höherdifferenzierung eintreten (S. 168). Wo der vertikale G.-H. nicht vorhanden ist, gibt es natürlich auch keine vertikale Genesungsangst usw. Die G.-A. kann mehr minder intensiv sein, auch im Verhältnis zum G.-H. Ihre Richtung kann normfern oder normnah sein. A. normfern gerichtet: Pat. wagt sich nicht zum Arzte, verschanzt sich hinter seine Symptome, schrickt vor dem „Anfang", vor der Aufgabe zurück, sträubt sich, hat tausend und eine Ausrede, z. B. er habe keine Zeit, kein Geld — aber zum Kranksein hat er Zeit und Geld! —, man müsse da „alles sagen", die intimsten Dinge offenbaren, seine „Geheimnisse" verraten und so „sich preisgeben", „sich dem Arzte (-Dämon) überliefern" (d. h. die Alleinheit aufgeben), die Beschwerden seien „momentan" zu heftig, sie seien überhaupt nicht so schlimm, ja gar nicht mehr da, es habe ja noch Zeit, man wolle oder müsse erst nochmals verreisen, noch einen anderen Versuch machen, es gebe ja noch mehr Ärzte — oho!, die Erkther. möge für andere gut sein, für ihn sei sie ungeeignet, man habe auch allerlei Ungünstiges gehört (kann stimmen, aber auch mißverstanden, übertrieben oder erlogen sein), geh du doch erst mal hin, wenn er dir hilft, dann gehe ich auch hin, Appell an die Liebe der Angehörigen: ich kann doch nicht, drängt mich nicht, ihr müßt mich doch verstehen, usw. Man legt sich in der A. vor der Aufgabe, zum Arzt zu gehen, ins Bett oder „zwingt" sonstwie die Angehörigen, den Arzt zu rufen, „zwingt" den Arzt zu kommen und hat sich so seiner, seines Zaubers schon bemächtigt, die Alleinheit gewahrt. Oder man wagt sich zwar zum Arzte, aber in Begleitung, d. h. mit dem Schützer, der denn auch „im Auftrage" dem Arzte berichten muß („sag du's, ich kann nicht", damit ist man „außer Obligo", hat nichts gesagt, was der andere angibt, kann ja unrichtig sein, usw.). Oder man spricht in Vorbehalten, Ausreden, Ausflüchten, stottert etwas heraus, lügt dem Arzte allerlei vor, schwindelt wie gedruckt, überschwemmt den Arzt mit ungereimten Redensarten, läßt ihn nicht zu Worte kommen, oder schweigt hartnäckig, zittert, schwitzt, die Gedanken sind weg, so kann man sie ja auch nicht aussprechen (wie fein! man ist gerettet!), usw. Man findet den Arzt unsympathisch, der Bart ist abscheulich, die Nasenspitze gefällt nicht usw., „ich könnte mich von dem nicht behandeln lassen". Man verabredet ernstlich oder „bloß, um loszukommen" („es ist ja doch nichts für mich", „das ist mir zu hoch") die nächste Stunde und geht „einfach" nicht hin oder kommt zu spät (Terminangst) oder sagt ab unter allerlei Ausreden, zu denen man allerlei Tatsachen erschwindelt oder mißbraucht („Sie müssen das doch verstehen, Herr Doktor“, „zu schade, daß gerade jetzt meine Tante so schwer krank geworden ist, daß mir gerade jetzt diese große Arbeit zugewiesen worden ist“ usw.). Man will die Methode eigenmächtig ändern, aber der Arzt läßt sich vom ABC nichts abhandeln. Man mißversteht die Stundenordnung (Disziplin) der Praxis als Zwang und lehnt ihn ab („Ich kann nur zweimal die Woche kommen“. „Ich werde jetzt 3—4 Wochen aussetzen“. „Sie denken, wir müssen nach Ihrer Pfeife tanzen, — nee, nee, mein Lieber!“ triumphierte der Herr Generaldirektor heftig, aber der Arzt klärt ihn freundlich darüber auf, daß in der Praxis — auch der anderen Patienten wegen — genau so Ordnung sein muß wie in seinem Betriebe usw.). „Ich weiß, daß ich nur durch Sie gesund werden kann, aber gerade deshalb kann ich nicht zu Ihnen kommen, denn wenn ich nun doch nicht gesund würde — eine Garantie kann ja kein Arzt geben —, dann hätte ich niemanden mehr, von dem ich wüßte, daß er mir bestimmt hilft“. „Wenn ich den Glauben an die dämonischen Mächte verlieren und gesund werden würde, und es gäbe doch diese Mächte, dann müßte ich wieder krank werden oder geriete ins Verderben?“ „Ich möchte für mein Leben gern gesund werden, aber wenn ich nur wüßte, was dann aus mir wird“ (A. vor dem Verlust der A., die vor dem Unheil warnt, schützt, also der Krankheit als „der einzigen Lebensmethode“, die die Wahrung der Alleinheit-Allmacht, des Lebens, der absoluten Reinheit usw. garantiere). „Wenn ich nun nicht gesund werde, das wäre ja furchtbar, ich wäre ruiniert, die Blamage würde ich nicht ertragen“. „Ich bin mit dem Erreichten sehr zufrieden“, rühmt Pat. nach wenigen Stunden in seiner A. vor der Heilarbeit, ihrem Erfolg oder Mißerfolg, er „kauft sich los“ mit Rühmen oder Angebot erhöhten Honorars usw. „Wenn ich nun doch ein organisches Leiden habe, wie ich glaube — die Ärzte können es ja auch nicht wissen —, dann wäre Ihre Behandlung doch erfolglos“. „Ich bin geistig minderwertig“, pariert und paradiert Pat., „ich habe in der Schule nichts gelernt, mir fehlen die Grundlagen für einen Beruf, auch Sie werden mit mir nichts anfangen können, ich bin eben angeboren psychopathisch (und damit gefeit gegenüber allen Aufgaben und Ansprüchen des tödlichen Lebens)“. So gibt es ungezählte scheinlogische „Argumente“, Vor-urteile, Vor-wände, hinter die sich Pat. verpanzert. Er biegt in eine normferne Richtung ein, die schließlich in die horizontale Linie einmündet: es bleibt alles beim Alten. Mancher sucht sein krankes Ausweichen mit der falschen Behauptung, er sei nun im Sanatorium X oder durch den Kräutertee oder Medikamente usw. ganz gesund geworden, zu rechtfertigen. Indes stellt sich die G.-A. bei entspr. Aufklärung oft in die normnahe Richtung um. Manchen Neurotiker aber hindert die Neurose, die Neurose zu verlieren (Heilungs-Abstinenz).

Ist die G.-A. normnah gerichtet, so erscheint Pat. und begibt sich an die Arbeit, aber zunächst mit zuviel Angstaufwand (Hemmung). Er kommt unpünktlich *), fährt irre, muß vor der Stunde nochmal austreten, rutscht unruhig im Sessel hin und her, sitzt fluchtbereit auf der Stuhlkante (nur nicht bequem sich anlehnen! das wäre magisch zu gefährlich: man müßte sich ja im Falle des „Angriffs" erst aufrichten und würde so Zeit verlieren), zappelt mit Fingern, Mienen usw., spielt an Polsterknöpfen des Sessels herum und dreht sie auch ab, scheut den (magischen) Blick-Anblick des Arztes, verheimlicht Namen und Anschrift, wird rot und blaß, schwitzt Blut und Wasser, weint wohl auch, kann nicht denken („Gedanken wie weggeblasen", „ganz benommen"), gähnt zwanghaft, wird müde (Aspasmen der Hirngefäße mit Absinken der Bewußtseinshelligkeit) — kurz exerziert die individuellen Angstsymptome vor. Er erlebt die Therapiestunden als das Jüngste Gericht, als eine Prüfung und Entscheidung über das ewige Leben oder den ewigen Tod, ist verstopft (im weitesten Sinne, also stumm, zugeknöpft, verstockt, verlegen, trotzig, aufsässig, läßt sich jedes Wort abkaufen, stottert, entstellt, lügt, hört nur einzelne Worte und auch diese verschwommen, „alles wie im Traum", ist auch innerlich verstopft usw.) oder durchfällig (im weitesten Sinne, also schwatzhaft, ab- und ausschweifend, redet um die Symptome herum, versteckt sich hinter Wortschwall, „muß alles sagen" — wie in der Beichte, „ja nichts vergessen" und vergißt doch die Hauptsache, nämlich die Therapie, er schwankt vor der Schwelle zur Genesung, vor der Heilarbeit hin und her und wehrt sich ängstlich gegen die therapeutischen Erläuterungen — auch in der Art, daß er sie über sich ergehen läßt wie die Gans das Wasser (ohne naß zu werden), daß er sich unterwirft und so die Therapie nicht an sich heranläßt, sie negiert. Auf beiderlei Weise ist er unzugänglich wie Faust in seinem Zauberkreise. Und diesen „sicheren" Bannring soll er nun verlassen? Er soll seine Lebensgewohnheit, seine Lebensmethode, die ihm bisher das — (ewige, dämonische) Leben garantierte, aufgeben? Er soll auf seine „einzig-einmalige Mission", sein „Welterlösertum" verzichten, d. h. einsehen, daß dies alles nur Wahn ist? Ist der Arzt, der ihm das zumutet, nicht der furchtbare Verführer in den (ewigen) Tod, der Tod-Gott-

*) Norm. Var.-B. natürlich anerkannt; kommt Pat. aber regelmäßig, habituell, „methodisch" erheblich zu spät oder zu früh, dann hat er eine neurotische Auffassung vom „Termin" (als dämon. Zwang, den es zu entmachten gilt).

Teufel selber? Pat. soll, geheilt, das tun, wovor seine Angst ihn jetzt „beschwörend“ warnt, schützt, und das aufgeben, was ihm jetzt „alles“ bedeutet, wovon Sein oder Nichtsein abhängt (d. h. die Alldämonie, die Zaubermacht, realiter: seine Symptomatik). Er soll locker lassen, die norm. Var.-B. anerkennen, d. h. die bisher mühselig, aber „sicher“ durchgeführte Balance auf der gedachten Linie über dem Bodenlosen verlieren und damit sich selber verlieren, ins Bodenlose stürzen, d. h. irdisch werden, bequem auf Erden dahinwandeln, ein Sterblicher unter Sterblichen? Er soll einsehen, daß er ein Tat- und Unterlassungssünder sei (Abutient bzw. Abstinent), während er doch des Glaubens war und ist, gerade mit seinem Verhalten die göttliche-teuflische Versuchung, die Sünde, den ewigen Tod, das ewige Verderben zu bannen, zu entmachten? Er soll den Glauben an sich selbst (d. h. die Selbstanbetung) aufgeben — heißt das nicht: an sich verzweifeln; er soll an sich und seinen Urteilen irre werden — heißt das nicht: erst recht verwirrt werden? (Nein, das heißt: sein Irren erkennen, das Verwirrte entwirren — es gibt keinen andern Weg zur Norm, zur Gesundheit). „Bisher ist mir immer alles gelungen“ — womit Pat. die Logik des kranken Geschehens, die zwanghaft-konsequente Serie seiner (unerkannten) Miß- oder Scheinerfolge meint — „wie wird es ohne diese nachtwandlerische Sicherheit gehen?“ „Vielleicht verdanke ich meiner Neurose meinen Aufstieg, was wird aus mir, wenn ich sie verliere?“ (erst ein gesunder, voll leistungsfähiger Mensch). Pat. soll erkennen, daß sein ganzes bisheriges Leben im wesentlichen „ein einziger großer Unsinn“ gewesen ist, — wie furchtbar! Usw.

Der Arzt erklärt dem Pat., die dämonist. Auffassung: er erscheint ihm wie einst der Vater als Feind-Dämon (Gott-Teufel), gegen den man sich aufsässig oder unterwürfig, trotzig oder demütig, verschüchtert oder verzärtelt be-haupten und dessen Dämonie man „so oder so“ entmachten müsse, auch falls sie in der Form der „Aufgabe“ auftrete *). Realiter ist aber der Arzt „auch nur“ ein Mensch, ein Reflexwesen wie Pat., nur eben Fachmann, die Dämonie entfällt. Er ist nicht Beichtvater (mit der magischen Fähigkeit „zu binden und zu lösen“), sondern Wegweiser.

*) Mancher Pat. bittet, rauchen zu dürfen; der Arzt, der in der Therapiestunde selbstverständlich nicht raucht, verbietet es dem Pat. nicht, weist ihn aber darauf hin, daß das Rauchen hier ein Angstsymptom ist, zur Beruhigung-Betäubung, d. h. als Schutzzauber gegen den Arzt und die Therapie dienen soll und daß wir die A. beheben, nicht aber betäuben wollen, ferner daß die Therapiestunde keine gesellige Veranstaltung, es also unschicklich ist, da zu rauchen. Auch andere Zwangsverfahren, mittels deren sich Pat. unsichtbar, ungreifbar und unangreifbar machen zu können wähnt, werden analog aufgeklärt und schwinden nach und nach.

Je mehr Pat. die dämonist. Deuteweise, in der er den Arzt und die Genesungsaufgabe erlebt, durchschaut und dazu die realische WA kennen lernt und akzeptiert, desto mehr mildert sich die Angst. Er stimmt zunächst mit Vorbehalten zu (auch der kleinste, versteckteste, auch der unwissentliche Vorbehalt, z. B. Floskeln wie „vielleicht", „mag sein", „Sie meinen also" usw. oder entspr. Mienen oder Gesten, auch gedachte, ist noch die Wahrung der „ganzen" Alleinheit, des „ganzen" Zaubers des ganzen Neinsagens); er baut zunächst die Vormauern seiner Zauberburg ab und häuft das Material an den inneren Wällen auf; er mißversteht zunächst die Therapie als („bloße"!) Theorie, lernt sie auswendig, aber nicht inwendig, wagt nicht, sie anzuwenden, in seine Lebenspraxis zu übernehmen („die Theorie ist ja sehr schön, aber wenn es nun doch Dämonie gäbe!?"); er zögert, auf den „absoluten Schutz" seines vermeintlichen Zauberringes, um den die feindlichen Geister toben, zu verzichten; er wirft zunächst noch die bange Frage auf, ob er es wohl schaffen werde, — mit dem Zweifel, was in dem einen oder dem andern Falle geschehe (schaffe ich es nicht, so muß ich krank bleiben, bin vernichtet, und schaffe ich es, so drohen mir die „tödlichen" Pflichten und Rechte der Gesunden, Großen, vor deren Leistung mich bisher meine Angst behütet hat); er erklärt, von dem bisherigen Erfolg befriedigt und ewig dankbar zu sein, aus Angst vor der Fortsetzung der Therapie, vor dem letzten Schritt in die Genesung, der ihm als „letzter Schritt" (auf den keiner mehr folgen kann, „alles aus") erscheint; er möchte in der Angst vor der „drohenden" Selbständigkeit den Führer nicht verlieren, in der Angst vor dem Ende der Behandlung als „dem Ende überhaupt" die Therapie „ewig" fortsetzen usw. Aber mehr und mehr lichtet sich der weltanschauliche Dunst, verlieren die kranken RSe an Funktionsintensität und gewinnen an biolog. Niveau, und um so mehr normalisiert sich sein Interesse für die tatsächliche Welt, um so besser hört er zu und verarbeitet das Gehörte nachprüfend zu seinem inneren Besitz, wobei sich die Anwendung, also die Besserung der Symptome von selbst einstellt.

Auch die periodischen Angsterregungen, in denen Pat. verzagen und „alles hinwerfen" möchte, mildern sich, die Richtungsschwankungen der A. pendeln sich aus. „Zu Anfang habe ich gedacht und wohl auch gesagt: Sie fürchterlicher Mensch wollen mir alles nehmen, jetzt sehe ich, daß es richtiger ist zu sagen: Sie wollen mir alles, nämlich die Gesundheit geben". Arzt: „Gewiß wollte und will ich Ihnen Ihr ‚alles' nehmen, nämlich die Krankheit, die eben Ihr ‚Ein und Alles' war, die Dämonie, die Ihnen Ihre Existenz bedeutete, — aber wie, wollten Sie die Krankheit denn nicht loswerden? — wie also hätte ich Ihnen ‚nehmen' können, was sie loswerden wollten! Und wie könnte ich Ihnen nehmen, was Sie gar nicht haben, was gar nicht existiert: die Dämonie! Und so kann ich Ihnen ja auch nicht ‚alles geben', Sie müssen sich die Gesundheit selbst erarbeiten. Ich zeige Ihnen nur Tatsachen, denen gegenüber die ängstliche Abkehr und Abwehr gänzlich fehl ist: die Tatsachen bleiben Tatsachen, ob sie — und ich, der sie Ihnen vorführt, Ihnen gefallen oder nicht, ob Sie sich vor ihnen verschließen oder nicht, sie lassen sich weder auf Ihre noch auf sonstige Weise wegzaubern. Kein Arzt kann die Pat. zwingen, zu ihm zu kommen und die Therapie zu durchleben, aber wer nicht kommt, kann auch nicht behandelt werden, und der Arzt tut nur seine Amtspflicht, indem er dem Pat. den Pelz naß macht, den er waschen soll. So habe auch ich nur ein ärztliches Interesse an Ihnen, aber es liegt ganz in Ihrem Ermessen, zu kommen oder nicht, ich mache Sie nur darauf aufmerksam, daß es ein neurotischer Fehler ist, in einer krisischen Stimmung, deren Eintritt ich Ihnen ja vorausgesagt habe, die Flinte ins Korn zu werfen: Sie haben da bloß Angst um Ihre Dämonie — die es ja realiter gar nicht gibt, die Sie also auch nicht verlieren können. Auch die Krankheit ist keine Dämonie, sondern ein biolog. Tatbestand, wie ich Ihnen erläutert habe. Denken Sie an den Ritter, der durch den Zauberwald zu Dornröschen, an Siegfried, der durch mancherlei Schrecknisse zu Brünhilde zieht: wer sich in seiner A. nicht irre machen läßt, kommt zum rechten Ziele. Usw.

Die A. strahlt auch in das Sstadium ein; sie erreicht kurz vor der Schwelle oft eine hohe Intensität: die Entscheidung steht bevor, die „letzte Warnung" erhebt sich: halt ein! du rennst vielleicht doch ins Verderben! Der „letzte" — wie der „erste" Schritt ist am schwersten: alle Brücken, ja die geringste (Zauber-) Verbindung zur Vergangenheit, zur Kindheit-Krankheit, zur Mutter, werden abgebrochen sein, ich werde ganz auf mich angewiesen, ganz selbständig, verantwortlich, ohne Hilfe und somit „hilflos" sein, werde keine Entschuldigung mehr vorbringen, keine Rücksicht auf mein Leiden (das ja nicht mehr da ist) verlangen können — wie wird das alles gehen?! könnte ich nicht doch ein kleines Restchen Krankheit, ein Symptömchen, d. h. einen kleinen versteckten Zauber, der doch eben der ganze Zauber ist, behalten und so meine Dämonie retten, der ich bisher mein Leben verdanke? Am schwersten trennt man sich von dem, was man zu haben wähnt. Am schwersten ist es, den Glauben aufzugeben, man habe etwas, was nicht existiert. Auch der Abschied von einem Wahn ist schmerzlich, aber die heilsame Operation muß eben stattfinden. Das „Messer" des Erkenntnistherapeuten ist das weltanschaulich aufklärende Wort. Indes der Pat. hat gelernt, an „seinem" Wegweiser, an der Richtigkeit seiner WA irre zu werden, die Dämonie als bloße Deutung zu durchschauen, den Glauben an ihre Wirklichkeit aufzugeben. So übersteht er auch diese Genesungskrise. Die Prognose ist bei normnah gerichteter A. im allgemeinen günstig, nur selten kommt es vor, daß Pat. „im letzten Moment" versagt, aber er hat dann schon eine weitgehende vertikale Besserung erfahren.

Das 3. Stadium ist das S s t a d i u m, die Heilarbeit im engeren Sinne, das schmerzliche Ringen um die Genesung, der Abschied von „den alten Götzen", von der so beschwerlichen und ach! doch so vertrauten Gewohnheit, das praktische Verlernen der bisherigen dämonistischen und das praktische Lernen der realischen WA. Der Genesungsschmerz ist Funktion kranker SRSe und DZn, die ihrer biolog. Beschaffenheit nach in eine verspätete Höherdifferenzierung eintreten, — wie übrigens alle kranken RSe, die sich eben im Gange der vertikalen Therapie normalisieren (S. 168, 174 usw.). Der G.-S. kann — nicht selten auch als aktuelles Gefühl — mehr minder intensiv sein, auch im Verhältnis zu den übrigen Spezies der kranken RSe. Es kommt (selten) vor, daß Pat. noch im Sstadium versagt, den „Kampf" aufgibt, abspringt, die „siegreiche Flucht" ergreift: n o r m - f e r n e Richtung. Im allgemeinen aber ist die Richtung n o r m - n a h oder stellt sich in der Therapie auf die richtige Schwelle und ihre Überschreitung um.

Zunächst findet der Kampf gegen bzw. um die Genesung und den Arzt in Form einer krampfigen Widersetzlichkeit oder Nachgiebigkeit statt; Pat. verteidigt mit den Mitteln und Methoden seiner Neurose — seine Neurose, das Sstadium ist also nach der hypertrophen Spezies nuanciert, am heftigsten wehrt sich der Sneurotiker. Pat. hält zunächst noch den Arzt für den göttlich-teuflischen Versucher, den Feind-Dämon, den er entzaubern muß, und der Erkenntnistherapeut, der ja an die Dämonie des Pat. „heranwill", ist ihm zunächst ein bes. gefährlicher, ja der Hauptfeind, mit dem er um „die Existenz" zu ringen hat. Die andern Ärzte „behandelt" der Pat., der Erkenntnistherapeut aber behandelt ihn. Die Tatsachen dulden keine Konzessionen, keine Kompromisse mit der Abnorm: der Heilweg ist der eine, diesen hat also Pat. zu gehen, doch ist die normale Var.-B. anzuerkennen, d. h. der Weg ist nicht eine „gedachte" mathematische Linie, auf der man krampfig balancieren müßte, sondern eben — ein Weg. Der Arzt kämpft nicht mit dem Pat., sondern ist sein Führer; der Kampf des Pat. stößt ins Leere. Die Feststellung von Symptomen und ihre charakterologische usw. Bezeichnung (z. B. großsprecherisch, arrogant, vertrotzt, lügenhaft, pedantisch usw.) sind in der Erkther. nicht Kritik oder Beleidigung, die Pat. übelnehmen könnte, sondern ärztliche Diagnose — genau wie die Diagnose Rippenfellentzündung oder Herzleiden usw. (4. Bd. S. 533). Keinem Gichtigen oder Tuberkulösen wird es einfallen, über die Diagnose des Fachmannes „empört" zu sein; dies muß der Neurotiker auch für sich gelten lassen, er muß lernen, die Wahrheit zu hören und nachprüfend anzuerkennen. Pat. kann, darf, ja soll sein Arsenal von Zweifeln, Einwendungen, Kritiken usw. vorbringen, damit sie besprochen werden können; er kann sich auf seine amtliche Autorität berufen, er kann die „feinstgeschliffenen logischen Waffen schwingen", lies: pseudologische Drehereien ausklügeln, er kann stechen und sticheln nach Herzenslust, sich in mimosenhafter Empfindelei, Übelnehmerei ergehen, er kann (auch mit Tränen) um Schonung flehen, um „liebevolles Verständnis" bitten, sich mit wachsamer Nachgiebigkeit, mit gespannter Passivität wappnen, mit Schmeichelei, Lobhudelei, Anbetung hieb- und stichfest zu „machen" suchen, er mag die Igelhaltung einnehmen, sich „in Positur setzen", sich drehen und winden, wie er will, — das alles kann ihm nichts nützen gegen biolog. Tatsachen und den Arzt, der sie mitteilt.

Der Arzt ist und bleibt ruhig und freundlich Therapeut, er klärt auf — weiter tut er nichts. Er ist weder Gegner (außer als Gesprächspartner) noch gar Feind des Pat., er bringt Erkenntnis — weiter tut er nichts. Er weiß, daß Pat. in seiner Neurose nur Mißversteher sein kann, und daß man aus den Mißverständnissen nur herauswachsen kann, indem man sie als solche erkennt und aufklärt, also das richtige Verständnis kennen lernt; die Einsicht, daß das Mißverständnis ein Mißverständnis ist, bedeutet schon den Anfang seines Endes. Er weist nach, daß viele Einwände affektiv, Mittel zur Wahrung des neurotischen Tabu, der neurot. Allwissenheit, Anzeichen noch unzulänglicher Einsicht, unformulierte Bestätigungen sind. Er kann es dem Pat. nicht leichter, aber auch nicht schwerer „machen" zu genesen, als es eben der biolog. Entwicklungsweg mit sich bringt. Wer dennoch „ein Auge zudrückt", handelt unmethodisch, ja widermethodisch. Der Arzt hat sich (wie jeder Erzieher) auf die Mitteilung von Tatsachen zu beschränken, alles andere ist vom Übel. Als ausgeglichene Natur spricht er nicht im pastoralen Vater-unser-Ton, sondern kennt Humor und Witz, es „darf" in den Stunden gelacht werden, manche Witze sind therapeutisch wertvoll als Illustrationen von Lebenstatsachen, so auch „der Volksmund", „der Kindermund", Sprichwörter, geflügelte Worte, Zitate aus Dichtungen usw. Wer selbst neurotisch ist, kann nicht Erkenntnistherapeut sein. Es muß in den Stunden bei aller Würde ungezwungen, „locker", gemütlich zugehen, Pat. lebt sich so in die harmonische Stimmung der gesunden Lebensauffassung ein, diese Stimmung darf also nicht „gemacht", sie muß echt sein. Der Arzt ist nicht „in die Wolle zu bringen", er ist nicht fanatisch starr und stur, dünkelhaft, tüftelich, pedantisch, heftig, schwermütig, leichtmütig. Er wehrt sich nicht „empört" gegen die Angriffe, sondern klärt über den (dämonistischen) Sinn, lies: Unsinn auch dieser Symptome auf; er weist daraufhin, daß die Therapiestunden keine Debattierstunden, sondern Lehr-Lernstunden sind und daß eine „prinzipielle Opposition", eine „apriorische Ablehnung" selber Symptom, also untherapeutisch ist und nur in Wahrung der vermeintlichen Allwissenheit erfolgt; Pat. hat aber zu prüfen und nachzuprüfen, was ihm der Arzt mitteilt. Der Arzt ist indes kein Dulder, auf dem Pat. herumhacken, an dem er sein Mütchen kühlen darf, „weil er ja nichts übelnehmen dürfe". Treibt es Pat. zu bunt, erweist er sich als unbelehrbar (Prognose schlecht), so bekommt er in aller Freundlichkeit den Abschied, doch ist der Arzt allemal langmütig und prüft gewissenhaft, ob nicht doch noch eine Aussicht besteht, es hängt von der Entscheidung sehr viel für den Pat. ab.

Ich vergleiche gern das Verhältnis Arzt : Patient mit dem Verhältnis B e r g f ü h r e r : B e r g s t e i g e r. Der Bergsteiger (Bst.) will den Gipfel erklimmen, sucht also den Bergführer (Bf.) auf: Hstadium. Bf. bespricht mit ihm die Tour, redet ihm aber nicht etwa zu, auch nicht ab, er sagt ihm aber sein Urteil, falls er ihn für ungeeignet hält. Die Vorbereitungen werden getroffen: Astadium. Dann beginnt der Anstieg, das Sstadium, der „Kampf um den Berg". Den Weg kennt der Bf., er läßt sich nicht dreinreden, er ist der Fachmann. Bst. muß selber steigen, Bf. kann ihn nur führen, nicht aber im Rucksack hinaufschleppen noch am Seil hinaufziehen, er ist weder Gepäckträger noch Seilzieher, und Bst. würde nichts leisten, man kann ja auch einen Säugling in dieser Art hinaufbringen. Bf. kann auch nicht für Bst. hinaufsteigen: Bst. muß es selber tun. Bst. also hat sich nicht ans Seil zu hängen, er hat nicht am Seil zu zerren; versucht er es, Bf. „herunterzureißen" (etwa zur Probe, ob jener standfest sei), so wird er entspr. belehrt und, falls er es nicht lassen kann, abgehängt, die Tour abgebrochen. Auch unterwegs redet Bf. dem Bst. nicht zu oder ab, er gibt ihm keine Suggestionen, er zwingt ihn nicht weiterzusteigen, falls es eben nicht geht, er ist als Führer verantwortlich — auch in dem Sinne, daß er dem Bst. die ihm zukommende Verantwortung überläßt. Der Bf. stößt den Bst. nicht in den Abgrund, er läßt ihn nicht fallen, nicht im Stiche. Beide steigen in gleicher Richtung, sind sich nicht Gegner oder gar Feinde. — Oder der Arzt ist der W e g w e i s e r zur Genesung: der Wegweiser kann den Wegsuchenden nicht nötigen, den rechten Weg zu gehen, er kann ihn nur zeigen; sowie er „mehr" tut, tut er weniger und ist kein Wegweiser, sondern Antreiber. Pat. lernt das einsehen.

Mit der Zeit läßt der K(r)ampfeifer wie die Intensität der Symptome überhaupt nach. Immer weniger kämpft Pat. gegen, immer mehr um die Genesung und lernt so seine Aufgabe erst richtig verstehen. Periodisch kommt es zu k r i s i s c h e n Situationen (oft mit Tränen), doch werden auch diese Aufwallungen immer niedriger, manchmal aber wird gerade beim Abschluß der Behandlung, als dem „letzten Schritt in die Freiheit", nochmals eine heftigere Krisis durchlebt, eine schon ganz normnahe Erregung, wie sie ganz ähnlich auch große Erlebnisse (Entscheidungen, Fortschritte) des Gesunden kennzeichnet. Die Besserung schreitet voran, ohne daß Pat. es jeweils bemerkt, so wie der Heranwachsende auch nicht immer das (sich stetig vollziehende) Wachsen bemerkt. Meist stellen Angehörige oder Bekannte des Pat. viel eher seine Fortschritte fest. Von Zeit zu Zeit freilich überzeugt sich auch Pat., daß es vorwärts geht und wieviel er schon gewonnen hat. Je intensiver die Beschwerden waren, desto auffälliger ist die Besserung: läßt ein sehr heftiger Schmerz nur ein wenig nach, so bucht das Pat. schon als „großen Erfolg". Geringere Beschwerden, etwa solche, die hypochondrisch beachtet werden, oder solche, die bei fortschreitender Besserung restieren, sind oft sehr hartnäckig, und jeder Pat. sträubt sich, „das Letzte" herzugeben (mit der Deutung: das geringste Symptom, der kleinste Rest sei noch immer die ganze Dämonie, und Pat. habe somit überhaupt nichts „verloren"), d. h. diese kranken Funktionen haben spezifitätgemäß ein rel. langsames Entwicklungstempo zur Norm bzw. (als Reste) die höchstmögliche Annäherung an die Norm erreicht; Pat. ist über solche Sachverhalte aufzuklären, also auch darüber, daß „das letzte Restchen" nicht mehr „die ganze Krankheit" (dämonistisch gedeutet) ist, Pat. also auch damit seine Dämonie nicht gerettet hat, abgesehen davon, daß es realiter Dämonie gar nicht gibt.

Viele Symptome, die Pat. gar nicht bemerkt oder die er nicht diagnostiziert hat, schwinden im Gange der Erkenntnistherapie, ohne daß von ihnen überhaupt die Rede war (S. 166); anderseits lernt Pat. manche seiner kranken Funktionen erst als krank erkennen, wie ihm überhaupt auch hinsichtlich der neurot. Symptomatik die Augen geöffnet werden, er also Menschenkenner wird, der auch gesunde und kranke Funktionen weitaus besser als üblich zu unterscheiden vermag *). Der Arzt fragt auch nicht

*) Nicht wenige Laien und Ärzte, auch solche in hohen Amtsstellen (die Höhe des Amtes beweist nicht die Höhe des Arzttums) meinen, das ärztliche Eingehen auf die Symptome „züchte" die Neurose, der Neurotiker solle am besten gar nicht merken, daß er neurotisch ist, seine Beschwerden seien ohnehin bloß eingebildet, also gar nicht vorhanden (!), auch Gesunde könnten durch Mitteilungen über neurot. Symptome neurotisch werden, man tue am besten, die Neurose überhaupt totzuschweigen, — eine Auffassung, die eine totale Unkenntnis von dem Wesen und der Bedeutung der Neurose oder eine neurot. Angst vor der Selbst- und Fremderkenntnis verrät. Die Diagnostik einer Krankheit kann selbstverständlich die Krank-

jede Stunde: wie geht's, was machen die Beschwerden?, er weist vielmehr den Pat., der sich darüber verbreitet, daß die Beschwerden so und so seien, noch nicht besser (obwohl erwartet) oder „schon fast weg", darauf hin, daß mit solchen langatmigen Symptomangaben keine Therapie getrieben, sondern nur Zeit versäumt wird. Er verbietet aber solche Berichte nicht, er klärt auf; von Zeit zu Zeit wird kurz der Status erhoben. Übrigens ergehen sich viele Pat. gern in theoretisierenden Erörterungen (z. B. über die Methode, über periphere oder therapiefremde Themen), aus Neigung oder aus Angst vor der Therapiearbeit; der Arzt läßt sich auch da nicht aufs Glatteis locken, er gibt Auskunft im Rahmen des Notwendigen, er verweigert seine Antworten nicht, er macht nur darauf aufmerksam, daß wir uns auf die Therapie zu konzentrieren haben, daß Pat. nicht studierter Psychobiologe, nicht Sachverständiger, sondern gesund werden soll. Wir haben nicht jahrelang Zeit, sondern nur so wenig wie möglich, so viel wie erforderlich, im allg. zehn bis zwölf Wochen; anderseits darf der Arzt den Pat. oder der Pat. sich selbst nicht auf einen bestimmten Termin festlegen, bis zu dem „es geschafft sein muß", Pat. wird sonst in seiner Terminangst bestätigt, und diese soll doch mit den andern Symptomen behoben werden.

Manche Symptome treten beim Nachlassen anderer mehr aus der Reihe hervor, ja in den Vordergrund. Es scheint dann so, als ob sie sich verschlimmert hätten; in Wahrheit „strahlen sie nur heller, nachdem die bisher gleichhellen oder helleren Lämpchen ein- oder ausgegangen sind". Auch auf mögliche Symptomverschiebungen ist Pat. aufmerksam zu machen, damit er nicht überrascht wird und zu Fehlurteilen kommt. Suggestive Zustände des Pat. werden sorgfältig zerstört. Dazu müssen sie natürlich diagnostiziert werden, der Arzt muß merken, ob ihm Pat. etwas bloß glaubt, sich also in einer (ungewollten) Suggestion befindet, oder ob eine echte Einsicht, ein echter Fortschritt errungen ist. Er muß auch darauf achten, daß die Zerstörung der Suggestion nicht wieder als Suggestion aufgefaßt wird, an Stelle des Glaubens muß das Wissen, an Stelle der Zweifel die zweifelfreie Erkenntnis treten. Oft weiß Pat. nach

heit oder ihre Verschlimmerung ebenso wenig „verursachen", wie die diagnostische Vogel-Strauß-Politik sie beheben kann. Der Hypochonder wird nicht Hypochonder oder „hypochondrischer" „durch" die Diagnose seiner Hypochondrie; der Krebskranke wird nicht krebskrank „durch" die Diagnose seines Krebses, und sein Krebs wächst auch nicht „dadurch" — usw. Die Diagnose ist für jede Krankheit die Voraussetzung der Therapie. Die undiagnostizierte oder totgeschwiegene Neurose existiert eben doch und treibt unbehindert ihr Unwesen. In der Erkenntnistherapie beschäftigt sich der Neurotiker mit seinen Symptomen nicht in der Art der hypochondrischen „Feindiagnostik", sondern eben therapeutisch.

Heilung nicht mehr, daß er gewisse Symptome gehabt hat; gemäß der Höherdifferenzierung der RSe einschl. DZn schwinden nicht nur die Symptome, sondern oft auch die Erinnerungen daran, Pat. weiß nur noch im Groben, daß und wie krank er war. Es ist ganz interessant, sich all die Beschwerden, die Pat. anfangs klagt, zu notieren, und ihm dann die Liste vorzulegen, falls er (schon während der Behandlung) mancherlei Symptome auch in der Erinnerung verloren hat und bestreitet, sie je gehabt zu haben.

Das 4. Stadium des Genesungvorganges ist das Tstadium, das Stadium der Entwicklungstrauer: die Heilarbeit im engeren Sinne, das Ringen um Genesung, der Abschied von der bisherigen Gewohnheit, vom „alten Glauben" ist vollzogen, die dämonistische WA zu Gunsten des „Interferenzdenkens" (1. Bd. S. 77, 5. Bd. S. 519), sodann der realischen WA aufgegeben. Die G.-T. ist Funktion von TRSen und DZn, die im Gange der Therapie ihre verspätete höchstmögliche Differenzierung erreicht haben. Es ist hierbei (wie auch für die andern Stadien) zu bedenken, daß sich der Genesungsweg aus einer Reihe von Einzelfortschritten, Entwicklungsschritten zusammensetzt, die in das Gesamt biolog.-symbolisch eingehen (wie auch sonst viele kleinere Erlebnisse HASTF-Reihen in ihr Gesamt, das größere Erlebnis eingehen, vgl. z. B. 2. Bd. S. 531 f.). Hier ist das Gesamterlebnis „Genesungsweg" dargestellt. In den Teilerlebnissen z. B. ist das Tstadium die Trauer nach einem Teilfortschritt, über einen Teilverlust an Krankheit (auch quoad dämonist. Deutung); dagegen ist das Tstadium des Gesamtverlaufes die „vertikale Rekonvaleszenz", die Trauer nach der endgültigen Überwindung der Krankheit und ihrer dämonist. Deutung, über den endgültigen Verlust der bisherigen Gewohnheit. Diese Tstadien sind also nicht mit den horizontalen Tstadien, auch nicht mit den Tstadien der Tneurotiker zu verwechseln; auch die horizontale Rekonvaleszenz liegt im episodischen Krankheitsverlauf, die vertikale dagegen ist ein Stadium im Differenzierungsprozeß, der aus dem Kranksein herausführt, das Stadium, in dem das Kranksein soeben im großen ganzen überwunden ist. Das Tstadium ist normfern, falls in einem vorhergehenden Stadium eine Fehlrichtung eingeschlagen wurde (Symptome noch vorhanden); sonst liegt es in der Diff.-Richtung zur Norm und ist selber schon so normähnlich oder normgleich, daß sie den normalen Tstadien nach normalen großen Kämpfen, Prüfungen, Entscheidungen (z. B. Geburt, Pubertätsübergang usw.) an die Seite zu stellen ist.

Der alte Adam ist also aus-, der neue angezogen, aber der neue „Anzug" ist noch nicht recht bequem („was habe ich schon davon?!", „jetzt erst fehlt mir etwas: meine Krankheit" usw.), man sehnt sich nach dem alten eingetragenen Rock, wenn er auch verschnitten und fadenscheinig war: auf die verlassene Gewohnheit, wenn sie auch beschwerlich war, richtet sich die Trauer, und nicht selten kostet es Tränen. Man ist von der „Pferdekur" abgekämpft wie nach jedem schweren Kampf, und gewiß ist der Kampf um die gesunde WA die schwerste Aufgabe, die Pat. zu lösen hat. War es wirklich nötig, die dämonist. WA, in der doch alle Welt noch lebt, ganz aufzugeben — auch den Glauben an die unsterbliche Seele? Ja, es war nötig, man sieht es ein, die chaotistische-magische WA „war" eben die Symptomatik: man kann diese nicht ohne jene loswerden, und mit der Preisgabe des dämonist. Deutens in e i n e m Punkte hat man es im ganzen preisgegeben, hat man es e i n m a l als primitivistische Fiktion erkannt, so für allemal, prinzipiell, es gibt in einer WA keine Ausnahmen — und es gibt auch kein Zurück. Aber ist die Welt nicht kälter, langweiliger, uninteressanter, simpler, ärmer, ja wohl gar primitiver geworden? Man hat die „goldene" Kinderzeit mit dem Spiel um die Allmacht, man hat das „Vater-Mutter-Elternhaus", den „Schutz der Gralsburg", man hat den Glauben an die Schöpfung durch den Zaubergott und an die ewige Seligkeit-Verdammnis, all das komplizierte Deutewerk mit seinen unbeschränkten Möglichkeiten, seinen Unverbindlichkeiten und „Notausgängen" darangegeben und eingetauscht die hohe Verantwortung, die Pflicht und das Recht zur Normleistung in Beruf und Liebe, die Sicht der harten Tatsachen, das Leben in der entgötterten - entteufelten Welt — war es nicht doch einst „schöner"? Man hat seine Weltaufgabe, seine einzige Rolle, sein Welterlösertum als „blauen Dunst" erkannt und ist ein Mensch geworden — „bloß" ein Mensch, einer unter allen, mit „nur" menschlichen Aufgaben, an denen man sein Genüge findet. Der Traum ist aus, die Wirklichkeit in ihrer biolog. Realität erkannt, der Wahn der Absolutheit ist der Wahrheit des Mitgliedseins gewichen. Noch hat sich die neue Welt nicht zum Ganzen gefügt, noch liegen Trümmer umher, aber schon gestaltet sich aus den Ruinen der alten Welt die neue groß und reich und schön heraus.

Endlich das F s t a d i u m. Jeder Entwicklungsschritt im Heilverlauf hat natürlich auch sein Fstadium. Je weiter die Genesung fortschreitet, desto mehr normalisieren sich wie die übrigen Stadien auch die Fstadien. Geht die Heilarbeit in einem Stadium fehl, so ist auch das Fstadium n o r m f e r n in einer je nach der Neurose spezifischen Art: es ist unecht vollbracht, es ist ein Fehlziel erreicht, die Freude ist nach der hypertrophen Gefühlsspezies nuanciert bzw. bei der Fneurose übertrieben; dieses Fstadium ähnelt also den Fstadien im horizontalen Krankheitsverlauf, doch sind, falls die Genesung schon ein Stück vorangekommen ist, die Symptome entspr. gemildert. Auch bei n o r m - n a h e r Richtung kann die Genesung unvollendet bleiben (je nach der biolog. Diff.-Fähigkeit der kranken Gefüge), es ist da auch das Fstadium noch (in je spezif. Art) unfertig, die Denkweise ist ein Interferenzdenken, das dem realischen Denken um so näherkommt, je weiter die Genesung (im ganzen oder in Einzelgefügen) gedeiht.

Bei völliger Heilung ist auch das Fstadium gesund — wie ein Fstadium des Gesunden nach einer bes. großen Leistung —: es ist echt vollbracht, die Genesung a u s (nicht i n) der Krankheit ist erreicht, die neue Welt hat sich ausgeformt, und man hat sich in sie eingelebt. Mit der Dämonie und ihren „ewigen Alsobs“ ist es aus, aber man hat damit nur die Fiktion, nicht die Welt der realen Tatsachen verloren, man hat diese Welt vielmehr erst gewonnen. Mit dem dämonistischen Wahn ist aller Krampf endgültig geschwunden, der über-unterirdische Spuk ist zu Nichts zerronnen, man ist jetzt erst auf die Erde, in die Welt, wie sie ist, in die Welt ohne Rätsel, ins reine Menschentum geboren, hat jetzt erst die hohe Würde der menschlichen Aufgaben in Beruf und Liebe erkannt und die Fähigkeit errungen, die persönlich zuständigen Aufgaben zu erfüllen, man ist aus einem Individualisten-Kollektivisten ein Sozius, ein reifes Mitglied der Gesellschaft geworden — kann es ein höheres Glück geben! Der faustische Mensch ist gestorben, der realische Mensch erstanden.

Am Genesungsvorgang kann man die theoretische (wortlich-unterrichtliche) und die praktische (erlebnis-verhaltensmäßige) Seite unterscheiden, ohne aber beide von einander trennen zu dürfen: die praktische Besserung schreitet gemäß der theoretischen Aufklärung, die jener vorangeht, fort (s. Abschn. E.). Die praktische Genesungsaufgabe ist also die A n w e n d u n g der Theorie, und hiernach können die Stadien des Genesungsweges als H. nach (versus) und A. vor der Anwendung, dann Anwendung selbst: schmerzliches Ringen gegen und um das Verlassen des Bisherigen, den Übergang in die neue Sphäre, die zunächst als unheimlich-drohendes Verhängnis usw. erlebt wird, dann Abschied vom Bisherigen, Sichdurchringen, weiterhin T. und F. über die vollzogene Anwendung, den erzielten Fortschritt bezeichnet werden. Die Angst vor der Anwendung ist oft das hartnäckigste Symptom. „Wollen habe ich wohl, aber vollbringen das Gute finde ich nicht.“ Mit dem genetischen Nachlassen der Angst aber lernt Pat. das können, was er bislang nur gekannt hat, — und können ist besser als kennen.

C. Krisen

Die Genesungsaufgabe wird nicht in einem glatten Zuge gelöst, sondern in Etappen, Entwicklungsschritten, die stetig in einander übergehen und des öfteren krisisch sind (S. 193). Auch die normale Entwicklung verläuft in dieser Art. Auch ein Gebirge ist nicht eine glatt-steile Erhebung, sondern steigt allmählich über niedrigere Vorberge zu den höheren Gipfeln und zur höchsten Spitze an, und der Bergsteiger kann nur über dieses Auf-und-Ab sein Ziel erreichen, wobei auch das Abwärts ein Vorwärts, nicht ein Rückwärts ist. Die Symptome schwinden also nicht in gleichmäßig glatter, sondern in kurviger Linie, und auch da ist ein Abwärts im Anstieg nicht ein „Rückfall", sondern eine Absenkung im Fortschritt. Was Pat. echt gelernt hat, was ihm in Fleisch und Blut übergegangen ist, kann er nicht wieder verlieren; da ist ein Rückfall ausgeschlossen. So reiht sich ein Gewinn an den andern.

In den krisischen Situationen sind die kranken RSe, bes. die SRSe, in rel. heftiger Funktion. Pat. sieht sich vor und in Teilaufgaben, die schwieriger als die bisher gelösten sind oder ihm so erscheinen, — ähnlich dem Bergsteiger, der sich immer mal wieder vor steileren Wänden sieht. Pat. zweifelt mehr als sonst, ob er es schaffen werde, ob es nicht besser sei abzubrechen, mit dem Erreichten zufrieden zu sein; die Beschwerden sind oder scheinen wieder heftiger, bes. falls sie vorher suggestiv zugedeckt waren oder neben den definitiv abgeblaßten mehr hervortreten und beachtet werden. Pat. ist in Gefahr, sich irre machen zu lassen und aus der Behandlung auszubrechen. Der Arzt versäumt nicht, den Pat. auf das Auftreten solcher Krisen von vornherein aufmerksam zu machen und sie zu erläutern: ist Pat. auf sie vorbereitet, treten die Krisen weniger heftig auf und werden leichter durchgestanden.

Krisische Fortschritte, also Krisen, die Pat. normnahe durchlebt, sind Beschleunigungen des Diff.-Tempos, Entwicklungsschübe; man bezeichnet sie gern als „Erleuchtungen" (5. Bd. S. 520). Man darf solche Vorgänge nicht dämonistisch auffassen („Inspirationen" usw.). Das „Licht der Erkenntnis" ist nicht eine dämonische Macht oder Emanation usw., sondern eine etwas bildliche Bezeichnung für die Tatsache, daß Pat. um so „heller" wird (vgl. heller Kopf, mir geht ein Licht auf, Ew. Durchlaucht, 3. Bd. S. 108), je mehr er aus dem Dunkel seiner chaotistisch-magischen, seiner dämonistischen Welt herauswächst. Die Erleuchtung wird ihm nicht geschenkt, sie fällt nicht vom Himmel, sondern sie ist ein Diff.-Grad, der im Ablaufe der Genesungsarbeit erreicht wird. Diese Arbeit ist also nicht ein „Faktor", der von außen oder innen auf die Differenzierung wirkt, sie bewirkt, — das wäre ja wieder eine dämonist. Deutung —, sondern sie ist die Differenzierung funktionell bezeichnet selber: indem Pat. in der Erkther. arbeitet, differenziert er sich, er hat nicht eine Methode mechanisch „auf" die Entwicklung anzuwenden, sondern seine Arbeit ist mit der Entwicklung identisch, genau so wie irgend ein Studium eben die

Höherbildung ist, nicht aber sie bewirkt. Die Erkenntnis ist nicht ein Mittel, das auf die Symptome wirkt, nicht ein Instrument, mit dem man die kranke WA operiert, nicht ein Medikament, das die kranken Zellen beruhigt, nicht ein Zauber, der die Beschwerden einschläfert oder verhüllt, — nein, sie ist ein Diff.-Grad, den der Erkenntnistherapeut vor dem Pat. voraushat und den der Pat. im therapeut. Unterricht erreicht (4. Bd. § 7, $_7$). Pat. fragt gern, was er „noch" tun könne oder solle außer der Arbeit in den Therapiestunden; er lebt zunächst noch in dem üblichen Glauben, es müsse irgend etwas Mechanisches mit ihm geschehen, er kann sich zunächst nicht denken, daß „das Reden des Arztes" alles sei, von „Unterhaltungen" sei noch niemand gesund geworden, vielleicht noch ein Beruhigungs-, ein „Nervenstärkungsmittel", Elektrisieren oder sowas, wie? Arzt: Die „Unterhalhaltung" ist nicht geselliges Gespräch, nicht suggestives Gerede, sondern sachlicher Unterricht, alle Differenzierung vollzieht sich im Wege des Unterrichts und nur so, die Heilarbeit geschieht in den Therapiestunden und setzt sich bewußt oder unbewußt in der übrigen Zeit fort, und wer da meint, er müsse oder könne noch etwas dazu tun, deutet dämonistisch und sucht Mittel aus der horizontalen Therapie, die wir doch eben verlassen haben, er wird der vertikalen Therapie untreu, die durchaus keine horizontalen Mittel verträgt. Der Bergsteiger geht ja auch nur seinen Weg, setzt Fuß vor Fuß — was sollte er denn noch tun?

Es sei betont, daß die Genesungssymptome (6. Bd. S. 509, 539) nicht etwa neue Symptome zu den alten sind, die Neurose sich also in dieser Art verschlimmert; sie sind lediglich Kennzeichen dafür, wie der einzelne Neurotiker seine Aufgaben erlebt und sich zu ihnen verhält, also spezielle Formen der neurotischen Symptomatik überhaupt.

D. Zerstörung der Suggestion

Nicht selten schwinden Symptome „sofort", nach einer oder zwei Besprechungen erklärt Pat., er sei gesund. Solche „Erfolge" kann jeder Arzt absichtlich oder unabsichtlich erzielen, sie sind suggestiv und immer von kurzer Dauer. Man soll sich damit nicht zufrieden geben; ich sage: Nun wollen wir anfangen zu arbeiten. In andern Fällen tritt zunächst eine Intensivierung der Symptome ein, gesellt sich zu den eigtl. Symptomen die Angst vor der Genesungsarbeit und ihren Folgen (der Genesung mit ihren „Ansprüchen"); die Angst vor dem Arzte, das schmerzliche Ringen usw. Auf diese oder jene Weise — sie kommen auch abwechselnd vor — „entzieht sich" Pat. der Therapie, d. h. Pat. mißversteht seine therapeut. Eingangserlebnisse derart, daß er meint, er brauche nun nicht mehr zu kommen, bzw.

er werde durch die Behandlung nur noch kränker, der eine sagt: veni vidi vici, der andere: das ist nichts für mich. Der Arzt teilt beiden den wahren Sachverhalt mit. Auch im Gange der Behandlung gleitet Pat. immer mal wieder in die suggestive Bequemlichkeit ab: er glaubt die Worte des Arztes wie das Evangelium, spart sich so die Arbeit der Nachprüfung, lernt bloß auswendig, nicht inwendig und wähnt, mit dem Aufsetzen eines neuen Hutes auf den alten Kopf hätte er auch einen neuen Kopf bekommen. „Sie wissen ja alles", beteuert er, „wozu soll ich mich da bemühen!" Der andere wieder „glaubt prinzipiell nichts", er sagt überheblich: „Sie haben sich da ein ganz schönes System ausgedacht und wollen mir das einsuggerieren; Prof. H. F. Hoffmann hat gesagt, es sei wohl im Grund gleichgültig, mit welchen Theorien ein Psychotherapeut Erfolge erziele, sein Erfolg sei und bleibe ja Wirkung der Persönlichkeit. Was also soll ich da nachprüfen? Behandeln Sie mich! Ich bin bereit, Ihnen bedingungslos alles zu glauben, wenn Sie mich nur gesund machen, — u. ä. Unsinn mehr.

Wir zerstören die Suggestion, wo immer sie sich zeigt. Aber die einfache Versicherung, man gebe keine Suggestionen, kann wieder suggestiv, ja als bes. raffinierte Art der Suggestion aufgefaßt werden, und nützt insofern nichts. Die Zerstörung erfolgt im Wege der Aufklärung, was Suggestion dem Wesen nach ist (1. Bd. § 23) und wie sie im gegeb. Falle vom echten Fortschritt sich unterscheidet. Ein Schlafloser schläft in der Nacht nach dem ersten Besuche acht geschlagene Stunden, er ist „außer sich vor Glück", „ein Wunder ist geschehen". Tatsächlich hat er nur die Beruhigung mitgenommen, daß er endlich den richtigen Arzt-Dämon gefunden habe, der für ihn den Kampf mit dem Dämon „Nacht-Schlaf-Tod" führt, an seinem Bette Wache hält wie einst im Dienste des Kindes die gewaltige Schützerin „Mutter" oder der erbetete Engel. Der Arzt macht Pat. diesen Sachverhalt und seine Deutung klar: Pat. hat noch nichts gewonnen, der Arzt ist ebenso wenig Dämon wie Pat., der die Dämonie des Arztes „engagiert", oder wie die Nacht, die als „Todesmacht" den Pat. umfangen will und gegen die er sich mit Wachbleiben wehrt; der Mensch ist ein Reflexwesen, und das Einschlafen ist Absinken der Funktionsintensität der RSe usw. Oder: „Diese Nacht habe ich kein Auge zugetan, es kam eine Erleuchtung über mich, Ihre Lehre stand mit himmlischer Klarheit vor meinem geistigen Auge, es war wie ein seliger Rausch" — nun, dem „seligen Rausch" folgte in der Therapiestunde ein minder seliger Katzenjammer, aber ein heilsamer: ein Schritt aus der dämonist. Deutung in die realische Einsicht. „Ich komme jetzt zum Herrn Jesus Christus", begrüßte mich ein Pat., aber er mußte bald einsehen, daß ich „auch nur" ein Mensch bin, daß „der Glaube“ nicht Berge versetzen, wohl aber eine solche Versetzung und sonst allerlei (halluzinativ) vortäuschen kann, daß ich und niemand den Pat. gesund zaubern kann („sprich nur ein Wort, so wird mein Knecht gesund!“ „dein Glaube hat dir geholfen“ — ein holder Trug und eine herbe Enttäuschung), sondern daß sich Pat. die Gesundheit ehrlich erarbeiten muß. Enthusiasmus, Anbetung ist keine Heilarbeit, blinder Glaube wie apriorische Ablehnung sind neurotische Haltungen und Verhaltungen, also untherapeutisch, nicht Heilarbeit, sondern ihre neurot. Umgehung und Bekämpfung, Verteidigung der Neurose, deren Heilung man dem Arzte, ihn also doch (als Dämon!) anerkennend, überträgt. Der Erkenntnistherapeut ist kein Psycho-therapeut und der zit. Prof. H. F. Hoffmann hat über Suggestivtherapie geredet und von der Erkenntnistherapie keine blasse Ahnung. Ich habe keine „Theorie ersonnen“, sondern die Wissenschaft „Psychobiologie“ mit der Lehre von der biolog. Nervenfunktion begründet und durchgeführt, sie ist tatsachenrichtig — und tatsachenrichtig ist auch die praktisch-therapeutische Anwendung; wer anderes sagt, kennt sie nicht. Und kann sich der Schüler darauf berufen, daß er, da der Lehrer ja „alles wisse“, nichts zu lernen brauche? Mancher neurot. Schüler tut das, aber dann lernt er eben nichts. Lernen heißt arbeiten, das Gelehrte nachprüfen und so in sein Kennen und Können, in Verstand und Vernunft, in „Fleisch und Blut“ übernehmen. Usw.

Wer sich in der Suggestion befindet, weiß das nicht hinsichlich des suggestiven Bereiches. Suggestion und Wissen, daß Suggestion besteht, schließen sich gegenseitig aus. Schon indem der Suggestionierte auf die Tatsache oder auch nur Möglichkeit des Bestehens einer Suggestion aufmerksam (gemacht) wird, ist sie beginnend und bei weiterem Nachweis ganz und endgültig aufgehoben, Pat. „wird stutzig“ und „erwacht“. Daher muß jeder ärztliche, religiöse, politische usw. Suggestor jede geringste Spur von „Erwachen“ (Kritik usw.) aufspüren und „im Keime ersticken“, wieder mit Suggestion betäuben, unterdrücken, verbieten, sonst ist es mit seiner Herrlichkeit, seinem Nimbus zu Ende. In der Erkenntnistherapie wird die Suggestion auch aufgespürt, aber im Sinne ihrer Auflösung. Nicht immer ist die Diagnose, ob Suggestion oder echter Fortschritt, leicht. Man kann dann eine Gegensuggestion anwenden, z. B. dem Pat., der nunmehr schlafen kann, sagen: Sie haben sich heute aufgeregt, das wird Sie eine Nacht kosten. Natürlich darf man nicht ankündigen, daß diese Worte suggestiv sind. Schläft dann Pat. wirklich nicht, dann ist auch bei der Besserung der Schlaflosigkeit Suggestion mindestens mit im Spiele; wer echt schlafen kann, an dem prallt auch eine Suggestion, er werde nicht schlafen, ab. Der Gesunde läßt sich nichts weismachen, nichts einreden.

E. Erkenntnis und Erlebnis.

Die Erkenntnis ist, wie gesagt, kein Medikament oder Instrument, sondern Differenzierungsgrad. Sie wird in Worten vermittelt, die Höherdifferenzierung findet zunächst im Wortbezirk statt, die Beschreibung korrigiert, normalisiert sich. Aber zugleich mit der Beschreibung differenziert sich das beschriebene (assoziierte) Erlebnis. Erkenntnis ist also nicht etwa bloß Theorie, bloß Wort (etwa so etwas wie „Kathederphilosophie"), sondern auch Erlebnis, Praxis. Erlebnis und Erkenntnis sind nicht etwa Gegensätze, so daß man das eine gegen das andere ausspielen könnte, wie man das mit Praxis und Theorie zu tun pflegt. Die Erkenntnistherapie beschäftigt sich nicht mit „grauer Theorie", die mit „des Lebens goldnem Baum" nichts zu tun hätte, sie ist ärztliche Praxis. Das Erleben ist primitiv und höherdifferenziert, und das hochdifferenzierte Erleben ist ebenso Erkenntnis wie die hochdifferenzierte Beschreibung. Wir bezeichnen das realische Erleben und Beschreiben schlechthin als Erkenntnis, das dämonistische dagegen in seinen verschiedenen Verdünnungsgraden als Vorstufen der Erkenntnis, letztens Vorerkenntnis (5. Bd. § 11, $_4$). Die Assoziation Erlebnis : Beschreibnis, die phänomenal-phänomenologische Entsprechung (3. Bd. § 38, $_3$), die biolog. Zusammengehörigkeit des Erlebnisses mit seiner Beschreibung verbürgt die (ungefähre) Gleichmäßigkeit im Diff.-Vollzug beider DZ-Bezirke und ihrer Aktn. — nicht nur im therapeutischen, sondern in jedwedem vertikalen Unterricht. Dies lehrt die Erfahrung. Hierin besteht ja das Wesen des Unterrichts. Gemäß der wortlichen Erläuterung, Durchdringung, Aufeinzelung differenziert sich das beschriebene Erleben. Die Beschreibung ist zunächst gegenständliche Wortreihe, an die schließt sich die begriffliche an, der Einbau in die Begriffssphäre, und zwar auch in das Assoziationsnetz der höherbegrifflichen Zonen (des Verstandes und der Vernunft, 5. Bd. S. 180 f.), und erst nachdem dies geschehen ist, hat der Schüler die Worte des Lehrers „begriffen", verstanden; demgemäß differenziert sich auch das gegenständliche Erlebnis und die zugehörige Begrifflichkeit, so daß auch das Erlebnis begriffen, verstanden wird. Dies gilt auch für die Gefühlserlebnisse.

Dieser Tatbestand beweist nicht etwa die ideokratische Auffassung, wonach „das (gegenständliche oder begriffliche) Wort", „der Logos", „die Idee" die schöpferische Ursache des Erlebnisses (der Dinge, ja der Welt) sei. Es bleibt Tatsache, daß erst das Erlebnis da ist und dann die Beschreibung erfolgt (3. Bd. S. 26 ff.); man kann nur „etwas", d. h. Erlebtes beschreiben, es ist unsinnig anzunehmen, daß man „etwas", das man noch nicht — in irgend einer Form — erlebt habe, in diesem Sinne also die Beschreibung vor dem Beschriebenen da sein könne. Ebenso unsinnig ist die Annahme, daß man sich an ein noch nicht erlebtes Gefühl oder einen noch nicht erlebten Gegenstand erinnern könne. Der Lehrer beschreibt sein Erlebtes, der Schüler kann die Worte des Lehrers nur gemäß der Entwicklungsstufe seiner Hirnrinde hören und kapieren, d. h. auch gemäß seinen Assoziationen zwischen Erlebnis und Beschreibnis, doch gibt der Lehrer immer etwas über die Kapazität des Schülers hinaus, spricht von „höherer Warte", nämlich von einer, die der Durchschnittsschüler erfahrungsgemäß demnächst erreichen wird (4. Bd. § 7,$_{7}$); falls ein Schüler gemäß seiner biolog. Beschaffenheit sie nicht erreicht, kann der beste Lehrer nichts ausrichten, er ist ja kein Zauberer, er kann ebenso wenig aus einem Elefanten einen Kirschbaum wie aus einem Idioten ein Genie — oder umgekehrt — machen.

Im wortlichen Unterricht schließt sich also an die Differenzierung der Beschreibung rein biologisch (nicht „verursacht") die des Beschriebenen an — ähnlich wie sich bei Erhöhung des Wasserniveaus in der einen Röhre das Niveau in der kommunizierenden Röhre erhöht. Im „Anschauungsunterricht" wird dazu das Beschriebene gegenständlich vorgeführt, oft auch erinnert, er verläuft aber nie ohne Worte, das bloße „Anschauen" kommt beim Menschen als Diff.-Vorgang kaum vor, bei ihm ist eben Erlebnis und Beschreibnis aktuell assoziiert, es besteht aber kein Kausalnexus. In der Erkenntnistherapie ist der „Anschauungsunterricht" phänomenal zumeist ein begrifflicher: Pat. erinnert sich der symptomatischen Situation und ihrer Zusammenhänge und beschreibt aus der Erinnerung, doch hat er auch beim Arzte aktuelle Symptome, die er unmittelbar beschreibt. Die praktische Vorführung des vergleichbaren gesunden Verhaltens hat keinerlei therapeutischen Wert. Der Angstneurotiker, der nicht in einen Zug einsteigen, nicht in einem Wagen fahren, nicht schlafen kann usw., lernt das auch nicht bei der Beobachtung Gesunder: wie die es machen, erlebt er ja sowieso oft genug. Wer Angst hat, Fleisch zu essen (Vegetarier), sieht oft genug, daß und wie die Gesunden Fleisch essen, aber davon lernt er es nicht, er wähnt ja gerade, daß es die andern falsch machen oder doch daß Fleischkost für ihn unpassend oder schädlich sei (im rohdämonist. Sinne). Wer ein Sonderling ist, bleibt es auch, falls er in eine Gemeinschaft gezwungen wird, er ist auch da allein, und wer da glaubt, der Neurotiker sei durch den Zwang gesund geworden, hat von der Neurose keine Ahnung und ist wohl gar selbst Zwangsneurotiker. Den Liebesneurotiker irgendwie in die „Ehe" zu locken oder zu pressen, ist geradezu ein Nationalverbrechen. „Nachmachen" ist bei dem Pat. möglich, sofern es sich um sensorische Reflexe handelt, die imitativ ablaufen können, aber Nachmachen ist kein richtiges, echtes Machen, sondern nur Scheinkönnen und Dressur. Innere Funktionen lassen sich weder vorführen noch nachmachen; dem Darmverstopften z. B. kann man die Kotentleerung nicht gut vormachen, es hätte auch keinen Zweck; dem Impotenten nützt es nichts, etwa den regulären Koitus zu beobachten, usw. Begriffsabläufe lassen sich auch nicht vorführen. Die „Weltanschauungstherapie" kann also nicht wesentlich mit den Mitteln des pädagogischen „Anschauungsunterrichtes" arbeiten, sondern mit wortlichen Aufklärungen — gemäß der Erfahrung, daß sich das Erleben entsprechend der Beschreibung differenziert.

F. Fehlarbeit des Kranken.

Eine Möglichkeit, die Differenzierung zu „verursachen", „gibt es" nur in der dämonist. Deutung, wonach in die Umstände, unter denen eine Differenzierung sich vollzieht, die Ursächlichkeit als wirkende Kraft hineinfingiert wird: realiter gibt es solche Ursachen nicht. Die Differenzierung vollzieht sich, und zwar soweit, wie sie sich vollzieht, oder sie unterbleibt: Kennzeichen der biolog. Beschaffenheit des Individuums. Der beste Arzt kann nichts ausrichten, falls die Hirnrinde des Pat. nicht diff.-fähig ist, und der willigste Pat. kann nichts dazu tun, seine Hirnrinde zur Diff. zu bewegen, er kann eben nur wie üblich arbeiten und muß abwarten, ob und inwieweit sich die Diff. autogen vollzieht. Ungeduld ist eine schlechte Lehrmeisterin. Die „Bindung" an einen Zeittermin, bis zu dem die Genesung erreicht sein „müsse", an einen Geldbetrag, den man „opfern" wolle, all solches „Klammern an..." ist zwanghaft und so selber Symptom. „Auswendig lernen" (vgl. das mechanische „Pauken" oder „Ochsen" neurot. Schüler) ist regelmäßig nur horizontale Erweiterung, nicht vertikale Entwicklung, nicht Differenzierung. Viele Pat. neigen dazu, krampfig gespannt aufzupassen, damit ihnen ja kein Wort entgehe („wenn mir das Geringste entginge, wäre die Behandlung zwecklos, wäre es um mich geschehen"); dabei hören und behalten sie weniger (Aspasmen von Hirngefäßen mit Absinken der Bewußtseinshelligkeit usw.) als gesunde („lockere") Zuhörer, mißverstehen obendrein das Gehörte (der Neurotiker ist „prinzipiell" Mißversteher), spinnen es in ihre Fehlassoziationen ein, sie sind feinhörig für Tonnuancen des Arztes usw., die sie übelnehmen können, usf. Sie mißbrauchen die Worte des Arztes als Zaubersprüche, die in genauer Wörtlichkeit, möglichst auch mit dem Tonfall, der Gestik des Zaubermeisters gegen die Symptome, lies: Krankheitsgeister anzuwenden seien, und sind dann „unglücklich", daß die erwartete Zauberwirkung ausbleibt. Sie übernehmen die Therapie in ihre Dämonie, fassen sie als verkappte Dämonie, als Bestätigung der Existenz der Dämonen auf, sind Zauberlehrlinge, lernen beim Zaubermeister, wie man mit den Dämonen umgeht (S. 113, vgl. auch 6. Bd. S. 48 ff.), und treiben nun ihr Spiel mit ihnen, scheuchen sie fort (suggestive Besserungen) und konstatieren, daß sie sich nach einer Weile wieder vor- und heranwagen, unterhalten sich mit ihnen, lachen sie aus: ihr könnt mir jetzt nichts mehr tun. Andere Pat. „überhören" die Worte des Arztes, sind mit ihren Gedanken ganz wo anders, in ihre „geistige" = „Geister-Welt" versponnen, mit der Bannung ihrer dämonischen Gedanken beschäftigt — und annullieren so den Arzt und seine Therapie. Die Feind-Dämonie, die Meine Allmacht (meine Seifenblasenexistenz) zerstören will, kann auch die Form der Erkenntnistherapie annehmen, also muß Ich mit ihr und dem Arzte „fertig werden". Die Worte des Arztes sind auch nur „Tangenten meiner Absolutheit". Die Feind-Dämonie kann sich hinterlistig in die Lehre verwandeln, daß es ja gar keine Dämonen gebe, und wenn man auf diese „bestechende Theorie" hineinfällt, machen die Feind-Dämonen einem den Garaus (wie dieser „Garaus" aussehen soll, weiß freilich niemand zu sagen; er passiert ja auch niemals, da Se. Allmacht der Neurotiker immer aufpaßt, obendrein gibt es ja tatsächlich keine Dämonie, s. S. 125); der Zauberer-Arzt ist also der schlimmste (teuflische) Versucher — auch derart, daß er den Metaphysisch-Weltfernen (seine absolute Reinheit usw.) ins Weltliche hinunterzerren und so ins ewige Verderben führen will, auch derart, daß er ihn von seiner einmaligen, übermenschlichen Mission ablenken, die Erlösertat verhindern will usf. (Mephisto-Faust, Teufel-Christus usw.) Hört man sich schon die gerade wegen ihrer Einfachheit verdächtige Theorie an, so muß man sich vor ihrer praktischen Anwendung strengstens hüten. Und selbst wenn man die Theorie anerkennt, ist es noch lange nicht gesagt, daß sie sich in der Praxis bewähren würde; besteht aber die Gefahr, daß sie das nicht tut, auch nur im geringsten, so darf man überhaupt keinen Gebrauch von ihr machen, mindestens muß man sich einen Rest — und damit „alles" vorbehalten, denn der allerkleinste Zauber ist immer doch der ganze Zauber — genau so wie der größte, d. h. jeder Zauber ist 100%ig, kann sich kleinst und größt „machen". „Ich betrachte ‚mich' interessiert als fremden Kranken, der zufällig wie ich heißt und erörtere ‚den Fall' ‚ganz objektiv' quasi als Student oder Kollege mit dem Arzte-Meister, nehme ‚mich' aber völlig aus, lasse für mich die Theorie und Therapie nicht gelten", — aber tat tvam asi! Solche Pat. können sogar eine Art „Sachverständige" sein, die Lehre auswendig hersagen — und doch noch krank sein, wenn auch erheblich gebessert; die Besserung merken sie nicht oder lassen sie nicht gelten: sie ist nur ein Zurücknehmen der dämonischen Front vor dem Angriff des

Feind-Arztes, ein Versuch, ihn irrezuführen, neurotische Strategie, der Symptomrest ist noch immer die ganze Krankheit, der Arzt-Zauberer darf nicht triumphieren, sonst wäre Se. Allmacht der Neurotiker „erledigt", die Allmacht Dämonie ist sein „Leben", der Arzt, der „ihm die Dämonie nehmen will", ist sein Tod-Feind. Manche Pat. trainieren auf Norm, glauben an die Möglichkeit, in der Krankheit mechanistisch gesund zu denken und zu tun, Abnorm in Norm zu verwandeln. Sie „klammern sich" an die allmächtige Norm, die zwar metaphysich-unerreichbar herrscht, bei deren Loslassen aber der Mensch ins ewige Verderben stürzen würde. Manche Pat. renommieren mit ihren zahlreichen Symptomen, ergehen sich in endlosen Symptombeschreibungen, die naiv-diagnostisch sind, die sie aber für therapeutisch halten (Aussprache, Katharsis, Beichte), sie verkünden ihr „ewig Weh und Ach, so tausendfach", ihr All-Leiden als ein Evangelium oder Kakangelium der Welterlösung und drücken sich so unwissentlich von der Therapie. Manche Pat. schlängeln sich mit Witzeleien aus der therapeutischen Klemme. Andere ziehen sich in Wortkargheit, Stottern, völliges Verstummen, in den „Rausch des Schweigens" (Sprechangst), also in das unerreichbare und somit absolut sichere Jenseits zurück. Usw. Die Neurose ist raffiniert — auch in der Methodik, sich zu verstecken und sich so vor der Therapie zu retten; sie kann sich sogar wie die dämonische Gottheit offenbaren, um ihr „wahres Wesen" zu verhüllen.

All das ist Mißbrauch der Erkenntnistherapie: er behebt sich mehr und mehr bei ruhiger Weiterarbeit, d. h. um so mehr, je mehr sich die dämonist. WA in Richtung realische WA differenziert. Der Arzt wird nicht müde, dem Pat. die unsinnigen Deutungen vorzuführen, die allein seine Einstellungen, sein Erleben und Verhalten zutreffend beschreiben. Dabei mildert sich auch die Angst vor der Anwendung. Pat. wird unterrichtet, daß es sich nicht um lebensferne, „graue" Theorie, sondern um therapeut. Praxis handelt, die nur eben das Eigentümliche hat, daß sie sachgemäß am kranken Denken ansetzt, die Symptome von der weltanschaulichen Seite her erläutert, also naturgemäß mit wortlichen Aufklärungen arbeitet; diese sind ganz lebensnah, gelten unmittelbar dem Kranken und seinem kranken Erleben und Verhalten (einschl. Beschreiben), und es geht nicht an, die Dämonie „theoretisch" zu erledigen, in der Praxis aber beizubehalten, es geht auch nicht an, daß Pat. die „Theorie" zwar für andere gelten läßt, sich selber aber ausnimmt. Die Angst vor der Anwendung bezeugt, daß Pat. eben innerhalb seiner Symptomatik noch an die Dämonie glaubt, den Glauben also auch in der Beschreibung erkenntnismäßig noch nicht aufgegeben hat, mag er das noch so sehr beteuern, ja sich über seinen „früheren Aberglauben" lustig machen. Er hat sich mindestens einen ganz kleinen Vorbehalt reserviert, ein leises Vielleicht, das nach magischem Gesetz den ganzen Dämonenglauben enthält und für die Lebenspraxis „rechtfertigt". Pat. kann sich auch so verhalten, als ob es keine Dämonen gebe; er erkennt sie in dieser Form des Zweifels an (vgl. Atheismus, 1. Bd. S. 14 usw.), setzt Fiktion gegen Fiktion. „Ihre Lehre ist eine negative Dämonologie", sagt er z. B., „vergleichbar der negativen Theologie des Mittelalters. Sie haben ein metaphysikfreies Weltbild aufgezeichnet, und das ist eine großartige Leistung, ich bin vollkommen überzeugt von der logischen Richtigkeit, aber Ihre Lehre beweist nicht die Nichtexistenz des Dämonischen, es kann doch existieren, und da wäre es doch töricht, wollte ich meine Dämonie, d. h. meine Symptome aufgeben, so gern ich sie los sein möchte". Pat. bleibt in seinem Zauberkreise, läßt „die Lehre" nur „außen" „Revue passieren", sieht, hört nur zu, bleibt aber absolut verschlossen: ließe er das Geringste zu, so wäre es um ihn geschehen (er müßte z. B. an die Arbeit gehen, die Liebesaufgabe erfüllen, irgend etwas an-nehmen, was ihm also an der Allheit gefehlt hätte und somit ein Fehler der Unfehlbarkeit gewesen wäre; ließe er sich irgendwie „binden", so wäre es um seine Alldämonie-Absolutheit geschehen, usw.), er lernt nur aus-, nicht inwendig. Therapeutische Aufklärung: die Psychobiologie ist weder Negation noch Affirmation der Dämonen, die dämonistische Weltanschauung gilt, wie sie anerkennt, eine lange Periode des menschlichen Denkens hindurch, an sie schließt sich die realische Weltanschauung an, in der die dämonistische Deutung entfällt; die Genesung ist die Emporentwicklung zur realischen Weltanschauung, und man kann nicht gesund werden und — krank bleiben. Soweit Pat. noch Symptome hat, ist er noch Dämonist, und soweit er noch Dämonist ist, hat er noch Symptome. Die Diff. des kranken Erlebens vollzieht sich gemäß der Diff. der Beschreibung, die Symptome mildern sich in Richtung Norm, Pat. muß einsehen, daß er diesen biolog. Prozeß weder (mit „Willen" usw.) beschleunigen noch hemmen kann, daß er also nolens volens Fortschritte macht. Wir arbeiten darauf hin, daß auch der geringste „Versteck der Dämonie", das leiseste „Wenn nun aber doch..?" gefunden und ausgeputzt wird. Pat. ist gesund geworden, sobald er die volle (theoretische und praktische) Überzeugung hat, daß die ganze Dämonenwelt nur erdeutet ist und realiter, in Wahrheit gar nicht existiert. Er kann sich dann in praxi nicht mehr so verhalten, als ob sie doch existiere.

Es erhellt hieraus, daß dem Pat. mit einer Erweiterung seines fiktionalen Denkens, mit einer Aufhäufelung von mancherlei Kenntnissen innerhalb seiner WA nicht gedient ist, wie sie in allen Arten der sog. Psychotherapie, von der plumpen Suggestion in Hypnose oder im Wachen bis zum „autogenen Training", von der Persuasion bis zu den psychoanalytischen Methoden und ihren eklektischen Verschmelzungen stattfindet. Nein, Pat. muß seine dämonist. WA radikal verlassen, er muß vertikal lernen. Er muß, soweit er die erkenntnistherapeut. Mitteilungen in seinen Dämonismus einverdaut, eben darüber aufgeklärt werden, daß er das tut (natürlich nicht „willentlich“ oder wissentlich usw., sondern gemäß seiner derzeitigen biolog. Beschaffenheit). Zu diagnostizieren ist der Mißbrauch der Therapie z. B. an dem zu raschen („sofortigen“) „Erfolg“, an dem formelhaften Hersagen des „Gelernten“, an der krampfigen Bindung an den Wortlaut (magisches Zeremoniell), an der gläubigen Anbetung des Arztes und seiner Lehre, an Berichten wie z. B. „ich hatte gestern wieder tolle Schmerzen, da habe ich die Therapie gemacht, und das hat auch gleich geholfen“ (Wortzauber) usw.

Die therapeut. Arbeit des Pat. darf nicht selber zur Neurose, d. h. in den Dienst der Neurose gestellt werden. Mancher Pat. ist „nicht wegzukriegen“, möchte am liebsten die Behandlung „unendlich“ fortsetzen, der Arzt „erzählt so schön“, „es ist zu interessant“, „ich kriege die Therapie noch immer nicht so gut zusammen wie Sie“ usw. (Angst vorm „Ende“, vor der Selbständigkeit, man muß dann ohne Führer auskommen, ist „verraten und verkauft“). Der Arzt sorgt dafür, daß Pat. sich nach und nach von ihm ablöst, wie die Mutter das Kind ihrer Hand entwöhnt; dieses „dafür sorgen“ geschieht in Form der Aufklärung über den dämonist. Sinn = Unsinn der Angst vor dem „letzten Schritt“: man sei „dem Schicksal“ ausgeliefert, ohne den Arzt-Zauber verloren usw. Viele Pat. sind so „begeistert“, daß sie wie Wagner im „Faust“ „alles wissen möchten“; sie werden aufgeklärt, daß wir uns auf die Therapie zu konzentrieren haben und die Psychobiologie nur soweit wie hierfür erforderlich heranziehen, „alles“ aber unmöglich besprechen können. Der Arzt weicht aber Fragen nicht aus. Jeder Pat. kommt mit s e i n e n Zweifeln, s e i n e n Beispielen, s e i n e n Erfahrungen, der Arzt muß darauf eingehen, aber auch zu verstehen geben, daß das Grundsätzliche der Psychobiologie und der realischen WA ein für allemal gilt, also das „endlose Vorbringen von Einzelheiten“ überflüssig ist, daß Pat. ja nicht Sachverständiger, sondern nur gesund werden will. Wer aber Psb. studieren will, mag es sagen und tun, hierzu mag er die Bücher benutzen, nicht aber die Therapiestunden.

Ferner: manche Pat. meinen, sie müßten 25 Stunden am Tage Therapie treiben, immerfort über die Krankheit nachgrübeln, Einfälle erzaubern und „genau so, wie Sie sagen“ überdenken; sie wähnen, mit ihren Gedanken könnten sie die Krankheit bannen, und müßten diese Art Zauber gründlichst üben. Der Arzt klärt Pat. darüber auf, daß er „die Gedanken“ dämonisiert, und daß es Dämonie realiter nicht gibt, daß die Gedanken nicht „Geister“, sondern Funktionseigentümlichkeit der Begriffszellen sind und gemäß der spezif. Funktionsperiodik „kommen und gehen“ und auch als Zwangsgedanken (begriffl. Hypertrophie) sich nicht kommandieren lassen oder selber kommandieren usw. Zudem ist Pat. zunächst mit den therapeut. Gedanken nicht so vertraut, daß er sie auf eigne Faust anwenden könnte; er „soll“ sie natürlich anwenden, aber unter Führung des Arztes, dem er sie mitteilt und der sie prüft, berichtigt und ergänzt. Es genügt, daß Pat. mit dem Arzte in den Stunden arbeitet; er denkt sowieso auch außerhalb der Therapie über das Gehörte nach, d. h. die betr. RSe sind — etwa interkurrent mit der Tagesarbeit oder in der Freizeit — immer mal wieder in aktueller Funktion, ein therapeut. Zwangsdenken aber muß wie die andern Symptome besprochen und behoben werden. Pat. ist dahin zu unterrichten, daß alles diagnostische, anamnestische usw. (oft hypochondrisch ausgewucherte) Denken an seine Symptome und über sie kein therapeutisches Denken ist, sondern daß therapeutisch lediglich die weltanschauliche Aufklärung ist, die den Sinn-Unsinn der Symptome heraus- und der deutungs- s. fiktionsfreien realischen Tatsächlichkeit gegenüberstellt. Diese Aufklärung ist nicht Zauber gegen den Krankheitszauber, sondern eine spezielle Beschreibung der Symptome. Diese Beschreibung lernt Pat. kennen und anwenden, und zwar geschieht Kennenlernen und Anwenden völlig zwanglos, „von selbst“, nämlich gemäß der beginnenden und fortschreitenden Differenzierung der kranken Funktionen (in Richtung Norm), und lediglich d i e s e Beschäftigung des Pat. mit seinen Symptomen ist heilsam. Alles zwanghafte Bemühen des Pat. um die Genesung ist untherapeutisch und bedarf wiederum der weltanschaulichen Aufklärung: Pat. wähnt, mit Zwang als magischer Methode den Zwang der Krankheitsdämonie entmachten zu können, doch ist realiter auch der „therapeutische Zwang“ Symptom. Zuviel nachdenken ist also genau so Symptom wie zuwenig nachdenken (Denkangst, Angst, „die Dämonen zu beschwören“, das kann nur der Arzt-Zaubermeister, oder: ich brauche gar nicht nachzudenken, ich weiß schon alles, mein Wissen ist das Allwissen einschl. des Wissens des Arztes usw.). Pat. kann sich zu Hause Notizen machen und sie dem Arzte mitbringen, er soll aber keine „Romane“ verfassen und im bloß mechanischen Aufschreiben „die ganze Therapie“ erblicken. In den Therapiestunden machen wir keine Notizen, die Therapie ist kein Papier, sondern Erlebnis. Manche Pat. holen eine Liste ihrer Symptome aus der Tasche; „Arzt muß alles wissen“, „ja nichts vergessen“, „Gedächtnis zu schwach“, „unterlassen etwas zu sagen, ist auch Lüge, und man will nicht lügen“ usw.; sie werden aufgeklärt, daß es auf ein Dutzend Symptome nicht ankommt, der Arzt kein Beichtvater ist, diese „Denkzettel" also überflüssig, Zeichen neurot. Angst und Selbstquälerei sind.

Pat. kann psychobiolog. Bücher lesen (je nach Bildungsgrad), er spart so sich und dem Arzte manche Stunde, aber die Therapie ist lebendiger Unterricht, die Zwiesprache, bei der alle Zweifel, wie sie sich gerade bieten, erörtert und gelöst werden können, ist durch ein Bücherstudium vollwertig nicht zu ersetzen. Es gibt aber Neurotiker, die sich in emsigem und genauem Durcharbeiten und Durchdenken meiner Bücher gesund lesen. Auf alle Fälle muß sich Pat. bewußt sein, daß er gemeint ist, und muß aufhören, sich und seine Neurose auszunehmen oder in die Allgemeinheit zu verstecken.

G. Prognose.

Alle Prognostik ist auf Erfahrung beruhende Wahrscheinlichkeitsberechnung, nicht aber ein Heilversprechen. Die Neurotiker werden in der Erkther. soweit gesund, wie die biolog. Diff.-Fähigkeit ihrer kranken RSe reicht. Im allgemeinen ist die Prognose günstig. Pat. erhält auch hierüber klare Auskunft. Kein Arzt kann eine „Garantie" leisten, den Kranken gesund zu zaubern. Auch der Bergführer verspricht dem Bergsteiger nicht, daß er auf die Höhe komme, er verspricht nur, ihn zu führen, und kann aus seiner Erfahrung heraus hinzufügen, daß die Bergsteiger in der Regel den Gipfel erreichen und daß im vorliegenden Falle je nach Befund dies auch möglich oder wahrscheinlich sei oder nicht. Ein Heilversprechen wäre obendrein eine Suggestion, diese aber ist methodisch zu vermeiden. „Vertrauen?" Der Erkenntnistherapeut setzt beim Pat. nur die Überzeugung voraus, daß er Fachmann ist, wie der Lehrer etwa einer Fremdsprache Fachmann ist. „Vertrauen" als „gläubige Hingabe" ist eine suggestive Einstellung, in der Pat. „alles" (auch alle Verantwortung) dem Arzte überläßt und die Selbstarbeit unterläßt, ohne die er doch nicht genesen kann. Nicht glauben, sondern wissen! Auch der Schüler kann echt nur vorwärts kommen, indem er produktiv lernt (hört, prüft, versteht), nicht indem er glaubt und nachbetet, mag er dabei auch „totes Wissen" aufhäufen und zu einem wandelnden Lexikon werden (S. 86).

Die In- und Extensität der Symptome entscheidet nicht über die Prognose; sehr heftige und ausgebreitete Symptome klingen meist rasch ab, während geringe Symptome, auch als Restsymptome hartnäckiger sind (A. vor dem „letzten Schritt", zähes Ringen um Erhaltung eines „Restes", der magisch noch „das Ganze", d. h. „der ganze Zauber", „das dämonische Leben" ist). Je normferner die Neurose, desto ungünstiger die Prognose. Den Grad der Normferne kann man nicht an der In- und Extensität, sondern an der ganzen Art, der biologischen Eigenart der Symptome ermessen. Grenzfälle zur Phrenose soll man nur unter ausdrücklichem Hinweis auf die ungünstige Prognose in Behandlung nehmen; man sagt den Angehörigen: ich will den Versuch machen und behalte mir vor, die Behandlung (schonend) abzubrechen, sobald sich ihre Aussichtslosigkeit zeigt; man sagt dem Pat.: Ihr Fall liegt schwierig, wir wollen aber doch an die Arbeit gehen und sehen, wieweit wir kommen. Nicht zu früh die Flinte ins Korn werfen! In manchem Falle setzt die heilsame Differenzierung erst nach längerem Stillstande und dann oft krisisch ein („der Bann ist gebrochen"). Mancher Pat. sagt zunächst: ich weiß überhaupt nicht, was Sie von mir wollen, — oder er denkt das, und es ist Aufgabe des Arztes, diese Einstellung zu bemerken und zu klären; dann sagt Pat.: Aha, jetzt geht mir der Seifensieder auf (Aha-Erlebnis nach Karl Bühler, ein Fstadium).

Das „starke Interesse" des Pat. ist prognostisch nur insoweit zu verwerten, als es eben das erste Stadium des Heilvorganges (der G.-H.) ist; es verbürgt aber nicht den Erfolg, es ist oder hat keine Zaubermacht, es ist oft bes. zu besprechen, sei es, daß es hypertroph ist, sei es, daß es gar nicht auf die Genesung gerichtet ist, sondern z. B. auf wissenschaftliche Orientierung (wie Pat. sie „versteht") oder auf „Opposition an sich" und „Belehrung des Lehrers" oder auf ein naives Kennenlernen der Methode (Neugierde) usw. Mancher Pat. verfolgt einen Nebenzweck als Hauptzweck, z. B. „ich komme nur aus beruflichen Interessen" — oder „nur meinem Manne zu liebe, er wünscht die Behandlung"; Prognose ungünstig, falls es nicht gelingt, den Nebenzweck zu entthronen. Manche Pat. verlangen stürmisch nach Behandlung, haben aber eine so intensive Angst vorm Verlassen des Hauses oder der Wohnung oder des Bettes, daß sie zum Arzt nicht kommen können. Man kann versuchen, diese A. beim Pat. soweit zu beheben, daß er zum Arzte kommen kann, aber die Prognose ist meist ungünstig: Pat. hat schon Oberwasser, indem er den Arzt zu sich „zwingt", und verteidigt diese Position hartnäckig. Kommt Pat. ohne (für ihn erforderliche) Begleitung, so ist die Prognose günstiger, als falls er „gebracht", „hergeschleppt" wird. Es ist falsch, Pat. zuzureden, er solle doch allein kommen, ihm zu drohen, es würde sonst nichts werden, usw.; man muß ruhig in die Therapie eintreten und darf erwarten, daß bei fortschreitender Besserung auch dieses Angstsymptom sich soweit mildert, daß Pat. der Begleitung nicht mehr bedarf. Ich sage: meinetwegen können Sie sich eine Leibgarde engagieren, ich zwinge Sie nicht, allein zu kommen, Sie werden es hoffentlich bald lernen, daß die dämonischen Gefahren, die Ihnen in Ihrer kranken Angst vorzuschweben scheinen, gar nicht existieren, so daß „der Schutzmann" oder „die Schutzfrau" von selbst entfällt.

Jede Neurose ist so alt wie der Neurotiker. Die Angabe des Pat., er sei „schon seit 20 Jahren leidend“, besagt ja nur, daß er vorher von seiner Neurose (die für ihn eben noch latent war) noch nichts gewußt hat, die „Dauer“ der Krankheit ist prognostisch nicht zu verwerten, dieser Pat. ist hierin nicht besser oder schlimmer daran wie ein anderer, der angibt, erst seit 5 Jahren oder 3 Monaten krank zu sein.

Die Dauer der Behandlung kann für den Einzelfall genau nicht angegeben werden; es ist nicht vorauszusehen, wie der einzelne Pat. „anspricht“, d. h. sein Differenzierungstempo ist ebenso wenig vorauszusehen wie die für ihn erreichbare Diff.-Höhe, also der Grad, bis zu dem die vertikale Genesung fortschreitet. Man kann nur den Durchschnitt angeben, aber mit dem Hinweis, daß die Prognose quoad Zeit im Einzelfall offen bleiben muß, nur eben die Erwartung besteht, daß Pat. in den Durchschnitt fällt (ca. 10 bis 12 Wochen bei dreimal wöchentlich 1—2stündigen Besprechungen. Man hat hierbei den Vorteil, daß sich Pat. nicht an einen bestimmten Termin „anklammert“ und in um so größere Angst gerät, je näher der Termin rückt („werde ich es schaffen oder nicht? schaffe ich es nicht, so bin ich unheilbar und somit verloren, und bestehe ich die große Prüfung, so muß ich den großen Lebensansprüchen genügen, und falls ich das Schicksal nicht meistern kann, bin ich wiederum verloren“; ferner Termin als dämonischer Zwang usw.).

Das Analoge gilt für das Honorar: es ist den sozialen Verhältnissen des Pat. anzupassen derart, daß eine gewisse Überschreitung eines angenommenen Betrages möglich ist, Pat. also hierin nicht in Sorge gerät, sich nicht an einen Betrag „anklammert“. Unentgeltlich zu behandeln, ist unrichtig. Ein gewisses, wenn auch bescheidenes Honorar muß aufgebracht werden. Im Beruf wird nicht geschenkt, und die Liebe hat mit dem Beruf nichts zu tun. Pat. nutzt bestimmt den Arzt aus und entwertet obendrein eine Leistung, die nichts kostet.

Bei Trauerneurosen ist die Prognose nicht so günstig wie bei den andern Neurosearten. Freudenneurosen dürften kaum zum Arzte gehen. Mischneurosen sind von der schizoiden Seite her anzugehen. Bei Neuropathie, also zerebraler Anomalie, und den Begleitsymptomen anderer Hadrosen ist von seiten der Hadrose her die Prognose beeinträchtigt.

II. Die therapeutische Mobilisation.

Wie immer sich der Pat. gemäß seiner Neurose zu und bei der Heilarbeit ein- und anstellt, will er gesund werden, so bleibt ihm nichts anderes übrig wie seine bisherige WA zu verlassen und in die realische WA hineinzuwachsen. Jeder vertikale Unterricht bringt Neues von biologisch höherem Niveau (im Unterschied von horizontalen Erweiterungen, bei denen also Pat. sein bisheriges dämonist. Denken nicht aufgibt, sondern bestätigt findet). Alles Neue wird aber zunächst angezweifelt. So stellen sich auch in der Erkenntnistherapie die therapeut. Zweifel ein, sie verweben sich mit den schon vorhandenen neurot. Zweifeln, so daß Pat. zunächst äußert, er werde nun erst recht verwirrt. Es ist aber die erste Aufgabe des Pat., an seiner bisherigen WA irre zu werden. Hierbei geraten die kranken Bezirke in eine funktionelle Mobilisation, ohne sie ist eine Höherdifferenzierung unmöglich. Man muß am Bisherigen irre werden, will man in ein neues Niveau übersiedeln. Man muß ein Mißverständnis einsehen (aufklären), um es zu verlassen. Gemäß der Lösung der therapeutischen Zweifel lösen sich die krankheitlichen. Pat. muß sich also durchbeißen. Der Aufruhr (mit Intensivierung der Symptome) ist der Beginn der Genesung, der Sturm vor der Ruhe. Man erläutert das dem Pat. am horizontalen Heilvorgang, z. B. der Gichtknoten kann nur schwinden, falls die deponierte Harnsäure mobil wird, die chronische (z. B. tuberkulöse) Entzündung kann in die Latenz nur übergehen, falls sie aus dem torpiden Verlauf in akute Formen gerät. So muß auch das leptotische Gebiet in funktionelle Erregung geraten, soll es sich aus seiner Stagnation, seiner Gewohnheit zur Norm hin differenzieren. Das „Mittel“ zu dieser vertikal gerichteten Mobilisation ist der erkenntnistherapeut. Unterricht: die therapeut. Zweifel sind heilsam im echten Sinne. Pat. ist rechtzeitig auf diese Erregungen, auch auf die krisischen Stimmungen und Überlegungen vorzubereiten, er durchlebt sie dann — eben vorbereitet, also mit geringeren Intensitäten und wird nicht irre an der Therapie.

Pat. hat die Differenzierung der kranken Reflexe von der frühkindlichen Periode bis zum Diff.-Grad der gesunden Reflexe nachzuholen. Er hat die frühkindliche Weltkatastrophe (Verlust der Alleinheit, Ent-zweiung der Welt) sowie alle späteren Entwicklungsstufen und -krisen in seinen kranken Bezirken nachträglich zu durchleben, bis die einheitliche Entwicklungsfront hergestellt ist. Nun sind die neurot. Funktionen mit ihren dämonist. Deutungen den phylisch-primitiven Pubertätskämpfen auf Leben oder Tod mit dem „Daimon“ zur Seite zu stellen (4. Bd. § 8,$_{1-3}$, 6. Bd. § 1,$_{5,F}$), Pat. wähnt sich fortgesetzt („ewig“) im dämonischen Kampfe um die Alleinheit, Allmacht, auf Sein oder Nichtsein, Leben oder Tod, wobei strukturgemäß die rohe Brachialgewalt meist nicht mehr verübt wird. Dagegen ist der Ausreifungsprozeß *das therapeutische Pubertätserlebnis*: Pat. verläßt hierbei seinen Primivitismus mit den dämonist. Deutungen und geht in die realische WA über. Aber dieser Werdegang vollzieht sich zunächst als Mobilisation der kranken Bezirke, also mit Erregungen, die wiederum denen der primitiven Pubertätskrise analog sind, so daß Pat. zunächst auch die Therapie als den Generalangriff auf seine Alleinheit usw. mißversteht. Die Aufklärung über das Verhältnis Arzt : Patient (Arzt kämpft nicht mit Pat., er ist nicht Feind, sondern Führer, er ist nicht der Vater, sondern [Gesundheits-]Lehrer, er ist nicht pro oder contra, sondern neutral) ergibt alsbald die grundsätzliche Behebung dieses Mißverständnisses. Bei fortschreitender Genesung lassen die kranken wie die therapeut. Erregungen nach, schwinden die Symptome, somit auch die rohen Deutungen dahin, und nur in krisischen Schüben „scheint wieder der Teufel los zu sein", aber doch schon in verdünnter Dämonie, die freilich doch noch „die ganze Dämonie" ist. Auch in seinen Restsymptomen „be-hauptet" noch Pat. sich, d. h. seine Dämonie, und mag sie auch noch so verdünnt sein, so ist sie eben in dieser Art doch die Allmacht, „das Leben" und „der Tod", auch als Seele, Geist, Kraft usw. bezeichnet. Ganz genesen ist Pat. erst, nachdem er die dämonist. Denkweise vollkommen aufgegeben hat.

Das therapeut. Pubertätserlebnis ist viel schwieriger als das normale Heranwachsen mit seinem Pubertätsübergang. Das Kind reift im Laufe von etwa 14 Jahren heran und durchlebt allmählich die Verdünnungsgrade der Dämonie, und dieser weltanschauliche Diff.-Prozeß setzt sich in der Jugend usw. fort. Der Pat. aber muß, so jung oder alt er sein mag, auch „auf seine alten Tage" noch kennen und können lernen, was die gesunden Gleichaltrigen längst hinter sich haben, und zwar innerhalb einiger Wochen. Natürlich kann dabei nicht jede Einzelheit, die der Gesunde durchlebt, aktuell werden, der z. B. 40jährige kann im Genesungsprozeß nicht nachträglich alles das erleben, was er im Falle der gesunden Differenzierung in diesen Jahren erlebt hätte, er hat nicht die „versäumten" 40 Jahre zur Nachdifferenzierung Zeit. Der Genesungsprozeß vollzieht sich summarisch in großen Linien, im D-Zugtempo (auch der D-Zug hält nicht auf jeder Station), und gewiß liegt darin ein Nachteil: es fehlt die gesund-organische Entwicklung, die stetige Reihe von Entwicklungsschritten mit all den Einzelheiten, vergleichbar den Körnchen des Reisberges, durch den sich der Gesunde hindurchißt. Der Neurotiker kann also niemals so gesund werden, als wenn er niemals krank gewesen wäre; auch die Neurose heilt „mit genetischer Narbe".

J. Abschluß.

In der Regel erreichen die Pat. das Genesungsziel: sie werden voll leistungsfähig in den vegetativen, sensorischen und idealischen Funktionen des trophischen und genischen Gebietes, auch aus den bisher fastgesunden Anteilen schwindet das „fast", die krankheitliche Nuance. Eine einmal erreichte Differenzierung kann sich nicht zurückbilden, „Rückfälle" sind also bei echter Genesung unmöglich, sie sind immer ein Zeichen, daß die Intensität der Symptome suggestiv oder in ihrer Verlaufsperiodik abgesunken war, eine echte Heilung also nicht eingetreten ist, daher ist auf diese Möglichkeiten in der Erkenntnistherapie genau zu achten.

Über die biolog. Grenzen seiner Persönlichkeit, also auch über sein Alter hinaus kann sich Pat. natürlich nicht differenzieren. Die Ausheilung der Neurose befähigt viele Menschen zur Leistung höherer Aufgaben, zur Übernahme höherer Posten als bisher, aber auch diese Aufhöhung des biolog. Niveaus bleibt wie jede Veränderung in den Grenzen der Persönlichkeit, der individuellen Spezifität. Ferner der 20jährige kann natürlich nicht die Reife des 30jährigen erreichen. Junge Kinder sind nicht eigentlich erkenntnistherapeutisch zu behandeln, aber auch ältere Kinder müssen wenigstens bis zu Beginn der Pubertätsperiode (etwa 11. bis 12. Jahr) warten und bis dahin der üblichen Erziehung mit heilpädagogischen Ergänzungen überlassen bleiben, immerhin ist eine Aufklärung über Gespenster, Märchen, Mythen, Seele-Geist usw., also weltanschauliche Propädeutik soweit am Platz, daß die realische WA vorbereitet und schon ein frühes Interferenzdenken (mit Besserung der Symptome) erzielt wird. Kinder im Beginn der Pubertät können schon erkenntnistherapeut. unterrichtet werden, der Unterricht ist auf das Alter abzustimmen, wie ja auch die Symptome altersspezifisch sind, es werden also die für den jungen Pat. verstehbaren Tatsachen (Mensch Reflexwesen, Krankheit Infantilismus usw.) zur Aufhellung des dämonistischen Denkens bis zum Interferenzdenken besprochen (6. Bd., S. 541). Die Weltanschauungslehre wäre am besten schulischer Unterrichtsgegenstand von der Oberstufe an; damit würde den gesunden Schülern eine höchst wünschenswerte propädeutische Aufklärung zu teil und den neurotischen Schülern eine gesundheitliche Förderung, die sicherlich in vielen Fällen eine eigentliche Behandlung überflüssig machen würde (s. 6. Bd. Schlußabschnitt). Das Interferenzdenken erhöht sich weiterhin zum realischen, und damit beheben sich auch weiterhin die im Kindes- und Jugendalter noch nicht ganz erledigten Symptome. Der Arzt überprüft von Zeit zu Zeit (etwa alle Jahre) den Status und setzt die Behandlung eine Zeit (je nachdem eine bis zwei Wochen lang) fort. Sind die Kinder noch nicht behandlungsfähig, so würden am besten die Eltern erkenntnistherap. behandelt. Kommen die Eltern in Ordnung, so ist auch ihr Verhalten zu den Kindern ordentlich, an solchen rechten Vorbildern findet das neurot. Kind keine Bestätigungen mehr für seine Auffassungen und Verhaltungen, und unter solchen Umständen kann es gesundheitlich nur profitieren (vgl. S. 169 f.).

Die in der Erkenntnistherapie erreichte Differenzierung läuft in der Regel von selbst weiter. Meist ist Pat. vom Arzte frei. In den andern Fällen, in denen die volle Genesung in einem Zuge nicht erreicht werden konnte, ist es richtig, zu gegebener Zeit in einem kurzen Repetitionskursus nachzuhelfen. Dies gilt bes. für behandelte Kinder und Jugendliche: die Aufgaben, die der Gesunde löst, können und sollen ihnen nicht erspart werden, und bei der Lösung der höheren Aufgaben in Beruf und Liebe kann eine erkenntnistherap. Nachhilfe erforderlich sein. Es kann vorkommen, daß sich kranke Gefüge, die während der Behandlung noch latent waren, später zur Manifestanz entwickeln. Manche Pat. haben nur einen kurzen Urlaub, die Behandlung kann dann bei nächster Gelegenheit fortgesetzt und beendet werden. Manche Pat. „dosieren" die Therapie aus Angst vor der Beendigung; sie wollen eine Pause machen und dann wiederkommen, dazu bringen sie auch allerlei Vorwände und Ausreden an, die scheinlogisch sind, deren Scheinlogik aber Pat. oft nicht durchschaut. Der Arzt darf solche Vorwände — sie sind billig und zahlreich wie Sandkörnchen am Meer — nicht anerkennen, er redet aber nicht zu, sondern klärt darüber auf, daß die Krankheit auch ihre Logik, aber eben eine kranke, eine Patho-Logik hat, und daß sich die Scheinlogik zu ihrer Scheinrechtfertigung gern auf normallogische Argumente beruft (z. B. „Meine Schwester kommt zu Besuch, ich muß mich ihr widmen und kann nicht zur Behandlung kommen, es ist auch ganz gut, das Gehörte mal eine Zeitlang zu verarbeiten", usw.), und natürlich klärt der Arzt über den weltanschaulichen Sinn der Unterbrechung auf: Angst um den „Verlust der Alleinheit", vor der Genesung mit ihren „ungeheueren" Aufgaben, Angst um ein „innerstes Geheimnis", Triumph über den Arzt-Dämon usw. Mancher Pat. kommt zur Einsicht und bleibt, andere kommen wieder, andere lassen sich nicht mehr sehen (Unterbrechung = Abbruch, aufgeschoben ist aufgehoben). „Wegschicken" soll der Arzt den Pat. nicht (etwa aus Rücksicht auf andere Pat., die für die Behandlung vorgemerkt sind, usw.), die Behandlung soll „sich auslaufen", also soweit gedeihen, daß Arzt und Pat. überzeugt sind, fertig zu sein. Anders liegt der Fall bei sicher ungünstiger Prognose.

In der Regel kommt die Erkenntnistherapie zu einem guten Ende. Der Genesene gewöhnt sich an das gesunde Leben; er meint alsbald, es sei nie anders gewesen, er vergißt auch viele Einzelheiten der Therapie — wie der Erwachsene viele Einzelheiten der Erziehung, des Schulunterrichts usw., der Meister die unzähligen Handgriffe, die er beim Lernen vollführt hat. Durch die Einzelheiten der Therapie hat sich der Genesene hindurchgearbeitet und eine Diff.-Ebene erreicht, in die jene Einzelheiten integrierend zum höheren Ganzen verschmolzen sind, er ist in die realische WA hineingewachsen und kann nun nicht mehr die einzelnen Etappen wissen, durch die der Weg gegangen ist, er braucht sie auch nicht mehr zu wissen, er ist ja kein Sachverständiger und kann nicht Auskunft geben, „was alles in diesen Wochen gesprochen worden und geschehen ist". Der Sachverständige freilich muß genau Bescheid wissen und geben können. Ist die Aufgabe gelöst, so hat sie ihren genetischen Dienst getan, und erst dann ist die Genesungsaufgabe vollständig gelöst, wann sie nicht mehr aktuell auftritt, auftreten kann, in diesem Sinne vergangen und vergessen ist.

§ 3. Klinik der Trophosen

Sämtliche Funktionen, in dem einen Falle diese, im andern jene, können krank sein. Es ist also unmöglich, wäre auch überflüssig, alle neurot. Symptome oder Symptomenkomplexe (klinischen Krankheitsbilder) aufzuschreiben. Im Folgenden werden aus den einzelnen Neurosengruppen Beispiele*) gebracht, an denen das Grundsätzliche erkennbar ist, so daß auch die übrigen Fälle zu verstehen und zu behandeln sind. Es gibt keine monosymptomatische Neurose, überhaupt keine monosymptomatische Krankheit; die einzelnen Neurosefälle sind aus den hier systematisch beschriebenen Einzelsymptomen kombiniert, jeder Neurosefall (Krankheitsfall) ist ein einheitliches Ganzes, dessen Einzelsymptome ganzheitlich determiniert, „aufeinander abgestimmt" sind. So oft und solange die kranken RSe in Hoch- s. Präfunktion sind, also je nach Spezifität in kürzeren oder längeren Perioden sind die Symptome aktuell, bewußt (Beschwerden). Auch in der Zwischenzeit sind aber die kranken RSe im Organismus vorhanden und ist ihre Funktion an der Gesamtfunktion und im Sinne der biolog. Symbolik an jeder Einzelfunktion, die somit bestenfalls fast gesund ist, beteiligt. Wir sprechen in der Krankheitslehre in erster Linie von den kranken Anteilen des Patienten und besonders den aktuellen Symptomen, den Beschwerden, z. B. von dem „Gallenanfall" (Leberkrampf), der nach Aussage des Pat. bei ihm alle vier Wochen auftritt. Wir versäumen aber in der Therapie nicht, nachzuweisen, daß Pat., z. B. unser Gallenkranker, auch in der Zwischenzeit nicht gesund ist, mag er sich auch gesund glauben, daß also die Krankheit nur vom Standpunkte der Auffassung des Organismus als eines biologischen Ganzen zu ver-

*) Weitere sind in den vorhergehenden Bänden sowie in meinem Buche „Erkenntnistherapie für Nervöse" enthalten, und der folgende Band führt den Titel „Buch der Beispiele".

stehen ist. Viele Krankheitszeichen, die der Fachmann konstatiert, sind dem Pat. unbewußt (keine Beschwerden) oder als Symptome unbekannt, er kann sie nicht diagnostizieren und ist geneigt, die Diagnose abzulehnen, z. B. meint er, er sei nicht angst- oder schmerzkrank, weil er keine bewußten A- oder Sgefühle habe, während der Kenner weiß, daß die kranken Reflexe für den Pat. unbewußt ablaufen können und am Ausdruck, z. B. der inneren Verkrampfung, der A- oder Sbewegung oder -haltung zu diagnostizieren sind. Sind die fastgesunden RSe in Präfunktion, so ist die Krankheit, wenigstens für den Pat., unaktuell. Die Beschwerden können mehr minder in- und extensiv in die fastgesunden Vorgänge eingemischt sein, oft derart, daß Pat. sagt, er habe immer, ununterbrochen zu leiden.

Daß die Symptome Infantilismen und ererbt sind, ist in jedem Falle nachweisbar; hieraus — sowie aus der Hyperfunktion — ergibt sich, daß die primitiv-dämonistische Deutung die zutreffende weltanschauliche Beschreibung ist, die rohdämonistischen sind mit den reiferen Deutungen verflochten. Auch die möglichen Deutungen können nicht allesamt aufgeschrieben werden; sie sind pragmatische, ethische und ästhetische, beim Kranken in buntem Durcheinander (analog der frühkindlichen Verschwommenheit). *Es muß vorausgesetzt werden, daß der Leser die vorangehenden Bände des Lehrbuches studiert hat.* Hier können nur Beispiele gegeben werden. *Es wird aber nicht behauptet, daß jeder Pat. nun gerade in den angeführten Worten deutet oder sich erinnert, einst als Kind „so" gedeutet zu haben*; es gibt zahllose Märchen, Zauber- und Spukgeschichten in der Onto- und in der Phylogenese, alle diese Formulierungen sind Beschreibungen der rohen Dämonie (S. 113). Die Deutungen können also beliebig gemehrt werden, nicht um die Fiktionen in Anerkennung ihrer „Richtigkeit" zu erweitern, sondern im Gegenteil um dem Pat. den Unsinn eingehend vorzuführen und ihn so aus seiner Deuterei und damit aus seiner Symptomatik herauszuführen. Der Praktiker wird eine unübersehbare Fülle von Einzeldeutungen sammeln. Diese Vorbemerkung gilt auch für die Genosen.

Im Folgenden sind die Hunger-, Angst-, Schmerz-, Trauer- und Freudenneurosen als die *Grundtypen* dargestellt. Die Stauungs- und die mono- wie di- und triphasischen Mischneurosen sind Kombinationen der Grundtypen derart, daß diese oder jene Spezies der RSe haupt-, andere nebenhypertroph sind. Dabei sind die einzelnen Stadien immer gegenseitig nuanciert, z. B. hat die T. eines TF-Neurotikers immer einen mehr minder merklichen Einschuß von F. und die F. von T. Auch die kr. Erlebnisse sind natürlich HASTF-Reihen. In dem einen Erlebnis eines Mischneurotikers kann dieses, im andern jenes hypertr. Stadium im Vordergrunde stehen; so sind zwar bei den TF-Neurotikern die TRSe nach Überschreitung der Schwelle nach außen oder nach innen in Präfunktion, doch sind die einen „melancholisch" zu Hause (z. B. viele Komiker), also nach Verlassen der für sie freudigen Öffentlichkeit, die andern sind traurig nach Verlassen der für sie freudigen Häuslichkeit, die Fstadien, die das eine oder andere Erlebnis abschließen, kommen wenig zur Geltung. Usw. Oft geht im Laufe der Entwicklung eine H- in eine A- oder Sneurose über und umgekehrt, wird also das vorher haupthypertr. Stadium nebenhypertroph oder atrophiert zu dauernder Hypofunktion. Bei einer AT-Neurose kann nach einer Periode, in der die Asymptome im Vordergrunde stehen, die T. haupthypertrophieren. Usw. Bei einer Trophogenose können die vorher nebenhypertrophen genischen RSe die trophischen überwuchern und umgekehrt. Alle Varianten sind, auch dem weltanschaulichen Sinne nach, aus den Grundtypen zu verstehen. Der Hneurotiker führt sich als der (dämonische) Weltvernichter, der Aneurotiker als der Weltverneiner, der Sneurotiker als der Weltzerstörer, der Tneurotiker als der Weltzertrümmerer, der Fneurotiker als der Weltvollender auf und vor — und alle scheitern an den Tatsachen.

1. Hungertrophosen.

A. Gefühlstrophosen.

a. Organtrophosen.

α. Gastraltrophosen.

Magenhungertrophose.

Hypertropher Magenhunger. Gefühl der „absoluten" Leere, des Hohlseins, des „Nichts" in der Magengegend, die übrigen Magengefühle rel. stark hhaltig. Wir bezeichnen alle hypertr. Hgefühle als Gier (6. Bd. S. 229). Peristalt. Unruhe auf Hweite (Hspasmen) *), auch bei Anwesenheit von Speise, die somit zu rasch wandert, zu wenig ausgenutzt wird; die Unruhe kann koordinativ registriert werden als ein hohles Drücken, Wühlen, Greifen, Zittern, auch als ahaltiges Drängen (S. 28 Fn.). Spärliche bis reichliche Hypersekretion eines qualitativ abnormen Magensaftes (Hungersaftes, 6. Bd., S. 167), Sekretionsneurose. Der hypertrophe H., oft als „Heißhunger" auftretend, ist, obwohl wie jeder H. auf Stillung (Freude) gerichtet, insofern unstillbar, als

*) Die hungrige Unruhe ist von der ängstlichen und der schmerzlichen zu unterscheiden.

auch die mögliche Magenfreude im kranken (kr.) Gebiete stark hhaltig ist, doch kann gerade der Heißhunger bei Einverleibung des begierten Stoffes in geringer Menge (eines Stückes Zucker, Schokolade, Käse usw.) rasch wieder unaktuell werden. Läuft das kr. Erlebnis als Gefühlsreihe ab, dann findet Einverleibung des begierten Stoffes nicht statt, sinken ohne sie die kr. vegetativen Funktionen wieder ab (S. 55, 68, 152); dies geschieht auch, falls der begierte Stoff zwar aktuell ist, aber gemieden wird; in beiden Fällen kann andere Nahrung aufgenommen werden. Bei geringer Ausbreitung und langer Tieffunktion der kr. RSe sowie rel. Entbehrlichkeit des begierten Stoffes ist die Magenfunktion (Magenverdauung) insgesamt nicht sehr beeinträchtigt. Je mehr die kr. RSe hypertrophieren, je kürzer die unaktuellen Intervalle sind, je weniger entbehrlich die begierten Stoffe — oder umgekehrt jene Stoffe, die vor den begierten zurücktreten, sind, oder je mehr der begierte und aufgenommene Stoff von der Ernährungsnorm abweicht, desto fehlerhafter wird die Verdauung, somit auch der Ernährungszustand des Pat., sei es, daß die Einverleibung unterbleibt, sei es, daß die Stoffe kaum gekaut verschlungen werden und den Magen zu rasch verlassen. An der Ausbreitung der kr. Funktionen nehmen auch Darm-, Leber- usw. RSe, dann auch RSe der Darmgefäße, der Gewebe, weiterhin auch des Herzens, auch der Lunge teil: die Speisen werden nicht recht verdaut, passieren den Mund-Magen-Darm zu schnell, Resorption und Assimilation verringern sich, Blut und Lymphe und Gewebssaft bleiben „leer‘ hinsichtl. des begierten Stoffes, Sauerstoff mangelt, Hormone, Vitamine usw. sind quantitativ-qualitativ fehl, es besteht auch bei reichlicher Nahrungsaufnahme, allgem. Hzustand, Unterernährung, hneurot. Asthenie, Magersucht, gelegentlich verdeckt von lokalen Fettdepots (6. Bd. S. 175). Besondere Typen von Hungerleidern sind die Hkünstler, Hstreiker, Faster, Diätfanatiker. Epidemische Hungersnot mit, aber auch ohne tatsächliche Verknappung der Nahrungsmittel, letzteres z. B. bei epidem. Arbeitslosigkeit oder bei vorsorglicher Einsparung, Rationierung in Kriegszeiten, wobei dauernd „leiser Hzustand“ quoad einzelne oder alle Nährstoffe. Neurose ist nicht tödlich; wer Hungers stirbt, ist spezif. hadrotisch, die Hadrose kann sich an eine Neurose anschließen (6. Bd. § 1, $_2$). — Von der Gier nach Einverleibung, Erfüllung ist die Gier nach Ausverleibung, Entleerung, allgemein: von der Aufnahmegier die Abgabegier (auch als habituelles Erbrechen) zu unterscheiden.

Die Gier ist als je spezif. Gefühl je nach dem systemgenet. Zusammenhang auf diesen oder jenen Stoff, vw. auf Festes (2. Bd. § 32, $_{1, a}$) gerichtet. Diese Stoffe sind im kr. Erleben inftlsch wie die Gier, also infantil-hypertroph-ausgealtert, sie sind Aktn.-gruppen für sich oder eingemischt in höherdifferenzierte, den gesunden näher- und nahekommende Gruppen, z. B. kann Brot noch ganz infantilistisch oder in genet. Abstufung erlebt werden. Im einzelnen: Gier nach (je bestimmter Art von) Brot, Mehlspeisen, Süßigkeiten (Lutsch-, Naschgier), Kartoffeln, Gemüse (Rohkostler usw.), Obst, Eiern, Fleisch, Fisch, Käse, Fett usw., nach Salz u. a. Gewürzen, nach Kalk (Kreide), normaliter Ungenießbarem wie Menschenfleisch, lebenden Fischen, allerlei Pulver (Arzneipulver), Pillen, Tabletten, Kohle (Graphit: Bleistiftkauer), Erde, Haaren, Nägeln, Kot (Kotfresser), Nasenschleimkrusten usw. Manche Pat. gieren nach „allem“, „könnten alles durcheinander, alles aufessen“, sind nie satt, sind unersättlich: Differenzierung der Speisen nach Qualität und Quantität und Kostordnung noch nicht vollzogen. Die festen Speisen usw. enthalten natürlich auch flüssige und gasige Anteile, die ebenfalls begiert werden können. Die Gier kann übrigens auch beim Anblick des gedeckten Tisches, des Eßzimmers, der Gaststätte usw., ferner bei gewissen trophischen Geräuschen usw., also in mittelbaren Zusammenhängen aktuell werden; wir kommen auf diese Zusammenhänge bei den Angstneurosen zu sprechen, wo sie sich auffälliger zeigen. — Weiterhin schließt sich an: die Gier nach Erwerb der Nahrung und anderer trophischer Gegenstände (Geld und Gut), die Arbeits-, Erwerbs-, Habgier usw.; s. Abschn. c.

D e u t u n g. Wir erinnern uns: das Kind lebt zunächst in der chaotisch-alleinen Welt, als Alleinwesen, mit der „Weltkatastrophe“, dem Einsetzen der Individuation beginnt die dämonistische Deutung der Gefühle, Gegenstände und Begriffe, des Erlebens und Beschreibens, die Deutung ist zunächst die animistisch-magische: alles ist von der allmächtigen Dämonie diffus durchflutet, dann teilt sich die allmächtige Dämonie in die beiden Gegendämonen, die als Leben und Tod, Sein und Nichtsein, Himmel und Hölle, Oben und Unten, Tag und Nacht, Licht und Finsternis, Gott und Teufel, Gut und Böse usw. zu bezeichnen sind und die sich dann weiterhin aufteilen (6. Bd. § 5, $_1$ usw.). In diesem Entwicklungsraum liegen, hypertrophiert und ausgealtert, die Deutungen, die das neurot. Erleben und Verhalten zutreffend (man kann nicht bloß so, man muß so) beschreiben. Die Gefühle sind also auch dämonisch, seine inneren Organe kennt das Kleinkind noch nicht (anatomisch), und die Namen für sie sind ihm Dämonennamen; dies gilt auch für den Neurotiker, soweit er krank ist, mag er sogar Arzt sein, also in seinen reiferen Anteilen den menschlichen Organismus genauestens kennen.

Der Magenhunger ist also mein geheimes, geheimnisvolles, heimlich-unheimliches Wesen, das dadrin (scil. in der Magengegend) sitzt, sich bewegt, grollt, knurrt, ein Knurrgeist, Drache, Hund, Krebs, ein flatternder Vogel, ein Männchen, sieben Männchen (meine sieben Brüder = Kinder, die dort essen, was ich essend ihnen gebe, die also in und von mir, der Schwester-Mutter, leben, die ich ein- und auszaubern kann usw.) usw. Der Knurrgeist heißt „Hunger", auch „Magen", der knurren kann. Der Unheimliche treibt an, verlangt, wünscht-will mit zwingender Gewalt, er ist zeitweise still in seiner Höhle, rumort dann wieder los, er ist (als hypertroph-infantil) Allmacht, Alldämonie, Alltrieb, Schicksal — oder Lebe- oder Sterbewesen, guter oder böser Geist, göttliche oder teuflische Seele — was von beiden oder ob beides, ist Rätsel. Wie und warum ist der Dämon in „mich" hineingekommen? Ist er mein Eigen- oder ein Fremd-Dämon, mein oder ein fremder Wille, der in mich hineingezaubert ist — von unsichtbaren oder sichtbaren Mächten, von den dämonischen Eltern, Großen, die mir vormachen und zureden, von den Dingen, die mich anlocken, versuchen — oder die mein Hunger anlockt, versucht?, von den Speisen, die den schlafenden Drachen wecken, so daß er sie zu verschlingen begehrt, falls nicht der Drache Hunger erwachend die Speisen herzaubert (Tischlein, deck dich!). Bin ich — ich selbst oder ein anderer? Bin ich — ich — oder bin ich nicht, nichts? Warum wirkt manchmal der Magenzauber und manchmal nicht, ist dann der Gegenzauber mächtiger? Und warum wirkt manchmal der Nahrungszauber und manchmal nicht (ich kriege keinen Appetit, er „läßt" sich nicht wecken, er schläft weiter)? Warum wird der Quälgeist manchmal still, nachdem ich nämlich gegessen habe — oder hat der Hunger gegessen und ist so gestillt? So ganz still wird er nicht, er verwandelt sich wohl (in eine Art Sattsein), aber „da" ist er auch dann noch, er wirkt immer weiter, ist unersättlich.

Die Dinge sind gespenstische Verdichtungen der animistisch-magischen Allmacht, und neben dem Dämon Leben und auf ihn wirkt der Dämon Tod, das Verhängnis, die Vernichtung, die Schwärze, der Schatten: allenthalben steht das Helle gegen das Dunkle (das Hell- gegen das Dunkelfarbige), das Reine gegen den Fleck, den Todesboten. Ist der Tod vom Teufel gesandt und somit teuflisch, Teufel selbst, wie immer er auftreten mag, — oder von Gott verfügt, göttlich, Gott selber? Kann Gott auch töten, böse sein, kann das Leben auch töten, der Tod lebendig machen, ist der Tod nicht auch lebendig, wenn er doch überall herumschwebt und — eben tötet? Usw. Essen ist töten (mordere beißen, zerlegen, morden), die Zähne sind die ersten Waffen, angewachsene Messer und Dolche. Der Hungerdämon ist der allmächtige Zauberer, der mich zum Töten zwingt, der Todeszauber, der in und aus mir wirkt und „die Welt" vernichtet. Aber auch die Alten reden mir zu: iß und trink, so wirst du groß und stark! Wollen sie mich schuldig, mitschuldig machen am eignen Morden, das bei Tisch, in der Küche, im Schlächterladen usw., ja schon auf den Fluren („Schnitter Tod"), im gegenseitigen „Zerfleischen", überall „im Leben" geschieht? Wollen sie, die großen Töter, mich nur schlachtreif machen, um mich dann auch zu töten, die Menschenfresser? Oder sind sie gute Dämonen, die mich lehren, mit dem Tode und dem Toten, in dem der Tod wohnt, umzugehen, den Todeszauber mit Essen, also Töten selber zu stillen und so zu überwinden? Dann ist mein Hungerdämon der Zauber, der den Tod aus der Welt schafft, und muß ich alles essen, alles töten und alles Tote schleunigst, unverzüglich in mich aufnehmen, um den Tod zu bannen, alles in meinen Alltod einvernichten, mit jedem Bissen die ganze Welt verschlingen, um die Welt vom — Tode zu erlösen — oder vom Leben, das sich selber und seine Geschöpfe tötet (Problem des Werdens und Vergehens)? Vielleicht ist der Hunger, der mir „Lebens"mittel her- und einzaubert, mir das Leben erhält, doch der Dämon Leben? Er zwingt mich, all das Tote in mich hinein zu beerdigen, so entgehe ich und die Welt der Rache der beim Töten ausgetriebenen Dämonen (Seelen usw.)? Wenn ich auch nur etwas, ein kleines Bischen, Biß-chen Tod esse, nehme ich den ganzen Tod in mich auf, banne den Tod mit meinem Leben oder das tödliche Leben mit meinem Tode? Sind die „Lebens"mittel vielleicht „Todes"-mittel — und muß ich zur Strafe für meine Begierde sterben (vgl. „Welches Tages du davon issest, mußt du des Todes sterben")? Ich nehme den Tod und das Leben in mein All-Nichts auf und schaffe so den Tod aus der Welt — oder nimmt mein Hunger nur das Leben aus den Lebens-mitteln und filtriert den Tod heraus, läßt ihn draußen, aber so, daß er gebannt bleibt, unschädlich gemacht, sozusagen ent-todet ist? Vgl. 6. Bd. S. 290 ff.

Mein Allhunger (magische Identität „allen" Hungers) ist der Allwille, der Urgrund alles Seins, der Herr über Leben und Tod, die in der Welt als ewige Feinde gegen einander wirken — in der Welt, also (auch) in mir, in meiner Leibeshülle-höhle und zwischen mir und der anderen Welt, wie immer sie sich gestalten mag. ICH muß alles essen, töten und das Tote verschlingen (Freßgier, Allesfresser, Nimmersatt), ICH die Allmacht, in der auch alles geschieht, was die andern tun, ICH allein kann alles er- und vertragen, den Tod auslöschen wie das Leben in meine Alleinheit und beides von neuem schaffen, es ist alles eins, ob ich esse oder die andern, ob ich sterbe oder die andern, ihr Tod ist mein Tod, ihr Leben mein Leben, ihr Schicksal das meine, meine Allmacht der Allhunger ist der Allschöpfer und Allvernichter, und die Allvernichtung i s t die Allschöpfung und Allerhaltung. Indem mein Allhunger alles Lebendig-Tote in sein Nichts-All aufnimmt, schafft er das All ewig neu. Auch in mir, in der Mitte des Leibes ringen Leben und Tod: man fühlt das an den geheimnisvollen Vorgängen in mir, bei denen sich das Aufgenommene in das Abzugebende-Abgegebene, das Obere in das

Untere, das durch die unteren Öffnungen abgeht, unter-geht, verwandelt. Ist aber die Speise, die mich der Hunger aufzunehmen zwingt, das Gute, wenn es sich doch in das Böse, das „Pfui äx", das in die stinkige Höhle-Hölle Abort, den Zugang zur Unterwelt abgeschieden wird, verwandelt, ist der Allhunger das Allgute, die Gottheit, die durch „mich" alles Lebendige tötet und die Tötung in „mir" weiterführt und vollendet (Kotgier: ich muß gerade dieses Tote in mir beerdigen)?, oder ist die Speise das Böse, das der Allhunger ent-böst und dessen irdischen Rest, die gleichgültige Materie er in die Hölle schickt, ins Allgemeine auflöst. Macht der Allhunger aus dem Bösen das Gute oder aus dem Guten das Böse oder sondert er das Gute (das Helle an der Speise) vom Bösen (dem Dunkeln an der Speise) und ist so der Weltherr, der das Ewige Gericht abhält, das Gute nach oben, das Böse nach unten schickt? Ist der Allhunger das Allböse, die Teufelheit, die alle Welt verschlingt wie der Moloch, der Saatgott Saturnus, der Satan seine Kinder, um sie von neuem zu erzaubern und so — die schöpferische Gottheit zu sein? Ist der Allhunger das ewige Nichts-All, das alles gestaltet und alles vernichtet, vernichtend gestaltet, gestaltend vernichtet? ICH die Wohnung, das Organ, Werkzeug des Nichts-All, mein Leib die Passage aller Dinge im ewigen Kreislauf und selbst in ihn (chaotistisch) eingeschmolzen, — ICH das Nichts-All selber, der Allhunger, in dem sich die Dämonenkämpfe vollziehen.

Wenn meine Gier das Böse ist und das Böse wirkt, muß sie da nicht unterdrückt, in ihrem Rasen gehemmt, ausgetrieben werden? Der gute Wille muß über den bösen herrschen, den Unbändigen bändigen, ich muß lernen, den Hunger auszuhalten, es kommt „im Leben" nur darauf an, hungern zu können, im Hunger „befriedigt", Hungerleider zu sein, für alle zu hungern und so die Welt vom Hunger zu erlösen. ICH muß als Welthungerer der Versuchung widerstehen, mich zu sättigen, ja die Freude an irdischen Tafelgenüssen wäre der Sieg des Bösen und muß daher vernicht(s)et werden; ich muß mir „prinzipiell" das Essen und Trinken abgewöhnen, mich kasteien, aber der H. hat die unheimliche Macht, „mich" immer wieder schwach zu machen, so daß ich essen und trinken „muß", der gute Wille wird verdrängt, die Warnung-Hemmung unterdrückt, ich werde zum Bösen verführt, ich werde schuldig, sündig, ob ich will oder nicht. Indes indem ich der Versuchung erliege, die Todsünde begehe, banne ich sie nicht eben damit, entmachte sie, so daß sie nunmehr nicht mehr da ist? Oder gebe ich frei-willig nach, „lasse" dem H. seinen Willen wie Gott dem Teufel, gestatte ihm sein Wirken, gebe sogar auf die leiseste Regung acht, lasse ihn gar nicht erst groß werden, ersticke ihn im Keime, „befriedige" ihn sofort — so wirkt er in und nach meinem Willen und ich bin sein Herr — ICH? wer ist das ICH, das den Allhunger beherrscht, das allmächtige Zauber-Ich, das höhere Wesen in „mir", das allmächtiger ist als der allmächtige Hunger?

Die Speisen sind tödlich, „giftig", der Tod wohnt darinnen oder der Todesfluch, so muß ich ganz rasch essen (keiner darf's sehen, keiner mich in meiner heiligen-unheiligen (?) Handlung entdecken und damit bannen, meinen Zauber stören und brechen), ich muß gerade die Speisen (usw.) essen, die mir meine Gier als konzentriertes Gift anzeigt (dort sitzt der Weltfeind), die andern beiseite lassen, oder ich muß „alles in einem" hinunterschlingen, nicht erst kauen, so habe ich die Versuchung zu töten ausgelöscht, die Speise darf „eigentlich" meine Lippen gar nicht berühren, so ist das Essen ungeschehen gemacht, ich muß hasten, daß der Todeszauber erst gar nicht wirken kann, somit auch die andern davor bewahrt sind, schuldig zu werden, „Leib und Blut" zu essen, am besten, ich esse ihnen alles weg. Ich muß alles rasch wieder ausscheiden, es muß alles in magischer Sofortigkeit geschehen, das Tote-Tödliche darf mein Inneres, die Seele, das Leben in mir gar nicht berühren, es muß von oben nach unten durch mich als eine Art Rohr hindurchfallen — hinunter in den Höllenschlund „Abortöffnung" und weiter in die Hölle. Ich muß mager bleiben, damit niemand denke, ich hätte mich der Todsünde schuldig gemacht (und wäre somit selbst erlösungsbedürftig), ich muß beweisen, daß ich unschuldig schuldig bin, nur in Wahrung meiner Ich-Dämonie die Gier gewähren lasse, also nur esse, um die Gier zu besänftigen und so zu beherrschen, nicht aber „eigentlich", mit und zu irdischer Freude esse, ich muß dem Hunger nur soviel „bewilligen", wie gerade zur Erhaltung des Leibes als des Schlachtfeldes der Dämonen nötig ist, so daß ich allen zeigen kann, wie ich den Hungerdämon bändige (mich kasteie), ohne aber mein Geheimnis preiszugeben (sonst wäre mein Zauber dahin und ICH und damit die Welt verloren, darum müssen „die Menschen" blind bleiben). So nippe ich nur an der Speise, auch im Kleinsten wohnt der ganze Zauber (d. h. nicht auf das Quantum, sondern auf den Zwang kommt es an), auch die Hostie ist der ganze Leib des Herrn und trägt dessen Dämonie, auch die Pille, das Streukügelchen enthält den ganzen Heil-Unheil-, Lebens-Todeszauber. Wenn das Essen, sogar das Naschen Sünde, Verbrechen ist, muß man rasch machen, um nicht erwischt zu werden von denen, die mich in Versuchung führen (zunächst die Eltern, die großen Götter-Teufel überhaupt). Ich setze mich also gar nicht erst „gemütlich" zu Tisch, sondern schlinge im Vorübergehenschweben einen Bissen hinunter und bin schon wieder weg, wo anders — „unfaßbar, unbegreiflich", eine Gottheit, die von keiner Macht fixiert, „festgemacht“, der absoluten Freizügigkeit beraubt werden kann und die keine Ruhe kennt. Man kann freilich ohne Essen und Trinken usw., ohne Leib nicht leben, ja alles Weltliche ist ein notwendiges Übel, von dem ich mich und damit die Welt erlöse, indem ich es unablässig, immer wieder vernicht(s)e. Wenn sich also die Allmacht meines Leibes bedient, nun so muß sie = ICH ihn erhalten, so bin ich und die Welt unsterblich. Indem ich den Allhunger auf mich nehme, kann niemand sündigen, ist aller Hunger entmachtet, er kann nirgends schaden, die andern können ruhig essen und trinken, ihr Töten ist ent-tötet, die Sünde ent-sündet, der Tod, die Todsünde aus der Welt geschafft, ich habe alle Eß- und Trinksünde, die Allsünde in meine Sündlosigkeit aufgelöst. So opfere ich mich unausgesetzt für alle, aber sie dürfen es nicht merken, die Entdeckung könnte nur vom größeren Zauber erfolgen und würde meinen Welt-Zauber lähmen, vernicht(s)en, ich muß der Alleine-Einzige sein und bleiben.

Aber wenn nun der Allhunger das Allgute, der Dämon Leben, das Göttliche wäre, das eben zur Entsündung alles ewig vernichten muß, um es neu erstehen zu lassen, und das Soebenerstandene als ewig sündig wieder sofort vernichten muß, darf ich dann dem Allhunger, der Erlösungsgier wehren, ist der Gegenwille nicht das Allböse, der Teufel, der den ewigen Tod verhängt? So wird Leben zu Tod, Gut zu Böse, Gott zu Teufel — und umgekehrt — wie ist das möglich, wie kann das geschehen, wer kann das entscheiden? Ich fühle nur, daß der Allhunger „mich“ unablässig treibt und drängt, daß das Schicksal, die Vorsehung in und aus mir, dem Auserwählten-Verfluchten, wirkt und die Feind-Dämonie, sie sei Leben oder Tod, sie wandle sich in welche Substanz immer, mit seinem Vernichtungszauber vernichtet. Die Welterlösung kann nur die Weltvernichtung sein, und wer mich in diesem meinem Wirken hindern will, auch der Arzt, der mich „heilen“ will, ist mein Tod-Feind wie der Teufel, als er Christus auf dem hohen Berge zur Bejahung der Welt verführen und so seine Mission aufheben wollte.

Gleichlautend die Deutungen der Gier nach spez. Stoffen, nach Arzneien u. a. „Giften“: sie sind dämonische Elixiere, Konzentrate, die Dämonie der Welt, die Geheimnisse der Großen-Götter-Teufel (Vater, Mutter, Vor-gesetzte usw.), die ICH mit meinem Fanatismus in der Schicksalsprüfung (analog der urtümlichen Pubertätstat, dem „Jüngsten Gericht“) banne, überwinde, entmachte, vernicht(s)e, die Quintessenz, das wirksame Prinzip, das den ewigen Tod oder das ewige Leben verhängt wie Hostie und Wein des Abendmahls, ICH aber werde mit dem Gegenzauber fertig, ICH bin der Herr über Leben und

Tod, meine Gier vernicht(s)et ihn, sei es, daß ich mich des „Arcanums“ enthalte (es hat keine Macht über mich), sei es, daß ich es verschlinge, in mein Nichts-All aufnehme, sei es, daß der unbändige Trieb göttlich oder teuflisch ist, usw.

Andere Hungertrophosen des Verdauungstraktes.

Gefühle „absoluter“ Leere an dem Organ, der inneren Stelle, wohin sie lokalisiert sind: als ob dort „ein Nichts“, die Stelle (z. B. die Lebergegend) nicht vorhanden sei, verbunden mit koordinativen Registrierungen innerer Unruhe (Hspasmen). In Form hypertropher Gefühle sind auch Organe oder Stellen bewußt, die normaliter nicht im Bewußtsein vertreten sind, d. h., gewisse Gefühle kommen bewußt nur in patholog. Intensitäten vor. Je nachdem, welche dieser kr. RSe aktuell funktionieren, wechselt der Ort des „Nichts im Leibe“, des Unruhe- und Druckgefühls. Im Zusammenhang mit Dysfunktionen der großen Verdauungsdrüsen wie Leber und Pankreas, somit qualitativ-quantitativer Abnorm ihrer Se- und Inkrete, finden sich spez. Störungen des Stoffwechsels, z. B. die hneurot. Form des Diabetes (S. 58), verbunden mit vasalen Dysfunktionen.

Deutung. Die ewige Unruhe (die unheimlich in mir umherzieht) verzehrt mich und damit die Welt, ist die allvernichtende Dämonie, die mit der Feind-Dämonie, sie sei Leben oder Tod, gut oder böse, sie nehme Gestalt an, welche sie wolle, ewig im Vernichtungskampfe liegt und in ihrer Unersättlichkeit die Allvernicht(s)ung schon vollzogen hat und immer neu vollzieht. Bin ich überhaupt, wenn doch das Nichts in mir ist, außer dem es nichts gibt, das also das All ist? Der Leib, die Materie ist nur die Oberfläche, die Fassade, hinter der die absolute Leere „ist“ als die Urgewalt, in der alles geschieht, deren Geschöpfe vom Wesen des Nichts, somit nichtig sind und niemals selbständig werden können, weil die Allgier immer alles vernichtet. Ich bin, aber als nichtig, Nichts (vgl. das buddhistische „Nirwana“: das Nicht(s)sein als Seinsform, vgl. die analoge „ewige Seligkeit-Verdammnis“ der Jesuslehre, die „Lethe“ der griech. Mythologie usw.). Ist das Dämonische nun Leben oder Tod, Gott oder Teufel, die sich gegenseitig hetzen — oder beides in einem? usw.

Der hypertr. Entleerungshunger ist in den Enddarm oder diffus in den Unterbauch lokalisiert. Eine Art des Tenesmus. Peristalt. Unruhe des Darmes auf Hweite bei oder ohne Kotfüllung. Dieses Druckgefühl ist nicht mit dem Vollgefühl (Fgefühl), das ihm bei Darmfüllung vorausgeht, zu verwechseln; es ist das 1. Stadium des Entleerungsvorganges und Gefühl der absoluten Leere auch insofern, als die folgenden Stadien stark hhaltig, also nihiliert sind, im Leeren verlaufen. Beschleunigte Kotpassage. Ißt Pat. zu wenig, so Kotmenge gering. Schlingt er „alles“ hinunter, so Kot voluminös. Immer reich an unverdauten und halbverdauten Stoffen (Nährstoffvergeudung), oft abnorm zersetzt in der Art der Flatulenz, Konsistenz normnahe bis durchfällig. — Analog Entleerungsgier des Magens: Hspasmen in Richtung Darm oder antiperistaltisch (Brechreiz, Erbrechen), Hyperfunktion der Drüsen, also durchfällige Inkretion und Sekretion. Übermäßige Ausscheidung als magische Entleibung, Selbstaufopferung. Weiterhin schließt sich an die Gier nach Abgabe des Leibes überhaupt, nach Selbstentäußerung, Selbstverstümmelung, Selbstmord, nach Wegwerfen des äußeren Besitzes (Vergeudung des teuflischen Goldes, des Geldstromes, der an den Verschwender heran- und von ihm hinwegfließt, ohne ihn, den All-Nichtsbesitzer zu berühren, „wie gewonnen, so zerronnen“ usw.

(Im Erleben des Kleinkindes vollziehen sich die Leibesfunktionen, also auch die Ausscheidungen zunächst unbewußt, dann ganz dunkel bewußt in der chaotischen Alleinheit, dann werden sie zwar als tiefrätselhafte Einzelgeschehnisse, die der ursprünglichen Alleinheit ein Ende machen, inzipient entdeckt, bleiben aber zunächst noch in der animistisch-magischen Alleinheit; erst später werden auch die Ausscheidungen und das Ausgeschiedene sowie die paßrechten Geräte-Einrichtungen bekannt und gewöhnt; vgl. 5. Bd. §§ 7, 8. Der Neurotiker kommt, soweit krank, also überrestliches Kleinkind, über die Stufe der Alleinheit im Erleben und Deuten nicht hinaus; dem Ausscheidungsneurotiker sind also die symptomatischen Ausscheidungen tiefdunkle Rätsel, mag er in seinen differenzierteren Anteilen diese Vorgänge noch so gut, ja sogar fachmännisch kennen.)

D e u t u n g. Was ist das bloß für ein unheimliches Drücken und Drängen im Bauche, das mich mit aller Gewalt auf den Abort treibt? Ist das mein Zauber oder der Zauber, der vom Abort ausgeht, ein Befehl der Hölle? Ich habe das Gefühl, daß Nichts drin ist wie eine drückende Leere, und doch ist diese ewige Unruhe da, eigentlich immer, bald stiller, bald lauter, bald fällt sie über mich her, so daß ich gar nicht schnell genug laufen kann, manchen Tag 20mal und öfter, auch nachts weckt mich der Bauchspuk und jagt mich (immer wieder) aus dem Bett auf den Ab-ort. „Nervöser Darmkatarrh“, aber was sagt mir das? Ich weiß nicht, was das ist: ich komme mir vor wie besessen, alles dreht sich um dieses Bauchunwesen, es macht mit mir, was es will, beherrscht mein ganzes Leben, ja ist mein Leben, das Leben überhaupt (ich bin der Alleine), und dies eben ist das „Nichts im Leibe“. Ist das Leben also der Tod? Ist es gut oder böse? Das Unten ist böse, das Oben gut, das Untere kann aber nach oben steigen, das Obere nach unten fallen; was nach unten zieht (transitiv) und zieht (intransitiv), ist böse, nieder-trächtig, was nach unten drückt, unterdrückt, ist gut — wie? Vielleicht ist die Unruhe in mir das Anzeichen des ewigen Kampfes zwischen Oben und Unten, Himmel und Hölle, Gott und Teufel, den oberen und den unteren Dämonen (den superi und den inferi und infimi), dem höheren und dem niederen Wesen: so bin ich der Einzige und Alleine, der Auserwählte-Verfluchte, in dem sich der Dämonenkampf abspielt. Der Oberdämon will den Unterdämon aus seiner Wohnung, der Bauchhöhle-hölle, hinausdrücken, austreiben und mich und damit die Welt vom Bösen erlösen, aber vernichtet er nicht damit „mich“ und die Welt, indem er meinen Leib ent-leibt, entleert, vergeudet? es kommt zwar kein Kot mehr heraus, nur noch etwas schleimige Masse, aber die ewige Selbstentleibung-entlebung-entseelung ist „kein Leben“, ist der Tod. Oder der Satan will mir das Leben (das Innere) aus dem Leibe ziehen, sein Zauber kommt sacht oder plötzlich anfallend und nötigt mich unwiderstehlich zu seinem Altare, leert mir den Leib aus und quält mich dann noch weiter (Abortzwang, Tenesmus). Kot und Furz sind böse, Teufelsdreck und -atem, verwerflich und verworfen (Teufel Gott des Kotes usw.), daher der Teufelsdienst mit der an sich schändlichen Entblößung usw. im Ab-ort, in seinem Tempel, im Geheimkabinett, hinter verschlossener Tür stattfindet. Ich muß das Böse immer wieder, unablässig, restlos aus mir entfernen. Indem ich Kot abgebe, opfere ich ihn und damit mich in toto (magisch: Teil ist Alles) dem Satan, bin selbst satanisch, aber ich befriedige ihn mit dem Opfer und bin so sein Herr, er ist von mir abhängig, so bin ich göttlich und erlöse die Welt vom Bösen und den Bösen gar von seiner Bösheit? Ist also der Darmdämon, der die Entleerung, die restlose Selbsthingabe, Selbstaufopferung der gute Geist, der mich und die Welt vom Bösen befreit, — oder der böse Geist, der widerwillen das Gute schafft? der Lebensdämon, der das Tote, den Tod austreibt und in die Tiefe schickt, — oder der Todesdämon, der das Opfer fordert und erzwingt? Leib und Fleisch ist höllisch, was darin geschieht, muß von den oberen Dämonen beobachtet, beherrscht, unterdrückt werden, ich darf also dem unteren Drücken und Ziehen nicht nachgeben, darf nur entleeren, wann „ich“ will, muß die Gier entmachten, sei es, indem ich sie aushalte, sei es, indem ich sie bei der geringsten Regung (überall da, wo ein „Lokus“ ist) befriedige und so auslösche. Mein Kot ist gar kein Kot mehr, er ist geheiligt, kann gefeit in die Hölle fahren, oder er ist entzauberte, somit unwesentliche Materie, die Seele hat der Teufel nicht bekommen. Indes der Kot ist lebendig, ein Teil meines Lebens und so das ganze Leben: gebe ich ihn ab, so schicke ich mein Leben, das Leben in die Tiefe, den göttlichen Schöpfungszauber, der die Unterwelt, die Welt der Toten vom Tode erlöst, zu neuem Leben erweckt — wer weiß, wie das zugeht! Jedenfalls muß alles durch mich von oben nach unten schleunigst, d. h. ohne mein Tabu, meine absolute Reinheit zu verletzen, hindurchgehen, ich bin „Scheißteufel" und doch Gott zugleich, die Welt, der Kosmos, und was immer sich von mir abzulösen, abzuscheiden versucht, muß in meine Allheit, in das All-Nichts vernichtet werden Usw. im blühenden Unsinn.

β. Kardiovasaltrophosen.

Herzhungertrophose.

Hypertr. Herzhunger. Gefühl der „absoluten" Leere, des Hohlseins, des „Nichts" in der Brust, als ob das Herz gar nicht vorhanden und doch ewig unruhig, also doch vorhanden sei. Unruhe in der Herzgegend (Herzunruhe, Herzjagen, Tachykardie, Herzstolpern, Extrasystolie usw.) = krampfige Herzaktion auf Hweite, koordinativ registriert (Hspasmen, S. 209). Dumpf-hohles Herzklopfen („pumpern") = akustische Registrierung dieser Herzkrämpfe (akust. Aktn. in die Herzgegend lokalisiert). Puls dünn, leer, hastig, rhythmisch schwankend, Blutdruck niedrig. Bei tonischem Spasmus auf Hweite „Herzschwäche" mit Herzflimmern, schwachem, kleinem, raschem, oft unregelmäßigem Puls, Gefühl der Atemnot, der Ohnmacht, des Vergehens usw. Der Herzgefäßhunger richtet sich vw. auf Flüssiges, auch auf Festes und Gasiges, soweit dies anteilig zu Blut, Lymphe, Gewebssaft wird (2. Bd. § 32, $_{1,\,a}$). H. nach Flüssigem nennt man Durst; Durst im Sinne des Trockenheitsgefühls in der Mund-Schlundhöhle („Kehle", daher „durstige Kehle") ist Akt. von Hgefühlszellen, die dem Mund-Schlundgewebe mit seinen Gefäßen zugeordnet sind, während die Aktn. der übrigen Herz-Gefäß-Gewebs-HRSe mehr diffus sind als Gefühle des allgemeinen Durstes, Flüssigkeitsmangels. Der Munddurst ist bes. prägnant Indikator des Flüssigkeitsbedarfs; Indikator des Herz-Gefäß-Gewebsmangels an Festem ist der Magenhunger, an Gasigem der Lungenhunger. Alle Hgefühle sind je spezifisch ausgerichtet auf bestimmte Stoffe; so auch die Giergefühle, z. B. Gier nach Wasser, Milch, Kaffee, Tee, Alkohol (Bier, Wein, Schnaps), Blut, Harn, sauren, alkalischen, reinen, trüben Flüssigkeiten, nach flüssigen Arzneien usw., nach Kalk, Eisen usw., nach Sauerstoff usw. Alle Gier ist unstillbar derart, daß die übrigen Gefühle der kr. Gefüge stark hhaltig sind; sie sinkt nur mehr oder weniger ab und ist periodisch unaktuell. Auch die Kardiovasalgier kann Gefühl bleiben, die Aufnahme des begierten Stoffes kann unterbleiben (Art der Abstinenz), es können sich aber auch die sensorischen Aktionen „Aufnahme" anschließen (Abusus). Bei geringer Ausbreitung und langer Tieffunktion der kr. RSe sowie rel. Entbehrlichkeit des begierten Stoffes ist die Herz-Gefäßfunktion nicht sehr beeinträchtigt. Je mehr die kr. RSe hypertrophieren, je kürzer die unaktuellen Intervalle, je weniger entbehrlich die begierten Stoffe — oder umgekehrt jene Stoffe, die vor den begierten zurücktreten, sind oder je mehr der begierte und aufgenommene Stoff von der Ernährungsnorm abweicht, desto fehlerhafter wird die Herz-Gefäßfunktion sowie die Blut-Lymph-Gewebssaftbeschaffenheit (Hungerblut usw.). An der Ausbreitung der kr. Funktionen nehmen Vasal-RSe, dann auch Gastral- und Pulmonal-RSe (Herzasthma usw.) teil, es mangelt mehr und mehr an blutnötigen Stoffen einschl. Hormonen usw., die Säfte bleiben leer, zumal der Blutstrom bes. während der akuten Hochfunktion der kr. RSe („Herzanfall" mit Palpitationen auf Hweite) — auch im Falle des Abusus — rel. rasch (hastig) kreist, die Gewebe ungenügend und fehlerhafte Stoffe aufnehmen, umsetzen und abgeben, die Körperflüssigkeit als Harn, Schweiß usw. rel. rasch ausgeschieden wird. Es besteht so ein allgem. Hzustand, eine Asthenie wie bei der Magenhungertrophose.

D e u t u n g. Mut. mut. wie unter α; die Deutungen sind ja grundsätzlich immer die gleichen. Die Herzgier mit ihrer ewigen Unruhe ist das Nichts-All, das Schicksal, Leben oder Tod, guter oder böser Dämon usw. — das Weltproblem. Im Herzen wohnt, das Herz ist die Seele. Der Zug des Herzens ist des Schicksals Stimme. In deiner Brust sind deines Schicksals Sterne. Herz = Lebens-Todesuhr. Wes' Blut ich trinke, des' Blutes, des' Wesens bin ich. Blut des Herrn, Vanen-Ahnenblut, das kultisch man trinkt, um sich die Dämonie der Alten anzueignen (unio magica-mystica usw.) und so selber Gott zu werden. Blutsbrüderschaft, Blutsverwandte usw. Man verschreibt sich mit Blut dem Teufel, aber auch, für ihn blutend, dem Gotte. „Blut" — das bin „ich selbst", „ich als Ganzes", animistisch-magisch „das All". Blutzauber. Blut ist Leben und ist Tod. Beim Töten fließt Blut, in und mit dem Blute fließt die Seele davon und rächt sich am Töter (vgl. auch Blutrache). Herzhunger ist H. nach Blut („Blutdurst"), d. h. nach den blutbildenden Stoffen, nach Lebens-mitteln solcher Art, die aber getötet, tot, todhaltig, sündhaft und somit giftig, Todes-mittel sind. Aber magisch ist jede Flüssigkeit „Blut", d. h. Lebens-Todessaft; Blut (seine Farbe usw.) wandelt sich in Wein („Rebenblut"), Wasser, Kaffee usw., in dunkelfarbige Getränke, aber auch in Dunkles an festen und gasigen Stoffen (Flecken, Läsionen, Höhlen als Todeswirken, dunkle Luft, Schatten, Dunkelheit als todgespenstisch). Beim Abendmahl trinkt man Wein statt des Blutes des (im urtümlichen Pubertätskampf) getöteten Herrn und ißt die Hostie (das „Geschlagene") statt seines Leibes. Gralssage: Speer tötet, Kelch nimmt Blut auf, Blut als Dämonie des Weibes, in dessen Armen oder dem zu Liebe der Mann sein Blut vergießt, seinen Speer, seine Mannheit verliert, stirbt. Mit der Missetat sühnt man die Missetat: „macht" sie ungeschehen. Blut wäscht Blut ab, Blut wird mit Blut gesühnt — ein Wunder. Auch hier — wie überall in der Neurose — kommt es nicht auf das Quantum, sondern auf den Zwang an. Auch der Tropfen enthält den ganzen feindlichen Zauber, der zu bannen ist. Man kann sich und andern auch das Blut aus der Haut („Blutsauger"), aus dem Finger usw. saugen — in hypertropher Fortführung des kindlichen Saugens — und so in feiner Weise heimlich dem erlösenden „Blutdurst" frönen, dem Laster huldigen, das eben im Vollziehen ent-lastert wird, die Sünde begehen, die zugleich die Sühne ist, wie der Schluck Wein an Stelle des Blutes die Pubertätstat-Sünde sühnt-sanktioniert-rechtfertigt, den Alten-Gott-Teufel entmachtet (s. 3. Bd. Nr. 550).

Ist das Begehren meines Herzens gut oder böse? Indem ich das Begierte (einen bestimmten Stoff, z. B. Alkohol als Präsentanz der Feind-Dämonie oder „alles mögliche" in magischer Identität) trinke, nehme ich Teufel, Tod und Sünde in mich auf und entsündige so die Welt: dann ist meine Gier der gute Dämon, der die Welt erlöst, — oder der böse Dämon, der alle Sünde einschluckt, aber so doch auch vernichtet und die Welt erlöst, wie die Hölle die Seelen läutert, die schwarzen weißbrennt? Zaubert der Tod die Gier in mein Herz und zwingt mich, ihn aufzunehmen, — oder ist die Gier mein Eigenzauber, die den Tod immer und überall sucht und findet und überwindet? Das Dunkle ist Tod, Teufel, Sünde, Verderben, aber es kann sich auch in Hell-Bleich (B-leiche, Leiche) verwandeln, wie der Teufel auch als Holder auftritt, der Unreine, Häßliche sich in Reinheit und Schönheit maskiert, um sicher zu täuschen; so kann auch helles Getränk usw. todgefährlich, Hexentrank sein. Das Getränk kann gut oder schlecht schmecken, aber man weiß nicht, ob das eine oder das andere gut oder böse ist: auch, ja gerade das Böse „schmeckt gut", damit es die Menschen verführe, und das Schlechtschmeckende ist vielleicht gut, weil es schlecht schmeckt, man sich damit kasteit, das Schlechte in sich aufnehmend sich opfert (vgl. den Aberglauben, daß die bittere Arznei ein bes. wirksamer Zaubertrank sei). Ich muß mich üben, den Durst auszuhalten, der bösen Gier zu widerstehen, sie niemals zu sättigen, ich muß der größte Durstleider sein, für alle dürsten, die Welt vom Durst erlösen, aber wie, wenn die Gier gut ist und das Böse vernichtet? Wie, wenn das Getränk Gottesgabe, Lebenszauber ist? trinke ich das Leben, es vernichtend, aus der

Welt? Wie sie auch sei, sie ist die Allmacht, das All-Nichts. Ich muß so trinken, daß ich „eigentlich“ nicht trinke („hinuntergießen“), so banne ich den Feind-Dämon im Getränk, bleibe tabu, unberührt. Der unstillbare Durst beweist, daß ich getrunken-nichtgetrunken habe, die Allmacht ewig wirksam und unversehrt ist. Und ist das Trinken Sünde, so habe ich gesündigt-nichtgesündigt, die Sünde nur auf und in mich genommen, ohne mich ihr hinzugeben, so bin ICH der sündenreine Allsünder-Sühner. ICH trinke für euch alle. ICH allein kann den Lebens-Todes-Zauber aushalten und so beherrschen.

Die ewige Unruhe in meiner Brust beweist, daß meine Dämonie sich im ewigen Vernichtungskampfe mit der Feind-Dämonie befindet, daß Dämon Leben mit Dämon Tode ewig ringt, und die ewige Dauer des Ringens, das sich in meiner Allmacht abspielt, beschließt den Sieg in sich, der wiederum kein Sieg ist, da die Feind-Dämonie immer wieder vernichtet werden muß: zwingt sie mich oder zwinge ich sie zum ewigen Kampfe? Der Feind-Dämon mag von außen oder von innen (von unten her) kommen, der Tod das Leben in mir angreifen, anfallen („Anfall“), solange das Herz klopft, ist der Kampf akut, das Leben noch „da“, „ich“ muß wohl darauf achten, daß es weiterklopft, daß es nicht ausschlägt (so ist oder hat das Ich die Allmacht, das Herz-Leben im ewigen Kampfe mit dem Herz-Tod zu erhalten). Je rasender das Klopfen, desto rasender der Kampf; er läßt auch wieder nach, aber weiter geht er doch immer. Herzschlag ist Schicksalsschlag. Man stirbt „an Herzschlag“. Lebenstrieb gegen Todestrieb. Klopft der Herzdämon gegen die Brust, um sie zu sprengen, will er zum Halse heraus? Wenn er nun das Leben ist, so sterbe ich dann, gebe „das Leben“ von mir, belebe die Welt, aber als Lebensquell kann ich ja nicht sterben, nur ewig „den Tod“ vernichten. Und wenn der Herzdämon der Tod ist, so entlasse ich ihn in die Welt und vernichte sie ewig das Leben bannend, aber auch ICH, der Tod, lebe ewig.

Wenn ich tue, was mein Herz begiert, ist das gut oder böse, ist der Herzgeist gut oder böse, göttlich oder teuflisch? Sagt mir die Stimme meines Herzens die Wahrheit oder die Falschheit — oder ist sie beides in einem, die allumfassende-allvernichtende Allmachtstimme, die sich zu Für und Wider aufteilt und dennoch eines ist — wie das (immer zweideutige) Orakel, der Götter-Teufelsspruch? Mein Herz ist rein, Jesus allein wohnt darin, aber nicht auch Unreines, böse Wünsche? Ist das, was mein Herz unersättlich begehrt, böse, bin ich dann der Böse, wenn ich es verschlinge, oder der Gute, wenn ich es doch damit vernichte, aus der Welt schaffe? Und wie ist es, wenn das Begierte gut ist? bin ich dann der Gute, wenn ich es verschlinge, oder der Böse, der das Gute aus der Welt schafft, vernichtet? Beherrsche „ich" (wer und was ist „ich"?) die Gier meines Herzens, dann die gute oder die böse Gier? wer kann sagen, was gut und was böse ist? woran kann ich das erkennen? wie kann ich also die Aufgabe lösen, die gute Gier frei walten zu lassen und die böse zu bändigen oder die gute gegen die böse Gier wirken zu lassen — ICH die Allmacht, die in ihrer Allwissenheit nichts weiß, nicht weiß, was gut und böse ist, und doch die einzige Instanz ist, die es wissen muß? Wie kann ICH also verantwortlich sein für das, was mein Herz begiert und was in diesem Zauber geschieht? Meine Verantwortlichkeit ist die Nichtverantwortlichkeit, die irgendeine Verantwortlichkeit ausschließt und so die Allverantwortlichkeit ist — wie überhaupt Nichts Alles ist. Meine Gier kann tun und lassen, was sie will: es ist alles richtig und falsch, gut und böse, schön und häßlich zugleich und in einem: ewiges Rätsel!

Das ewige Rätsel wohnt in mir, dem Lebens-Todesträger, das Herzwunder, ich selber bin das ewige Rätsel — „mir" und den andern, die mich nicht erkennen dürfen, ohne mich zu vernichten, denn erkannt werden kann ein Dämon nur von einem Mächtigeren. Und würde ich als Gott, Gottgesandter erkannt, dann würde man Göttliches, Wunder von mir verlangen, und wie würde ich das noch können, nachdem man mich erkannt hat? und wo ich doch vielleicht der Teufel, Teufelsbote bin? Auch würde die Welt meinen Anblick nicht ertragen (daher müssen sich ja die Dämonen, Götter-Teufel verfleischlichen, inkarnieren), sie würde zunichte werden wie ich selber. Würde ich aber als Teufel, Teufelsbote erkannt, dann würde man auch Wunder von mir verlangen, mein Anblick würde die Welt vernichten und sie würde mich vernichten. Also muß ich Geheimnis bleiben mir und aller Welt. Weltenfern muß ich sein und doch weltnah, außerweltlich und doch in der Welt, absolut auch in der Welt: wie sollte ich sonst, wenn ich selbst weltlich wäre, die Welt vernichtend erlösen — und wer sollte sie sonst erlösen wenn nicht ICH? Die Alleinheit, das Nichts-All ist ewig — wie kann sie (es) in das Zwie zerfallen: in Leben und Tod und in Geist und Materie, Jenseits und Diesseits? Vollzieht sich die Schöpfung-Vernichtung in der Alleinheit, oder trennen sich die Geschöpfe, somit auch Ich als Selbstgeschöpf (?) von ihr: ist sie dann zerbrochen oder doch noch da und kann die Geschöpfe wieder zu sich nehmen — oder ist sie zu dämonischen Gewalten zerfallen, die miteinander im ewigen Vernichtungskampfe stehen — ohne Entscheidung, es sei denn, die Alleinheit könnte wiederhergestellt und die Welt aus dem Zwie- und Vielzustand zum Nichts-All erlöst werden. Vernichtung der Vernichtung, Götterdämmerung.

Andere Hungertrophosen des Vasaltraktes.

Die Herzhungertrophose ist Beispiel für alle Htrophosen des Gefäßsystems. Alle Organe sind durchblutet und durchlympht, also sind an den Organneurosen mindestens lokale neurot. Dysfunktionen der Gefäße beteiligt; stehen diese Dysfunktionen im Vordergrunde, so sprechen wir von Vasalneurose des betr. Organs, z. B. von Koronarneurose des Herzens, Gefäßneurose der Haut, des Gehirns usw. (so wie wir bei Vorwiegen der Dysfunktionen der Drüsen von Se- und Inkretionsneurosen z. B. des Magens, des Pankreas usw. sprechen).

Sofern hypertr. G e f ä ß - und G e w e b s h u n g e r überhaupt aktuell ist, ist er das Gefühl der absoluten Blut-, Lymph-, Saftleere, „als ob da gar nichts vorhanden sei". Sofern diese Gefühle in die zum Gastral- bzw. Pulmonaltraktus gehörenden Organe lokalisiert sind, sind sie von den entspr. Verdauungs- bzw. Atmungsgefühlen phänomenal nicht prägnant unterschieden; zur Differentialdiagnose hat man sich da an die Begleitsymptome, die sich vw. im Verdauungs- oder Atmungs- oder Gefäßtraktus vorfinden, sowie an das etwa vw. kranke Zentralorgan der einzelnen Organsysteme (Magen, Lunge, Herz) zu halten, z. B. wird man neurot. Lebersymptome bei Herzneurose als vw. vasale, bei Magenneurose als vw. gastrale auffassen usw. Die manifest vasalneurot. Region kann mehr minder ausgebreitet sein und sich weiterhin ausbreiten, die aktuellen Symptome können je nach spezif. Funktionsperiode wechseln, z. B. Leeregefühl in der Brust, im Bauche („wie ein leerer Sack, ein Faß ohne Inhalt"), in den Beinen („innen hohl") usw., auch abwechselnd. Pat. klagt: unheimliches Gefühl der inneren Leere, des umherhuschenden Nichtseins, Leib aus-, durchhöhlt, verdorrt, aus-, selbstverzehrt, saft- und kraftlos, Gier nach Leben, unstillbares Vernichtungsgefühl, Nirwanagefühl usw. Ausdruck: Gefäßunruhe auf Hweite, koordinativ registriert (Hspasmen): ewige Unruhe in der Brust, im Bauche, in den Beinen, im Kopfe usw., umherrasendes Flattern, tolles Pulsieren vom Scheitel bis zur Sohle, innerer Leerlauf, keinen ruhigen Moment, allgemeines inneres Hasten und Treiben, das auch „nach außen durchschlägt", mich ziellos umherhetzt und -jagt, leeres Spannungs- bis Druckgefühl in der Haut der Kopfplatte usw.

Die Hungertrophosen der b l u t b i l d e n d e n O r g a n e, wie Milz, Knochenmark, Lymphdrüsen, werden symptomatisch als (je spezif.) Abweichung des Blutbildes. Ein hkrankes Organ kann auch nur hkranke Produkte liefern, hier also Hungerformen der Blutkörperchen (z. B. Poikilozyten) mit Verschiebung der quantitativen Verhältnisse von Erythro-Leukozyten und Lymphzellen; neurot. Anämie. Hneurot. Dysfunktionen anderer

Blutdrüsen, zu denen als Inkretdrüsen auch Leber und Pankreas zu rechnen sind, sind mit speziellen Dérangements der Qualität der Inkrete (Hormone usw.) und ihres quantitativen Verhältnisses und weiterhin mit speziellen Symptomen verbunden, so daß sich bestimmte Krankheiten abgrenzen, die sich aber doch in mannigfacher Weise überschneiden. So der nervöse Diabetes, so die neurot. Form des Morbus Basedow (basedowoide Krankheitsbilder, usw. mit vorstechenden Hsymptomen, z. B. bei Basedow (Hyper-Parathyreoidose) Herzunruhe, oberflächliche Atmung mit mangelhafter Inspiration, hypertr. Magenhunger, überreichliche Darmentleerungen, Abmagerung, dünne, durchscheinende, leere Haut, asthenischer Wuchs, Zittern der Extremitäten, Bewegungsunruhe, leerläufig gesteigerter Stoffwechsel (Erhöhung des Grundumsatzes), dazu Glykosurie, Albuminurie, auch wohl Lipurie usw., Denkhunger, Schlaflosigkeit usw.; es finden sich da auch Asymptome usw. Das hypertr. Hgefühl ist wieder das Gefühl des Nichtvorhandenseins (z. B. der Milz), ein dunkles, dumpfes Druckgefühl. D e u t u n g der Gier wie oben.

D e n k h u n g e r ist das mit Begriffen („denken" hier also „begriffliches Denken") systemgenetisch assoziierte Hgefühl, hypertroph: Denkgier. Akt. von Gefühlszellen, die den Hirngefäßen, bes. denen der Pia mater zugeordnet sind; er ist regionär oder diffus in den Kopf lokalisiert. Pathol. Gefühle der „absoluten" Kopfleere, Blutleere, des Hohlseins im Kopfe (Kopf „leerer Kübel", „Gehirn weg"). Pat. klagt über Gedanken-Gedächtnisschwäche, -ausfall, -schwund, Mangel an Konzentrationsfähigkeit, „Gedanken irrlichtern umher", „kann überhaupt nicht mehr denken" usf. Zusammenhang mit andern Leeregefühlen, z. B. in Brust, Bauch, Armen, Beinen, die nur „wie aufgezogen", „mechanisch wie beim Roboter", „seelenlos", „leblos", „abgestorben" funktionieren. Während die Denkgefühle aktuell sind, sind es nicht die Begriffe, doch interkurrieren beide Aktn. in bunter Reihe, auch mit Gegenstands- und andern Gefühlsaktn. Ausdruck: spastische Hweite der Hirngefäße, in dieser Art Minderung des Blutstromes, der an sich nährstoffarm sein kann, mäßige Ischämie, regionäre oder allgemeine Trübung des Bewußtseins (Verschwimmen, Schwindel, Müdigkeit, Tagträumen, Kopfleere usw.).

D e u t u n g. Im Kopfe (abwechselnd auch an gewissen Partien) wohnt das Nichts-All, das geistige Prinzip, aus dem die Gedankengeister aufnebeln und in das sie zurücksinken, der Dämon, der die Gedanken schafft (sie denkt = erzaubert) und verblassen, vergehen, sterben läßt, der sie schaffend vernichtet und vernichtend schafft (nihiliert), der Geist, der stets vernicht(s)et, der die Gedankengeister ewig sucht und verfolgt, der mit ihnen im ewigen Kampfe liegt und sie ewig in sein Nichts-All bannt.

Die Gedanken geistern aus dem dunkel-unergründlichen Chaos auf im Streben nach Eigenlebigkeit, aber das Chaos schluckt sie wieder auf und wahrt so seine Nichts-Allheit — oder es sind Fremddämonen, die dahinhuschen und ins Nichts-All vergehen. Wie alle Dämonie bedient sich auch der Allgeist des Physischen, Leiblichen als seiner Wohnung, seiner Verwirklichung, seiner Waffe auch im Kampfe mit den unsichtbaren Gedanken anderer Wesen, die er zitiert, um sie zu vernichten, oder die ihn herausfordern und den Versuch, die Allmacht zu vernichten, mit ihrer Vernichtung büßen müssen: schon daß sie „da" sind, sich melden bedeutet-ist ihre Vernichtung. Und die Seele? Der Geist ist mit der Seele und dem Leibe die Dreieinheit, wesensgleich mit der Seele, mit ihr zusammen das Dämonische, Jenseitige, Metaphysische, vielleicht aus der Ur-Alleinheit entsprossen und somit alleinheitlich, allmachtlich, allwissend wie seine Mutter die Seele, gegen die er sich abtrünnig wendet, die er in eigner Allmacht vernichtet, wie die Seele ihn vernichtet: zwei Alleinheitliche, Allmächtige, Allwissende, Zwei und dennoch Eins, zwei Großdämonen, die sich gegenseitig vernichten und dazu doch eben „da" sein müssen. Und diese Allmächte wohnen in „mir", meinem Kopfe-Leibe, haben ihn sich geschaffen (wer eigentlich: der Geist oder die Seele?) zu ihrem Organ und Diener, aber wie Seele und Geist eines und doch ewige Widersacher sind, so empört sich auch der Leib gegen die Dämonie, und sie muß nun immer den Leib vernichten und immer zu neuer Vernichtung erschaffen. Dreieinigkeit — ewiges Rätsel (vgl. psychophysische Wechselwirkung, ps.-phys. Parallelismus, ps.-phys. „Einheit", 4. Bd. S. 9). Es ist der Geist, der sich den Körper baut, da ist wohl die Seele bloß einquartiert und will vielleicht den Geist austreiben? Oder hat sich die Seele inkarniert und ist dann erst der Geist „ausgegossen", erzwingt sich gegen die Seele den Einzug, drängt sie aus dem Kopfe in den Leib hinab? Dazu ringt aber auch Kopf mit Leib — oder ist das bloß die Außenseite des Kampfes zwischen Geist und Seele, der ewig tobt, es sei denn, die Ur-Alleinheit, das Nichts-All würde wiederhergestellt — wie soll das denkbar sein, wie können sich Dämonen, Allmächte gegenseitig ihrer Dämonie berauben, ja sie nur im allergeringsten schmälern? Vgl. die zwei Löwen, die sich in der Wüste treffen und sich gegenseitig auffressen, so daß keiner mehr da ist.

Der Wille ist der Urgrund alles Seins, Allschöpfer und -vernichter, er schafft-vernichtet die Ideen, die wiederum schaffen-vernichten. Ist der Urgrund Leben oder Tod, Gott oder Teufel, gut oder böse? Er haust oben im Kopfe, den man frei trägt, er ist das „höhere" Wesen, also muß er wohl göttlich sein, der Heilige Geist wird auf den Kopf ausgegossen, nicht auf den

Bauch: die Seele haust unten, im Leibe, den man verhüllt, der also wohl schlecht ist wie die Seele, die in ihm wohnt, — und auch die Seele „will". Aus der Tiefe steigen Gedanken auf, also leben und schweben im Reiche des Geistes auch böse Geister, es gibt einen bösen, teuflischen Geist (Ungeist), wie es wohl auch eine gute, göttliche Seele gibt? Es gibt einen guten und einen bösen Willen, und der gute muß den bösen vernichten, falls nicht der böse den guten bannt. Leben kämpft mit Tod und Tod mit Leben — in „mir" und aus „mir"? Der freie Wille kommandiert den unfreien und umgekehrt? Und „ich" muß tun, was „der Wille" (welcher?) will, — oder ist mein „ICH" der Oberwille, der die beiden Unterwillen und ihre Trabanten beherrscht, also auch ihr ewiges Ringen will? wozu? um alles Wollen, jedes Einzelwollen jedes Einzelnen in das All-Nichts-Wollen, in das Nirwana zu vernichten?

Ist der Geist wirklich allmächtig, wenn doch wie so oft die „Geisteskinder" nicht parieren: er ruft sie, und sie kommen nicht, und wann er sie nicht haben will, sind sie plötzlich da und sausen wild dahin (Gedankenflucht-jagd) oder weichen nicht von der Stelle (Zwangsgedanken, fixe Ideen)? Aber vielleicht geschieht das doch durch den Willen (das Wollen) des allmächtigen Willens, er „läßt" die Gedanken zu, sonst könnte er sie ja nicht vernichten, er läßt es zu, daß sie nicht kommen, sonst müßten sie eben erscheinen, sie gehorchen ihm auch, indem sie nicht erscheinen, er hält sie in seinem Nichts-All, kein Gedanke kann und darf ihm entgehen, jeder selbständige Gedanke ist Tod-Feind. Wie oft „will ich", „will mein Ich", und es geschieht nicht, was ich will. Ist da mein Willenszauber, Gedankenzauber vernichtet — oder ist es gerade mein Zauber, daß das Gewollte in der Art des Nichtgeschehens geschieht, im Nichts-All geschieht? Kann ich wissen, ob das, was „ich will", das ist, was „mein Wille will", was „die Allmacht will"? Aber darf und kann der Allwille, das Nichts-All wollen? Als Wille ist er ja das Wollen selber, und wenn er obendrein funktioniert, so ist er nicht mehr der alleine Wille, sondern in Wille und Wollen aufgeteilt, in Willensakte, in Einzelgedanken und ihre Wirkungen zersplittert und so entmachtet, vernichtet. Der Wille (die Allmacht) darf nicht wollen, sonst geht er (sie) und damit die Welt zugrunde, denn sein allergeringstes Wollen ist das Verlassen der Alleinheit, in der die Welt ruht, ein Durchbrechen der Naturgesetze, die der Wille selber sind, — aber sie stellen doch Einzelakte dar: gelten sie also, so nicht ihr Schöpfer, und gelten sie nicht, so ist die Welt vernichtet und ihr Schöpfer dazu? wie aber ist die „Vernichtung der Allmacht" denkbar? Die Gottheit muß absolut untätig (= überflüssig?) sein, sonst ist sie dahin, aber wie sollte das geschehen, wie sollte die Allmacht sich ihrer selbst entäußern können — oder überwunden werden? und was soll eine solche Gottheit der Welt nützen? (Vgl. 5. Bd. § 9, 2).

Ist das Nichts-All Leben oder Tod oder beides? Ist mein Kopf absolut leer, lebe ich dann noch oder bin ich tot, bin ich oder bin ich nicht? Ist das Denken, sind die Gedanken das Leben, so schwindet es mit ihm, mit ihnen (vgl. „denken ist sein") und der Tod wohnt in mir. Ist das Denken der Tod (vgl. „das Wissen ist der Tod", also „Tod jedem Wissen!"), so wohnt das Leben in mir, das im Denken den Tod vernichtet. Ist das Nichtsein das „echte Sein" und das sogenannte Sein nur Schein, Fiktion, Geschöpf des Nichts-All und, ob gut oder böse, zurückkehrend ins Nichts-All, von dannen es gekommen — oder in dem es überhaupt verblieben ist? Cogito, ergo sum, oder non cogito, ergo sum? Cogitor, ergo sum? Und doch kann ich nur denkend forschen und selbst den Zweifel am Denken nur — denken: nichtige Gedanken, nur wert und bestimmt, sofort im Nichts-All zu versinken, im allmächtigen Denkwillen, der in mir, in meinem Kopfe wohnt und der „ich" selber bin. Ich weiß alles und nichts.

Mein Denkhunger ist unersättlich, der Denkwillle in mir ewig, immer wach, auch Dämon Nacht, Dämon Schlaf können ihn nicht zur Ruhe bringen, ihn übermannen, er beherrscht auch sie, er hat keine Zeit müde zu sein, er kann sich ein wenig zurückziehen, sozusagen ein Nickerchen machen, aber auch als halb- oder viertelwach ist er wach überhaupt, und nichts kann dem Nichts-All (in meinem leeren Kopfe) geschehen. So schwebe ich zwischen Wachen und Schlafen, an der Grenze zwischen Diesseits und Jenseits, ein Anfang-Ende, ein Janus, ein Orpheus und Odysseus, die lebend in die Unterwelt gingen und des Todeszauber vernichteten, ein Christus, der in die Hölle fuhr und dennoch Gott blieb, der ins Totenreich hinabstieg und dennoch das ewige Leben war und wahrte — und wieder auferstand, wie ich durch meinen Denkwillen ins wache Leben zurückgezaubert werde und aus dem Grabe = Bett auf(er)stehe. Usw. —

Über die kardiovasale E n t l e e r u n g s g i e r , also Gier (Drang) nach Entleerung von Blut, Lymphe, Schweiß, Hauttalg, usw. (bei spastischen Undichtigkeiten der Gefäß-, bes. Kapillarwände Blut- und Lymphaustritte in die Gewebe (mit entspr. Schwellungen), aus den Schleimhäuten und der Haut (vgl. auch „Stigmatisationen"), Gier nach Aderlaß, Verletzungen, Märtyrertum (Selbstaufopferung), Operationen u. a. „Blutvergießen"; Schweißausbrüche u. a. Hypersekretionen, Gier nach Schwitzprozeduren mit hygienisch-medizinischen „Begründungen", Speichel-, Tränenfluß, Seborrhoea, Fluor, Prostatorrhoea usw.), ferner Gier nach Entleerung von Harn (Nieren-, Harnleiter-, Blasenhungertrophose) ist das Analoge zu sagen wie S. 217 über die Kotentleerungsgier. Auch diese mehr regionären oder mehr diffusen Giergefühle werden als dumpfes, unbestimmtes Unruhe-, Druckgefühl beschrieben. Sie sind unheimliche Wesen-Unwesen, dämonische Kräfte als guter oder böser Eigen- oder Fremdzauber, Leben oder Tod — wie auch das Entleerte gut oder böse, Träger des Lebens oder des Todes ist. Das Ich muß sie beherrschen mit Verbot oder mit Nachlassen, so daß seine Allmacht gewahrt bleibt. Ich „muß" (Zwang) mein Blut (usw.) = mich „hingeben" (für alle), aber „freiwillig", so daß die fordernden dunkeln (untern) Mächte mich in Ruhe lassen, befriedigt, somit entmächtigt sind, meine Alldämonie erhalten bleibt und in ihr alles geschieht, also nichts geschieht. Dämon Tod kann mir nichts anhaben, wenn ich ihn suche, herausfordere und damit entmächtige, überwinde, mein ewiges Leben siegt, auch wenn ich mein Blut — für alle — vergieße, leiblich sterbe oder andere „sterben lasse" (Fanatismus, blindes Drauflos in kleinen oder großen Kämpfen, auch im Kriege, sowie Mord- und Selbstmordgier), s. S. 258. Die Hingabe ist gar keine Hingabe, ICH bleibe magisch unversehrt, die Substanz, das Materielle ist ja wert- und bedeutungslos. Usw.; s. auch bei Angsttrophose.

γ. Pulmonaltrophosen.

Lungenhungertrophose.

Hypertr. Lungenhunger. Gefühl der „absoluten" Leere, des „Nichts" im Lungenraum, des Luftmangels, der Atemnot. Ausdruck: peristaltische Unruhe der Alveolen, Bronchiolen, Bronchen auf Hweite, koordinativ registriert („Jagen, Flattern, Flimmern" usw.). Oberflächliche Atmung auf Hweite („ich kann nicht richtig durchatmen"), die Luft passiert zu rasch, wird nicht genug ausgenutzt, Gasstoffwechsel mangelhaft, Blut ungenügend mit O_2 versorgt und von CO_2 befreit, Oxydation in den Geweben reduziert. Der Lufthunger (zunächst Aus-, dann Einatmungshunger, S. 23 Fn.) fällt ins Exspirium (1. Bd. S. 325 ff.), dieses verläuft also zu eilig, hastig und hustig (mit nerv. Räuspern, Husten), das Inspirium ist hiernach nuanciert (die übrigen Lungengefühle und ihre Ausdrücke rel. stark hhaltig). Bei geringer Ausbreitung der kr. RSe und langer Tieffunktion zwischen akuten Wellen („Anfällen") ist die Lungenfunktion als Gesamt nicht sehr beeinträchtigt, bei weiterer Ausbreitung und häufigeren Wellen wird die Atmung entspr. fehlerhaft in der Art der Hungerdyspnoe (in Verbindung mit Angst als Lungen-s. Bronchialasthma oder asthmoïde Zustände, Japsen, Stöhnen nach Luft, „Wettlauf mit dem Tode"). Sekretionsstörungen. An der Ausbreitung können wiederum die andern Organsysteme teilnehmen. Wir können die gastrale, die kardiovasale und die pulmonale Asthenie unterscheiden, doch sind die Fälle immer kombiniert unter Vorwiegen der Dysfunktionen des einen Organsystems.

Deutung der Luftgier, also des hypertroph-infantilen Lufthungers, wieder chaotistisch-rohdämonistisch, wie oben skizziert. Unheimlich-heimliches Wesen-Unwesen in der Brust, mein Inneres in der vergänglichen äußeren Hülle ist das All-Nichtswesen, das Schicksal, die Alldämonie, fraglich, ob Dämon Leben oder Dämon Tod oder beides in einem. Die ewige Unruhe, die drückende Lehre kennzeichnet das Atmen, ist das Wesentliche überhaupt, sie schafft das Atmen, zwingt „mich", Luft zu „holen", treibt mich mit unwiderstehlicher Gewalt, zeigt mir an, was einzig und allein not tut, und ist unersättlich, ewig wachsam, macht alle Atmung zu nichte und zu nichts, vernicht(s)et ihr Geschöpf oder hält es in seinem Nichts-All. So lange die Luftgier in mir wirkt — und sie wirkt immer in mir, es ist ganz unvorstellbar, daß sie mich „verließe", bin ich, ob seiend oder nichtseiend, und mit mir ist die Welt, für die ich durch meinen allmächtigen Lufthunger atme, deren Wesen das Nichts-All in mir ist; wenn mich aber die Alldämonie oder die Leben-Toddämonie verließe, die schöpferisch-vernichtende Gottheit-Teufelheit, so wäre „ich" und mit mir die Welt „verloren", — wie der Untergang freilich aussehen solle, ist für „die schwachen menschlichen Sinne" unerfahrbar und unvorstellbar.

Das Dämonische in mir treibt mich unablässig und — auch in scheinbaren Pausen — nie erlöschend (nur nachlassend), Luft zu atmen. So ist die Luft selber schicksalsmäßig, Geschöpf des Allhungers, ihm wesensgleich, unsichtbar wie sein Schöpfer, das Nichts-All selber oder ein Teil von ihm und so immer wieder zurückzuholen, woher es „entsprungen" ist. Als der ewige Quell der Dämonie „Luft", der Luftgeister, der unsichtbaren Mächte, der Seelen in ihren mannigfachen Materialisationen, der gespenstischen Wesenheiten, die kleinst und größt sein, aus kleinst zu größt und umgekehrt sich verwandeln, auch alle möglichen Gestaltungen und Gestalten annehmen und so „erscheinen" können, alle Materie durchdringen und überall und nirgends sind, alles Licht und Dunkel, alles Warm und Kalt, aller Hauch und Rauch und Schall, alle Worte und Töne usw., alles Zauberwesen mit Allmacht ausgestattet und magisch identisch, — als ihr ewiger Quell wirkt in und aus mir die Alldämonie, und zu diesem Quell kehren sie alle zurück; durch Mund und Nase gehen die Unsterblichen aus und ein, entsteigen dem mütterlichen Urgrund und sinken wieder in ihn hinab, und keine Winzigkeit kann sich dem ewigen Auf und Ab und Ein und Aus entziehen. Die Allmacht ist in mir und ich bin die Allmacht und die Allmacht ist das Nichts.

Frage, ob die Luftgeister, in welcher Form sie auch einherschweben, sich aus dem Nichts-All losgerungen haben, selbständige Dämonen geworden sind, die dem Alleinen feindlich gegenüberstehen (Luft verknappen, abschneiden) und es eigentlich schon mit ihrem Sein vernichtet haben, oder ob sie nur Ausstrahlungen, Emanationen des Alleinen sind und im Banne der Alleinheit, der Allnichtsheit verbleiben, oder ob ein ewiger Kampf zwischen den abtrünnigen Geistern und der Alleinheit — um die Alleinheit stattfindet — und dazu ein ewiger Kampf zwischen guten und bösen Geistern — ebenfalls um die Alleinheit, die Allmacht? Die guten Geister sind die Lebens-, die bösen die Todesmächte — oder die Himmels- und die Höllenmächte, die Engel und die Teufel und Gott und Teufel selber. Die helle, lichte Luft, die Sonne und ihr Leuchten, das Tagauge, das Himmelslicht, das die Welt durchstrahlt, auch der Mond das Nachtauge ist Leben, göttlich, und die dunkle Luft, der Schatten, die schwarze Wolke, das Dunkel „Abend" und „Nacht", das Dunkel im Zimmer, Keller, Schubfach, in den Ecken und Eckchen, Höhlen und Buchten, im Wasser auch, an allen Körpern, in winzigsten, ja unsichtbaren Pünktchen und ungeheueren Ausmaßen, das dunkelrote, schwärzlich rauchende, düster schwälende Feuer (im Herd usw., in der Höhle-Hölle), alles Braune u. a. Dunkelfarbige ist Tod, teuflisch. „Die Luft" ist das Geisterreich, da schweben die hellen, lichten, guten und die dunkeln, schwarzen, bösen Seelen: sind sie alle aus meiner Alleinheit entsprungen — oder habe ich auch schon Leben und Tod (als Zerfallsmächte der Alleinheit) in mir — oder stammen die guten oder die bösen Seelen von mir oder von den andern als den Werkzeugen der himmlischen und höllischen Allgewalten? Giert meine Dämonie nach den guten oder nach den bösen Seelen, ist sie göttlich oder teuflisch in dem einen oder andern Falle, nimmt sie beides Leben und Tod in ihr Nichts-All auf und duldet nicht den allergeringsten Widerstand?

Der Atem-Odem ist schöpferisch, göttlich; atme ich aus, so gebe ich Leben von mir, belebe die Natur und alle Wesen, denn mein Odem ist der Allodem, den die Alldämonie von sich gibt und der selber dämonisch ist. Gott hauchte dem Menschen (der Materie) seinen Odem ein, und so lange der Mensch atmet, ist er lebendig, und ebenso alle andern Wesen. Das Leben ist das Allleben, es strömt aus mir, aber es kann nicht „alle" werden, es kreist nur und wird vom Allhunger in meiner Brust-Zentrale ausgesandt und zurückgeatmet, und es ist überall zugleich. Aber überall zugleich ist auch der Tod, der Alltod, der mit dem Leben im ewigen Kampfe liegt, so daß — ewiges Rätsel! — wohl beide, obwohl allgegenwärtig, dennoch sich verdrängen können? Mitten im Leben sind wir vom Tode umfangen — wie das? Oder wandeln sich Leben in Tod und Tod in Leben — wie soll das möglich sein? Der Tod lebt auch, er zieht umher als Todesgespenst, Knochenmann, schwarzer Mann, als Schnitter mit der Sense, als Nacht mit ihren Geistern, den Todesboten, die die Seelen der Lebenden mitnehmen, als alles Dunkel, das aber auch ins Helle sich verwandeln kann, als Kälte (jem. kaltmachen usw.), Gestank, Nebel, als Kleinlebewesen, die mit Tod geladen sind (Bazillen, Todeskeime), als Pollen, Stäubchen, in ihrer Unsichtbarkeit bes. gefährlich, usw. — und doch kann sich das alles auch zum Guten wandeln. Der Odem geht aus dem Dunkel der Brust, des Mundes aus, und das Dunkle ist Höhle-Hölle — ist also mein Odem doch teuflisch und mein Atmen tödlich, bringe ich den Tod in die Welt? Und atme ich ein, nehme ich dann das Leben aus der Welt — oder den Tod? Zwei Seelen wohnen ach in meiner Brust, die gute mit dem guten Odem, die böse mit dem schlechten Odem, die eine muß die andere bannen, aber die gute soll doch die böse entmachten, es geschieht aber auch umgekehrt? Vielleicht kommen die bösen Seelen aus den dunkeln Mündern der andern Wesen (mit schlechten Zähnen, Tabakgeruch, Foetor ex ore, böser Stimme usw.), aus meinem Munde aber die guten Seelen, ich muß schön atmen, singen, sprechen, den Mund immer absolut sauber putzen, reine, staubfreie, duftende Luft atmen, „reine“ Speisen (Säuglings - Kleinkindkost) essen, um nicht aus dem Munde usw. zu riechen, usw.: so bin ich göttlich und kann die bösen Seelen entmachten, den Tod vernichten. Mein Lebenshauch ist Segen, der Todeshauch ist Fluch (vgl. „der hat mich schön angehaucht“, Pesthauch usw.), so ist das „Anhauchen“ absolut verschieden, aber in meiner Alldämonie, die alles aus- und aufatmet, sind alle dämonischen Widersacher zum Nichts-All geeint, Welterlösung — Weltvernicht(s)ung.

Andere Hungertrophosen des Atmungstraktes.

Gier nach Aufnahme gewisser (systemgenet. zugeordneter) gasiger, fester und flüssiger Stoffe vw. in die oberen Luftwege, z. B. Gier nach bestimmten Gasen in Laboratorien (in Verbindung mit Riechgier; mancher wird in Ausentwicklung dieser Gier Chemiker usw.), nach Tabakrauch (Nikotin) u. a. Raucharten (Räucherungen) *), nach gut oder schlecht riechenden Dünsten (z. B. gewissen Parfüms, Kot-, Flatus-, Harn-, Schweiß-, Käsedüften usw.), nach medikament. Inhalationen, nach warmer oder kalter Luft, nach Schnupftabak, Stäubchen, Pollen usw., laryngeale Gier nach Schleim, Bröckchen (habituelles Verschlucken) usw. Nicht selten schließen sich pulmonale Hfunk-

*) S. 4. Bd. § 8, 5, B, 6. Bd. S. 123 ff., 7. Bd. S. 60 ff.

tionen an, z. B. beim Lungenrauchen u. a. tiefem Einatmen. Ausscheidung von geringem oder reichlichem, mehr zähem oder mehr dünnem Sekret, oft auch Blut. — Die Aufnahme- geht in Abgabegier über (S. 229): zwanghaftes Hüsteln, Husten, Räuspern, Nießen, Schneuzen, Auswerfen (z. B. Heuschnupfen, asthmoïde u. a. allergische Zustände, Pseudotuberkulose usw.), dies bes. bei Nebenhypertrophie von ARSen und SRSen (mit nervösen Stauungen, Schwellungen, Entzündungen, Erkältungen usw.).

Deutung: Der Dämon-Trieb ist unwiderstehlich, allmächtig, er beweist, daß die begierten Stoffe die lebenswichtigen, das Leben selbst, die Lebensträger sind — oder tödliche Gifte, der Tod selbst, die Todesträger, das Gute oder das Böse, in beiden (unentscheidbaren) Fällen zu bannen, zu vernichten: so fordert heraus und beherrscht meine Dämonie Leben und Tod und ist wiederum allmächtig, gleich ob die Aufnahme erfolgt oder gemieden wird. Usw.

Eine spez. Entleerungsgier ist die Gier nach Singen und Sprechen, der hypertr. Singe- und Redehunger (auch -drang). Auch da kann es beim Gefühl bleiben, das Singen und Reden also unterbleiben, doch „bricht" periodisch die Gier mehr minder intensiv „durch". Stimme gemäß der vw. Kontraktion des phonet. Apparates auf Hweite hohl, leer, dunkeltönend, Sprechweise fanatisch, herausfordernd, roh-rauh, brutal, schroff, überstürzt usw., dabei weitschweifig, leeres, hohles Gerede.

Deutung. Unwiderstehliches Begehren in mir, mich (in Stimme, Wort) zu äußern, zu ent-äußern, aus-zu-drücken. Gefühl des Nichts-All, das die unheimliche Zaubermacht hat, aus sich, dem Nichts-All Stimme und Worte zu schaffen und mich anzutreiben, sie zu offenbaren, aber ihre Geschöpfe sind vom Wesen des Nichts und selber nichtig, so daß sie in der Allmacht verbleiben, nur ein Scheindasein führen, gespenstisch dahinhasten, sich der Allmacht nicht entziehen können und den leisesten Versuch zur Selbständigkeit, z. B. als Worte anderer Leute, fremde Worte, die herausgefordert, provoziert werden müssen, mit der Vernicht(s)ung büßen. So muß ICH alles sagen und doch — nichts (vgl. Orakel). „Es" redet aus mir („Inspirationen" der „Propheten" im Wach- und Betäubungszustande, ekstatisches Lallen-Stammeln = „in Zungen reden" usw.), die Allmacht selber spricht, offenbart sich durch meinen Mund, meine Rede und Stimme ist die Allrede, Allstimme, mögen sie auch stumm sein, niemand hat da zu unterbrechen, und wer es wagt, wird ausgelöscht, vernichtet, sein Wort hat keinerlei Gültigkeit, es ist ja ein Ant-wort, Gegen-wort, und wie könnte die Allmacht, das Allwort-Lallwort ein Gegen-wort dulden, das ja die Gegendämonie enthält und ist! Die Worte der andern, aber auch die eignen Worte müssen weg-geredet werden, alles läuft im Nichts. „Es muß heraus“ — sofort und ohne Besinnen — wie könnte die Allmacht Verzug und Unterbrechung dulden! Ich habe keine Zeit zu atmen (keuchendes Einatmen nach dem Wortdurchfall, „ich gehe immer bis zum Letzten“ usw. Stimme und Wort sind geformter Odem, und es ist fraglich, ob diese Luftgespenster Leben oder Tod, göttlich oder teuflisch, gut oder böse sind. Sie werden erst im Kopfe gebildet, gehen mir durch den Kopf, die Seele bewirkt mit ihrem Zauber die Melodien und Worte und treibt sie dann aus dem Geiste im Kopfe aus: Geister-stimmen, Zaubertöne, Zauberworte, ob gut oder böse, Gottes- oder Teufelsoffenbarungen — wer kann das sagen, da auch Gott verflucht und der Teufel segnet, Gott böse, Teufel gute Worte (zur Versuchung-Verführung) gibt? Belebende, tödliche Worte. Vergeudung von Tönen und Worten aus dem inneren Besitz, der Alles ist und Nichts zugleich, Selbstentäußerung, Selbstopferung „im Wort“, Selbstvernichtung, Weltvernichtung, Welterlösung.

δ. Perversionen zwischen den Organen.

1. Gastral-kardiovasale Hreflexe. Mehr minder zahlreiche (je nach Ausbreitung der Perversion) kardiovasale Hzellen hauptwegig verbunden mit sensibeln Fasern aus dem Gastraltrakt, Ausdruck also Herz-Gefäßunruhe statt Magen-Darmunruhe, im Falle aktueller Funktion egastral stark nuancierte Kardiovasalgier, gerichtet auf egastral nuancierte Stoffe, d. h. auf solche, die „eigentlich“ mehr oder überhaupt in den Magen-Darm gehören, insbes. Festes; Trinken hierbei eine Art Kauen. Innerhalb der perversen Bezirke besteht also eine Art „Durst nach Festem“, so daß die Speisen zu viel solche festen Stoffe enthalten, die dann auch in Blut und Lymphe resorbiert werden. Das Blut bleibt Hungerblut, aber es ist rel. reich an den begierten (fremdkörperartigen) Stoffen: eine Art Bluteindickung, Kollämie usw., Dyskrasien, die den hadrotischen Formen der Uratämie, Lipämie, Lipoidämie usw. — je nach Spezifität der Krankheit — mit ihren spezif. Dysfunktionen der Blutzellen, der Inkretdrüsen, der assimilatorischen Gewebe ähnlich sind.

2. Gastral-pulmonale Hreflexe. Analog egastrale Reflexe auf die Lunge, Lungenunruhe vom Magen aus, hypertr. H. auf Stoffe, die „eigentlich“ vom Magen aus begehrt werden, also Einatmen von festen Partikeln, feineren, die ausgewimpert, gröberen, die ausgehustet, manchmal auch instrumentell entfernt werden (habituelles Sich-verschlucken).

3. Kardiovasal-gastrale Hreflexe., Kardiovasale Reflexe auf den Magen, also Magenunruhe statt Herzunruhe, hypertr. H. auf Stoffe, die „eigentlich“ ins Gefäßsystem gehören, bes. also Flüssigkeit, die ja freilich sowieso den Magen passieren

muß, um ins Blut zu gelangen, aber doch normaliter mehr vom Gefäß- als vom Gastralsystem begehrt werden: abnorm flüssige Kost, Festes verflüssen mit zuviel Getränk, hinunterschlingen wie Getränk, saufen, sich mit Getränk „sattessen" (z. B. nehmen viele Alkoholiker wenig feste Kost zu sich), Blut-, Harntrinken (Hämo-, Urodipsie).

4. Kardiovasal-pulmonale Hreflexe. Analog. Lungenunruhe statt Herzunruhe, hypertr. Lungenhunger nach Stoffen, die „eigentlich" in die Gefäße gehören, bes. nach Flüssigem, z. B. nach feuchter Luft, Inhalationen, Schleim (habituelles Sichverschlucken) usw.

5. Pulmonal-gastrale Hreflexe. Analog. Magenunruhe statt Lungenunruhe, hypertr. H. nach stark gashaltigen (lockeren, luftigen) Speisen, Luftschlucken mit Tympanie des Magens und Darmes, Hochstand des Zwerchfells, Einengung des Atmungsraumes, Atemnot, „lebt von der Luft", Luftflatulenz.

6. Pulmonal-kardiovasale Hreflexe. Analog. Herzunruhe von der Lunge aus, derart Herz-Gefäßgier nach „Luft", also Gasen, Anreicherung an fremdkörperartigen Blutgasen.

Deutungen. Chaotistisch-rohdämonistisch in der perversionsgemäßen Modifikation. So kommt sich z. B. der Luftschlucker als „Gasanstalt" vor, aber im Sinne von „Gas" als das schöpferisch-vernichtende Alleine, als Dämon Leben oder Dämon Tod usw., ICH nehme alles Gas in mich auf, bin „das Gas" selber (Leib nebensächlich, nur Behälter), kann Leben oder Tod abgeben, bin Herr über Leben und Tod, die Alldämonie, aus Gas kommt alles und zu Gas wird alles, d. h. zu nichte, zu nichts, Gas ist Chaos (vgl. Gastheorie der Weltentstehung), das Seelische-Geistige, d. i. das Allschöpferische-Allvernichtende. Kindliche Rätselei um die Luft als Geisterreich (τὸ πνεῦμα), um die innerleiblichen Gase, die mit jenem eins sind, sonach Brust-, Bauchdämonen usf.

Die trophisch-genischen Perversionen sind aus den grundsätzlichen Darlegungen im § 1, 3 im einzelnen abzulesen und aus den Ausführungen im klinischen Teil, auch dem weltanschaulichen (rohdämonist.) Sinne nach, zu verstehen. Bei den trophisch-sinnlichen Perversionen funktioniert im Rahmen der Perversion das Genitale als eine Art „Filiale" des fehlangeschlossenen Ernährungsorgans, hat insoweit also hypertrophierte trophische Funktionen, nach denen auch die genischen mehr minder nuanciert sind. Das Analoge gilt für die trophisch-platonischen Perversionen. Und es gilt auch für die sensorischen endotrophischen und trophisch-genischen Perversionen. Mit Rücksicht auf den Umfang des Buches muß ich auf die Darstellung der Einzelheiten verzichten. Dagegen sind im § 4 die genischtrophischen Perversionen ihrer Vordringlichkeit wegen angeführt.

b. Sinnesorgantrophosen.

Über die Organisation der kortikalen RSe und ihrer Aktn. s. 1. Bd. § 27,4. Dort ist dargelegt, daß Nahrungsmittel, also Einverleibbares Aktn. solcher Gegenstandszellen sind, die ihren hauptsächlichen sympathischen Eronenzufluß aus Organgefühlszellen, also aus solchen, die inneren Organen zugeordnet sind, dazu auch aus Sinnesgefühlszellen, also aus solchen, die den Sinnesorganen zugeordnet sind, erhalten. „Brot" z. B. ist Akt.-Reihe von optischen Gegenstandszellen, die ihren sympath. Hauptzufluß aus Magengefühlszellen, Nebenzuflüsse aus Sehgefühlszellen erhalten. Dagegen sind Arbeits- s. Berufsgegenstände (einschl. Tiere und Menschen) Akt.-Reihen solcher Gegenstandszellen, die ihren sympath. Hauptzufluß aus Sehgefühls-, Nebenzuflüsse aus Organgefühlszellen erhalten. Es können aber auch Nahrungsmittel als Berufsdinge erlebt werden, z. B. wird Brot vom Bäcker nicht bloß gegessen, sondern auch hergestellt und verkauft. In diesem letzteren Falle ist der Eronenzufluß aus den gastralen Gefühlszellen rel. gering, der Zufluß aus den okularen Gefühlszellen rel. groß. In kranken Gefügen ist nicht selten die geschilderte systemgenet. Ordnung in der Weise pervers, daß Stoffe, die normaliter nicht einverleibt werden, z. B. Haare, Fingernägel, Kot, Harn, ja sogar Eisennägel, Holz, Papier usw. verschluckt werden (abgesehen hier von genischen Stoffen). Die genannten Zuordnungen finden sich in allen Sinnesgebieten, wie früher (im 1.—3. Bd.) dargelegt.

Im Abschn. a war die Rede von den auf Nahrungsstoffe gerichteten hypertr. Organhungergefühlen, im Folgenden wird von den auf Berufsgegenstände gerichteten Sinnesgefühlen gesprochen werden. Das Analoge wie für die Struktur und Funktion der arbeitlichen gilt für die der sportlichen RSe. Die Giergefühle sind natürlich je auf die systemgenetisch zugehörigen, also die begierten Gegenstände gerichtet.

α. Augenhungertrophose.

Die Sinnesgefühle werden nach dem Sinnesorgan oder nach seiner spezifischen Funktion bezeichnet. Die Augengefühle oder okularen Gefühle (1. Bd. S. 259 ff.) kann man also auch als Sehgefühle (Schaugefühle), also Sehhunger, -angst usw. bezeichnen. Sie sind ins Auge lokalisiert. Der Sehhunger ist das Gefühl der okularen Leere, der H., (etwas) zu sehen, im Falle der Hypertrophie, also der Sehgier (Schaugier) das Gefühl der „absoluten" Leere, des Nichts im Auge. Ausdrucksapparate sind die vegetativen Muskeln, elastischen Fasern einschl. Gefäße und Drüsen des Auges; spastische Kontraktionen (motorische Unruhe) der Hfasern des Bulbus (der muskulären, die nach Lundström den vorderen Teil des Bulbus umgeben, und der elastischen), so daß er sich in einem mäßigen Grade einengt-verlängert, desgl. Hspasmen der Gefäße, so daß ein etwas zu geringer Blutstrom das Auge zu rasch passiert, die Gewebe sich nicht genügend sättigen, Koagulationen im Glaskörper eintreten usw., das Auge leer, hohl, dunkel, glanzlos, „eingefallen" usw., mit einem Worte hungrig, die Konjunktiva blaß, blutarm, „blutleer", die umgebende Haut schattig und mager ist, aus den Augendrüsen sondert sich mehr minder reichlich, oft durchfällig Hsekret (Schleim, Tränen) ab. Das „Hungerauge" ist um so ausgeprägter, je zahlreicher die hypertr. Hreflexe, je häufiger ihre Hochfunktion.

Während der Sehhunger (mon- oder binokular) aktuell ist, wird nicht „gesehen", d. h. funktionieren die optischen Gegenstandszellen unaktuell, sind optische Gegenstände noch nicht oder nicht mehr „da", die Lider können geschlossen sein (z. B. beim Erwachen): die Akt. ist ja immer nur eine, der Punkt, zwei Aktn. sind niemals zugleich da (1. Bd. S. 175 usw.). Es können aber mit den Sehgefühlen (mehr minder helle) Sehgegenstände, auch Sehbegriffe in bunter Reihe auftreten. Dies gilt auch für die übrigen Sehgefühle, die gesunden wie die kranken. Dominiert die Sehgier, so kann es bei diesem Gefühl und den nachfolgenden abnorm hhaltigen Sehgefühlen bleiben: eine Art der Sehabstinenz, der neurotischen Blindheit, des Ausfalles im Gesichtsfeld usw.; es können aber auch gegenständl. Sehdinge mehr minder hell, also auch „getrübt", verschwommen, in Umrissen usw. interkurrieren, eine Art des Fehlsehens. Neben den kr. Gefügen mit ihren Aktn. finden sich gesündere und fastgesunde. Sehfunktion um so mehr gestört, je mehr die kr. RSe hypertrophieren. Verbunden mit Dysfunktionen assoziierter RSe, auch mit mehr minder ausgeprägter Beteiligung sensorischer (arbeitlicher, sportlicher) Reflexstrecken, all dies im Sinne der patholog. Dominanz der Hfunktion.

D e u t u n g. „Das Auge" ist ein Zauberwesen, ein Dämon, der „sieht", die Allmacht, die (sehend) alles macht, alles schafft und (nicht mehr sehend, z. B. beim Wegsehen, Augenschluß) alles vernichtet. Sehgier = Gefühl des Nichtvorhandenseins der Augen: Das Nichts-All im Auge, das in seiner Urruhe-Unruhe verharrt oder das (aktuelle gegenständl.) Sehen und die Sehdinge, die als begierte die magischen Präsentanten aller Dinge sind, aus sich schafft, „mich" sehen macht und alles Sehen-Gesehene wieder in sein Nirwana auf-, erlöst, vernicht(s)et. Vielleicht verwandelt sich der Sehwille in das Sehding und zurück. „Nichts" darf dem ewigen Sehwillen, dem Urgrund alles Seins, dem Absoluten, entgehen, „alles" muß „das Auge" immer umfassen, umschauen, die ganze Welt in sich halten, und wenn ein Sehding sich anschicken sollte, selbständig zu werden, sich aus der Allmacht, dem Sehallbereich zu lösen, sich zu verstecken oder als fremdes Sehding aufzutauchen, so muß es mit Blicken verfolgt, ein-geholt, vernichtet werden — oder zwingt das abtrünnige Sehding den Sehwillen zur Verfolgung, hat ihn so gebannt, entzaubert, vernichtet? Ewiger Stellungskrieg der Dämonen. Magischer Blick: so lange ICH der Sehwille das Ding = gespenstisches Wesen sehe, habe und halte ich es „fixiert", „fest-gemacht", gebannt, es kann mir nicht entwischen, oder bannt es nicht vielmehr mich? auch ich kann den Blick nicht ab-wenden, ich „muß-will" hinsehen. Schließe ich die Augen, schließt der Sehwille mir die Augen, so ist die Welt vernichtet, auch mein Leib ist „weg", doch existiert alles in mir, im Nichts-All (als der wahren Seinsform) weiter und kann nach dem Willen des Sehwillens, des Allwillens (nur ICH habe ihn und bin er selbst, ich der Alleine) wieder erstehen. Ich kann auch manches weg-sehen, mein Sehwille will es nicht sehen, er macht viele schwarze Punkte („fliegende Mücken" = Glaskörpertrübungen) oder einen schwarzen Fleck so groß wie ein Kindskopf, der wandert immer mit, es ist das Nichts, der Tod, den ICH in die Welt sehesetze, ICH kann also die Welt im ganzen oder teilweise (und damit fakultativ ganz) vernichten, auch in der Weise, daß ich rasch mal hinsehe („ein Blick genügt") oder einfach wegsehe, das Ding weg-sehe („mir aus den Augen!" „weg mit dir!"). So verfügt mein Sehwille über Leben und Tod, ist er selber Leben oder Tod, Gott oder Teufel, gut oder böse oder beides in einem oder im Widerspiel in mir oder mit den Feind-Dämonen in der Welt? Schafft der Sehwille Lichtes, Helles, so ist er wohl göttlich, sonnenhaft nach Goethe (wieso nicht erdhaft, da er doch auch die Erde erblickt?) — oder doch teuflisch, indem er das göttliche Licht bannt — oder wird er umgekehrt von ihm gebannt? Zaubert der Allwille Dunkles, Dunkelfarbiges „hervor", dann ist er teuflisch-tödlich — oder bannt er so das Schwarze, den Teufel-Tod in der Welt, indem er ihn sehend fixiert, ihm „ins Auge sieht"? — oder bannen sich Gut und Böse, Gott und Teufel, Leben und Tod in alle Ewigkeit — warum und wozu? Im dunklen Auge wohnt der Tod (tote Augen) aber damit auch das neue Leben. Das Dunkel vernichtet das Licht, der Tod das Leben — was wird aus ihm? was wird aus der Sonne, dem Tage, wann die Nacht sie verschlingt? was aus der Nacht, wann der Tag sich ihr entwindet? Aber das Licht bewirkt das Dunkel: es blendet, macht blind, tötet, Gottes Glanz ist unerträglich, aber ICH muß ihn (wenigstens mit einem Auge) herausfordern, aushalten, z. B. in die Sonne, ins Auge Gottes starren, alles Licht in mich aufnehmen (Beweis: viele bunte Sonnen tanzen in meinem Auge), die Gottheit vernichten, sie in mein Nichts-All aufnehmen, in meiner Blindheit der Seher sein — oder hat mich der Strahl

Gottes vernichtet? — oder ist der ewige Kampf nur ein Spiel in der Allmacht des Nichts-All? Der Sehwille zaubert die Welt immer neu, immer Neues in die Welt, er läßt es aber nicht aus den Augen, mag es auch versuchen, sich ihm zu entziehen (Sehneugier) er muß immer alles beobachten, sieht überall alles, Glück und Unglück, Leben und Tod, Gutes und Böses, er wird immer wieder blind und immer wieder sehend, er segnet mit dem guten Blick und verflucht mit dem bösen Blick, ich muß den Wesen, besonders den Großen-Alten gierig, fanatisch ins Auge sehen (vgl. Basiliskenblick), dort wohnt ihre Dämonie, sie wirkt im Blick, und ICH banne sie vernichtend in mein Nichts-All. Usw. Sehzauber des Kleinkindes, hypertrophiert und ausgealtert, das Weltproblem.

β. Ohrhungertrophose.

Hörgier, Hörneugier. Das Nichts im Ohr. Hspasmen der vegetativen Ausdrucksapparate des Ohrs. Analog wie bei Sehgier beschrieben: eine Art Hörabstinenz, Taubheit, Ausfall im Hörfeld, Sausen (akustisches Chaos), Interkurrenz von mehr minder hellen, also auch getrübten, verschwommenen, umrißhaften Hördingen, Art des Fehlhörens. Neben den kr. Gefügen mit ihren Aktn. finden sich gesündere und fastgesunde Gefüge usw.

Deutung mut. mut. wie die der Sehgier; man muß also für sehen, hören, für Sehding Hörding, für Sehwille Hörwille, für Sonne usw. sowie menschliche (dämonische) Autoritäten „gewaltige", „ungeheuere" Geräusche, Klänge, Stimmen, Worte (bes. der Großen-Alten, der väterlich-mütterlichen Gestalten) setzen. Die Hörgier ist das Nichts-All, das alles, also das Hören und die Hördinge, darüber hinaus die mit ihnen assoziierten Gegenstände der andern Sinnesgebiete schafft und vernichtet, schaffend vernichtet und vernichtend schafft, in seiner Allmacht hält, das Feind-Dämonische in ewiger Hörunruhe nihilierend überwindet, die Einzelheit enteinzelt, selbst Leben oder Tod den Tod und das Leben, selber Gott oder Teufel den Teufel oder den Gott, selbst das Gute oder das Böse das Böse oder das Gute in sein ewiges Sein-Nichtsein, seine All-Nichtsheit einzaubert. Alles „Übrige" ist nebensächlich. Die Hörgier, der all-eine und doch zwiespältige Hörwille ist das Weltproblem.

γ. und δ. Hauthungertrophosen.

γ. Tasthungertrophose.

Tastgier, Tastneugier (hypertr. Berührungshunger). Gefühl der absoluten Haut-Schleimhautleere, des Nichtvorhandenseins der Haut-Schleimhaut als des Tastorgans, des Nichts in der Haut-Schleimhaut. Hspasmen der vegetativen taktilen Ausdrucksapparate einschl. Gefäße und Drüsen. Haut leer, hohl, buchtig, mager, eingefallen usw. in den kr. Partien, chronisch und akut verschärft; ebenso Schleimhaut. Analog wie bei Sehgier usw. eine Art Tastabstinenz, Tastausfall, Interkurrenz von mehr minder hellen, also auch verschwommenen, umrißhaften Tastdingen, Art des Fehltastens. Neben den kr. Gefügen mit ihren Aktn. gesündere und fastgesunde Gefüge. Usw.

D e u t u n g mut. mut. wie die der Sehgier usw. Der ewig unruhige Trieb umherzutasten, gewisse optische Dinge usw. „alles mögliche" anzufassen oder sich Berührungen auszusetzen und so den assoziierten Tastgegenstand „fest zu stellen", „zu entladen", wobei diese Gegenstände die magischen Präsentanten aller Dinge sind (die übrigen sind nebensächlich), ist die Allmacht, die tabu ist und bleibt, die Alldämonie, die in und aus mir, d. h. in und aus der Haut wirkt, das Tasten und die Tastdinge schafft und vernichtet, der Zauber der Oberfläche, der eignen und der fremden, der Eigendämon gegen den Feind-Dämon, der durch Berührung entladen, entmachtet, ausgelöscht wird — oder „mich" entlädt, vernichtet? — oder in meinem d. h. dem Nichts-All seinen ewigen Kampf mit seinem Feind — als Leben gegen Tod oder Tod gegen Leben usw. — führt. Der alleine und doch zwiespältige Tastwille ist das Weltproblem.

ε. W ä r m e - K ä l t e - H u n g e r t r o p h o s e.

Thermische Gier. Gefühl der „absoluten" Leere der Haut als des thermischen Sinnesorgans. Gier gerichtet auf bestimmte Wärme- oder Kältearten und -grade, z. B. Gier nach Sonnen-, nach Bettwäre, nach Winter-, Wasserkälte usw. Regionär oder mehr minder ausgebreitet. Ausdruck wie oben. Analog wie bei Sehgier usw. eine Art Wärme-Kälteabstinenz (es bleibt beim thermischen Gefühlsablauf), -ausfall, Interkurrenz von mehr minder hellen, also verschwommenen therm. Punkten, Art der therm. Fehlwahrnehmung usw.

D e u t u n g mut. mut. wie die der Tastgier. Der unwiderstehliche Trieb nach Wärme bzw. Kälte umherzusuchen, gewisse optische Dinge oder „alles Mögliche" thermisch zu untersuchen, sich der Wärme bzw. der Kälte auszusetzen, sie (magisch) herauszufordern und „fest zu stellen", ist die Allmacht, die Alldämonie, die das Suchen nach der Wärme bzw. der Kälte und diese selber schafft und vernichtet. Wärme- und Kältezauber. Wärme Dämon Leben, Kälte Dämon Tod (Erkältung, kalt machen), aber auch Wärme kann töten, Kälte erfrischen, beleben. Aus Wärme, aus Kälte entspringt alles, und alles kehrt dahin zurück. Übernahme des Wärme-, Kältezaubers bei Berührung, somit Auslöschen in das Nichts-All, das weder Wärme noch Kälte, weder Leben noch Tod usw. — oder beides im Alleinen ist. Usw.

ε. Nasenhungertrophose.

Riechgier. Gefühl der „absoluten“ Leere in der Nase als des Riechorgans, des geruchlichen Nichtseins. Gier nach bestimmten, allen möglichen Gerüchen, nach guten, nach schlechten. Hspasmen der vegetativen Nasenapparate. Analog wie bei Sehgier usw. eine Art Riechabstinenz, Geruchsausfall, Interkurrenz von mehr minder hellen, also verschwommenen Düften, Art des Fehlriechens.

Deutung. Der unheimlich-unwiderstehliche Trieb, nach Gerüchen umherzusuchen, gewisse optische Dinge oder „alles Mögliche“ zu beriechen, sich guten oder schlechten Gerüchen auszusetzen, somit den Duftzauber „fest zu machen“, ist die Allmacht, Alldämonie, die das Riechen und die Gerüche schaffend vernichtet und vernichtend schafft. Gute Gerüche göttlich, heilig, schlechte Gerüche teuflisch, unheilig, aber wer die schlechten Gerüche herausfordern und ertragen kann, ist göttlich — falls er nicht gerade teuflisch ist, also sich in seinem Milieu befindet, und auch schlechte Gerüche können göttlich sein (schützen vor Freude an guten = maskiert-teuflischen Düften, also vor der Versuchung, an ihnen und so an der Welt Wohlgefallen zu finden) — wie gute Gerüche teuflisch (verführerisch) sein können. Die Riechgier löscht alle Gerüche (der begierte ist Präsentant aller Gerüche) in das Nichts-All aus.

ζ. Gaumenhungertrophose.

Schmeckgier. Gefühl der „absoluten“ Leere im Gaumen (Schmecksinnesorgan), des geschmacklichen Nichtseins. Usw. analog wie Riechgier.

η. bis ι. Muskelhungertrophosen.

Die Muskel-Knochen-Gelenkgefühle, d. s. die koordinativen Gefühle sind die gefühlliche „Vertretung“ der Bewegungsorgane im Bewußtsein. Es sind dies die Lage-, Kraft- und Richtungsgefühle (die kinästhetischen, statischen und optischen Gefühle), sie sind in die zugeordneten Bewegungsorgane, hier mit dem Worte „Muskeln“ zusammengefaßt, lokalisiert. Jedes der Gefühle ist auf den systemgenet. zugehörigen koordinativen Gegenstand, also Lage-, Kraft-, Richtungspunkt, auf die gegenständlichen Aktn., welche Registrierungen der einzelnen Phasen der Muskelbewegungen nach Lage, Kraft (= Kontraktionsintensität) und Richtung sind, in dieser Art auch auf die so registrierten Bewegungen gerichtet. Näheres im 2. Bd. § 30; dort ist auch über die den inneren Organen zugeordneten koordinativen Aktn. berichtet, sie treten bes. bei patholog. gesteigerten Funktionen auf, sind dann also deren Registrierungen (innere Unruhe, Flattern, Flimmern, Hinundherhuschen, Greifen usw.). Hier ist die Rede von den Gefühlstrophosen der Skelettmuskulatur.

η. Lagehungertrophose.

Hypertrophie des Lagehungergefühls, alle andern zum kr. Gefüge gehörenden Lagegefühle abnorm hhaltig. Das Lagehungergefühl entspricht der einleitenden Funktion der zugeordneten Muskeln; auf diese folgen die Funktionen der andern zum Gefüge gehörenden, also der A-, S-, T- und Fmuskeln, wobei die Hfunktion gemäß der Hypertrophie überwiegt. Das Ganze ist die „Muskelbewegung", so daß man den Lagehunger als H. (Wille, Trieb usw.), den hypertr. H. als Gier nach Bewegung bezeichnen kann. Die koordinativen Gefühle sind zerebellare (über zerebrale Filialen s. 2. Bd. § 30, $_1$), sind also nicht mit zerebralen Gefühlen zu verwechseln, die in die vegetativen Organe lokalisiert sind und denen im Reflexablauf Aktionen der zugeordneten Muskeln folgen — Aktionen, die dann eben koordinativ registriert werden. Die zerebralen Gefühle sind nicht auf Lage-, Kraft-, Richtungspunkte gerichtet, sondern auf andere je systemgenet. zugehörige Gegenstände (optische, akustische usw.).

Lage- s. Bewegungsgier entspricht einer krampfigen Hbewegung in der Gesamtaktion eines Muskelgefüges auf Hweite. Gefühl der „absoluten" Lageleere (Bewegungslosigkeit), „im" Muskel, d. h. an der Stelle, wo optisch der Muskel liegt. Gerichtet auf die systemgenet. zugehörigen Lagepunkte, also Gier nach Lagepunkten und derart nach der Bewegung, die jene Lagepunkte registrieren, nach Bewegung quoad Lage. Während die Gefühle aktuell sind, sind die Lagepunkte unaktuell, das Lagebewußtsein, „die Lage" „ist weg", die Muskeln „liegen" nicht mehr oder noch nicht, man muß sich optisch oder taktil usw. überzeugen, daß sie noch da sind, sich sogar krampfig bewegen, sie sind nur eben lagemäßig „verschwunden". Je nach Ausbreitung der kr. RSe erstreckt sich das Gefühl der Lageleere auf kleinere oder größere Bezirke, wechselt auch je nach der Präfunktion, so daß jetzt das rechte Bein, dann das linke oder ein Arm oder die Bauchdecken oder die eine Kopfhälfte usw. lagemäßig „verschwunden?" sind, Pat. also (wie das junge Kind) nicht „weiß", ob, wie und wo z. B. sein linkes Bein liegt, ob z. B. sein Bauch noch vorhanden und nicht vielmehr ein Nichts zwischen Brust und Beinen „ist" usw. Den Ausfall des Lagebewußtseins beschreibt Pat. etwa als Gefühl des In-die-Erde-sinkens, der Haltlosigkeit, des In-der-Luft-schwebens, usw. Es können auch Lagepunkte interkurrieren, soweit krank, verschwommene, unsichere umrißhafte. Pat. bewegt sich „wie eine Maschine", „ohne innere Beteiligung", „gespenstisch schwebend" usw., fehl bis fastnormal.

D e u t u n g. Der unbändige Bewegungstrieb ist die Allmacht, Alldämonie, die bestimmte oder alle mögliche Bewegung, d. h. Lagen, Lagepunkte aus sich schafft-vernichtet; der „absolute Wille" bewegt mich und die Welt, er läßt sie auch zur Ruhe kommen, nimmt die Bewegung in sein Nichts-All zurück. Alle Bewegung und alles Aufhören ist mein Wille oder die Wirkung meines Willens, alle Gegenbewegung, auch die leisest-angedeutete ist die Feind-Dämonie, die meinen Allwillen entabsolutieren, entmachten will und somit sofort ausgelöscht, nihiliert werden muß, in meinem Allbewegungswillen darf nicht der allergeringste Einzelwille auf- und gar aus ihm austreten, er muß sofort vernichtet werden. Alle Bewegung geht von mir aus und bleibt mein, in meiner Alleinheit. Meine Bewegungsallmacht ist ewig unruhig auf der herausfordernden Suche nach — Bewegung, die im Keime erstickt werden muß, sonst würde sie mein Bewegungs-Nichts-All und damit die Welt vernichten. Ich bewege mich nur, wann ICH, mein Bewegungswille es will, der allbewegte Allbeweger; will ein fremder Bewegungswille mich durch Bewegung oder durch Worte in Bewegung setzen, so muß mein Allwille den Fremdwillen entmachten, zum Eigenwillen machen, in den Allwillen einnihilieren, so daß ich mich erst bewege, wann ich will, z. B. indem ich den andern nötige, es dreimal zu sagen, ungeduldig und gar tätlich zu werden, zu verzichten usw. Ich gehorche nur meinem Eigenwillen; einem Fremdwillen zu gehorchen, wäre mein und damit der Welt Untergang: er wäre mächtiger als mein allmächtiger Wille, ich müßte mich unterwerfen — was „gar nicht in Frage kommt". Bewegung ist Leben, Ruhe Tod, aber auch der Tod bewegt sich (zieht umher usw.), und „Gott ist die Ruhe", „die ewige Ruhe", in die das unruhige Leben eingeht (vgl. „inquietum est cor nostrum, donec requiescat in Deo"), der Teufel aber der ewige Ruhestörer, die „Unruhe selbst". Was also ist der unbändige Bewegungstrieb in mir: göttlich oder teuflisch, gut oder böse? oder das alleine Prinzip, das alle Bewegung, sie sei gut oder böse, in seinem Nichts-All vollzieht? —

Das Weltproblem zeigt sich auch als die Lage, in der sich der Einzelne und die Gemeinschaft befindet: Die Situation, auch die „allgemeine Lage" (Konjunktur usw.) ist gut oder schlecht, glücklich oder unglücklich, sie ist die entzweite Dämonie, die im ewigen Kampfe liegt, sie ist Wirkung meines Allwillens, der als Nichts-All alle Lage in sich trägt, das Schicksal, die Vorsehung usw. ist, die alle Lage und alle Lageveränderungen verfügt, die Menschen nie zur Ruhe kommen läßt, sie ewig umherhetzt, auch in den Tod hetzt, die Lage, kaum geschaffen, ja im Schaffen schon vernichtet und schon wieder eine andere Lage schafft — vernichtet und so „die Lage meistert". (Realiter ist „die Lage", d. h. die soziale, wirtschaftliche, politische usw. die kinästhetophile Symbolkomponente, kurz Lagekomponente der optischen usw. Aktn.)

ϑ. Krafthungertrophose.

Gefühl der „absoluten" Kraftleere (Kraftlosigkeit) in den zugeordneten Muskeln, Gier nach Kraftpunkten, in dieser Art nach der Bewegung, die jene Kraftpunkte registrieren, nach Bewegung quoad Kraft, nach Kraft(ent)äußerungen. Usw. wie oben, statt „Lage, Bewegung" ist „Kraft" einzusetzen. Mein Kraft-Nichts-All, mein Kraftwille, meine Kraftgier ist die Allmacht, die Alldämonie, die alle Kraft schaffend-vernichtet, nicht die geringste Kraft sich entgehen läßt, alle Gegenkräfte ewig herausfordert, um sie zu vernichten, usw. Vis vitae contra vim mortis. Kraftanbeter, Selbstanbeter. Kraft Weltproblem.

ι. Richtungshungertrophose.

Gefühl der „absoluten" Richtungsleere (Richtungslosigkeit) in den zugeordneten Muskeln, Gier nach Richtungspunkten, in dieser Art nach der Bewegung, die jene Richtungspunkte registrieren, nach Bewegung quoad Richtung. Usw. wie oben, statt „Lage" ist „Richtung" einzusetzen. Mein Richtungs-Nichts-All, mein Richtungswille ist die Allmacht, die Alldämonie, die alle Richtung schafftvernichtet, alle Richtung angibt, kein allergeringstes Abweichen duldet, alle Gegenrichtungen ewig herausfordert, um sie zu vernichten, usw. Richtung (Raum und Zeit) das Weltproblem.

Die koordinativen Hgefühlstrophosen sind hier getrennt dargestellt, kommen aber klinisch kombiniert vor, wobei die eine oder andere Sparte überhaupt oder in periodischen Schwankungen mehr minder akzentuiert ist.

c. Gier nach sensorischem Ausdruck.

Jedes Gefühl richtet sich auf seinen Gegenstand. Dieser ist aber nicht isoliert, sondern steht im Verhältnis zu seiner Umgebung, also zu andern Gegenständen, und dieses Verhältnis ist auch ein funktionelles. Das Gefühl richtet sich also auf seinen Gegenstand auch als funktionierenden. Zu den Funktionspartnern gehören unmittelbar oder mittelbar (über Instrumente s. 1. Bd. S. 387 ff.) die Muskeln. So sind Arme, Beine usw. Gegenstände, die je in gewisser Weise funktionieren und deren Funktion auf gewisse andere Gegenstände gerichtet ist. Magenhunger richtet sich z. B. auf Brot auch quoad dessen Verhältnis zu den einverleibenden Muskelaktionen, so daß man auch sagen kann, er richte sich auf Einverleibung des Brotes. Indem sich systemgenetisch die Einverleibungs- an die Magenhungerreflexe anschließen, werden diese als auf jene gerichtet bezeichnet. Das Analoge gilt für alle vegetativ-sensorischen Systemzusammenhänge, also auch für die Ausscheidungs-, auch für die Arbeits- und Sport-Spielreflexe. Somit gibt es Gier nach Ein- und Ausverleibung, nach Arbeit mit Einnahme in den inneren und äußeren Besitz (allgemein: Habgier) und Ausgabe aus dem inneren und äußeren Besitz (allgemein: Verschwendungsgier), nach Sport-Spiel. Diese Giergefühle sind natürlich nicht eine besondere Sorte, sondern die vorher behandelten Giergefühle, nur eben im Verhältnis zu den systemgenet. zugehörigen Gegenständen quoad Funktion betrachtet.

Arbeitsgier.

„Arbeit" ist Bezeichnung für alle (jugendlich-erwachsenen) beruflichen Funktionen, also auch für die Arbeitsgegenstände und ihre Funktionen im Verhältnis zu einander und den Funktionen des Arbeiters (4. Bd. § 7, $_{5,D}$ usw.). Zu den Arbeitsgegenständen gehören auch die Pflanzen, Tiere und Menschen, mit denen jem. beruflich zu tun hat. Zu den Arbeitsfunktionen rechnen auch die mimischen und gestischen Bewegungen bei der Arbeit. Die Muskelaktionen, die wir „arbeiten" nennen, werden von den einzelnen Sinnesgebieten her gespeist, dazu — in Form sympathogener Zuflüsse — aus den je zugehörigen vegetativen Reflexstrecken sowie — in Form ideogener Zuflüsse — aus den je zugehörigen idealischen Reflexstrecken. Arbeit wird also innerhalb aller Sinnesgebiete verrichtet. Die Muskelaktionen werden koordinativ (nach Lage, Kraft und Richtung) registriert, doch sind die koordinativen Eronen nur syntonisch an den Arbeitsreflexen beteiligt (S. 72). Der Arbeitshunger, die Arbeitsgier sind also nicht mit dem koordinat. Bewegungshunger zu identifizieren — ebenso wenig wie die Arbeit mit dem Turnen, Singen u. a. technischen Muskelübungen als rel. reichlich koordinativ gespeisten Muskelaktionen. Ausdruck der Giergefühle findet natürlich am zugeordneten inneren Organ bzw. den vegetativen Apparaten des zugeordneten Sinnesorgans statt, so daß es an den entspr. Symptomen niemals fehlt.

Der Arbeitshunger richtet sich je spezifisch auf die einzelnen Arbeitsverrichtungen, die allgemeinen wie die besonderen des individuellen Berufes, kann also auf diesem oder jenem Gebiete hypertroph sein. So Weitengier = hypertr. Weitenhunger (shaltig: Fernweh), Wander-, Reisegier, also Gier nach Neuem (Neugierde), Kennenlernen der weiten Welt, nach Nahrungserwerb (Nahrungssuche, Raubgier), nach Kampf um „Weideplätze", Land, Länder, „die Welt", Eroberungen auf dem Weltmarkte (Handel- und Händelgier), Gefahren und Erfahrungen im allgem. und auf dem besondern Arbeitsfelde; auch Gier nach Wandern im engeren Raum (Stadt, Straße, Wohnung, Zimmer, Bewegungsunruhe beim Stehen, Sitzen, Liegen). Forschungs-, Lern-, Bildungsgier (Wißbegier): Gier nach unablässigem Schweifen in die Horizonte wie im Arbeitsraum, in der makro- oder mikroskopischen, der gegenständlichen oder der begrifflichen Welt. Berufsgier: Gier nach Berufswahl, Herumsuchen unter „allen möglichen" Berufen auf der Suche nach dem „richtigen", den man „niemals" findet. Gier nach Handhabung der Geräte, Maschinen, Materialien, nach Handel mit den Produkten, nach Risiko, Gewinn, Verlust, Opfer, Ein- und Auskommen, Schulden und Guthaben, nach Worten (Rede-, Schreib-, Lese-, Hörgier), nach Gedanken (Denkgier), nach der beruflichen Umgebung mit ihren Geräuschen, Temperaturen, Gerüchen usw., nach Organisation der Arbeit und der Arbeiter, des Lohnes usw., nach Arbeitsgenossen, Gemeinschaft, nach Erwerb, Verdienst, Habe, Besitz, Macht, Stellung, Ehre, Freiheit, Geltung und Vergeltung, nach Verantwortung, Rechten und Pflichten, nach Entwicklung, Fortschritt, Anerkennung, nach Zukunft und Leistung „für die Ewigkeit". All dies ist zusammengefaßt: Arbeitsgier.

Die Arbeitsgier ist ein kr. Gefühl, die übrigen Arbeitsgefühle sind abnorm hhaltig, nihiliert, es kommt nicht zur Arbeitsfreude, zur Zufriedenheit, Befriedigung, gleich ob die Arbeit überhaupt stattfindet und wie sie geleistet wird oder ob die Arbeitsgefühle „in sich" ablaufen. Die Arbeit kann unterbleiben (Abstinenz, Arbeitslosigkeit) oder interkurrent und periodisch (Gelegenheitsarbeit) oder übertrieben (Abusus) stattfinden, sie ist allemal als krank inftlsch, hypertrophiertes ausgealtertes Kinderspiel, Fehlarbeit, bestenfalls normnahe, brauchbar, nie gute Arbeit. Der noch so heftige Arbeitshunger (-wille, -trieb) ist kein Garant dafür, daß Arbeit geleistet wird (Pat. kann bei aller Gier faulenzen), und falls Arbeit geleistet wird, so ist es bloß „so tun als ob", „Arbeiterei", Vielgeschäftigkeit, spielerischer Leerlauf, Pseudoarbeit. Die Arbeitsneurosen der Jugendlichen-Erwachsenen sind funkt. Hypertrophien der RSe des Kleinkindes, die sich normaliter mehr und mehr zu vorarbeitlichen (Schul-, Hausarbeit), dann zu arbeitlichen ausdifferenzieren. Die Hypertr. ist schon beim Kinde, wenigstens für den Kenner, bemerkbar („Was ein Häkchen werden will, krümmt sich beizeiten"), oft entwickelt sich schon eine ausgeprägte Neurose, die als kindliche Arbeitsneurose, z. B. Arbeitsgier, Arbeitssucht, ferner Arbeitsangst usw. zu bezeichnen ist. Oft überwiegt später die Hyperfunktion der ARSe oder SRSe die der HRSe (Mischneurosen). Das Analoge gilt für die zykloïde Gruppe. Niemals richtet sich die Gier auf menschliche Arbeit, sondern auf Bannung des Dämons „Arbeit“; dies gilt für alle Arbeitsneurotiker, alle leisten Unechtes, alle sind insoweit Parasiten, jeder die Gottheit, die von Opfern lebt.

Deutung. Die Arbeitsgier, der fanatische Arbeitswille ist die Allmacht, die Alldämonie, das Wesentliche an sich, das Einzige, worauf es ankommt, das schöpferisch-vernichterische Reservoir aller Arbeit. ICH brauche nur zu wollen — und alles ist getan — auch wenn nichts getan ist; das materielle Geschehen ist ja unwesentlich, das Wesentliche ist die in ihm wirksame, es bewirkende Dämonie. Aus dem dämonischen Willen quillt alle Arbeit, aber so, daß ihre Dämonie in dem Allwillen, im Nichts-All bleibt, also schon im Entstehen (magisch) vernicht(s)et wird. Es ist alles nichts. Ich, der Allmeister, kann alles und nichts — was sollte ich lernen, wer könnte mich lehren? Jede Einzelarbeit, jede arbeitliche Aufgabe und der, der sie stellt (Vater, Lehrer, Meister, Vorgesetzter usw. bzw. Mutter, Lehrerin usw., jeder Fremde), will meine Alldämonie, Alleinheit auslöschen und ist so Gegen-Dämon, Tod-Feind, den ICH entzaubern, vernichten muß. Um aber nihiliert zu werden, muß die Aufgabe und das dämonische Wesen, das sie stellt, „da“ sein, von mir mit aller Gewalt herausgefordert, verfolgt, kontrolliert, unterjocht, ausgelöscht werden, mit dieser „Arbeit“ bin ICH der Allarbeiter, der so für alle arbeitet, unablässig beschäftigt. ICH mache, gebe und nehme allen alle Arbeit, meine Alldämonie verfügt das, ich der (von der Dämonie) gehetzte Hetzer hetze alle bis zum Zusammenbruch, alle müssen ihr Letztes hergeben, um die Arbeit zu leisten, d. h. ihren Zauber zu vernichten. Ich verfüge unbeschränkt über Mein und Dein, ja Mein und Dein ist vor MIR eins-keins, und es ist gleich-gültig, wem was „gehört“ (chaotisch-magische, individualistisch-kollektivistische Alleinheit). So bin ICH der Herr der Welt, die Welt selber. Die Gier ist die Weltmacht, das Nichts-All. Es kann zum Nichts-All nichts hinzukommen und aus ihm nichts weggehen: es ist alles ein wesenloses Gewese, ein Verschieben im Ganzen, ICH habe und bin immer alles und nichts, ICH muß immer alles haben-sein und alles hinwerfen, vergeuden, alles gewinnen und alles verlieren, d. h. nichts gewinnen und nichts verlieren — in der Absolutheit, der absoluten Gier. Alles, was geschieht, geschieht aus und in meiner Absolutheit, und der geringste Versuch eines andern, selbständig zu sein, etwas zu tun, was nicht in meiner Allmacht läge, und wenn es auch nur ein Gedanke wäre, ist mein Tod-Feind, wäre, wenn er gelänge, die Entmachtung meiner Allmacht. Niemand darf vor lauter Arbeit zur Besinnung, zur Ruhe kommen, denn die allergeringste Abweichung von den Befehlen meiner Allmacht wäre ihre Entmachtung. Mein Erfolg ist die Vernicht(s)ung allen Erfolges, aller Freude am Erfolg. Ist die Arbeit das Leben, die Ruhe der Tod? Ist die Arbeit göttlich, die Ruhe teuflisch — oder umgekehrt? Man spricht vom „Arbeitsteufel", aber der Tod ist die ewige Ruhe? Ist Gott unablässig tätig — oder muß er absolut untätig sein, um die von ihm geschaffenen Naturgesetze nicht zu verletzen, also die Welt nicht zu vernichten? Und wenn er „muß", ist er dann noch allmächtig? Ist also der ewig (auch im Schlafe) unruhige Trieb zur Tätigkeit göttlich oder teuflisch? Ist das Nichtstun nicht eben das Alltun? „Sehet die Lilien auf dem Felde an...!" Alle Arbeit geschieht aus und in meinem Willen und in meinem Dienste, wie sollte ICH der Allherr aller Arbeit eine Einzelarbeit tun, wo ICH doch im Nichtstun alles tue? Ist die Ruhe der Tod, so darf ich sie nicht Herr werden lassen, sie darf nur gedrosselte Arbeit (mit Zurückdrängen der Feind-Dämonie) sein, sie muß ohne Pause ewig weitergehen, wie mein Wille ewig wirkt, die Welt in Bewegung setzt und hält, alle Bewegung schaffend vernichtet und vernichtend schafft, aber ist dies Gottes oder Teufels Wirken? Der Arbeitswille ist der Welttyrann, der Gott-Satan, der Nichts-Allmächtige, das Weltproblem. Usw. (Man denke an das Kleinkind, das von seinem „Throne" aus das Geschehen „macht", „bewirkt", „antreibt" und „anhält" — eben „zaubert".)

Gleicher Art die Deutungen der Gier nach Weite, Erfolg, Bildung, Geltung usw. Der Wille ist das Nichts-All, in dem alles und nichts geschieht, außer dem es nichts gibt und nichts geschieht. ICH schaffe-vernichte alle Nähe und Ferne, alle Grenzen, Hindernisse, Berufe, Forschungen, alle Hand- und Kopfarbeit, alle Organisation, alles Geld und Gut, alle Werte, alle Autorität, Geltung, Macht, Größe, Verantwortung, alles Recht und alle Pflicht, alle Gerechtigkeit (zur Ausrottung aller Ungerechtigkeit), alle Sitte, alle Religion usw., alle Menschen, die Welt überhaupt. Indem ich fanatisch alles auslösche, ist alles nichts und alles eins und alles meins. Ich bin der Alleine. Du sollst nicht andere Götter haben neben mir!

Spiel- und Sportgier.

Das Kind arbeitet noch nicht, sondern spielt (4. Bd. § 7,5, D). Aus dem ursprünglichen Bewegungschaos differenzieren sich die Arbeits- und die Spiel-RSe mehr und mehr heraus, so daß der Jugendliche-Erwachsene arbeitet und spielt; zum Spiel gehört der Sport (4. Bd. § 8, 4, E). Als Infantilist arbeitet der Arbeitsneurotiker spielerisch, aber es können auch die Spiel-RSe hypertrophieren, so daß wir die Spiel- und Sportneurosen von den Arbeitsneurosen zu unterscheiden haben. Die spielerische Arbeitsweise des Arbeitsneurotikers ist nicht mit der inftlschen Spiel-

Sportweise des Spiel-Sportneurotikers zu verwechseln, wenn auch das Arbeiten des Spiel-Sportneurotikers gemäß der Hypertrophie nuanciert ist. Ferner können die Spiel-Sport-RSe an die Arbeits-RSe pervers angeschlossen sein wie umgekehrt Arbeits-RSe an Spiel-Sport-RSe.

Die Spielgier ist die Gier nach bloß mechanischer Beschäftigung gerichtet auf Spielgeräte und ihre Mechanik. Auch die beteiligten Denkvorgänge sind bloß nach der Mechanik, also nach der Koordinatik, dem Assoziationsverlauf wichtig. Gespielt wird nicht um Ertrag, sondern um Gewinn, Anerkennung, Spielmarken, als welche auch Geld und Geldwerte benutzt werden können. Geschicklichkeits-, Glücks-, Berechnungs-, Denkspiele, Hasard-, Börsenspiel usw. Bei und gemäß perversem Anschluß an Arbeits-RSe wird die Arbeit zum Spiele, ist also die Spielgier pervers auf eine solche Abart von Arbeit (Fehlarbeit, unproduktive Arbeit) gerichtet. Bei perversem Anschluß hypertr. Arbeits-RSe an Spiel-RSe wird das Spiel arbeitlich, ist also die Arbeitsgier pervers auf eine solche Abart von Spiel (mit Gelderwerb) gerichtet; diese Art Spiel ist nicht mit dem Spiel des Berufsspielers (Virtuosen, z. B. Klaviervirtuosen) oder des Spiellehrers (z. B. Klavierlehrers) zu verwechseln. Die Spielgier vieler „Amateurs", ferner die des Künstlers (Klavier-, Schauspielers usw.) ist genisch, die des Virtuosen hat einen großen trophischen Einschlag.

Deutung. Der unbändige Spieltrieb, -wille ist das Schicksal, die Alldämonie, die alles schaffend-vernichtet. Das Schicksal, das Leben und der Tod, alles ist Spiel und somit nichtig, nichts. In jedem Spiel, am mächtigsten aber im begierten Spiel spielt sich die Dämonie, das Gegenspiel Sein : Nichtsein, Leben : Tod, Gott : Teufel usw. ab, es gibt gute und böse Spiele. ICH aber, der allmächtige Spieltrieb bin Herr über alles Spiel, somit über Leben und Tod, über die ganze Welt, die ja eben Schicksalsspiel ist. Es handelt sich nicht um den materiellen Gewinn-Verlust, sondern um die Bannung der Dämonie des Spiels und des Spielers (Gegenspielers), es geht immer um die Allmacht. So muß ich immer alles auf eine Karte setzen, „das Glück", es sei gutes oder böses Glück (Un-glück), herausfordern und in mein Nichts-All einzaubern. Usw.

Die Sportgier ist die Gier nach bloß mechanischen Muskelübungen gerichtet auf Sportgeräte und ihre Mechanik. Hypertrophie spezieller (den Spiel-Rsen nächstverwandter) HRSe, also Gier nach Bewegungen speziell quoad Lage, Kraft, Richtung, somit nach räumlichen und zeitlichen Abgrenzungen, Terminen, Zielen, Kraftgrößen, Geschwindigkeiten usw. (Rekordgier). Gier nach Turn-, Ball-, Auto-, Athletik- usw., auch nach Wehr- und Kriegssport (Kriegshetzer, -fanatiker, Militaristen, Welteroberer, unbändige Draufgänger). Sportlich sind auch die auf Stimm-,

Sprech-, mimisch-gestische Übungen sowie auf Denkübungen („reine" Assoziationsübungen, Denktechnik) gerichteten Giergefühle. Bei perversem Anschluß an Arbeits-RSe wird die Arbeit sportlich, ist also die Sportgier pervers auf eine solche Abart von Arbeit (Fehlarbeit, unproduktive Arbeit) gerichtet, die mehr bloße Muskel- oder Denkübung ist — natürlich wie alles Neurotische auf infantiler Ebene. Bei perversem Anschluß hypertr. Arbeits-RSe an Sport-RSe wird der Sport arbeitlich, ist also die Arbeitsgier auf eine solche Abart von Sport (mit Gelderwerb) gerichtet; diese Art Sportbetätigung ist nicht mit der des Berufssportlers und des Sportlehrers, der auch berufstätig ist einschl. des Berufssoldaten zu verwechseln. Die Sportgier vieler „Amateurs" ist genisch.

D e u t u n g wie oben. Der Sporttrieb ist die Allmacht, die alle Mechanik nach Sportart, Grenze, Geschwindigkeit usw. schafft und alle Hemmungen und Hindernisse, alle Gefahren, alle Erfolge, alles Bisherige fanatisch überrennt und so den Gegenzauber vernichtet. Freude am Erreichten ist der Tod-Feind: er muß im Keim erstickt werden. Immer weiter — weiter! Der Sporttrieb und sein Wirken ist alles und vernichtet alles und schafft immer wieder Neues, um es im Entstehen zu vernichten. Das Materielle ist auch hier (wie immer in der Neurose, selbst in der des Materialisten) gleichgültig, es kommt auf die Dämonie an, auf Leben und Tod. ICH muß immer alles und alle mit Einsatz des Lebens übertrumpfen, als Allvernicht(s)er triumphieren. ICH als das Leben muß immer den Tod, ICH als der Tod muß immer das Leben herausfordern und in mein Nichts-All einzaubern.

d. Schlaf- und Wachgier.

Allgemeines über neurotische Schlafstörungen.

„W a c h s e i n" ist die aktuelle, „S c h l a f" die unaktuelle Strecke der eintägigen Funktionskurve des Organismus (1. Bd. § 21). „E i n s c h l a f e n" ist das Absinken der Funktionsintensität aller RSe zu den unaktuellen Graden, „E r w a c h e n" der Anstieg bis zu den traum- und wachaktuellen Graden. Jedes Erlebnis ist eine HASTF-Reihe, auch während des Einschlafens und Erwachens. Beim Einschlafen ist zuletzt noch, während die übrigen RSe bereits unaktuell funktionieren, also schlafen, eine Gruppe von RSen in aktueller Funktion; das Absinken der Funktion dieser Einschlaf-RSe zu unaktuellen Graden ist das Einschlafen im engeren Sinne, der letzte Akt des Gesamteinschlafens, das letzte Erleben im Ablaufe der Tagesstrecke (so wie das Einschlafen als Sterben das letzte Erleben überhaupt ist; Entschlafen, Schlaf „Bruder des Todes"). Von diesem Einschlafen ist hier die Rede. Es ist ein Übergang wie jeder andere bestehend aus seinen HASTF-Stadien, also den Stadien des Schlafhungers (-bedürfnisses, „ich will schlafen gehen"), der Schlafangst (letzte Vorbereitung, Einnehmen der Schlafhaltung, 4. Bd. § 6, $_{12}$), des Schlafschmerzes (Abschied vom Wachen, Drehen und Wenden, Hinübergehen „ins Jenseits"), der Schlaftrauer (beginnende Lockerung, Entspannung, Aufseufzen), endlich der Schlaffreude (völlige Lockerung, Entspannung, Behagen, in dem das Bewußtsein vollends erlischt); vgl. 2. Bd. S. 530 ff. Zunächst sind also noch gewisse HDZn, dann ADZn usw. aktuell, wobei die Helligkeit der Aktn. immer mehr abnimmt und schließlich die Freude-Aktn., die letzten, die noch „da" sind, „ausgehen" (Vergleich mit dem Verglimmen von Lämpchen, DZn = „Hirnlämpchen", „Ausgang" des Tages). Wir schlafen also in Freude ein, wie wir in Freude und Frieden sterben („ewige Seligkeit"), die Gesunden in reiner Freude, die Kranken in einer je nach der Krankheit mehr minder unreinen (abnorm h- oder ahaltigen usw.) Freude.

Die Einschlafgefühle sind eine Gruppe der Sinnesorgangefühle, nämlich die auf optisches Dunkel, das Bett usw. und die damit assoziierten akustischen, taktilen, thermischen usw. Aktn., kurz auf die zuletzt noch aktuellen Gegenstände und Begriffe gerichteten Gefühle. Im Gefühlsablauf ist der H. auf die folgenden Stadien, zuletzt die Freude, in der man einschläft, also auf das Schlafen gerichtet, entspr. auch die folgenden Gefühle, so daß man sagen kann: die Einschlafgefühle sind auf das Schlafen, den Schlaf gerichtet. Die Sinnesorgangefühle sind mit Organgefühlen assoziiert, die also interkurrieren können; die Ausdrücke finden demgemäß an den vegetativen Apparaten der Sinnesorgane sowie an den inneren Organen statt, dazu gesellen sich die sensor. Ausdrucksaktionen. Dem Einschlafen unmittelbar voran gehen spezielle (prähypnische) Erlebnisse, z. B. ein Spaziergang zum „Luftschnappen", um besser einzuschlafen, leichte Lektüre, Kot- und Harnentleerung usw. Natürlich „bewirken" die letztaktuellen RSe, die Einschlaf-RSe nicht den Schlaf — weder ihren eignen noch den der andern RSe, *) sondern es laufen lediglich biolog. Funktionskurven ab. Die DZn gehören zu ihren RSen, die Tag-Nacht-Kurve ist eine solche der ganzen RSe, „Hirn-" und „Körperschlaf" ist in der Norm nicht zu trennen, in der Abnorm kann man damit funktionelle Unterschiede der

*) Es kann also, wie schon im 1. Bd. S. 482 angegeben, von einem „Schlafzentrum" keine Rede sein, ebenso wenig wie von einem „Wachzentrum". Übrigens schlafen und wachen auch gehirn-nervenlose Organismen, z. B. Pflanzen, ein Beweis, daß es sich um ein Ab und Auf der allgemeinen Funktionsintensität handelt, nicht um die „Wirkung" eines „Schlaf- bzw. Wachzentrums".

kortikalen und der peripheren Reflexstrecken kennzeichnen **). Bei vielen Menschen ist die Wachstrecke nach dem Mittagessen von einem Absinken der Funktionsintensität bis zu Schlaftiefe unterbrochen (Mittagsschläfchen). — Umgekehrt analog verläuft das Erwachen: es sind da gewisse Gefühle, Gegenstände und Begriffe zuerst aktuell (Erwach-RSe), zunächst traum-, dann wachaktuell. Auf die Analogie des Schlafens-Erwachens-Aufstehens zu der Geburt (Licht der Welt erblicken, wie neugeboren, aus-durch Nacht zum Licht usw.) ist im 1. Bd. § 21, im 4. Bd. §§ 5, $_3$ u. 6, $_{12}$ sowie im 5. Bd. § 7, $_1$ hingewiesen. Wie jem. erwacht — ob gesund oder krank und wie-spezifisch krank —, so hat er seine Geburt durchlebt.

Neurot. Schlafstörungen — wir wollen sie allgemein Dysgrypnie nennen — sind abnorme Verläufe der Tag-Nacht-Funktionskurve, und zwar zunächst der RSe einschl. DZn, deren

**) Normale Schlafdauer. Einschlafen-Schlafen ist Absinken der organismischen Funktionsintensität bis zum vitalen Minimum; dabei sinkt bei den Hirnwesen die Funktionsintensität der Hirnrinde als des Organs des Bewußtseins in die unaktuellen (unbewußten) Grade ab („gehen die Hirnlämpchen aus"). Erwachen-Wachen ist Aufstieg der organismischen F.-I. bis zum Maximum; dabei steigt bei den Hirnwesen die F.-I. der Denkzellen in die aktuellen (bewußten) Grade an („leuchten die Hirnlämpchen auf"). Schlaf ist also bei den Hirnwesen die Spanne zwischen dem „Erlöschen der letzten Hirnlämpchen und dem Wiederaufleuchten der ersten Hirnlämpchen". Bis die ersten DZn zu aktueller Funktion ausreifen, schläft der Embryo-Foet, dann ist das Wachsein zunächst nur kurz, auch der Neugeborene schläft noch mit nur geringen Unterbrechungen (6- bis 5malige Nahrungsaufnahme), und sein Wachsein ist nur ein primitives Träumen. Allmählich verringert sich die Schlafdauer auf zusammen 20—18 usw. Stunden und stellt sich die Tages- und Nachtperiodik mehr und mehr heraus. Das ältere Kind schläft nachts noch 12—10 Stunden, der Jugendliche zunächst noch 9—8 Stunden, dann wie der Erwachsene sommers 7, winters 8 Stunden, doch schlafen viele Erwachsene sommers nur 6 Stunden, und der ältere Mensch liegt zwar 7—8 Stunden im Bett, schläft aber vielfach weniger. Dies der Durchschnitt; norm. Var.-B. Ausnahmsweise schläft der Gesunde auch weniger, z. B. der Arzt, der nachts zu Kranken gerufen wird, der Soldat im Felde usw., doch wird in der Regel „der Schlaf nachgeholt". Bei Nachtarbeitern inverse Tages-Nacht-Kurve. Es soll gesunde Menschen, bes. Kopfarbeiter gegeben haben und geben, die mit sehr viel weniger Schlaf auskommen (Kurzschläfer); so wird von Friedrich II. (der übrigens in seiner Jugend versucht haben soll, sich den Schlaf ganz abzugewöhnen, den Versuch aber nach vier Tagen aufstecken mußte!), Newton, A. v. Humboldt, Joachim Winkelmann, Th. A. Edison u. a. berichtet, daß sie nur 2—4 Stunden geschlafen hätten, doch muß die Diagnose, ob es sich da nicht doch um Dysgrypnie gehandelt hat, an der Persönlichkeit gestellt werden (manche historische Größe würde da sehr schlecht abschneiden, vgl. 4. Bd. S. 434). Jedenfalls ist im allg. eine Schlafdauer, die habituell erheblich kürzer oder länger als angegeben, Symptom. Pathologisch ist auch der fraktionierte Schlaf (mehrfach je 2 Stunden usw.), der sog. Naturzeitschlaf und natürlich der künstliche (hypnotische, medikamentöse usw.) Schlaf, ferner die übertriebene Beachtung der Schlafdauer usf.

Funktionsabsinken bzw. -ansteigen das Einschlafen bzw. Erwachen im engeren Sinne sind (idiopathische Dysgrypnie), sodann anderer RSe einschl. DZn, also solcher, die normaliter während des Einschlafens im e. S. schon eingeschlafen sind bzw. während des Erwachens im e. S. noch schlafen, abnormaliter also in beiden Fällen noch bzw. schon wieder, also zur Unzeit aktuell funktionieren (akzidentelle Dysgrypnie); diese DZn sind mehr minder große Bezirke der Hirnrinde, nuancemäßig sind aber auch die Kurven aller andern (also der fastgesunden) Bezirke einbezogen. Die Agrypnie (Schlaflosigkeit) ist eine Art der Dysgrypnie. Ganz schlaflos ist — oft entgegen seiner Angabe — der Schlafneurotiker nur hin und wieder; mit dem zerebralen Bewußtsein schwindet auch das zerebellare, also das koordinative Bewußtsein, das wir mit zeitlichen und räumlichen Wörtern bezeichnen, insofern ist nach dem Erwachen die Schlafdauer nicht angebbar. Es stirbt auch kein Neurotiker an der Schlaflosigkeit (wie überhaupt nicht an seiner Neurose). Gemäß der je spezif. Funktionsperiodik der RSe werden Zeiten schlechten Schlafes von solchen besseren bis fastgesunden Schlafes abgelöst. Je nach Temperament (6. Bd. § 4,$_4$) ist die Dauer des Einschlafens bzw. des Erwachens normnah oder normfern (zu kurz, zu lang). Ebenso ist die Dauer und die Tiefe des Schlafes normnah oder normfern (zu kurz, zu lang, unruhig, oft unterbrochen, zu oberflächlich, zu tief bis zu den Graden der Narkolepsie und Lethargie), ebenso die Dauer und die Helligkeit des Wachseins (zu kurz, zu lang, unruhig schwankend in einzelnen Gefügen oder Bezirken oder insgesamt, Überwachsein, Verschwimmen der Dinge bis zu halluzinoïden, halluzinativen, illusiven, visionären usw. Graden, Tagträumerei, anhaltende Müdigkeit usw.). Das neurot. Schlafen und Wachen ist ein Zuviel-Zuwenig, unecht. Auch der „totenähnliche" Schlaf, der oft als bes. gut gilt, ist pathologisch: ein (bei spast. Verengung der Hirngefäße, S. 55) über das normale Minimum hinausgehendes, oft langanhaltendes Absinken der Funktionsintensität. Auch das Überwachsein ist nicht ein Vorteil, eine bes. hohe Leistungsfähigkeit, sondern ein quantitatives Zuviel des qualitativen Zuwenig. Unecht ist auch der Schlaf mit Schlafmitteln wie das Wachen mit Wachmitteln (Anregungs-, Belebungsmitteln), wobei die Diagnose nicht so sehr nach der Dosis als vielmehr nach dem Zwange zu stellen ist: wer sein Schlafmittel, sei es auch nur ein wenig Bier oder Wein oder der Bruchteil einer Tablette, haben „muß", wer nicht schlafen kann, ohne daß ein Röhrchen Tabletten (in bestimmter Weise) bereitliegt usw., ist schlafneurotisch.

Die Unterscheidung der idiopathischen und der akzidentellen Dysgrypnie ist therapeutisch wichtig: im ersten Falle ist das Schlafproblem, im zweiten das akzidentelle Problem zu beheben.

Beide Arten sind oft kombiniert, z. B. Pat. „kann doch nicht schlafen“ und gerät ins Grübeln, oder Pat. stellt sich zu autotherapeut. Ablenkung ein wogendes Kornfeld vor oder zählt nummerierte Schafe, die er über eine Hürde springen läßt, oder gibt sich suggestive Schlafbefehle usw., Versuche, die oft selber Symptome, zwanghaft sind oder werden (die Zahlen, die Schafe usw. treten als „Dämonen“ auf, die Pat. keine Ruhe lassen: „die ich rief, die Geister, werd' ich nun nicht los“).

Auch die Dysgrypnien sind Gefühls-, Gegenstands- und Begriffsneurosen, es überwiegen also die kr. Gefühle oder Gegenstände oder Begriffe und die entspr. Ausdrucksaktionen. Die dysgrypnischen Begriffsneurosen sind nicht separat dargestellt; für sie gelten die allgemeinen Ausführungen über die Begriffsneurosen der einzelnen Spezies.

Schlafgier.

Idiopathische Dysgrypnie: hypertr. Schlafhunger. Gefühl der „rastlosen Müdigkeit“, der diffusen Leere, des „Nichts“ im Kopfe usw., so daß die Lider und Glieder niedersinken wollen. Alle übrigen Einschlafgefühle nihiliert. Während die Schlafgier aktuell ist, vollendet sich das Einschlafen nicht. Dauer des Einschlafens normnah (die auf das hypertr. Hstadium folgenden Stadien sind ausgleichend kurz) oder zu lang (Pat. „gibt sich alle Mühe einzuschlafen“, aber es gelingt nicht, er „will es zwingen, wird aber immer munterer“, Hstadium zu lange aktuell) oder zu kurz (plötzliches Einschlafen, Stürzen in den Schlaf, Hspasmen der Hirngefäße). Auch im Schlaf überwiegt die Hfunktion. Dauer und Tiefe des Schlafes (s. o.) je nach Schwankung der Funktionsintensitäten. Falls auch Wachgier vorhanden, wird die Schlafgier von dieser je nach Funktionsperiodik in kürzerer oder längerer Zeit abgelöst (z. B. häufiges Erwachen, zu kurzer Schlaf usw.).

Deutung. Für das Kleinkind ist Müdigkeit, Abend, Dunkel, Schatten, Nacht, Schlaf die Todesdämonie (nox-nex usw.), die mit der Lebensdämonie Ermunterung, Tag, Licht, Wachsein usw. im ewigen Kampfe liegt, ist die Nacht die Hölle, die den Himmel, der Teufel, der den Gott überwindet, bis am nächsten Morgen die „Auferstehung“ (der „jüngste Tag“ folgt, Gott also den Teufel überwindet. In der Nacht schweben die Nachtgeister, die toten Seelen, die Hexen usw. umher und nehmen die Seelen der Schläfer in die Unterwelt mit — oder holen die Engel des Himmels die Seelen zu Gott — ein unheimliches Geschehen, auf das man sich vorbereitet als zum „Sterben“ (waschen, weißes Hemd an, hinlegen ins „Sterbebett“, beten, Abschied von der Mutter usw., Licht aus, ein- = entschlafen). So — hypertrophiert und ausgealtert — erlebt der Schlafneurotiker Tag und Nacht usw. Die Schlafgier ist die Allmacht-Alldämonie, die Leben und Tod, Wachen und Schlafen, Auferstehen und Sterben, das Weltgeschehen im Nichts-All hält, die sich zu Tag und Nacht wandelt oder diese Mächte aus sich schafft und mit ihnen um die Allmacht ringt wie sie selber unter einander. Der Schlafwille will den Schlaf, aber als Dämon (Schlafgott-teufelheit, Hypnos, Morpheus usw.) gedeutet, er sucht, zitiert ihn, fordert ihn heraus und nihiliert, bannt ihn, so daß sein Zauber nichtig ist. Der allmächtige Schlafwille ist immer wach gegenüber dem Feind-Dämon Schlaf-Tod und entmachtet so die finstern Mächte der Nacht. Er will also das Näherkommen des Schlafes beobachten, ihn überrumpeln usw., nicht aber „mich schlafen = sterben lassen“. Der Schlafwille bin ICH, ICH wache für alle, und so lange ICH wache, können die andern ruhig schlafen: der Dämon Schlaf-Nacht-Tod kann ihnen nichts anhaben, da ICH der Weltnachtwächter ihn gebannt halte — oder er mich? So ist der Schlafwille das ewige Leben, die Gottheit, die in die Hölle, die Unterwelt niederfährt und dort den ewigen Tod-Teufel bannt. Das Bett lockt mit dämon. Gewalt, es zieht mich hin, zaubert mir die Müdigkeit ein, der Sandmann zieht mir die Lider zu, der Dämon Schlaf-Tod will mich überfallen, aber meine Gier verfolgt ihn, bändigt ihn, so daß er mich nicht in sein dunkles Reich hinabziehen kann. So kann ich mich sogar hinlegen, ja ins Jenseits hinüberschweben, mich auf und in den Schlaf-Tod stürzen — nichts kann mir geschehen: die Welterlösung ist erst dann ganz vollbracht, wenn meine Lebensdämonie den Tod-Teufel bis in sein Eigenheim, die Hölle verfolgt und dort gebannt hat. ICH bin auch schlafend wach: wie sonst sollte die Welt erlöst werden als dadurch, daß ich sterbe, ohne zu sterben, selbst im Schlafe wach bleibe, nur scheinschlafe und jeden Moment meinem Allwillen gemäß ins Leben, ins volle Wachsein zurückkehren, auferstehen kann? Ich schlafe nur studienmäßig, um zu lernen, wie das ist, was da vor sich geht, ich beobachte das Einschlafen (und schlafe dabei natürlich nicht ein), so bleibe ich Herr des Schlafes-Todes, so opfere ich für alle meinen Schlaf. Ich kann auch den lockenden Schlafmittelzauber in meinen Dienst stellen, mich so lebend in das Totenreich hinüberlisten, scheinsterben, so den Tod entmachten, die Hölle überwinden: mit der Zaubertablette, nach genauer Zaubervorschrift genommen, kann ich ruhig einschlafen, sie ist die Hostie des Abendmahls, die mich gegen die Macht des Teufels feit, mir das ewige Leben garantiert, sie schläft für mich, „ich“ bleibe eigentlich wach.

Aber vielleicht ist der Schlafwille der Todeswille, der Wille zum Niedergang, Unter-gang, vielleicht bin ich der Heimkehrer ins dunkle Reich, der müde Tod, totmüde, der Tod-Teufel, der ausgezogen-ausgesandt war zum Kampfe gegen die Himmels-Gottes-Lichtmacht und nun erschöpft der stygischen Schwelle entgegeneilt, um neue Kraft zu neuem Kampf zu sammeln. Bin ich der Lichtgott, ausgesandt in die Finsternis der Hölle-Nacht, um ihre Mächte zu entmachten, — oder der Dunkelgott, in die Heimat niederfahrend (vgl. Lucifer, Christus usw.)? Wogen in mir die Kämpfe zwischen Oben und Unten, Tag und Nacht, Gott und Teufel, so daß bald die eine, bald die andere Allmacht (!) die Oberhand gewinnt? Nun ICH lebe unsterblich auch im Tode, als Tod weiter wie im Leben, als Leben, mein Schlafwille ist die Allmacht, die Leben und Tod in sich begreift.

Akzidentelle Dysgrypnie. Während des Einschlafens laufen Akt.-Reihen ab, die nicht zum Bereich der Dunkelheit, des Betterlebens usw. gehören, sondern außerhalb des eigtl. Einschlafvorganges liegen, z. B. Begierden, Haß, Ängste, Sorgen, Schmerzen, Kummer, Reue, Freude usw., Gefühle, die nachts bei Wegfall des übrigen Wacherlebens auch bei geminderter Helligkeit heftiger als tagsüber hervortreten, oder „Nachtschicht" (Joh. Bresler) derart, daß Pat. bei allem Schlafhunger dennoch in der Werkstatt, am Schreibtisch, begrifflich (in Gedanken) auch im Bett weiterarbeitet, bis „ihn der Schlaf überwältigt", oder an hypertr. Denkhunger leidet, der ihn „nicht schlafen läßt" (er richtet sich also nicht aufs Schlafen, sondern aufs Denken), usw.; entspr. innere und äußere Ausdrucksweisen. Die Funktionsperiodik dieser noch wachen-halbwachen DZn ist abnorm, das übrige Gehirn schläft, die Schlafstörung ist „akzidentell". Im allgem. führt diese Nachtarbeit (abgesunkene Helligkeit, traumhaft um- und ungeordnete Assoziationen) nicht zu brauchbaren Ergebnissen, nur manchmal fällt etwas Wichtiges ein, doch kann ja auch im Wachen nicht jeder gute Gedanke notiert werden. Gewiß „gibt es der Herr den Seinen im Schlafe", d. h. aber nicht, daß man nachts im Bett herumgrübeln, Briefe oder Reden oder Programme für den nächsten Tag, die Zukunft ausdenken soll usw., sondern, daß sich nicht selten Entwicklungsvorgänge im schlafenden Hirn bis zur Entscheidung einer vorher unentschiedenen Angelegenheit vollziehen (man sagt, man wolle die Sache mal überschlafen).

Deutung. Sind es gute Dämonen, die Wünsche usw., die Gedanken usw., die mich am Einschlafen-Sterben hindern, den Tod bannen, — oder böse Dämonen, die mir keine Ruhe lassen und mich für den nächsten Tag entkräften (was soll werden, wenn ich diese Nacht wieder nicht schlafe!)? Wer zaubert mir die Wünsche usw., Gedanken usw. in oder vor die Seele? Gott oder Teufel oder das Schicksal? Mit meiner Nachtarbeit erledige ich in aller Stille die drohende übermenschliche Tagesarbeit; die Tagesaufgaben und die Personen, die sie stellen, haben dann keine Macht über mich, ich brauche sie als nachts erledigt gar nicht mehr zu beachten, z. B. habe ich dem Kunden den wohlverdienten saugroben Brief schon in Gedanken geschrieben, habe dem Vorgesetzten gehörig die Wahrheit gesagt, habe „die ganze Nacht gehaßt“ (Bismarck), habe die ganze Zukunft vorausgedacht und das drohende Verhängnis gebannt usw., so „können mir die Dinge am Tage mehr oder weniger gleichgültig sein“. Usw.

Hypertr. Sterbewille, Todesmut, Todessehnsucht. Auch diese Gier richtet sich nicht auf das „körperliche“ Sterben, dem jeder Mensch entgegengeht, sondern deutungsmäßig auf den dämon. Tod, der mit aller Gewalt herausgefordert und um jeden Preis, auch um den Preis des körperlichen Daseins gebannt werden muß: die Materie ist ja an sich unwesentlich, wesentlich nur als Wohnung (sterbliche Hülle), Erscheinung, Mittel usw. der Dämonie, ja die Materie ist wohl gar hinderlich (aber doch notwendig?) bei der Durchführung der metaphysischen Aufgaben. Wer also fanatisch „die Gefahr, den Tod verachtet“, tollkühn, mutwillig „den Tod sucht“, „herausfordert“, meint den Tod als (göttlichen oder teuflichen) Dämon, als Verhängnis, Schicksal der Welt, will mit seinem Selbstopfer die Welt vom Tode erlösen, sei es, daß er auf dem Schlachtfelde wild-draufgängerisch „dem Tode ins Auge sieht“ (und dabei leicht „draufgeht“), sei es, daß er sich bei andern Gelegenheiten fanatisch einsetzt, sei es, daß er gierig nach chirurgischen Operationen ist (Pubertätsprobe: Arzt-Medizinmann Opferpriester, Narkose Wirkung des Dämons Tod, der überwunden wird mit Wiedererwachen-Auferstehen usw.), sei es, daß er andere Wesen (Sachen, Pflanzen, Tiere, Menschen im Sinne der Mordgier) umbringt, sei es, daß er sich selbst entleibt (Selbstmordgier, Pat. macht Serien von Selbstmordversuchen usw.), sei es, daß er „Selbstmord durch andere“ begiert (Märtyrertod). Mißverstandenes Heldentum. Sterbegier nicht selten epidemisch. Realiter ist es kein Ruhm, Leib und Leben wegzuwerfen, um „den Tod“ zu vernichten, wie es kein Ruhm ist, die Nächte schlaflos zu verbringen, etwa im Dienste einer vermeintlich übergroßen, übermenschlichen Aufgabe; es ist kein Ruhm, krank zu sein, und nicht Bewunderung verdient der Kranke, sondern Behandlung. Der Gesunde setzt für hohe und höchste Gemeinschaftsgüter sein Leben, d. h. sein individuales Dasein ein, aber er will den Sieg erleben, er will nicht den Tod, er will den Gegner überwinden (nicht aber vernichten!). Der gesunde Sterbehunger in extremis ist das erste Stadium des letzten Überganges im Erleben, des endgültigen Zerfalls des Organismus (4. Bd. § 11).

Magischer Selbstmord. Der Neurotiker führt als Infantilist nicht ein echtes Dasein, sondern ein Scheindasein: er erlebt und verhält sich in primitiv-dämonistischer Weise als ins Da-sein, in den Leib, die Welt, das Physische, die Materie eingegangenes (gesandtes, inkarniertes) „jenseitiges" (dämonisches, gottheitliches, seelisch-geistiges, metaphysisches, immaterielles) „Wesen", dessen „Mission" es ist, die Welt, d. h. die in ihr wirkende feindliche Dämonie, wie immer sie benannt sein mag, zu überwinden, den Leib zu ent-leiben, das Fleisch abzutöten usw. Er wähnt, diesen Kampf mit der feindlichen Dämonie auch in der Weise führen und gewinnen zu können und zu müssen, daß er, d. h. seine Dämonie den Leib und damit die Welt verläßt (vgl. „Verleugnet euch, verlaßt die Welt!"), seine Seele, seinen Geist aufgibt, sich ins Jenseits zurückzieht: dort kann ihn die feindliche Dämonie nicht erreichen, ist also entmachtet, oder sie ist in die Alleinheit von Leben und Tod eingezaubert und so ebenfalls entmachtet, ausgelöscht, vernichtet. Jede Herabsetzung der Bewußtseinshelligkeit von momentanen geringen, aber pathologischen Graden (als Zwang) bis zu Tagträumerei, Halluzinationen, Hypnose, „Trance", Ek-stase („Außer-sich-sein", „Weg-sein", dann „Wieder-zu-sich kommen"), Rauschzuständen jeder Art (z. B. Alkohol-, Nikotin-, Arznei-, Bewegungs-, Arbeits-, Schaffens-, Liebesrausch, wobei speziell die Begriffssphäre unaktuell ist und die Gefühle dominieren, bis auch diese unaktuell werden), Entrücktheit, Ver-rücktheit, Verzücktheit, Absencen, Ohnmachtsanwandlungen, Ohnmachten usw. ist hiernach ebenso ein magischer Selbstmord wie die Überwindung-Vernichtung des Leibes in Form von abnormen Ausscheidungen von Blut (neurotische Nasen-, Magen-, Darm-, Lungen-, Nieren-, Genitalblutungen usw., blutiger Schweiß, blutige Tränen, Stigmatisationen u. a. Haut- und Schleimhautblutungen), Harn (Polyurie usw.), Zucker (Diabetes), Fett (rapide Abmagerung, Lipurie usw.), Eiweiß (Albuminurie) u. a. Stoffe (neurot. Stoffwechselstörungen), Kot, Schweiß, Tränen, Talg (Seborrhoe), Schleim (Fluor albus, Colica mucosa, Heuschnupfen usw.), Haar (rapider Haarausfall) — vgl. „Aus-, Ver-, Abscheiden"), Selbstverstümmelungen, Kasteiungen, Selbstentäußerungen, Satyriasis, „Hinwerfen" des Leibes (heiliges Dirnentum, einst Tempelprostitution), Dahinschwinden (magische Schwindsucht), Vergeudung äußeren Besitzes usw.

Der magische Selbstmord ist ein chronisches Verfahren, der Neurotiker stirbt hunderttausend Tode: der Leib, die Welt ist eben immer (wieder) da und muß immer wieder „abgeschafft" werden. Der physische Tod als Selbstmord im eigentlichen Sinne ist dann nur eine quasi versehentliche Übertreibung oder konsequente Vervollständigung des magischen Selbstmordes: wenn es eben nicht anders geht, meine Dämonie, meine Seele, meinen Geist vom Leibe zu befreien, um so den feindlichen dämonischen

„Anfall" zu parieren, also ultima ratione muß eben das irdisch-fleischliche Gefängnis gesprengt werden. Es schließt sich da an die Leptose die Hadrose als physischer Tod an. Zu diesem Selbstopfer für alle ist nur ER der Alleine-Einzige-Einmalige, berufen und befähigt, auserwählt-verflucht. Jeder Selbstmörder tötet sich, um dem dämonischen Tode zu entgehen, ihn zu bannen, zu überwinden. Vom Selbstmord, der allemal pathologisch ist, unterscheidet sich der normale Freitod, der echte Heldentod, in Verteidigung von echten Gemeinschaftsgütern wie Freiheit, Ehre, Vaterland. Manchmal kaschiert sich der Selbstmord, mag der Fanatiker ihn selbst vollziehen oder von feindlicher Hand vollziehen lassen (Märtyrer) als Heldentod; die Differentialdiagnose ist aus der Gesamtpersönlichkeit, soweit sie aus dem Leben bekannt, zu stellen — wie immer in Grenzfällen.

Wachgier.

Wie das Ein- so ist auch das Ausschlafen (Erwachen) ein Übergang. Der Wachhunger ist während des Schlafes auch unaktuell, erreicht aber zuerst den traumhellen Funktionsgrad, dann folgen die übrigen Stadien des Erwachens: A. vorm Wachsein, S. beim Überschreiten der Schwelle ins Wachsein, T. über das „verlorene Paradies", F. über das vollendete Wachsein, den neuen Tag. Hierbei geht der Traum (die Reihe der traumhellen Aktn.) dem Wachsein voraus. Das Erwachen vollzieht sich also zuerst innerhalb gewisser RSe (der Erwach-RSe), sie erreichen vor den andern den aktuellen Funktionsgrad, doch steigt gleichzeitig die Funktion der andern RSe an und erreicht in gewisser (je spezif.) Reihenfolge den aktuellen Funktionsgrad, so daß allerlei solche Aktn. schon am Traum beteiligt sind. Wachhell treten dann zunächst die Akt.-Reihen „Umgebung des Erwachten" auf usw. Die Wachgier ist die Gier nach Wachsein, nach dem Tage, der Helle, dem Lichte, man kann auch sagen: Gier nach Bewußtsein, indem man den unaktuellen Grad oder die schon aktuelle Gier als auf weiteres und helleres, volles Bewußtsein gerichtet angibt.

I d i o p a t h i s c h e D y s g r y p n i e: hypertr. Wachhunger. Gefühl der „rastlosen Ermunterung", der diffusen Leere, des „Nichts" im Kopfe usw., so daß die Lider und Glieder in die Hstellung aufgehen. Alle übrigen Erwachgefühle abnorm hhaltig, nihiliert. Während die Wachgier aktuell ist, vollendet sich das Erwachen nicht. Dauer des Erwachens normnah (die auf das hypertr. Hstadium folgenden Stadien sind ausgleichend kurz) oder zu lang (unruhiges Hindämmern-Träumen, „die ganze Nacht träumen", wilde, wirre Gedankenjagd, wirres Reden „im Schlafe", Herumwälzen, Unruhe innerer Organe, Pat. „kann sich nicht ermuntern", „nicht aus dem Schlafe finden", Hstadium zu lang,

Hspasmen der Hirngefäße) oder zu kurz (stürmisches, jähes Erwachen, aus dem Bett stürzen, in die Kleider hasten usw.). Schlafdauer normnah (Schlaf dabei immer oberflächlich, die Funktionsintensität oszilliert in der Nähe der traum- bis wachaktuellen Grade) oder zu kurz (Kurzschläfer, mehrfaches, häufiges Erwachen in der Nacht, fraktionierter Schlaf auch derart, daß Pat. nachts und tags je einige Stunden schläft, Wachbleiben Wachbleiben derart, daß schon während der Müdigkeit oder des Einschlafens die Wachgier aktuell wird; zur patholog. Schlafkürze ist auch das schlaftrunkene Verlassen des Bettes, das Fallen aus dem Bett, das Nachtwandeln bei aktueller oder unaktueller Wachgier, bei Träumereien wie denen der „Mondsüchtigen" [häufig bei Epilepsie und Epileptoid] usw. zu rechnen) oder zu lang (Langschläfer, Pat. kann bei aller Wachgier und Unruhe nicht aus dem Schlaf-Träumen herausfinden). Die Wachgier kann ohne volles Erwachen in die Schlafgier übergehen. Die Erwachgefühle sind eine Gruppe der Sinnesorgangefühle, nämlich die auf die „ersten" optischen usw. Aktn., auf Helligkeit, Tag usw. gerichteten Gefühle; es können Organgefühle interkurrieren (S. 252). Auf das Erwachen folgen (posthypnische) Erlebnisse wie Ankleiden, Entleerung von Kot und Harn, Frühstücken usw.

D e u t u n g. Der Wachwille ist das Nichts-All in und aus dem sich alles Geschehen gespenstisch (Träume) abspielt, das sich aus der Nacht zum Tage, aus der Finsternis zur Helle, der Hölle zum Himmel, der Unter- zur Oberwelt, dem Tode zum Leben, dem Teufel zum Gotte wandelt oder das beides beherrscht, aus sich schafft und in sich zurücknimmt, seine Geschöpfe vernichtend schafft, schaffend vernichtet. Nacht und Tag sind Feind-Dämonen, Naturgewalten, die mit einander im ewigen Kampfe liegen: Dämon (Dämonin) Nacht wird vom Dämon Tag verjagt usw. Die Nacht gebiert den Tag (das mütterliche Meer die junge Sonne usw.); er wächst heran, wird dann alt und müde und sinkt ins mütterliche Nichts-All zurück, um wiederum geboren zu werden. Mein Wachwille macht das alles, er ist der Gotteszauber, der mich und die Welt auf(er)weckt, auf(er)stehen läßt zum Jüngsten Tage (jeder Tag ist natürlich der jüngste!) und zum Jüngsten Gericht mit seinen Prüfungen und Entscheidungen (Tagesaufgaben) — oder ist es der Teufelszauber, der die Gottesruhe stört und mich all den dämon. Aufgaben, den immer neu geformten Versuchungen des dämon. Tages aussetzt, vielleicht im Auftrage Gottes MICH, einen Hiob, Christus redivivus, auf die Probe stellt? Mein Wachwille — das bin ICH, ICH überwinde den Tod, die Nacht, die Hölle, ICH bin das ewige Leben — oder bin ICH der ewige Tod, der Teufel selber, der aus der Unterwelt emporsteigt und das Leben vernichtet?

Oder bin ich beides in einem, die Allmacht, die die Welt vom Leben und vom Tode erlöst und sie damit eben im ewigen Sein, das das Nichtsein ist, erhält? So lange ICH der Wachwille wache, kann der Welt nichts geschehen, in meinem Nichts-All, der absoluten Unsicherheit ist sie absolut sicher. ICH wache immer, auch im Schlafe, schlafe nur scheinbar, bin in dieser Art der Weltnacht Wächter, also Wächter über die Weltnacht oder ihr Wächter über den „einbrechenden" Tag-Dämon. Der Wachwille bannt auch den Schlafwillen, so daß er mich, meine Seele, mein Leben nicht in sein dunkles Reich hinabziehen oder doch nicht dort behalten kann; das Erwachen ist die Neubeseelung, die Wiedergeburt, erzaubert vom Wachwillen, der mich „weckt". Der Traum ist Verkehr mit den Jenseitigen, zu denen ich träumend gehöre: gute oder bösen Geister in allen möglichen Gestaltungen, sie wollen mich zurückhalten, aber ich banne ihren Zauber, schwebe rasch dem lockenden Licht entgegen usw.; dazu allerlei Deutereien von divinatorischen Eingebungen, Wahr(sage)träumen unter Berufung auf uralte „Weisheit" von Traumbüchern und modernen „Auslegungen" (z. B. F r e u d: Traum ist Hüter des Schlafes usw., J u n g: Traum hat prospektive Tendenz usw.).

A k z i d e n t e l l e D y s g r y p n i e. Während des Erwachens laufen Akt.-Reihen ab, die nicht zum Erwachen an sich gehören, z. B. jem. wird vom Harn- oder Kotdrang, vom Magenhunger usw., vom Denkhunger, vom Arbeitshunger, von Geräuschen (Wecker) usw., von Sorgen usw. wach (wobei „von" svw. „von . . her"). Dies kommt in der Norm vor, in der Abnorm hypertroph, so daß sich das Erwachen in diesen RSe zuerst vollzieht.

D e u t u n g. Die akzidentellen Gefühle usw. sind die göttlichen Mächte, die mich aus der Todesnacht wecken, oder die teuflischen, die meine Ruhe stören, der gute oder der böse Zauber, der auf mich wirkt, — oder ringen in mir die ewigen Feinde mit einander und treiben ihr Spiel mit mir? Usw.

Wie der Schlafgierige nicht zu Bett geht, um (normal) einzuschlafen, sondern um den Schlafdämon „so oder so" zu bannen, so will der Wachgierige nicht (normal) wachwerden, sondern die Dämonen der Nacht oder des Tages (wer weiß das?) vernichten. Die normaliter einfache menschliche Aufgabe „Einschlafen" bzw. „Aufwachen" ist dem Pat. das Weltproblem die Weltaufgabe, auf deren Bewältigung alles ankommt; die Bewältigung geschieht eben als Bannung der Feind-Dämonie.

B. G e g e n s t a n d s t r o p h o s e n.

Wir sprechen hier von den sensorischen Htrophosen, den trophischen S ü c h t e n (zu „Sucht" s. 6. Bd. S. 229). An die vegetativen Strecken der RSe schließen sich nach außen hin die sensorischen, an die Gefühle die Gegenstände, an die inneren Muskeln die äußeren (Skelettmuskeln) an. Sind vw. die sensorischen Anteile der kr. RSe, also auch die sensorischen Muskelaktionen hypertrophiert, dann nennen wir die Neurosen Gegenstands- s. Zwangsneurosen. Die sensorischen Aktionen sind zunächst Ein- und Ausverleibung, weiterhin Arbeit, und zwar stehen die ersteren den zugehörigen vegetativen Funktionen sozusagen näher als die letzteren, doch sind gemäß der systemgenetischen Struktur auch mit den Arbeitsvorgängen Erregungen der inneren Organe, also im Falle der Arbeitsneurose auch abnorme vegetative Erregungen verbunden (gehen voraus, interkurrieren, folgen). Magenhunger z. B. ist unmittelbar auf Nahrung, Nahrungsaufnahme gerichtet, mittelbar auf die Arbeit, die — wiederum unmittelbar (Naturalwirtschaft) oder mittelbar (Vorrats-, Geldwirtschaft) — zu „Brot" als Inbegriff der Nahrung führt; zur Arbeit gehört auch die Zubereitung der Nahrung zu Speisen. Periodisch sind die Magen-HRSe in Hochfunktion, daran schließt sich die Hochfunktion der systemgenet. zugehörigen Einverleibungs-RSe an; nach erfolgter Sättigung sinkt diese Funktionsgruppe zu unaktuellen Graden ab, die Arbeits-RSe geraten in Hochfunktion, und diese sinkt nach einiger Zeit ab, während die Magen-HRSe wieder intensiver funktionieren, wieder den aktuellen Funktionsgrad erreichen, dann wieder von aktuellen Einverleibungsreflexen gefolgt sind. Im Falle der Neurose kann das Zusammenspiel der Magen- und der Einverleibungsreflexe gestört sein, z. B. die Einverleibung bleibt zu lange aus, erfolgt zu rasch, während der Aufnahme sind die Magenreflexe zu intensiv, auch andere Organe abnorm erregt, auch in perverser Verbindung mit dem Magen usw.; analog Unregelmäßigkeiten im Funktionszusammenhang Arbeit-Einverleibung-innere Erregungen (Organbeschwerden). Indem die inneren Organe in allen Sinnesgebieten in Form der Gefühle vertreten sind (1. Bd. § 26, $_2$), können normale oder abnormale Gefühlserregungen mit allen gegenständlichen und begrifflichen Vorgängen verbunden sein — zeiträumlich versteht sich, nicht „ursächlich". Magenhunger bzw. -gier z. B. kann aktuell sein oder werden im Zusammenhang mit dem Anblick von (gewissen) Speisen, mit Küchengeräuschen, mit Berühren von Speisen, mit Wärme und Kälte (die beide „Appetit machen", nur nach verschiedenen Speisen-Getränken), mit Düften, Geschmäcken, Bewegungen (die „Appetit anregen"); das Analoge gilt für alle troph. Organe sowie für alle Gefühlsspezies, übrigens auch im Genischen im Falle der Perversion.

Wir unterscheiden sonach Einverleibungs-, Ausscheidungs- und Arbeitsneurosen. Erstere spielen sich vw. an der Peripherie des Leibes, letztere vw. an den Extremitäten als leiblichen Arbeitsapparaten, bes. den Armen-Händen (Hantierung, Handwerk usw.) ab; das „vw.“ betont, daß auch diese Neurosenformen nicht scharf getrennt, sondern kombiniert sind.

Von den Arbeitsneurosen sind die Spiel-Sportneurosen zu trennen (S. 249).

Betr. Deutungen ist auch hier (vgl. S. 103) zu bedenken, daß das neurot. Erleben und Beschreiben im kindlichen, hauptsächlich im frühkindlichen Entwicklungsraume liegt, also hypertrophierter und ausgealterter Rest chaotisch-magischen Seins ist: da sind Gefühle, Gegenstände und Begriffe (in den neun Sinnesgebieten) noch ungeschieden, beginnen sich dann vage von einander abzuheben und verwandeln sich auch nach Einsetzen der Individuation unmittelbar oder mittelbar, aber unbeschränkt in einander, eben in Auswirkung dämonischer Macht oder Mächte, so daß das Innen (Gefühle, auch Begriffe) das Außen und umgekehrt erzaubern (erwecken, verursachen, vgl. „psychophysische Wechselwirkung“ usw.) kann, auch die Innenwesen für sich, die Außenwesen für sich und die Gedankenwesen für sich in einander übergehen, sich her- und wegzaubern können, vielleicht nun wieder in der Allmacht-Kontrolle des Zauber-Ichs. Die Dämonie ist schon im Animistischen ankeimend anthropomorph, dann werden die Alten-Großen (Eltern usw.) die gewaltigen Gegendämonen, deren Zauber auch in die andern Dinge übergeht — derart, daß sich die Menschen in (gewisse) Tiere, Pflanzen, Sachen und umgekehrt verwandeln können (vgl. Totemtiere usw.): magische Identität der Einzelwesen, Zentrierung der Dinge um den Menschen. Der Magenhunger z. B. ist Zauber der Speisen, somit auch Zauber der Menschenwesen, die sie darbieten; dieser Zauber „weckt“ das innere Wesen „Hunger“ oder wird zu ihm, weckt auch das Geistwesen „Begriff Brot“, „Denken an Brot“ (usw.) oder wird zu ihm, dann wirkt er sich weiterhin im Erwerben, Ergreifen, Essen usw. aus, — es kann aber alles auch umgekehrt sein. Der Spiel-Arbeits-Dämon fordert mich magisch heraus — oder fordere ich ihn heraus? —, er zehrt an meinen Kräften, will mich wohl entkräften, aber ich überwinde ihn, indem ich die Aufgabe leiste, und überwinde die Dämonie der Großen-Alten, die mir die Aufgaben stellen. Usw. Zudem kennt das Kleinkind die Sinnesorgane usw. anatomisch nicht, sie sind ihm Zauberwesen „Auge“, „Ohr“ usw. oder Gehäuse der Dämonen, deren Zauberwirken „sehen“, „hören“ usw. ist. Es weiß noch nicht, daß andere (Gehirn-)Wesen auch sehen, hören usw., Bewußtsein haben, erst allmählich keimt auch hierüber eine leise Ahnung auf. Diese Frühstufe hat der Neurotiker, soweit kr., im Unterschied vom Gesunden nicht überwachsen, die Deutungen liegen also in primitivster Rätselhaftigkeit, sind noch die Ur-Zweifel Diesseits : Jenseits, Sein : Nichtsein, Leben : Tod usw. und behalten gemäß der Hypertrophie ihre zentrale Position auch gegenüber den reiferen Deutungen, so daß sich ein unklares weltanschauliches In- und Durcheinander herausbildet.

a. Einverleibungstrophosen.

α. Eßhungerneurose.

Funkt. Hypertr. (vw.) von sensor. HRSen einschl. DZn, deren Aktn. bestimmte Nahrungs- und Genußmittel oder ihre genetischen Derivate (Arzneien usw.) oder normaliter Ungenießbares sind, entspr. hhypertr. Ausdrucksaktionen an Mund, Schlund, Speiseröhre sowie andern an der Einverleibung beteiligten Muskelgruppen. Pat. erlebt in seinem kr. Bezirk die betr. Stoffe vw. umrißhaft, verschwommen, auf infantiler Ebene, nur hypertroph und ausgealtert. Ausdrucksaktionen übertrieben hastiges usw. Laufen zu Tisch, Auslangen, Einführen, Kauen, Schlingen, Bewegungsunruhe auf Hweite („laß dir nur Zeit, es nimmt dir doch niemand etwas!"). Normferne Richtung: Herumsuchen, -langen, -fahren um das vergleichbare Normalziel (die normaliter erreichte Speise usw.) mit Abirren zu einem Fehlziel (Art der Abstinenz, S. 150); normnahe Richtung: überstürztes, weitbogiges, umwegiges Drauflos auf das normnahe Ziel (Art des Abusus). Die Sucht richtet sich je nach der spezif. Struktur der Neurose auf bestimmte Stoffe, neben denen die übrigen Stoffe in normnaher Weise einverleibt werden können, oder auf „alle möglichen" Stoffe, die somit noch nicht differenziert sind, sondern in frühinfantiler Weise „die Speise überhaupt" je in magischer Verwandlung darstellen. Die Sucht kann sich ausbreiten (spezifitätgemäß), so daß immer mehr Stoffe einbezogen werden und die normnahe Einverleibung und Ernährung entspr. zurücktritt. Die Stoffe, auf die die Sucht sich richtet, sind die gleichen wie die, auf die die Gier sich richtet: s. S. 210. Der Süchtige „begiert" diese Stoffe. In dem Worte „Fettsucht" hat „Sucht" den Sinn von „Krankheit", nicht von Sucht nach Fett (analog „Wassersucht"); man bezeichnet diese zur genauen Abgrenzung nach dem begleitenden Hgefühl als Fettgier (Wassergier), vgl. hierzu 6. Bd. S. 176, 199.

An die anregenden-beruhigenden Stoffe der frühkindlichen Nahrung schließen sich entwicklungsbiologisch die anregenden-beruhigenden Stoffe wie Koffein, Thein, Theobromin, bei Kranken auch Kokain, Arsen, Salizyl, Opium, Morphium, Kodein, Brom, Baldrian usw. an, die auch als Arzneien Verwendung finden (6. Bd. S. 301 ff.). Die Sucht kann sich auf ganz bestimmte oder mehrere solcher Stoffe oder auf „alle möglichen" Tabletten, Pillen usw. richten, und zwar kann das Suchterlebnis mit seinen Folgen für sich ablaufen oder sich mit andern mehr minder krankhaften Erlebnissen derart assoziieren, daß es im Anschluß an diese aktuell, d. h. der begierte Stoff (auch) arzneilich genommen wird, z. B. bei Müdigkeit, Erschöpfung usw., zur „Unterdrückung" gewisser Wünsche, Triebe, zur „Behebung" von Ängsten, Schmerzen, Ärgernissen u. a. Mißstimmungen (Pat. hat die „angenehmen" Wirkungen des Mittels erfahren und benutzt es demgemäß). Es versteht sich, daß die Sucht selber krankheitliche Folgen hat, gegen die nun wiederum das Mittel (in größerer Dosis) oder ein anderes „helfen soll". Für jeden Pat. sind die Arzneien Zaubermittel, für den Süchtigen aber sind die Stoffe an sich oder als Arznei die geheimnisvollen Hochkonzentrate des Dämonischen, ohne die er „nicht leben kann", das Einzig-Wesentliche, dessen „Kraft" er fanatisch herausfordert und mit Einverleibung sich dienstbar macht, überwindet, vernicht(s)et. Sofern der Süchtige die „Gifte" als Arznei anwendet, ist er arzneisüchtig.

Arzneisucht kann idiopathisch (idiogen) oder akzidentell, z. B. im Anschlusse an ärztliche Verordnungen, also iatrogen manifest werden, letzteres aber nur bei suchtdisponierten Kranken, es entwickeln sich da die Sucht-RSe im Anschlusse an einen andern Krankheitszustand, bei dem die Arznei verordnet wird, zu manifester Funktion; das Analoge gilt auch für die Menschen, die imitativ süchtig werden: sie sind nicht Gesunde, die „durch Verführung" der Sucht anheimfallen, sondern Latent-Suchtkranke, die im Wege der Imitation, des Mit- und Nachmachens manifest krank werden (der Gesunde ist nicht verführbar, er hat derartige RSe nicht, vgl. 4. Bd. S. 121, 411 usw.).

Süchtig sind nicht nur die Kranken, die unmäßig große Mengen vertilgen, sondern auch solche, die nur kleine Mengen, Dosen einverleiben „müssen". Ob Sucht vorliegt oder nicht, entscheidet sich lediglich daran, ob Zwang besteht oder nicht, ob also der begierte Stoff „unbedingt", „um jeden Preis", als „lebensnotwendig" (im magischen Sinne) aufgefaßt und behandelt wird. Süchtig ist auch schon, wer in gewissen Abständen (Periodik der kr. RSe) ein gewisses Mittel, z. B. eine Aspirintablette oder ein Stück davon, einnehmen „muß".

Deutung. Die begierten Nährstoffe usw. sind dem Pat. nicht wie dem Gesunden — eben Nährstoffe, sondern Träger dämonischer Mächte, die er in seine Allmacht einverleiben muß, ja die im Rahmen seiner Allmacht überhaupt nur existieren. Ihre Materie ist ihm gänzlich unwichtig, „wesentlich" ist nur ihr Metaphysisches. Sie sind Zaubersubstanzen, erfüllt vom (animistischen) Leben, das auch MICH erfüllt, oder von der Feind-Dämonie, die mit Übernahme in die Eigendämonie nihiliert wird. Auch die kleinste Dosis ist da, unheimlich genug, der ganze

Zauber, der sich eben in die kleinste Dosis verwandeln, verstecken kann; andere müssen „alles“ in großen Happen und Mengen verschlingen. Zaubern sie in mich (verursachen, wecken sie in mir) das Begehren und seine „Verwirklichung“, melden sich sozusagen bei mir an, zwingen mich zur Einverleibung — oder zwingt meine Sucht sie herbei, fordert den Gegenzauber heraus und entmachtet ihn schon so oder mit der Einverleibung? Ahme ich aus eignem Willen die Alten-Großen nach beobachtend, wie sie es machen (essen, trinken usw.), um es ihnen gleichzutun, ja sie zu übertreffen (das Kind die Riesen) und so ihre Dämonie in meine Allmacht zu übernehmen? zwinge ich sie, es mir vorzumachen, oder zwingen sie mich, es ihnen nachzumachen? ist das gut oder böse oder beides zugleich? Ich fresse alles in mich hinein, verschlinge die Welt und bleibe trotz aller Freßsucht mager wie eine Stange, ein Strich, nur ein Schatten, ein Nichts, vernichte so die Welt in mein Nichts-All (Magersucht). Ich werde dick und aufgebläht (Hunger- mit Angsttrophose kombiniert), rund wie die Welt selber, ich bin die Welt, die Mutter Erde, die alles schafft und vernichtet (schizoide Fettleibigkeit, wobei das Fett nur Auflage auf die konstitut. Magerkeit, vgl. 6. Bd. S. 175 f., Luftschlucken, Blähsucht). Ich nehme bald zu bald ab, kann als Gespenst meine Gestalt verändern, mich blähen und schrumpfen, sichtbar und unsichtbar machen, aber auch die Sichtbarkeit ist nur Schein, mein Wesen kann niemand erschauen, ich schwebe als Seiendes-Nichtseiendes durch die Menge, ich schwinde dahin, habe die „Schwindsucht“ (die natürlich mit Tbk. nichts zu tun hat, aber nicht selten damit verwechselt wird), habe „den Krebs“ als alles vernichtenden Dämon, löse mich auf zu einem Hauch, der aber doch der irdischen Hülle nicht entbehren kann, um eben als Nichts-All zu „sein“ (an Neurose stirbt niemand), vertrockne zur Mumie, die dennoch lebt, zum lebenden Leichnam: Tod mit Scheintod-Scheinleben überwunden. Muß ich alles Getötete-Tote „aus der Welt schaffen“ und so den Todeszauber (auch der aus dem Leiblichen abgeschiedenen Seelen) bannen, die Welt erlösen, oder den Tod in mich aufnehmen, in mein Leben auslöschen, seine Macht vernichten? Ist das Mähen auf dem Felde, das Pflücken im Garten, das Schlachten des Viehes, die Zubereitung der Speisen in der Küche (Messer usw. = Mordinstrumente) usw., dann das Essen (Beißen — mordere, morden — mit den Zähnen, den ersten Waffen) das Töten, womit ja nur das allgemeine Sterben in der Welt sich darstellt, so mache ich mich des Tötens schuldig, mitschuldig, entmachte aber mit meiner Alldämonie die Dämonie des Todes und schaffe in mir neues Leben, sondere das Tote vom Lebendigen, den Tod vom Leben, schicke das Tote (das doch aber lebt?) in die Unterwelt (Abort usw.) und behalte das Lebendige in mir? Oder nehme ich das Leben des „Lebensmittels“ in mich auf und muß dieses immer wieder vernichten, um ewig zu leben? Auch die kaum wägbare Menge „Stoff“ ist Lebens- oder Todeselixier und muß in mich hinein vernichtet werden; sie hilft mir so als Arznei, den Krankheitszauber (morbus-mors) zu vernichten. Die starken „Gifte“ sind Beweis dafür, daß sich Tod, Teufel, Böses, Sünde usw. magisch minimieren und konzentrieren können, aber dies gilt auch für die Gottheit, den Gotteszauber, der „im Brote“ wirkt. So wird jedes Essen, jedes „Einnehmen“ zum „Abendmahl“, das Sünde und Sühne zugleich, ewigen Tod und ewiges Leben zugleich „verkörpert“ („der Herr“ wird getötet, indem man ihn verzehrt, somit überwunden, seine Allmacht in Meine Allmacht einvernichtet, die Sünde mit ihrem Begehen gesühnt, der Sünder „absolviert“, selbst „der Herr“, und es genügt, ein kleines Stück von ihm oder einen Ersatzstoff, z. B. vom Totemtier, der Totempflanze, dem Totemblut, -wein, -wasser usw., die Hostie-Tablette-Medizin zu verzehren, man hat dann doch den ganzen Zauber). Man muß sich da tüchtig dazuhalten, nur „flüchtig“ bei Tisch auf der Stuhlkante sitzen, mit den Beinen zappeln, ganz rasch essen und schlingen, alles restlos aufessen (beerdigen), nur einen Happen nehmen und enteilen, damit niemand die sakrale Untat merkt, man unentdeckt bleibt — von der rächenden Gegendämonie (den ausgetriebenen Seelen), man muß es so tun, daß es nicht getan, mit der magischen Sofortigkeit das Geschehen ungeschehen gemacht wird, ja geschehend nicht geschieht. Man muß ein bestimmtes (Zwangs-)Zeremoniell innehalten, weil nur so, mit dem Zauberverfahren der Gegenzauber entmachtet wird. Und wer d a s vollbringen, aushalten, das „Gift“ vertragen kann, der ist eben das ewige Leben oder der ewige Tod, Gott oder Teufel — oder beides in einem, das Schicksal selbst, die Allmacht als Nichts-All. Die somit todgefährlichen Stoffe sind die begierten, die übrigen sind nebensächlich. Die andern können ruhig essen, ICH banne die Feind-Dämonie heraus, ICH allein kann das, und niemand darf es merken, mich entdecken, weil die Entdeckung meinen Allzauber brechen würde, da nur ein Mächtigerer als ICH ihn eben entdecken könnte. Der Süchtige erlebt in seiner Sucht das Weltproblem. Vgl. S. 210 ff., 4. Bd. S. 493 ff., 6. Bd. S. 290 ff.

β. Trinkhungerneurose.

Die kr. sensor. RSe gehören systemgenet. vw. zu den vegetativen vasalen, die Aktn. ihrer DZn sind Flüssigkeiten: Milch, Wasser, Tee, Kaffee, Alkohol, Essig, Harn, Blut usw., flüssige Arzneien. Es gibt also Milch-, Wasser- usw. Säufer, sie sind trinksüchtig, die Alkoholsäufer nennt man trunksüchtig; dazu die Arzneisüchtigen. Die begierte Flüssigkeit ist für den Süchtigen wieder nicht das Getränk wie für den Gesunden, sondern das ausgealterte hypertrophe infantile Zauberelixier. Auch falls der Alkoholiker die chemische Formel des Alkohols kennt (er kann sogar Chemiker, Apotheker sein), erlebt er, soweit krank, dennoch Bier, Wein usw. als Zaubertränke als Träger des Lebens- oder Todes-, des Gottes- oder Teufels-, des guten oder bösen Zaubers; „wesentlich" ist (auch hier) nicht die Materie, das Physische, es ist ja nur „Vehikel" des Metaphysischen, des „wirksamen Prinzips". Alles Zwangstrinken, Zwangsessen usw., alles Zwangsverhalten überhaupt ist eine pathologische Art der entspr. kultischen Verrichtungen (als der kulturellen Ausklänge der urtümlichen Pubertätsfeste). Wiederum entscheidet über die Diagnose „Sucht" nicht die Menge des begierten Stoffes, sondern der Zwang; auch wer nur wenige Tropfen Wein zu sich nehmen „muß", ist Alkoholiker, oder falls man dieses Wort für „die wackeren Zecher" reservieren will, alkoholkrank, vgl. S. 81 f. Auch wer Milch usw. „aus Gesundheitsgründen", „diätetisch" trinkt, nimmt sie nicht wie der Gesunde als Nahrungsmittel, sondern in inftlscher Art als Zaubertrank, als eine Art „Medizin". Auch der Gesunde trinkt mäßig Alkohol, aber als Genuß- und Nährmittel, nicht als Zaubertrank wie der Süchtige. Die Morphiumsüchtigen pflegen gemäß ihrer Reflexstruktur das Gift lieber durch die Haut einzuverleiben; es sind also hypertr. taktile RSe beteiligt (Zwang zur Spritze). Auch die Eß- und Trinkgeräte, das Erleben bei Tisch usw. sind, soweit kr., inftlsch, ihre Handhabung ist zwanghaft-zeremoniös. Prototyp ist die Mutterbrust, an sie schließt sich genetisch die Milchflasche, an diese die Kindereß- und -trinkgeräte. Die Mutterbrust und Flasche ist auch Prototyp für die Injektionsspritze, nur wird das „süße Gift" (ursprgl. die Milch) nicht in den Mund, sondern in die Hautöffnung gespritzt. Manche Neurotiker haben sogar die Kindergeräte (Kinderlöffel usw.) noch als Erwachsene in Gebrauch. Auch die Trinksüchte haben je ihre Periodik, z. B. besäuft sich mancher täglich oder in geringen oder größeren Abständen (Quartalssäufer). Die Mamille ist auch Prototyp des Mundstückes der Zigarette usw.: Pat. „trinkt" Tabak (vgl. „Tabaktrinken", wie man im 17. Jahrhundert sagte, vgl. auch Primen usw., 4. Bd. § 8, 4, B), d. h. beim ersten Zug und schon vorher Salivation mit heftiger Zungenunruhe (Spitze fährt suchend im Munde umher, „einst" suchte sie nach der Mamille, die Süßes von sich gab, jetzt ist an deren Stelle das Mundstück der Zigarette getreten, die Bitterliches von sich gibt, die Zungenspitze abschreckt), dazu heftige innere Unruhe, Zittern in den Knien, Fingertremor usw. (H. nach Nahrung, dann A., sie nicht zu finden, Abirren der Zungenspitze zu den interdentalen Lücken mit Lutschbewegungen: Karikatur des Saugens-Rauchens; vgl. S. 82, 142).

D e u t u n g. Der Alkohol (z. B.) ist der Feind-Dämon (der Menschen-Welt-Feind), er sei göttlich (Weingott, Gambrinus, Haoma der alten Inder, Met = Vanenblut, Abendmahlswein = Blut des Herrn usw.) oder teuflisch (Alkoholteufel, Gott-Teufel Dionysos usw.). Gott, die Sonne läßt den Wein wachsen, der belebt und beseligt, aber doch auch betäubt, schwächt, lähmt (Bettschwere), der Sinne beraubt, (magisch) tötet, also todhaltig, Tod selber ist, den der Teufel sendet — oder der Gott? Jedenfalls ist der Alkoholzauber verlockend, betörend, trügerisch: ICH muß ihn beherrschen-vernichten, ihn unablässig oder zu Zeiten herausfordern — oder fordert er mich, den Allein-Ebenbürtigen, heraus? —, den Versucher entmachten, indem ich ihn vertilge, aushalte, vertrage, ertrage. ICH muß ihn unentwegt und ewig unbefriedigt verfolgen und ihn verschlingend in mein Nichts-All einzaubern (Abusus), auch — abwechselnd — mit fanatischen Worten bekämpfen-vernichten (Abstinenz, Sektenbildung). Der Wein-Geist muß in meiner Allmacht bleiben, ich muß ihn in meinen Dienst stellen, die Kneipe ist mein (Gottes- oder Teufels-)Tempel, meine Zuflucht bei allen Anfechtungen des Lebens: dort winkt der Balsam des Bacchus, der Trank der Lethe, der mich allen irdischen Fährnissen enthebt (Sorgenbrecher). Der Alkohol ist das Geheimnis der Großen-Alten-Götter-Teufel: ich muß es lüften, mir aneignen und so ihre Dämonie überwinden, selbst Großer - Alter - Gott - Teufel werden-sein-bleiben (Zechprobe, Aushalteprobe, Giftfestigkeitsprobe als Akt der Pubertätsprüfung). Kaum habe ich den Weltfeind vernichtet, ist er schon wieder auferstanden (neue Flasche), und der Kampf geht weiter. Mein Rausch ist das Zeichen, daß ICH „des Gottes voll" („besessen", „selig") bin, daß die Überwältigung-Vernicht(s)ung des Feind-Dämons, er sei Gott oder Teufel, gelungen ist, daß „MIR die Welt gehört", daß ich der Welt entronnen und sie, d. h. ihre Dämonie so vernichtet habe, „Ich alle Leute beschenken", gewaltige Reden halten, in der (Säuglings-)Lall-Allsprache die Zukunft verkünden (alle Propheten sind irgendwie berauscht), die größten Geschäfte abschließen, MICH mit allen verbrüdern kann, auch das Unglück in der Welt erkennen und mit meinen Tränen bannen kann (heulendes Elend), — aber dazu bin ICH auch allböse, tobe herum, krakehle „wie (als) ein Verrückter", schlage alles kurz und klein, kann mir alle Unsittlichkeiten leisten wie der Satan. Habe ich den Alkoholzauber überwunden — oder er mich? Bin ich noch ich — oder in den Dämon verwandelt (ver-, entrückt, dem Irdischen enthoben)? Bin ich Gott oder Teufel — oder beides in Unge- und Unentschiedenheit? Jedenfalls muß ICH durchhalten, die Allmachtsprobe bestehen, mich opfern für die andern, die somit ruhig trinken können, weil ICH den Alkoholzauber an und in mich banne, der Auserwählte-Verfluchte (sacer usw.), der die Menschen erlöst, sei es daß ich „mich" besaufe — und dann doch wieder auf(er)stehe —, sei es daß ich nur einen Tropfen Gift, einen Schluck (Abendmahlswein) nehme. Der Alkohol ist mein Glück und Unglück, mein Anfang und mein Ende, mein Sein und mein Nichtsein. Im Wein ist Wahrheit, so bin ICH die Wahrheit und sage sie, verkünde sie in der Trunkenheit, Gottes Wahrheit oder Teufels Wahrheit, die man auch Unwahrheit nennt und die doch auch Wahrheit ist, mit jener die Allwahrheit, die alleine Wahrheit (ohne Unterschiede!), Der Katzenjammer (das Tstadium) aber beweist, wie schwer der dämonische Kampf gewesen ist und wie er mich „mitgenommen" hat, — aber ich habe doch gesiegt (bin aus dem Jenseits zurückgekehrt, wieder „zu mir gekommen", wieder wach). Usw.

γ. Atmungshungerneurose.

Die kr. sensor. RSe gehören systemgenet. zu den vegetativen pulmonalen, die Aktn. ihrer DZn sind „Luft", im einzelnen Erd-, See-, Land-, Wald-, Berg-, Stadt-, Fabrik-, Kellerluft usw., trockene, feuchte, nebelige, rauchige (Tabakrauch u. a. Räucherungen), reine, helle, gute, unreine, dunkle, schlechte, warme, kalte, frische, duftende, stickige (Abort-, Jauchen-, Verwesungs-, Leichen-) Luft, auch andere Gase (z. B. Äther), die süchtig eingeatmet werden; hierher auch Schnupfsucht (Schnupftabak, Kokain, Aspirin usw.). Ausdruck: hastige Einatmung durch Mund oder Nase auf Hweite mit Beteiligung der thorakalen Atmungsmuskeln. Auch beim Singen und Sprechen hneurot. Einstellung des phonet. Apparates.

Deutung wie S. 231 ff. angegeben. „Luft" als Schicksal, Lebens-Todesmacht, göttlich-teuflisch, Reich der guten und bösen Seelen und Geister, der Unsichtbaren, die sich verdichten, sichtbar machen, verkörpern und entkörpern können. Unlösbare Zweifel, ob Luft und Atem (atmen) Leben oder Tod bringt, welche Luft gut und welche böse ist, ob sich gut in böse verwandeln kann; vielleicht ist dunkle, nebelige, stickige Luft böse, dagegen helle, klare, trockene, reine Luft gut (vgl. Pythia, die, zur Prophetin auserwählt-verflucht, von den aus unterirdischer Tiefe aufsteigenden Dünsten „umnebelt" und „benebelt", orakelte; Apoll als Erdgott, anderseits Himmelsgott, Schwangott, Widerpart des Dionysos usw., vgl. 3. Bd. S. 142). Tabak als heiliges Räucherkraut (Totempflanze) analog Weihrauch usw., Betäubung göttlich, Tabak als schwarz-braunes Teufelskraut, Höllenfeuer an der Spitze, in der Pfeife, Rauch in der dunkeln Mundhöhle-hölle, Betäubung teuflisch? Analog Ätherrausch usw. Bin ich betäubt noch ich oder „besessen", mir selber fremd? ICH fordere die böse, häßliche, verdorbene-verderbliche Luft (Abortluft usw.) heraus (oder fordert sie mich heraus?), atme sie ein und entböse sie so, nihiliere ihren Zauber und damit welterlösend das Böse, in das Häßliche, das Verderben in Luft und Duft, in der Welt überhaupt. Tote Luft ent-tode ich. ICH allein kann den Teufelszauber aushalten, ICH die Gottheit. Aber auch die gute Luft will ausgehalten sein: als göttliche von mir als dem Teufel, aber sie kann ja auch verwandelte böse Luft (zur Versuchung-Verführung) sein, dann ist sie mir wesensgleich — oder feindlich? In meinem Nichts-All eint sich gut und böse, schön und häßlich, göttlich und teuflisch, heilig und unheilig, Heil und Unheil. Oder geht die gute Luft nach oben, die böse nach unten (Flatus) und ringen beide Dämonen in mir, in der Welt? Die gute Luft steigt durch die Nase in den Kopf und erzaubert die guten Gedankengeister, aber es gibt auch böse Gedanken, wohl Wirkungen böser Dünste aus den unteren Regionen? Mein Atmen beherrscht alles Atmen, ist alles Atmen, ich atme für alle; weil ICH den Tod, das Böse (Bazillen, Stäubchen, Pollen, Rauch, Dunkles) einatme und somit banne, können alle andern ruhig atmen-leben. Mein Odem ist das Leben, ich atme aus, so leben alle Wesen von mir, ICH blase den lebendigen Odem der Materie ein. Oder ist mein Atem (er riecht schlecht) der Tod, so ertöte ich alles Leben, bin der Tod selber, der aber doch neues Leben schafft? Meine Allmacht muß den Atem unablässig bewachen, verfolgen, daß er mir nicht entwischt, er sei gut oder böse, ich muß ihn immer wieder einatmen. Aber Nichtatmen ist doch erst der Tod, er kann gar nicht atmen, er schneidet die Luft ab — und lebt dennoch? Licht, Luft und Sonne ist Leben, im ewigen Kampfe mit der Finsternis, dem Tode, der sich in MIR, dem Atemfanatiker, Atmungsgymnastiker, und aus mir vollzieht. Es kommt alles darauf an, „richtig" zu atmen. Atemnot ist (drohender) Tod. Aus meinem Odem kommt alles und in ihn geht alles zurück, ich schaffe und töte mit meinem allmächtigen Hauch (Seele, Psyche, anima-animus). ICH bin der Herr der weißen und der schwarzen Seelen, der Allherr der Lüfte, des Lebens und des Todes; denn mitten im Leben sind wir vom Tode umfangen — ein ewiges Geheimnis, ich aber zaubere beides ins Nichts-All. Meine Sucht beweist, daß Atmen und Atem mehr ist als bloß Gaswechsel, es ist das Weltproblem, da sich ewig schaffend vernichtet und vernichtend schafft.

Meine Stimme, mein Wort ist die Allgewalt, die aus dem All-Odem geborene Zaubermacht, die allen Gegenzauber zu nichte macht, alle Gegenstimme, Antwort aufhebt, alles und alle in ihren Bann schlägt, mit dem hohl donnernden, rauh polternden

Schall alles überrumpelt, überwältigt, mit dem Nichts-All meiner Rede alles vernichtend bezaubert. ICH übertöne alle, ich rede alle tot, mein Wort zerschmettert alle Feinde, ich fordere ewig die Gegenstimme heraus, ich komme allen zuvor, ich habe das erste und das letzte Wort, das alle Worte umfaßt, alle Worte sind meine Worte. ICH verkünde ewige Worte, das Eu- und Kakangelion, im Wort die Allweisheit, das All-Nichtswissen, die Allwahrheit-Unwahrheit, das Wortchaos, die Ewigkeit: die ewige Seligkeit oder Verdammnis oder beides, ICH bin selber ewig, die Ewigkeit, Gottes-Teufels Wort, die Gottheit spricht aus mir, wer in meinen Worten lebt, wird leben, ob er gleich stürbe. Usw.

b. Ausscheidungstrophosen.

Sucht, Kot, Harn, Gase, Schweiß, Blut usw. auszuscheiden, verbunden mit Ausscheidungsdruck-drang oder mit allerhand Prozeduren wie Abführ-, Trink-, Schwitz-, Aderlaß-, Blutreinigungskuren usw. Pat. muß „fortwährend“ auf den Abort „rennen“, nicht nur auf seinen, sondern auf „alle“ Aborte der Umgegend, überall, wo ein Abort ist, muß er „sein Opfer bringen“. Pat. hat immer „Gase auf Lager“ und muß sie wo immer (heimlich) entlassen. Pat. muß „fortwährend“ ausspucken. Pat. rennt „andauernd“ ins Dampfbad, in der heißen Sonne umher usw., um sich „tüchtig auszuschwitzen“. Pat. muß „sein Blut (für alle) vergießen“. Usw. S. S. 66, 218, 229 usw.

Deutung. Kot-Harn-Abort s. S. 217 ff. Die Sucht zeigt mir (allein), wo und woran ein Mangel ist, den ich mit den Stoffen meines Leibes zu stillen habe und allein stillen kann. So muß ich eilen, sofort das Übel beheben, hier und dort und überall, mit magischer Sofortigkeit alles mit Wohlgefallen sättigen, mich für alle opfern, mich hingeben, alle Not mit meiner Hingabe und Selbstentäußerung vernichten, die aber doch in meiner Allmacht bleibt, da ja alles in meiner Allmacht, Alleinheit geschieht und aus der Alleinheit ja nichts „hinauskann“ (die abgegebene Materie ist ja gleichgültig, magisch wertlos). Die Hast ist das Verfahren, bei der es gar nicht erst zur Not kommt, sondern die Not schon „im Keime erstickt“ wird, ICH übernehme so alle Not und vernichte sie in mein Nichts-All. Die Not meldet sich eben „sofort“ bei „mir“ und löscht sich so selber in meinem Allzauber aus. Ist die Sucht mein Eigenzauber oder Fremdzauber feindlicher Dämonie, die meine Allmacht versehren und somit vernichten will, indem sie mich zwingt, aus der Alleinheit abzugeben und so alles, die ganze Alleinheit hinzugeben (Teil magisch Alles)? So oft mich der Fremdzauber herausfordert oder ich ihn herausfordere (ich bin ewig auf der Suche nach ihm, mache ich ihn zu nichte, indem ich der geringsten Andeutung schon nachgebe, soweit und wie ich will, z. B. sofort auf den Abort sause, mich wachsam auf die Höllenöffnung setze und nur soviel wie ich will, abgebe, den Abort-Teufel mit diesem Opfer überwinde, oder mich nur „so" auf das Loch der Unterwelt setze, in gespannter Unruhe-Ruhe auf das Wirken des Höllischen warte, nicht drücke, nur scheinbar (magische Geste) abgebe und so den Teufel entmachte, oder zu einer von mir gewollten Zeit (einen Moment, nicht so eilig!) oder auf einen fremden Abort (wo der Teufel gerade nicht ist) gehe und so zeitlich und räumlich meinen Eigenwillen behalte, mit dem Teufel schäkere, buhle, ihn narre, somit beherrsche, banne, die Welt erlöse. Zauber gut oder böse? Ausscheidung und Ausgeschiedenes gut oder böse, Lebens oder Todeszauber? Medizinisch-religiöse Logifizierung: innere Reinigung von schlechten Stoffen, aber vielleicht ist der Medizinzauber böse, weil er mir überhaupt etwas aus meinem Bestand entringt, somit mein Leiben-Leben (Teil = Alles) vernichtet? Ist Kot usw. böse, so muß er 100%ig weg, das Innere absolut sauber sein, von oben (Abführ-, Trinkkuren) oder von unten (Klystierzwang) bis auf die letzte Spur von Unreinheit ausgespült werden, ich muß mich ent-leiben, den sündigen Leib hingeben, mich selbst ertöten, um den Tod zu beherrschen, keinerlei Böses, Schuldhaftes, Sündiges in mir dulden, um das Böse usw. auszulöschen, somit „Dulder" sein. Aber wie, wenn ich mich ganz entäußert habe, bin ich dann noch — oder nicht mehr, nichts, kann ich dann noch meine Erlösermission erfüllen? Wenn aber noch ein Krümchen Böses in mir bleibt, muß ich dann nicht selbst erlöst werden: Erlösung dem Erlöser? Wie, wenn die Stoffe, die ich abgebe, doch gute sind — oder zum Teil? Blut ist Tod, Blutvergießen ist Austreibung des Todes — oder Wirken des Todes? Wie, wenn nun Blut Leben ist, und die Sucht, das Blut loszuwerden, Todeszauber, der mich vernichtet? Wenn ich nun auslaufe?! Menorrhagie usw., Menstruationszauber. Es gibt wohl gutes und böses Blut? Ich muß das Blut reinigen, bis das letzte Spürchen Krankes, Böses, Teuflisches ausgeputzt ist, aber muß dann nicht alles Blut und so ICH von hinnen gehen, da ich ja nicht wissen kann, wann die absolute Reinigung fertig ist und alles Gute auch verkapptes Böses sein kann? Indes ich bleibe am Leben (an der Neurose stirbt niemand), also ist meine Sucht doch die Allmacht, ich banne mich opfernd, meinen Kot usw. abgebend, mein Blut vergießend die feindlichen Mächte, vernichte sie und erlöse so die Welt, sie darf es nur nicht erfahren, sie darf mich nicht in meiner Mission entdecken, sonst wäre diese erloschen, die Welt verloren, ich darf nur in „Gleichnissen" reden, die so und anders gedeutet werden können, die niemand versteht — und ich selber auch nicht. Usw.

c. Arbeitsneurosen

Die Arbeit des Neurotikers ist, soweit kr., inftlsch, also unecht, unausgereift, hypertrophiertes ausgealtertes Kinderspiel. Der Neurotiker kennt überhaupt keine echte (menschliche) Arbeit mit echtem Erfolg (Lohn usw.), seine „Arbeit" ist unbezahlbar wie das Wirken-Werken der Gottheit, menschliche Maßstäbe können da nicht gelten, der Lohn kann nur Anbetung und Opfer sein. Sein „Schalten und Walten" gilt auch vielfach nicht als Arbeit, sondern etwa als Beschäftigung oder als Gefälligkeit oder gar „Gnade". Das rastlose Herumsuchen des z. B. an Zwangstasten leidenden Neurotikers sieht nicht wie Arbeit aus, zumal er zu einer eigentlichen Arbeit nicht kommt; indes ist das Herumtasten eben die neurot. Arbeit, die einzig-wichtige Tätigkeit, auf die „alles" ankommt (Bannung des Feind-Dämons in den getasteten Dingen), andere Tätigkeiten gelten nur, soweit sie „zwangstastig" nuanciert sind. Das fleißige Suchen nach Arbeit, die man vorbeieilend nicht findet, gilt sogar als — Arbeitslosigkeit, Bummelei. Eher wird das Herumspionieren z. B. einer neurot. Kreisfürsorgerin in allen Winkeln der Wohnung ihrer Schutzbefohlenen als (sogar überaus fleißige!) Arbeit imponieren; indes ist es nur hypertrophierter ausgealterter Rest der kindlichen Neugier nach dem „Geheimnis hinter der Tür", also ein Zuviel-Zuwenig und weicht von der Methode und dem Sinn der gesunden Arbeit in der Fürsorge grundsätzlich ab. Die Überhast des Arbeitsfanatikers, der Tag und Nacht nicht zur Ruhe kommt, wird der Unkundige ohne weiteres zur Arbeit rechnen, ja sogar für vorbildlich halten und hoch anerkennen; doch muß der Kenner Wasser in den Wein gießen: die quantitative Überleistung ist allemal qualitative Unterleistung, mag sie als noch so groß-artig anmuten, sie läuft im frühinfantilen Entwicklungsraum, ist hypertrophiertes ausgealtertes Bewegungschaos (leerläufige Vielgeschäftigkeit). Spiel und Sport, also auch Spiel- und Sportneurosen rechnen nicht zur Arbeit, doch ist in jedem Falle die Diagnose zu stellen, ob und inwieweit an der Arbeit spiel-sportliche Reflexe pervers beteiligt sind (S. 249 f.), übrigens auch genische Reflexe.

Im Folgenden sind die Arbeitsneurosen nach den Sinnesgebieten dargestellt (analog wie bei den Gefühlsneurosen). Hierzu sei betont, daß zu den einzelnen Sinnesorganen zwar gewisse Muskeln gehören, daß aber auch alle übrigen Muskeln von jedem Sinneszentrum aus innerviert werden können, z. B. gehören zum Auge die Orbitalmuskeln als spezielle optische Ausdrucksorgane, aber auch alle übrigen Muskeln können vom optischen Sinnesgebiete her innerviert werden (sie werden es je nach Reflexschaltung, d. h. Funktionsperiodik der RSe). Der Zwangsseher als Hneurotiker „begnügt“ sich also nicht immer damit, von seinem Stuhle aus optisch die Welt zu umfassen (wie das Kleinkind von seinem „Throne“ aus), sondern er wandert, fährt usw. auch sucherisch umher, usw. Die Einzelfälle von Arbeitsneurose sind gemäß den assoziativen Zusammenhängen mannigfach kombiniert, z. B. Zwangssehen mit Zwangshören, Zwangsriechen mit Zwangstasten usw., wie ja eben auch in der Norm an der Arbeit alle Sinnesgebiete beteiligt sind.

Die Dinge, auf die sich die Arbeitsfunktionen richten, sind zu gruppieren:

1. als solche, die zum eignen Leibe gehören,

2. als solche, die einverleibbar und ausgeschieden sind: Speisen, Luft bzw. Kot usw., und solche, die mit diesen Stoffen unmittelbar zusammenhängen: Eßgeräte, Abort usw.,

3. als solche, die mit den Kreisen 1 und 2 mittelbar zusammenhängen: Wohnung, Kleidung, Arbeitsräume, -geräte, -materialien, Pflanzen, Tiere, Menschen im Arbeitsbereiche, Lohn, Besitz. Auch im Besitz gibt es Einnahmen und Ausgaben, Aufnahme und Abgabe wie im Organismus, dessen „Erweiterung“ ja der Besitz ist (4. Bd. § 7,5, E § 8,4, F). So gibt es also auch eine Aufnahme- und Abgabesucht, Hab- und Verschwendungssucht analog der Einverleibungs- und Ausscheidungssucht; der Habsüchtige ist immer auch einverleibungssüchtig, der Verschwendungssüchtige immer auch ausscheidungssüchtig. Beide Süchte oft kombiniert und oft periodisch wechselnd.

α. Sensor. Augenhungertrophose.

Funkt. Hypertr. (vw.) von sensor. optischen HRSen. Sehsucht, Zwangssehen als unruhiges Herumsuchen mit den Augen, Schweifenlassen der Augen nah und-oder fern, Schauen im weiten hohlen Rund (Schausucht), rastloses Weitereilen des Blickes, ohne „näher (genau) hinzusehen“, „den Kern zu erfassen“, um ihn in weitem Bogen herumhuschen, alles überfliegen, alles übersehen und dabei vieles übersehen (d. h. nicht bemerken), fehlsehen, d. h. ein normfernes oder normnahes Sehziel mit zuviel Hungeraufwand erreichen; leerer, finsterer, herausfordernder, fanatischer Blick. Period. Hochfunktion der kr. RSe, doch sind die übrigen Sehfunktionen je nach Ausbreitung der Neurose minder mehr „suchthaltig“, sucherisch (Dominanz der kr. RSe). Die Aktn. der kr. RSe sind inftlsch, verschwommen („gespenstisch“), für sich zu individualen Reihen gruppiert oder an differenziertere Reihen angeschlossen oder in sie eingestreut, vage Verdichtungen im Flusse, „Erscheinungen“-Schein, es dominiert der Umriß, das weite hohle Rund, alles andere „tritt zurück“, das Suchterlebnis, die hneurot. Sehaufgabe ist die Hauptsache, das Einzig-Wesentliche, das „Zentrum des Lebens“, alle andern Erlebnisse, Aufgaben sind hiernach nuanciert und nur insofern beachtlich. Das Suchterlebnis ist eine HASTF-Reihe mit hypertr. Hstadium, das auf das (je spezif.) Ziel gerichtet ist. Das Ziel ist der Gegenstand, auf den die Sucht sich richtet. Jem. sucht z. B. hneurotisch ein Buch: sein Suchen ist ein flüchtiges Umherhuschen-rasen (das man wohl auch „ziellos“ nennt), hastig gleitet das Auge über alle möglichen nur umrißhaft gesehenen Dinge hinweg — in einer normfernen oder normnahen Richtung, d. h. er findet das Buch nicht („suchet, so werdet ihr nicht finden!“), oder er findet es mit zuviel Hungeraufwand (nach abnorm langem, leerläufigem Suchen, mit Drauflosstürzen, Umstürzen von allerlei auf dem Wege liegenden Gegenständen, mit Gewalt und Gepolter usw.), es kann passieren, daß er das gesuchte Buch in der Hand hat und immer noch nach ihm sucht, es in seiner Hast wieder weglegt, ohne zu bemerken, daß es das gesuchte ist, wie die Hneurotiker in ihrer Schusseligkeit überhaupt „gern“ alles Mögliche „verlegen“ und sich dann „halbtot danach suchen“. Ans normale Ziel, zur normalen Befriedigung kommt der Süchtige nie, er muß „ewig“ weitersuchen. Im Einzelfalle ist das Suchterlebnis mehr spezifiziert oder mehr ausgebreitet, verallgemeinert, der eine ist süchtig nach bestimmten Gegenständen, der andere nach „allem möglichen“ — je nach Spezifität, je nach Ausbreitung der Neurose. Pat. erlebt und verhält sich, soweit kr., als Kleinkind, das ja auch überall herumsucht und unablässig forscht, er ist, soweit kr., über diese Frühstufe nicht hinausgewachsen, nur eben hypertrophiert und ausgealtert.

Nach der oben angegebenen Gruppierung der Gegenstände sind folgende Sehsüchte abzugrenzen (diese Abgrenzung gilt auch für die übrigen Sinnesbezirke):

1. Sucht nach dem eignen Leibe, nach Selbstentdeckung, -erforschung, -erkenntnis, nach Lüftung des eignen „Geheimnisses“, nach Anblick „des Inneren“ (der Mundhöhle, der Nase usw. im Spiegel, Neugierde bei Verletzungen, Operationen usw.), nach Anblick gewisser Körperregionen, bes. der verhüllten, verborgenen, aber auch der sichtbaren (im Spiegel, Spiegelzwang), nach Buchten, Öffnungen, Vorsprüngen, dunkeln Stellen (schwarzen, roten, braunen, fleckigen, schmutzigen, Poren, Pickeln, Unreinigkeiten, vermeintl. oder tatsächl. kranken Stellen [eine Art der Hypochondrie]), hellen Stellen (weißen, blassen usw.) usw.

2. Sucht nach aufzunehmenden und ausgeschiedenen Stoffen sowie mit ihnen unmittelbar zusammenhängenden Gegenständen, also Sucht nach dem Anblick von (gewissen) Speisen, Getränken, des einsamen oder gemeinsamen Mahles, des Heimes oder des Gasthauses, des gedeckten Tisches und der Eß-trinkgeräte, der

„Milieus" der Nahrungsaufnahme (nicht erwarten können, bis man hinkommt, mit den Augen den Tisch absuchen usw.), ferner Sucht nach dem Anblick von Exkrementen, des Abortes mit dem geheimnisvollen „Höllenloch" usw.

3. Sucht nach Berufsgegenständen (im weitesten Sinne: Sachen, Pflanzen, Tieren, Menschen): Sucht nach Aufstehen, Zähneputzen, Rasieren, Ankleiden, nach der Küche usw. (Hausfrau), nach dem Arbeitsraum (Mann), nach Lektüre (Büchern, Zeitungen, Briefen), nach Schreiben (flüchtig-fahrige, weitbogige Schrift und Ausdrucksweise), nach Sprechen (hohle, leere Redereien), nach Arbeitsgeräten usw., nach gutem, schlechtem Wetter, Wind und Wolken usw., nach der Umgebung (Himmel, Straße, Garten usw. studieren), nach Staub, Flecken, Rissen in Möbeln usw., nach der Straße, nach dem Weg zur Arbeitsstätte, den Beförderungsmitteln, nach der Ankunft (Ungeduld), nach Begegnung mit den Arbeitsgenossen, nach dem Arbeitsgang und -produkt, nach Lüftung des „Geheimnisses" der Maschine usw., des Tieres, der Menschen im Arbeitsbereich, nach Lohn, Geld und Gut, Stellung, Macht, Größe, Ehre, Titel, nach Neuem in der Nähe und Ferne, nach Herrschaft über „alle" in der Art des Allumschauens, bei dem man „in der Eile" „nichts" sieht, alle Einzelheiten nihiliert, nihilistische Weltschau.

Deutung. Mein (süchtiger) Blick ist die Allmacht, Alldämonie, die alles in ihrem Banne hält und alles, was sich daraus entfernen könnte in die Allheit zurückzaubert. Ich bin nur Auge, ganz Auge, alles andere ist unwichtig, ich bin der Welt-Leuchtturm: Licht über Gemäuer = totem Leib. ICH bin allsichtig, allseherisch, allumfassend, allwissend, allgegenwärtig, ich muß immer alles mit dem allmächtigen Blicke suchen und untersuchen, alles sehen, was geschieht, soweit mein Blick reicht, reicht mein Reich-tum, und da mir nichts entgeht, bin ich der Herr der Welt, der Allherr. Mein Blick erschaut das Allgemeine, das Chaos, die Weltleere, und auch die Individuen (Einzelheiten), die sich im Allgemeinen verdichten, sind nur vergängliche Geschöpfe meines schöpferisch-vernichtenden Blickes, der alles, was ist, in seinem Nichts-All, seiner All-Leere hält. Nur das Umrißhafte ist wichtig, alles andere kommt aus ihm und kehrt in es zurück, aber dies alles sind magische Verwandlungen, bei denen die Materie nur „Form", also unwesentlich, nur Vorderfläche, Fassung, Organ usw. des Dämonischen, des „Dahinter" ist. Indem ich alles sehe, sehe ich nicht-etwas, nichts, stehe immer vis-à-vis de tout = de rien, habe alles und nichts: es ist alles eins und alles nichts, alles ist und alles ist nichts, im Nichts-All ist Alles und Nichts identisch. In mir wohnt, ich bin die Alldämonie, die in allem wirkt, alles mit dem Blick her- und wegzaubert (auch mit Augenöffnen und -schließen), die alles sehend wegsieht, über alles hinwegsieht, — die Gottheit, die immer alles sieht und dabei natürlich niemals etwas sehen kann, die alles gestaltet — entstaltet, die immer alles herausfordert und alles, was selbständig werden möchte, in ihre Allmacht vernichtet. Denn dies wäre das Böse, die Feind-Dämonie, die meine Allsichtigkeit brechen, sich dem Allblick entziehen, mich auf ein Einzelnes fixieren möchte, das Geheimnis, das todfeindlich in und hinter den Dingen lauert und immer von MIR entdeckt und damit entmachtet werden muß, die Tod-Gefahr, die mein vernichtender Blick auslöscht, denn die Gefahr erkennen, heißt: sie überwinden. Das Böse ist das Dunkle, das in allen Ritzen, Ecken und Winkeln, in Taschen, Schubläden, Behältern, Kästen, Schränken, immer im Nebenzimmer hinter der Tür, unterm Bett, im Klosett mit dem unheimlichen Mund-Schlund, in allen Schatten, aber auch in kleinen und kleinsten Fleckchen, Fehlerchen, Rissen, Schmutzteilchen, Höhlen inmitten des Hellen, auch am Leibe, an andern Leibern usw., kurz überall sich versteckt, meinem vernichtenden Allblick aber nicht entgeht. Es kann sich auch in Veränderungen, Bewegungen usw. auswirken, und so muß ich immer alles beobachten, kontrollieren, mit meinem Gottesauge, meinem magischen Blick umfangen. Aber auch das Helle kann das Böse sein, Dunkel kann sich in Hell, Nacht in Tag, Finsternis in Licht, verwandeln, das Böse sich als Gutes tarnen — also muß ICH auch das Helle immer in meinem Allblick halten und in die All-Leere einvernichten. Kann nicht mein Blick, der alles vernicht(s)et, der Todesblick, mein Auge das Teufelsauge sein, den Tod (Todesstrahlen) in die Welt senden, alles Leben auslöschen? Dann müßte mein Ich (Wille, Oberdämon) meinen Blick beherrschen — aber gelingt das? Ist das Leben MIR dem Tode feind — oder der Tod MIR dem Leben feind? Sind die Dinge nicht schon eigenlebig, selbständig geworden, indem sie sich regen, bilden? Fordern sie mich heraus oder ich sie, bannen sie mich oder ich sie, bin ich noch sehend angesichts der Weltleere, als Nichts-seher, ist das Nichts-sehen das wahre Sehen, bin ich der All-Seher, indem ich nichts sehe — — und doch alles? oder hat mich die Feind-Dämonie mit ihrem Blicke-Anblicke geblendet, so daß ich sehend nichts sehe, bin ich nun blind, vernichtet? oder bin ICH erst vollkommen, indem alles Einzelne in das Nichts-All meiner Weltschau eingegangen ist? ICH sehe dem Tode, aber auch dem Leben (provokant) ins Auge: wer den Anblick des Todes und des Lebens, Gottes und Teufels überhaupt des Dämonischen aushalten kann, ist mächtiger als das Angeschaute, das er anschauend entmachtet, ist die Allmacht selber.

Mein Allblick setzt den übrigen Leib als seinen Diener in Bewegung: ich muß überall hinlaufen, um überall nachzusehen, nach dem „Rechten“ und „Unrechten“ zu sehen, fest-stellen, wo „der Teufel los ist“, Unglück und Glück passiert (wobei das Glück auch Unglück und umgekehrt sein kann), und alles zu nichte schauen, ins Nichts-All aus- und eingleichen. Ich muß die Augen überall haben. Ich muß hochgemut in den Keller, in die Nacht, über den verrufenen Kreuzweg, über den Friedhof (zur Geisterstunde noch dazu!) gehen, ein Liedchen trällern, pfeifen, als ob mich der ganze Spuk gar nichts an-ginge; dann geht er mich auch nicht(s) an. Ich schaue das große Dunkel, das Schicksal in der schwarzen Wolke, im Baum, im Wasser, den Tod, der hinter jeder Haustür lauert (Haus als Riesendämon schluckt die Seelen auf, man sieht sie durch die Fenster gucken, die dunkeln Menschengestalten, böse-oder gute Schemen?), das schwarze Pferd, den schwarzen Pudel, das Ungeheuer Maschine (z. B. Herd, Lokomotive mit Hölle und schwarzen Männern) usw., und mein Blick bannt den Zauber, so daß mir, aber auch den andern nichts geschieht, ICH die Welt erlöse. ICH muß immer alles suchen, da „die Tücke des Objekts“ gerade das, was ich suche, „verlegt“, mir entziehen will; ich muß es finden um jeden Preis und dann mit meinem Blick, auch wohl mit meiner Hand, mit meinem Fuß vernichten (vgl. „Auch Einer“ von F. Th. Vischer), auch wohl das Gefundene achtlos beiseite tun, denn es handelt sich ja nur um das Suchen, um den Blickzauber, nicht um das Finden und Verwenden (im norm. Sinne). ICH leuchte mit meinen Blicken alle N ä h e und alle F e r n e ab, und es genügt mir nicht der eine Horizont: ich banne alle Nähe und alle Ferne, alle Horizonte, alle Höhen und Tiefen, alle Gefahren, die vor meinem Blicke flüchten wollen und die ich brutal herausfordere und vernichtse. Und niemals finde ich bei aller Heimsucht heim. Die Zukunft, die Ewigkeit sehe ich voraus und halte sie in meinem Bann. ICH der Zeit-, Raumlose, die Vorsehung. Die S o n n e erträgt mein Blick: ich schaue kühn das Auge Gottes an, bis es in mein Auge (in Form vieler bunter Sonnenkinder) übergegangen ist, in mein Auge sich verwandelt hat — oder hat es mich geblendet, getötet, vernichtet, mich den blinden Seher? doch treibe ich den Todeszauber wieder aus dem Auge, die Schwärze weicht vor meiner Allmacht. Dem Blitz, dem vom Himmel fallenden Feuerengel, dem Zorn Gottes halte ich tollkühn stand. Ich muß immer den Tod sehen: den schwarzen Fleck, der mir im Auge hockt und den ich in die Welt setze: die Todesgottheit oder die Lebensgottheit, die den Schwarzen bannt, unschädlich macht. Das Schwarze ist der Tod, aber auch das Rote: es ist die Höllenfarbe, das dunkelrot-schwärzliche, aber auch das scharlachrote F e u e r ist das Höllenfeuer, ich muß es überall suchen und bannen, auch selbst beschwören, zündeln, Feuer anstecken und auslöschen, Brand stiften und dann zusehen, wie mein Feuer alles vernichtet: da bin ich der Satan oder der Gott, der das Feuer herbeiruft (wie Wotan den Loke, die Waberlohe) und es in sich selbst verbrennt; das Höllenfeuer reinigt als Fegefeuer alle Sünder und Sünden, so ist auch mein „Brennenlassen" die Erlösungstat, mein Feuer ist das Feuer schlechthin, in dem die Welt untergeht und somit erlöst wird, ICH bin der Herr des göttlich-teuflischen Feuers, der Welt.

Ich muß alle Zeitungen, alle Bücher verschlingen, die Briefe überfliegen, über die Worte und Zeilen, über die Buchrücken, deren jeder mich vergeblich festzuhalten, zu fesseln sucht, dahinhuschen, anfangend schon fertig sein, des „Dazwischen" überspringen (totum habet, qui coepit), so lese ich alles und — nichts, denn ich weiß nicht, was ich gelesen habe, habe nur einen ungefähren Eindruck, Titel, Überschrift, Name des Verfassers genügen: hierin ist ja doch der ganze Text enthalten (gewissen Kritikastern ins Stammbuch!); andere rühmen das „Überfliegen" als „gründliches Studium" und glauben wohl selber an die Richtigkeit dieser falschen Meinung. Ich habe schon als Kind das Geheimnis des Wortes zu ergründen versucht: „was" ist das Wort, warum lautet es so, wie es lautet, warum nennt man dieses Ding so und jenes anders? was ist der Name? usw. Ding wandelt sich in Wort, so „ist" das Wort das Ding und verwandelt sich in alle andern Wörter, wie sich alle Dinge in einander verwandeln. Ein Wort, ja ein Buchstabe, ein Laut „enthält" alle Wörter — wozu brauche ich das Vielerlei zu lernen, wenn es doch im Urlaut „beschlossen liegt"? Ich kann lesen, wenn ich nur einen Buchstaben lesen kann, ich sehe einen Strich „Eins" genannt und kann zählen, rechnen usw.: alles ist schon im Anfang, im Nichts (= Noch-nicht-eins). Ich sehe beim Lesen nur den Anfangsbuchstaben der Wörter, das übrige wird geschätzt, und manchmal ist die Schätzung richtig, aber es kommt ja nicht aufs „richtige Lesen" an, sondern auf die magische Vernichtung des großen Drachenkopfes und so auch seines Körpers und Schweifes hintendran, das Wort = gespenstisches Ungetüm, Rätselwesen, das sich immer in ein anderes verwandelt und doch dasselbe bleibt, Lücken dazwischen sind die Unterbrechungen meines Zaubers, somit das Nichts, der Tod, dem ich ins Auge schaue, den ich mit hastigem Drüberhin auslösche, — oder ist das Wortgespenst (bes. das fremde) der Tod, der vom weißen Leben aufgeschluckt wird und so vergeht? — Ich muß immer schreiben, alles aufschreiben, notieren, fixieren, daß meinem All nichts verloren gehe, sonst wäre das All verloren. Mit der Notiz ist das Notierte in meiner Allgewalt, ich kann es (den Zettel usw.) dann beiseite werfen, es ist ja schon wieder etwas zu notieren usf. Ich muß unleserlich (wer z. B. meinen Namen lesen kann, hat mich in seiner Gewalt), hastig schreiben (Geheimschrift), mehr malen-zeichnen als schreiben, in großen leeren Rundungen *), die schon die ganze Seite füllen, so daß alles und nichts draufsteht, die auch alles und nichts mitteilen (allgemeine Redewendungen und im Allgemeinen schwimmendes Angedeutet-Einzelnes, auch „großzügige Pläne", „weltweite Entwürfe" ohne Substanz usw.). Schon als Kind malte ich mit Vorliebe Rundes und habe eigtl. nie recht schreiben gelernt. Ich der Weltarchitekt zeichne immer nur die allgemeinen Grundlinien des Bauens, die ich erst entdeckt habe, die Kleinarbeit ist mir unmöglich, dazu habe ich keine Zeit, ich gebe nur den Grundriß an; als Kind habe ich Kontinente und Welten gemalt und mit einem Federstrich vernichtet, so bin ich noch jetzt Schöpfer-Vernichter, meine Gegner nennen meine Bauweise simpel, einfältig, einlinig, langweilig, sie sind Knirpse, mein neuer Stil ist der ewige Stil, nach dem die Welt gebaut ist.

Der Mensch ist „mein Rätsel", das Welträtsel schon immer gewesen: ich kann mich beliebig verwandeln, immer ein anderer sein (Grimasse, Haltung, Stimme, Kleider usw.), bin „der Schau-Spieler", mein Blick umfaßt die Masken, die Larven, hinter denen das Geheimnis wohnt, es kommt ja nicht darauf an, den physischen Menschen kennen zu lernen, sondern seine Seele, seinen Geist, seine Dämonie zu erforschen und so zu bannen. Ich schaue bes. der autoritär erlebten Person (Mutter-Vater-Nachfolge-Verwandlung) kühn ins Auge; es ist ein Hexen- oder Feenauge, ein dunkles, braunes, rotes, grünes Teufels-, ein helles, blaues Gottesauge, ein böses oder gutes Auge — aber auch die Hexe kann verführerisch „fromme Augen machen": ich banne den feindlichen Blick — oder bannt er mich, da ich ihn anschauen muß? Der rote Mund, die schwarze Mundhöhle und alle andern dunkeln Stellen, bes. die unteren, die verhüllten sind höllisch, aber auch die weißen, unverhüllten sind vielleicht höllisch, verführerisch — oder doch himmlisch? Ich muß (wie das Kleinkind) die Geheimnisse der menschlichen Verrichtungen (aller Art, z. B. essen, trinken, kacken, pissen, arbeiten usw. usw.) erschauen, die Menschen offen oder heimlich (aus einem Versteck) beobachten (trophisches Voyeurtum), auch mich selber beobachten und beobachten lassen, mich zur Schau stellen, produzieren, demonstrieren (troph. Exhibitionismus, „Ungeniertheit"): „das Geheimnis" ist eines, „das Dahinter", das Dämonische bei mir, bei den andern in magischer Identität-Verwandlung, es offenbart sich und bleibt dennoch Geheimnis, nach dem man ewig forschen muß und das dennoch ewig unerforscht, unerforschlich bleibt, ICH kann-muß das Geheimnis sehen-

*) Vgl. 1. Bd. S. 347—358.

bannen, bin selber Träger des Geheimnisses (seht nur her!), der Allmacht-Alldämonie, die sich in allen Verrichtungen offenbart, ohne sich zu offenbaren, geheimnisvoll am lichten Tag. Ist Schönheit, Reinheit himmlisch, Häßlichkeit, Schmutzigkeit höllisch? — oder umgekehrt (Schönheit verführt zum Wohlgefallen am Irdischen, also Bösen, aber Häßlichkeit stößt vom Irdischen, Weltlichen ab)? Ich halte mich krumm und schief, schlampig und dreckig, mache mich häßlich, nehme die Häßlichkeit auf mich, erscheine als Hexe, darunter bin ich die reine Schönheit, eine Heilige. Ich gehe ganz in meinem Berufe als Kosmetikerin auf; Kosmetik — das ist eigentlich Kosmik, ist eigentlich kein Beruf, sondern eine Mission: der Leib, die Welt ist an sich häßlich, nur verbirgt sich manchmal die immanente Häßlichkeit hinter-in einer unechten Schönheit, erscheint die Hexe als Engel, der Satan als Adonis; ICH die Maja-Magierin bin berufen, das Häßliche überall zu suchen und mit meinen Zaubermitteln zu bannen. Ich umschaue das alles, sehe durch die Kleider hindurch usw. und vernichte alles in das Nichts-Allein, in das allschöpferische-vernichtende Chaos. Erhaben überschaue ich das Leibliche-Fleischliche-Weltliche — so ist es nichtig, nichts, sein Zauber gebannt. Mich selbst studiere ich im Spiegel, jenem Zauberer, der die Seelen anlockt und festhält und dessen Zauber ich dadurch vernichte, daß ich ihn herausfordernd anschaue, ihn zwinge, mich (Miene, Grimasse, Aussehen) sklavisch nachzuahmen, meine (tote oder lebendige?) Seele freizugeben; so ist seine Macht gebrochen und kann er, mag er auch überall lauern, niemand mehr die Seele rauben. — Ich banne die Dämonie mit den Worten, die ich an jeden gerichtet denke: Auch nur ein Mensch! Ich sehe eine Leiche: es soll nicht wahr sein! so ist der Tod, ist die tote Seele gebannt, mein geblieben; aber ich muß weinen: Zauber des Todes, Tränen Opfer an den Tod, somit Überwindung des Todes. Mich interessiert nur „das Innere", ich muß als Arzt, als Chirurg das Geheimnis der Leibeshöhle lüften, schauen, was „dahinter" ist, und immer wieder (Serie, Periodik der kr. RSe) schauen, und wenn ich nichts anderes finde als wieder Oberfläche, weiter forschen, vielleicht daß ich doch mal „dahinter komme" (Operationssucht), denn der Mensch ist nicht nur Leib, aber die Dämonie entzieht sich mir — oder treibe ich sie aus, wie ich den Krankheitsdämon austreibe? Ich muß meinen Leib unablässig nach (vermeintlichen oder tatsächlichen) Fehlern, Übeln, Makeln, Krankheitszeichen absuchen und die gefundenen Stellen eingehendst betrachten und bedenken: so banne ich den Tod, der sich in Form der „bösen Stelle" eingenistet hat, den ich für alle übernommen habe und nicht entbehren kann (Krankheitssucht, Art der Hypochondrie), ich kann auch drüberhinsehen und so bannen, „die Krankheit" übersehen, „vernichtsen", ihre Dämonie auslöschen, ich muß meine (vermeintliche oder tatsächliche) Krankheit „pflegen", darf sie nicht hergeben, sie ist ja der dämon. Kampfpartner, ich muß sie ängstlich geheimhalten, ich muß von Arzt zu Arzt laufen, um mir zu bestätigen, daß ich unheilbar bin und somit „alle Krankheit" trage und ertrage, Gott-Heiland gegen Teufel.

Ich muß immer die Menge sehen, das Ganze, alles in einem, das Chaos, aus dem ich die Verdichtungen „Mensch" schaffend vernichte, das mein Blick umfängt und beherrscht (Mengen-, Versammlungssucht). Nicht die Einzelwesen sehe ich, sondern die Masse Mensch, das Allgemein-Menschliche, so bin ich Herr aller Gestaltungen und muß sie im Keime entstalten, da sie sich dem Nichts-All zu entziehen und es zu vernichten trachten; der und das Einzelne ist mein Tod-Feind. Ich muß die Masse immer um mich haben, ICH der Alleine-Einzige und doch eingeschmolzen ins Allgemeine, die Masse selber (Individualist-Kollektivist, „Seelenfänger", Menschensammler [„Von nun an lasset uns Menschen fahen!"], religiöse, politische usw. Fanatiker, Sektierer, Tyrannen: „Alle müssen kommen, keiner darf fehlen, ich verheiße die ewige Seligkeit, ich bin der Gottgesandte, Gottvertreter, alle müssen das glauben, somit also, weil ich das bin, hat die Welt an mich zu glauben zu ihrer Erlösung von allem Übel, von Sünde und Schuld, Knechtschaft und Not, von allem Falschen, Bösen, Häßlichen, das freilich auch alles Richtige, Gute, Schöne sein kann: Erlösung ist eben Vernichtung, bin ich da nicht der Teufelsgesandte? Tod-Teufel als Erlöser). Ich muß immer rastlos unterwegs sein, die Menschen zu suchen und besuchen, keinen auszulassen, aber auch daheim bin ich — mindestens in Gedanken — immer unterwegs, ewig unruhig, in Saus und Braus, Tag und Nacht in Fahrt, in Weltfahrt (Weiten-, Fernsucht), meine Umgebung ist die Welt, magische Präsentanz und Elite der Menschheit, die Menschheit selbst, sie ist immer um mich, auch fern von der Menge bin ich doch bei ihr, bin allgegenwärtig, bin ja sie selbst, auch die weite einsame Leere um mich ist das All, genau so chaotisch wie die Masse Mensch — und genau so in meinem Banne. Ich muß alle-alles unter meine(n) Hut bringen-zwingen. Alle müssen mich anbeten, aber sie dürfen mich nicht in meiner „eigentlichen" Jenseitigkeit erkennen (sonst wäre sie dahin), sondern nur als Gottgesandten, Christus redivivus, der also auch Mensch, quasi ihresgleichen — und doch unendlich erhaben ist über sie, — mein ewiges Geheimnis: „ICH" als Doppelwesen jenseitig und diesseitig, absolut und gebunden, weltfern und in der Welt, Schöpfer und Geschöpf, Zuschauer und Akteur, Gott und Mensch, Seele-Geist und Leib „zugleich"? Wenn ICH sage von mir: Gottgesandter, meine ich in Wahrheit insgeheim: Gott selber (wie? oder Teufel?) — und das meinen auch meine Anhänger (weh ihnen, wenn sie es nicht glaubten, dann wäre ja ihr Glaube und somit meine Mission, meine Göttlichkeit, meine dämonische Existenz dahin!), aber sie dürfen es niemand sagen, obwohl es — alle glauben sollen. Wer aber nicht an mich glaubt (nicht für mich ist), ist mein Tod-Feind (wider mich), der Welt-Feind und muß magisch und-oder praktisch („willst du nicht mein Bruder sein, so schlag' ich dir den Schädel ein") ausgelöscht werden; so muß jede Persönlichkeit gesucht und vernichtet, ins Nichts-All eingeebnet werden. Wer mich anzusehen wagt, vergeht sich und vergeht; wer aber meinen Blick-Anblick erträgt, hat mich entmachtet, — so darf mich niemand ansehen, und doch bin ich der All-Angesehene: ich muß meine Alldämonie verbergen, um sie zu erhalten, — aber ICH bin doch die Alldämonie selber — und wie kann ich sie verbergen, da sie doch immer wirkt? Alle müssen MIR alles (freiwillig-gezwungen) opfern: ich sehe, also habe alle und alles, ich nehme und gebe in meiner Allmacht, mein Wille ist Gottes-Teufelswille, Schicksalswille, der alles Wollen, alle Willen umfaßt und jede Spur von (auch nur gedachten) Gegenwillen vernichtet, der alles und nichts fordert, der will und zugleich nichtwill („muß"). So bin ich der Allherr, aber da ich doch überall und nirgends bin, nie und immer allein bin, an allen und allem vorüberrase, immer nach Neuem ausschaue (das aber nur das wiedererstandene Alte ist), habe ich da überhaupt einen Getreuen, einen einzigen, den ich näher an mich herankommen lassen darf, nicht in weiter Distanz halten muß, dem ich vertrauen darf (vgl. Jesus-Petrus), der mir einmal die Wahrheit sagt? — aber wehe dem, der das wagte: denn ICH allein bin die Wahrheit, und niemand kennt sie außer mir. Und die Alldämonie ist empfindlich wie eine Seifenblase, mehr noch: allempfindlich. So habe ich nur Kreaturen um mich, sie gehorchen blind meinen Befehlen, aber den Befehl an sie, doch einmal nicht Kreatur, sondern „sie selbst" zu sein, können „die Nichtse" weder verstehen noch befolgen — und ich d a r f ihn auch gar nicht geben: meine Allmacht wäre dahin, aber ist sie nicht in eben dieser Machtlosigkeit dahin, ist meine absolute Macht nicht die absolute Ohnmacht, wenn sie doch nicht vermag (wer hindert sie?), das Wort zu sprechen, das mich den Erlöser aus dem Erlösertum erlösen könnte: das Wort ecce homo! (Vgl. Philipp-Posa usw.) Allherr und Nichtsherr, der blinde Seher, der gebannte Banner, der sklavische Tyrann, der ewig verfolgte Verfolger, der in der Unruhe Ruhende und in der Ruhe Unruhige, der ewige Wanderer, der nicht hat, wo er sein Haupt hinlege (d. h. keinen Eigenbesitz hat, also alles und nichts besitzt), Wotan, Ahasverus, Chidher, der fliegende Holländer — Gott oder Teufel — oder beides in einem? Wie könnte es für mich Erlösung (Hilfe, Heilung) geben?

Die Menschensucht ist eine Art der Sammelsucht (Sammelwut, Hamsterei) wie die Sucht, Briefmarken, Bücher,*) Steine, alte Brotrinden, rostige Nägel, Zettel, Hosenknöpfe usw., alles Mögliche (mit Logifizierungen wie: „man kann alles mal gebrauchen") zu sammeln. So auch die Geld-, Hab-, Ehr-, Titel-, Machtsucht usw. Die Besitzsucht vollzieht sich je nach der Reflexstruktur in brutaler („geht über Leichen"), listig-hinterlistiger, gaunerischer, betrügerischer usw. Methode oder als muskuläre Geschicklichkeit (Diebstahl, Einbruch) oder Gewalttätigkeit (Raub, Usurpierung, Mord[sucht] — auch mit pseudolegaler „Begründung", Selbstrechtfertigung), mehr in Worten oder mehr in Taten, mehr mit Beteiligung der Begrifflichkeit (hierher: Intelligenzverbrecher) oder der Gefühle (hierher: Triebverbrecher**). Die Sucht ist die Alldämonie, die mich treibt („es kommt über mich, ich kann nicht anders"), immer darauf zu achten, daß meinem Allblick-Allbesitz nichts entgeht, nichts liegen bleibt, nichts aus den Augen rutscht usw., und gerade das, worauf die Sucht sich richtet, mag es den andern auch wertlos erscheinen („materieller" Wert unwesentlich, bes. bei Kleptomanie), ist das, was dem Allbesitz fehlen und ihn somit überhaupt vernichten würde, ich muß also „die Siegestrophäe" (vgl. primit. Pubertätsproben) erhaschen um jeden Preis und so die Feind-Dämonie vernichten, dann die Beute verschenken, verschleudern, achtlos beiseite (ins Depot der Tasche, des Schubfaches, des Strumpfes, der Bank, des Hehlers) legen und als nichtvorhanden betrachten bzw. in Angst vor der Entdeckung sie und mich verstecken, unkenntlich machen — und im Zweifel bleiben, ob ich nun alles oder nichts besitze. Auch der Verschwender besitzt alles und nichts, hat auch nicht Mein und Dein unterscheiden gelernt und nihiliert die unklar auftretenden Unterschiede: dem All-Nichtsbesitzer (Kleinkind) ist

*) H. M., 35 J., Junggeselle. „mit Leib und Seele" Bibliothekar. „Sein Geist schwelgte schon in Vorstellungen von gelblichem, dickem, stockfleckigem Papier mit altersgebräunten Schriftzeichen bedeckt — mit jenen Schriftzeichen, die wie lodernde Feuerzeichen magisch durch die Nacht der Jahrhunderte flammten. Er spürte in diesem Augenblick wieder die ungeheure Lust, die ihn im tiefsten an seinen Beruf fesselte: die Lust, den Kampf gegen die Vergänglichkeit aufzunehmen, dem alles verschlingenden Tode in den Rachen zu greifen, das Meer der Vergessenheit einzudämmen, . . . Dämme zu ziehen gegen die nagende Flut des Styx, gegen die schwarzen Wasser des Stromes, der alles Gewesene schweigend in die Gestaltlosigkeit hinabschlingt, das war seine Aufgabe, sein Werk." (Günther Sawatzki, Die verschollenen Briefe, Scherl-Verlag, 1942). Deutungen eines spezifizierten Fanatismus, also blanker Unsinn.

**) Vgl. meine Aufsätze „Zur Psychobiologie des Verbrechers" im Arch. f. Kriminol. 1927 Bd. 81 H. 4, 1928 Bd. 84 H. 2/3.

es gleich-gültig, wem etwas gehört, alles gehört IHM und nichts, so kann er auch über alles verfügen, es gehen ja nur Verwandlungen in seiner Allmacht vor sich, er kann also auch beliebig Schulden machen, ja er muß es zum Beweise seines Allbesitzes, er verfügt, wie ER will, er kann auch Urkunden, Wechsel usw. fälschen, d. h. im Namen des Vaters (der ja auch der seine ist, den er unzählige Male „nach-gemacht“ hat, dessen Dämonie er übernimmt) oder einer andern Person (alles eins, Namen nur Verwandlungen derselben Dämonie) unterschreiben (Unterschrift spielen wie das Kleinkind, mal sehen, ob der Feind-Dämon etwas merkt, das Schicksal herausfordern, so schon entmachten) usw. — Dem Fehlersüchtigen darf kein Fehler entgehen, da an der absoluten Fehlerlosigkeit auch kein Fehler fehlen darf, und es muß zweifelhaft bleiben, ob er alle Fehler (magisch) vernichtet, also fehlerfrei (Gott, Gottgesandter, Heiliger) ist oder alle Fehler „übernimmt“, also alle Fehler „hat“ (Teufel, Teufelskind ist), jedenfalls gehört zur absoluten Vollkommenheit = Chaotik alles Richtige und alles Falsche (Gott muß auch alle Fehler machen können — als der Allmächtige, aber was er auch tut, ist wohlgetan). Nachnahmesucht: alles sofort absolut genau nachmachen (vgl. Mali-Mali der Tagalen, Latah der Malaien) und so die Dämonie des autoritär erlebten Vormachers (Gottes-Teufels) übernehmen, auslöschen. Usw. Gleicherart die Deutung aller Süchte.

β. Sensor. Ohrhungertrophose.

Funkt. Hypertr. (vw.) von sensor. akustischen HRSen. Hörsucht, Zwangshören als unruhiges Herumhören, Herumlauschen, oberflächlich, in Umrissen hören, ohne „den Kern zu erfassen“, alles überhören und dabei vieles überhören (d. h. nicht bemerken), hinhören und akustisch schon wieder wo anders sein, alles und nichts hören, fehlhören — kurz in der Art hören, wie unter α vom Sehen beschrieben. Ohrensausen als akultisches Chaos, Ur-geräusch, das die Einzelgeräusche usw. abfiltriert. Dazu auch hastiges Herumlaufen, immer und überall dabei sein, wo es was zu hören gibt, allen Klatsch aufschnappen, aber ungenau, „nur so im allgemeinen“, zwanghaft ins Theater, zu Vorträgen usw. rennen, zu bestimmten oder zu „allen möglichen“. Hörsucht spezialisiert oder verallgemeinert: Geräusch-, Ton-Klang-, Wort-, Redesucht.

Deutung wie unter α, für „sehen“, „Sehding“ ist „hören“, „Hörding“ zu setzen. Es kommt nicht auf die (physische) Tatsächlichkeit, sondern auf die Dämonie des Hörens und des Gehörten an, also darauf, hörend das Gehörte zu entzaubern, damit im Nichts-All zu halten, die Allmacht zu wahren. Das hohle, leere, umrißhafte, umfassende Akustische ist das Wesentliche, alles andere (auch das Optische usw.) ist nur seine magische Verwandlung und nur insofern beachtlich. Das (süchtige) Hören ist die Allmacht, Alldämonie, die alles in ihrem Banne hält, alles schaffend vernichtet und vernichtend schafft, und was sich daraus entfernen möchte, verfolgt und damit zunichte macht. Alles Einzelne, was sich aus dem allgemeinen Rauschen, Sausen, Wispern, Tönen, Klingen, auch dem (unartikulierten) Dahinfließen der menschlichen Stimme und Sprache, des Redestromes herauszuheben beginnt, wird sofort eingeebnet, ertränkt, ins akustische Nichts-All gezaubert. Aber hat nicht schon das Einzelne, indem es keimt, meine Allmacht zerbrochen? Auch hier ist das Einzelne der Todfeind des All. Fordern mich die Geräusche heraus — oder fordere ich sie heraus, bannen sie mich — oder banne ich sie, sind sie Zaubermächte, die meine Hörsucht, d. h. meine Eigendämonie wecken und sich so selber in ihr aufheben, untergehen? Gespenstisch huschen sie dahin, sind hie und da und überall und schon wieder verschwunden, sie treiben ihr Spiel mit mir, aber nichts entgeht mir, ich habe die Ohren überall, bin „ganz Ohr“, allhörig, allgegenwärtig, und es ist mein Zauber, daß das immer wieder Erlauschte immer wieder fest-gestellt ist und verschwindet, still, zunichte wird, ins Chaos eingeht. Ich höre nur, um das Gehörte wegzuhören, seine Dämonie auszulöschen. Ich höre fremde Worte im Schutze meines Chaos. So fühle ich mich am wohlsten (soweit von Wohlbefinden bei mir überhaupt die Rede sein kann) im diffusen Rauschen-Sausen des Waldes, des Meeres, des Bächleins, des Windes, in dem gleichmäßig dahinschwebenden Chaos, das alles und nichts ist und das nicht unterbrochen werden darf, ohne daß ich den Feind sofort er-höre und damit auslösche. Ich kann ohne den rauschenden, tosenden, stürmischen Beifall der Menge nicht leben und erzaubere ihn mir immer wieder mit allen Mitteln (Suggestion, Gaukelei, Verheißungen, Klaque, Zwangsmethoden usw.), „mache“ den bestellten zum „freiwilligen“, den unechten zum „echten“, alle Welt muß mir zustimmen, was immer ich sage und tue: MIR dem Unfehlbaren, dem Einzigen-Einmaligen, Absoluten, — der doch geheimnisvoll mit der Menge eins ist, so daß es zweifelhaft bleibt, ob der Beifall „ihr“ oder durch sie „mein“ Beifall ist, ob die Fremdanbetung nicht Selbstanbetung ist; jedenfalls darf sich niemand ausschließen, sonst wäre meine Dämonie, mein Glaube an mich als den Welterlöser verletzt-vernichtet. Das Hörchaos kann sich bis zur Stille abdunkeln, auch die Stille ist hörbar, z. B. nachts, da muß ich immer lauschen und wohl darauf achten, daß ich störende Geräuschgeister sogleich fest-stelle und so entmachte (dabei freilich schlafe ich nicht, ich wache für die andern, die nicht in der Lage wären, mit den Gespenstern fertig zu werden, nur ICH kann die Dämonen bannen). ICH der Allhörer bringe immer alle Geräusche (usw.) zur Ruhe, freilich zur ewig unruhigen Ruhe, die eben die Allmacht ist.

Ob die Geräusche Lebens- oder Todes-, Gottes- oder Teufelsmächte sind, und welche dies, welche jenes sind, bleibt fraglich; ich muß sie alle ins Nichts-All bannen. Sie können sich in Optisches verwandeln, im Sehding geheimnisvoll wohnen, aus ihm wieder herausgehen und hörbar werden, und auch im Optischen ist gut und böse nicht sicher zu sondern: alles kann gut, alles böse sein, und so können auch alle Geräusche usw. gut oder böse sein und gut sich in böse, z. B. reine in unreine, helle in dunkle, weiche in harte Geräusche und umgekehrt verwandeln, d. h. das Gute kann sich in böse, das Böse in gute Form maskieren, das Gute (Göttliche, Leben) wie das Böse (Teuflische, Tod) kann in gleicher Form hörbar sein; so auch Töne, Klänge, Worte (gute, böse, Segens-, Fluchworte, Verwünschungen, verführerische, warnende usw.). Wirkt mein Hörzauber in den Sehdingen — oder ist da je ein Eigenzauber „Geräusch" usw., den ich herausfordern muß oder der mich zwingt, auf ihn zu hören? Sind alle Geräusche meine — oder gibt es auch Fremddämonen, die ich hörend banne? Ich mache ja auch Geräusche, ich kann auch aus andern Wesen Geräusche hervorrufen, sie aber auch stillen, zu nichte machen, ihre Dämonie übernehmen dadurch, daß ich die Sehdinge anfasse (sozusagen entlade) oder „dasselbe" Geräusch sofort nachmache, so daß es mein wird und schon ist, oder indem ich das Gegengeräusch mache, das jenes auslöscht, z. B. an Lautheit übertrumpft, oder Schweigen gebiete oder den Fiedelbogen absetze usw. So muß ich immer hinter den inneren Geräuschen, z. B. dem Herzklopfen, dem Darmgurren usw. her sein, sie sind Gespenster (Leben, Tod?), die ich in mich hineinhorchend banne, vernichte, ich kann die Bauchdämonen auch gewaltig austreiben (Flatus, Flatulenz). Außen treiben die Klopfgeister ihr Wesen-Unwesen, ich muß immer erhorchen, wo „es klopft", dann sofort haargenau oder „genau gedacht-gemacht" gegenklopfen, abklopfen (dreimal), selber Klopfgeist sein, alles Klopfen, Knistern, Klappern, Klingeln, Klirren, Krachen, Krächzen, Pfeifen, Heulen (des Windes) usw. verfolgen, mit- und nachmachen, und hörend usw. vernichten, die gespenstischen Wesen aus der Welt in mein Nichts-All schaffen.

Die Töne und Klänge, auf die meine Sucht sich richtet, sich solche, die aus dem allgemeinen Tönen heraus selbständig werden wollen, mein Allhören aufheben wollen, also von mir erhorcht, erlauscht und damit vernichtet werden müssen. Sie sind „Stimmen" toter oder lebender Geister, Stimmen Gottes oder Teufels, gute oder böse, die sich auch in einander verwandeln oder maskieren können, allesamt Verwandlungen des „Urtones", die in allen möglichen Dingen hausen und deren keine den Allbereich „Urton" (Klangchaos) verlassen darf. Besonders sind die Stimmen der Menschen zu erhorchen: ich höre meine Stimme und andere Stimmen, aber auch die Fremdstimmen müssen in meinem Hörbereich bleiben — sind sie da nicht doch meine Stimmen, Verwandlungen nur in meiner Hör-Allmacht? Die Worte schmähen und loben, drohen und beruhigen usw. — all das wird ins Nichts-All eingeglichen, nihiliert. Es sind auch Stimmen, die andere nicht hören (Halluzinationen), auch solche, die in meinem Kopfe dahinhuschen, aus ihm hinaus- oder in ihm hineingehen (Wortbegriffe, Gedanken bzw. gegenständl. akust. Reihen), oft stereotype Formeln, z. B. „jetzt mußt du sterben" usw.: ich muß sie alle beherrschen. Die Wortgebilde müssen ins Wortchaos untergehen-verfließen wie die Wellen im Meer. Ich höre jem. lachen, es fällt mir auf, ist auffällig, es gilt mir, der Lacher lacht über mich (oder lache ich durch ihn über mich?), ich stelle ihn scharf zur Rede, lehne seine Antwort: „Aber ich habe Sie ja gar nicht gemeint!" als feige Ausrede energisch ab (Beziehungswahn). Meine Stimme ist die Allstimme, mein Wort das Allwort, es zaubert Wesen her und weg, beschwört die Geister, zwingt den Benannten zu erscheinen, bannt die Krankheitsdämonen (Heilandswort), wie ich spreche, so geschieht es usw. Ich kann, ja muß alles-nichts versprechen, mit dem Versprechen ist schon alles-nichts getan, beim Wort darf mich niemand nehmen, wer könnte die Gottheit festlegen, zur Rede stellen! Es darf keine noch so leise Gegenstimme geben; wo sie aufzukommen droht, wird sie im Keime erstickt. Ich benutze auch andere Ohren, die doch meine Ohren sind: Spitzel, Zuträger, Spione, um selbst ein Flüstern über = gegen mich zu hören, über alles orientiert zu sein und so die Feind-Dämonie zu vernichten. Ich muß immer dem Wort des andern zuvorkommen („zuvorkommend sein"), hastig, überstürzt, pausenlos (ohne Atempause, S. 234), hemmungslos drauflos- und dazwischenreden, allen über den Mund fahren, vor-laut den Ton angeben, von dem das Wort, der Ton der andern nur das Echo (mag. Verwdlg.) ist. Ich „lasse" den andern (die autoritär erlebte Person) sich dreimal wiederholen, dann habe ich ihn genötigt, warten lassen, er gehorcht mir, ich bin sein Herr (vgl. Mephisto zu Faust: „Du mußt es dreimal sagen"); Pat. tut, als ob er einen Auftrag nicht gehört hätte, oder wirft ein anderes Thema dazwischen usw.

Die Rede (S. 384) ist in der Tat nur „erwachsene Lallsprache", Geplapper, Geschwätz, Gemeinplatz, Wortschwall, weitschweifig, leer, hohl, um den Kern, die Einzelheiten herumspringend, nichts- und damit allessagend, Redensarten, mit denen die Hörer „besoffen gemacht werden", für Pat. ist seine Rederei übermenschliche Weisheit, niemand darf widersprechen, niemand darf zu Worte kommen, es sei denn, ICH spreche aus ihm (Dialog mit sich selber, Monolog zu zweit). Im Chaotischen gibt es noch nicht Wahrheit und Unwahrheit, Richtig und Falsch, Gut und Böse, Schön und Häßlich: alles schwimmt in einem; so ist alle Wahrheit unwahrheitlich, alle Lüge wahrheitlich, man kann das gar nicht unterscheiden, der Wahrheitsfanatiker (Gott) verfolgt jede Lüge = Teufelswahrheit, um sie zu vernichten, der Lügenfanatiker (Satan) will die Wahrheit ausrotten, aber beide wissen Wahrheit und Lüge nicht sicher zu bestimmen, ihre Rede ist ein diff- und konfuses Gemisch von Wahrheit und Lüge, ihre Wahrheit ist lügehaltig. Ich muß allen Unrat und Unflat, alle Gemeinheiten und Zoten aussprechen, alle und alles beschimpfen, verleumden, schmähen (Schmähsucht) — bin ich da der Satan, der das Übel in die Welt setzt, den Tod aus-spricht, die Welt „schlecht macht" — oder der Sünder, der die bösen Geister austreibt und sich so zum Heiligen entlastet? Spricht Teufel oder Gott aus mir? auch Gott hat die Welt und die Menschen, seine Geschöpfe, ge- und verschmäht. Fordere ich schmähend das Böse heraus und vernichte es, indem ich es so erkenne und benenne? bin ich da mich und alle Welt schmähend nicht die Gottheit? oder beides in einem? Ich kann reden, was ich will, immer ist meine Rede die Allrede, Gottes-Teufelsrede, Götterspruch, Fatum, die allumfassende Idee, die Weltplanung, das Weltgesetz, der absolute Wille, der als Allgesetz außerhalb aller Gesetze steht, so daß sein Träger dem Gesetz weder unterworfen noch daß es auf ihn (den „Vogelfreien") anwendbar ist. Pat. muß immer das große Wort führen, alle mit verhaltener, plötzlich wild aufdonnernder Stimme mundtot machen, totreden, überreden, fascinieren, brutalisieren, mit der Dämonie seiner Stimme, seiner Ideenwelt in seiner Allmacht halten, den Seinen die ewige Seligkeit, den andern die ewige Verdammnis verkünden, sich auch an den eignen Worten berauschen und im allgewaltigen Zauberwort „Nicht" die schöpferisch-vernichterische Gottheit betätigen und bestätigen.

γ. und δ. sensor. Hauthungertrophosen.

γ. Sensor. Tasthungertrophose.

Funkt. Hypertr. (vw.) von sensor. taktilen HRSen. Tastsucht, Zwangstasten als unruhiges Herumtasten, oberflächlich, in Umrissen tasten, ohne „den Kern zu erfassen", alles übertasten und dabei vieles übertasten (d. h. Einzelheiten nicht bemerken), hintasten und taktil schon wieder wo anders sein, alles und nichts tasten, fehltasten (vgl. α und β). Dazu hastiges Herumlaufen, um „alles" anzufassen. Tastsucht spezialisiert oder verallgemeinert: Zwang, gewisse oder „alle möglichen" Dinge zu berühren.

Deutung mut. mut. wie unter α usw. Es kommt nicht auf die (physische) Tatsächlichkeit, sondern auf die Dämonie des Tastens und des Getasteten an, also darauf, tastend das Getastete zu entzaubern, damit im Nichts-All zu halten, die Allmacht zu wahren. Das hohle, leere, umrißhafte, umfassende Taktile ist das Wesentliche, alles andere (auch das Optische usw.) ist nur seine magische Verwandlung und nur insofern beachtlich. Was ich umfassend berühren kann, ist in meiner Allmacht, und das, worauf meine Tatsucht sich richtet, will sich meiner Alllmacht entziehen und muß sofort vernichtet werden, so muß ich immer auf der Suche sein, auch das schon Ertastete, das immer wieder aufersteht, immer wieder entmachten. Ich muß alles antasten, damit es mich nicht antastet, mein Tabu vernichtet. Die „Substanz" ist nur Träger des geheimnisvollen Tastzaubers: ihn muß ich bannen — oder bannt er mich, indem er mich zum Berühren zwingt? Feind-Dämonie Leben oder Tod, göttlich oder teuflisch, gut oder böse usw.? Dunkles wohl böse, Helles gut, aber Verwandlung möglich, alles unsicher. Selbstberührung: Bannung der bösen (oder guten?) Tastgeister; unten, verhüllt usw. böse, dagegen oben, frei gut — oder auch umgekehrt (verführerisch usw.): nur rasch drüberhintasten, so ist der Zauber erloschen, aber er stellt sich immer wieder ein, ich muß immer wieder hinfassen. Bes. gefährlich sind die Buchten und Höhlen, in denen wohnt das dunkle Geheimnis. Unheimlich ist (z. B.) das Loch hinten im Munde, das nach oben zu weitergeht „in den Kopf?", es lockt meine Zungenspitze, ich muß mit ihr hintasten können ganz nach oben, sie nach hinten umlegen und bis zu andern geheimnisvollen Öffnungen (Choanen) hinaufreichen (Berühren der Schwellkörper, chronische Schwellung usw.; Patientin, 26 J., hat schon als kleines Kind solche „Entdeckungsreisen" unternommen, konnte von innen die Nase zu- und aufzaubern, mehr oder weniger „durch die Nase sprechen", war wegen chron. Schnupfens andauernd in ärztlicher Behandlung, sollte operiert werden, Tastneugier verbunden mit A- und Ssymptomen, Beteiligung genischer RSe an der „Erektion" der Nasenschwellkörper usw.; Heilung mittels Erkenntnistherapie in zwei Wochen). Analog Loch im Zahn, das die Zungenspitze usw. „lockt", auch andere Löcher „müssen" übertastet und somit weggezaubert werden: Umtasten der Augen, der Nasen-, Ohrenöffnung, der Nabelbucht usw. Aber auch Zwangsanfassen der (vorragenden) Nase, der Haare, der Finger, des Kinns usw.; Waschzwang: jedes geringste Fleckchen, Stäubchen muß als todgefährlich, als Todesbote vernichtet werden, usw. Guter Zauber gegen bösen im ewigen Stellungskriege.

Auch alle außerkörperlichen Dinge, die ich (mit Händen, Füßen, Stock usw.) berühre, sind damit ihrer Dämonie beraubt und somit „mein“, ich muß also im Zimmer usw. umherlaufen und alles Mögliche anfassen, ich muß Hartes berühren, um hart zu werden, einen Stein, um steinern, einen Baum, um selbst ein Baum zu werden, einen Hund, um seine Schnelligkeit, ein Pferd, um seine Kraft zu übernehmen, die Erde, um in ihrer mütterlichen Dämonie unbesiegbar zu sein (Antaios) usw. — überall, wohin ich fassen „muß“, wohnt der feindliche Zauber, mag er Gottes- oder Teufelszauber sein. Der Wasserhahn über dem Küchenausguß quietscht, er ist ja (wie alle Dinge) lebendig, eben ein Hahn, das Anfassen zaubert aus ihm Wasser heraus (wie aus dem Hahn unten am Bauche), er hat dabei wohl Schmerzen (quietscht), es sitzt also ein Zauber drin, ich muß ihn bannen, wie ich einst bei der großen Mutter beobachtet habe, somit auch „die Mutter“ überwinden, „dasselbe“ können wie sie, auch den Quietschdämon vernichten. Ich muß früh in die Küche rennen und die Geräte anfassen, so habe ich sie geheiligt, „tabuiert“, Mutter kann nun damit unbesorgt wirtschaften, der Todeszauber (Mordinstrumente!) ist ausgelöscht, darauf allein kommt alles an. Berühren genügt, festhalten erübrigt sich: die Tasse usw. fällt aus der Hand („alles fallen lassen“), Beweis, daß mein Zauber wirksam war (Substanz zerbrochen, „gestorben“). Immer wieder probieren! Auch unterwegs „alles“ anfassen (das Angefaßte ist jeweils der ganze Weltzauber). Dort kommt ein Mensch, meine Sucht-Dämonie befiehlt, (gerade) ihn unbemerkt zu berühren, ich muß mich heranschlängeln, bis das übermenschliche Werk gelingt: den Zauber zu vernichten, den meine Sucht mir anzeigt. So muß ich dem Großen seine Größe, der Autorität seine Autorität, dem Fremden seine Fremdheit usw. abzaubern. Manchmal merkt der Feind das nicht (leise Berührung genügt), manchmal merkt er etwas, da sage ich „entschuldigen Sie“, denn er darf ja meinen Allzauber nicht entdecken, er muß für ein Versehen halten, was in Wahrheit Welterlösung ist. Ich muß auf die Ritzen der Gehbahn treten, in der dunkeln Rinne wohnt der Tod, die bodenlose Tiefe: ich entmachte sie, banne das feindlich lauernde Schicksal, klappt es zehnmal, so kann mir den ganzen Tag nichts widerfahren, ich bin gefeit (bekomme eine gute Zensur, mache gute Geschäfte) — aber bin ich nicht vielleicht doch gerade mit dem Teufel im Bunde, dessen Fluch ja auch ein Segen sein kann (Geld-Gold teuflisch, Plutos Gott der Unterwelt). Usw.

Von allem, was ich berühre, ergreife ich Besitz, auch von der Sonne, die ich zielend umfasse, auch weiterschiebe, vom Mond, vom Himmel, vom Horizont, den ich mit dem Finger zielend abtaste, wenn ich auch die Berührung nicht verspüre (Ferntasten, Fernwirkung des Allzaubers): es genügt die allumfassende Geste. Der Wind berührt mein Gesicht, d. h. ich stelle tastend den Windzauber fest, die schwebenden unsichtbaren Geister, deren Hauch ich verspüre und deren Macht ich so entmachte, so daß sie „mich“ nicht mitnehmen können und demnach auch keinen andern; ich fordere die toten-lebendigen, bösen-guten Geister heraus — oder fordern sie mich heraus? bin ich selbst „Windgeist“ (Gotteshauch-himmlisches Kind oder Teufelsodem) oder ihr Widersacher? jedenfalls stelle ich sie mit meinem Getaste fest und banne sie in mein Nichts-All. Auch andere „Wesen“ berühren mich: die Kleider, das Bett, das Wasser usw., auch Pflanzen, Tiere, Menschen — oder berühre ich sie? jedenfalls mache ich ihren Zauber zu nichte, denn ICH bin noch da, und meine Dämonie ist ewig, wenn sie auch immer wieder herausfordert oder herausgefordert wird. Ich kann berührend die Bewegung aufhalten, z. B. des Uhrpendels, der geheimnisvoll unterm geheimnisvollen Uhrgehäuse, der Wohnung der Dämonin Zeit, pendelt und dazu tickt; ich kann berührend in Bewegung setzen und die Bewegung, die zu andern Berührungen führt, fortpflanzen: ich bin Herr aller Bewegung, und worauf meine Tastsucht abzielt, dort sitzt die konzentrierte Feind-Dämonie.

Mit meiner Berührung entmachte ich den Krankheitszauber: Handauflegen macht ihn zu nichte, ja schon die Geste genügt, er mag bei mir oder bei andern, die ja alle in meinem Allzauber leben und sterben, sein unheimliches Werk zu vollführen suchen, Das leiseste Anzeichen ist da auch schon der ganze Zauber, der Tod-Teufel oder der Tod-Gott (Gott ruft heim!) selber in seinen Boten: principiis obstare, im Keim ersticken, das Prävenire spielen! Der Tastzauber ist der Lebenszauber, er nihiliert die Krankheitsdämonen, die bald hier, bald da sich bemerkbar machen, ins Nichts-All. Ich ergreife Besitz von ihnen wie alles Anfassen, aller Handschlag Besitzergreifung ist (vgl. mancipium aus manus und capere, 1. Bd. S. 344 usw.). Manche Ärzte sind bei ihren Kranken tastsüchtig, in dem Aberglauben, den auch ihre Kranken teilen, daß das Anfassen, das taktile Untersuchen d i e Methode der Diagnostik, d. h. der Entdeckung der Krankheitsdämonen und somit schon die Therapie, d. h. ihre Bannung sei. Die normalärztliche Methode der Untersuchung (Palpation usw.) wird da zwanghaft, im rohdämonist. Sinne angewandt.

Manches ist mir von mir selbst oder von andern, bes. den Großen verboten zu (sehen, hören usw.) tasten. Es fragt sich, ob die innere oder äußere Stimme gut ist (mich vor furchtbaren Gefahren warnt) oder böse (mich hindern will, mit dem Feind-Dämon verschworen ist), jedenfalls muß ich das Verbot mit meiner Sucht wegzaubern, die Hemmungen, Hindernisse überrennen, denn gerade das Verbotene ist das, was ICH anfassen m u ß, die Gott- oder Teufelheit, die Schicksalsgewalt, das Tabu, das es zu vernichten gilt, um die Welt von der ewigen

Bedrohung zu erlösen. Und es gelingt: mein fanatischer Berührungswille ist ja die Allmacht, der keine Feind-Macht widerstehen kann: alles kann ICH (unmittelbar oder mittelbar) berühren und seines Zaubers „entladen" (wie vergleichsweise eine Leydenerflasche der Elektrizität), eigentlich brauche ich gar nicht erst anzufassen, im Anfang, aus der Ferne ist schon alles geschehen — oder ist nichts geschehen? Usw.

δ. Sensor. Wärme-Kälte-Hungertrophose.

Funkt. Hypertr. (vw.) von sensor. thermischen HRSen. Wärme-Kälte-Sucht, Zwang als unruhiges Erleben umrißhafter intro- und extroverser thermischer Punkte, denen bestimmte rel. niedrige Thermometergrade entsprechen (2. Bd. S. 527), und zwar ohne oder mit aktuellen thermischen Ausdrucksbewegungen, bei denen (wie bei allen hneurot. Bewegungen) das Auslangen überwiegt. „Alles" auf Wärme-Kälte untersuchen müssen, hastig drüberhin- und herumgleiten, alles und nichts thermisch wahrnehmen, sich der Wärme-Kälte provokativ aussetzen, sich fanatisch gegen Wärme-Kälte „abhärten", thermisch fehlwahrnehmen — dies spezialisiert oder ausgebreiteter.

Deutung mut. mut. wie unter α usw. Wärme-Kälte, hier als hgf., d. h. hohle, leere, umrißhafte therm. Reihe ist das Wesentliche, alles andere (auch das „warme" oder „kalte" Optische) ist nur seine magische Verwandlung und nur insofern beachtlich. Innerhalb dieser Wärme-Kälte spielt sich alles Geschehen ab, entstehen und vergehen alle Gebilde, und alles Einzelne, was sich aus dem allgemeinen Wärme-Kälte-Nichtsein herausheben möchte, muß sofort als Feind-Dämon meiner Allmacht erspürt und vernichtet werden, — oder hat dieses Einzelne die Allmacht schon verlassen-vernichtet? Die Wärme-Kälte-Alldämonie ist in mir, ich bin sie selbst, und alle Wärme-Kälte ist meine, bin ich, die äußere wird von der inneren geschaffen-vernichtet — oder ist es umgekehrt? hält der äußere dem inneren Dämon Widerpart, bannt der eine den andern oder wandelt sich der eine in den andern? Sind Wärme und Kälte die feindlichen Mächte, die sich in mir, in meinem Nichts-All ihr Stelldichein geben? In den Dingen hausen die Wärme-Kältegeister, bes. gefährlich in den Dingen, in denen ich sie süchtig erspüre, — oder zaubere ich sie erst in diese Dinge hinein, die Wärme oder die Kälte? Ich bin der Wärmequell, bringe den Tag, die Sonne, das Feuer thermisch hervor, bin die Sonne, der Tag, das Feuer selbst — oder doch sonnenhaft, vom Wesen der Sonne, des Tages, des Feuers. Aber ich bin auch der Kältequell, die Nacht, der Mond, die Finsternis, ein Nachtkind, Mondkalb, Kind der Finsternis, des Todes, totkalt, abgestorben; „der Friere schüttelt mich so", sagt Klein-Willy. Wärme ist Leben, Kälte Tod, alles, was lebt, ist warm, von der Wärme geschaffen, und was tot ist, ist kalt, vom Tode vernichtet (kalt gemacht), so stehen sich Wärme und Kälte als Leben und Tod ewig gegenüber (wie ist das zu denken?). „Das innere Frösteln — mein Frieren bringt mich noch um.“ Aber auch die Wärme tötet (verdorrt, verbrennt), und auch die Kälte belebt (erfrischt), sie ist vielleicht der Urgrund alles Seins, war „im Anfang“, hat alle Dinge, auch die Sonne, auch die Wärme aus sich geschaffen und nimmt alles wieder in seine Allmacht zurück, ist die himmlische Gottheit (je höher man steigt, um so kälter wird es, im Himmel ist es kalt, aber wiederum strömt vom Himmel die Glut der Sonne hernieder?) — doch wohnt der Tod, die Kälte in der Erde, ist die höllische Gottheit (aber in der Hölle ist es doch warm, brennt das Fege- und Höllenfeuer?). Lebensfeuer gegen Todesfeuer, schöpferisches gegen vernichtendes, Lebensfeuer vom Himmel gefallen (gestohlen, vgl. Prometheus, Lucifer, Christus usw.) ist Todesfeuer geworden, wie der Blitz vom Himmel geschleudert wird und zündet. Gibt es gute und böse Wärme und gute und böse Kälte — und wie ist die Unterscheidung möglich? Das himmlische Feuer ist den Menschen lebenswichtig, obwohl es gestohlen, verworfen, also teuflisch ist; das höllische Feuer fegt die sündigen Seelen rein und macht sie himmelsfähig: ist es so nicht göttlich-gut, ist die Hölle überhaupt noch Hölle und nicht nur Filiale des Himmels, Reinigungsanstalt der Seelen, denen ja allen durch Christi Leiden die Erlösung garantiert ist — oder sein müßte, wie? gibt es so eigentlich nur den Himmel? aber wie sollte der Himmel ohne die ewig feindliche Hölle auskommen, wie Gott ohne Teufel — und umgekehrt? Der Heilige Geist, als Flamme ausgegossen, bringt den Menschen die „Erleuchtung“, die Gotterkenntnis, aber muß diese sich nicht gegen Gott selber wenden, der absolut unerkannt sein „muß“, „will“ er — absolut (allmächtig usw.) bleiben?

Wie immer dem sein mag, ICH die thermische Allmacht bin eine kühle Natur, halte mich und die Welt in einer kühl-temperierten Gleichmäßigkeit, die alle Wärme-Kälte umfaßt und die Wärme-Kältegeister, die sich selbständig machen wollen, rücksichtslos verfolgt und nihiliert. Ich gerate dabei auch in Hitze, aber auch diese Hitze ist kalt, ist kaltes Feuer, „Magnesiumfeuer“, „Als-ob-Hitze“. Mein kühler Kopf, kalt rechnender Verstand hält die Wärme, die in mir, in der Leibeshöhle-Hölle wohnt, nieder, macht sie zu nichte. Ich fordere auch die äußeren Wärme-Kältegeister heraus (oder fordern sie mich heraus?) und banne sie in mein Nichts-All (oder bannen sie mich?). Ich stecke nachts die linke (nicht die rechte!) große Zehe aus dem Bett heraus als Antenne, die die kalten Nachtgeister, den Tod anzieht, aber ich werde wach, sobald der Tod da eingedrungen ist und sich nach oben hin, das Bein herauf vorgeschlichen hat: dann springe ich „sofort" aus dem Bett und schlage die Geister der Tiefe mit wütenden Arm- und Beinbewegungen aus mir hinaus in die Tiefe zurück; 20mal und öfter in einer Nacht kommt so der Tod an mich heran und wird immer wieder vernichtet, aber auch tagsüber muß ich auf die kalte Zehe achten, sie zeigt mir die Todesgefahr an, die auch von manchen Besuchern usw. ausgeht (sie nahen sich in der Maske des Geschäftsfreundes, aber meine große Zehe registriert ihre Feind-Dämonie), und ich mache dann meine Zauberaktion verhalten-angedeutet (Schlagen auf den Tisch usw.) oder auch energischer oder (im Nebenzimmer) mit aller Wucht. Ich lege mich im dünnen Nachthemd auf den winterlich beschneiten Balkon, ich schlage ein Loch ins Eis und bade usw. (vgl. das tibetanische Lung Gom mit seinen Kälteübungen), ich fordere die grimmigste Kälte heraus, trete fanatisch für die Abhärtungsbestrebungen ein — und vernichte so den Tod, er kann mir nichts anhaben, er kommt nicht an meine Allmacht heran, aber auch die Wärme kann mich nicht erwärmen, sei es daß sie Leben oder Tod ist, ICH nihiliere alles in das thermische Nichts-All ein, bin Herr aller Wärme und Kälte und, da das Thermische das Wesen der Welt ist, Herr der Welt.

ε. Sensor. Nasenhungertrophose.

Funkt. Hypertr. (vw.) von sensor. olfaktorischen HRSen. Riechsucht, Zwangsriechen als unruhiges Herumriechen, Herumschnüffeln, Zwang alles anzuriechen, aber nur so drüberhinriechen, alles und nichts riechen, überall hinrennen, wo es was zu riechen gibt, in alles die Nase hineinstecken, sich gewissen oder allen möglichen Gerüchen provokativ aussetzen, fehlriechen.

Deutung mut. mut. wie unter α usw. Geruch, hier als hgf., d. h. hohle, umrißhafte Reihe (2. Bd. S. 561), ist das Wesentliche, alles andere (auch das Duftende) ist nur seine magische Verwandlung und nur insofern beachtlich. Mein Riechen ist die Allmacht, Alldämonie, die alle Düfte im Duft-Nichts-All hält und jeden Einzelduft, der sich aus dem Duftchaos entfernen möchte, nihiliert. Die Düfte sind die Wesen, die für sich sein oder in die Dinge (Substanzen) eingehen, sie auch verlassen können, sie sind Leben oder Tod, göttlich oder teuflisch, gut oder böse, beleben oder lassen verwesen. Ich der Allriecher-Nichtsriecher muß alle diese oder gewisse Gerüche unablässig verfolgen, feststellen und so entmachten. Ich muß den schlechten Gerüchen nachjagen, und keiner darf mir entgehen, sonst wäre ja dieser Teufel frei und könnte mich und damit die Welt vernichten; ein anderer Pat.: aber auch den guten Gerüchen muß ich ständig nacheilen, muß sie überall herausfordern (oder sie mich?) und vernichten, sonst wäre meine Alleinheit versehrt, vernichtet. Ich muß mich selber auf gute (heilige, reine) oder schlechte (unheilige, unreine, hexische) Gerüche abriechen, alle andern Wesen beriechen; man muß in einem guten „Geruch" (= Ruf) stehen usw. Unten riecht es schlecht, da sind böse Düfte, auch kommen solche aus der Leibeshöhle heraus, dort wohnt der Teufel, der stinkt und Teufelchen in die Welt schickt, sie zu verderben, aber ich muß sie austreiben, um göttlich-rein zu bleiben, und bin so ihr Herr. In den Höhlen „mieft und pieft" es, jede Höhle ist magische Verwandlung der Hölle, Filiale, dort haust der Tod im Kote, Schlamm, Verwesendem, dort hausen auch die Riechteufel. Ich muß sie immer und immer wieder, so oft sie mich rufen oder ich sie rufe, riechend vernichten, in mein Nichts-All eingleichen. Bin ich da göttlich, wenn ich den Teufelsgestank, z. B. im Abort, dem Teufelstempel aushalte, oder bin ich des Teufels, wenn ich mein Stinkloch hinten oder zwischen den Beinen ihm hinhalte, ihm meine Dünste ausliefere, die er als seine Lebensluft begehrt? Wenn ich mich furzend opfere, bin ich dann ein Furzteufel — oder treibe ich die bösen Geister aus mir aus? Wenn ich in die Hölle fahre, bin ich dann himmlisch (die Hölle bannend) oder höllisch (dort zu Hause)? Die oberen Düfte sind wohl die guten, aber die schlechten können auch nach oben drängen, „auf-stoßen", es riecht mir aus dem Munde, sie können auch zu Kopfe steigen und sich in schlechte Gedanken verwandeln: bin ich unheilig — oder heilig, wenn ich die höllischen Dünste ausstoße, damit sie meine Gedanken nicht verwirren, und die schlechten Gedanken aus-spreche (Koprolalie usw.), also auch austreibe oder sonstwie vernichte — oder sie doch so in die Welt setze, was doch wohl teuflisch wäre? Man muß schlechte Gerüche ausräuchern mit Verbrennung heiliger Kräuter, guten Tabaks, Verspritzen von Parfüm usw. (aber vielleicht ist der Tabak doch Teufelskraut und liefert Gestank?). Guter Opferrauch steigt nach oben, schlechter senkt sich zur Erde. Die Hexe, vom Stinkdämon besessen, mußte brennen, damit der Teufel ausführe, wie er im Fegefeuer aus den Seelen exorziert wird, falls dies nicht der „Medizinmann"-Priester (gegen entspr. Honorar) schon auf Erden besorgt; daß die Hexe, der Ketzer „körperlich" mitverbrannten, war fatal, aber nicht zu ändern, sie mußten ja dankbar sein dafür, daß sie vom irdischen Leibe erlöst wurden und noch dazu unter erdenklichsten Qualen: zur Sühne ihrer Schuld und der Schuld aller Mitwesen (Sündenbock, 4. Bd. § 8, 3, c).

Können die bösen Düfte nicht gerade die guten sein, indem Gott sie schickt, um mich zu erproben, mich abzuhärten, meine Standhaftigkeit zu stärken, — und die guten Düfte die bösen, indem sie verführen zum Wohlgefallen an der Welt, die doch teuflisch ist? Das Alte riecht schlecht — und ist doch erhaben (altus). Ich muß die schlechten Düfte riechen, aber nicht um sie an- oder hinzunehmen, selber schlechter Duft zu werden, sondern um sie unschädlich zu machen, ich muß schnell hin- und schon wieder wegriechen, sie überriechen, so daß sie gar nicht an mich herankommen, ich muß das Schlechte an ihnen wegriechen, sie entschlechten, gute Düfte aus ihnen machen, ich muß ein Märtyrer (Auserwählter-Verfluchter) in den allerschlechtesten Geruch kommen und doch nur verkannt, also absolut gut sein. Wie ist es mit der Jagd nach guten Gerüchen? rieche ich da das Gute aus ihnen weg, mache sie schlecht, rieche sie weg, so daß nur die schlechten übrig bleiben? Weltproblem, Welträtsel, das einzige, das es gibt, daneben gibt es nur Nichtigkeiten, die nur soweit riechbar beachtlich sind. Die dämon. Kraft der Gerüche zeigt sich auch in den inneren Erregungen an, die durch sie verursacht werden: es wird einem schlecht, übel, man wird ohnmächtig bzw. man wird erfrischt, lebendig. Der gute Zauber verdrängt den bösen, aber ICH werde mit beiden fertig: ICH rieche alle guten und schlechten Gerüche in das Nichts-All ein, so daß weder die eine noch die andere Verwandlung „des Geruchs" mir und andern schaden können (Beweis: ich bin noch da), und erlöse so die Welt vom feindlichen Schicksal.

ζ. Sensor. Gaumenhungertrophose.

Funkt. Hypertr. (vw.) von sensor. gustatorischen HRSen. Schmecksucht, Zwangsschmecken als unruhiges Herumschmecken, Herumsuchen nach bestimmten oder allen möglichen Geschmäcken, drüberhinschmecken, alles und nichts schmecken, fehlschmecken.

Deutung mut. mut. wie unter ε. Geschmack, hier als hgf., d. h. hohle, umrißhafte Reihe (2. Bd. S. 545), ist das Wesentliche, alles andere (auch das Schmeckende) ist seine magische Verwandlung und nur insofern beachtlich. Mein (süchtiges) Schmecken ist die Allmacht, Alldämonie, die alle Geschmäcke schafft und vernichtet, in ihrem gustator. Nichts-All hält, so daß ihr kein Geschmack entgehen kann und darf. Ich muß also immer auf der Suche nach den Geschmäcken sein, diese Dämonen, die in den Dingen hausen, immerzu verfolgen, herausfordern (oder fordern sie mich heraus, sie zu verfolgen?) und fest-stellen, damit nihilieren, und nur meine (Zwangs-)Methode, die mit ihrem Anfang schon am Ziele ist, kann das Wunderwerk vollbringen, muß daher mit absoluter Genauigkeit innegehalten werden. Besonders gefährlich sind die Geschmacksdämonen, auf die meine Sucht sich richtet, es können „alle möglichen" sein. Ich muß „alles" auf den Geschmack untersuchen, mich selbst (Zwangslutschen am Finger, sogar bis er wund wird, auch als restliche Geste, z. B. Zwangsbewegen des Fingers an die Lippe, Spielen am Munde, Lecken, Nägelkauen, ferner Zwangslutschen mit der Zunge am Zahnfleisch, so daß es auch blutet, S. 222), sodann Aufnehmbares (Nahrungs- und Genußmittel, Arzneien, bestimmte oder „alle möglichen" Stoffe: Nasch-, Kostsucht, mit oft verwickeltem Zwangszeremoniell; hierher auch Zwangslutschen an der Zigarre usw.), sodann normaliter Ungenießbares (Kot, Harn, Jauche, Verwestes u. a. Unrat), endlich Dinge im Arbeitsbereich, die mit der Zunge beleckt oder über den Finger geschmeckt werden (Tinte, Federhalter, Bleistift, Chemikalien usw.). Gute, schlechte Geschmäcke, aber der gute Geschmack kann böse, teuflisch (verführerisch), der schlechte gut (Gottesprobe, Abschreckung) sein. Wer weiß, welche Geschmäcke gut, welche böse sind? die Meinungen anderer sind nebensächlich, nur mein Schmecken ist maßgebend. Ich muß alle Geschmäcke, die teuflischen wie die göttlichen, aushalten, somit die Geschmacksdämonen, aber auch die Gottheiten-Teufelheiten „Große-Alte" (d. h. autoritär erlebte Menschen), die „schmecken" können, imitativ überwinden, in meine Allmacht, Alleinheit einvernichten.

η. bis ι. Sensor. Muskelhungertrophosen.

Die Lage-, Kraft- und Richtungspunkte sind die gegenständlichen Registrierungen der Muskel-Knochenbewegungen (S. 242). Kranke koordinative (kinästhetische, statische und topische) Reflexe können auch nur kranken Muskelaktionen entsprechen. Hypertr. koordinative Aktn. sind also Registrierungen hypertonischer (krampfiger, zwanghafter) Muskelaktionen, bei denen der syntonische Anteil im Verhältnis zum idiotonischen (2. Bd. S. 156) abnorm hoch ist. Daß krampfige Aktionen innerer Muskeln (auch) koordinativ und zwar als koord. Gefühle oder Gegenstände registriert werden, wurde schon gesagt. Hier ist die Rede von der Hyperfunktion der skelettalen koordin. HRSe, den Gegenstandstrophosen der Skelettmuskulatur.

η. Sensor. Lagehungertrophose.

Funkt. Hypertr. (vw.) von sensor. Lage-HRSen. Lagesucht, nicht zu verwechseln (aber kombiniert) mit der Lagegier als dem hypertr. Lagehungergefühl. Die hypertr. Lagepunkte sind gegenständl. Registrierungen der zugeordneten hyperton. Hbewegung, also des einleitenden Stadiums der zwanghaften Gesamtaktion einer HASTF-Muskelgruppe. Man kann die Lagesucht auch Bewegungssucht nennen. Im Lagesuchterlebnis dominieren patholog. die hohlen, leeren, umrißhaften Lagepunktreihen, sind also die folgenden agf., sgf. usw. Lagepunktreihen nach jenen abnorm nuanciert, das Ganze steht im Zeichen des hypertr. Hungers. So dominiert auch in der registrierten Gesamtaktion der Muskelgruppe patholog. der Hungerausdruck, sie verläuft auf Hweite, und zwar sowohl im Gebiete der Muskulatur des Rumpfes wie der des Kopfes-Halses und der Extremitäten: Bewegungsunruhe mit Dominanz des Auslangens, Ausholens, Umfassens, Herumlangens, Herumgestikulierens, Ausschreitens, Herumwanderns, -reisens, -fahrens, -treibens, -irrens usw., ein eigenwilliges, eigensinniges, ungestümes, brutales, hastiges, überstürztes, ruckzuckliches, manchmal tickartiges, fanatisches Drauflos und Drumherum, eine solche (herausfordernde usw.) Haltung und Lageveränderung einzelner Körperteile oder des ganzen Körpers, eine Fehlbewegung mit zuviel Hungeraufwand zum normnahen oder normfernen Ziele, mehr spezialisiert (z. B. Fingerunruhe, offen oder heimlich) oder mehr verallgemeinert (je nach Struktur und Ausbreitung der Neurose). Unstet und flüchtig.

Deutung. Die weitrunde, hohle, leere, umrißhafte Lage, somit Bewegung ist das All, faßt alle Lagen, Bewegungen in sich, ist das Absolute, Schicksal, das wahre Wesen der Welt, die Allmacht, Alldämonie, die alle Lageveränderungen, Bewegungen schafft und im Entstehen vernichtet, so daß sie eben immer die Allheit ist, in der es keine Einzel-, Sonderlagen oder -bewegungen gibt, die also zugleich das Lage-Nichts ist: das Lage-Nichts-All. Sofern eine Einzellage, Bewegungseinzelheit aufkeimen will, muß sie sofort erkannt und damit schon vernichtet werden; denn sie wäre ja die Feind-Dämonie, die meine Allmacht aufheben würde. „Alles, was entsteht, ist wert, daß es zu Grunde geht, drum besser wär's, daß nichts entstünde." Schon die Vermutung, daß eine Einzelheit im Bewegungs-Nichts-All sich bilden könnte, feuert das Herumjagen und Herumspionieren an: die Vermutung ist ja schon der Beweis, daß eine solche Einzelbewegung, die ja allemal Feind-Dämonie ist, wenn auch noch unsichtbar vorhanden ist (sonst könnte ich sie ja nicht vermuten!), aber dadurch, daß sie sich MIR in dieser (magischen) Weise anzeigt, hat sie sich eigentlich schon selbst entmachtet, in meine Allmacht begeben, von der sie nun vollends aufgespürt und ausgelöscht wird. Das Lage-Nichts-All ist die Allmacht, die nicht bloß die Muskelbewegungen schafft-vernichtet, sondern alle Bewegung überhaupt, mag sie sich sichtbar oder unsichtbar in magischer Wandlung fortsetzen: das Bewegungsall durchflutet alle Dinge, jedes Ding „liegt" ja irgendwo, d. h. an dem von der Allmacht bestimmten Orte, ja ist konkretisierte Bewegung, verkörperte Lage, ist Substanz, hinter und in der die allmächtige Bewegung waltet und „die Welt im Innersten zusammenhält". Die Allbewegung geht von MIR aus und kehrt zu MIR zurück, ich bin sie selbst und verfüge alle Bewegung, bin der ewig mich und die Welt Bewegende, der Motor, der sich selbst und die ganze Welt motorisiert, in Bewegung hält, der ewige An- und Umtreiber, der sich so geschwind bewegt, daß die Bewegung mit Ruhe identisch, also auch so das Bewegungsall Bewegungsnichts ist, der sich bewegend ruht und ruhend sich bewegt, der überall und nirgends, also allgegenwärtig ist, der Gott — oder der Teufel? — oder beides in einem: die Gottheit.

Die allergeringste Bewegung ist (magisch die ganze) Bewegung überhaupt, die Dämonie, die sich minimieren und maximieren kann (auch die allergeringste Sünde ist Sünde wie die allergrößte, es ist also magisch identisch, ob ich diese oder jene begehe). Ich brauche nur den Finger zu rühren, ja nur eine Bewegung zu denken, so ist „alles in Bewegung“ — nicht anders, als wenn ich eine gewaltige Bewegung vollführe. Daß ICH da bin, genügt, um die Bewegung ewig zu erhalten, wenn ICH doch „die Bewegung“ bin, — ICH, das alldämonische, unsterbliche ICH, das auch „mich“ bewegt. Aber auch meine allergeringste Bewegung darf nicht aus dem Nichts-All hinausfallen, sonst wäre die Allbewegung gestört und vernichtet, die Welt, da sie sich ja eben im Bewegungs-Nichts-All bewegt, würde aus ihrer Bahn geworfen und untergehen. Darf ich also den kleinen Finger rühren, eine geringste Bewegung auch nur denken? muß ich nicht (wie der primitive Häuptling auf seinem Thron) absolut bewegungslos sein? aber wäre dann nicht ebenfalls alle Bewegung und damit ich und die Welt vernichtet? Die Allbewegung duldet keine Unterschiede, also ist das Bewegungsall das Bewegungsnichts, ist es nun überhaupt — oder ist es nicht? Sein oder Nichtsein? Selbstaufhebung der Bewegung — und doch Bewegung? Die Einzelheit würde die Allheit vernichten, dem Allbeweger halt gebieten, selber Allbeweger sein — oder die Bewegung zur Ruhe bringen, aber die Bewegungssucht enthält und hält ja alle Bewegung, ist Anfang und Ende in einem, ist Bewegung und Ruhe in einem, geheimnisvoll ungeschiedengeschieden, ist Bewegungschaos. Der Allbeweger muß seine Geschöpfe auffressen wie Saturn seine Kinder: sie würden sich sonst empören, selbständig werden, den Allbeweger vernichten. Es ist gewiß unvorstellbar, wie der Allbeweger auch nur im leisesten gehemmt und damit vernichtet werden könnte (außer dem Allbeweger kann es ja keine Bewegung, außer der Allmacht keine Macht geben), aber es kommt ja auch niemals zu dieser „Möglichkeit“, weil der Allbeweger, ewig unruhig, jede leiseste Regung einer Sonder-, Gegenbewegung sofort verfolgt und bannt. Oder ist vielleicht diese Regung die dämonische Macht, die den Allbeweger zwingt, ihr zu folgen (im S. v. verfolgen und gehorchen), ihn so schon entmachtet hat, die auch immer, kaum erstickt, wieder auftaucht, wieder und immerzu verfolgt werden muß? wenn aber doch die Einzelbewegung Geschöpf des Allbewegers ist (und das muß sie doch sein, wo sonst sollte sie herkommen?), so wäre mit ihrem Sein das Sein des Allbewegers und somit ihr eigenes Sein aufgehoben? Ewiges Problem: bewegter Beweger, verfolgter Verfolger, gehetzter Hetzer, der All-Nichts-Beweger, der All-Ohnmächtige, der zauberlose Zauberer, der Dämon ohne Dämonie, der gefesselte Gott-Teufel, das gebundene Absolute.

Der Allbeweger ist Gott, aber Gott ist auch die ewige Ruhe. Sein Widersacher ist der Teufel, auch er in ewiger Unruhe (um dem Allbeweger zu begegnen) und doch der Tod, d. i. die ewige Ruhe? Aber der Tod lebt doch auch, wie könnte er sonst dem Leben überall begegnen, wie seine Opfer holen, wie neues Leben schaffen? Und er wird von Gott gesandt oder vom Teufel, der der Tod selber ist, Bote Gottes oder sein ewiger Feind? Schafft Gott sich unaufhörlich-ununterbrochen seinen Widerpart, den Teufel und vernichtet ihn schon im Schöpfungsakte? oder ist der Teufel ewig wie Gott? oder schafft-vernichtet er den Gott? oder sind beide Geschöpfe der Allmacht, die ewig feindlichen Söhne des Schicksals? Wirkt also in und aus mir Gott oder Teufel oder die Allmacht bald gut, bald böse und wann dies, wann das? Wie ist der ewige Kampf zwischen Gott und Teufel zu denken: berühren sich beide, und wie ist das denkbar? stehen sie im ewigen Stellungskriege, in ewiger Ruhe einander gegenüber, wie ist dann der Kampf zu denken? wie soll er je enden, wie der eine oder andere Dämon seine Dämonie verlieren können? ICH bin der Allbeweger, der Gott oder Teufel? oder der Alleine, der in seiner Bewegung, also in sich selbst alle Bewegung vernichtet, das Bewegungs-Nichts-All, das alles und nichts bewegt? wer kann die Rätsel lösen?

Dem abnormen Lagebewußtsein entspricht auch die abnorme Lagekomponente der assoziierten optischen usw. Gegenstände, also die abnorme optische usw. S i t u a t i o n. Pat. „verkennt die Situation", d. h. er erlebt kinästhetisch abnorm (also nicht etwa die normale Situation, die nun erst sekundär verkannt würde), auch die gesünderen und fastgesunden Bezirke sind mehr minder krankheitlich nuanciert. Pat. erlebt und beschreibt-beurteilt „die Lage" also falsch bis bestenfalls fastrichtig, und zwar unter Dominanz des Umrißhaft-Oberflächlichen, in dem Einzelheiten, Genauigkeiten nicht zur Geltung kommen (sie werden nihiliert): so steht er immer vis-à-vis de tout-rien (Lagechaos). Als Allbeweger muß er unablässig die Situation, die allgemeine Lage, die Weltlage schaffen-vernichten, sich und die Welt ewig in Bewegung halten, die Lage ununterbrochen ändern, über alle

Hemmungen, Hindernisse, Pausen, Ziele hinwegrasen, jedes allergeringste Nachlassen der Weltbewegung als todgefährlichen Eingriff in seine Allmacht, somit in die Existenz der Welt auslöschen auch in der Art, daß er selber das Nachlassen, ja die Ruhe gebietet, also die Bewegung in seiner Hand behält, sie selber ist und bleibt, wobei denn freilich die Ruhe niemals echt, sondern unruhige Ruhe, Scheinruhe, minimierte oder maximierte Bewegung ist. Er muß Tag und Nacht, selbst im Schlafe, der nur ein Schlummer ist, auf dem Posten sein, immer zweifelnd, ob er Herr oder Sklave „der Lage" ist, er muß mit allem anfangend schon fertig sein, die Tatsachen, die ihm andere entgegenzuhalten versuchen, mitsamt diesen „andern" übersehen, als seine dämonischen Todfeinde aus der Welt schaffen, theoretisch und-oder praktisch (geht über Leichen) zu nichte machen. Gemäß dem Ausschließlichkeitsprinzip, der Anmaßung der Alleinheit wähnt Pat., seine Privatsache sei die Weltangelegenheit, und er muß jene auch als diese verkünden, sich selbst und „die andern", die je nach der Weite des Interessengebietes mehr minder zahlreich sind, darüber täuschen, daß er „Welt" sagt und doch nur „SICH" meint, bis er und seine Schäflein an den Tatsachen scheitern und der ganze Spuk zerrinnt.

Nicht selten schließen sich Neurotiker gleichen Interessengebietes zu Gruppen und Vereinen, zu sanitären, religiösen, philanthropischen, sozialen, politischen, (pseudo-)wissenschaftlichen usw. Sekten zusammen (vgl. S. 135). Man nennt sie auch „Bewegungen"; sie sind von den gesunden Gemeinschaften streng zu unterscheiden. Eine neurot. Bewegung kann sich nur in dem Maße ausbreiten, wie paßrechte Neurotiker vorhanden sind. Gesunde können sich nur gesund zur Sekte (svw. abgesonderte Gruppe, secare) verhalten, auch falls sie irrtümlich oder gezwungen „Mitglieder" sind oder ihrer Gefährlichkeit Rechnung tragen (so gaben z. B. die Gemeinden, nicht feige, sondern vernünftig, den Horden der Geißelbrüder, Bilderstürmer usw. „freiwillig" Verpflegung usw., damit sie nicht raubten und plünderten, so gab man den Bettelmönchen, um „die Brüder" loszuwerden, so muß man gelegentlich mit den Wölfen heulen, um nicht von ihnen sinnlos gefressen zu werden). Die leptotischen (neurotischen, phrenotischen) Epidemien sind den hadrotischen (Pest, Cholera, Grippe usw.) durchaus an die Seite zu stellen (1. Bd. S. 658 f. und „Psychobiologie der Volksseuche Neurose"), sie kommen und gehen, und der Gesunde, auch der Arzt kann nichts weiter tun als die therapeut. Maßregeln empfehlen und anwenden, die erfahrungsgemäß zum Ablauf der Epidemie gehören, in der Hoffnung, daß sie auch im gegebenen Falle dazu gehören. Die Sektierer sehen natürlich die Dinge mit ihren Augen an, sie können nicht dafür, daß sie krank sind. Es gibt gesunde Bewegungen, die ähnliche oder gleiche Namen führen und gleichlautende Ziele verfolgen wie kranke, und beide können vom Unkundigen leicht verwechselt oder zusammengeworfen werden, zumal kein Kranker nur groben Unfug treibt, sondern auch gesündere und fastgesunde RSe hat. Gesunde Bewegungen können kranke „Mitglieder" haben, diese gehören aber nicht echt dazu. So kann z. B. die gesunde religiöse Bewegung von neurot. Methoden begleitet sein, ohne daß der Laie diese hinreichend erkennt, ja die Neurotiker können sich, anmaßend-bescheiden wie sie sind, sogar der kirchlichen Organisation und Führung bemächtigen und das neurot. Dogma zum alleinseligmachenden erklären und in ihrer Allsucht versuchen, jede andere, auch die gesunde Religion und ihre Übung mit finsterem Fanatismus zu unterwerfen, „notfalls" „im Namen und zum Ruhme Gottes" (der Allgnädige kennt ja keine Gnade) mit Feuer und Schwert auszurotten. Die Greueltaten der Fanatiker gehören zur Pathologie der Geschichte. Das Gesunde läßt sich weder neurotisieren noch nekrotisieren. Allen kranken Bewegungen ist der Zwang eigentümlich, also der Radikalismus-Extremismus, die Logik des Absolutismus-Kollektivismus, wonach der (neurot.!) Zweck, die Alleinheit zu wahren, auch die verworfensten Mittel heiligt. Alle gesunden Bewegungen sind zwangfrei („Zwang" als neurot. Verfahren verstanden, nicht als identisch mit Disziplin, mit Organisation überhaupt), sie gedeihen gemäß der Logik der gesunden Entwicklung und erreichen mit gesunden Mitteln gesunde Ziele.

ϑ. Sensor. Krafthungertrophose.

Funkt. Hypertr. (vw.) von sensor. Kraft-HRSen. Kraftsucht, nicht zu verwechseln (aber kombiniert) mit Kraftgier als dem hypertr. Krafthungergefühl. Die hypertr. Kraftpunkte sind gegenständl. Registrierungen der zugeordneten hyperton. Hbewegung, also des einleitenden Stadiums der zwanghaften Gesamtaktion einer HASTF-Muskelgruppe. Im Kraftsuchterlebnis dominieren patholog. die hohlen, leeren, umrißhaften Kraftpunktreihen, demgemäß in der so registrierten Gesamtaktion der Hungerausdruck, wie unter η angegeben. Alle krampfigen Muskelaktionen sind auch quoad Kontraktionsintensität = Kraft abnorm — derart, daß die Kraft inftlsch ist, ein quantitatives Zuviel und qualitatives Zuwenig (addierte Schwäche), wobei das Krafterlebnis, die Kraftaufgabe des Neurotikers von der des Gesunden mehr minder abweicht, immer in der abnorm. Var.-B., bestenfalls normnah verläuft. Im Vergleich zur Normalaufgabe wendet Pat. bald zuviel, bald zu wenig Kraft („Energie") an, über- bzw. unteranstrengt sich, ferner folgt auf die Überanstrengung periodisch der Kraftzusammenbruch, das mehr minder weitgehende Absinken der Kräfte bis zum völligen Versagen. (6. Bd. S. 134 f.)

Der Kraftmeier, der „alle Welt“ herausfordert, wähnt sich der 150%ige Held, der Allheld, ist aber nur ein Halb- oder Viertelheld, ein unechter, „forzierter“ Held, ein Pseudoheld, ein „Heldendarsteller“, er „tut als ob“, er gleicht einem Feldherrn, der seine Streitkräfte schlecht, d. h. falsch bis bestenfalls fastnormal verteilt und einsetzt und seine Männer als Zinnsoldaten betrachtet und behandelt, Krieg spielt wie das Kleinkind und sich als einziger Taktiker und Stratege vorkommt und gebärdet. Er schießt mit Kanonen nach Spatzen und mit Erbsen nach Löwen, und manchmal „hat er Glück“, dann ist seines Rühmens erst recht kein Ende. Er zieht die Jacke aus, krempelt die Hemdärmel hoch, spuckt in die Hände und holt mächtig aus, um eine Stecknadel hochzuheben, aber zu einer echten Kraftleistung ist er unfähig, oder er zwingt eine größere Leistung mit zuviel Aufwand, krampfig mit folgender Erschöpfung. Er nimmt einen ungeheuern Anlauf und ist dann zu früh „fertig“, oder er hält (normnahe Richtung) „mit Aufgebot aller Kraft“, „koste es, was es wolle“, durch und ist dann „erledigt“. In einer Erlebnisreihe mit steigenden Schwierigkeiten, Kraftansprüchen vergeudet er sich sogleich wild umher- und drauflosstürmend, aber alsbald erlahmt er, bleibt schachmatt auf der Strecke, und falls er doch noch zum normnahen Ziele kommt, so hat er keine Kraft mehr, seinen Sieg zu nutzen, er gewinnt seinen Kampf, aber verliert den Sieg. Kraftchaotiker. Mancher Fanatiker wird früher oder später zum Cunctator (zunehmende Hyperfunktion von ASRen), so daß er sich in ein unberechenbares In- und Durcheinander von Wucht und Hemmung verirrt und bestenfalls zu einer Art „Ausgleich zweier Fehler“, die aber Fehler bleiben (S. 50, 93), kommt. Usw. Die Fehlverteilung der Kräfte ist nicht etwa in das (dämonische) Belieben des Pat. gestellt, sondern eben Symptom, Kennzeichen seiner abnormen Struktur und Funktion.

D e u t u n g wie unter η, statt „Lage“ ist „Kraft“ zu setzen. Die Kraft (hier als Kraftsucht, „unbändiges Kraftbewußtsein“) ist das Absolute, das Schicksal, die Allmacht, die Alldämonie, die in und aus mir wirkt, die ICH selber bin, die alle Dinge bewirkt und in allen Dingen wirkt, durch die und in der alles geschieht, in der es keine Einzelkräfte gibt, die also das Kraft-All und Kraft-Nichts ist. Außer der Allkraft ist keine Kraft, doch schafft die Allkraft in und aus sich Kräfte, die sie freilich in ihrer Allheit hält, also schaffend vernichtet und vernichtend schafft. Die Geschöpfe versuchen aber, sich selbständig zu machen, aus dem Nichts-All abzulösen: da muß denn jede solche Regung, auch wenn ich sie nur vermute, aufgespürt und vernichtet werden, doch ist es fraglich, ob sie sich nicht schon, indem sie sich mir anzeigt, selbst entmachtet, ob ich sie herausfordere oder sie mich herausfordert, ob die Allkraft noch All ist, wenn doch schon eine Einzelkraft sich bildet, sich eine freie Kraft entfaltet, ob damit nicht schon die Allkraft aufgehoben ist. Ich muß jedenfalls ewig auf der Suche sein nach (möglichen) Einzelkräften, die ja Feind-Dämonen sind, mich entkräften wollen, mögen sie auch noch so winzig scheinen (s. o. Stecknadel), und muß sie mit aller Kraft entkräften, auslöschen, die Alleinheit wahren. Wie aber kann ICH die Allkraft, das Kraft-Nichts-All überhaupt Kraft verlieren, ist die Möglichkeit nicht schon die Selbstaufhebung der Allmacht? Die feindlichen Kräfte, die ich mit aller Gewalt verfolgen und austilgen muß, sind Leben oder Tod, Gott oder Teufel, gut oder böse usw., was ist dann meine Kraft als Alleinheit oder als Widerpart gegen die Feindkräfte, mit denen ich um Sein oder Nichtsein im ewigen Kampfe stehe? Leben gegen Tod, Gott gegen Teufel usw., gute gegen böse Kraft, die Kraft Gottes gegen die des Teufels usw. Kleinste Kraft magisch = größte Kraft, Kraft überhaupt. Aber ich nihiliere eben alle Feindkräfte immer wieder in ewiger Verfolgung (Verfolger oder Verfolgter?) in mein Kraft-Nichts-All ein, im Zweifel, ob ich nun „die Kraft" (als All) oder die Kraftlosigkeit (als Nichts) bin — oder beides in einem: das Absolute, das freilich doch (als „absolut") nicht auf die Dinge wirken kann — und doch wirken muß, um eben — zu wirken, Kraft zu sein, und auf das doch die Dinge nicht wirken können und doch wirken müssen, soll die Allheit überhaupt „existieren" — als All oder als Nichts existieren, wobei wohl das Nichtsein das wahre Sein ist (Nirwana)? Usw.

In allen Wesen wirkt und waltet die Allkraft, sie ist das Wesentliche der Wesen, das Wesen der Welt, die sich nur zum nichtigen Sein-Schein verdichtet, verkörpert. Sie wirkt als Todeskraft in den „toten", als Lebenskraft in den „lebendigen" Wesen, mögen sie kleinst (Atom) oder größt (Weltall), sichtbar oder unsichtbar sein. Die göttlich-gute Kraft hebt die Wesen nach oben, die teuflisch-böse zieht sie hinab (daher werden mir die Beine nach wenigen Schritten schwer, die Arme bei geringer Arbeit gelähmt [vgl. Valentin: „Ich glaub', der Teufel ficht! Was ist denn das? Schon wird die Hand mir lahm."], der Leib, der Magen, das Herz nach unten gezogen, muß ich gebückt gehen-dahinschleichen, die Weltlast auf meinen Schultern tragen [Atlas]: Druck von oben oder Zug von unten?). Todes- und Lebenskraft, Geist der Leichte und Geist der Schwere, Kraft der Erhebung und Kraft des Niederganges, des Aufganges und des Unterganges, des Tages und der Nacht, des Himmels und der Hölle, des Werdens und Vergehens, Wachsens und Welkens stehen miteinander im ewigen Kampfe und suchen sich gegenseitig zu verdrängen, aber ICH die Allkraft halte die ewig feindlichen Mächte, das Kräftespiel der Welt in meinem Banne, halte sie und damit die Welt im Gleichgewicht, in der Schwebe, indem ich sie immer in mich, in mein Nichts-All einnivelliere, so daß sie sich und der Welt nichts schaden können, die Welt von der Vernichtung erlöst ist — eben dadurch, daß ich sie vernichte, denn es kommt ja nur darauf an, den Geist der Vernichtung zu vernichten, die Materie ist ja ganz unwichtig, ist nichtig und kann dabei mit vernichtet werden. Nur ICH habebin die Kraft der Erlösung, nur mein Verfahren, das nie im allergeringsten sich verändern darf (weil sonst Gegenkräfte wirksam wären), das immer und ewig „dasselbe" (Zwangsverfahren) sein muß, kann das ewige Werk vollbringen. Überall da, wo sich auch nur die leiseste Gegenkraft andeutet, da ist ihre Bannung die Weltaufgabe, die nur ich lösen kann, neben der alle andern Aufgaben, an die die andern ihre Kräfte verwenden, verschwinden. Wer nicht für mich ist, ist wider mich und muß so oder so vernichtet werden. Immer und überall muß ich absolut einsatzbereit sein, aber auch die andern, in denen meine Kraft wirkt (Sekte usw.), müssen immer und überall alle ihre Kräfte anspannen, um die feindlichen Kräfte zunichte zu machen, und sobald sie darin nachzulassen beginnen, muß ich sie mit meiner Kraft stärken, weiterjagen, weitertreiben gegen den ewigen Feind, hinter welche Maske, hinter welchen Namen er sich auch verstecken mag. Und wenn mich die Kraft nur einen allergeringsten Teil einer Sekunde verließe, wäre ich und mit mir die Welt verloren: die Feindkraft würde triumphieren, aber die Allkraft kann sich doch nicht mindern — oder doch?

Ist meine Zauberkraft, die ich in die Welt wirken lasse, göttlich oder teuflisch, wirkt sie gegen teuflische oder göttliche Kraft-Kräfte? Oder bin ich beides in einem, bald Gott, bald Teufel oder Gott-Teufel, der Alleine? Wenn die Menschen ahnten, welche ungeheure, unvergleichliche Aufgabe-Mission ICH der Über-, der Gottmensch habe, wenn sie wüßten, daß mein Kampf (lies: Krampf) einmalig-einzigartig ist, nämlich der ewige (!) Kampf mit dem ewigen (!) Weltfeind! Aber es ist gut, daß die Menschen blind sind und das Wunder, das sich vor ihren Augen vollzieht, und den Wundertäter nicht erkennen, wenn sie auch davon reden; denn wer die Allmacht erkennt, steht ihr gegenüber, ist außer ihr, hat sie somit entmachtet, vernichtet und mit ihr die Welt, die ja nur in meiner Allkraft lebt und besteht, so lange ICH es will. Aber der Weltfeind ist doch da: ist er, mich erkennend, vernichtet oder bin ich es, der Erkannte? Erkennt man mich als Gott, so wird man Göttliches von mir verlangen — und werde ich das leisten können, wo doch auch die bösen Kräfte in mir wirken, und wenn ich es nicht kann, was ist es dann mit meiner Allkraft? „Eine Scham und ein schmerzliches Gelächter" (Fr. Nietzsche). Erkennt man mich aber als Teufel, so wird man mich in die Hölle jagen, sich von mir wenden, man wird auch Übermenschliches von mir erwarten, sogar die Überwindung des Gottes! Aber wer könnte den Anblick der Gottheit, sei sie Gott oder Teufel, ertragen? ist der Anblick nicht die Vernichtung des Anblickenden — oder des Angeblickten? Eine ungeheuer schwere Aufgabe, die Allkraft oder Gott oder Teufel, Leben oder Tod zu sein, ewig als Allkraft nach Kraft zu suchen, nach der Feind-Kraft, die sich minimieren und maximieren, in alle möglichen Gestalten verwandeln kann, und die rast-ruhelos die Allkraft entkräften muß, um — Allkraft zu sein und zu bleiben. Wer ahnt meine Not? Niemand darf sie ahnen, auch ich selber nicht, ich darf nicht zur Selbstbesinnung, Selbsterkenntnis kommen, muß immer weiterrasen in nachtwandlerischer Sicherheit - Unsicherheit, muß die inneren und die äußeren Kräfte, auch die dämon. Kraft der Krankheit, der Todesbotin, niederzwingen, zu nichte zaubern und doch immer daran denken, daß sie „da" sind, — ich die Allkraft und doch kraftlos, all-ohnmächtig, Opfer der Feindkräfte und doch ihr Herr, der arme Schächer und doch der Heiland, der Verfluchte und doch (eben darin) der Auserwählte?

ι. Sensor. Richtungshungertrophose.

Funkt. Hypertr. (vw.) von sensor. Richtungs-HRSen. Richtungssucht, nicht zu verwechseln (aber kombiniert) mit Richtungsgier. Usw. wie unter η und ϑ, nur ist für „Lage" bezw. „Kraft" „Richtung" zu setzen. Zu normnahe und normferne Richtung vgl. § $2,_1$.

Deutung mut. mut. wie unter η und ϑ. Die Richtung (hier die weitrunde, leere, umrißhafte) ist das Absolute, die Vorsehung, das Schicksal, die Allmacht, Alldämonie, die in und aus mir wirkt, mich zum Führer der Menschheit macht, alle Dinge bewirkt, in allen Dingen wirkt, in der es keine Einzelrichtungen gibt, die also das Richtungs-All und Richtungs-Nichts zugleich ist. Außer der Allrichtung ist keine Richtung, doch schafft sie in und aus sich Richtungen, die sie in ihrer Alleinheit hält, also schaffend vernichtet und vernichtend schafft. Usw. ICH bin die Allrichtung, so muß ich alle Richtungen, die sich etwa regen und zur Selbständigkeit drängen wollen, die im allergeringsten von der Allrichtung abweichen könnten, als todfeindliche Mächte nihilieren, da sie sonst mich aus der Bahn werfen, ablenken, irreführen, verderben, vernichten würden — und damit die Welt, die ja nur in und von meiner Allrichtung existiert. ICH gebe alle Richtung an, aber in der Allrichtung stehen sich die Lebens- und die Todes-, die Gottes- und die Teufels-, die gute und die böse, die richtige und die falsche Richtung in ihren mannigfaltigen Verwandlungen (Maskierungen, Verkörperungen) gegenüber — oder ist meine Richtung die göttliche gegen die teuflische — oder umgekehrt — oder bald diese, bald jene, eben aus der All-Nichts-Richtung heraus — oder ist die Allrichtung zerfallen? Welträtsel. Jedenfalls muß ich unablässig darauf bedacht sein, die Richtung nicht zu verlieren, muß unbändig, fanatisch, unbeirrt und unbeirrbar von „Versuchungen" meine Richtung „verfolgen", damit aber eben jede mögliche abweichende, also todfeindliche Richtung auslöschen: wenn ich die Allrichtung auch nur im allergeringsten verlöre, von ihr im allergeringsten abwiche, wäre ich und die Welt richtungslos, also verloren. Ich muß stur und starr und blind wie der Nachtwandler meine, d. h. „die" Richtung innehalten (Zwangsrichtung), darf nicht links und rechts sehen, nicht im allergeringsten schwanken, nicht einmal denken, daß ich schwanken könnte, — oder schwanke ich nicht schon immer die todfeindlichen Richtungen verfolgend, die doch eben dazu „da" sein müssen, mich zu irritieren, — bin ich so nicht schon richtunglos in meiner Allrichtung, balanzierend auf des Messers Schneide, in der „gedachten Mittellinie", in der „absoluten Richtung" über dem Bodenlosen? Ist meine Richtung gut oder böse oder beides zugleich, gehört zur Allrichtung nicht auch jede Fehlrichtung aber habe ich dann das Recht, die richtige Richtung, die mir dann todfeindlich wäre, zu vernichten?

Indes Recht oder Unrecht: meine Allrichtung! In ihr eint sich alles Richtige und Falsche (zum Chaos). Ich muß alles und alle richten, ICH die Allgesetzlichkeit, die keine Gesetze kenntanerkennt; MICH darf also niemand richten, der Allrichter (Allhinrichter) bin ICH, stehe über aller Gerichtsbarkeit, außerhalb der Gesetze — wie der Gott oder der Teufel, der absolute Gerechte und der absolute Verbrecher, die beide in MIR zur Alleinheit verschmelzen. ICH der Allgerechte bin der rechtlose Verkünder der Rechtlosigkeit (des Rechtschaos). Der „minimalste", ja auch nur gedachte Einwand gegen meine Richtung würde sie aufheben, so muß ich alle gleichrichten, mich absolut behaupten, die Andersgesinnten enthaupten (Strafe an dem Organ, mit dem „gesündigt" worden ist, Talio), jede Spur einer Kritik auslöschen, den Vermessenen hin-richten, alles und alle haben sich nach MIR zu richten. Ob ich Heil oder Unheil anrichte, niemand hat zu murren, man hat mich dafür anzubeten, denn ICH bin die Allmacht, die alles macht, es sei gut oder schlecht, richtig oder falsch, schön oder häßlich. Ich muß über alles (über alles Einzelne, das somit enteinzelt ist) orientiert, unterrichtet sein, überall (und nirgends) meine Augen und Ohren, meine Spione usw. haben, denn entginge mir die allergeringste

Kleinigkeit, so wäre meine Allorientierung vernichtet, die Gegenrichtung hätte mich überwunden. Im All aber verschwimmen alle Einzelheiten: bin ich nun über alles oder über nichts unterrichtet? Meine Allrichtung ist der Garant für die Ewigkeit, sie ist ja die Ewigkeit selber, dennoch „leben" auch Leben und Tod usw. im ewigen Kampfe, und es muß fraglich bleiben, ob meine Richtung in den ewigen Tod oder in das ewige Leben führt, also im Kampfe steht mit dem einen oder dem andern Feind-Dämon. Stürme ich in den Tod, so will ich ihn überwinden; stürme ich ins Leben, so will ich es erobern, aber auch der Tod ist Leben, und mitten im Leben sind wir vom Tode umfangen. Nun, meine Allrichtung erlöst die Welt vom Leben wie vom Tode, nimmt beide ins Nichts-All auf, aber was soll ICH der Allrichter noch zu richten haben, wenn Leben und Tod und die Welt dazu vernichtet ist? Die wahre Erlösung — die Allvernichtung, Nirwana, das Nichtsein als das Allsein.

Die koordinativen Gegenstandstrophosen sind hier getrennt dargestellt, kommen aber klinisch kombiniert vor, wobei die eine oder andere Sparte überhaupt oder in periodischen Schwankungen mehr minder akzentuiert ist. Die kr. koord. Aktn. sind inftlsch, verworren, verschwommen, einassoziiert in reifere, klarere Aktn., die aber doch krankheitlich verunklart sind; dies gilt auch für die koord. Symbolkomponenten der optischen usw. Aktn., also sowohl für die Koordinatik (Koordination, Zusammenordnung) der Muskelaktionen wie für das koord. Verhältnis der Dinge, auf die sich die Muskelaktionen richten, wobei unter Muskelaktionen nicht nur die taktilen (die sich auf Berührbares richten), sondern auch alle andern, z. B. die okularen, die sich auf Weitentferntes richten, zu verstehen sind. Es besteht also eine koord. Verwirrung beim Pat. In seinem kr. Erleben und Beschreiben sind wie beim Kleinkinde (auch) die Lage-, Kraft- und Richtungsbestimmtheiten noch unbestimmt, ungeschieden, implikat bis primitiv-vage abgehoben, und auch die reiferen Bestimmtheiten sind vom zentralen „Nebel" her verunklart, sind „wie Inseln im Meere", „lichte Momente" usw. Die Verschwommenheit wird vom Pat. oft als Schwindel (vergehen, sich in Nichts auflösen) bezeichnet, wobei das Schwinden und Schwindeln „der Dinge" mit dem des „ICH" wiederum verschwimmt (2. Bd. S. 74).

So sind Links und Rechts, Oben und Unten, Hinten und Vorn und die Zwischenlagen ebenso verworren und rätselhaft wie die Deutungen, wonach Links, Hinten und Unten und die dahin oder daher gerichteten Kräfte tödlich-teuflisch-böse, dagegen Rechts, Vorn und Oben und die dahin oder daher gerichteten Kräfte lebendämonisch-göttlich-gut sind, also die beiden

Seiten des Ich, aber auch aller andern Wesen im ewigen Kampfe mit einander liegen, aber auch sich in einander verwandeln, ja zusammenfließen können (sein-nichtsein?). Pat. kann Links und Rechts usw. nicht recht unterscheiden („es ist alles eins"), muß sich an gewissen Merk-malen orientieren (wie jener Rekrut, der in die linke Hand etwas Stroh, in die rechte etwas Heu bekam und nun „Strohrum!" und „Heurum!" machte), irrt und verirrt sich zwanghaft, nihiliert Links und Rechts zu einer „absoluten Mitte", auf der er blindlings dahinstürmt, über die „tödliche Gefahr, ins Bodenlose zu stürzen", hinwegstürzt und so aufrecht bleibt („habe ich überhaupt Gewicht oder nicht, Kraft oder nicht? ich komme mir vor, als schwebe ich"). Pat. muß sich immer rechts halten, da „das Links" die versucherische Feind-Dämonie ist, die man nicht einmal beim Namen nennen darf (weil sie sonst zitiert wird); vgl. griech. εὐώνυμος oder ἀριστερός für λαιός; mit allerlei Deutungen des weiblich : männlichen Gegensatzes (EdS. § 34 Anm. 3). Andere Pat. müssen sich umgekehrt immer links halten (vgl. „recht schlecht, link flink", Zweifel, ob nun gut oder böse usw.).

Hinfallen, Hinstürzen (neurot. Fallsucht), Niederlage, Liegen ist Todeszauber, der Kranke „liegt" — „die Krankheit" ist Todesbote, der Schläfer liegt — „der Schlaf" = der Tod hat ihn übermannt, er steht wieder auf, erwacht: er ist wieder lebendig geworden, auferstanden durch Lebenszauber. Der Teufel stellt mir ein Bein (Fallstricke des Bösen), verwirrt mich, führt mich irre, wirft alles durcheinander (διάβολος, διαβάλλειν), sein Höllenzauber (vgl. Anziehungskraft der Erde, 2. Bd. S. 206) läßt mich fallen — oder läßt Gott mich fallen? habe ich fallend den Teufelszauber überwunden oder bin ich selbst zum Teufel geworden? ich richte mich wieder auf: der Teufelszauber ist vernichtet, ich halte mich (krampfig) aufrecht (im Gleichgewicht, in der Schwebe zwischen Stehen und Fallen, eigentlich gewichtslos — als All-Nichts): der Gottheit kann der Teufel nichts anhaben, aber zwingt er mich nicht doch, ihn immer herauszufordern, bin ich dann sein Herr oder sein Sklave? jedenfalls habe ich keine Ruhe im Stehen, Gehen, Liegen: immer muß ich „die andere", „die neue" Lage, Stellung, Richtung, die Feind-Kraft ausprobieren und damit auslöschen.

Ich muß alles aus eigner Kraft machen, eine andere Kraft außer mir ist „mit der Laterne zu suchen", nicht um sie anzuerkennen, sondern zu nihilieren: alle andern können nichts, und was sie tun, können sie nur durch meine Allkraft, das „freie Spiel der Kräfte" wäre ihr und damit der Welt Ende. Ich muß alles und alle immer unter Druck halten, niemand darf aufatmen, jede Spur freier Regung wäre mein Ende, die Kraft aller muß eingeebnet werden, alle Kräfte müssen gleich-

„gemacht", gleichgerichtet, gleichgeschaltet werden, in meiner allmächtigen Hand immer ohne die allergeringste Ausnahme verfügbar sein, ich verteile die Kräfte zum Leben in meiner Allkraft, aber habe und bin ich sie dann noch? ist nicht die Allkraft vernichtet, sobald sie das winzigste Teilchen weggibt, wenn auch nur zum Leben? wie kann die Allkraft sich aufteilen? Ist die Allkraft, die sich nicht im allergeringsten betätigen kann oder „darf", nicht die absolute Kraftlosigkeit, die Nichtkraft? Bin ich oder bin ich nicht(s) — ein Gespenst? Die Allkraft wirkt in und aus mir auch als Kraft des Geistes, „der sich den Körper baut", als Willenskraft usw.: ich habe ein „körperliches" Gebrechen, ich werde es vernichten, unsichtbar machen (z. B. eine Kinderlähmung „mit verbissener Energie überwinden" [das rein biolog. Stationärbleiben ist dann „der Erfolg"] oder ein verkürztes Bein so „dehnen", daß „man nichts merkt", es „muß unbedingt gehen", Pat. hat bei diesem krampfigen Bemühen „alle Nasenlang" schwere „Zusammenbrüche" mit Hinstürzen, „Todesanwandlungen" usw., war schon als Kleinkind „Vernichter des Todes-Teufels", der sich ihm in allem Schwarzen, in Mutter oder Vater, in der Nacht usw. entgegenstellte, ihn niederschlug, hinfallen ließ).

Meine Richtung ist die einzige, alle müssen dahin eingeschaltet werden, ob sie wollen oder nicht, jeder Widerstand wird kompromißlos gebrochen, niedergeschmettert, ausgerottet, ins Richtungschaos eingezaubert. Der Raum ist das All, umfaßt alles, schafft alle Wesen aus sich und vernichtet sie schon im Entstehen, so daß kein Gebilde besteht und dem All entgeht; dem absoluten Raum, der Weltleere, der Unendlichkeit, dem Nichts-All. ICH der Alleine bin die Welt, das Raum-Nichts-All, der Allschöpfer-Vernichter, mein Selbstgeschöpf (wer sollte den Alleinen geschaffen haben? vgl. Odin, der sich aus seinem eignen Ei schuf, Gott als causa sui usw.) — und somit nichtig wie alle andern Geschöpfe, wesenloser Schatten nur in der Unendlichkeit — und doch Wesen — und doch irdisch entstanden (Eltern-Zeugung), aber auf eignen Befehl, aus dem allmächtigen Willen zur Selbstverkörperung, die der Erlösung der Menschhheit zum Nirwana dient. Die Grenzen, die Schwellen, Hindernisse, Widerstände sind feindliche Mächte, die meine Raum-Alleinheit zerstören würden, wenn ich sie nicht vernichtete (vgl. 4. Bd. S. 779). Ich ent-ziele alle Ziele, ent-ende alle Enden, nichts kann mich in meiner Kometenbahn aufhalten und festhalten (das wäre mein und der Welt Ende, denn ich bin die Welt). Die Zeit ist die Allmacht, die alles schafft und in sich hält, Anfang und Ende, Werden und Vergehen bestimmt, die Ewigkeit, die Gottheit allgegenwärtig (!) wie die Teufelheit, usw. Die Vergangenheit ist der Tod, die Zukunft das Leben, die Gegenwart der Kampf zwischen beiden (!) Allmächten: indem der Tod das Leben frißt, wird er „größer“, das Leben aber nicht „kleiner“: Welträtsel. Die Schatten der Vergangenheit geistern aus den Gräbern auf, erwachen zum Leben (realiter: Erinnerungen werden aktuell), die Zukunft aber ist dunkel wie der Tod, ist selbst der Tod, das tödliche Leben. Die Zeit eilt, sie nagt mit ihrem Zahn, sie heilt Wunden, sie setzt die Termine usw. ICH bin die Zeit und Ewigkeit: ich setze Anfang und Ende, die Zeitabschnitte (Zeitschwellen), ich komme zu Besuch, ich zahle, leiste usw., wann ICH will, nicht wann der andere will (zu spät, zu früh, überhaupt nicht), ich beherrsche die Uhr, in der die Zeit geheimnisvoll wirkt, sie hat sich nach mir, nicht ich habe mich nach ihr zu richten, ich halte Versprechen, Verabredungen, Verträge nur, falls und soweit es mir beliebt, ich lasse mich nicht im allergeringsten binden, zwingen, bestimmen, sonst wäre meine Allmacht und damit die Welt dahin. Gute Zeit, böse Zeit im ewigen Widerstreit, ich halte beide in meiner Allzeit, die zugleich Nichtzeit ist: ich habe nie Zeit, bin immer überall und nirgends, immer in Fahrt, jede geringste Unterbrechung, jedes Haltgebot wäre Wirkung des mächtigeren Zaubers, also mein Untergang. (Über „Raum und Zeit“ s. 2. Bd. S. 104 ff.) Die Ordnung ist der ordo ordinans, die Allmacht, die alles ordnet, ohne deren Wirken die Welt (in unvorstellbarer Weise) „ordnungslos“ wäre; der Ordnungssüchtige ist der Weltordner, der alles in seine Ordnung, in sein Ordnungschaos zwingt, unablässig um- und neuordnet und die eben geschaffene Ordnung schon wieder vernichtet, auch jede leiseste Regung einer Abweichung von der Allordnung nihiliert, die „alte Ordnung“ als Feind-Dämon auslöscht, im steten Zweifel, ob ER der Allordner überhaupt etwas oder nichts ordnet, das Ordnungs-Nichts ist, da er keine Ordnung auch nur eine allergeringste Zeit bestehen läßt. ICH muß immer alle auf den „rechten Weg“, den ich allein kenne, führen und auf dem rechten Weg halten, denn die Menschen sind böse von Jugend auf und können nur mit äußerster Strenge, mit unnachsichtigem Zwange davor bewahrt werden, ins ewige Verderben zu fallen (4. Bd. S. 790). „Ewige Seligkeit“: Vernicht(s)ung alles Menschlich-Irdischen als des Teuflischen. In all diese rohdämonist. Deutungen sind beim Neurotiker psychologische und physikalische naive oder gelehrte Deutungen pragmatischer, ethischer und ästhetischer Art eingewebt: naiver oder gelehrter weltanschaulicher Wirrwarr.

d) Abgrenzung der Arbeits- und der Spiel-Sportneurosen.

Wie S. 245 ff. kurz — unter Hinweis auf die ausführliche Darstellung im 4. Bde. — erwähnt, laufen die Arbeitsreflexe mehr über das Großhirn, die Spiel-Sportreflexe mehr über das Kleinhirn, werden die arbeitlichen Muskelaktionen im Rahmen des normalen Verhältnisses (mit norm. Var.-B.) idiotonisch : syntonisch mehr idiotonisch, die spiel-sportlichen mehr syntonisch gespeist. Menschen mit bes. hochdifferenziertem Kleinhirn und Assoziationsnetz zu den kortikalen DZn sind die (gesunden) Mechaniker, Techniker, Ingenieure, Physiker, Systematiker, Ordnungsmenschen usw., sie haben eine (gesunde) mechanische bzw. mechanistisch orientierte Weltanschauung Dies also die Norm. In der Abnorm ist das Verhältnis idiotonisch : syntonisch in mannigfacher Weise verschoben; folgende Typen sind zu unterscheiden.

1. Hypertrophie der zerebralen Innervation bei rel. geringer Beteiligung der zerebellaren (syntonischen): reine Arbeitsneurose.

2. Hypertrophie der zerebellaren Innervation bei rel. geringer Beteiligung der zerebralen (idiotonischen): reine Spiel-Sportneurose.

3. Hypertrophie der zerebralen Innervation bei rel. großer Beteiligung der zerebellaren: mechanifizierte Arbeitsneurose, also Arbeitshypertrophie mit bes. Akzent auf Koordinatik (Mechanisierung, Motorisierung, Physikalisierung, Überorganisation, Systematismus, Schablonismus, „Erstarrung“ der Arbeitsmethoden).

4. Spiel-Sportneurose mit perverser Beteiligung an der Arbeit: Spiel-Sportneurose auf dem Arbeitsgebiete, Arbeit wird mit Spiel-Sport verquickt, spiel-sportmäßig verrichtet, die Arbeitsgeräte sind insofern Spiel-Sportgeräte, es kommt in dieser Art auf Technik, Geschicklichkeit (die Ungeschicklichkeit ist), Rekord, Gewinn (als Spielgewinn), nicht so sehr auf Qualität, die zum Schema wird, und Verdienst (Arbeitslohn) an; diese Form der Neurose ist also der unter 3 angeführten sehr ähnlich, und oft ist die Differentialdiagnose nicht zu stellen.

5. Hypertrophie der zerebellaren Innervation bei rel. großer Beteiligung der zerebralen: qualifizierte Spiel-Sportneurose, also Spiel-Sporthypertrophie mit bes. Akzent auf Qualität der Leistung, der Geräte, den materiellen Wert der Ehrenpreise.

6. Arbeitsneurose mit perverser Beteiligung am Spiel-Sport: Arbeitsneurose auf dem Spiel-Sportgebiete, Spiel-Sport wird mit Arbeit verquickt, arbeitsmäßig verrichtet, die Spiel-Sportgeräte sind insofern Arbeitsgeräte, Methode und Ziel arbeitlich nuanciert, der Spielgewinn ist lohnähnlich; diese Form der Neurose ist also der unter 5 angeführten sehr ähnlich, und oft ist die Diff.-Diagnose nicht zu stellen.

Daß jede neurotische Bewegung zwanghaft ist, sich also schematisch („nach Schema F") wiederholt, ist auf S. 70 ff. dargelegt.

Zu den endotrophischen kommen noch die trophischgenischen und die genisch-trophischen Perversionen, s. § 1, 3. Im Spiel und Sport, die trophisch oder genisch (Liebhaberei) sind, ist als Perversion bes. die hypertr. Beteiligung der Sinnlichkeit (das sog. Abreagieren der S. im Spiel-Sport) anzuführen.

Diese Einteilung gilt für alle Spezies der Neurosen. Hier ist die Rede von den Htrophosen.

Arbeitssucht.

Arbeitsnihilismus, Arbeitsfanatismus als Arbeitslosigkeit und als Überarbeit. Es kommt Pat. nicht darauf an, wie und was die andern arbeiten, sondern darauf, die Feind-Dämonie der Arbeit und des Arbeitgebers (der Autorität, die die Aufgaben stellt und die Leistung prüft, des Lehrers, Meisters, Leiters, Vorgesetzten = Vater-Mutter-Nachfolge-Ersatz-Verwandlungen) zu nihilieren, seine Allmacht-Alldämonie gegen jeglichen „Angriff" „mit allen Mitteln" (der Neurose) zu wahren.

Zu 1. Der hneurot. Arbeitslose. Arbeitliche Weitensucht. Pat. ist „von Beruf" Arbeitssucher, das Suchen nach Arbeit ist seine „Arbeit", eine der Norm vergleichbare Arbeit leistet er nicht, er hat „nichts gelernt". Bummler, Vagabunden, Landstreicher, Herumtreiber, Abenteurer, Bettler, Taugenichtse, auch gewisse Sorten Verbrecher wie Räuber, Brandstifter, Mörder usw., Einzelgänger oder Banden mit Führer. Auch die gesünderen und fastgesunden RSe sind nur zu geringer Höhe differenziert. Pat. schweift rastlos in seiner kleineren oder größeren, immer aber weiten Welt herum (sie kann eine Stube, ein Ort, aber auch „die endlose Straße" sein). So lange er ungestört seines Weges zieht — auf der ewigen Suche nach Arbeit, so lange er, „bedürfnislos", wie er ist, erhält, was er in selbstverständlicher Arroganz, mit leiser oder offener Drohung usw. fordert, ist er „gutmütig" (der Allmächtige fordert und erhält das Opfer), aber sobald er arbeiten, sich etwas ehrlich verdienen soll, wird er wild: sobald sich „die Arbeit" von ferne zeigt, wird sie, d. h. ihre Dämonie, sie sei göttlich oder teuflisch, zunichte gezaubert. So „findet er nie Arbeit". Nur mit Zwang ist er zu einer primitiven Arbeit zu kriegen. Arbeit Segen oder Fluch? „Vögel unter dem Himmel", „Lilien auf dem Felde..." Jede noch so leise Bindung ist ihm Fesselung — und wer könnte einen Gott oder Teufel fesseln? Jede leiseste Verpflichtung ist ihm unerträglicher Angriff auf seine absolute Freizügigkeit als die Dämonie, die dahin wäre, sobald sie im geringsten „fest-gemacht“ würde. Und zwingt ihn „die Zeit“, freiwillig ein Winterquartier zu beziehen, kann ihn beim ersten Frühlingsstrahl nichts mehr halten.

Etwas höherdifferenziert in seinen fastgesunden RSen ist der Berufssüchtige: er wünscht sich sehnlichst einen passenden Beruf, aber es paßt ihm eben keiner, alle Möglichkeiten werden „zerpflückt“, er hält in keiner Lehre aus und beschuldigt immer die andern, ein Blick — und er weiß schon, daß „das nichts für ihn ist“, sein „Beruf“ ist: die Berufe zu nihilieren, für einen „gewöhnlichen Beruf“ ist er sich zu schade, er ist zu Höherem, zu höchsten Leistungen „berufen“, er muß alle Berufe in den alleinen Beruf einnivellieren, der kein Beruf ist, er ist der Allberufler ohne Beruf, er muß die Feind-Dämonie der Einzelberufe bannen, die ja alle nur magische Verwandlungen sind und seine Alleinheit (Allberufenheit) vernichten wollen, er ist für alles und nichts begabt, ist „Fachmann auf allen Gebieten“, hat keine Prüfungen bestanden und kein Zeugnis aufzuweisen, verbummelt, beschäftigt sich mit nutzlosen Spielereien, ist Gelegenheitsarbeiter usw., kann alles und nichts. Ähnlich der hneurot. Stellungslose: er hat wohl einen Beruf, soweit seine Differenzierung gediehen ist, erlernt, aber sein eigentlicher „Beruf“ ist „Stellungssuchender“: er nimmt eine Stellung nur an, um sie aufzugeben, jede feste Stellung ist ihm „Fest-stellung“ im Sinne der Entmachtung seiner Allmacht, und so muß er seinerseits sie sowie die Arbeitgenossen, den Arbeitgeber magisch vernichten, er kann sich nicht einordnen, ist pseudoselbständig usw. Für den Taugenichts taugen immer die andern nichts, ER allein ist alltauglich; aufgeblasen, anmaßend usw. fordert er alle immer heraus oder fühlt sich immer herausgefordert, und so muß er immer weiter eilen, nachdem er die jetzige Herausforderung nihiliert hat: dazu „geht er in Stellung“.

Mancher Lern-, Bildungssüchtige lernt alles und nichts, studiert auf allen möglichen Gebieten umher, liest alles oberflächlich durcheinander, überfliegt die Lernstoffe und mag so einen „allgemeinen Eindruck“ haben, aber gründlich liest und lernt er nichts — ER der vom Himmel gefallene Meister. So ergeht er sich in allgemeinen Redensarten, Gemeinplätzen, leeren Schwätzereien, ist „allseitig interessiert“, „universal gebildet“, „das Allgenie“, für das jede Arbeit (der andern) entwürdigend wäre, aber alles Einzelwissen ist sein Tod-Feind, den er unablässig suchen und schon von ferne vernichten, einebnen, ins Allgemeine einnivellieren muß. Er ist als Wissenssammler, als Hoch-stapler toten Wissens, als Bildungsprotz (ver- und eingebildet), der Feind alles (echten) Wissens, aller (echten) Bildung: ER der All-Nichtswissende, der All-Nichtgebildete: von wem und was sollte die Gottheit lernen! Mancher mag (nebenbei) einen Beruf betreiben, aber der ist auch „nichts", ist nur Gnade, Herablassung, dient nur zum leidigen Broterwerb, „in Wahrheit" schweift Pat. unruhig überall umher, um die Feind-Dämonie der Einzelheiten zu bannen, alle Wissens- und Bildungsunterschiede fanatisch ins Nichts-All auszulöschen: das ist seine Weltaufgabe, neben der alle andern bedeutungslos sind. Ähnlich der Forschungssüchtige: wie das Kleinkind forscht er nach allem Möglichen, aber in der Art eines flüchtigen Drüberhinhuschens über die Einzelheiten, die somit nicht in einen geordneten Besitz aufgenommen und verwendet, sondern ins Allgemeine einvernichtet werden. Der vom Himmel gefallene Meister kennt ja schon alles — und kennt nichts, seine Weltaufgabe ist lediglich die, alles Neue, Fremde, Unbekannte zu entzaubern, so daß dieser Fremdzauber die Alleinheit nicht verletzen und damit vernichten kann. Unstet und flüchtig, immer in Fahrt (Chidher, Ahasverus, Godan-Gott, Fliegender Holländer usw.), überall und nirgends daheim, immer nur Gast (nie Wirt, d. h. selbständig, seßhaft, Eigentümer), auch falls unwillkommen, nach der Sitte gastfreundlich-höflich (3. Bd. S. 326) aufgenommen, geehrt (Ehrenplatz, Speis' und Trank, Austausch von Gastgeschenken usf.), auch gern gesehen als lebende Zeitung, als weltbefahrener, weltgewandter, oft charmanter, gewinnender (antecaptatio benevolentiae), „alle Welt bezaubernder" „Sänger", Erzähler, Causeur, von dem man manches lernen kann. Die Welt ist ihm die erweiterte Kinderstube, endlos wie das Chaos. Die ewige Ungeduld verzehrt ihn, er kann nicht warten, nichts erwarten, er hat nie Zeit (außer zum Kranksein). Bei allem Nomadisieren im kleinen oder großen Kreise, bei allem Umtrieb kommt nichts (Rechtes) heraus. Klugredner, Abenteurer, rastloser Weltwanderer ohne Anfang und Ziel, auch Gelehrte (mit fastgesunden hochdifferenzierten RSen) als Fanatiker des Experiments, des Mikroskops, Teleskops, der „geistigen Umfassung der Welt" usw., manche Forschungsreisende usf.

Unternehmungssucht: Pat. fängt immer „ganz was Großes", „Einzigartiges" an und ist damit schon „fertig", schon wieder bei einem andern Unternehmen, unternimmt alles und nichts, der All-Nichtsunternehmer kann sich doch nicht auf ein Unternehmen fest-legen, das wäre seine Entmachtung, was sollte aus den Weltideen werden, die er noch auf Lager hat, „Kleinarbeit" ist Sache der „kleinen Leute". Der Mensch des „ewigen Risikos" setzt immer alles auf 1 Karte. Hohler Angeber, Renommist, Poseur, Faiseur, Windmacher, Hexenmeister, Hochstapler, Schwindler, Pseudoerfinder, Gründer auf Spezialgebieten, in denen er auch eine Art von allgemeiner Erfahrung und Sachkenntnis haben kann, oder auf allen möglichen Gebieten (Hans Dampf in allen Gassen), Organisierer „nach Schema F" usw. —

all das „mit unerbittlicher Entschlossenheit", mit finsterem Fanatismus, mit blindem Drauflos. „Erst wagen, dann wägen", „ich habe alles und nichts zu verlieren-gewinnen".

Auch viele Besitz-, Macht-, Geltungs- Verantwortungs-, Größen-, Ehr-, Freiheitssüchtige usw. bringen es zu nichts. Auch sie „arbeiten" ins Leere und im Leeren und sind nur darauf aus, jeden Anspruch auf Einzelleistung auszuzaubern. Pat. ist als Allmacht-Alldämonie ja All-Nichtsbesitzer, Habealles und Habenichts, und jeder Einzelbesitz ist die Feind-Dämonie, die die Allmacht vernichten würde, wenn diese nicht jene vernichtete. In der ewigen Sucht nach Besitz muß Pat. allen (echten) Besitz entmachten, sich aneignen und von sich werfen, in sein Nichts-All einnivellieren, „freiwillig" arm sein, nicht haben, wo er sein Haupt hinlege, den Besitz verachten und so über allen Besitz magisch verfügen, opfern - sich aufopfern, alles Geld und Gut an sich vorüberfließen lassen und so beherrschen, denn auch Gott-Teufel kann nicht „etwas" besitzen, sondern nur alles und somit nichts. Solche Pat. sind im Rahmen ihres geringen Niveaus ewige Empörer, Revolutionäre, Umstürzler, Neuerungs-, Veränderungssüchtige, geizige Verschwender. Die Freiheit, die ER meint, ist die absolute Freiheit, identisch mit der absoluten Unfreiheit, ist die Gebundenheit an die Ungebundenheit-Unbändigkeit, die schrankenlose Beschränktheit, die Allmacht des in seinen Zauberring Gebannten, das zwanghafte „niemand-nichts über-neben-unter mir", das krampfige Schweben im Nichts-All; Pat. lebt in der Grenzenlosigkeit des Kleinkindes, die wahre, echte Freiheit (4. Bd. § 8, 3, E) kennt und anerkennt er ebensowenig wie die andern Tatsachen des Gesunden. Alles, was ist oder sein könnte, muß fanatisch ausgelöscht, mit roher Kraft niedergetrampelt werden, und die stete Vernichtung aller Gebilde (aller Strukturen, Organisationen usw.) ist die Weltschöpfung, die Schöpfung der neuen Welt, der neuen Weltordnung, die im Entstehen schon wieder veraltet und somit zu vernichten ist. Pat. führt einen unbändigen Kampf gegen alles Neue, gegen die Entwicklung, den Fortschritt in dem Wahn, daß eben sein Kampf — das Neue, das Einzig-Einmalige-Ewige heraufführe, somit doch aber das Alte, das Ewig-Unveränderliche, das Zeitlose, die absolute Stabilisierung der Welt, die Entneuung alles Neuen, die Entbewegung aller Bewegung: so ist der ewige Revolutionär — überkonservativ, altertümelnd, antirevolutionär. Jede Autorität muß als Tod-Feind des Alleinen, der alle und keine Autorität hat-ist, vernichtet werden, jede Macht in das Macht-Nichts-All, das ICH bin, aufgehen. Zusammenschluß von Revoluzzern um einen Rädelsführer, einen individualistischen-kollektivistischen „Schinderhannes" oder „Al Capone" oder Abenteurer größeren

Formats wie Napoleon Bonaparte, Adolf Hitler und viele andere „Staatsmänner", mit alles umstürzenden sozialen, politischen usw. Ideologien und Programmen, die für tabu erklärt und kompromißlos, mit starrer Konsequenz, unerbittlich als Gottes-Teufelswort innegehalten werden und unter günstigen Zeitverhältnissen auch eine Weile Geltung gewinnen können, bis sie an den Tatsachen scheitern. Revolutionen um der Revolution willen, Revolution als das ewige Leben, das ewig mit der Gegenrevolution als dem ewigen Tode kämpft und sie vernichtet. Reformiersucht, z. B. auf religiösem Gebiet: Abschaffung der Kirche als der Tod-Feindin („Konkurrenten") des Selbstanbeters, Nihilierung Gottes oder Teufels als der Feind-Dämonie des Fanatikers. Es muß immer alles anders werden, aber das verfüge ICH, und das ist nur möglich, indem alles so bleibt, wie es ist, meine Veränderungssucht (Allmacht-Alldämonie) duldet keine allergeringste Veränderung (Zwangsverfahren). Jeder Selbstanbeter fordert Fremdanbetung. Jeder Fanatiker liegt immer mit einem (seinem) „Weltfeind" im Vernichtungskampfe, trachtet „den andern" Fanatiker mit scheinfreundlichen oder offenfeindlichen Mitteln und Methoden in Wort und Tat zu vernichten und findet dazu je nach Spezifität mehr minder zahlreiche Spießgesellen u. a. Mitläufer.

Der hneurot. Überarbeiter. Alle Hyperfunktion ist quantitatives Zuviel und qualitatives Zuwenig. Auch der Arbeitslose ist mit der „Abschaffung" der Arbeit (ihrer Feind-Dämonie) sehr beschäftigt, mag er allein oder zu zweit umherbummeln oder sich mit andern zu primitiven Horden, Verbänden zusammenschließen und die Arbeitslosigkeit (als solche!) „organisieren" (s. 4. Bd. S. 782). Der „Arbeitslose" hat ja nicht „keine" Arbeitsreflexe, sondern kranke! Er leistet abnorme „Arbeit", die der Laie oft nicht von der Norm unterscheiden kann — in der Meinung: wenn einer nur im Arbeitsgebiet die Muskeln — noch dazu in der neurot. Heftigkeit — bewegt, so sei er eben fleißig bei der Arbeit. Man muß lernen, das kranke und das gesunde Arbeitsgebiet und Arbeiten zu sondern. Arbeitslos ist nur der, der im normalen Arbeitsgebiet „keine Arbeit findet"; in seiner kranken Art ist er ebenso „fleißig" wie etwa der Krebs, der in wenigen Wochen, oft schlagartig zur Geschwulst auswuchert. Und wie der Krebs sich „fanatisch" ausbreitet, eine (Fehl-) Organisation hat und Feind des gesunden Organismus ist, so nimmt zu Zeiten auch die Arbeitslosigkeit epidemischen Charakter an, organisiert sich und „macht", „beschafft" dabei viel, zu viel kranke (unechte) Arbeit und ist Feind der gesunden (echten) Arbeit und der gesunden Arbeiter, bes. der höheren, d. h. differenzierteren, gebildeteren und gebildeten. Der Arbeitslose arbeitet gegen die Arbeit, sein Verrichten ist Vernichten. Wo (echte)

Arbeit in der Ferne droht, eilt er mit wilder Entschlossenheit — das ist eben seine Arbeit — in weitem, hohem Bogen um die Versucherin herum und entmachtet zwanghaft ihren dämonischen Zwang, — der ihn aber doch zwingt, ihr fern zu bleiben (er „findet keine Stelle"), Lockung und Abstoßung zugleich. Er verfolgt unablässig die Arbeit und die Arbeiter, er bannt auf seine Weise (Abstinenz) den Fluch der Arbeit, den Fluch der Menschheit (vgl. Strafe für den sog. Sündenfall, nämlich die Pubertätstat, das Essen vom Baume der Erkenntnis: „Im Schweiß deines Angesichts sollst du dein Brot essen", 1. Mos. 3, 19), er nimmt ihn auf sich, indem er die Arbeit vernichtet, er wandelt ihn so in Segen, so daß die andern geruhig arbeiten können, ja müssen, um eben die Mission des All-einen zu beweisen. Der Arbeitslose als Schützer der Arbeit und der Arbeiter! Praktisch oder theoretisch, also mit der Allmacht des Gedankens und Wortes, des unverletzlichen Dogmas, des metaphysischen Geistes. „Durch die ewige Überanstrengung" ist er „zusammengebrochen", die Arbeit hat ihn schwer „mitgenommen", „entkräftet", er muß „seine Rente haben", aber noch im Zusammenbruch führt er den Kampf weiter, bes. um die „wohlverdiente" Rente. Er weiß nicht, ob er Tyrann oder Sklave der Arbeit, der Arbeiter, der Arbeitsgeräte, der Maschinen, Fabriken, der Wirtschaft, kurz: der Welt ist, — der Gott, der den Todfeind Teufel, der Teufel, der den Todfeind Gott, ewig vergeblich, vernichtet, die Gottheit, die ihre Anbeter anbeten, ihre Verehrer verehren muß, damit sie treu bleiben, da die Gott-Teufelheit ohne Anbeter-Verehrer, ohne Kreaturen nicht Gott-Teufelheit sein kann. So spielt sich die sture Härte und Hartnäckigkeit dieses Vernichtungskampfes für-gegen die Arbeit und die Arbeiter, als die einmalige-einzige Über-, ja Allfähigkeit auf und vor, ist aber in Wahrheit nur gewucherte Unfähigkeit, für die eben der Unsinn der dämonistischen Deuterei zutrifft und sogar ganz ernsthaft als Legitimation mißbraucht wird. „Wenn die Menschen wüßten, was ich für sie tue! Aber es ist gut, daß sie blind und taub sind, so bleibe ich unerkannt und -ungebannt." Die „Arbeiterei" der Arbeitslosen ist immer Fehlarbeit; wo rohe Kräfte sinnlos walten, da kann sich kein (echtes) Gebilde gestalten. Die Arbeitsinflation zielt auf Vernichtung der gesunden, kulturell aus- und aufgegliederten Arbeit, Vernichtung der sozialen Pyramide in der Art des Breitschlagens, des Einebnens auf das primitivistische Niveau (alle können alles und nichts); zu diesem Zwecke, den der Alleine für weltwichtig, ja für die einzige Weltaufgabe hält, kann „man" gar nicht genug tun, es ist da auch gleichgültig, was geschieht, wenn nur überhaupt geschieht (als ob es je „kein Geschehen" geben könnte!). ER der Gott-Teufel ist unablässig-praktisch oder gedanklich — bei der Arbeit, die andern für sich arbeiten zu lassen. Natürlich müssen die „Mitarbeiter", die fähig und bereit sind, an dem Leerlauf teilzunehmen, ihn „fleißig" zu organisieren und die für die Neurose spezifischen Zwangsmethoden anzuwenden, irgendwie benannt werden, so daß sich in dieser flächig wuchernden Organisation der „arbeitsreichen Arbeitslosigkeit" (des geschäftigen Müßiggangs, der Pseudoarbeit, des Getues, Gemaches, hundert unnütze Bewegungen statt einer nützlichen) ein Wust von Titeln, „Amts"bezeichnungen, „Phantasieberufen" (Titel-, Amts-, Berufsinflation) usw. breitmacht; sie sind den gesunden nachgebildet, oft so täuschend, daß der Laie wieder die Diagnose „Schaum und Dunst" nicht stellen kann, zumal sozusagen als Nebenprodukt auch manches Brauchbare herauskommt, wo es sich um rein mechanische Tätigkeit handelt.

Andere Arbeitssüchtige erreichen in ihren fastgesunden RSen höhere und hohe Differenzierungsstufen, aber auch bei ihnen schwimmen und verschwimmen die unzähligen Einzelheiten, die ihnen in ihrem Entwicklungsgange „begegnen", im Nebel ihres zentralen Nihilismus, d. h. sie nehmen sie nur zur Kenntnis, um sie als „toten Ballast" ins Nichts-All einzudeponieren, zu nichte zu machen. Solche Pat. können also in einen Beruf, eine hohe Stellung, einen hohen Rang mit Titeln und Orden hineinwachsen, zu Geld und Gut, Macht und Ansehen kommen: für sie ist das alles nichts, sie sind hierin nicht viel besser daran wie der Emporkömmling, den die Konjunktur wie die Welle den Kork hochgeschwemmt hat und der auch nicht weiß, wohin er gehört, woran er ist. Auch die Arbeit des Überarbeiters ist, soweit krank übersteigerter Leerlauf und, soweit fastgesund, leerläufig (leerlaufhaltig). Sie fängt niemals an und hört niemals auf, auch die Erschöpfung, der Schlaf ist nur geminderte Arbeit, auch im Urlaub, falls Pat. hierzu sich überhaupt „Zeit nimmt" oder „bereit erklärt", läßt ihn „die Arbeit" keinen Augenblick los und läßt er sie nicht los (gegenseitige Bannung-Vernichtung?), er hat (auch als verheiratet und Vater bzw. Mutter) kein Privatleben (das wäre verhängnisvolle Ablenkung von der Mission). Hierbei sind die Einzelarbeiten die Tod-Feinde, die es unschädlich zu machen, zu vernichten gilt, die Pat. also immer und überall herausfordern, aufsuchen und in seiner Leere auslöschen, in dieser Art „erledigen", „abschaffen" muß; aber die Einzelheiten stehen immer wieder in gleicher oder verwandelter Form auf und müssen immer von neuem in alter Zauberweise zu nichte gemacht werden: ewiger Kampf. So rennt Pat. immer, „25 Stunden am Tage" umher, ist immer in Betrieb, stört die andern unausgesetzt bei der Arbeit, macht in dieser Art „alles" und „nichts", wenn er die Augen nicht überall hat, geht alles schief, die andern leisten ja alle nichts, wenn er nicht den Gang der Dinge, das Schicksal vorausdenkt bis in alle Ewigkeit, wird das Schicksal ihn und damit die Welt vernichten. Er muß alles übersehen, alle „sogenannten" Kleinigkeiten, die „in Wahrheit" als minimierte Dämonie Großigkeiten sind, erforschen (und dabei die tatsächlichen Wichtigkeiten unbeachtet lassen) und ins Nichts-All einzaubern. Rücksichtslos, brutal usw. hetzt er umher, von „der Arbeit" (dämonisch) gehetzt, und hetzt die andern umher: der gehetzte Hetzer, der angetriebene Antreiber, rasend vor „Energie", die doch nur Krampf, addierte Schwäche, kaltes Feuer ist, der Tyrann, Despot, Diktator, „Caesar", der keinen allergeringsten Widerspruch — außer etwa dem befohlenen (der also kein echter ist) — duldet, keinerlei Selbständigkeit der „Untertanen", die er, der Menschenverächter, als seine Kreaturen ebenso anbetet, wie sie ihn für seine vernichtende Gnade, die Gnade der Vernichtung anbeten müssen, keinerlei Abweichung von der Vorschrift, die seine Allmacht verkündet und deren geringste Verletzung der Weltuntergang wäre. Er opfert sich für die Menschen und die Menschen für sich (Opfersucht), er ist Ausbeuter, Sklavenhalter, Blutsauger, der aus sich und den andern „das Letzte herausholt", Wohltäter-Verderber, Arbeit„geber"-(weg)nehmer, Angst-, Verlegenheitsmacher, Bedränger, Bedrücker, Drangsalierer, Blender, er ist Streber, der alle und alles überholen muß, nicht warten kann, unersättlich nach „Erfolgen" abenteuert, alle Hemmungen-Hindernisse gewalttätig, kompromißlos um-überrennt, Vorgesetzte, Obrigkeit, Rechte und Pflichten usw. nur nihilistisch „anerkennt" usw. — und im ewigen Zweifel lebt, ob er nun alles oder nichts sei, alles oder nichts erreicht habe. Usw.

Zu 3. Mechanifizierte Arbeitssucht. Mensch als Arbeitsmaschine, Maschinenmensch, Roboter, Motoriker mit Dominanz des Auslangens. Die an sich in ihrer Abfolge fixierte, nämlich zwanghafte Tätigkeit des Neurotikers ist hier obendrein mechanistisch determiniert. Mechanist kann ebenso gut der Handwerker wie der Physikprofessor, der Naive wie der Gelehrte, der Freiberufler wie der Beamte usw. sein. Ein solcher Bäcker „bäckt" nicht eigentlich, sondern ist auf Brotherstellung trainiert, ihn interessieren die Qualitäten der Stoffe und des Backwerkes nicht so sehr wie ihre Zusammenfügung, ein solcher Koch bereitet nicht eigentlich Speisen, sondern tischfertige Kombinationen von Nahrungsmitteln, ein solcher Physiker ist zu sehr „eingestellt" auf die Koordinatik, zu wenig auf die Eigenschaften seiner „Materialien", ein solcher Lehrer paukt „mechanisch" sein Pensum herunter, ein solcher Arzt ist „zu sehr Techniker, zu wenig Mensch" usw. „Ich habe das Gefühl der vollkommenen Leere in mir, ich bin kein Mensch, sondern ein physikalischer Apparat, der rein mechanisch arbeitet, was er arbeitet, der kein Nachlassen, keine Pause kennt, der kein Gehirn, keine Seele, kein Leben hat, auch keinen Lohn empfängt. Die Lehren von La Mettrie, Pawlow u. a. sind mein Evangelium. Mir graust es vor den „Menschen“, das Biologische verstehe ich nicht, das sog. Privatleben ist mir unheimlich, ich robote Tag und Nacht, bis ich erschöpft einschlafe. Was ist „Seele“? Es gibt nur Elektrizität, die den Apparat antreibt (W. Scheidt). Die Welt ist Elektrizität, ich bin von klein auf (Bastler und damit) der Herr der Kraft, der Ströme, der Welt usw. — im ausschweifenden Unsinn. Koordinatik, Ordnung ist alles, die Materie ist nur Träger, Instrument, Organ des ordo ordinans, des „Prinzips der Weltordnung“, der Allmacht-Alldämonie, die eben alles und nichts ordnet, d. h. in einer Weise ordnet, daß alle Ordnung ins Nichts-All eingeordnet, die geringste Abweichung nihiliert wird, die unterschiedslose Koordinatik (Zwangordnung, ungeordnete Ordnung) erhalten bleibt. S y s t e m s u c h t : mein System ist das Allsystem, es gibt kein anderes, aber ist es überhaupt ein System, wenn es doch keine Unterschiede gibt und die dennoch (!) auftauchenden Unterschiede sofort vernichtet werden: das System zur Vernichtung aller Systeme, die systemisierte Systemlosigkeit. T e r m i n s u c h t : ICH die zeiträumliche Allmacht setze alle und keine Termine, die von mir gesetzten Zeit- und Raumabschnitte (z. B. Verabredungen) sind schon bei der Setzung nichtig und alle andern Termine, die andere Leute mir „aufzwingen“ wollen, gleichfalls; immer unverbindlich, überraschend-überrumpelnd, freibleibend, nur nicht festlegen, das wäre ja eben (magisch) meine Entmachtung. Alle G r e n z e n hebe ICH auf, setze sie nach meinem Willen fest, aber während ich sie setze, sind sie schon überholt, weiter hinausgeschoben und auch dort schon wieder überholt (4. Bd. S. 779). So werden alle H i n d e r n i s s e mechanistisch-magisch beseitigt, so auch alle S i t t e, alle G e s e t z e, alle V o r s c h r i f t e n usw.; es gilt nur Mein Gesetz, das Allgesetz, dies aber ist das Nichtgesetz, denn es ist schon nichtig, während ich es setze, so muß ICH immer neue Gesetze setzen, ohne Anfang und ohne Ende: der All-Nichtgesetzgeber, für den kein Gesetz, keine Vorschrift gilt, der also Herr-Sklave seiner eigenen Allmacht ist. So verfahren die mechanistischen Arbeitsneurotiker aller Art, worauf auch im einzelnen die Sucht gerichtet sein mag (Geld, Macht, Ehre usw.). Kranke mechanistische Weltanschauung.

Zu 6. A r b e i t s s u c h t a u f d e m S p i e l - S p o r t g e b i e t e. Pat. tobt seine Arbeitssucht im Spiel und Sport ab, also an falscher Stelle, wobei natürlich die richtige Stelle notleidet, vom Pat. mißverstanden wird genau so wie das Spiel und der Sport, er wähnt, die Dämonie „Arbeit“ auf dem Spiel-Sportgebiete herausfordern und nihilieren zu müssen, die In- und Extensität seiner Arbeits-RSe ist auf seinem Arbeitsgebiete im Grade der Ab-lenkung zu gering, mancher arbeitet überhaupt nicht, sondern treibt sich „arbeitend“ auf dem Spiel-Sportplatz oder „in der weiten Welt“ herum oder spielt-sportelt „um Arbeitslohn“ — anders wie der gesunde Berufsspieler-sportler, der seine Leistungen gegen Entgelt vorführt, oder der Spiel-Sportlehrer, der sich den Unterricht bezahlen läßt.

Spiel- und Sportsucht.

Zu 2. Der hneurot. Spiel-Sportlose. Spiel-sportliche Weitensucht: Bummeln, Vagabundieren usw. als hypertr. sp.-sp. Verrichtung (also nicht als Arbeitssuche), Globetrotter zu Fuß, zu Auto usw., Horizontspalter, Abenteurer. Alle Grenzen müssen überrannt werden, die Horizonte gelten nicht für den Grenzenlosen, es gibt keinen Aufenthalt, immer rastlos weiter, so rasch wie möglich (Allgeschwindigkeit, Rekordsucht), alle müssen überholt werden, Anfang und Ende, Gesicht und Rücken sind eines (Pat. sucht seinen Rücken „von vorn“ zu erreichen), in der Allmacht-Alldämonie, die so gewahrt wird, gibt es keine Unterschiede usw.

Der hneurot. Überspieler-sportler, in seinen fastgesunden RSen höherdifferenziert als der Bummler, kommt also zu norm-vergleichbarem Spiel-Sport heran, aber doch nur im Sinne seines abnormen Erlebens, der Nihilierung aller Einzelheiten ins Nichts-All seines „Spiel-Sportgeistes“. Jeder Gegenspieler-sportler muß fanatisch überwunden werden, nicht mit vernünftigen, ehrlichen, gesunden Leistungen, sondern „mit aller Gewalt“, „mit allen Mitteln“, die nach der „Lehre“ der Neurotiker durch den (neurot.!) Zweck geheiligt werden. Es kommt darauf an, die Feind-Dämonie (Schicksal, Glück-Unglück, Gott-Leben, Teufel-Tod) herauszufordern und zu vernichten. Kleptomanie als Sport (S. 286). Alles auf eine Karte setzen, jedes Risiko, jede Gefahr annehmen, immer zuvor-kommen, immer probieren, ob die Eigendämonie noch wirkt, Wettlauf mit dem Tode (Gefahren-, Gewinn-Verlustsucht, Rekordsucht). Hasardeur, Falschspieler, Abenteurer auch im Wehrsport, im „Kriegsspiel“: wildes Drauflos (Todessucht), kein Opfer ist groß genug, den Welteroberer zu befriedigen, Soldatsein ist alles, der Krieg, der Krieger ist allmächtig (die Gottheit-Teufelheit), der „Zivilist“ ist nur zur Ausbeutung da (vgl. Schiller, Wallenst.-Lag.: „Der Bürger gilt nichts mehr, der Krieger alles“ usw.), es gibt nur ein Heldentum: das des ewigen Vernichtungsk(r)ampfes, Krieg als Völkermord (nicht als Kraftprobe, 4. Bd. S. 572 ff., 793 ff.), Übermilitarismus — mit vielen pseudologischen Rechtfertigungen.

Zu 5. Qualifiz. Spiel-Sportsucht. Pat. hat zu viel Interesse für die eigenschaftliche (großhirnliche) Seite seines

Spiel-Sportes (der Geräte, Preise usw.), insofern kommt das „Rein-Spiel-Sportliche" zu kurz, es hat etwas Berechnetes an sich, das die gesunden Spiel-Sportler ablehnen.

Zu 4. Spiel-Sportsucht auf dem Arbeitsgebiete. Pat. betreibt eine Arbeit als Spiel-Sport, d. h. mit Einschaltung hypertr. Spiel-Sportreflexe. Die Arbeit ist sp.-sp. K(r)ampf und führt zu solchen Zielen, die aber alle „nichts" sind. Pat. muß beruflich viel reisen, aber das Reisen vollführt er sportlich, etwa in der Art der Rekordsucht (muß mit dem Auto auf Geschäftsfahrten mit Allgeschwindigkeit dahinrasen, bes. sobald eine Tanksäule als Feind-Dämonie, die der Allbewegung Halt gebietet und sie vernichten würde, in der Ferne „lockt-droht", noch 20 St.-km „drauftun" und hui! vorbeisausen, „den Tod" nihilieren, worauf Pat. unterwegs wegen Benzinmangels liegen bleibt usw.; er muß alle überholen, kann keinen Vordermann ertragen, es bringt ihn um, er riskiert Kopf und Kragen, aber „er muß vor" usw.). So auch im Konkurrenzkampf: immer alle abwürgen, spiel-sportlich den Rekord halten, immer unterwegs, „zu Hause" nur gelegentlich Schlafbursche sein. Das Leben ist ja ein Spiel, ein Spiel mit dem Tode — oder ein Spiel mit dem Leben; ICH bändige, selber unbändig, die Feind-Dämonie, so können die andern ruhig arbeiten, ich „mache" ihnen ja selber die Arbeit, ICH der Welt Herr, Gott oder Teufel oder beides zugleich, die Allmacht.

e. Schlaf- und Wachsucht.

Schlafsucht.

Unter Schlafsucht als neurot. Dysgrypnie verstehen wir die der Schlafgier als Gefühlsablauf entsprechenden sensorischen Vorgänge des Einschlafens, das zwanghaft-unruhige Suchen „nach dem Schlafe", d. h. nach der Schlafstätte, mit den zugehörigen Funktionen Auskleiden, Hinlegen, Wälzen usw., die allesamt hastig verrichtet werden. „Schlaf" ist (wie Leben, Tod, Arbeit usw.) realiter substantivierte Funktionsbezeichnung; man kann also nicht schlafsüchtig sein wie morphiumsüchtig (Morphium ist ein Gegenstand, Schlaf nicht), sondern Schlafsucht bezeichnet ein Funktionsstadium, nämlich das hypertr. Hstadium des Einschlafvorganges, auf das die weiteren vier Stadien folgen; das Analoge gilt für Wachsucht (Lebens-, Todes-, Arbeitssucht usw.). Die Zwangsbewegungen „Schlafsucht" sind Ausdrücke sensor. RSe mit Dominanz der HRSe, deren Aktn. die beim Einschlafen vorkommenden Gegenstände sind; auf diese richten sich also die Bewegungen, das unruhige Herumsuchen mit Augen, Miene, Armen, Beinen, auch Herumwandern im Zimmer (Pat. muß z. B. präzis ½ Stunde eine feierliche Prozession um den Eßzimmertisch vollführen, die Frau muß in Beterhaltung wortlosregungslos in der Ecke sitzen, bei irgend einer Störung Wiederholung der ganzen Zeremonie notwendig, dann Kleider rasch ab- und sich ins Bett werfen — sonst schläft Pat. die ganze Nacht nicht: heilige Prozession vorm Tode mit folgendem Jüngstem-Tage-Gericht nicht absolviert, somit Angst vorm Einschlafen-Sterben-Auferstehen usw.), Herumstreifen auf der Straße, in Gasthäusern usw. (Umwege zum Ziel), dann im Bett Herumfingern nach und an Federkielen, Knöpfen, Puppen, Stofftieren = Amuletts usw., Herumwälzen („das richtige Nest suchen"), Aufspringen, Herumlaufen, Wiederhinlegen usw. Pat. sucht den Schlaf „auf Leben und Tod", also nicht um zu schlafen, sondern um den Dämon Schlaf-Tod zu bannen, sei er von Gott oder Teufel gesandt. Er findet auch in normnaher oder normferner (zu früh, zu spät) Zeit die normnahe (sein Bett) oder normferne Schlafstätte (fremdes Bett, Stuhl, Bank, Kneipe, Heuschober usw.), und er findet auch in normnaher oder normferner Zeit den Schlaf, z. B. schläft zu rasch ein (stürzt sich „mit einem Hechtsprung" ins Bett und in den Schlaf, „Schlaffanatiker", schläft wie ein Toter, Narkolepsie, Lethargie) oder schläft erst nach Stunden oder erst morgens, mancher nach durchbummelter Nacht, als Tagschläfer, der „die Nacht zum Tage, den Tag zur Nacht macht", usw. ein. S. S. 251 ff. Schlafsucht ist auch Symptom gewisser Hadrosen: Trypanosen, Encephalitis lethargica; der Dauerschlaf nach epilept. Krämpfen *) hat keine spez. Bezeichnung.

D e u t u n g. Der Schlaf-Tod versteckt sich, flieht vor mir, ich muß ihn rastlos verfolgen und in meine Allmacht bannen

*) Die epileptoiden und epileptischen Krämpfe (6. Bd. S. 194, 200) sind Ausdrucksaktionen vw. von H-, dazu A- und S-Stauungs-RSen; sie treten oft, bei vielen Pat. nur nachts auf. Sie sind Kämpfe mit einem (wenigstens für den Beobachter) unsichtbaren Feind. Deutung: Dämon Tod, von Gott oder Teufel geschickt, „fällt mich an" („Anfall"). Aura: Ahnung des drohenden Anfalls-Überfalls; initialer Schrei: Anfall beginnt, Kampfschrei (vergleichbar dem Schreien bei echter Todesgefahr), nun Kampfhandlung: Zähne zusammenbeißen ohne oder mit Zungenbiß, niederstürzen, wild um sich schlagen, Verletzungen usw., dann Tstadium: Kampf vorüber, Zerschlagensein, schwere Müdigkeit, endlich Fstadium: Dämon Tod abgewehrt, Leben gerettet, ruhiger, tiefer Schlaf. Morbus sacer: nur der Auserwählte-Verfluchte wird heimgesucht von den dämonischen Todesmächten und vermag sie zu bannen, ist Herr über Leben und Tod. Analog die „hysterischen" Krämpfe, nur eben auf genischem (sinnlichem) Gebiete. — Therapeut. Festhalten wird vom Pat. als noch erhöhte Gefahr abgewehrt, ist also unrichtig. Betäubungsmittel sind eben nur — Betäubungsmittel, keine Heilmittel im vertikalen Sinne; oft treten die so „unterdrückten" Krämpfe nachher um so wuchtiger auf (analoge Verschlimmerungen auch bei Migräne, Schlaflosigkeit usw. — überhaupt bei allen neurot. Symptomen nach Gebrauch solcher Mittel). Die Erkenntnistherapie führt zu echter Besserung oder Heilung, sofern die epilept. Krämpfe nicht Symptom hadrotischer Krankheit sind.

— oder verfolgt er mich? Vielleicht hat er schon Besitz von mir ergriffen und zwingt mich, ihm zu folgen, wohin er mich führt-verführt, aber so lange meine Sucht wach ist, bin ich „da", habe den Feind-Dämon überwältigt, mag er auch glauben, er hätte mich überwältigt. Ich stürze mich auf und in den Schlaf, überrumpele ihn, verfolge ihn bis in die tiefste Tiefe seiner Unterwelt (jähes, tiefes Einschlafen), fahre zur Hölle nieder, aber bleibe wachsam auch in der Tiefe, so daß sie mich nicht behalten kann, sondern ich, wann die Allmacht „Schlafsucht" es will, zur Oberwelt zurückkehre. In meinen Dienst kann ich auch den Schlafmittelzauber stellen — oder zwingt mich dieser Zauber, ihn zu mir zu nehmen? gleichviel, er muß mir dienen, für mich schlafen, so daß ich schlafend nichtschlafe und meine Allmacht gerettet habe. Usw.

Analog *Betäubungs-, Rausch-, Todessucht* (S. 255 ff.).

Wachsucht.

Unter Wachsucht als neurot. Dysgrypnie verstehen wir die der Wachgier als Gefühlsablauf entsprechenden sensor. Vorgänge des Erwachens, das zwanghaft-unruhige Suchen aus dem Schlafe, nach dem Wachsein, dem Tage, dem Lichte, den ersten Gegenständen, die bei dem Erwachen und dem anschließenden Wachsein erlebt werden, sowie das hastige Behandeln dieser Dinge (hastiges Herausstürzen aus dem Bett, Ankleiden usw.), das hkrampfige Wachbleiben („nur nicht müde werden!", „nur nicht der Müdigkeit nachgeben!"). Die Wachsucht kann auch unaktuell bleiben in der Art, daß Pat. „im Schlafe" aus dem Bett stürzt oder umherwandelt, auch in unruhigen Träumen umherirrt. Andere Wachfanatiker springen nach kurzem Schlummer schon wieder auf und hasten umher, stürzen an die Arbeit, schlafen auch öfters gar nicht erst ein, sondern die Wachsucht setzt schon aktuell beim Einschlafen ein als Sucht, wach zu bleiben, nicht einzuschlafen, sich mit Arbeit, Zerstreuung, starkem Kaffee usw. wach zu halten und so den Schlaf-Tod, aber zugleich auch die in der Nacht drohenden Gefahren des Dämons Leben, kurz alle Anfechtungen dämon. Mächte zu vernichten.

C. Begriffstrophosen.

Denksucht, Zwangsdenken als Ablauf weitschweifiger, hohler, leerer, umrißhafter, phänomenaler und phänomenologischer Begriffsreihen, die um den „Kern der Sache" (die Denkaufgabe, Denkarbeit im e. S.) in weitem Bogen herumeilen, von ihm weg in andere Kreise übergehen („vom Hundertsten ins Tausendste kommen"), alle Einzelheiten in normnaher oder normferner Richtung überfliegen und so nihilieren, im Anfang immer schon das Ganze mit dem Ende „erledigt“ haben, immer schon „fertig“ sein. Gedankenunruhe, -jagd (6. Bd. S. 147), überstürztes Drauflosdenken, Karusselldenken, Denkfanatismus, alles sofort überdenken, alles und nichts denken, alles und nichts wissen.

Die kr. Begriffsreihen sind Erinnerungen an die systemgenet. zugehörigen Gegenstände, die nur eben (wie die Gefühle) bei den Begriffsneurosen mehr minder weit zurücktreten, so daß sich das kr. Erleben und Beschreiben vw. in der Begrifflichkeit vollzieht, auch in den Zonen der kr. Kollektivbegriffe, also des Verstandes und der Vernunft. Bei der Hneurose dominieren patholog. die weitrunden usw. Reihen, die übrigen Stadien sind hiernach nuanciert (nihiliert). Die Reihen sind inftlsch, mehr in sich gruppiert und mehr minder abwegig an höherdifferenzierte Reihen assoziiert oder in sie eingestreut (so daß die Denkkrankheit, zu diagnostizieren am Verhalten, bes. an den wörtlichen Äußerungen, dem Nichtkenner oft nicht auffällt). Dies gilt für alle Sinnesgebiete: Pat. „muß“ (Zwang) in der gen. Art begrifflich sehen bzw. hören bzw. tasten usw., und immer ist ihm das hypertrophe Gebiet die Hauptsache, das Wesentliche der Welt, das alles in sich begreift. Die Begriffsneurosen sind die begrifflichen Entsprechungen der Gegenstandsneurosen.

D e u t u n g. Das (süchtige) Denken ist das All, faßt alles Gedachte in sich, ist die Allmacht-Alldämonie, die alle Gedanken schafft und im Entstehen vernichtet, so daß sie eben immer die Allheit und die Nichtsheit zugleich ist. Die Gedankenwelt ist die Welt der Geister, des Geistes, der sich zu mannigfachen Formen verwandelt, immer aber allein ist; er wohnt in meinem Kopfe, ist „mein Ich“, ICH selber bin der Geist, der Allgeist, das geistige Nichts-All, dessen Nichtsein das eigentliche Sein ist. Die Gedanken sind gespenstische Gebilde, ich muß ihnen immer nachjagen, sobald sie auftauchen, muß sie herausfordern (oder fordern sie mich heraus?) und verfolgen (oder verfolgen sie mich?) und ins Allgemeine eingleichen. Einen selbständigen Gedanken darf ICH nicht dulden, auch nicht bei den andern Wesen, die vielleicht auch von Gedanken beseelt sind, solchen, die sich aus meinem Nichts-Allbereich entfernen, sich vor mir verstecken wollen und die ich „lesen“, vermuten, fest-stellen, entmachten muß, sobald ich ihr Sein auch nur vermute. ICH denke für alle, ICH denke alles, aber als nichts, außer meinem Geist gibt es keinen Geist, er sei göttlich oder teuflisch, gut oder böse, Geist oder Ungeist. Die „Vorstellungen“ sind das Seelisch-Geistige, das sich in den einzelnen Gegenständen „verkörpert“, das Ewige an der Vergänglichkeit, das immer wieder ins Vergängliche (Irdische, Leiblich-Körperliche, Fleischliche, Weltliche) hinabsteigt, dort wie in einem Gefängnis seiner Erlösung, seiner Rückkehr in die Heimat harrt. „Die Idee“ ist die Allmacht, die alle Dinge macht (Ideokratie), das irdische Geschehen bildet, lenkt und leitet und beendet, ins Nichts-All zurückruft; so sind alle Dinge nichtig. Mein Reich ist nicht von dieser Welt, ICH lebe im Jenseits, im Verkehr mit den Ewigen, denen allein ICH ebenbürtig bin und die ICH beherrsche. Ich schaffe-vernichte die Welt, bin in meiner Jenseitigkeit unerreichbar, unnahbar, weltfern, wesensverschieden von allen „Wesen", das Absolute — und doch irgendwie „der Welt" verbunden, schöpferisch-vernichterisch, Zuschauer und Mitspieler zugleich, das geheimnisvolle Doppelwesen, der Mittler, mittels dessen sich die Allmacht offen-bart, der Leib-haftige, d. i. die ins Leibliche eingegangene Gottheit oder Teufelheit, der lebende Leichnam, d. i. der Leib, der, an sich wertlose tote Materie, erst durch die Seele, den Geist, das göttliche Leben lebendig gemacht wird, in dem aber doch auch der Tod-Teufel „lebendig" wirkt — als Fleisch selber oder als das Böse im Fleische — gegen das Göttliche im ewigen gegenseitigen Banne, der Heilige Geist gegen den Unheiligen — und beide unter Aufsicht des allmächtigen ICH? Bin ich nun göttlich — von Gott in die Welt gesandt, um „die Welt", die vom Satan verderbte, schnöde und doch in ihrer bunten Schönheit so verlockende, versucherische Welt zu vernichten und die Menschen (die wohl nicht Gott-Menschen, sondern bloß „Fleisch" sind, aber doch auch „beseelt" sind, „leben"?) von „der Welt", dem Gaukelspiel der Sinne, dem Zauber der Hölle, zu erlösen (was wird dann aus der Welt und den Menschen? und sind sie nicht Gottes Geschöpfe?) — oder bin ich von Gott verworfen, ausgestoßen aus der reinen Immaterialität, der körperlosen Göttlichkeit als ein sündiges Abtrünniges, das sich gegen Gott empört hat, selbständig geworden, leib-haftig, inkarniert, ins Fleisch verbannt worden ist, der gefallene Engel, der allein, seiner Herkunft nach, den Menschen die Botschaft Gottes, sein Licht, sein heiliges oder nun unheiliges (?) Feuer, das Evangelion — oder Katangelion (?), die Erlösung oder Verdammung (?) bringen kann — und doch dem Teufel anheimgefallen ist als fleischlich-weltlich — oder doch noch ob aller Sündhaftigkeit göttlichen Wesens, also frei von aller Sünde geblieben ist, ja das Gottwesen selber „darstellt" im ewigen Kampfe gegen das Teufelwesen? „Verleugnet euch, verlaßt die Welt!"

„Das Denken" ist die Allmacht, in der die guten und die bösen Gedanken einherschweben, oder haben sich schon Gedanken aus der Alleinheit gebildet und wenden sich gegen sie, haben sie nicht als aufkeimende Gebilde schon das Nichts-All verlassen und vernichtet? Mit dem Denken kann ich zaubern: alles, was geschieht, ist ja Wirkung des (metaphysischen) Geistes, also des Denkens, daß ja in und aus mir wirkt und außer dem es kein Denken gibt. Was also geschieht und nicht geschieht, ist mein Zauber; hört mein Denken auf, so geht die Welt und ich (zusammen mit dem Leib, ohne den rätselhafterweise das ICH ja nicht wirken kann) zugrunde (wie aber das?), ich muß also unablässig in die und in der Runde sinnen und sinnen, in Gedanken die weite Welt durchschweifen, all die schwimmenden und verschwimmenden Gespenster, genannt Gefühle oder Gegenstände oder Gedanken selber, verfolgen und ins Nirwana einvernichten, die alleinseligmachende Lehre der Leere gründen-verkünden, in weltentrückter Ferne, klösterlicher Einsamkeit das Schicksal spinnen, immer an der Arbeit sein, alles aus-, überdenken, untersuchen, alles in Gedanken und alle Gedanken erledigen, („am laufenden Band") Allerweltsprojekte aushecken, das Geschehen nach allumfassenden „Theorien" (als „theoretischer Mensch", der „ideologisch" die Welt regiert) ge- und damit entstalten, immer „neue" Theorien, die doch nur dämonische Verwandlungen der „alten", wesenlose Formen des Nichts-All sind, schaffen und schaffend vernichten, somit alle Zukunft, die doch nur Auferstehung der Vergangenheit ist, vorauswissen und -sagen und ins Nichts-All einvernichten, selbst Schicksal das künftige Schicksal (Unheil, Verderben, Tod) bannen. Dies ist die Weltaufgabe, neben der alle „andern" Aufgaben, nämlich die Aufgaben des Irdisch-Fleischlichen, der Ernährung-Arbeit, des Berufes-Erwerbes sowie der Liebe-Zeugung, die unzähligen „üblichen" Lern- und Denkaufgaben, mögen sie sich von selbst, aus eigener Dämonie einstellen oder von den fremdunheimlichen Menschenwesen gestellt werden, — nebensächlich und verächtlich sind, dennoch aber als heimliche Verstecke und Ablenkungsversuche-Versuchungen der Feind-Dämonie beachtet und vernichtet werden müssen: durch steif-unnahbare Haltung (Kopf-Geist „über den Wolken", „über allem Gemeinen", „dem wesenlosen Scheine", bes. den unteren = „unedlen, tierischen" Leibesfunktionen mit ihren Gefühlsregungen, d. s. dämonischen Mächten, die nach oben drängen, das höhere Wesen verwirren wollen usw.), durch Gedanken- und Wortzauber („das will ich nicht, davon weiß ich nichts, das soll vergessen sein, das nehme ich nicht zur Kenntnis, dafür habe ich keine Zeit, das übersehe usw. ich, weg damit! mag es meinetwegen körperlich geschehen, mein Geist bleibt unberührt, integer vitae scelerisque purus" usw.), durch (habituelle!) unverbindliche negierende oder scheinbar affirmierende Redewendungen („das glaube ich nicht, nein, ich...., das kann nicht sein, ach Unsinn" usw., „das mag schon sein", „das muß wohl so sein, aber es interessiert mich nicht" usw.), durch „ewige" offene oder heimliche Vorbehalte, die in kleinster Dosis doch „alles" nihilieren, auslöschen, verschwinden machen und außer in Worten auch in ausgiebigen oder angedeuteten oder gedachten Mienen und Gesten „wirken", — kurz durch den allmächtigen Zauber des Nicht(s).

Diese Deutungen treffen auch für spezifizierte Denksüchte zu; die Zwangsvorstellungen „stellen vor" „das Wesen der Welt", in das alles eingeht, es dominiert der Umriß, das Nihil, das alles „andere" in sein All aufschluckt, dazu „beweist" auch die ständige „Wiederkehr des Gleichen", also der Zwangsvorstellungen die Dämonie und Weltbedeutung.

Beispiele.

Pat. A., 52 J., leidet an „alkoholischen Zwangsideen": Ich soll ein sehr ungeduldiger, gieriger Säugling gewesen sein, trinken war mir immer wichtiger als essen, wir Kinder sahen die Eltern usw. aus der geheimnisvollen Flasche trinken, darin war der große Zauber, der die Alten-Großen eben alt-groß machte, wir mußten das auch probieren, die ältere Schwester versteckte öfter eine Flasche Bier hinter der Gardine des Schlafzimmers und trank nach dem Schlafengehen, gab mir auch zu kosten, ich wurde ein wenig duselig (etwa 5 Jahre alt), sie legte sich hin, seufzte auf und sagte: „Jetzt muß ich sterben", ich war sehr neugierig, die Sache kam heraus. es gab mächtige Keile, die wir aber mehr als Anerkennung unserer Heldentat auffaßten und mit einer — Flasche feierten. Es war mir klar, daß aufs Trinken alles ankommt (vgl. Säuglingsstadium), daß der „Flaschengeist" Leben oder Tod ist, es also lebens-todesgefährlich ist, ihn aufzunehmen, daß man ihn aber unbedingt überwinden muß. So suchte ich immer Schlückchen zu ergattern, dann auch Schlucke, mit 15 Jahren betrank ich mich zum ersten Male, „mußte" endlich die Machtprobe mit aller Macht herausfordern und selber ein Alter-Großer werden. Später regelrechte Trunksucht, dann nach vielen Jahren — meiner Frau habe ich da viel zu verdanken — flaute die Sucht ab, ich wurde der mäßige Trinker, der ich heute bin, doch muß ich die paar Gläser rasch hinunterschütten. Statt des Trinkens hat sich aber die gedankliche Trunksucht eingestellt.

Schon als kleines Kind habe ich mir Trinkszenen „ausgemalt", mir vorgestellt, wie die Alten tranken und wie ich aus einer Flasche von kürbisähnlicher Gestalt trank, die größer war als alle andern Flaschen, d. h. mir so vorkam (Mutterbrust). Als ich Gaststätten kannte, mußte ich mir vorstellen, daß ich den Leuten die Gläser ausleere, ich zauberte sie einfach leer, natürlich blieb der Stoff darin, aber das machte mir nichts aus: den Zauber hatte ich herausgedacht, das Leben — oder den Tod? — in mich aufgenommen, die feindliche Dämonie vernichtet — so konnten „die Menschen" unbesorgt trinken. Solche Phantasien habe ich jetzt noch, sie verschmelzen mit Trinkszenen, bei denen ich als der größte Zecher mitwirke (wie einst tatsächlich geschehen), ja mich als den einzigen Zecher sehe: Zuschauer und Säufer zugleich. Diese Bilder haben sich, seit ich wirklich nicht mehr trinke, in unangenehmster Weise gehäuft, so daß ich sie eigentlich Tag und Nacht nicht loswerde, soviel Mühe ich mir bei der Arbeit oder beim Einschlafen auch gebe. Oft ertappe ich mich dabei, wie ich diesen Bildern geradezu schwärmerisch nachhänge. Nur der Zwang ist unangenehm, die Bilder an sich sind es nicht, im Gegenteil: ich komme mir vor, als ob ich die ganze Welt in mich einsaufe, als der Alltrinker, der zugleich nichts trinkt, als Vertilger allen Alkohols, der die Welt verderbt, und dabei brauche ich nicht einmal wirklich zu trinken, vernichte also die unheimliche Macht des Alkohols im doppelten Sinne — aber doch nicht endgültig, denn ich muß die Vernichtung immer wieder vollziehen, kann sie niemals zu Ende führen, nie „den letzten Schluck" trinken. Bald ist es soweit, daß ich überhaupt nichts mehr anderes tue, wie in Gedanken saufen, und das kommt mir als die einzige Aufgabe vor, die weltwichtig ist: der Geist des Weingeistes muß ausgelöscht, die „Alkoholfrage" aus der Welt geschafft werden. (Pat. hat immer an die Dämonie des Alkohols geglaubt, doch stellten sich die hier skizzierten Deutungen erst in der Erkenntnistherapie klar heraus. Der Übergang der sensorischen in die idealische Sucht, also die Gegenstands- in die Begriffsneurose, der sich auch in Form von Meditationen über den Alkohol usw., gedanklicher „Selbstbeherrschung", Gelübden, zwanghaft hergesagten Zaubersprüchen usw. vollziehen kann, ist natürlich keine „Heilung" der Neurose, wird aber nicht selten — auch von Ärzten — irrigerweise als solche angesehen.)

Pat. B., 42 J., von der Waterkant, muß (u. a.) unentwegt in Gedanken Schiffe bauen und untergehen lassen — neurot. Hypertrophie des kindlichen Spiels mit Papier- usw. Schiffen, dem sie mit großer Vorliebe sich hingegeben hatte. Dunkle Rätsel um „das Schiff": Schiff lebendiges Wesen, fährt von selbst, ich bewege es, schaffe Bewegung = Leben, mache das Schiff lebendig, es will mir davonfahren, ich hole es ein, fasse es, tauche es unter, töte es, mache es neu, um es von neuem zu vernichten, bin Herrin über Leben und Tod, über das Schicksal der Menschen und der Welt. Das Schiff ist der Mensch, die Kähne sind Schiffskinder, die großen Schiffe Schiffseltern, Mutter ist das Schiff, Vater ist der Schiffer, Kind ist das Weltschiff, das mit den kleinen und großen Schiffen spielt wie das Riesenkind mit dem Bauern und seinem Pflug, schafft alle Schiffe und Schiffer, muß sie fahren lassen, darf sie aber nicht selbständig werden lassen, sondern muß sie in den Tod schicken, aus dem sie neu erstehen. Genetischer Anschluß an die Mutter-Wiege, an die Wiege, das Kinderbett, den Kinderwagen, andere Gefährte zu Lande, die sich dann auch in Wasserfahrzeuge verwandeln konnten; dazu „schiffen" = harnlassen, Harn = Lebens-Todeswasser = Meer usw. Bewegung des Menschen auch ein Fahren, „Segeln", „Fliegen": Kind spielt Schiff. Mit Vorliebe am Hafen gewesen, neugierig, wie die Schiffe kommen und gehen, an- und ablegen, in die weite Welt hinziehen, am Horizont verschwinden, Kapitän Führer in die Unendlichkeit, in das Jenseits, den Himmel oder die Hölle, die Matrosen helfen dabei, nehmen Lasten, Proviant usw. mit auf die Lebens-Todesreise, kehren wieder ins Diesseits, bringen neue Menschen usw. mit. Meer die Dämonie des Todes, aber auch des Lebens, alles stammt aus dem Wasser und kehrt wieder dahin zurück, auch die Sonne = der Tagdämon steigt aus dem mütterlichen Wasser auf und geht dahin unter, Kapitän als Charon, als Fliegender Holländer, Schiffe haben Menschennamen, haben einen Bauch, einen Rumpf, Flügel usw., gewaltige Ungetüme, die Menschen verschlucken usw. Muß „das Schiff" bauen, von dem alle Schiffe magische Verwandlungen sind, muß das Schiff = die Welt beherrschen, im Geiste das Geisterschiff, das im Werden schon vergeht und immer wieder neu ersteht-vergeht. Baut in vagen Umrissen, Einzelheiten treten nicht hervor, Anfang und Ende fließen im ewigen Nichtsall zusammen. Welträtsel, Weltaufgabe. Trophose, mit genot. Einschlägen (Schöpfung des Menschen). Vgl. Viereck und Punkt S. 145.

Pat. C., 39 J., „verkehrt mit den Menschen nur geistig", zaubert sie herbei und weg, unterhält sich mit ihnen und hat immer recht. Die Menschen müssen gehorchen, die Menschengeister, die in die Menschenleiber eingehen und die ich hinein- und herauszaubern kann, sie sind das Leben, so belebe ich die Menschen und entlebe, vernichte sie, bin mein eigener und aller Welt Schöpfer-Vernichter, kann mich selbst her- und wegzaubern, kann mich und die Menschen hier- und dahin versetzen, ihnen die Köpfe abschlagen, sie ohne Köpfe weiterlaufen lassen, kann selber hier in diesem Zimmer sein und zugleich ganz wo anders, wohin ich „fliegen" will, kann mich und die anderen klein und groß machen (nicht nur indem ich mich zusammenducke und aufrichte, sondern vor allem, indem ich meinen Geist ins Unendliche schrumpfen machen und ausdehnen kann — und ebenso alle andern Geister, die ja allesamt in meiner Allmacht sind und deren keiner mir entrinnen darf: so beherrsche ich alle Geister, sie können mir nichts tun, der leiseste Versuch, sich meiner Alleinheit zu entziehen, sie also zu vernichten, wird zunichte gemacht, ich sehe geistig den Menschen ins Innere, in die Seele, suche ihre „Motive" auf und banne sie, denn sie sind alle meine Motive, und kein Motiv darf gegen mich sein, alle müssen denken wie ich, denn ich denke für alle, alle Gedanken sind mein, in meinem Nichts-All enthalten. Ich brauche den Menschen nur flüchtig-oberflächlich zu überschauen — und schon habe ich alle seine Geheimnisse gefunden und ins Nichts gebannt. ICH bin das Absolute, er- und entzaubere von meiner Jenseitigkeit aus die Menschen und die Welt, bin selbst auch in der Welt und dennoch weltenweit von ihr entfernt und muß jede Regung, meine Absolutheit zu berühren und so zu vernichten, im Keime ersticken, die Menschen dürfen mich nicht erkennen, ich muß so tun, als ob ich „auch nur" ein Mensch wäre, mich zum Scheine freundlich, herablassend zu den „andern" verhalten, sie begnaden, beschenken, ohne Geschenke annehmen zu dürfen (es würde ja sonst dokumentiert, daß mir etwas fehle) und in Wahrheit bin ich doch ein überirdisches Wesen — oder ein unterirdisches, wenn ich doch allen alles wegdenke, sogar das Leben? Zentrum der Welt ist „der Mensch", alle Menschen sind magische Verwandlungen „des" Menschen, ICH schaffe „den Menschen", mache und vernichte alle seine Gestaltungen und vernichte auch „den Menschen" selber, wenn es MIR beliebt (realiter: Begriffstypus Mensch). Würde „der Mensch" selbständig werden, so wäre meine Allmacht dahin (so dürfen sie nicht „vom Baume des Lebens essen und ewig leben"). Usw.

Denksucht im Akustischen. Einige Beispiele.

Pat. D., 39 J., Sänger, aber unfähig aufzutreten, sucht begrifflich den „Urton", der in seiner Alleinheit-Allnichtsheit alle Töne enthält, aus sich herauszaubert und im Entstehen vernichtet. Die gegenständlichen Töne sind auch nur Geschöpfe des Urtones und müssen fanatisch verfolgt werden, damit sie nicht entwischen und die Alleinheit vernichten, sie müssen also vernichtet werden, so oft sie auftreten, sie leben nur von Gnaden des Urtones und so lange es ihm beliebt. Demnach kann D. „keinen Ton mehr von sich geben", da er ihn im Entstehen schon nihiliert, er singt „nicht", „nichts", er denkt bloß in Tönen in der Art der Einzauberung ins Nichts-All „Urton", er singt „Kopfstimme", d. h. die Allstimme, die stumme Stimme „tönt" in seinem Kopfe, er singt im höchsten Chore, im Jenseits, ist der All-Nichtsänger, der Himmels-Höllensänger, der alle guten und bösen, göttlichen und teuflischen, oberen und unteren usw. Töne aus ihrem ewigen Kampfe ins Nichtsein auf- und erlöst. Er ist der Welttonschöpfer-vernichter, und da die Töne Leben und Tod sind, der Herr über Leben und Tod. Allerlei Kabbalistik um Kopf-, Brust-, Bauchtöne, „voce questa e questa, quale è giusta?", die Töne „fallen durch", so müht er sich fortwährend um den „appoggio" (Bauchzwerchfellstütze des Tones), um die Töne aufzuhalten — die stummen Töne! Als des geistigen Urtonsuchers und Beherrschers aller Töne, aller Musik ist es seiner unwürdig, auf Erden zu singen, sich der Kritik der Knirpse auszusetzen, sich vor dem blöden Publikum zu prostituieren; er muß die inneren Töne unablässig verfolgen und auslöschen. Schon als kleinem Kinde waren ihm die Töne das große Geheimnis, er ist nur Sänger geworden, um dieses göttlich-teuflische Geheimnis zu „lösen", die Töne waren Gespenster, deren er unbedingt habhaft werden mußte und die er in den alleinen Ton, ins Ton-Chaos eindachte (vgl. hierzu 5. Bd. im § 7). Die Gespenster kamen aus dem Menschen und andern Wesen, aber sie waren alle seine Geschöpfe, die er beliebig vernichtete; er selbst war der Urton, sein Körper das Instrument, das ER der Urton benutzte: im Anfang war der Ton und der Ton war bei Gott und Gott war der Ton. „Ich bin eigentlich kein Sänger, d. h. kein Künstler, ich habe immer bloß gearbeitet, an den Tönen herumgebastelt wie ein Handwerker und mich geübt, wie wenn ich etwa als Geigenbauer mich selbst als Geige, als die Geige mit dem Urton, als die dämon. Zaubergeige, versteht sich, bauen könnte; was ich geworden war, als ich noch auftrat, war so etwas wie Singmeister, Meistersinger — und wie diese „Meisterschaft" aussieht, zeigt meine Neurose, meine Berufsunfähigkeit leider deutlich genug".

Denksucht als W o r t d e n k e n.

Pat. P., 46 J. Ich war schon als Kleinkind in meine Gedanken versponnen, aufs Lernen versessen, konnte auch in der Schule nie genug kriegen, und mein Vater hielt mich immer zu geistiger Arbeit an und bestätigte mir so die Alleinrichtigkeit und -wichtigkeit meines Strebens-Strebertums. Um meine Leibesfunktionen, bes. die unteren, die man geheim verrichten mußte, überhaupt um den Leib, das Irdische, die Welt kümmerte ich mich nicht, das alles war mir nur notwendiges Übel, all das irdische Geschehen lag unterhalb meines höheren Wesens, des höheren Wesens in mir, die Freuden der Welt waren mir verächtlich, unwürdig, ich hatte den Spitznamen*) „Oberbonze", war ein wandelndes Lexikon, aber von der Lebenspraxis hatte ich keine Ahnung, wollte sie auch gar nicht kennen, löschte sie aus, und ihr Andrängen war mir nur ein teuflischer Versuch, mich von der alleinwichtigen Lebensaufgabe und Lebensbahn abzulenken und ins Verderben zu locken, oder eine göttliche Versuchung, die nur MIR, dem Auserwählten, widerfahren konnte und der ich heroisch standhielt, eine Prüfung auf die Fähigkeit, die Welt zu überwinden und sie so zu erlösen: ich mußte sie bestehen und bestand sie. Ich wurde Lehrer, Professor gar, ein anerkannter Polyhistor, ja Panhistor, aber ich blieb immer nur Theoretiker, der ganz von oben herab, sozusagen mit dem Fernrohr in die Welt schaute. So blieb ich immer einsam, ohne Anschluß, ohne Freunde, ohne Geliebte und Frau, ich verachtete „das Fleisch", übte mich unablässig in geistiger Selbstzucht und Selbstsucht, zauberte alles, was ich sah usw., in mein Allwissen ein, so daß sich das Sehen eigentlich erübrigte (blinder Seher, wissen svw. gesehen haben, 3. Bd. S. 57), wähnte in der Vergeistigung-Vernichtung der Welt, in dem Festklammern an die allmächtige Besinnung die einzig-einmalige Methode der Weltbeherrschung — und wurde dafür ausgelacht, machte mich lächerlich, aber das ließ mich in meiner olympischen Höhe eiskalt, eher wucherte so etwas wie Menschenhaß in mir auf. „Komet" nannte man mich später, meine Rast- und Ruhelosigkeit bespottend. In meinem fanatischen Suchen nach der absoluten Wissenschaft, nach der Wissenschaft an sich lebte ich an der Welt vorbei und zog doch nur immer weiter meine ewige Bahn, end- und ziellos. Im Wissensdurst verdurstete ich und wußte nicht wonach. Körperliche Beschwerden hatte ich wohl eigentlich nicht, wenigstens wußte ich nichts davon, ließ sie wohl nicht gelten.

Des öfteren war ich deutlich ängstlich, errötete leicht, wenn mich jem. ansah, fühlte mich sozusagen in meiner verleugneten Menschlichkeit ertappt, erniedrigt vom fragend-mißtrauischen, wohl auch ironischen, jedenfalls magischen Blick, durchschaut in meiner All-Nichtswissenheit, meiner Jenseitigkeit, die doch leibgebunden war. Oft hatte ich heftige

*) Spitznamen sind in der Regel pägnante Charakterisierungen, somit diagnostisch-therapeutisch interessant.

innere Unruhe, fühlte den Körper hohl, leer, wesenlos-leicht, dann schwerer werdend, nach unten ziehend, als ob sich ein Unheimliches in mir zusammenballte und dem Zauberbefehl „der Mütter“ gehorsam in die Tiefe strebte: was soll aus mir werden? Tiefen Eindruck machte auf mich Nietzsches Polemik gegen die Verächter des Leibes: er hatte offenbar mich gemeint oder doch meinesgleichen, mir meinen grundsätzlichen Irrtum aufgezeigt, meinen geistigen Hochmut, mein Anklammern an die Allmacht des Geistes vernichtet, und es war mir ein schlechter Trost, daß er doch wohl — sich selber auch gemeint haben, ein Selbstbekenntnis abgelegt und so eine Selbstvernichtung vollzogen haben müsse. Schon oft bin ich zusammengebrochen, peitschte mich aber wieder auf, war grausam, schonungslos gegen mich, mein Wissen triumphierte über die banalen Klippen der Menschlichkeit, ich stürzte mich über meinen Sturz hinweg in die Wissenschaft, aber — nun sehe ich, daß sie mir nichts sagen, nichts geben kann, ich bin am Anfang noch und damit schon am Ende, kann nicht mehr arbeiten, nicht mehr denken, habe allen Schwung verloren, bin selbst verloren — und sehe doch in dieser Verlorenheit nur eine Phase meines ewigen geistigen Seins. Usw. —

Pat. H., 41 J. Seit ich denken kann, war mein Wunsch, Jesuit zu werden. Ich habe gierig gelernt, konnte nie genug kriegen, aber ich habe immer nur gelernt, um die Wisseneinzelheiten als die Feinde meines Allwissens zu vernichten, auszulöschen, in meine Allwissenheit einzuzaubern, auf- und hochzustapeln wie der Habsüchtige die Geldstücke, „das Geld“ (d. h. den Geldzauber, die Geldmacht), zu kommandieren, aus dem Nichts meines Gedächtnisses zu erwecken, aus dem Grabe der Vergessenheit herauszukratzen; droht eine Einzelheit mir zu entschwinden, meinem Kommandozauber ungehorsam zu sein, so bannt die Angst die furchtbare Gefahr, sie ist die Vertreterin des Vergessenen und füllt die Wissenslücke so lange aus, bis ich das Vergessene hergezwungen oder, falls ich es nicht „kriege“, mit einem Abrakadabra entmachtet habe: so oder so die Allwissenheit gewahrt. In ständiger Erfüllung dieser meiner Weltaufgabe habe ich die ganze Welt durchstreift, habe überall Gastspiele als Weltforscher, der doch schon alles wußte, gegeben, ewig unbefriedigt und eben darin „befriedigt“, ewig auf der verfolgenden Flucht. Das Irdische ist wertlos, belanglos, die Allwissenheit, meine Existenz ist metaphysisch, nicht von dieser Welt, erhebt mich über alle irdischen Bedürfnisse. Ich „beherrsche“ so alle Berufe, also kann-darf ich nicht e i n e n Beruf ausüben, an e i n e r Stelle sitzen, seßhaft sein: ich der Allgegenwärtige, der Kosmopolit, der Wandermönch; ich bezaubere alle Frauen, die ich will, also kann-darf ich nicht e i n e Frau lieben und heiraten: ich der Weltdonjuan, der unbezwingbare Bezwinger alles Weiblichen. Die satte „Spießbürgerlichkeit“ ist mir ein Greuel: sie wäre meine Entmachtung, und mein Welthunger treibt mich weiter, meine Angst warnt mich mit absoluter Zuverlässigkeit vor jeglicher Versuchung-Gefahr, meine unbeschränkte Freizügigkeit, meine Weltferne und so mich selber zu verlieren. Nichts darf mir entgehen: mir dem All-Nichtsbesitzer, darum muß ich die Welt mit meinem Geiste immer neu entmachten-erobern, mich des geistigen Besitzes alles Guten und Bösen usw. immer neu versichern. Mit wem ich zu tun und zu reden habe, jeder ist Prüfer meiner Allwissenheit, ich muß ihn herausfordern — oder fordert er mich heraus? ich muß ihn mit meinem Wissen auf seinem Gebiete blenden, bluffen, kaptivieren, suggestionieren, übertölpeln, überrumpeln, ehrlich hereinlegen, umgarnen, umschleichen, mir gefügig machen, gewinnen, bezaubern-entzaubern, seine Aufgaben für ihn lösen, ihm gefällig sein und mich so überall beliebt machen — nur darauf kommt es an, und der Zweck heiligt das Mittel; das Geschäftliche, das Irdische überhaupt, die res ist nur belanglose appendix, nur die materiale Gelegenheit, meine metaphysische Mission als Weltwisser zu vollführen. So bin ich der Weltgelehrte und Weltlehrer, der Weltmagier, der Weltdiplomat, der Welttaktiker, das Weltwesen, das die Welt überwunden hat und ewig neu überwindet, bin die Gottheit . . . aber die Gottheit, die in der Zwangsjacke des Zaubers, der Dämonie lebt und in dem Zauberwahn nichts Rechtes leisten kann und tausend Beschwerden hat . . . die zusammengebrochene Gottheit — wie aber kann die Gottheit zusammenbrechen und ein so nichtig-leeres, kümmerlich-ödes, unnützes Dasein führen wie ich? Usw.

Ferner: Die Worte, die ich lese und höre, sind Emanationen, Äußerungen des Geistes ins Irdische, Offenbarungen des Allgeistes, der in meinem Kopfe wohnt, so daß alle Worte meine sind, auch wenn sie von fremden Zungen gesprochen werden. Die Worte sind also vom Wesen des Geistes, der in und aus mir spricht, die „innere Sprache" ist das reine Wesen der „äußeren". Die Gedankengeister sind magische Verwandlungen des Geistes, des Urwortes (vgl. z. B. altind. „hom"), aus dem alle Wörter entstehen und in das sie zurückkehren; ich muß immer auf der Jagd nach den Wortgeistern sein, daß sie sich meiner Alleinheit nicht entziehen und sie vernichten, jedes Wort, das selbständig zu werden droht, muß ich sofort vernichten, so auch jeden Gedanken, aber vielleicht fordern mich Worte und Gedanken als fremde Wesen heraus, bin ich da nun Herr oder Sklave oder beides in einem? Ich zitiere und nihiliere alle Gedanken, ich kann mit ihnen spielen. Ich denke alles und nichts, das Denk-Nichts-All ist der allmächtige Wunsch-Wille, der zugleich denkt und nicht-denkt, der alle Gedanken schafft-vernichtet, aber auch alle Gedanken „verwirklichen" kann, die Dinge schafft-vernichtet, belebt-tötet, die seelischen Kräfte (Gefühle) weckt, anfeuert, unterdrückt, auslöscht. Ich kann-muß in Gedanken wünschen und verwünschen, Gutes und Böses wünschen, her- und wegwünschen — alles geschieht, und was nicht geschieht, ist eben auch nur die Erfüllung des Wunsch-Willens, nur in anderer Form, auch Wirkung des Feind-Zaubers, den ich dann bemerke und sogleich vernichte (auf das materielle Geschehen kommt es ja nicht an, aber an ihm zeigt sich der Zauber). Meine Wünsche sind schon, indem ich sie denke, erfüllt, ich brauche sie nicht erst auszusprechen, sie sind Wunsch und Erfüllung, Anfang und Ende zugleich. Man muß sie mir an den Augen absehen, und ich muß immer wieder probieren, ob mein All-Zauber noch wirkt, bei den Eltern, andern Wesen, deren Feind-Zauber ich verspüre, auch bei Gott (ich muß „wunschlos", d. h. ohne einen Wunsch zu denken, in die Kirche gehen und Gott darauf versuchen, ob er auch meine ungedachten Wünsche weiß und erfüllt, dann „will ich auch an ihn glauben"). Der Gedanke ist die Tat, gedacht ist getan, die Tat braucht materiell gar nicht stattzufinden; ich denke z.B., ich werde meine Schulden bezahlen — so sind sie schon bezahlt, oder ich denke daran, den Brief zu schreiben, so ist er geschrieben. Gewisse Formeln sind magische Konzentrate; sobald ich sie denke, ist das, worauf sie sich beziehen, entzaubert, die Wunschformeln sind erfüllt. Ich denke z. B. „weiche von mir, Satan!" — und er ist machtlos; „es geht mir von Tag zu Tag in jeder Hinsicht besser und besser" — und es geht mir besser (wenn es mir auch schlechter geht, da muß ich die Zauberformel Coués öfter und stärker anwenden, aber es kann ja ein Irrtum sein, daß es mir schlechter gehe, „in Wirklichkeit" geht es mir besser, der Irrtum ist nur Versuchung des Teufels, Einflüsterung des Bösen, der mich krank machen will); „mir kann nichts geschehen" — und es geschieht mir nichts, und was geschieht, ist belanglos, ohne Kraft; „der Betrieb wird zugrunde gehen, wenn das so weiter geht", — und er geht nicht zugrunde, mein Vorausdenken hat das Unheil gebannt, geht er aber zugrunde, so habe ich recht gehabt wie immer, usw. Weiß ich, daß ich lüge, so ist die Lüge ent-lügt, die gesprochenen Worte sind nur Schall und Hauch. Jedes böse, teuflische Wort ist geheiligt, wenn ich denke, daß es böse, teuflisch ist, aber wie ist es, wenn ich denke, daß gewisse Worte gut sind? Die guten könnte man gehen lassen, ist aber zu vermuten, daß sie (larviert, maskiert) böse sind, Böses enthalten, so muß ich das denken, und da ich nie wissen kann, ob ein gutes Wort nicht doch böse sei, denke ich nebenbei immer und immer den Heiligungszauber mit: ein Nichtwort, das vernichtet, ein frommes Wort, das „immer paßt", einen Segen oder auch einen Fluch, ein gemeines Wort, das alle Teufelei übertrifft und somit entmachtet.

Das Denken ist das W i s s e n, die Denksucht ist W i ß b e g i e r d e, W i s s e n s s u c h t, ich muß alles wissen, allem Wissen nachjagen und es in das All-Nichtswissen einebnen, denn alles Wissen ist nichtig, ich muß alles schon gewußt haben, was auch ein Mensch sagen könnte, muß alles besser wissen, alles vorauswissen, was auch kommen möge, und so alles Künftige, es sei Glück oder Unglück (wobei das Unglück auch Glück und umgekehrt sein kann) bannen, so daß eigentlich nichts geschieht. Ich darf mir von niemand imponieren lassen, kein Einzelwissen, kein anderes Wissen dulden, muß immer recht haben, auch wenn ich unrecht habe (in der Alleinheit gibt es keine Unterschiede), nichts darf mir entgehen, z. B. muß ich alle Firmenschilder merken und immer wieder fest-stellen, daß ich sie im Gedächtnis habe, und nicht nur sie, sondern auch alles, was mit dem Namen zusammenhängt, muß dieses Wissen immer wieder herausfordern, auch mittels gewisser Denk-Male, die wie Inseln im Gedankenmeer schwimmen, die Orientierung halten und den andern zeigen, daß ich alles weiß, nichts vergesse (z. B. nach drei Monaten mit einer belanglosen Äußerung auftrumpfen). Ich muß mir immer alles merken, was ich oder andere vorhin oder gestern usw. gesagt haben, muß es mir in Stichworten, die ich mnemo-technisch zusammenfüge, ins Gedächtnis „zurückrufen" (= die Geister beschwören), muß mir den Gedankengang durch den Kopf gehen lassen als Geisterzug und zweifle ewig, ob ich die Gedanken verfolge oder sie „mich mitnehmen", so daß ich „ganz mit-genommen bin", aber doch eben die Allwissenheit wahre, die „Häkchen" entzaubere, die „Rutschis" fest-mache. Ich muß solches Allwissen auch in Notizbücher bannen und auf Reisen einen „Koffer voll Gedächtnis" mitführen, und sobald ich ein Wort höre, das mir auffällt, sogleich ihm nachjagen (mich erkundigen usw.) und in den Notizbüchern nachlesen, sie ergänzen (Pat. kannte als Versicherungsdirektor „alle" Namen der Versicherten, ihre Geburtstage, Anschriften usw. krampfig-zweifelig auswendig, dazu allerlei sonstige Einzelheiten und war Tag und Nacht mit Repetitionen beschäftigt, aber darüber hinaus mußte er alles wissen, zu dieser Sucht kam eine hypertr. Angst, er könne doch einmal etwas nicht wissen, stehe ständig vor Selbst- und Fremdprüfung, die auf Leben und Tod gehe). Die Namen spielen oft eine bes. Rolle: sie sind „die Seele" des Benannten, und wenn ich den Namen kenne, kann ich den Benannten herbeizaubern, ja habe ihn schon entmachtet: Geisterbeschwörung, Herausfordern Gottes und Teufels, mit Denken des Namens den Zauber des Benannten vernichten, mag er dem magischen Befehl Folge leisten (herkommen, „erscheinen") oder nicht, er ist in meiner Allmacht, ich lenke sein Denken und Tun usw.

„Zwar weiß ich viel, doch möcht' ich alles wissen", muß also überall herumstudieren, als Ungelehrter (Ungelernter) „alle" Bücher, Zeitungen vermeintlich-angeblich „gründlich", tatsächlich nur oberflächlich, überfliegend, hastig lesen, auch die höchstwissenschaftlichen Werke nicht auslassen und so „überall Bescheid wissen" — und nirgends. Der bildungssüchtige Sekundaner liest Kant und „versteht ihn natürlich vollkommen", ja ist ihm „eigentlich überlegen", weiß überhaupt immer alles besser, belehrt die Lehrer, vernichtet ihre dämonische Autorität (dazu allein ist das Wissen da, das allein ist zu lernen), er protzt mit „Kenntnis" der indianischen Dialekte herum, verkündet als vom Himmel gefallener Meister hochtrabende, aufgeblähte allgemeine soziale, religiöse, philosophische, politische usw. Ideologien, die alles vernichten, was ist, die nichts und alles umfassen, neben denen die Schularbeit, aber auch das Denken aller andern Menschen bagatellisch, ja nichtig sind. Aber auch der Wissenssüchtige, der in seinen fastgesunden Anteilen es bis zum Gelehrten gebracht hat, nivelliert die Einzelheiten des Wissens ins Allgemeine ein und weiß ebenso wenig wie der ungelernte „Gehirnakrobat", ob er alles oder nichts weiß. Intellektueller Fanatismus: „alles" Wissen erjagen, rastlos denken und alles Er- und Gedachte immer wieder vernichten, „alle krampfig überholen, Rekorddenker sein, Wissen als Theorie ist Allmacht, Praxis nebensächlich, belanglos, störend, nichtig, hat sich der Theorie zu fügen usw. „Geistiger" Hochmut, Bildungsdünkel = Verbildung, Großtuerei, Wichtigmacherei, wissenschaftliche Arroganz, Autoritätsfimmel, Selbstanbetung, Plänemacherei, Phantasterei usw. „Eingehüllt in die unsichtbare Toga der Allwissenheit war ich ein Fremdling inmitten der nichtigen Menschen, in der nichtigen Welt, der Gott-Teufel, das Metaphysische, unnahbar auch in nächster Nähe, geheimnisvoll am lichten Tag."

Das Wissen ist gut oder böse? wie zu unterscheiden? gutes kann böse, böses gut sein. Verbotenes wissen ist böse, aber warum ist dies oder das verboten, kann das Verbotene nicht gerade das Gute sein, das ich wissen muß, um die Allwissenheit zu wahren? und muß ich nicht auch das Böse wissen, um es zu vernichten? Schiller: „Nur der Irrtum ist das Leben, und das Wissen ist der Tod", aber ist nicht Gott der Allwissende und der Teufel der Verirrer-Verwirrer? aber dazu muß er doch auch allwissend sein. Die Erleuchtung kommt von oben, aber wendet sie sich nicht gegen Gott, gegen den Erleuchter, das Geschöpf gegen den Schöpfer, der Sohn gegen den Vater? Muß Gott die Menschen nicht dumm halten, damit sie ihn nicht erkennen, nicht zweifeln, keine Kritik üben, sich blind unterwerfen, nicht an sein Geheimnis rühren? Klärt nicht der Teufel den Menschen auf und sucht ihn so mit Gott zu entzweien? Hat Gott nicht „das Essen vom Baume der Erkenntnis" unter Todesdrohung verboten, aber der Böse (Schlange) die Menschen verlockt: "eritis sicut deus scientes bonum et malum"?

Moralisch bezeichnet heißt Wissen „G e w i s s e n". Der Allwissende ist das Allgewissen, aber das All ist das Nichts: alle Einzelheiten werden nihiliert. Die Allmacht ist das All-Nichts-Gewissen. Aber „im" (?) Allgewissen stehen sich das gute und das böse Gewissen gegenüber: Geschöpfe des Allgewissens oder Abtrünnige, die sich gegen den Schöpfer wie gegen einander richten? Ist das Gewissen gut, das mir die Fehler der andern zeigt, mich selbst aber rechtfertigt (Selbstgerechtigkeit), oder ist es nicht gerade schlecht (hindert mich an der Besserung)? Sagt mir das schlechte Gewissen, daß ich etwas verbrochen habe, so ist es doch gut? Oder kann sich das Gewissen irren? Kann sich das gute Gewissen, die Gottesstimme irren — oder ist es die Teufelsstimme, die mich in Sicherheit wiegen will? Woran könnte ich erkennen, ob es sich irrt oder nicht? Würde diese Erkenntnis mich nicht über Gott erhöhen, ihn entmachten? Und wenn Gott mich irreführen kann, ist er da nicht der Teufel? Aber sagt nicht auch der Teufel, wann es ihm paßt, die Wahrheit, denn wenn er immer lügen würde, wäre es ja leicht, seine finsteren Pläne zu durchkreuzen? Der Weg zur Hölle ist mit guten Vorsätzen gepflastert — sind also die guten Vorsätze machtlos gegenüber dem Teufel, haben nur schlechte Menschen gute Vorsätze, liegen die schlechten Vorsätze auf dem Wege zum Himmel?

Ich will „die Wahrheit“ wissen, die Wahrheit sein, die ewige Wahrheit, die kein Geheimnis duldet außer sich selbst, die die Allwissenheit ist — aber doch auch allen Irrtum, alles Nichtwissen in sich begreift. Die menschliche Wahrheit, wie die Psychobiologie sie lehrt, meint der Wahrheitsfanatiker nicht, er meint die metaphysische Wahrheit, den Dämon Wahrheit, die Allwahrheit, die auch alle Lüge in sich begreift (im Absoluten keine Unterschiede). Tatsächlich muß, wer die Lüge, den Betrug usw. „abschaffen“ will, wähnen und „die andern“ glauben machen, dies sei überhaupt möglich, und darin sich und die andern belügen und betrügen („fromme Lüge, frommer Betrug“); ebenso muß, wer die Stände „abschaffen“ will, hierzu einen Stand gründen; wer irgend etwas, irgend eine Tatsache „abschaffen“ will, muß sich hierzu der Etwasse, der Tatsachen bedienen, auch derer, die er abschaffen will — und die sich realiter nicht abschaffen lassen. Aber das erkennt weder der Wahrheits- noch der Lügenfanatiker, er nihiliert („schafft ab“) vielmehr auch wieder diese Tatsache, ihm kommt es ja nur auf das Dämonische an, er lebt in seinen inftlschen Fiktionen. ICH die Allwahrheit banne beides, Wahrheit und Lüge, in die Alleinheit, unterscheiden kann ich sie nicht, kann Wahrheit und Lüge denken und reden und tun, bald das eine, bald das andere, beides auch in vielfältiger Verschlungenheit, ich weiß nicht, wann ich die Wahrheit denke und sage und wann die Unwahrheit, aber ich brauche es auch gar nicht zu wissen, da ich die Wahrheit wie die Lüge entmachte, die Wahrheit entwahrheite, die Lüge entlüge, beiden ihre Dämonie vernichte, so daß beide nicht wirken, nützen oder schaden können. Immer spricht die Allwissenheit aus mir, ich kann im Dienste der Wahrheit die tollsten Lügen aushecken und den blinden Sterblichen als göttliche Wahrheit auftischen, auch meine Lüge ist Wahrheit. Auch der größte Schurke kann seine Schurkerei ent-schurken, wenn er nur weiß, daß er ein Schurke ist, z. B. daß er einen Meineid leistet (das Wissen entmeineidet den Meineid, die sterblichen Worte und Dinge, um die es sich dreht, sind ganz belanglos); vgl. reservatio mentalis, den „gedachten Vorbehalt“. Im Dienste der Wahrheit kann auch jeder Meineid geleistet werden, der Zweck heiligt auch die verworfensten Mittel, auch Mord und Totschlag, Erpressung und Raub. Es kommt nur darauf an, immer recht zu behalten, alles Widerdenkende-sprechende zu vernichten, die Wahrheit, wenn sie auch falsch, Lüge ist, zu behaupten und somit sich, seine Alldämonie zu „behaupten“. „Ich muß jeden bedienen und abservieren“, ich darf keinerlei „Anspruch“ gelten lassen, wie das geschieht, ist gleichgültig, wenn ich nur meine Allwissenheit wahre. Usw.

Die Begriffssphäre der übrigen Sinnesgebiete ist weniger breit entwickelt als die des optischen und des akustischen (s. im 2. Bd.). Im Falle der Hypertrophie entspricht die kr. Begrifflichkeit dem systemgenet. zugehörigen gegenständlichen Erleben, und zwar auch quoad Assoziation zu den optischen Individuen, die getastet werden, warm-kalt sind, duften, schmecken und sich bewegen (koordinativ verändern). So kann die Berührungssucht auch begrifflich stattfinden, „ins Geistige übersetzt“ und somit erledigt werden, so daß sie sich im Gegenständlichen „erübrigt“. Die zwanghafte Vorstellung gewisser Szenen ist überhaupt eine Vorwegnahme der „irdischen Wirklichkeit“, so daß sie gar nicht oder nur als „schwaches Abbild“ stattfindet (Pat. hat sich „in Gedanken verausgabt“, hat „seine Kraft im geistigen Kampfe verbraucht“ usw.), das

Irdische ist ja auch belanglos. So wird „geistig“ die Tast-, die Wärme-Kälte-, die Duft-, die Geschmacks-, die Bewegungs-Allmacht gewahrt gegen alles Feind-Dämonische, das ins Nichts-All ausgelöscht wird.

Der Denksüchtige ist, ungelehrt oder gelehrt, der „Philosoph“ des Nihilismus, der Nichtigkeit alles Irdischen, alles Wissens, aller Wissenschaft, aller Weisheit, alles Verstandes und aller Vernunft. „Ich weiß, daß ich nichts weiß“, aber dies weiß ich, also weiß ich doch nicht nichts, aber dieses Wissen ist eben das All-Nichts-Wissen. „Ich seh, daß wir nichts wissen können“, so nihiliert Faust alles Wissen, in „der mißverstandenen Begierde, Gott näher zu rücken“ (Bruder Martin im „Götz“) mit allen seinen Studien, die ihn realiter immer nur das Physische kennen lehren. „Ignoramus — ignorabimus“, aber der Denksüchtige meint ja nicht das realiter Wißbare, das Physische, sondern „das, was die Welt im Innersten zusammenhält“, das Metaphysische, das es realiter gar nicht gibt, das also auch nicht erforscht werden und auf keine Frage antworten kann.

2. Angsttrophosen.

Jedes Erlebnis ist eine HASTF-Reihe. Das Astadium liegt also dem Sstadium näher als das Hstadium. Der Hneurotiker bewegt sich in seinen hypertr. Hfunktionen ferner von der Schwelle (Aufgabe, Leistung, Gefahr, Kampf, Prüfung, Entscheidung), der Aneurotiker erlebt sie in seinen hypertr. Afunktionen in unmittelbarer Nähe, als unmittelbar bevorstehend. Jener schweift ungehemmt im weiten leeren Rund, dieser lebt in der Ahemmung (die auch eine beschleunigte sein kann), im engen leeren Rund, in der Öffnung, die in die Schwelle übergeht. Jener huldigt der äußersten Negativität, dem Nicht(s), dieser der gemäßigten Negativität, dem Nein. Jener ist Nihilist, Vernicht(s)er, dieser Negativist, Verneiner. Jener lebt im Zeichen des H., dieser im Zeichen der A. Auf der Grundlage dieser Tatsachen sind aus der Beschreibung der Hneurosen Kenntnis und Verständnis der Aneurosen einschl. Deutungen leicht zu gewinnen. — Für das hypertroph. Agefühl gibt es keine besondere Bezeichnung, es sei denn „Überangst“, Überängstlichkeit“.

A. Gefühlstrophosen

a. Organtrophosen.

α. Gastraltrophosen.

Magenangsttrophose.

Hypertr. Magenangst. Gefühl der leeren Enge, Einschnürung, Beklemmung in der Magengegend, die übrigen Magengefühle (einschl. Hgefühl) rel. stark ahaltig. Peristalt. Unruhe auf

Angstenge bis zum Verschlusse bes. der Eingangs- und Ausgangsöffnung (Aspasmen); die Unruhe kann auch koordinativ registriert werden als ein Drängen, Drücken, Schnüren, Greifen, Zittern, Flimmern, „Zusein", „wie ein Stein im Magen" usw. (aneurot. Magenkrampf). Appetitlosigkeit, Übelkeit („mir ist schlecht"), oft mit Schwindel (Nausea), Brechreiz, Aufstoßen (habituell, oft sehr lautes Rülpsen), Erbrechen (Antiperistaltik).

Bei Verschluß des Mageneingangs kann, so lange der Krampf anhält, Speise nicht eintreten („bleibt vorm Magen stehen"), bei Verschluß des Pförtners kann, so lange der Krampf anhält, der Speisebrei nicht in den Darm übergehen. Ist der Verschluß klonisch intermittierend oder tonisch inkomplett (undicht), dann findet Passage des Füllmaterials entspr. der jeweiligen Weite der Öffnung-Schwelle und der jeweiligen Funktionsintensität der im „Rücken" der Öffnung liegenden A- und bes. Hmuskeln („vis a tergo") sowie entspr. der mechanischen (koordinativen) Situation statt (vgl. 1. Bd. § 13, bes. S. 236 f.). Wir haben da allerlei Varianten von „Verstopfung" kürzerer oder längerer Dauer über ein stotterndes oder ein in dünnerem oder dickerem Strang kontinuierliches Passieren bis zum „Durchfall" als mehr minder beschleunigtem Übergang eines Füllmaterials abnormer Konsistenz; diese Varianten wechseln sich oft ab (6. Bd. S. 175, 232 f.). So auch die kr. Drüsenfunktionen (Sekretionsneurose): Abscheidung von Angstsekret in der Art der Verstopfung (Verschluß der Drüsenöffnungen) bis zum Durchfall (Spasmen der Drüsenkörper bei undichtem oder nachgiebigem Verschluß der Öffnung); hierbei auch qantitative Minderung des Magensaftes (Hyposekretion) bis zur Achylie, ruckartiges oder sickerndes Einfließen, rasches Einschießen von rel. großen Mengen Magensaft (Hypersekretion). Magensaft abnorm zusammengesetzt — je nachdem zu viel oder zu wenig Salzsäure oder Pepsin oder Labferment usw. Je nach Beschaffenheit der Nahrung und der Verdauungssäfte ist die Konsistenz des dyspeptischen Mageninhaltes verschieden. An den Spasmen sind auch die Gefäße der Magenschleimhaut und die zu- und abführenden Blut- und Lymphbahnen mehr minder beteiligt. Bei Spasmen der zuführenden Gefäße gelangt zu wenig Flüssigkeit (mit ihren Hormonen, Fermenten, Nährstoffen) zur Schleimhaut (einschl. Drüsen): sie ist also dünn, zusammengezogen, blut- und lympharm, blaß, unterernährt, Drüsensaft spärlich und qualitativ abnorm, bei Spasmen nur der abführenden Gefäße Schleimhaut abnorm gerötet, durchsaftet, geschwollen, durch funktionelle Gefäßlücken Austritt bis Erguß seröser Flüssigkeit ins Mageninnere, Drüsensaft zu reichlich, qualitativ abnorm, ferner ist die resorptive Übernahme von Nährstoffen aus dem Mageninhalt usw., demgemäß die Assimilation, der Stoffwechsel, der gesamte Ernährungszustand mehr minder herabgesetzt (A. vorm Dickwerden, pathol. Magerheit, evtl. mit regionären Fettdepots, S. 210). Das Erröten-Erblassen kann wie an der äußeren Haut so auch an der Schleimhaut des Magens (usw.) abwechseln, es kann hierbei zu neurot. Entzündungen (Gastritis, auch mit gastrischem Fieber kommen, Schleimhautepithelien können sich bei den Spasmen von einander trennen, Einrisse, Abschilferungen, Blutungen eintreten: neurot. Magengeschwüre (meist mit Schmerzen, sog. Magengeschwürskrankheit, zu unterscheiden vom — viel selteneren — hadrotischen Runden Magengeschwür). Die kr. RSe können mehr minder zahlreich sein, ihre Hochfunktionen in kürzeren oder längeren Perioden haben, auch benachbarte Organe (Speiseröhre, Duodenum, Leber, Pankreas usw.) beteiligt sein; die Krankheit ist also mehr minder ausgebreitet, die akuten Wellen sind mehr minder häufig und heftig und anhaltend bei chronischer Beschwerlichkeit. Mit alledem sind lediglich Stigmen der spezif. Konstitution angegeben, nicht aber „Wirkungen endo- oder exogener Ursachen" („Faktoren" usw.).

Gemäß dem systemgenet. Zusammenhang ist (auch) jedes Magenangstgefühl auf einen bestimmten (seinen) Gegenstand gerichtet*). Auch die Aneurose ist mehr spezifiziert oder mehr ausgebreitet: Magenangst vor und (in intensiverem Grade) nach der Aufnahme z. B. von „schwerem" Brot, von Zucker, Schokolade usw., von „schwerem" Gemüse, von Obst, Kompott, Ei, Fleisch, Fisch, Käse, Fett (je bestimmten Sorten), Salz u. a. Gewürzen, Arzneipulvern, -tabletten usw. („liegen wie Blei im Magen", Erbrechen nach Morphium usw.); je nach Ausbreitung

*) Realiter verursacht weder der Gegenstand das zugehörige Gefühl noch umgekehrt (S. 26 usw.), es besteht lediglich ein zeiträumlicher funktioneller Zusammenhang der zum System gehörenden sympathischen, sensorischen und idealischen Reflexstrecken. Die Fleischangst des Vegetariers ist also nicht „Wirkung" des Fleisches (wie sollte es das Fleisch wohl fertig kriegen, die gastralen ARSe oder ihre Funktion zu „verursachen"! das wäre freilich Zauber!), sondern sie zeigt an, daß der Vegetarier kr. ARSe hat, deren gegenständl. Aktn. „Fleisch" sind und deren vegetativer Anteil bes. hypertrophiert ist. Die vegetativen Reflexe können ja auch für sich ablaufen, also die Magenkrämpfe ohne Nahrungsaufnahme eintreten. Die Angabe: hätte X das Schweinefleisch nicht gegessen, so hätte er keine Magenkrämpfe bekommen, beweist keineswegs die Wirkung der Ursächlichkeit, sondern beschreibt in Form des Irrealis eine Struktureigentümlichkeit des X: X ist ein Mensch, der strukturgemäß nach Essen von Schweinefleisch (jedesmal oder so und so oft, je nachdem die gastralen ARSe bzw. SRSe ihre Hochfunktionen erreichen) Magenkrämpfe bekommt; ißt er also das Fleisch nicht, so findet eben das ganze Erlebnis nicht statt, doch erreichen bei vielen Pat., die „Schweinefleisch nicht vertragen", die betr. vegetativen Reflexe aktuelle Funktionsgrade, auch ohne daß solches Fleisch gegessen worden ist, z. B. schon beim Anblick solchen Fleisches oder, wie man so sagt, „ohne jede Ursache". Usw.

der Neurose erweitert sich der Kreis der „gefährlichen“ Speisen, bis zuletzt oft nur noch etwas dünne Suppe übrig bleibt und auch diese noch mit Magenbeschwerden verbunden ist (A. vor möglichen Magenschmerzen). Pat. „muß“ also Diät halten, die oft aufs äußerste reduziert ist (Säuglingskost). Oft treten Magenkrämpfe auf schon beim Anblick „verbotener“ Speisen, des gedeckten Tisches, beim Eintritt in das Eßzimmer, in die Gaststätte, beim Fragen des Kellners nach dem Gewünschten, beim Sehen, wie andere essen, ferner beim Rauchen, bei gewissen (für Pat. angstgefühligen) Geschmäcken, Düften, Geräuschen, Klängen, Stimmen, Wärme-Kältewahrnehmungen, gewissen Bewegungen (Fahren in der Bahn, im Flugzeug, im Schiff: Reisekrankheit, Nausea), beim Blick in die Tiefe, in die Höhe (Höhenkrankheit mit Schwindel), ferner vor einem Ortswechsel, einer Reise, einer Beförderung in eine höhere Amtsstelle mit höheren Anforderungen und Übersiedelung in ein anderes Amtszimmer, vor der Prüfung (Schulprüfung, Konfirmation, arbeitlichen, spielsportlichen Prüfungen, auch solchen, die Pat. abnimmt — als „geprüfter Prüfer“), beim Anblick des Lehrers, Vorgesetzten usw. (Vater-Mutter-Nachfolge-Verwandlungen), des Arztes, ganz bes. falls er mit dem Magenschlauch oder der Spritze oder dem Messer „droht“, vor dem Eintritt in die Schule, in die Arbeitsstätte, in eine Versammlung, vor einem Vortrag usw. usw., kurz vor und bei allen möglichen Gelegenheiten, die Pat. als hochgefährlich (lebens-todesgefährlich) erlebt und die unmittelbar oder mittelbar mit den Magen-ARSen verbunden sind. Oft genügt schon das Denken an solche Situationen: systemgenet. Assoziation der betr. Begriffszellen mit gastralen ARSen. „Die Aufregung schlägt auf den Magen“, wie man so sagt.

D e u t u n g. In der Mitte meines Leibes haust das Unheimliche (Dämonische, Seelische usw.), die zentrale Instanz, die mich und mein Sein und damit das Sein, die Welt überhaupt beherrscht (Hypertrophie); der Dämon heißt „Magen“ oder „Angst“ usw., er wohnt im Magen, er drückt, schnürt ihn, er ist allmächtig, alles muß sich nach ihm richten, er ist die Allangst, das allgewaltige Nein, das Nein-All, das alles negiert, negativiert, annulliert, der Geist, der stets verneint. Übermenschlich groß kündet die Angst übermenschliche Gefahr und bannt sie zugleich, entmachtet sie, denn die Gefahr erkennen ist: sie überwinden. Das Dämonische ist mein Wegweiser, mein Warner und zugleich Schützer gegen alle Gefahr, aber es hemmt mich, das zu tun, was alle Menschen tun, es hemmt mich, „Mensch“ zu sein, — ist es gut oder böse, ein guter oder ein böser Zauber, bin ich auserwählt oder verflucht — oder beides in einem? unlösbares Weltproblem. Und ist Bann nicht immer gegenseitig? Bannt also das Dämonische in mir die Feind-Dämonie oder umgekehrt, entmachtet es diese oder diese jenes? Wie dem auch sein mag, das Daimonion ist immer auf der Hut, unruhig selbst in der Ruhe, und je größer die Gefahr, desto lauter ist seine Stimme, desto heftiger sein Wirken. Die Angst zeigt mir die unmittelbar drohende Gefahr an, auch wenn die andern sie nicht einmal ahnen; wäre sie nicht da, wäre auch die Gefahr nicht da, und wäre die Gefahr nicht da, so auch nicht die Angst, sie „beweist sich also selbst". Die Gefahr kann noch so gering „aussehen", meine Angst erspürt und bannt sie, nimmt jeder Gefahr das Gefährliche, ent-fährdet sie, so daß mir und damit der Welt nichts passieren kann, ich — auch ausdrucks-, also verhaltensmäßig (Flucht, Meidung usw.) — im absoluten Schutze stehe, Immer wenn sich mir der Magen zusammenkrampft, ist Gefahr im Anzuge, genau so groß wie die Angst, ob ich etwas Gefährliches gegessen habe oder vor einer Prüfung, einem Vorgesetzten usw. stehe, und die feindliche Macht meldet sich bei mir und entmachtet sich damit selber. Daß dem so ist, beweist sich dadurch, daß ich noch „da" bin; sonst hätte mich die Gefahr längst überwältigt, ihrerseits verneint, in unvorstellbarer Weise ausgelöscht, doch kann dies eben nicht passieren, da meine Angst immer wach ist.

Die Allangst ist die Allmacht-Alldämonie, das Allein-Allnein, dennoch suchen sich aus ihr dämonische Kräfte abzusondern oder haben sich schon abgesondert, Geschöpfe, die sich nun gegen die mütterliche Allmacht wenden und sie verneinen, den Nein-Zauber gegen das All-Nein wirken lassen und es ent-neinen, somit entmachten wollen, also ihrerseits sofort verneint, annulliert werden müssen, denn die Verneinung des Nein-All wäre der Weltuntergang. So rettet meine Angst immer und immer die Welt. Die Gegenkräfte wirken in mir oder von außen, aber es ist fraglich, ob meine Angst überhaupt mein Eigenzauber oder ein Fremdzauber ist, der mir von den Gefahren „eingeflößt" wird; sie lauern konzentriert immer da, wovor meine Angst mich warnt, in allerlei Gestalten, Substanzen, irdischer Materie, deren sich die Dämonen in ihrem ewigen Kampfe bedienen und die nur insofern Bedeutung haben, „an sich" unwesentlich sind. Somit sind alle andern Dinge, vor denen mich die Angst nicht warnt, belanglos, mögen die „andern" sie auch für wer weiß wie gefährlich halten. Meine Angst hat immer recht. Ist die Gefahr herausgebannt, so bleibt nur die wesenlose Materie übrig. Flößt mir der Feind-Dämon die Angst ein, weckt er sie in mir, so entmachtet er sich selber; darum könnte ich im Allschutze meiner Angst, in meinem magischen Kreise, meinem Tabu gefeit vor allen Gefahren ruhig leben, wenn nicht eben die Angst die ewige Unruhe wäre. So opfere ich der Welt meine Ruhe, die andern können im Allschutze meiner Angst, in meinem Allschutze ruhig leben: ICH nehme auf mich, banne so alle Gefahr, erlöse die Welt von aller Gefahr.

Die Gefahr kann (ihrer Art und Größe, also ihren Wesen nach) nur Lebens- oder Todesgefahr, Schicksalsgefahr sein, von Gott oder Teufel gesandt; es handelt sich immer um Sein oder Nein, Sein oder kein Sein, Neinsein. So bin ICH stets in der dämonischen Prüfung. Der Feind-Dämon ist einmal der verführerische Hunger (Trieb, Wunsch, Wille), „der beste Koch", aber meine Angst bannt ihn, erfüllt ihn mit sich selber, negativiert und negiert ihn: so ist er in der Angst und die Angst in ihm, kann nicht wollen, wie und was er will, er muß sich nach der Angst richten, sie beherrscht und hemmt ihn, mag er gut oder böse sein, und läßt ihn nur soweit wirken, wie sie „will", niemals aber frei, sonst wäre er ja allmächtig und die Selbst- und Weltbeherrschung wäre dahin, denn wie könnte ICH, d. i. die Welt noch bestehen ohne meinen allmächtigen Schutzgeist „Angst"? Die Leere, das Nichts ist nicht mehr absolut, sondern durch den Angstzauber eingeengt und somit entmachtet. Ob das Verlangen — ist es gut oder böse? — in mir wohnt oder vom Versucher eingezaubert wird? Vielleicht ist die Angst das Geschöpf des Hungers, aber es ist übermächtig geworden. Ihr Ringen ist das Drängen, der Drang: bald überwiegt der H., bald die A., aber letztens behält (beim Aneurotiker) immer die A. ihre Allmacht, nimmt den Versucher in ihren Dienst, weckt ihn und schläfert ihn ein, zwingt ihn zum Gehorsam, negiert seine Einflüsterungen.

Der Gegendämon nimmt auch die Form des Schmerzes an, er wohnt in der Schwelle (Schwellendämon), ist das Gefährliche an der Gefahr, auf die der Hungerdämon hintreibt, die vielleicht der Hdämon erst hingezaubert hat, wenn nicht der Schwellendämon sich in den Hdämon verwandelt, der Versucher an der Schwelle in den Versucher als Wunsch. Aber die Angst ist auf der Hut, sie erspürt die Gefahr auch in den feinsten Maskierungen und Verstecken, lehnt den Schmerz, sobald er ganz leise anfängt, ab, negiert die Aufgabe, die Entscheidung, den Kampf an der Schwelle, verlegt ihn vor, negiert aber auch die hinter der Schwelle liegenden Dämonen, die „Folgen" Trauer und Freude, ja die Freude wäre die Vollendung der drohenden Niederlage und muß unter allen Umständen, mit aller Kraft gemieden, verneint, annulliert werden. So muß ICH die Magenfreude bannen, darf keine Freude am Essen haben, nie satt sein, muß immer einen Rest übrig lassen (Sünde unvollendet, also ungeschehen), ich muß das Teuflisch-Tödliche-Böse am Essen bannen, damit „die andern" diese irdische Freude ungefährdet genießen können. Wohl hat die Gefahr mittels des Angstzaubers meinen Wunsch-Willen gehemmt, gebrochen, aber damit hat sie mir gegen ihren „Willen“ den besten Dienst geleistet, hat sich selbst entmachtet. Die Dämonen können sich natürlich verwandeln, in alle möglichen Wesen eingehen, mich locken, versuchen, prüfen, umlauern, umdrohen, aber sie haben keine Macht über mein allmächtiges Nein. Fraglich, ob das Feind-Dämonische Leben oder Tod, Gott oder Teufel, das Gute oder das Böse ist, meine Angst ist ihr Widerpart: Tod gegen Leben, Leben gegen Tod usw. Auch Gott kann zum Schicksalsschlage ausholen, mich in Versuchung führen (daher muß man ihn ja bitten, es nicht zu tun!), auf die Probe stellen nach allen irdischen Möglichkeiten, deren Dämonie ja nur ICH (mit meiner überfeinen „Antenne“) erspüre; auch das Leben tötet wie der Tod, der übrigens auch lebt und belebt. Auf jeden Fall zwinge ich die Feind-Mächte in den Bann meines Nein-All.

Die versucherische Dämonie wirkt in den lockenden Speisen, aber auch in den Wesen, die sie zubereiten und darbieten und mitessen. Einst als Kleinkind habe ich mit schaudernder Neugier und zunehmender Angst gesehen, was die liebe Mutter, „sonst“ ein Engel, eine gütige Fee, in der Küche tat: sie schnitt, stach, bohrte Augen (den Kartoffeln) aus, zog die Haut ab, rieb, zerlegte, brannte (Kohlenkinder), kochte, briet usw. — kurz tötete Lebendes (alle Wesen sind animistisch-magisch belebt), machte das Tote unkenntlich und brachte es zu Tisch: sie war also doch eine böse Zauberin, eine Hexe? Die Alten konnten-durften essen, es war ihr Geheimnis, an das die Kleinen nicht rühren dürfen, ohne die Rache der Großen herauszufordern, getötet und verspeist zu werden, sobald die Kleinen schlachtreif geworden wären. Ich weigerte mich, alles war in mir zu, zitterte und bebte, um so mehr, je mehr Mutter mir zuredete: iß, damit du groß und stark wirst, sie drohte mir auch mit Strafen, ja Vater war gar streng und hatte die Rute zur Hand. Wollten sie mich verführen, Totes zu essen und so mitschuldig zu werden, oder meinen Zauber gegen den Tod, das Böse in den Speisen stärken? Meine Angst negierte die grausige Prüfung (ich aß nur mit allem Vorbehalt, in den verschiedenen Methoden des Essens-Nichtessens, im Zwange der Alten, also ohne eigne Verantwortung). Zudem töten sie bei Tisch weiter mit Messern und Gabeln und Zähnen — wie furchtbar! Ich blieb beim harmlosen Löffel, bei der flüssig-breiigen Kost, ich setzte durch, daß der Arzt sie mir „wegen schwachen Magens“ verordnete. Dann konnte mir auch der Herr Jesus, der mit Gebet zitiert wurde und — unheimlich genug — unsichtbar erschien, nichts tun; er sollte die Speisen segnen, aber damit waren sie ja als Böses anerkannt — und konnte er Totes und Töter segnen? vielleicht vertrieb er die toten Seelen, die sich sonst gerächt hätten? Meine A. rettete mich und alle andern vom Verderben — und das tut sie heute noch, denn noch immer erlebe ich die Tischszene wie einst und Vaters und Mutters Geister schweben um mich und prüfen mich noch genau so wie früher. Vgl. 5. Bd. S. 243 ff.

Dieser ewige Kampf spielt sich in meinem Magen und Umgebung ab. Ich verspüre das unheimliche Geschehen: das Krampfen, Zucken, Drücken, Zittern, Flimmern, das „Murksen", auch das Drängen nach oben, die Übelkeit usw., da kämpft meine Angst mit dem Feind-Dämon, der als Feind ja allemal das Böse ist (mag es auch das Gute sein), und wirft ihn wohl auch nach unten (Durchfall) oder nach oben (Erbrechen) hinaus oder hält ihn fest, so daß er nicht entweichen kann. Fraglich, ob der Dämon (der auch Krankheit heißt) mich quält, krank macht, verzehrt (vielleicht Dämon Krebs?), hindert und hemmt, um alles Gute mich betrügt, mich und mein ganzes Sein verneint, mich schwach und gebrechlich macht und töten will, böse oder sein Wirken nicht gerade gut ist, wenn doch die Selbstverneinung (Selbstverleugnung) mich vor dem Leben mit allen seinen Gefahren (Arbeiten, Entscheidungen usw.), also vorm Tode bewahrt, denn was könnte mir das Leben anhaben, wenn ich mich selbst verneine? Fügt mir der gute Dämon alle die Beschwerden zu, um eben den ewig drohenden ewigen Tod zu bannen? Oder ist die Angst nur das „Zeichen" des dämonischen Kampfes? Vielleicht ist der Wille böse und bannt ihn die gute Angst, vielleicht ist der Wille gut und die ihn hemmende Angst böse? Leben diese Dämonen in mir, so leben sie in meiner Allmacht und sind doch zwei Mächte, die sich obendrein aufteilen, verschmelzen, verwandeln (mannigfache Symptome), die hier und da verschwinden und wiederkommen können? ICH darf sie nicht herauslassen, mögen sie noch so sehr drücken, sonst wäre meine Alldämonie dahin, mein Magenwegweiser, mein Lebens-Todeskünder und -banner, mein Neinzauber gegen allen Zauber.

Der Magendruck sagt mir: du hast etwas Schlechtes gegessen (mir wird schlecht, d. h. ich bin schlecht geworden, der H. war da böse, die Speise verboten, die Eßsünde ist begangen, aber ist das nicht gerade das gute Werk: die Beseitigung des Schlechten in mein Nein-All, mein Inneres?), und wenn „die andern" die gleiche Speise beschwerdefrei essen, so fehlt ihnen eben der dämonische Magenanzeiger, den ICH habe, der ICH selber bin, der Auserwählte-Verfluchte, der Alleine, Einzige. ICH merke das Schlechte (Böse, Falsche) sogleich, mag es so winzig sein, daß es „die andern" gar nicht verspüren, das dämon. Gift auch in kleinster Dosis im Essen, Trinken usw., in appetitlichen = verlockenden Speisen, Genußmitteln usw., ich negiere es, indem ich die Speise usw. ablehne, meide („Verstopfung nach innen") oder so hinunterschlinge („Durchfall nach innen"), so daß sie mit meinem Innern, meiner Seele, gar nicht in Berührung kommen, die innere Angstmauer als magische Isolierschicht nicht durchbrechen, mögen sie lange drinbleiben oder geschwind wieder ausgeschieden werden. Es ist ja an sich eine Sünde, zu mähen usw., zu jagen, schlachten, zu kochen, zu essen (zu Tisch zu gehen [also besser, sich zu drücken], zu schneiden, zu beißen, zu kauen, zu schlucken), aber das Essen ist ein notwendiges Übel, ich muß essen, um das Essen zu negieren, möglichst wenig und nur Reines (Rohkost usw., Vegetarismus u. a. Absonderlichkeiten, nur die Hostie, den Leib des Herrn, dazu ein Schlückchen Weihwasser usf.), ich esse nicht eigentlich, es sieht nur so aus, ich kriege die Zähne nicht zusammen-auseinander, Gaumen-Schlund sind so dünn wie eine Stricknadel, es sickert nur langsam ein wenig Flüssiges hindurch, ich lasse mir die mörderischen (mordere — morden) Zähne ausziehen, lege die Waffen nieder, ent-leibe, ent-körpere mich, schnüre alle Schwellungen weg, verberge sie (man sähe mir sonst die Sünde an, das Essen vom Baume der Erkenntnis, dem vermessenen Eingriff in die Geheimnisse-Rechte der Großen-Götter-Teufel, und ich und die Welt wäre verloren), bin nur noch ein Schatten, ein Gespenst, un-, über- oder unterirdisch — usw. So entböse, entgifte ich die Speise, so daß „die andern" sie ruhig essen können, ohne sündig zu werden (ich büße mit dem Magendruck die Eßsünde, das Töten, schaffe mit dem Abschaffen des Essens usw. das Böse, den Tod aus der Welt). Daß ich auf alle Magenfreuden verzichte (denn auch das Gute am Essen kann ja das verführerische Böse sein), ist eben meine einzig-einmalige Mission zur Welterlösung. Auch andere sprechen von schlechten, verdorbenen Speisen, aber sie meinen „Stoffe", die an sich ganz unwesentlich sind, ICH aber meine die Dämonie. Gewiß habe ich als Erlöser es nicht leicht, alle Last ruht in mir, aber in dieser All-Last ist ja eben meine Göttlichkeit erwiesen, und ich darf sie mir um keinen Preis abnehmen lassen, wollte ich mich nicht selbst verlieren. Ich muß auch den Versucher-Teufeln „Ärzte" widerstehen, meine Angst warnt mich auch vor ihnen als den großen Zauberern, die meine Krankheit heilen und mich so verderben könnten, sie kommen in der Maske des Freundes und Wohltäters und sind doch Feinde und Übeltäter. Ich muß sie aufsuchen, nicht um „gesund" zu werden, sondern um ihnen zu zeigen, daß auch sie nichts über mich vermögen, daß ich auch ihren Zauber auslösche, falls sie nicht von Gott gesandt sind, meine Krankheit zu mildern („hergeben" kann und darf ich sie nicht, wenn ich auch noch so sehr wünschte, gesund zu sein und den „Kelch nicht leeren zu müssen"). Auch den Arztzauber muß ich in den

Dienst meiner Allmacht stellen. Vielleicht bin ich aber doch der Teufel, der Verfluchte, der ewig leiden muß?

Andere Angsttrophosen des Verdauungstraktes.

Hypertr. Gefühle der Angst, des Druckes, Dranges usw. an dem Organ, wohin sie lokalisiert sind, verbunden mit koordinativen Registrierungen der Aspasmen. Gefühle und Ort wechseln gemäß der Funktionsperiodik der kr. RSe. So Aspasmen des Mundes (Paradentose usw.), Gaumens, Schlundes, der Speiseröhre, des Zwölffinger-, Dünn-, Dick-, Mastdarmes, also mehr minder ausgebreiteter Darmabschnitte („zitternde Röhre von der linken Bauchseite bis zur Magengegend, von der alles ausgeht" usw.), mit den muskulär-elastischen sind Spasmen der Gefäße und Drüsen verbunden, Sekrete, Darminhalt, Resorption sind in der Art der Verstopfung und des Durchfalls desorganisiert (S. 341 f.), es kann zu neurot. Anginen u. ä. Entzündungen, Katarrhen, Einrissen der Schleimhaut, Geschwüren, Blutungen, Krampfaderbildung (Hämorrhoiden: Spasmen venöser Gefäßabschnitte mit Erweiterung der somit abgeschnürten, auch mechanische Abklemmung bei Muskelkrämpfen) usw. kommen. Leber, Pankreas können beteiligt sein — derart, daß z. B. Gallenstauung (oft mit Eindickung der Galle und Konkrementbildung), Leberschwellung, Ikterus usw. bzw. Inkretstauung des Inselapparates mit (neurot.) Diabetes usw. auftreten. Auch Reflexe vom Munde auf den Magen oder Darm, z. B. Durchfall beim Einbringen eines Löffels Spinat in den Mund (auch schon beim Anblick des „Kuhfladens", also okular-intestinale Reflexe), — oder umgekehrt, z. B. Abscheidung oraler Angstsäfte nach dem Essen, troph. Foetor ex ore (wie er übrigens auch sonst in Asituationen oft auftritt) usw. Bei entspr. Ausbreitung der Agefühle klagen die Kranken über „allgemeine Bauchangst", Unruhe, Beben, Zittern usw. im ganzen Leibe.

Deutung. Die Angst (Bangigkeit usw.) ist das heimlich-unheimliche Wesen, das sich in mir, (z. B.) in der Lebergegend niedergelassen hat, sie besetzt (besessen) hält, der Leberdämon, der „den ganzen innern Betrieb", damit aber auch das äußere Geschehen, die Welt überhaupt beherrscht, die Allmacht-Alldämonie ist, in und aus der sich alles vollzieht und die rätselhafterweise ewig in Gefahr ist, „sich zu verlieren", weil sich feindliche Dämonen losringen, selbständig machen und damit schon die Allmacht negieren wollen. Das Obere ist Leben, Himmel, Gott, das Gute, dagegen ist das Untere Tod, Hölle, Teufel, das Böse; die Leber ist der Ort der gegenseitigen Bedrohung, der Lebens-Todesgefahr, die immer andauert, von Zeit zu Zeit aber anschwillt, auch weitere Gebiete ergreift, so daß mein ganzes Innere zittert und bebt. Die Angstdämonie kündet die Gefahr, die allemal Schicksalsprobe ist, verschließt sich vor ihr und bannt sie mit dem allgewaltigen Nein. Die Angst ist der gute Dämon, der „mich“ und damit die Welt vor aller Gefahr, allem Schmerz, schmerzlichem Verlust und seinen Folgen warnt und wahrt, — oder ist sie der böse Dämon, der (als Dämon „Krebs“ usw.) an mir zehrt, mich quält, mir alle Lebensfreude verneint? Wenn der Leberdruck sich meldet, zeigt er an, daß etwas hinein- oder herauswill und nicht soll oder darf — oder doch muß? Nach gewissen Speisen (usw.) wird der Leberdämon rebellisch, also ist in ihnen Gift, Verderbliches, Tödliches (die getöteten Speisen sind ja todhaltig), er sagt mir: iß das nicht wieder! er rettet mir so das Leben, und wenn „die andern“ das unbeschwert essen können, so nur, weil ICH den Tod banne, aber freilich wird so für mich das Essen überhaupt zur Lebens-Todesgefahr, jede Lebensfreude ist mir vergällt, ich muß mich für alle opfern. Ich möchte schon essen, aber da kommt die Angst und sagt Nein, ist so mit ihrem Verbot mein sicherer-unsicherer Führer. Die Angst verneint auch den Wunsch-Willen, aber es ist wohl gut so, da „die Welt“ teuflisch ist und gemieden werden muß. Die Askese (Diäthalten usw., „Abschaffen“ des Essens) ist die Bannung des Bösen, Versucherischen, das Nein ist das eigentliche Sein, die Welt ist etwas, das negiert werden muß. So sind auch alle äußeren Erlebnisse, vor denen mich die Angst warnt, zu verneinen, zu meiden oder doch nur im Schutze der inneren Angstmauer als der unüberwindlichen Rüstung zu überstehen, also doch auch auszulöschen. Das Nein-All macht alle Gefahren gefahrlos, alle Schmerzen schmerzlos, ich kann von ihm gewarnt-geschützt in alle Gefahren hineingehen, sie sind für mich eben keine, das Nein-All macht alles Geschehen ungeschehend, auf das Materielle kommt es dabei nicht an: es ist ja nur „Mittel“ des Dämonischen. Mit meiner Angst, meiner Unruhe kann ich jeder Prüfung begegnen, sei es ein Schulexamen, eine geschäftliche, amtliche, gerichtliche usw. Verhandlung, eine Rede, die zu halten ist, usw. oder auch „nur“ ein Ausgang, Einkauf, eine Reise oder ein Telephonanruf: mein Leberdruck (Gallenanfall usw.) hindert mich, in die Prüfung zu gehen (die Schwelle zu überschreiten, mich zu entscheiden), sie muß aufgeschoben werden oder ohne mich stattfinden, — oder ich gehe zwar hin, aber im Schutze meiner Angst kann mir nichts passieren, die Angst negiert die Gefahr in dieser Art. Ich will etwas tun, aber der Wille schickt die A. als Vorposten aus, und dieser meldet, was los ist, ob ich es tun kann oder darf oder soll oder nicht: so zähmt sie den Willen, beherrscht ihn, und so bin ich in meiner Unsicherheit sicher. Meine (Leber- usw.) Angst ist der wahre Segen — oder ist sie doch der wahre Fluch?

Die hypertr. Entleerungsangst ist in den Enddarm oder diffus in den Unterbauch lokalisiert. Peristalt. Unruhe des Darmes auf Angstenge bei oder ohne Kotfüllung (Stuhl- s. Kotdrang, Abortzwang, Tenesmus). Verstopfung (Kotgeiz, Kotstauung, Kotgeschwulst) — Kotstottern (Ziegenkot, Kotsteine) — Bleistiftkot (bleistiftdünne Kotsäule) — Durchfall (Kotverschwendung) — Mischkot (verstopft-durchfällig bis normnah) je nach Rhythmus der kr. Reflexe, auch abwechselnd, auch im Sinne einer Paradoxie: Drang von oben, Verschluß der Schließmuskeln = Drang nach oben. Peristaltische Fehlfunktion (auch) im Enddarm, z. B. bei Krampfenge der Schließer, Pressen des Kotes gegen die hintere Scheidenwand, gynäkolog. diagnostiziert als Scheidenvorfall (nicht Operation, sondern Erkenntnistherapie!). Kot abnorm zusammengesetzt, auch in der Art der Flatulenz („versetzte Blähungen" usw.) zersetzt, bei Verstopfung zu sehr ausgelaugt („Autointoxikation", wobei abnorme Zersetzungsprodukte resorbiert werden), bei Durchfall unausgenutzt, bei Hypersekretion der Schleimdrüsen Schleimdurchfall (colica mucosa) usw. Hämorrhoiden (S. 350).

Deutung. Die Entleerungsangst zeigt „mir" an, daß „ich" vor der Schicksalsprüfung stehe, sie ist die Allmacht-Zaubermacht, die im Leibe, im Bauche wohnt und sich gegen die Feind-Dämonie behaupten muß. Dieser Kampf vollzieht sich in meinem Bauche, das Schicksal bedient sich des Bauches-Darmes-Abortes usw., es handelt sich nicht wie bei „den andern" um das einfache Absetzen des Kotes, sondern um die Dämonie, die mich hier heimsucht, um meine Allmacht zu zerstören. Sie zaubert in mich den Willen, den Drang hinein, will die Allmacht zwingen, „etwas" aus ihrem Allreiche abzugeben, und wenn sich die Allmacht zwingen ließe, wäre sie eben nicht mehr die Allmacht, sondern der Feind-Dämon hätte sie oder wäre sie, und wenn die Allmacht auch nur das allerwinzigste Teilchen abgäbe, sich abnötigen ließe, wäre sie wiederum nicht mehr die Allmacht, sondern eine Spur weniger, also ganz aufgehoben; wie das denkbar, ist freilich — undenkbar, und es kommt auch in Ewigkeit nicht vor, da eben die Allmacht immer auf der Hut ist, — aber wenn sie überhaupt auf der Hut sein muß, ist sie da noch die Allmacht? sie muß doch vor „wem" auf der Hut sein, der also nicht in der Allmacht ist, sondern gegen sie? aber das All-Nein negiert eben jede leiseste Regung feindlicher Dämonie, feindlicher — Allmacht, und in dieser ewigen Verneinung bleibe ich absolut unversehrt. Gäbe ich also das kleinste Bißchen aus meinem Leibe, dann gäbe ich mich ganz preis, verlöre mich ganz (magisch: Teil das Ganze, Allmacht ist eben Allmacht, Zauber ist allmachtlich-allmächtig, 100%ig im kleinsten wie im größten), geriete in die Macht der Feind-Dämonie, würde ihr Sklave, ihres Wesens, sie selbst. Dies ist also die Schicksalsgefahr, die meine Allangst im Bauche entdeckt und mit der Entdeckung schon bannt: sie hemmt den Entleerungshunger, „macht" ihn ängstlich, und mag er auch immer wieder wollen, so kann er sich nicht durchsetzen, auch schließt die A. das Loch hinten und alle Pforten weiterhinauf im Darm (rückwärtige Sicherungen), so daß nichts hinein und heraus kann, es sei denn unter Aufsicht und mit Genehmigung meiner Allmacht, die somit erhalten bleibt. Das höhere Wesen in mir kontrolliert und kommandiert das untere Wesen, das Unwesen, befiehlt dem Pförtner, sich zu schließen, usw. Aber wie? wenn mich der Feind-Dämon zu so scharfen Vorsichtsmaßregeln zwingt, mich in Angst und Schrecken versetzt, bin ich dann nicht schon ihm unterlegen? aber so unterlegen, daß er mir nichts anhaben, nichts rauben kann, also — mir unterlegen ist? Und dadurch, daß der Feind die Angst in mir wachruft, hat er sich selbst verraten und entmachtet.

Die Dämonen, die sich so bedrängen, sind Schicksalsgewalten, Leben und Tod, Gott und Teufel, göttlich-himmlisch und teuflisch-höllisch, Gutes und Böses, Richtiges und Falsches, Schönes und Häßliches, „oben" sind die guten, „unten" die bösen Geister, aber die bösen können auch nach oben, die guten nach unten steigen, ich weiß nie recht, ob nicht oben schlechte, unten gute Geister am Werke sind. Der Bauch ist die Höhle-Hölle, Filiale der Hölle, Teufels Küche (er frißt nur Kot, ist der Gott des Kotes), steht durch das Loch hinten mit der Höhle-Hölle (Abort und seiner Fortsetzung in die Tiefe, in das Unterirdische, die eigentliche Hölle) in Verbindung, d. h. das Treffen der guten und der bösen Dämonen findet in meinem Leibe statt und nur in ihm, da es ja nur an einer (?) Stelle stattfinden kann, auch meine Allangst bestätigt, daß ICH für alle Wesen Angst habe und ausstehe, also vom Schicksal ausersehen (auserwählt-verflucht) bin, den Dämonenkampf zu führen, somit das gut-böse Schicksal selber bin. ICH muß den Tod-Teufel verneinen und so die Welt von ihm erlösen, und wenn ich versagen würde, auch nur den allergeringsten Moment, so würde ich und damit die Welt dem Tod-Teufel verfallen, aber ICH muß auch das Leben, die Welt, die Menschen, meinen eignen Leib, alle Geschöpfe Gottes verneinen, weil ja in ihnen der Tod-Teufel nisten könnte, — verneine ich nicht aber Gott, wenn ich seine Geschöpfe verneine, bin ich nicht selber der Tod-Teufel? Der Dämonenkampf ist ewig und ununterbrochen: die Dämonen können sich ja niemals loslassen, wer sollte sie trennen, was sollte zwischen ihnen stehen, wie sollte einer den andern je besiegen? Meine Darmangst ist also immer da, ich bin immer und ausschließlich mit dem Weltproblem, das sich mir gewiß auch in andern Formen (Symptomen) zeigt, beschäftigt, neben ihm ist alles andere nebensächlich, mögen auch „die andern“ ihre Probleme höherschätzen als meinen K(r)ampf, von dem sie in ihrer Blindheit ja auch nichts wissen und ahnen und den sie auch garnicht verstehen könnten und auch nicht dürfen (sonst wäre meine Allmacht ihrer Erkenntnis erlegen); sie sagen „Stuhlverstopfung“ oder „Durchfall“ — ach wenn sie wüßten, daß das „in Wahrheit“ Weltverneinung-erlösung ist! wenn sie wüßten, was ich für die Menschen tue! Schweigt schon mal meine Allangst, dann hat bloß der Dämonenkampf nachgelassen, aber alsbald flammt er wieder auf. Ich bin so daran gewöhnt, daß sich der ewige Kampf zeitweise unter meinem Bewußtsein abspielt, ich gar nicht daran denke, bis er wieder zu heftig wird. Dann nehme ich ein „Mittel“ in meinen Dienst.

Die Bannung des Feindes erfolgt als Negierung: die Allangst verneint ihn, das eben ist ihr Zauber; sie ist selber negativ, das Nein-All, die allmächtige Ohnmacht, die ohnmächtige Allmacht, nur gerade sie kann den Feind entmachten, in welche Gestalt er sich auch verirdischen und verwandeln mag. Sie entdeckt auch die allergeringste Regung und bannt sie damit zugleich, mit magischer Sofortigkeit. Bei der leisesten Annäherung feindlicher Mächte schließt der Angstzauber den Schutzwall und die Pforten des Bauches hermetisch (Spasmen der Angstmuskeln, der Afterschließmuskeln), der Leib „macht sich dünn“, wird zur Stange, zum Steinblock, zur Statue, ist gar nicht mehr Leib, ist ent-leibt, auch das Loch hinten wird zugezaubert, entlocht, ich bin starr und steif wie eine Schnecke, die berührt wird, habe ein „natürliches Korsett“ an, habe mich eingepanzert, hinter eine unsichtbare Isolierschicht versteckt. Ist es unanständig, einen Bauch zu haben (den man verhüllen muß, in dem Kot steckt, der die Hölle ist), nun so habe ich ihn mit meiner Angst verneint, abgeschafft, bin ein heiliges Wesen ohne Bauch, ein Kopf auf einer Stange, eine Marionette (3. Bd. Nr. 19), ein Denkmal mit Geist, ein Gespenst, das bald einen Bauch hat, bald nicht, ich brauche also auch gar nicht auf den Abort zu gehen, ich kann tagelang vergessen, daß es so etwas gibt, ja ich werde von der Angst davor gewarnt, an Bauch und Kot zu denken, um meine Gedanken nicht zu beschmutzen, ich habe mich darauf trainiert, selbst diese Gedanken abgeschafft, ich kann aber auch in die Höhle des Löwen gehen, mich entblößt auf den schauerlichen Schlund setzen, besser noch auf den Deckel: der Teufel bekommt nichts, er mag drängen und locken, soviel er will, er muß warten, bis es MIR paßt, ihm ein Almosen zu geben, im Schutze meiner A. bin ich gefeit, ja je mehr ich mich in die Versuchung begebe, desto größer ist mein Verdienst, meine Heiligkeit. Kann denn Gott auf den Abort gehen und das tun, was eben nur die Sterblichen tun? Ich spucke dem Satan ins Maul, ich habe als Kind die Beine ins Rohr gesteckt und, Hände auf dem Sitzbrett auf- und niedergewippt im Spiele mit den Geistern der Tiefe, es war mir verdammt bang, aber sie haben mir nichts tun können. Mir war Mutter immer ein unheimliches gut-böses Wesen; wenn sie mich aufs Töpfchen und später auf den Abort setzte, war sie eine Räuberin, die mir etwas aus meinem Leibe zaubern, mich entzaubern wollte, aber nicht konnte, weil ich, so lange sie dabei stand, nichts hergab oder hergeben konnte (so blieb meine Alleinheit-Allmacht gewahrt), und noch heute erlebe ich diese Szene: Mutters Geist schwebt um mich, wenn ich in den Teufelstempel gehe, aber sie ist eine Heilige geworden, die mich vor der unheiligen Handlung bewahrt, ja diese eben damit, daß ich verstopft bin, heiligt. Um ja recht verstopft zu sein, trinke ich Kakao usw.; der Stopfzauber steht in meinem Dienst gegen die Versuchung, mich dem Bösen hinzugeben, das mit dem ewigen Tode bedrohte Todesverbrechen zu begehen.

Pat. kann nicht am Abort vorbeigehen, „es zwingt mich hinein", 20mal des Tags, und xmal des Nachts weckt mich der Stuhldrang, bevor ich auf die Straße gehe, muß ich erst noch mein Opfer bringen, mich vom Satan loskaufen, sonst verfolgt er mich, läßt mir keine Ruhe, wie ein hartnäckiger Buhle („bist du nicht willig, so brauch' ich Gewalt": auf der Straße entreißt er mir Kot in die Hose), auch aus fremden Aborten tönt mir der unhörbare Ruf zum Opfer, dem ich folgen muß, so wenn ich an Konditoreien usw. vorbeigehe; es geniert mich zwar sehr, durch das Lokal zu gehen und „zu verschwinden", aber ich muß, doch ist es immer blinder Alarm, ich gehe bloß kurz hinein, setze mich meist gar nicht drauf, und wenn schon, drücke ich nicht (der Satan mag sehen, wie er zu seinem Kot kommt, ich gebe ihm nichts, lasse ihn warten, banne ihn so), ich kann nur auf meinem Abort etwas machen, aber auch nur mit Abführmitteln. Die Hölle hat allenthalben ihre Mündungen zur Oberwelt, eben die Aborte, die keine richtigen Orte, sondern Ab-orte sind, wo alle Scheußlichkeiten passieren. Der Teufel hat es auf mich abgesehen, er verlangt sein Opfer von mir, aber ich falle nicht darauf herein, er kriegt nichts, mit dem kleinsten Bröselchen wäre ich ganz verloren, ich aber beherrsche ihn, dies ist meine Weltaufgabe, und weil ich den Satan negiere, können die andern ruhig kacken, denn Kot als Materie ist ja wesenlos, Staub zu Staube.

Pat. kann nicht auf einen Abort gehen, wann es jem. sieht oder sehen könnte, Angehörige oder Fremde: man darf als „feiner Mensch" nicht zeigen, daß man auch „so etwas macht", ein Scheißteufel ist, sich dazu unanständig entblößt und dem unteren Zuschauer die verbotene Gegend hinhält. Pat. muß immer 1/2 Stunde warten, bis der Vorgänger „verduftet" ist, und hat so große Schwierigkeiten; Vater ging auf den Abort, da hatte das Zwiegespräch mit dem Satan stattgefunden, man roch das ganz deutlich, der Knabe „mußte" 1/2 Stunde warten, dann wäre der Stinkteufel nicht mehr „zu Hause", und er konnte unbesorgt kacken, die Angst hatte ihn davor bewahrt, mit dem Bösen in Berührung zu kommen. Pat. benutzt noch immer ihr Kindertöpfchen, nimmt es auch mit auf die Reise (hygien. „Begründung"). Pat. muß seinen Kotdrang beruhigen, den Teufel warten lassen, so überwinden, etwa denken „einen Augenblick, ich gehe gleich", so ist der Drang-Zauber negiert, beherrscht vom Zauber-Ich, dem Oberdämon. Pat. folgt dem Drange-Zwange, aber hockt sich so hin, daß er die Ferse gegen den After preßt: es kann nichts heraus, der Teufel ist betrogen. Pat. muß immer auf einen andern Abort gehen, wo ihn der Teufel nicht erwartet; so viele „andere" Aborte gibt es aber nicht, so muß er so tun, als ob der alte ein anderer Abort wäre (sich so etwas denken und mit den Gedanken umzaubern, eine bestimmte zeremoniös innezuhaltende Geste machen usw.). Pat. hat als Kind zwar wie die Großen den Abort aufgesucht, hat aber Angst und Abscheu vor dem Höllenschlund gehabt und ist in ein Versteck im Garten, später in einem nahen Gehölz geflüchtet, wo sie ihr „Geschäft" ungefährdet verrichtet hat; man konnte da auch so schön sehen, wie das bei der Schwester hinten rauskam; auch setzte man sich an einen Brückenrand und „ließ die Fischlein schwimmen". Pat. hat als Kind den Kot „nicht hergeben wollen", hat die trockenen Kotstückchen versteckt aus Angst, die Alleinheit, den Allbesitz zu verlieren (alles meins). Pat. muß den Kot nochmals ansehen, mit dem Blickzauber in seiner Allmacht halten, oder anspucken und somit heiligen, entkoten. Allerlei Zwangszeremoniell beim Eintritt in den Abort (Zauberformeln, Kreuzschlagen, Betreten auch am Tage nur mit brennender Weihkerze usw. usw.).

Pat. gibt nur soviel ab, wie sie will, macht Schluß, wann sie will, überläßt gnädig dem Schlund ein paar trockne Kullerchen: das ist gar kein Kot, und als freiwillig gebend bleibe ich Herr über den Heischenden, ehe ich mich zwingen lasse, gebe ich lieber freiwillig (freiwilliger Zwang). Pat. holt sich von klein auf Kot mit dem Finger aus dem After, nascht auch noch gern daran (Koprophagie): so bleibt „alles" in seiner Hand. Der Bleistiftkot ist ja kein Kot, sondern eine Blindschleiche usw. Der Abort ist negiert zu einem Heiligtum, das phantastisch ausgemalt wird: groß, weiß, hell, duftfrei, inmitten ein weißes Sitzbecken ohne Abflußrohr, der „Heilige Stuhl", der „Thron der Maria", daneben eine Palme, daneben eine Chaiselongue.

Durchfälliger Kot ist kein Kot, sondern irgendwelche Schmiere, dünne Suppe, Schleimsuppe, dem Teufel zur Stillung seines Hungers gnädigst überreicht (Gott läßt ja den Teufel auch leben). Der Zauber des Abführmittels macht meinen Kot zu einem geweihten; auch bin ich es ja nicht, der die braune Brühe abgibt, sondern der Zauber des Mittels, der für mich kackt, wohl auch mein Bauch, mein Popo, der „da hinten" solche Unanständigkeiten macht, von denen „ich" nichts weiß, die ich wegdenke. Pat. muß vor jedem Ausgang erst noch dem Teufel sein Opfer bringen, wenn's auch nur ein wenig Schleim ist: er läßt sie dann unterwegs in Ruhe. Vor Prüfungen usw. rasch noch mal „hingehen", das bringt Glück. Usw. usw. Die Bauchangst ist die gute Dämonie, die den bösen Feind — in den verschiedenen Methoden — negiert, entmachtet, sich-mich vollkommen unversehrt läßt.

Oder ist sie doch die böse Dämonie, der Teufelszauber? Sie wohnt in der Bauchhölle, sie drängt mich, etwas aus meinem Innern, somit dieses ganz, mein Leben abzugeben, dem Tod anheimzufallen — wie ein gefüllter Sack beim Ausleeren in sich zusammenfällt. Sie überfällt mich in Situationen, wo ich nicht gleich auf den Abort kann, in der Schulstunde, unterwegs, bei einer Unterredung, einer Prüfung, einer Begegnung, auch im Bett, im Schlafe (Hosen-, Bettscheißer, Gold im Hemd, verlegene Bewegungsunruhe, „erreicht den Hof mit Mühe und Not" usw.), sie blamiert mich, wo sie nur kann, und „Blamage" ist „Sinken in die Erde", „sich nicht mehr sehen lassen können", Entzauberung, Vernichtung. Da muß der gute Dämon in mir die Bauchangst, den Stuhldrang beherrschen, darf ihr nicht nachgeben, und alles, was „passiert", muß negiert, ausgelöscht werden, sich im Nein-All vollziehen. Also auch wenn mich der Drang überwältigt, so ist das doch nur mein eigner Wille, ich „lasse" mich überwältigen, die Angst, überwältigt zu werden, verneint den Versuch, mich zu überwältigen, es steht da wohl eine gute gegen eine böse Angst, sie steigern sich gegenseitig — aber entmachten sie sich nicht? Was ist überhaupt „Kot" — Lebendes oder Totes? Warum muß man überhaupt so etwas machen: essen und dann Kot abgeben? Wer weiß, ob der Kot gut oder böse ist? Gibt es guten und bösen Kot? welcher ist gut, welcher böse? und warum? Ist der Kot gut, so muß ich ihn behalten, und ist er böse, so erst recht „darf es nicht herauskommen". Mein Allbesitz wird verletzt mit der Abgabe des geringsten Teilchens und somit überhaupt aufgehoben: ich muß die Abgabe also auf jeden Fall verneinen, d. h. sie ist nun keine Abgabe mehr, es wird höchstens wesenlose Materie woanders hingetan, sie bleibt in der Alleinheit, in meinem Allbesitz, meiner Allmacht. Kot geht in die Erde, sie ist die Hölle, aber sie ist auch die heilige Mutter, die Allschöpferin, die freilich auch wieder alles verneint, in sich zurückzaubert. Mein Kot, ob ich ihn nun abgebe oder behalte, ist geweihter-gefeiter „Stoff“: die Allangst hat ihn geheiligt; man müßte ihn den Sterblichen als Heiligtum überlassen (gegen gutes Geld, versteht sich, wie die „Poudrette“ des Dalai Lama). An einem Heiligen ist alles heilig, aber wo bleibt dann das Unheilige, das ja zum Beweise des Heiligseins entzaubert werden muß? Es ist auch da im und am Heiligen, nur eben gebannt, — falls es den Heiligen nicht bannt (nur gegenseitige Bannung möglich!). Ein so feines, reines, erhabenes Wesen wie ich hat kein „Unten“, keinen Kot, kein Pfui in sich, keine Ausleerung — und doch ist all das „da“. Die (der) Heilige hat keinen Leib — und hat doch einen Leib: er ist ein notwendiges Übel. Man kann nur heilig sein, wenn man auch unheilig ist, denn der Heilige muß das Unheilige immer bannen, also muß er es haben, man kann nur negieren-annullieren, was „da“ ist, Gott kann den Teufel nur negieren, so lange er ihn, eben als vorhanden, negieren kann, und umgekehrt. So ist die göttliche Seele an den teuflischen Leib „gebunden“, die weiße Seele an die schwarze, das Oben an das Unten. Meine Angst ent-leibt (magisch) den Leib, entkotet den Kot, ent-abgabt die Abgabe. Meine Bauchangst sagt mir auch, daß es gut ist, das Essen einzuschränken, nur „reine“ (kindliche, magisch ent-böste, geweihte, gesegnete) Speisen, kein Fleisch, das stinkigen Kot macht, zu nehmen, um die Vorgänge in der Bauch-Hölle niederzuhalten, am besten wäre völlige Enthaltsamkeit, denn ohne Essen kein Kot, aber dann würde ich sterben, könnte meine Mission, den Tod zu verneinen, aus der Welt zu schaffen, nicht erfüllen — und was wäre ICH dann noch wenn nicht mehr Welterlöser, und wer sollte die Welt erlösen wenn nicht ICH?

β. Kardiovasaltrophosen.

Herzangsttrophose.

Hypertr. Herzangst. Gefühl der leeren Enge, Einschnürung, Beklemmung (Oppression, Alpdrücken), des Vergehens, Hinsinkens, der Ohnmacht, die übrigen Herzgefühle rel. stark ahaltig. Peristalt. Herzunruhe auf Angstenge bis zum Verschlusse (Verlangsamung der Herzaktion, Bradykardie, Herzblock) oder als klonische Spasmen (Palpitationen, Herzklopfen, Herzstolpern, Extrasystolen) oder als tonische Spasmen (Herzflimmern, spast. Lähmung); die Herzunruhe kann koordinativ registriert werden als Drängen, Schnüren, Zittern usw., „Bleiklumpen in der Brust“ (aneurot. Herzkrampf), auch akustisch (Hören des Herzklopfens) und taktil (Pochen-Pauken gegen die Brustwand). Die Hemmung kann also Verlangsamung oder beschleunigte Hemmung sein. Herztöne im allg. rein, oft akzidentelle Geräusche (verengter Herzraum), oft 2. Ton akzentuiert. Herzschwäche, Asthma cardiale, Stenokardie, Angina pectoris (mit Schmerzen in Herzgegend, vorn auf der Brust, hinterm Brustbein usw.) als Herzangstneurose. Periodische Wellen, Beschleunigung (Paroxysmen) abwechselnd mit Verlangsamung, Puls also unruhig, labil, oft arhythmisch, dikrot, wechselnd auch in Volumen und Spannung, weich, dünn (gesenkter Blutdruck) bis hart, schnellend (erhöhter Blutdruck), oft „iatrogen", d. h. in der aneurot. erlebten Situation der ärztlichen Untersuchung auftretend oder Folge von Medikamenten (S. 162). Schnürendes Gefühl in der ganzen Brust, Atemnot, Zwerchfellkrampf usw. als Erweiterung des kr. Funktionsbereiches. Usw.

Gemäß dem systemgenet. Zusammenhang ist (auch) jedes Herzangstgefühl auf einen bestimmten (seinen) Gegenstand gerichtet. Die Neurose ist auch hier mehr spezifiziert oder mehr ausgebreitet: Herzangst vor und nach Aufnahme gewisser Getränke wie Kaffee, Tee, Alkohol, Arzneien, ferner schon bei ihrem Anblick, ferner vor und nach Aufnahme gewisser Speisen, beim Anblick des gedeckten Tisches, vor und bei Eintritt in die Gaststätte, beim Anblick des Kellners, anderer Gäste, die trinken und essen, vorm und beim Rauchen, vor und bei gewissen (für Pat. agf.) Geschmäcken, Düften, Geräuschen, Klängen, Stimmen, Wärme-Kältewahrnehmungen, Berührungen, Bewegungen (Fahren usw., Reisekrankheit), beim Blick in die Tiefe, in die Höhe (Höhenkrankheit mit Schwindel), vor dem Überschreiten „der Schwelle" (Eintritt in ein anderes Zimmer, Ortswechsel, Reise usw.), vor der Prüfung, beim Anblick jeder autoritär erlebten Person, gewisser bes. dunkelfarbiger Tiere, des Schlächter-, Sargladens, eines Leichenzuges usw., schwarzer Wolken, dunkler Stellen (Keller, Untergrundbahn, Gehbahnritzen usw.), rauschenden Wassers usw., inmitten einer Menge (Masse Mensch), beim Alleinsein, beim Schlafengehen, in der Nacht („Alpdrücken"), beim Aufstehen usw. — kurz vor und bei allen möglichen Gelegenheiten, die Pat. als lebens-todesgefährlich (im dämon. Sinne) erlebt und die unmittelbar oder mittelbar mit den Herz-ARSen verbunden sind. Oft genügt schon das Denken an solche Situationen (S. 344). Oft treten die „Anfälle"(„Erregungen"), wie die Kranken angeben, „ohne Ursache" auf, wie andere neurot. Erregungen auch, doch ist in allen Fällen bei hinreichender Sachkenntnis der systemgenet. Zusammenhang zu ermitteln.

D e u t u n g. Das Herz ist das Leben, die Lebensuhr, im Herzen wohnt das Leben (wie beim Kleinkinde das Jesuskindlein), der Tod greift nach dem Herzen und will es abdrücken, aber das Leben hält dem „Anfall" stand, die Angst warnt vor der Todesgefahr und bannt sie zugleich mit ihrem Nein, steht im ewigen Verneinungskampfe mit dem drohenden Tode. Fraglich, ob sie mein Eigenzauber ist, der die Gefahr „beschwört", d. h. herbeizitiert, um sie zu bannen, oder ob sie der Fremdzauber ist, der sich mir an der Lebenszentrale anzeigt, somit selber verneint. Die Herzangst ist die Allmacht, die über Leben und Tod verfügt; so lange sie in meinem Herzen wacht, kann mir das feindliche Schicksal, in welcher Gestaltung, ob sichtbar, hörbar usw. oder unsichtbar, unhörbar usw. es sich auch ankündigt, nichts anhaben. Ich muß also immer darauf achten, daß es weiterschlägt, immer in mich hineinhorchen, den Puls tasten, Tag und Nacht wach sein, selbst im Schlafe aufpassen oder durch Übertragung meines Zaubers auf ein Zauberding (z. B. ein Lämpchen, eine zeremoniöse Anordnung des Nachttischchens, ein Röhrchen Tabletten usw.) aufpassen lassen, daß es nicht ausschlägt, nicht den letzten Schlag tut; ich muß auch mein Herz oft untersuchen lassen, damit es nicht krank und matt werde, das Leben nicht entweiche, ein Arzneizauber es stärke. Mein Ich hält also den Lebens-Todeskampf unter steter Kontrolle, mein Ich ist eben die Allangst. Klopft das Herz leiser und schwächer und weniger häufig, so kann die Gefahr, die freilich immer Lebens-Todesgefahr ist, weniger akut sein — oder vielleicht hat der Tod den Herzschlag schon gehemmt und ist die Gefahr erst recht akut? Die Angst kann dann weitere Positionen besetzen und so den Angriff abwenden. Wenn das Herz rascher schlägt, dann ist die Gefahr besonders dringlich, es folgt Schlag auf Schlag, ein dumpfer gegen einen hellen, ein leiser gegen einen lauten, immer rascher und rascher — es muß ja schließlich „aus"schlagen, das Herz zieht sich zusammen, ummauert sich, gegen die Angstmauer schlägt und sticht der Tod vergeblich, der „Herzschlag" schlägt zurück, und wenn das nicht der Fall wäre, würde der „Herzschlag" der Tod sein, das Herz würde stillstehen, verstummen, man weiß ja nicht, ob der jetzige Schlag nicht der letzte ist, aber die Angst hält die Gefahr ab: sie läßt das Herz doch wieder gegenschlagen, ich muß immer ängstlich achtgeben, daß es weiterschlägt, so erhalte ICH mich am Leben, mir das Leben, lasse die Herz-Lebensuhr weiterpendeln, bin Herr über Leben und Tod, über Zeit und Ewigkeit (jeder Herzschlag ein „Zeit"abschnitt", drohendes Ende der Zeit, doch wird es negiert, magisch ausgelöscht); auch ein Zauberwort, z. B. „weiter!", ein Zaubergedanke, eine Zaubergeste bannt den Stillstand. Im Herzen wohnt der Klopfgeist, der mich vor jeder Gefahr warnt, so daß sie auch schon gebannt ist. Er will doch nicht etwa heraus, mich verlassen (Drängen gegen die Brust usw.) da heißt es doppelt achtgeben, wenn er auch noch so heftig klopft. Er ist das Daimonion, das mir das Künftige weissagt; „halt!“ sagt er, „nicht einen Schritt weiter! du rennst ins Verderben!“, er mäßigt meine Bewegungen, lenkt sie zur Flucht usw., sperrt mir die Worte usw., er ist die feine Antenne, die auch leiseste Regungen des Verhängnisses empfängt und somit entzaubert. Es sagt mir, ob ich etwas Böses begangen habe oder im Begriffe stehe, es zu begehen, (gutes — oder schlechtes Gewissen im Herzen, wo die Seele sitzt); es muß immer ein Todesverbrechen sein, das sich mir so mahnend ankündigt, sonst wäre ja nicht die (magische) Todesstrafe darauf „verhängt“ (vgl. „Baum der Erkenntnis“ usw.). Ob ich die gefährliche Schwelle (Aufgabe, Prüfung, Leistung usw., Versuchung usw.) meide oder angstvoll überschreite: immer ist meine Herzangst meine allmächtige Warnerin-Schützerin.

Aber die Angst ist eine furchtbare Qual. Ist sie wirklich mein guter Dämon oder nicht vielmehr mein böser? Er hockt auf mir als Vampyr, Tag- oder Nachtmar, läßt mich nie zur Ruhe kommen, versagt mir alle Lebensfreude, hemmt mich an so vielen Leistungen, die die andern glatt vollziehen, verlangt jede Rücksicht, ist Krankheit, ein Übel, von dem uns Gott erlösen sollte. Niemand kann so fürchterliche Ängste haben wie ich, und ich allein kann sie ertragen. Vielleicht hält mich der böse Dämon zurück, das Gute zu tun, vielleicht ist er der Tod-Teufel, der gegen das göttliche Leben wirkt und es verneint? Wie kann ich wissen, ob gut oder böse, richtig oder falsch, wie kann ich Leben und Tod unterscheiden? ich kann es nicht sicher, alles kann gut und alles böse sein, und wenn ich darüber nachdenke, klopft das Herz so heftig, daß sich mir die Gedanken verwirren (Warnung vorm Denken). So bin ich der Spielball der Schicksalsmächte und doch ihr Herr, da ich sie an mich banne; auserkoren bin ich zu ihrer Begegnung, somit auserwählt oder verflucht oder beides? In meinem Herzen stoßen die oberen und die unteren Dämonen, Gott und Teufel auf einander, und nie weiß ich, wer den andern verneint, ob die Stimme meines Herzens, die Schicksalsstimme mich vor dem Guten oder dem Bösen warnt. Wie dem auch sein mag, die Schicksalsdrohung und -bannung findet in mir, in meiner Allmacht statt, im absoluten Nein einen sich die Feind-Mächte, im Nein-All haben alle Menschen, ohne daß sie es ahnen können und dürfen (sonst wäre ich erkannt und entmachtet), ihre Erlösung.

Andere Angsttrophosen des Vasaltraktes.

Gefäßspasmen, Hypertonie: arteriell-venös oder arteriell oder venös, oft wechselnd (Labilität), lokalisiert oder ausgebreitet, mehr im Gebiete der großen oder der kleineren oder der kapillaren Gefäße, oft in Verbindung mit ausgeprägter Herzneurose. Vasalspast. Organe (Gewebe) sind mangelhaft durchblutet-durchlympht, ernährt, je nachdem blaß, trocken, verkleinert-verengt usw. oder rot oder blau gestaut, angeschoppt, ödemisiert, vergrößert usw. (S. 342); bei Spasmen der Gewebszellen (Gewebsangst) ungenügende Aufnahme von Nährstoffen bzw. Abgabe von Schlacken, also funkt. Stoffwechselstörungen. Es kann zu neurot. Entzündungen, Geschwürbildungen, Austritten von Blut und Lymphe aus den spastisch-mechanisch entstehenden Kapillarlücken, bei Angststarre (spast. Offenbleiben) der Lücken oder Lumina zu anhaltenden Blutungen kommen, die spontan erst bei Absinken dieser Areflexe oder bei Übergang zum spast. Verschluß aufhören, als neurot. aber nicht zum Tode führen (Magen, Darm, Lunge, Nase usw.; es gibt wohl auch eine neurot. Bluterkrankheit). Bei allen Organangstneurosen finden sich auch örtliche Gefäßdysfunktionen (S. 361); sie können derart im Vordergrunde stehen, daß wir von Vasalneurose des betr. Organs sprechen, z. B. von Koronarangstneurose (Spasmen der Kranzgefäße mit Ischämie des Herzmuskels, chronische-paroxysmale Herzschwäche, „Todesanfälle", Sterbegefühl, Zwang zum Stehenbleiben und Festhalten an einer Stütze, zum Sichsetzen oder -legen, zum Stöhnen usw., Stenokardie wie bei Herzneurose), von Vasalneurose des Magens-Darms (Spasmen der resorbierenden Gefäße, somit entspr. Einengung der Resorption, somit des Ernährungszustandes; Hämorrhoiden usw.). Vasalangstneurose des Gehirns s. Denkangst. Gefäßspasmen an den äußeren Schleimhäuten, z. B. des Auges: Blässe oder Rötung, trockene oder feuchte Conjunctivitis, stets mit Beteiligung der Drüsen, oft mit Verstopfung (Gerstenkorn usw.) oder durchfälliger Schleimausscheidung, auch Tränenfluß usw., — oder der Nase: trockener Katarrh mit spärlichem, zähem, verkrustendem, oft stinkendem (Ozäna) Schleim oder feuchter Katarrh mit reichlichem, dünnem, oft explosiv ausschießendem Schleim (Heuschnupfen), oft chronisch ohne oder mit „Verstopfung" der Nase (Stockschnupfen, Schwellung der Schleimhaut, der Schwellkörper bei venösem Spasmus, plötzlicher Erguß von blutigem Schleim-Serum), oft akut (Minutenschnupfen, auch länger anhaltender Schnupfen). Usw.

Spasmen der äußeren Haut: Hautangst (Gewebsangst): Haut zusammengezogen, lederartig, „wie ein Panzer" usw. in Asituationen, entspannt sich dann weitgehend, in andern Fällen chronisch scharf angstkontrahiert (6. Bd. S. 168). Gefäßspasmen: Haut ungenügend durchblutet-durchlympht, mager (evtl. mit Fettdepots, wie S. 343 angegeben) usw. Arterielle Spasmen: chronische Blässe, auch mit aneurot. Blutveränderungen (Blutarmut, bes. pubertätliche Bleichsucht, Chlorose), akutes Erblassen lokalisiert (sichtbare Partien wie Gesicht, Hals, Nacken, Oberbrust, Hände, auch bloß der Stirn, der Nase der Fingerspitzen usw.) oder mehr ausgedehnt. Bei venöser Stauung bläuliche Verfärbung. Bei venösen Spasmen: Erröten (arterielle Stauung vor der Enge) wiederum mehr lokalisiert (Nase, Gesicht, Hals, Hände usw.) oder mehr ausgebreitet. Oft wechselnd. Bei spast. Lückenbildung der Gefäße und der Haut serös-blutige Ausscheidungen z. B. aus Gesicht, Händen, äußerm Gehörgang, Achselhöhlen („Stigmatisierte"). Bei Lymphspasmen Austritt von Saft ins Gewebe: Urticaria, Quinckesches (flüchtiges) Ödem, Miliaria, Herpes (auch H. zoster) usw. Viele Dermatosen und Dermatitiden sind neurot. Art *).

Deutung. Pat. klagen je nachdem über lokalisierte oder allgemeine innere Unruhe, z. B. nicht nur das Herz klopft, sondern die ganze Brust, der Bauch (Spasmen der Bauchaorta usw.), es klopft in Armen und Beinen, bis zum Halse, zum Munde hinauf, im Kopfe, mein ganzer Leib ist ein fortwährendes Klopfen und Zittern, der Puls dröhnt mir in den Ohren, es saust und rauscht rhythmisch (vgl. Nonnensausen), ich stehe unter einem unerträglichen Druck, die ewige Unruhe und Angst bringt mich noch um, ich muß immer gespannt hinhören, das unheimliche Klopfen zwingt mich. Ich sitze einen Moment bequem auf dem Stuhle, schon klopft es mich weg, es klopft gegen das Gesäß oder im Gesäß, im Rücken, ich muß mich aufrichten, mich auf den äußersten Stuhlrand setzen und doch ängstlich darauf achten, daß und ob es weiterklopft. Lege ich mich hin, so schwillt das unheimliche Pochen und Zittern erst recht an, läßt mich nicht einschlafen und scheucht mich aus leichtem Schlummer auf — was ist das bloß? Die „fatale" (fatum Götterspruch) Angst jagt mich rastlos umher, nirgends finde ich einen Augenblick Ruhe. Es ist der Tod, der mich ständig bedroht, ich zittere vor ihm — oder ist es das Leben, vor dem ich bebe. Mitten im Leben bin ich vom Tode umfangen; hinter mir der Tod — vor mir der Tod. Ich stehe immer vor der Hinrichtung, vor dem Schicksalsschlag, dem Verhängnis, sei es von Gott oder Teufel gesandt. Ist es der Tod, der mich ins Leben, oder das Leben, das mich in den Tod hetzt? Ist die Angst selber

*) Ein bes. schöner Fall: Dr. K., 29 J., Arzt, von frühester Kindheit an menschenscheu usw., „hautempfindlich", schon als Kleinkind wegen „Hautleiden" ärztlich behandelt, seit vielen Jahren ausgebreitete Psoriasis vulg. (vergeblich mit Salben usw. behandelt), in den letzten Jahren leichter Diabetes, wagt sich kaum unter die Leute, in die Praxis und gar nicht in die Ehe („wer wird so einen Aussätzigen heiraten", unheilbare Krankheit Schicksalsprüfung, Auserwählter-Verfluchter, muß selber die Weltlast tragen und dabei die andern heilen, Hiob, Christus, armer Ritter Heinrich, erlösungsbedürftiger Erlöser usw.). In 4 Wochen Erkenntnistherapie weitgehende Besserung, die sich dann in Heilung fortsetzte. K. heiratete dann auch. Seit vielen Jahren Haut und Harn in Ordnung, Berufsängste behoben, Erlösertraum ausgeträumt.

Leben oder Tod? Schützt sie mich vor dem Leben oder dem Tode — oder ist beides dasselbe? Ich werde blaß: bin der Tod (oder Opfer, Kind des Todes?), aber auch die Engel sehen „weiß" aus; ich werde rot: bin das blühende Leben, aber auch die Teufel sehen rot aus. Bin ich also im Himmel oder in der Hölle, vom höllischen Feuer angefächelt? Erröten-Erblassen ist magisch die Farbe wechseln („wie Chamäleon"), immer ein anderer sein, als man ist, sich hinter die weiße, die rote Farbe wie hinter eine Maske nach Bedarf, d. h. nach Gefahr verstecken und so unerkannt bleiben, bald engelhaft-göttlich, bald teuflisch sein, je nach der Feind-Dämonie, die mich anzaubert oder die ich mit dem Eigenzauber irreführe und banne; ich kann mich also verwandeln, ein gespenstisches Wesen, schwebend zwischen Leben und Tod, bald Leben, bald Tod. Die roten Augen sind Hexenaugen: ich darf mich nicht sehen lassen, aber ich bin eine Heilige, die den bösen Zauber auf sich nimmt, also bannt. Die Ausscheidung von Schleim (aus Auge, Nase, Haut usw.) ist Opfer, mit dem ich die Feind-Dämonie banne, eine Isolierschicht, hinter die ich mich verstecke, usw. Das Blut, das ich vergieße, bezeugt die göttliche oder teuflische Heimsuchung, ist das zur Erlösung der Welt von MIR geforderte Opfer, mit dem ich die Gottheit-Teufelheit versöhne-banne. Meine Haut wird in der Gefahr zur Tarnkappe (starr, blutleer), zum schützenden Panzer; ich bin eine Mumie, der kann der Tod nichts anhaben. Ich bin ewig auf der Flucht vor dem Tode oder dem Leben — ein Verfluchter, Verbrecher, der Allsünder, der von den Erinnyen verfolgt wird, damit die andern Ruhe haben, oder ein Auserwählter, der flüchtig dem Tode-Leben entgeht und beides so überwindet, sich so auch in den Tod, ins Leben stürzen kann, ohne Schaden zu nehmen, allein fähig, die Weltlast zu tragen, aller Sünden zu sühnen, die Menschheit zu erlösen? Ich selber bin die Weltangst, die mit ihrem allmächtigen Nein alle Gefahren auslöscht, die kleinsten wie die größten sofort registriert und ins Nein-All entzaubert. Verfolgt der Tod, das Leben mich oder verfolge ich den Tod, das Leben? bin ich, der ewig verfolgte Verfolger, Herr oder Sklave des Schicksals? Ein Heiliger, der fortwährend vom Teufel heimgesucht wird und ihn bannt, oder ein Unheiliger, der mit ihm auf du und du steht? Aber noch „lebe" ich, noch bin ich da und werde da sein, so lange meine Angst in mir lebt: so bin ICH doch der Allmächtige, Herr über Leben und Tod, der Alleine, der mit der Selbst- und Weltverneinung seine Absolutheit wahrt. Usw. —

Auch alle diese Ängste sind natürlich systemgenet. mit gewissen (ihren) Gegenständen assoziiert: Angst vor der Aufnahme von Nährstoffen usw. ins Blut, in die Lymphe (Vasalspasmen des Darmes), vor der Aufnahme in die Gewebe (örtliche oder allgemeine Gewebsangst), auch vor der Abgabe, dazu Ängste vor der oralen Einverleibung der „gefährlichen“ Stoffe (Speisen, Getränke, Arzneien usw.), so daß sie gemieden oder krampfig geschluckt werden (also in dieser Art „eigentlich“ auch gemieden werden, an der „inneren Angstmauer“ entlanggleiten, das „Innere nicht berühren“, „die Seele nicht verunreinigen“). Oft sind die Ängste eng spezifiziert, wir sprechen dann von Idiosynkrasie, die schon ins Gebiet der Allergie gehört (z. B. Urticaria nach Genuß von Brombeeren, Eiereiweiß, Krebsen usw.). Vielfach müssen diese Zusammenhänge erst ärztlich ermittelt werden. Weiterhin schließen sich Gefäß-Gewebsängste an gegenständliche Erlebnisse auf den verschiedenen Sinnesgebieten an, wie S. 343 angegeben; der eine Pat. erlebt diese, der andere jene (je nach spezif. Struktur) Situation als lebens-todesgefährlich, gewisse Menschen, Tiere, Pflanzen, anorganische Gebilde, dazu auch die je assoziierten akustischen usw. Reihen, das „innere Zusammenfahren“, der Gefäßschock, Gewebsschreck ist eben das Signal, daß die Schicksalsprobe bevorsteht, wie umgekehrt diese Schicksalsgefahr dem Pat. die übermenschliche Angst rechtfertigt und seine außermenschliche Existenz (Mission usw.), seine Alldämonie beweist („die andern“ sind eben „blind“, ahnen gar nicht, worum es geht). Der Zusammenhang ist diesen wie andern Neurotikern oft unbekannt; Pat. sieht auch zunächst nicht ein, was z. B. seine akute Blinddarmentzündung mit der bevorstehenden Feier der Konfirmation oder der akute Schnupfen mit der Rede, die er morgen zu halten hat, zu tun haben solle, und muß erst therapeutisch aufgeklärt werden. Oft fällt der Zusammenhang dem Pat. erst bei mehrfacher Wiederholung „des Anfalles“ (der Feind-Dämon fällt mich an) auf. Auch können die Spasmen für sich, also ohne daß jeweils die zugehörige äußere Situation aktuell ist, ablaufen (Pat. sagt: „ohne Ursache“). Sie können sich an Vorstellungen der „Gefahr“ oder Erzählungen davon oder an aktuelle Einzelbestandteile der agf. Situation, z. B. an einen (auch nur ähnlichen) optischen Gegenstand, einen Namen, Klang, Geschmack, Geruch, eine Berührung, eine Bewegung, auch an ein Andenken als Symbol der Gesamtsituation (mag die Erinnerung aktuell sein oder nicht) anschließen. Selbst seine Angst kann mancher Pat. nicht diagnostizieren, mancher ist so daran gewöhnt (§ 2, $_{2,\,F}$), daß er sie „übersieht“ (so auch Schmerz usw.), sich im Ertragen „mit aller Energie“ (Überwiegen des Hungers, Willens bei Absinken der Angstintensität) „geübt“ hat und sich auf die „Selbstbeherrschung gar noch viel zugute tut. Er wähnt, die Angst stehe im Dienste seines ICH, seiner Allmacht, auch ohne daß sie sich jedesmal zu „melden“ habe; er könne ihr vertrauen und sich sogar mit andern Dingen beschäftigen (ablenken usw.), sie tue

„mechanisch“ ihre „Pflicht“: die Feind-Dämonie zu annullieren, aber „leise“ muß er doch „daran denken“, aufpassen, eben darin liegt der Zwang, und dieser Zwang, den Pat. für eine „Überwindung der Krankheit aus eigner Kraft“ oder „durch ein Mittel“ usw. hält, ist nur eine Ausformung und meist eine Verschärfung der Krankheit. Auch die Verschiebung der Symptome wird oft als Genesung verkannt.

Angsttrophose der Drüsen. Bei komplettem oder inkomplettem Verschluß (periodisch, auch periodisch wechselnd) der zuführenden Gefäße bzw. der aufnehmenden Öffnungen der Drüsenzellen: entspr. Minderung der Ernährung, des Stoffwechsels, der Produktion der Drüse, Verkleinerung-Einengung der Drüse. Bei komplettem Verschluß der Ausführungsöffnung der Drüse: Drüsenverstopfung, Anschwellung (falls nicht auch Zufuhr zur Drüse gehemmt), entzündliche Zustände mit Zersetzung des gestauten Drüsensaftes; bei Nachlassen der Verschlußspasmen Abfluß des gestauten Se- oder Inkrets je nachdem langsam oder (bei H- und Aspasmen des Drüsenkörpers) rasch bis explosiv. Bei inkomplettem Verschluß der Ausführungsöffnung Wegrinnen des Saftes, eine Art Inkontinenz; falls H- und Aspasmen des Drüsenkörpers: Drüsendurchfall, Ausspritzen des Drüsensaftes. Verstopfung bis Durchfall oft wechselnd, auch derart, daß gewisse Drüsen verstopft, andere durchfällig funktionieren. Die Drüsenprodukte quantitativ und qualitativ abnormal (Angstsäfte). Angstneurot. Dyshormonie. In- und Sekretionsangstneurose.

Dies gilt für alle Drüsen. Bei Aneurose der blutbildenden Organe (S. 225) zeigen sich entspr. Veränderungen des Blutes: Mangel an den drüsenspezif. Produkten oder (bis) Überschuß, in dieser Art Störung des Verhältnisses zu den Produkten anderer Drüsen: aneurot. Dyshormonie, Anämie, Chlorose, Pseudoleukämie (auch mit spast. Schwellungen, Schmerzen) usw. Ein Symptom solcher Azustände kann auch die mangelnde Gerinnungsfähigkeit des Blutes in mehr (Bluterkrankheit, S. 362) oder minder ausgeprägtem Grade und von längerer oder kürzerer Dauer sein und zwar bei neurot. Bildung von Gefäßlücken wie bei mechanischen Verletzungen (Gefäßschock). Das Gegenstück hierzu ist die gesteigerte Gerinnungsfähigkeit, die Bildung von Blutgerinnseln (analog dem Ausfall von Konkrementen in Galle, Harn, usw.) mit Verstopfung von Gefäßen (Thrombus, bes. an entzündeten Gefäßstellen), auch mit Embolie; wir verstehen von hier aus die moderne Krankenhauskrankheit (1. Bd. S. 111f.): viele Kranken erleben die Überführung ins Krankenhaus und den Aufenthalt darin, bes. Operationen übermäßig ängstlich-schmerzlich, und so kann es bei entspr. Konstitution, also Struktur der Neurose zur Embolie kommen (Tod an E. ist natürlich

Hadrose). Angstspasmen des Inselapparates der Bauchspeicheldrüse usw. lassen uns den neurot. Diabetes verstehen. Bei mangelhafter Produktion und Abscheidung von Lipolysinen wird das Fett entweder nicht resorbiert oder nicht assimilierfähig und im Kot bzw. in Depots ausgeschieden (lokale Fettanhäufungen bei an sich mageren Aneurotikern, Fettspeicherung, oft abwechselnd mit Fettdurchfall, raschem Wegschmelzen des Depots, ähnlich wie der Geizige Geld ins Depot sammelt und oft rapide verliert). Analog Deponierung von Harnsäurekristallen bei mangelhafter Verarbeitung und Assimilierung des Eiweißes. Bei Morbus Basedow und basedowoiden Zuständen findet sich neben den S. 225 f. skizzierten Hsymptomen immer eine Fülle von Angstsymptomen, z. B. „allgemeine Angst", Dranggefühl in der Schilddrüse usw., Unruhe, Herzjagen, frequenter, gespannter, schnellender, oft auch unregelmäßiger Puls, Zittern, Erröten-Erblassen, abnorme Trockenheit der Haut, abwechselnd mit Feuchtigkeit und diffusen Schweißen, gehemmte Inspiration, Durchfälle, unsteter Blick, Schlaflosigkeit usw.; so ist auch der Exophthalmus als Zeichen von Aspasmen der retrobulbären venösen und lymphatischen Abflußwege mit seröser Durchtränkung des Retrobulbärraumes zu verstehen, ferner die periodisch zu- und abnehmende Schwellung der Schilddrüse als Zeichen wechselnder vasal-gewebsspastischer Funktionen (Verstopfung bis Durchfall), sowie mancherlei Stoffwechselstörungen als Mitsymptome im Zusammenhange mit der inkretorischen Dysfunktion der Schilddrüse und systemzugehörigen Drüsen (wieder Verstopfung bis Durchfall). Es ist hier die Rede von den neurot. Formen der gen. Krankheiten bzw. von den nervösen Begleitsymptomen der entspr. Hadrosen.

Analog die Sekretionsangstneurosen der Schleimhaut- und der Hautdrüsen: Hyposekretion (Verstopfung, abnorme Trockenheit der Schleimhaut bzw. Haut) bis Hypersekretion (Durchfall, Saftfluß, abnorme Feuchtigkeit), z. B. Hypersekretion von Magen-Darm-, Gallensekret, Bronchialsaft, Verschleimung des Kehlkopfes, Rachens, der Nase, des Mundes (Speichelfluß usw.), der Augen (auch Tränenfluß, Gegenstück zum spast. Verschluß der Tränendrüsen: Pat. kann nicht weinen"), Schweißausbrüche an Händen (Schweißhand), Füßen (Schweißfuß), Achselhöhlen, „Salzfluß" an den Beinen (als Vor- und Begleitsymptom von Beingeschwüren, in Verbindung mit Krampfadern, also spastisch-mechanischen venösen Stauungen), Seborrhoe der Kopfhaut mit abnormer Schinnenbildung, entzündl. Prozesse in den Haarbälgen, mangelhafter Ernährung der Haare, Haarausfall, als Gegenstück zur abnormen Trockenheit der Kopfhaut (spast. Verschluß der Haut- und Haardrüsen, da auch ungenügende Ernährung, Sprödigkeit, Brüchigkeit der oft an den

Enden gespalteten Haare und Haarausfall dieser Art), Talgfluß an der Nase, im Gesicht (Fettglanz) usw., dazu Klein- und Großporigkeit mit Verschmutzung oder Verfärbung des Follikelausganges („Mitesser"), oft mit Einlagerung der Milbe Acarus, oft mit Fortsetzung in Akne usw., Hautunreinigkeiten bis Furunkulose, Ekzem, Psoriasis usw., also Dermatosen und Dermatitiden mancherlei Art (ohne oder mit hadrot. Veränderungen, wobei die Diagnose manchmal erst ex juvantibus zu stellen ist), auch Nagelbett- und Nägelstörungen usw., abnorme Trockenheit der Haut (mit Einrissen, Jucken, Kratzeffekten usw.). Vorzeitiges Ergrauen der Haare ist oft ein Zeichen von gefäß-zellspast. Mangel an Pigmentproduktion; bei manchen (den so-spezifischen) Menschen tritt bei und nach hochgradigen Ängsten das Ergrauen „über Nacht" ein; oft setzt die Pigmentbildung nach Abklingen der Angstspasmen wieder ein. Die spast. Sekrete riechen scharf, säuerlich, zwiebelähnlich usw. (Mundgeruch, Schweißgeruch, Ozäna usw.). Viele (auch entzündliche, auch anämisch-atrophisierende) Krankheiten der Mund- und Rachenschleimhaut, des Zahnfleisches, Zahnbettes, der Zähne sind Neurosen (analog den Haar- und Nagelneurosen) *). Ebenso sind sehr viele Fälle von Angina neurot. Entzündungen mit Schwellung (Stauung), Hypersekretion, Bildung von Pfröpfchen aus eiterähnlichem, stinkendem Saft-Zelldetritus; sie treten bei den so-spezif. Menschen habituell in Angstzuständen auf. Usw. —

D e u t u n g wie die der Kot-, Harnentleerung usw. Nichts abgeben, sich nichts entreißen lassen und so die Allheit wahren, den Feind-Dämon, der etwas und damit alles haben will, entmachten. Nur so viel hingeben, wie die A. „will", wenig oder mehr, sich so dem Feind-Dämon, dessen drohende Nähe sich eben in der A. mit ihrer „Reaktion" anzeigt, opfern, damit aber ihn zufrieden stellen und somit beherrschen (er ist auf mich angewiesen, ich kaufe mich los); die Abgabe ist also nur „scheinbar", ist eigtl. gar keine, da ich ja den Abgabezauber in meiner Allmacht behalte und das materielle Abgegebene unwesentlich ist. Vorzeitiger Haarausfall: ich bin ein vom Schicksal Hartgeprüfter, als jung schon ein Alter, Erfahrener, habe Haare lassen müssen (vgl. Rasur der Indianer bis auf die Skalplocke, Tonsur der Mönche u. a. Pubertätsriten), bin ein Heiliger oder ein Gezeichneter, göttlich oder teuflisch oder beides in einem: erprobt im Angstbann der göttlich-teuflischen Prüfung usw. Pickel usw. verhäßlichen das Gesicht: ich bin eine „Aussätzige", die Häßlichste von allen, die Häßlichkeit selber, eine vom Teufel

*) Vgl. meine Arbeiten zur Paradentose in Dt. Mtschr. f. Zhlkde 1925 H. 19, Vrtljahrsschr. f. Zhlkde 1927 H. 1, Berliner Gesundheitsbl. 1954 H., Zahnärztl. Rdschau 1954 H. 21.

heimgesuchte und somit gezeichnete Heilige (die alles Häßliche-Böse auf sich nimmt, die Welt erlöst) oder eine Hexe, häßlich wie die Nacht, wie die Hölle, — oder beides: innen heilig, außen unheilig, das innere Gute scheidet das Böse aus, gibt es dem versucherischen Teufel und bannt ihn so — oder gibt sich ihm hin? Kosmetik ist Verwandlungszauber: das äußerlich Schöne ist nur Maske für die innere Häßlichkeit, verführerisch auf Leben und Tod. Ich muß die Schönste von allen, die Göttin der Schönheit selber sein, also viele Stunden täglich vorm Spiegel sitzen, um mich aus einer Hexe umzuzaubern, muß auch oft „wieder alles einreißen" und den Verwandlungszauber von vorn anfangen, — und gerate in echt-hexenhafte Raserei, wenn mich jem. in meinem Verwandlungsspiel stört; ich Kind der Hölle muß als Engel „erscheinen", dies ist das Einzig-wichtige, alles andere (Arbeit usw.) ist belanglos, tue ich nur „nach Belieben und Laune", damit niemand mein wahres (dämonisches) Wesen erkenne und so vernichte. Oder: ich muß die Häßlichste von allen sein (die Pickel wundkratzen, von „Schandflecken übersät" sein usw., denn die Häßlichkeit ist das Zeichen, daß man der Welt entsagt, ihre gefährliche Schönheit gebannt hat; sie ist eine Gottesprüfung, wie die Schönheit ein Teufelsgeschenk usw.

Zu den Gefäß-Gewebsgefühlen gehört auch die Denkangst (vgl. S. 226), Akt. von Gefühlszellen, die den Hirngefäßen, bes. denen der Pia mater zugeordnet sind; sie ist regionär oder diffus in den Kopf lokalisiert. Pathol. Gefühle der Enge im Kopf: Kopfdruck, Kopf wie blockiert, wie eingeschnürt, Stein statt Gehirn, Benommenheit usw. Ausdrucksorgane sind die Angstfasern der Hirngefäße, also Spasmen der zu- oder abführenden (auch wechselnd) Blut- und Lymphbahnen, bei Verschluß Stauung in den davorliegenden Abschnitten mit Austritt von seröser Flüssigkeit, Durchtränkung des betr. Gehirnteils, Zunahme des Hirndrucks (wie bei Migräne, Epilepsie, Glaukom usw.); zerebrale, kortikale Ischämie (S. 55, 63, 109). Assoziiert mit andern Ängsten und Angstausdrücken an inneren Organen. Die Denkangst ist Hemmung vor dem Denken, aber auch Zwang zum Denken, also A., ob oder daß die Gedanken, bestimmte Gedanken kommen oder nicht kommen; es besteht also zunächst Denkhunger, dann aber kommt die Denkangst auf usw., wobei der H. abnorm ahaltig ist wie auch der Denkschmerz (Kopfschmerz) usw. Während die Denkangst aktuell ist, sind die Gedanken (Begriffe) unaktuell oder interkurrieren mit wechselnder Helligkeit, flackernd, irrlichternd, gespenstisch dahinhuschend, verwirrt („mir ist dann ganz wirr im Kopf"), bald hier, bald da auftauchend und verschwindend (schwindelig im Kopf [schwinden-schwindeln, „l" Diminutiv-Iterativbuchstabe], kann keinen klaren Gedanken fassen, wie vor den Kopf geschlagen, Gedanken wie

„weggeblasen", Gedächtnisschwäche, Mangel an Konzentrationsfähigkeit, Begriffsstutzigkeit, Störungen der Merkfähigkeit, Fehlerinnerungen mit Fehlassoziationen usw.). Analoge Störungen auch der gegenständl. Aktn. und ihrer Assoziationen, „Bewußtseinstrübungen", traumartige, halluzinative Verschwommenheit bis zu ohnmachtsähnlichen Zuständen und Ohnmacht, wobei letztens auch die Agefühle selber unaktuell werden. „In der Angst" schwinden nicht nur die Gedanken, sondern auch die Sinne: Pat. „hört, sieht usw. nichts" (bes. bei Schreck, Schock), er „ist nicht bei sich", „außer sich" („Ek-stase, Seele, Geist entzogen-geschwunden", „entgeistert"), „muß erst wieder zu sich kommen" (Dämon, Seele, Geist kehrt in den Leib zurück) usw.

Das angstnervöse Schulkind kann das Gedicht, das es zu Hause (außerhalb der Gefahrsituation) tadellos gekonnt hat, vor der Klasse, dem Lehrer nicht hersagen, es stottert Bruchstücke heraus, oder das Gedächtnis ist wie erloschen (weggezaubert), und das Drängen und Drohen des „furchtbaren" Lehrers-Dämons ist nur Verschärfung der Asituation und paßt wie die Faust aufs Auge, das Kind wird rot und blaß, „zum Umfallen müde" (Hirngefäßspasmen: mitunter Zwangsgähnen usw.), das Herz „klopft zum Zerspringen", die Beine usw. zittern und versagen den Dienst, Harn oder gar Kot geht ab usw., das Kind wird immer scheuer und schüchterner. Pat. „muß" sich ein Wort, eine Wortreihe, eine Antwort vor dem Aussprechen immer erst „genau überlegen", „durch die Selbstkritik gehen lassen" (Angst vor der Kritik der andern), nur hat er so große Denkangst, daß die Gedanken überhaupt nicht kommen oder nur hinundherflattern, so daß er zu keinem Urteil kommt: „ein fürchterlicher Zustand", „man steht da wie ein Dummer". Pat. wacht schon ganz früh mit Kopfdruck usw. auf: der Tag mit seinen Denkaufgaben bricht an und weckt den Pat. viel zu zeitig, Pat. muß „sich sammeln", vorbereiten, kann aber keinen rechten Gedanken zusammenbringen, im Beruf, vor der ersten (gar noch schwierigeren) Aufgabe ist er „einfach dumm", denkunfähig, „wie im Schlafe", kann nur mechanisch das Gewohnte verrichten. Viele Berufsredner usw. haben „irrsinnige Denkängste" vor und während eines Vortrages, einer Rede, sie wissen nicht, was sie sagen und wie sie fertig geworden sind; allerlei Zwangsgedanken („Stimmen") zischen ihnen bedrohlich zu: jetzt bleibst du stecken! oder: jetzt hast du was vergessen! oder: jetzt merken die Hörer, wie es um dich steht! oder (ein Pfarrer in der Predigt): jetzt mußt du fluchen! usw. Die Aussagen angstkranker (u. a. neurotischer) Zeugen sind ganz unzuverlässig: nicht nur daß sie das Begebnis, über das sie aussagen sollen, ängstlich-unklar erlebt haben, sondern auch die Situation, in der sie (etwa vor Gericht) aussagen sollen, die Aufgabe, auszusagen, ist ihnen lebens-todesgefährlich, und so verwirren sich die Gedanken oder sind überhaupt weg („ich kann mich nicht erinnern"), oder die Lücken werden mit Dichtung überbrückt und der Roman mit einer (krampfigen, also unsicheren) Sicherheit vorgebracht, die selbst erfahrene Richter bluffen kann. Viele Leute leiden an Angst vor den Erinnerungen, viele an Angst vorm urteilenden Denken, das „zu Entscheidungen zwingt", vor jeder denkerischen Selbständigkeit, jedem selbständigen Gedanken, vorm Wissen, vor der Selbst- und Fremderkenntnis, vor jeder verständigen und vernünftigen Überlegung. Solche Leute überlassen ihr Denken (als Alldenken) den andern, bes. autoritär erlebten Personen, denen sie sich blind — wachsam nur in Form ihrer Denkangst — unterwerfen, immer bereit zur Aufsässigkeit und zum Abfall: suggestible, hypnotisierbare Leute, mit denen der Suggestor machen kann, was er will, so lange sie an ihn glauben.

Deutung. Meine Denkangst ist die Allmacht, sie beherrscht mit ihrem Nein den Denkhunger, so daß er sich nicht oder nur soweit, wie die A. es „will", durchsetzen kann, auch die übrigen Denkgefühle stehen in ihrem Banne, so daß sie sich nicht oder nur soweit, wie die A. es „will", geltend machen können. Sie warnt mich auch vor den Gedanken und bannt sie damit schon in ihr All-Nein: der Gedanke ist die lebens-todesgefährliche Dämonie, die göttliche oder teuflische Versuchung, die Gedanken sind gute oder böse, aber die guten können maskierte böse sein, und wenn nur die geringste Möglichkeit besteht, daß sie böse sind, ist es gut, sie alle, das Denken überhaupt zu annullieren. Das Denken ist der Fluch, an dem die Menschheit stirbt. ICH schaffe es ab, erlöse so die Menschen vom Fluche-Tode. Die Gedanken sind die Prüfer, die meinen Nein-Zauber versuchen wollen; es ist fraglich, ob sie als Zaubergeister vor mich hintreten, oder ob ich sie zitiere, fraglich auch, ob meine Allmacht noch besteht, wenn überhaupt Feinde da sind, sie zu erproben, aber so lange meine A. wacht — und sie wacht immer Tag und Nacht —, kann ihr, d. h. mir, d. h. der Welt nichts geschehen, bin ich gefeit. Es kann dabei auch fraglich bleiben, ob die A. mir von den Feind-Dämonen eingezaubert wird oder mein Eigenzauber ist, auch ob sie die Lebens- oder Todes-, die göttliche oder teuflische, gute oder böse Dämonie ist und so dem Widerpart begegnet: dieser Widerpart, er sei gut oder böse, zeigt sich mir, meiner A. auch schon in den leisesten Andeutungen seines verhängnisvollen Wirkens an und wird sofort verneint, ins All-Nein eingezaubert. Zudem haben die Gedankengeister die Tendenz, aus meiner Allmacht zu entschweben — unmittelbar oder durch den Mund als Worte: sie können so verloren gehen, und wenn nur eines enteilt, so ist meine Allmacht dahin, sie ziehen andere Worte nach sich (wie eine Münze die andere aus dem

Geldschatz), bis sie „alle“ geworden sind, mein Wissensschatz aus dem Kopfe entschwunden ist, dazu können sie meine Geheimnisse verraten, mich bloßstellen, und das wäre wiederum mein Tod, also fange ich gar nicht erst an zu denken, meine Denkangst bewahrt mich davor. Ich ziehe mich vor der dämon. Gefahr der Denkaufgabe, je mehr sie drängt, um so weiter ins Jenseits zurück (Bewußtseinstrübung), bin somit unerreichbar, nicht fest-zu-machen, also fest = gefeit, nicht zu binden-bannen, und komme wieder „zu mir“, ins Diesseits zurück, sobald die Gefahr vorüber: so habe ich sie überwunden. Indem ICH die Dämonie des Denkens banne, können „die andern“ unbeschadet denken, ich kann so auch die andern für mich denken lassen, die autoritären Menschen oder die höchste Autorität in meinen Dienst stellen, in ihm denken, auf eigne Gedanken verzichten, mich dem so in meiner Allmacht geschehenden Denken blind unterwerfen, muß aber immer auf der Hut sein, daß jene Gedanken in meiner Allmacht bleiben, so daß meine Blindheit seherisch, wachsam ist; sobald ein Gedanke aus meiner Allmacht entweichen möchte, wird er mit dem Nein-Zauber sofort ausgelöscht. Aber wenn ich so denke, über meine Denkangst denke, denke ich da nicht doch? negiert sich so das All-Nein selbst, denkt es über sich selbst in Selbstaufhebung, oder sind selbst solche Gedanken Feind-Dämonen, die wiederum negiert werden müssen, so daß ich nicht einmal über meine Denkangst denken darf, auch wenn doch diese Gedanken negative, das Denken negierende sind? Vielleicht sind manche Gedanken weniger gefährlich als andere: meine A. läßt jene zu, diese nicht, und hiernach bestimmen sich die Unterschiede, aber Gespenster, Irrlichter sind alle Gedanken. Gott darf nicht denken, da der geringste Gedanke aus dem gedankenlosen Flusse des Geschehens hinausfallen, den Gott prüfen, die Weltordnung aufheben würde; so ist die Denkangst göttlich, Gott selbst, der alle Gedanken „der Menschen“ bannt. Aber wenn das Denken Wirken des Teufels ist, ist dann Gott noch allmächtig? Oder ist das Denken Gotteswerk und die Denkangst der Teufelszauber gegen Gott? Oder schließt die Denkangst das Göttliche und Teuflische in sich und läßt beides in sich geschehen, beides in sein All-Nein auslöschend? Der Teufel ist der Geist, der stets verneint, aber muß er nicht eben gerade darum verneint werden?

Die Erinnerungen schlummern in ihren Gräbern, meine A. warnt davor, sie die Toten, die Vergangenheit zu wecken, sie hält sie in ihrem Schlummer, sie schützt mich vor ihrem Erwachen: denn das Erwachen wäre lebens-todesgefährlich, die Gespenster, Geister würden aufsteigen, und die Götterdämmerung wäre hereingebrochen. Es sind gute oder böse Geister, Erinnerungen an gute und an böse Taten und — Gedanken, sie sind die Prüfer, die mich zum Gericht fordern und über mich entscheiden, — wer weiß, was da geschehen würde, wenn es geschähe? An Unglück, Unheil, Sünde denken ist: das Böse wieder erwecken, aber was ist dagegen Glück, Heil, Unschuld? kann das Gute nicht verkapptes Böses, das Böse verkapptes Gutes sein? Auch an Künftiges denken ist: das dunkel drohende Verhängnis beschwören, die A. bannt solche Gedanken. Selbsterkenntnis ist Verhängnis, ist Jüngstes Gericht, ich verneine mich selbst — oder werde von den Gedanken über mich selbst verneint, in beiden Fällen ist meine Allmacht dahin, mein All-Nein verneint. Aber auch „die andern" dürfen mich nicht erkennen, sonst wär's um meine Jenseitigkeit geschehen; ich muß geheim, Geheimnis bleiben. Ich „darf nicht daran denken", sonst wird mir Angst und Bange, aber gerade diese A. hemmt die Gedanken und ist so mein Lebensretter und damit der Weltretter. Laßt die Toten ruhen; wer sie aufruft, muß ihrer mächtig sein, sonst „muß er mit" — und wer weiß, wie das gehen würde. In meinem Nein-All schlummern das gute und das böse Gewissen ewig.

Das Wissen ist der Tod, der Geist ist lebensfeindlich, wie uns Ludwig Klages wissend lehrt. Wissen, Erkenntnis, Verstand, Vernunft sind die Tod-Feinde der Menschheit. Sagt nicht Schiller: „Nur der Irrtum ist das Leben, und das Wissen ist der Tod"! Hat man einmal damit angefangen, so hat man sich in ein furchtbares Abenteuer begeben, in die endlose Reihe des „Mehr", der immer schwerer werdenden Prüfungen, die letztens doch nicht bestanden werden können, so daß am Ende der Untergang, eben das Ende gewiß „erscheint". Sagt nicht Goethe: „Das Wissen wächst, die Unruh' wächst mit ihm"! Wer dem Satan den kleinen Finger gibt, gibt ihm die ganze Hand und sich selbst. Also rät die A.: principiis obsta! von vornherein das Schulwissen und alles andere Wissen bannen, in welcher Verwandlung es auch auftreten mag! nicht vom Baume der Erkenntnis essen! das Lernen verneinen! Das ist die wahre und einzige Aufgabe, die ICH zu erfüllen berufen bin! Keinen Beruf ergreifen, dumm bleiben und alles, was man tut, aus der All-Dummheit tun und eben so das Göttliche vollbringen: den Armen im Geiste, den Kindlein gehört das Himmelreich. Und dies muß man predigen: das Unwissen, die Unbildung, den Unverstand, die Unvernunft, aus dem Unbewußten reden und tun, im Schutze der göttlichen Allmacht (d. h. der Allangst) ohne „menschliches" Zutun blind dahinwandeln, sich und die Welt vergessen und nur dem Gesetz leben, das in MIR wohnt und das vor dem Ich und der Welt, vor dem Denken, ja vor dem Bewußtsein als dem Blendwerk der Hölle warnt. Der Teufel gibt den Menschen das Denken und Wissen, Bildung, Verstand und Vernunft ein, sie sind somit böse von Jugend auf immerdar — und gar noch stolz auf ihr Wissen, ihre Erkenntnis, sie vermessen sich sogar, Gott erkennen zu wollen und ihn somit abzusetzen (denn Gott kann nur ein Mächtigerer erkennen, und ihn erkennen heißt ihn bannen, entmachten), sie wähnen, Gott selbst zu sein und zu wissen, was gut und böse ist. ICH aber negiere die unheimliche Macht des Bösen, entmachte den Teufel, der sich gegen Gott erhebt, im Namen und Schutze der göttlichen Allmacht, die in mir wirkt und die ich selber bin. Verleugnet euch, verlaßt die Welt! Nicht denken, nicht wissen, nur blind glauben! Dem Worte Gottes glauben, das ich aus meiner Bewußtlosigkeit verkünde und das ich selber bin, jeden Zweifel negieren, auch den ewigen Zweifel, der in der ewigen Negierung „des andern" (das also doch ebenso ewig „da" ist) liegt. Wenn schon gelernt sein muß, so im Banne der Denkangst: alles Neue, alles Fremde (z. B. fremde Sprachen usw.) muß einverneint werden, es muß außen, (mechanisch-studiermäßig) auswendig gelernt bleiben, inwendig darf es nicht werden, es darf meine Angstmauer nicht überschreiten, mein „Inneres" nicht berühren, die magische Distanz vom Ich nicht verletzen, auch falls zur Masse gesammelt (analog dem „Fettansatz" mancher Schizoiden), meine allmächtige Unwissenheit nicht versehren. Mögen mich auch die Lehrer, die Eltern u. a. Sterbliche schelten, so sind sie doch nur leibhaftige Versucher, die sich selbst entmachten dadurch, daß sie sich mir verraten, daß durch ihr Drohen und Drängen meine Angst nur immer größer wird. Mögen sie mich dumm, unfähig, denkfaul, blöde nennen, wenn meine Dummheit doch göttlich ist und ich als reiner Tor das allein heilige Leben führe!

Aber wie? ist die Angst vielleicht doch Teufelswerk? hemmt sie mich vor den göttlichen Denkaufgaben, deren Lösung das wahre ewige Leben verbürgt? Werden mir die Gedanken entzogen, genommen (vgl. Benommenheit) von bösen Geistern, von Gedankenmördern? Muß ich nicht Gut und Böse unterscheiden lernen, um ein heiliges Leben zu führen, das Gute zu denken und tun, das Böse zu meiden? Hat Gott nicht auch das Denken, Wissen, Lernen, Erkennen, Verstand und Vernunft den Menschen gegeben, damit sie rechten Gebrauch von diesen Gaben (Begabungen) machen, dem Ziel des göttlichen Heilsplanes, der Vereinigung mit Gott und so Gott selber immer näher kommen? Sind die Gedanken göttlich, wie darf ich sie negieren? ist dieser Zweifel nicht schon Teufelswerk: Irrewerden an Gottes ewigem Wirken? Wie soll aber der Zweifel den Zweifel negieren? banne ich ihn oder bannt er mich? bin ich verneint oder selbst Verneiner? Nun, die allmächtige Denkangst scheucht auch diese Zweifel, sie sind zwar immer wieder da, aber sie müssen ja auch da sein, um negiert zu werden, in mein Nein-All aufzugehen und so jegliche Macht über MICH zu verlieren. Usw. —

Kardiovasale Entleerungsangst: hypertr. A. vor der Entleerung von Harn, Speichel, Tränen, Blut, Schweiß usw. Aspasmen an den Öffnungen, auch die übrigen Stadien der Funktionsabschnitte abnorm ahaltig, so daß sich die Gesamtfunktion auf Angstenge vollzieht; koordinativ registriert als Blockierung, Starre, Zucken, Flimmern, Zittern, Vibrieren usw. Periodische Wellen. Beispiel: Harnentleerung: Enge(n) in der Niere, im Nierenbecken, im Harnleiter, an seiner Einmündung in die Blase, an der Blasenöffnung zur Harnröhre, in der Harnröhre (funktionelle Strikturen), auch peristaltisch von oben nach unten, auch von unten nach oben zu verlaufend, auch in der Art einer Paradoxie: Drang von oben, Verschluß unten, also Drang nach oben. Harnverstopfung (-verhaltung, funktionelle Anurie) — Harnstottern (Oligurie, Pollakisurie) — Harnträufeln, Harnrinnen (ständiges sachtes Abgehen, bes. bei wbl. Personen, Synechurie), dünner Harnstrahl — Harndurchfall (Inkontinenz, Enuresis [Bett-, Hosenpisser], Harnflut, Polyurie), oft abwechselnd. Verwechselung mit anatom. Strikturen, eingeklemmten Uretersteinen usw. möglich. Bei anhaltendem Verschluß des Nierenbeckens kann es zum Ausfall von Konkrementen aus dem an niederschlagsfähigen Stoffen angereicherten Harn kommen (analog Gallengries, -steinen usw.); Austreibung mit Schmerzen verbunden (Kolik). Bei Harnverhaltung vikariierende Schweißausbrüche, Tränenfluß, auch Stauungskatarrh der Lunge usw., hydropische Ergüsse, Schwellungen (auch mit Schmerzen), Anasarka usw., urämische Zustände — hier rein funkt. (niemals tödlicher) Art. Der Harn kann Veränderungen zeigen, wie sie analog auch bei Hadrosen auftreten: Eiweiß, Zucker, Blut, hohe Konzentration usw. (neurot. Albuminurie, Glykosurie, Hämoglobinurie usw. bei spast. Undichtigkeit der Nierenkanälchen, der Blutgefäße, in Verbindung mit weiteren funkt. Störungen des Stoffwechsels, der Hormonie usw.). Bei Verschluß der zuführenden Gefäße oder bei Gewebsspasmen ist die Niere verkleinert-eingeengt, bei Verschluß der abführenden Bahnen ist sie geschwollen-vergrößert. Analog ist die Blase engkontrahiert oder (bei Verschluß des Schließmuskels und Füllung) erweitert. Blasenangst oft schon bei geringem Harninhalt, auch nach Entleerung (Tenesmus). Usw. Analog angstspast. Ausscheidung der Drüsen: Verstopfung bis Durchfall, wie schon oben dargelegt.

Deutung wie die der Kotentleerungsangst (S. 352 ff.) usw. Die A. ist die Allmacht, das Dämonische, das mir die Schicksalsgefahr ankündigt und damit zugleich bannt. Sie ist (Hypertrophie!) die Zentralinstanz, die alles negierend beherrscht; alle andern Aufgaben sind nebensächlich, nur Ablenkungsversuche-versuchungen, ich muß mich immer mit der „Harnprobe“ als der Lebens-Todesprüfung beschäftigen. Diese Gefahr ist das Harnlassen; es soll mir etwas geraubt werden, damit wäre aber meine Allmacht, mein Allbesitz aufgehoben, auch wenn mir nur das kleinste Tröpfchen entrissen würde. Ich weiß nicht, ob ich Harn „lassen“ soll, darf, kann, ob ich es richtig mache, also ist es das einzig Richtige, den Drang zu bändigen, sich zu beherrschen, die Prüfung zu negieren, sie zu meiden, den Harn nicht abzugeben oder nur so abzugeben, daß die Abgabe eigentlich nicht geschieht, nur soviel und nur dann und da zu harnen, wo ich, d. h. meine Angst es „will“. „Prinzip“ aller Verstopften: nichts hergeben, sonst ist alles verloren; wenn ich scheinbar etwas hergebe, so im Schutze meiner Angst, also in Negierung der Abgabe, die derart keine Abgabe ist. Wie leicht kann der Leib auslaufen: Leib als Faß, in das oben Speise und Trank eingefüllt wird und aus dem unten durch die unheimlich-gefährlichen Löcher oder das Loch hinten und den Hahn vorn der „Lebensinhalt“ abgeht, so daß es, wenn man nicht scharf aufpaßt, leer zusammenfällt = stirbt. Die A. ist also Herr über Leben und Tod, sie zaubert ihre Sicherungen, Barrikaden an den Ausgang, auch an innen-oben liegende Stellen („gestaffelte Stauanlagen“), sie warnt mich vorm Trinken, sie sorgt dafür, daß „nichts passiert“ („passieren“ = durchgehen und geschehen). Aber drängt sie nicht selber zur Abgabe? oder ist der Drang eben der Feindzauber, der durch den Gegendrang entmachtet wird? In der A., es falsch zu machen, mache ich es falsch? Der Feind kann in einem (autoritär erlebten) Menschen, im Töpfchen, Abort usw., in allen möglichen Dingen (Situationen) wohnen und von da aus wirken — ich muß ihm trotzen. „Wasser“ selber ist dämonisch: im Anfang war das Wasser, aus ihm gehen alle Wesen hervor, sind himmlische oder höllische Wasserwesen, es gibt gutes (helles, klares Himmelswasser, z. B. erdbefruchtender Regen Gottes Segen usw.) und böses Wasser (in Sumpf und Moor, im dunkeln Brunnen, der aber doch klares Wasser liefert, Nixen, Wassermänner, die Böses, aber doch auch Gutes zaubern?), Lebens- und Todeswasser. Ich brauche Wasser nur zu sehen, zu hören, schon lockt es mich, mein Wasser abzugeben, Wasser zieht Wasser magisch an. Gehe ich auf die Straße, sofort zaubert mir der dort lauernde Feind-Dämon den Harndrang ein: ich muß dem Dämon opfern, mich loskaufen, ihn so bannen. Die Nacht ist ein Dämon, der mir den Lebenssaft aus dem Leibe saugen will: da muß ich wach bleiben, nur leicht einschlummern, alarmbereit sein, oft aufwachen, jedesmal ein kleines Opfer bringen, mich auf ein hartes, kühles Lager legen, auf dem Sopha, im Lehnstuhl die Nacht verbringen, den Eigenzauber in ein Lämpchen usw. übertragen, das für mich wacht, ein Gebet gegen die Harnteufel sprechen, drei gute Taten für den nächsten Tag geloben, die Vorhaut zuschnüren, die großen Schamlippen mit einer Klemme zukneifen, den Penis steif „machen“ (sog. Wassersteife, troph. Priapismus, 4. Bd. S. 407), allerlei Zauberzeremoniell „zelebrieren“, um den Versucher zu bannen. Man kann da seine Erfahrungen machen, welcher Zauber am besten ist: Beweise für die Existenz der Dämonen und ihres Wirkens. Der Lehrer in der Schule zaubert mir mit seinen ewigen Fragen den Harndrang ein — oder der Drang zeigt mir die Lebens-Todesgefahr an, in der ich schwebe, da muß ich die Beine übereinanderschlagen, unruhig hinundherrutschen, den Penis, die Schamlippen quetschen, um den Harndrang auszulöschen, ich kann doch nicht aufstehen und sagen, daß ich austreten müsse, was sollten der Lehrer und die Mitschüler von mir denken, sie würden mich als Schwächling auslachen, gemein finden, das wäre mein Tod — und dabei bin ich doch mit der Weltaufgabe: der Bannung des Harnteufels-Todes beschäftigt, doch das dürfen „die andern“ nicht ahnen, was ich für sie tue. Ist der Penis, die Klitoris steif, so kann mir nichts geschehen, aber da droht eine ganz andere Gefahr: der Harnteufel wandelt sich unter meinem Bann (Reiben, Quetschen) in den Wollustteufel, und wenn ich diesen ausgetrieben (onaniert) habe, kommt er als Harnteufel wieder usw. Ein feines Wesen (ein Engel usw.) pinkelt nicht, hat überhaupt nichts zwischen den Beinen, überhaupt keinen Leib (ist nur Kopf auf bekleideter Stange) — mein Verschluß zaubert die Öffnungen weg und negiert das Teuflische (die Teufel pinkeln usw.). Zwar bricht mir der Angstschweiß aus allen Poren, aber das ist immer noch anständiger als zu pinkeln, wenngleich es „fatal“ ist, wenn der Schweiß von der Stirn oder aus den Handflächen rinnt, weil die Leute es merken, immerhin aber erkennen sie mein Geheimnis nicht. Auch mit Weinen kann ich den Harnteufel bannen, und niemand (auch Pat. selber nicht) weiß, daß das Weinen hier „Pinkeln aus den Augen ist“; die Leute sagen zwar Heulboje oder Ningerfritze zu mir, aber die Harngefahr ist gebannt. Analoge Zwangsverfahren im Pissoir (Zuschauer! Abgucker! Entdecker der Schande!), bei Begegnungen, in Gesellschaften usw. Ist die Gefahr vorüber, dann kann man den Harn abgeben: man hat ja gezeigt, daß man die Gefahr ausgehalten, somit annulliert hat, nun „läßt“ man den Harn frei-willig, unter Wahrung der Allmacht laufen.

Harnlassen muß man ja schließlich, aber es „muß“ eben in der Allmacht-Alldämonie geschehen, abzwingen darf man sich den Harn nicht lassen, man muß den Harnteufel immer beherrschen — oder beherrscht er mich, so daß ich mich mit ihm andauernd beschäftigen muß, eigentlich zu nichts anderem komme? zwingt er mich doch mit seinem „Muß“, ist die Allmacht die Ohnmacht? die All-Ohnmacht, die absolute Ohnmacht, die eins ist mit der Allmacht? So gibt es noch (gemäß Reflexstruktur) andere Zauberverfahren. Pat. folgt dem leisesten Ruf des Harndämons sofort und entmachtet ihn so: er hat sein Opfer und ist zufriedengestellt; das Opfer wird freilich sehr oft wiederholt, und es ist fraglich, ob mich der Dämon zwingt, oder ob ich ihn zitiere, mich zwingen „lasse“, jedenfalls kann er mir nichts tun, wenn ich ihm (freiwillig-gezwungen) mein Opfer bringe. Der Feind-Dämon krabbelt immer an der Harnröhrenöffnung herum, z. B. beim Schlafengehen, auf der Straße usw.; er will sein Opfer — also bitte, ich werfe es dir hin wie dem bissigen Hund den Knochen. Gewiß ist das ewige Laufen, das häufige Aufstehen bei Nacht (man muß auch im Schlafe auf der Hut sein, schläft also „schlecht“) sehr lästig, aber das gehört eben zu meiner einzigartigen Mission, die Bannung der ewigen Versuchung, des Todes „muß“ ja eine übermenschliche Last sein, und wenn „die andern“ lächeln oder sich lustig machen (Sextanerblase usw.), so zeigen sie nur ihre Blindheit meiner Weltaufgabe gegenüber an. Pat. läßt jede Nacht mehrere Liter Harn: wo kommt bloß der viele Harn her? es ist die reine „Sündflut“ (Nachtangst mit Spasmen der Blutgefäße, überreichlicher Ausscheidung durch die Nieren, Spasmen der Harnwege); sie läßt „allen Harn“, reinigt sich vollkommen, harnt für alle, schafft den Harn ab, also auch den Harnteufel — oder ist selber die Wasserfrau, die nachts eins mit den dunkeln Gewalten ist, in Wasser sich auflöst, hinstirbt, um am Morgen neu zu erstehen, aufzuerstehen, wieder Leib zu werden, die nächtlichen Wassergeister ziehen sie an usw. Pat. harnt, wieviel, wann und wo er will: so bannt er den Feind-Dämon. Pat. kann nur in den Nachttopf (ein Kinderandenken aus Blech, verbeult usw., ein Heiligtum) harnen, nicht aber in den Abort; sie hat große Mühe beim Kotabsetzen, um den Harn dabei zurückzuhalten, nimmt ihr „Sanktuarium“ mit usw.: Bannung des Harnteufels im Abort. Pat. „läßt“ den Harn ständig leise abrinnen, das Hemd ist immer pitschnaß, sie legt Tücher (Windeln!) vor usw., sie ist wegen „Blasenschwäche“ seit langem ständig in Behandlung gewesen (kurieren = Krankheit kultivieren), ein Urologe wollte den Schließmuskel operativ raffen usw., Harnuntersuchungen am laufenden Band usw., alles dreht sich um den Harn, die „andern“ Aufgaben (Mann, Kinder, Haushalt, Geselligkeit usw.) treten ganz zurück, „immer“ mit ihrem Leiden beschäftigt; es besteht spast. Offenbleiben der Blase-Harnröhre, für Pat. aber ist das die einzige Möglichkeit, mit der ständigen Versuchung des Feind-Dämons fertig zu werden, sie läßt immernimmer Harn, sie hält ihn nicht, so kann er ihr auch nicht genommen werden, sie ist nur eine Wasserröhre, durch die das Wasser von oben nach unten rinnt, ohne „ihr Inneres zu berühren“, sie opfert sich für alle, läuft ewig aus wie das Faß der Danaiden usw., fühlt sich als „Wasserwesen“, als Nixe, Undine, als dunkle Dämonin, die in die Welt gesandt ist, um die Lebensdämonie zu bannen, eine Hexe gegen den Gotteszauber, der ihr „zuwider“ ist, anderseits doch vielleicht als Heilige, die den Harnteufel abschafft, sie kann „überhaupt nichts leiden“ („leiden im S. von „mögen“), negiert sich und die Welt. Heiliger oder unheiliger Harn? Welträtsel.

γ. Pulmonaltrophosen.

Lungenangsttrophose.

Hypertr. Lungenangst. Gefühl der leeren Enge, der Unruhe, des Beengtseins, der Beklemmung in der Brust, der Abschnürung der Luft, der Erschwerung der Atmung, des Nichtdurchatmenkönnens, des Druckes-Dranges, der Oppression (vgl. Alpdruck), des Erstickens, Vergehens, der Todesnähe usw., die übrigen Lungengefühle stark ahaltig. Die Aspasmen können vw. in den Alveolen-Bronchiolen oder vw. in den Bronchen oder vw. in den oberen Luftwegen liegen, auch peristaltisch in verschiedenen Intensitätsgraden von unten nach oben oder umgekehrt verlaufen — je nach der spezif. Reflexstruktur. Mehr minder ausgeprägt sind auch die sensor. Atmungsapparate einschl. des Zwerchfells beteiligt.

Die Atmungsangst fällt, sich an den Atmungshunger anschließend, ins Exspirium, sie liegt vor der Schwelle, die in den einzelnen Abschnitten der Luftwege die Aus- und die Einatmungsluft passieren. Der Aspasmus ist also zunächst exspirator. Hemmung (Ausatmungsangst, A. vor der Abgabe). Löst er sich alsbald, dann geht die Einatmung, also die Entfaltung (Entspannung) der kr. Region (T- und Fstadium) normnahe von statten. Hält er lange genug an, dann kann auch die Einatmung nur gemäß dem Grade der Enge stattfinden und ist die A. auch Einatmungsangst (A. vor der Aufnahme). Je nach der Dauer des Spasmus, die übrigens wechselt, ist bald vw. das Exspirium, bald vw. das Inspirium gehemmt; verschärft sich der Spasmus gegen Ende des Exspiriums, dann ist die exspiratorische Hemmung geringer als die inspiratorische.

Der Spasmus kann an den Alveolen-Bronchiolen bis zum (kürzer oder länger dauernden) Verschluß gehen, die Atmung hier also zeitweise sistieren. Es kann auch ein intermittierender Verschluß stattfinden: sakkadiertes Atmen, Atmungsstottern, oft in sehr zahlreichen Stößen, „erregte Atmung“, beschleunigte Hemmung. Der Verschluß kann „gesprengt“ werden: vis a tergo, intensive

Hfunktion, Ausseufzen, Krampfhusten und -hüsteln, Atemdurchfall, „kann die Luft nicht halten" (bes. bei angstneurot. Sängern, auch Sportlern auffällig, „immer bis zum letzten gehen"). Bei tonischem Spasmus sind Luftweg und Atmung mehr minder eingeengt: Oligopnoe, Atemvolumen herabgesetzt oft bis zur Unmerklichkeit des Atmens (an den Mund gehaltene Feder bewegt sich kaum). Schluck(s)en (krampfartige bzw. krampfige Zwerchfellkontraktionen mit „Hick-Laut", auch gastrogen usw.) kommt bei Gesunden häufig vor, bei Neurotikern als klonischer Krampf (Singultus, oft lange anhaltend), selten als tonischer Krampf (Dyspnoe, Zittern usw. „in der Mitte"). An den pulmonalen Spasmen sind auch die regionären Gefäße und Drüsen mehr minder intensiv beteiligt: Blässe bzw. rote oder blaue Rötung der Schleimhaut, wie früher beschrieben, mangelhafter Gasaustausch mit entspr. Veränderung der Blutbeschaffenheit, neurot. Formen der Entzündung, auch Blutungen, Trockenheit bis Verschleimung, also Drüsenverstopfung bis -durchfall, im letzteren Falle entspr. Geräusche, Auswurf, Husten, Hüsteln.

Alveoläre spast. Herde von geringer Ausdehnung können klinisch unbemerkt bleiben, die etwaigen Beschwerden sind dann ohne objektiven Befund. Bei größerer Ausdehnung und reichlicherer Sekretion können solche Herde hadrotischen ganz ähnlich sein, man kann da abgeschwächtes Vesikuläratmen, Knistern und Rasseln hören, bei spast. Verschluß wohl auch eine Verdichtung, Schalldämpfung perkutieren, auch im Röntgenbilde leicht Abschattierung vorfinden, bes. an der Lungenspitze, so daß der Verdacht auf Tbk. naheliegt oder sie nachgewiesen erscheint. Man kann so von einer neurot. Tbk., einer Pseudotuberkulose sprechen; sie kann auch andere Symptome der echten Tbk. wie Hüsteln, Auswurf, Nachtschweiße, Blässe, Temperaturschwankungen, Appetitlosigkeit, allg. Schwäche usw. aufweisen, doch haben diese eben das Charakteristische des „Pseudo" (6. Bd. § 6, $_3$). Auch die spast. Symptome an den Bronchen und den oberen Luftwegen sind den hadrotischen oft sehr ähnlich; man muß da zur Diff.-Diagnose die Gesamtpersönlichkeit in Betracht ziehen und hinreichende Erfahrung haben.

Auch die Lungenängste sind systemgenet. mit bestimmten Gegenständen assoziiert, sie sind mehr spezifiziert oder mehr ausgebreitet. Zunächst A. vor der Abgabe des Atems, des Schleimes (dabei Würgen, Hustenstöße usw.), sodann A. vor der Aufnahme von Luft, bestimmter Luft (staubiger, feuchter, dunkler, kalter, bazillen-, pollenhaltiger, rauchiger, „verdorbener" usw.), weiterhin in mittelbarer Assoziation zu den pulmonalen ARSen A. vor optischen, akustischen usw. Individuen und Situationen, die Pat. strukturgemäß als lebens-todesgefährlich (im dämon. Sinne) erlebt, vgl. S. 385. So kann Pat. beim Arzte, vorm Röntgenschirm usw. seine alveolären Symptome haben, aber rel. frei sein, sobald die Untersuchung vorüber. „Vor“ andern autoritär erlebten Personen, zu denen auch ein Angestellter (als Aufpasser, ob der vorgesetzte Pat. es richtig mache usw.) oder ein Schüler (der den Lehrer prüft, ob er prüfen könne) oder ein Kind (auch als unheimlicher Aufpasser auf die Großen usw.) zählen kann, vor allen möglichen Aufgaben, Prüfungen, Entscheidungen, Schwellen können die Lungenspasmen aktuell werden und nach Verlassen der Asituation abklingen: „da“ sind die kr. RSe natürlich immer (sog. Anfallbereitschaft). Viele Pat. haben ihren „Druck auf der Brust“, ihre Beklemmungen usw. bes. nachts (Nacht = Sphinx, Alp, Tod, raubt die Seele) und können erst am Morgen „aufatmen“ (Seele, Leben gerettet), bei andern ist es umgekehrt (Tag: Prüfung auf Leben oder Tod, Nacht: Erlösung). Mancher kann nicht ohne Beklemmung zu Tisch, ins Theater, in eine Versammlung usw. gehen, und manchem wird es schon angst und bange beim Zuhören der Rede eines andern und dem Gedanken, er könne auch einmal eine Rede halten müssen. Usw.

Bezeichnen wir alle neurot. Lungenangst als asthmatisches Leiden (ἄσθμα Atembeklemmung), so kann man das Asthma bronchiale als Hauptleiden dieser Art von den übrigen Formen als den Asthmoiden abgruppieren, z. B. die Pseudo-Tbk. als vesikuläres Asthmoid bezeichnen.

Das Bronchialasthma (A. nervosum) ist der um den Bronchialspasmus gelagerte Symptomenkomplex. Es kann mehr das Ex- oder mehr das Inspirium gehemmt sein. Sekretion mehr minder reichlich und spezif. geartet. Die Spasmen erstrecken sich auch auf mehr minder ausgedehnte Lungenpartien sowie auf sensor. Atmungsmuskeln, oft auch auf die oberen Luftwege. Unterhalb der spast. Enge liegende Lungenteile können sich reflektorisch-mechanisch mehr minder erweitern (Stauung, T- und Ffunktionen, Antagonismus Sympathikus: Vagus, vgl. Emphysem), dazu auch die sensor. Apparatur. Die Erweiterung kann rein funktionell sein und nach der Asthmawelle mehr minder weit zurückgehen. In andern Fällen ist die Erweiterung auch anatomisch: der Thorax ist „ab ovo“ derart angelegt, daß er sich über die Jahre der Latenz zur manifest-kranken Gestalt entwickelt; daran sind also nicht die kr. Funktionen, „das Asthma“ schuld (so, als ob sie den an sich gesunden Brustkorb anatomisch deformierten), sondern es vollzieht sich eine anomale Entwicklung während der sich ebenfalls verschlimmernden pulmonalen Dysfunktionen. Säuglings-, Kleinkindasthma nicht selten (A. beim Übergang in die Luftatmung usw.). Die Desorganisation der Elektrolyte, Hormone usw. ist nicht Ursache, sondern Begleitsymptom. Auch das Klima verursacht nicht das Asthma, sondern gewisse (die so-spezif.) Menschen, entweder noch latent- oder schon manifest-asthmatische, haben in einer gewissen klimatischen Umgebung ihre kr. Hochfunktionen, ihre Atemangst ist systemgenet. mit bestimmter Luft (Luft von bestimmter „Klima" genannter Beschaffenheit, z. B. verdünnter, föhniger, nebeliger, feuchter, kalter usw. Luft) verbunden, und so tritt gemäß der Funktionsperiodik der kr. RSe (also nicht jedesmal, aber doch oft regelmäßig) in dieser Umgebung, nicht aber „durch Faktoren" der „Anfall", d. h. die akute Welle auf, wie andere Asthmatiker beim Anblick oder Ersteigen einer Treppe, einer Höhe usw., andere beim einfachen Gehen und nicht beim Treppensteigen (!), wieder andere beim Abwärtsgehen, Blick in die Tiefe usw., beim Erleben einer (spezif.) Angstszene, vor und in einem Examen, einer Reise, einem Sturmangriff usw. usw. ihre akuten Wellen haben. Nach mehr minder langer Latenz und über oft unbemerkte Vorstufen hin kann unter solchen Umständen „der erste Anfall", d. h. das nun klar manifeste Asthma auftreten und können Pat. und Arzt glauben, da die „Ursache" gefunden zu haben, die den „bis dahin Gesunden" zum Asthmatiker „gemacht" habe, — welche Naivität! Natürlich muß, falls überhaupt, einmal die erste manifeste Asthmawelle auftreten, und das geschieht selbstverständlich unter gewissen Umständen — wie denn sonst (man kann doch nicht keine Umstände erleben!)? Diese Umstände sind eben die systemgenet. zu den pulmonalen Agefühlen gehörenden Gegenstände. Zu ihnen zählen auch Stäubchen, Bazillen, Pollen usw., also mikroskopische Partikel, die erst die ärztliche Forschung entdeckt hat, die also dem Pat. unbekannt waren und makroskopisch unaktuell sind; der Zusammenhang mit dem Asthma ist nur unklar, so lange man die Ursächlichkeit hineingeheimnist und so den einfachen biolog. Tatbestand dämonist, verkompliziert. Dies gilt auch für die sog. Innenfaktoren wie Hormone usw., seelische Erregungen usw., die einen Gesunden asthmatisch machen sollen; realiter sind ja die „Erregungen", falls eine Asthmawelle kommt, eben asthmatische. Der Asthmatiker ist immer asthmatisch, auch zwischen den akuten Wellen; so jeder Neurotiker, jeder Kranke überhaupt. Die sog. allergischen Krankheiten sind Neurosen und geben uns keinerlei Rätsel auf, auch nicht für die Therapie.

Das Bronchialasthma geht oft mit entzündlichen Symptomen einher. Es beginnt oft — übrigens auch genetisch — mit Konjunktivitis, Schnupfen, Rachen- und Kehlkopfkatarrh, dann setzt die eigtl. Asthmawelle ein. So ist der Hergang regelmäßig bei dem sog. Heuasthma. Die „Überempfindlichkeit", d. h. die hypertr. Angst ist hier taktil, also mit gewissen taktilen Gegenständen assoziiert: Pollen, Pferdeschuppenstaub, Katzenhaar- u. a.

Tierhaarstäubchen, gewissen Eiweißkörpern, in den Auspuffgasen der Benzinmotoren enthaltenen Stoffen u. v. a. „Allergenen"; bei den je spezif. neurot. Konstitutionen bilden sich natürlich auch entspr. „Reaktionsstoffe" im Stoffwechsel. Die vegetativen Hochfunktionen mit ihren heftigen Ausdrucksaktionen an den Gefäßen, Drüsen usw. der zugeordneten Schleimhautpartien stellen sich also bei und nach Berührung mit diesen Allergenen ein; die „tödlichen Mikrofeinde" werden sozusagen weggeschwemmt. Oft ist eine olfakt. Angstneurose beteiligt: Asthma bei bestimmten Gerüchen; viele Riechneurotiker sind feinriechig, sie riechen „mehr" als durchschnittlich Gesunde, z. B. kann Pat. eine Katze riechen, die nur kurz im Zimmer war, doch können diese Gerüche dem Pat. unbemerkt bleiben (oder er hat den Geruch wahrgenommen, weiß es aber nicht), wie ja auch die Berührungen von Stäubchen usw. unbemerkt bleiben, die gewiß jedes Tier (bes. Pelztiere, bes. beim Haarwechsel) hinterläßt.

An ein Verschlucken, also Einfallen eines winzigen Teilchens Schleim oder Brot usw. in den Kehlkopf, somit an laryngeale taktile Areflexe mit Krampfhusten schließt sich oft — in der Art von Kettenreflexen — eine Asthmawelle beim Asthmatiker an. Ebenso können thermische Symptome beteiligt sein: Kälte, Erkältung, Schnupfen usw., wobei „die Kälte" als dämon. Ursache gedeutet wird, bei andern Pat. drückende Wärme (föhnige Luft); an einen akuten Schnupfen schließt sich oft eine Asthmawelle beim Asthmatiker an. Dies gilt auch für bestimmte Geschmäcke; ein Pat. bekam bei säuerlichem Frucht- (Brombeer-, Aprikosen-, Zitronen-) und noch mehr bei Essiggeschmack außer Speichelfluß „asthmatische Mahnungen", bronchiale Hypersekretion mit krampfigem Herauswürgen usw., dann trat der „richtige Anfall" ein. Vielen (den so-spezif.) Neurotikern stockt bei agf. Geräuschen, Klängen, Melodien, Worten usw. der Atem (akust. Erschrecken), und bei manchen leitet ein solcher Schreck eine Asthmawelle ein. Ebenso treten Asthmawellen bei Bewegungen auf, nicht nur bei eignen Bewegungen, die mit Atemnot, Beklemmung usw., also asthmatischen Beschwerden verbunden sind, sondern auch bei Beobachtungen von (als lebens-todesgefährlich gedeuteten) Bewegungen anderer. Die inneren Organe sind eben mit ihren Gefühlszellen in allen Sinneszentren „vertreten", somit die Gefühle unmittelbar und mittelbar mit den systemgenet. zugehörigen Gegenständen assoziiert — wie auch mit den Begriffen (mancher Asthmatiker gerät in eine Welle beim Denken an eine gefährliche Situation).

Als bronchiales Asthmoid kann man die allg. Beschränkung der Atmungsamplitude auf die Angstenge, das Oszillieren um diese Enge (Oligopnoe, Angina pectoris, Kurzatmigkeit, dünnschwaches Aus- und Einatmen) bezeichnen. Der „knappe Atem“ kann bei Ruhe und ruhigen Bewegungen unbemerkt bleiben, doch ist hierbei der Gasstoffwechsel abnorm gering, so daß die Pat. blaß aussehen, leicht frösteln usw. Sobald muskuläre Leistungen oder sonstige Erlebnisse stattfinden, die auch normaliter mit lebhafterer Atmung verbunden sind, wie rasches Gehen, Steigen usw., Wortgefechte usw., oder Erlebnisse, die nur eben Pat. als lebens-todesgefährlich deutet, dann engt sich das Bronchialrohr mehr ein, Pat. keucht, die Puste geht ihm aus, er muß stehen bleiben, sich hinsetzen, sich verpusten usw. Viele solcher Kranker leiden an neurot. Bronchitis.

Andere Angsttrophosen des Atmungstraktes.

Das laryngeale Asthmoid ist der angstneurot. Kehlkopispasmus ohne oder mit entzündlichen (katarrhalischen) Erscheinungen. Die Stimmritze kann sich völlig schließen: Kehle zugeschnürt, Pat. kriegt keine Luft, keinen Ton heraus, vox faucibus haeret (Wortverstopfung), oft A. vor möglichen Kehlkopfschmerzen, Flüstersprache zur „Schonung des Kehlkopfes“. Beim Laryngospasmus und Keuchhusten der Kinder ist bes. das Inspirium behindert. Der Spasmus kann sich auch vw. in der Angstenge halten, die Atmung ist dann entspr. erschwert, Stimme und Sprache beengt, gepreßt, zaghaft, verhalten, leise, bei mäßiger Schleimabsonderung belegt, kratzig, heiser, von häufigem Räuspern und Kehlkopfhüsteln unterbrochen, die Schleimhaut je nachdem blaß, trocken bzw. gerötet, geschwollen, verschleimt, oft schießt das Sekret heraus und muß andauernd ausgespuckt oder verschluckt werden (neurot. Laryngitis, die Krankheit vieler Sänger, Redner usw.). Nicht gar selten papillomatöse Wucherungen (d. h. zirkumskripte Spasmen abführender Lymphgefäße bei ungehemmter Lymphzufuhr, also Schwellung und Ausstülpung der betr. Schleimhautstelle — ähnlich den Warzen, der Miliaria, der Urticaria, der Schwellung der Nasenschwellkörper usw.), nicht selten auch neurot. Ulzeration und Geschwürsbildung. Schließt sich die Stimmritze überhaupt nicht (tonische Lähmung), dann ist die Intonation unmöglich (neurot. Stummheit). Flattern die Stimmbänder (Spasmen wechselnder Intensität), dann sind Stimme und Sprache bald mehr, bald weniger verhalten, brüchig, unsicher auch in der Tonlage. Bei intermittierendem Verschluß: Kehlkopfstottern als Stimm- und Sprechstottern. Bei plötzlichem Nachlassen oder bei Sprengung des Verschlusses (vis a tergo, H- und Aspasmen der Trachea und der Bronchen usw., Überwindung der Sperre mit Gewalt) wie Atem- so Stimm- und Sprechdurchfall, viele Sänger „pressen“ in dieser Weise, viele Menschen sprudeln plötzlich ihre Worte und Sätze heraus, „vergessen zu atmen“. Andere sprechen überhaupt in ängstlicher Hast (kurzrhythmische H- und Aspasmen). A. vor Singen und (stimmhaftem) Sprechen, bes. aktuell vorm und beim „Auftreten“ in kleinerer oder größerer Öffentlichkeit, bei Begegnungen mit autoritär erlebten Personen usw.; da hilft kein Kehlkopfpinseln und kein „Schonen“ usw., da hilft nur Erkenntnistherapie.

Das pharyngeal-nasale Asthmoid ist der in diesem Raum liegende Angstspasmus ohne oder mit entzündlichen Symptomen. Mehr minder weitgehende Einengung, krampfiges Zurückziehen der Zungenwurzel gegen den Kehldeckel mit Verlegung der Stimme (Knödeln usw., 1. Bd. S. 291), Kloß im Hals, Verengung der Choanen, der äußeren Nasenöffnung (Schniefen), auch völlige Verlegung der Nase durch die spastisch geschwollenen Schwellkörper der Muscheln (chronisch, oft akut verschärft, oft mit plötzlichem Erguß von Schleim und vorübergehender Erleichterung usw.), neurot. Schnupfen mit nasalem Sprechen, Atmen durch den Mund, Saftfluß, Sekretschorfen usw., anderseits trockener Katarrh usw. A. vor der Aus- und Einatmung überhaupt oder kalter, staubiger usw. Luft.

Deutung. Die A. warnt vor der Lebens-Todesgefahr (im dämon. Sinne) und bannt sie zugleich, es steht Schicksal gegen Schicksal, aber die A. annulliert das drohende Verhängnis in ihre Allmacht, die als das Negative, das absolute Nein die Ohnmacht, die allmächtige Ohnmacht ist (im All gibt es keine Unterschiede). Wenn aber doch ein Feind-Dämon existiert, ist da meine All-Ohnmacht nicht schon dahin? Banne ich den Feind-Dämon, oder bannt er mich? Jedenfalls „bin“ ich noch, und so lange meine A. wacht, kann mir nichts passieren, also ist die Feind-Dämonie in meinem All-Ohnmachtsbanne, und alles, was geschieht, geschieht in ihm. Luft ist Leben oder Tod, das Reich der lebenden und der toten, der guten und der böen Seelen, Geister, Gespenster, der Engel und Teufel, der Feen und Hexen usw., sie können sich auch in allerlei Gebilde und Gestaltungen verwandeln, in sie eingehen, sie verlassen, die lebende kann von der toten Seele ausgetrieben werden und umgekehrt, die gute gegen die böse Seele im Leibe kämpfen usf. Die A. behütet „mich“ davor, meine Seele auszuhauchen (exspirat. Dyspnoe); mein Leib würde sonst zusammenfallen, der Dämon Tod von ihm Besitz ergreifen, aber vielleicht „lebt“ man auch mit der toten Seele (der Tod „lebt“ ja auch) weiter? Die A. gebietet rechtzeitig Halt, wann eben die Gefahr droht, daß ich zuviel ausatme, den „letzten Hauch“ von mir gebe. Der Feind-Dämon „will“ mir den Atem abdrücken, mir das Leben nehmen, er zaubert in mich den Willen zum Ausatmen, aber meine A. beherrscht ihn, so daß ich nur soviel Odem abgebe, wie sie „will“, — oder ist die A. der Feind-Zauber, der mich in Schrecken versetzt und doch damit sich selbst entmachtet — dadurch, daß er sich mir anzeigt und die Schranke aufrichtet, die er nicht zu überschreiten vermag? Die A. mag auch mein Eigenzauber sein, der die Gefahr schon in ihren geringsten „Dosen" (die doch je die ganze Lebens-Todesgefahr sind) und erst recht in ihrem gewaltigen Andrängen fest-stellt und mit ihrem All-Nein (Schluß der Pforten) auslöscht. Wenn mein Odem Leben ist, so belebe ich die Welt, blase den toten Wesen den lebendigen Odem ein (wie Gott einst dem Adam), und meine A. sorgt dafür, daß ich immer noch einen Vorrat behalte, daß mir nicht zuviel Leben entzogen wird; so wird die Bedrohung des Todes, der dem Allschöpfer und damit der Welt das ganze Leben nehmen möchte, unwirksam gemacht. Der Tod kann inmitten des Lebens sein, sich wohl gar in das Leben maskieren, das Leben (Gott) kann auch töten: ich muß immer auf der Hut sein. Er versteckt sich in Bazillen, Stäubchen, Pollen u. a. „Kleinlebewesen", in alles mögliche Dunkel, er wacht an allen möglichen Schwellen, die ins dunkle Jenseits führen (Keller, Straße, Untergrundbahn, Wagen, Schiff usw.), er wirkt aus allen möglichen anorganischen, pflanzlichen, tierischen, menschlichen Gestaltungen (bes. in autoritär erlebten Personen), in der Masse Mensch (Kino, Theater) usw., aber ich spüre sofort die Beengung, Bedrängung in meiner Brust, die A. ist mein Warner und Banner. Die Pollen usw. werden sofort ausgeschwemmt, ausgehustet und ausgeschnauft, auch den andern Versuchen (Versuchungen) des Todeszaubers, er sei von Gott oder Teufel gesandt, verschließen sich die Pforten. Ich opfere meinen Schleim dem Tode — so läßt er mich leben; Beweis: ich überstehe den Anfall. Die Zersetzung-Auflösung-Verflüssigung als Wirkung der Todeskeime ist schon im Gange, ich bin schon „quasi liquidiert", also kann mir der Tod nichts mehr anhaben, — aber „ist das ein Leben"? Den tödlichen Luftdruck, den Föhn usw. annulliere ich mit der Beklemmung, die er selber schafft, mit der er sich aufhebt. Die Kälte ist der Tod, er erkältet mich, will mich kalt machen, aber meine Reaktion, die auf die kleinste Anwandlung erfolgt (die die andern gar nicht merken), löscht seinen Zauber aus; aber auch in der Wärme kann der Tod lauern, jeder Witterungswechsel ist verderblich wie jede Schwelle: Meine A. gibt acht.

Wie aber, wenn ich gar nicht Leben ausatme, sondern Tod? Ist die Seele, die den Leib verläßt, noch lebendig, oder ist sie tot? Schaffe ich Leben oder Tod in die Welt? Ist mein Hauch tödlich? als Teufelsodem zurückzuhalten? Meine A. hält beides Leben und Tod im Zaume, negiert beide in ihre Allneinheit, sie entmachtet das Atmen überhaupt, es ist eigentlich gar kein Atmen, die Dämonie des Atems bleibt in meiner Allmacht (Luft als „Materie" unwesentlich), so können alle Wesen ruhig im

Schutze meiner Atemangst atmen, weder das Leben noch der Tod kann sie töten, und sie leben ewiglich, ob sie gleich leiblich sterben.

Die A. schützt mich (auch) vor der Dämonie des Einatmens (inspirat. Dyspnoe). Auch die andern Wesen atmen ein und aus, die Seelen gehen ein und aus, die guten und die bösen, die göttlichen und die teuflischen. Wie gefährlich das Einatmen, wenn man nie weiß, ob man seine eigne oder eine fremde Seele, eine weiße oder eine schwarze wiederbekommt! Wie leicht kann der Tod als Bazillus, Kälte, Rauch aus dem „Teufelskraut Tabak" (vgl. S. 60) usw. in mich eindringen und meine lebendige Seele verdrängen! Die A. schließt die Pforten, schwemmt mit ihrem Zaubersaft die mikroskopischen Feinde weg, hustet sie weg, verengt die Nase usw. soweit, daß das Feindliche herausfiltriert wird, nur die gute Luft eingeht. Nachts ist die Gefahr bes. groß, da ich auf meine A. nicht aufpassen kann; sie darf nicht schlafen, sonst könnte ich eine andere Seele autatmen, wäre ein anderer als ich bin, ich weiß ja auch nicht, wohin nachts meine Seele schwebt, ob gen Himmel oder in die Hölle, — und was da passiert. Wenn ich nachts den Atem anhalte, denkt vielleicht der Tod, ich sei schon tot, und geht an mir vorüber. Vielleicht bin ich da aber wirklich tot, kann mich töten und wieder atmend neu beleben, Herr über Leben und Tod, Allmacht. Meine A. läßt mich ganz wenig aus- und einatmen (Oligopnoe), so wenig, daß ich eigentl. gar nicht atme, Leben und Tod, Gott und Teufel, weiße und schwarze Seele in meinen Atemstillstand, mein Atmungs-Nein eingleiche. Dann bin ich tot (der Tod) und lebend (das Leben) zugleich, tot gegenüber dem Leben, aber auch dem Tode (jenes kann als gebannt mir nichts anhaben, dieser ist meines Wesens und eine Krähe hackt der andern die Augen nicht aus), lebend gegenüber dem Tode, aber auch dem Leben, also unangreifbar in meiner Angstburg, auch „die andern" merken nichts von meinem Allzauber, da sie nicht wissen, ob ich atme oder nicht. Ich bin „Feinatmer", lasse die Seele nur ein klein wenig aus der Nase und ziehe sie gleich wieder ein, so kann sie mir nicht entschlüpfen, und ich kann auch nicht eine fremde Seele einatmen. Atem, Atemtechnik ist alles, davon hängt der Weltbestand ab. Odem ist Allmacht, die es richtig macht, nämlich mit dem Leben und Tode, der Dämonie der Luft fertig wird. ICH stelle daher die pneumatische Lehre auf, halte Vorträge, gründe eine Sekte, lehre meine Anhänger, mit den Dämonen umgehen, wie der Zaubermeister den Lehrling im Zaubern unterrichtet. Usw.

Eine spezielle Entleerungsangst ist die Angst vor Singen und (stimmhaftem) Sprechen. Es kann auch hier beim Gefühlsablauf bleiben, oder es können sich die sensor. Funktionen anschließen (je nach Reflexschaltung), die ebenfalls ängstlich-zwanghaft sind. Singe-, Sprechdrang als Zwang zum S. und Spr. (A. rel. stark hhaltig) und als Zwang gegen das S. und Spr., also Zweifel, ob ich s. und spr. muß, soll, darf, kann oder nicht, in den S. 384 angegeb. Varianten.

Deutung. Die A. warnt mich, dem H., mich in Stimme, Wort zu äußern, nachzugeben, sie hemmt den H., macht ihn sich untertan, beherrscht auch die übrigen Gefühle (warnt-schützt vor Schmerz usw.). Es droht die Lebens-Todesgefahr, mich überhaupt „aus"zudrücken, etwas und damit alles von mir zu geben, mich (als In-fans, das große Worte spricht-nach-spricht) zu verraten, meine Geheimnisse preiszugeben, mich erkennbar (hörbar, nennbar) zu machen und damit der Bannung der Feind-Dämonie anheimzufallen, sodann die tödliche Gefahr der Prüfung des technischen und beschreibenden Singens und Sprechens auf richtig und falsch, gut und böse, schön und häßlich unterzogen zu werden, — ich bin der Unfehlbare, der sich keinen Fehler zu schulden kommen lassen darf. Die dämon. Gefahr ist also in der Ent-äußerung, in dem Verlust von Etwas = Allem gegeben, dazu in der Möglichkeit der Kritik überhaupt durch andere, die mir schon darin „über" wären, dazu in der Möglichkeit, mich (als Säugling im Großformat) zu blamieren, also aus-gelacht, getadelt, verworfen zu werden und damit meine Allmacht-Alldämonie zu verlieren: allemal wäre ich „der Dumme", denn wenn mein Singen und Sprechen für göttlich-gut befunden wird, würde ich immer noch mehr singen und sprechen, Wunder wirken müssen, bis die Stimme und Sprache „alle" wäre, die andern würden mich immer weiter fragen und Götterworte hören wollen, die sie vielleicht gar nicht ertragen oder nicht verstehen und achten würden, die ich vielleicht auch gar nicht leisten können würde, und wenn mein Singen und Sprechen für teuflisch-schlecht befunden würde, wäre ich eben gleich durchgefallen und damit entmachtet (zum Teufel geschickt, verachtet usw.). So ist es am sichersten zu schweigen — oder so zu reden, daß ich (magisch) nicht rede, stumm zu reden, zu lispeln, stammeln, stottern usw.; auch Gott muß stumm sein, kann sich höchstens durch Mittler — und auch nur in zweideutigen Orakeln — „offenbaren", und die Stimme, die Worte des Teufels sind auch verderblich für die Sterblichen, und auch er muß sich der Mittler bedienen. Die Mittler für MICH sind die andern, die ich singen und sprechen „lasse", die das in meiner Allmacht, meinem Zauber tun, die Gutes und Böses sprechen usw. und aus deren Singen und Sprechen ich die Dämonie in mein Nein-All banne, so daß es „materiell" gleichgültig ist, was und wie sie singen und sprechen. Und wenn ich doch singe und spreche, so wacht meine A. darüber, daß ich die Dämonie meiner Verlautbarungen bei mir behalte, daß ich selber nur Mittler bin, im Auftrage und Schutze der Allmacht singe und sage, es sei gut oder böse usw., daß ich unverständlich bleibe, also die Kritik der Sterblichen negiere, die Prüfung annulliere. Die A. warnt mich vor der Feind-Dämonie, die Stimme und Wort aus mir herauslocken will, um mich zu erkennen und zu entmachten. Laß kein unnützes Wort aus deinem Munde gehen, warnt sie, aber weiß ich, was nütz und was unnütz ist? und der Kritik der Sterblichen kann sich doch die Gottheit-Teufelheit nicht aussetzen, sie würden sonst ihrer Herr. So muß ich mich enthalten, und auch wenn ich mich nicht enthalte, mich doch enthalten, denn die göttliche Wahrheit und die teuflische Lüge (die Wahrheit der Hölle) sind gleich lebens-todesgefährlich für mich und damit für die Welt. Usw.

δ. Perversionen zwischen den Organen.

Auch die Angstneurose ist nicht auf ein Organ oder Organsystem beschränkt, sondern ist Herd mit Filialen — je nach Spezifität. Vgl. S. 54, 235.

1. Gastral-kardiovasale Areflexe. Herz-Gefäßspasmen (Herzklopfen, Erröten-Erblassen, Schweiße usw.) statt Magen-Darmspasmen, also vor, bei und nach dem Essen, wobei sich die Herz-Gefäßangst auf Stoffe richtet, die „eigentlich" in den Magen-Darm gehören. Deutung: dieses Essen ist lebenstodesgefährlich (im dämon. Sinne), der Dämon drückt vom Magen aus auf das Herz, ist die Todsünde, die sich am Herzen rächt, aber von der A. gebannt und entmachtet wird, das Nein-All wirkt nicht nur vom Magen, sondern auch vom Herzen aus usw.

2. Gastral-pulmonale Areflexe. Angstspasmen des Atmungsapparates vom Gastraltrakt aus, z. B. Magenhusten, Magenasthma, Singultus, Atemnot, Keuchen, Kehlkopfspasmen (Stottern usw.), akuter Schnupfen usw. im Zusammenhange mit dem Essen, dem Zutischgehen, der Tischszene, der Verdauung usw. Deutung: „es ist, als ob ich mit der Lunge-Luftröhre äße", ich muß mich immer verschlucken, wage kaum noch krümelige Sachen (Kuchen usw.) zu essen, ich werde noch daran ersticken, die Dämonie der Nahrung wirkt vom Magen aus auf die Atmung, sie wird auch von hier aus gebannt usw.

3. Kardiovasal-gastrale Areflexe. Magenangst vor Stoffen, auf die sich „sonst" (d. h. der nosologischen Erfahrung nach) die neurot. Herz-Gefäßangst richtet, z. B. Magenspasmen, Übelkeit usw. beim Anblick und vor, bei, nach dem Trinken von Kaffee, Tee, Kakao, Alkohol usw., d. h. „giftigen", todhaltigen Flüssigkeiten, beim Anblick von Blut, auch in verwandelter Form, z. B. in der Blutwurst, braunem Zucker, der

Brotrinde usw. (wobei die Farbe von Bedeutung: braun, rot usw. Teufels-Höllenfarbe, kann aber auch in Weiß sich maskieren usw.).

4. Kardiovasal-pulmonale Areflexe. Atembeklemmung usw. beim Anblick usw. von Wasser (See, Meer, Brunnen), Alkohol, Blut u. a. Stoffen, auf die sich „sonst" die neurot. Herzangst richtet, auch bei Beobachtung, daß andere ins Wasser gehen, trinken usw. Deutung: Lebens-Todesgefahr auch von der Atmungsangst „erkannt" und annulliert.

5. Pulmonal-gastrale Areflexe. Magenspasmen usw. auch bei Gelegenheiten, bei denen „sonst" Lungenspasmen usw. auftreten, z. B. beim Atmen, Rauchen, Treppen-, Bergsteigen, beim Anblick von Höhen und Tiefen, bei Vorträgen, Stimm-, Wortprüfungen, „gefährlichen" Begegnungen usw. Deutung: mir wird im Magen ganz übel, wenn ich mit dem Schuft von Vorgesetzten zu sprechen habe (der Kerl liegt mir im Magen), beim Sehen in einen Abgrund usw., Erbrechen vorm Examen usw.: da muß doch die Feind-Dämonie mich bedrohen, aber meine A. verneint, entzaubert sie.

6. Pulmonal-kardiovasale Areflexe. Herz-Gefäßspasmen bei Gelegenheiten wie 5.

b. Sinnesorgantrophosen.

α. Augenangsttrophosen.

Hypertr. Sehangst, Gefühl der Enge, Beengung, des Drucks-Dranges im Auge, A. vorm Sehen-Gesehenwerden, also auch vor den Sehdingen (der Aufgabe, zu sehen und gesehen zu werden). Die übrigen Sehgefühle stark ahaltig. Aspasmen der vegetativen Apparate des Auges in den angegeb. Varianten der Periodik (Intensität, Rhythmik). Also: Spasmen der Angstfasern des Bulbus, so daß er sich einengt und verlängert (in Weiterführung der Hkontraktionen), hierbei „Sehschwäche", mehr minder hochgradige Kurzsichtigkeit, die episodisch (in Asituationen) oder anhaltend (Dauerspasmen) ist und in beiden Fällen je nach dem Grade der Erregung schwankt (nicht zu verwechseln mit der hadrot. K.). Einengung des Ziliarkörpers mit Verdickung der Linse, ferner Pupillenverengung („Lichtüberempfindlichkeit", Lichtangst). Gefäßspasmen (Ausdruck vasaler Areflexe, die über das optische Zentrum laufen): bei Spasmen der zu- und der abführenden Gefäße Blässe der Chorioidea, geringer Feuchtigkeitsgehalt des Glaskörpers, der Linse, der vorderen Augenkammer, auch mit Bildung von Niederschlägen, Trübungen, geringer Bulbusdruck („weicher Bulbus"), Verkleinerung und Zurücksinken des Bulbus in den saftarmen Retrobulbärraum („in den Schutz der Augenhöhle"), ferner Blässe, Trockenheit der (dabei glanzlosen) Hornhaut, der Conjunctiva (mit Epitheldefekten usw.),

Mangel an Sekret der Augendrüsen einschl. Tränendrüse usw.; bei Spasmen nur der zuführenden Gefäße ähnliche Verhältnisse mit venösem Akzent (bläuliche Farbtönung); bei Spasmen nur der abführenden Gefäße rote oder blaue Stauung je nach dem Orte der Sperre, abnorme Durchfeuchtung der Augenhäute, des Glaskörpers, der Linse, der vord. Augenkammer, auch Bildung von lokalen Exsudaten (Netzhautablösung *)), von Niederschlägen, Trübungen, Verklebungen (Synechien), Zunahme des Bulbusdruckes („harter Bulbus„ neurot. Glaukom), Verlängerung des Bulbus, Vordrängen bei retrobulbärer Anschoppung (Protrusio, Exophthalmus, „große Augen", „Basedowaugen", S. 367), Rötung, Durchfeuchtung der (dabei glänzenden) Hornhaut, der Conjunctiva („rote Augen", „Hexenaugen"), spast. Deformierungen der Hornhaut (neurot. Astigmatismus), reichliche Sekretion der Augendrüsen einschl. Tränendrüse (Sekret-, Tränenfluß, Zwangsweinen; bei spastischem Verschluß der Drüsenöffnungen: Sekretverstopfung, abnorme Trockenheit der Schleimhaut), mehr minder ausgeprägte Schwellungen, auch entzündlicher Art (Conjunctivitis, Blepharitis, usw.; bei spast. Verschluß von Liddrüsen Hordeolum usw.), auch mit Schleimhautblutungen (Blutungen „aus dem Auge", Abscheiden rötlichen Serums, bes. auffällig bei manchen Stigmatisierten) usw. Ferner Spasmen des Tränennasenganges (Verstopfung bis Durchfall) ohne oder mit entzündlichen Erscheinungen. Die engere und weitere Umgebung des

---

*) Ein paar Worte über einen bes. schönen Fall (Psych.-Neur. Wschr. 1938 H. 36/37). Frau S., 32 Jahre, leidet seit mehreren Monaten in Verschlimmerung chronischer Sehstörungen nach der Diagnose mehrerer ophthalmologischer Autoritäten an einer linksseitigen Chorioiditis mit serös-blutigem Ödem und drohender Netzhautablösung sowie Gefährdung des anderen Auges; Therapie erfolglos, Prognose infaust, Verzweiflung der Kranken und ihrer Familie usw. Nach Rücksprache mit dem letztkonsultierten Augenarzt wird die Erkenntnistherapie versucht; in sechswöchiger Behandlung verliert Pat. dauernd Druck und Schmerzen im Auge, das „kopfgroße" tiefschwarze Skotom beim Nahsehen (bis auf einen kaum merklichen Hauch beim Fernsehen), die astigmatischen Beschwerden (Verbiegungen der senkrechten Geraden usw.), dazu lockert sich die Kurzsichtigkeit und schwinden viele Begleitsymptome. Es handelte sich also um neurotische Gefäßspasmen und krampfige Verengung-Verlängerung des Bulbus usw. Pat. war von klein auf „nur Auge", mußte „alles" sehen, das linke Auge war das böse, das rechte das gute, Dämonistische Deutungen in wilder Wucherung um Sonne und Schatten, Tag und Nacht, Leben und Tod, Gott und Teufel, das Schwarze ist der Tod, muß also aufs feinste erspürt werden, auch im Hellen, worin es sich verstecken kann, hochgespannte Angst vor jedem geringsten Fleckchen, das aber doch eben erspürt werden mußte, damit es gebannt werden und so entmachtet, unschädlich gemacht werden könnte usw. usw. „Schon immer Sehbeschwerden, aber ich war so stolz auf sie — wie unglücklich darüber". „Nun ist das Fleckchen ein kopfgroßer Fleck geworden, das Böse ist in mein Auge eingedrungen, so wohnt der Tod im linken Auge, es muß sterben, erblinden" usw.

Auges kann beteiligt sein: je nachdem „Leichenblässe" oder Rötung (venöse Spasmen), bläulich-dunkle mehr minder breite Ringe um die Augen (venöse Stauung), Schwellung der Lider („Augensäcke") usw. Die Spasmen wechseln oft, z. B. Erröten-Erblassen, Zu- und Abnahme des intrabulbären Druckes usw.

Während die Sehangst aktuell ist, wird nicht „gesehen", es können aber mit den Sehgefühlen (mehr minder helle) Sehgegenstände, auch Sehbegriffe in bunter Reihe auftreten. Also je nachdem: Ausfälle im Gesichtsfeld, Skotome, Einengung oder Verkürzung (Kurzsichtigkeit) des Gesichtsfeldes, partielle oder totale Anopsie (Pseudoamaurose), verschwommenes, flüchtiges, ungenaues, halluzinatives, illusives, visionäres usw. Sehen, neurot. Schwachsichtigkeit, Hyp- und Hyperopsie (Feinsichtigkeit), Hemeralopie und Nyktalopie (Sehangst vorm Dunkel, in der Nacht bzw. vorm Hellen, am Tage), entoptische Erscheinungen wie fliegende Mücken usw. Sehangst mehr spezifiziert oder mehr ausgebreitet.

Deutung. Das Sehen und das Gesehene ist magisch, dämonisch, ist die Schicksals-, Leben-Todesgefahr, vor der meine A. (sie wohnt im Auge) mich warnt und die sie somit negiert, annulliert, bannt. Aber drängt sie mich nicht zugleich zu der „Sehaufgabe", „Sehprüfung" hin? Habe ich A. davor, nicht sehen zu können (die Prüfung nicht zu bestehen), oder A. davor, zu sehen (die P. zu bestehen)? Muß, soll, darf, kann ich sehen oder nicht? Sehe ich, so werde ich „blind" (geblendet), wird mein Auge, mein Leben erlöschen; welches Tages du siehst, wirst du des Todes sterben, sagt mir die A., und der (mögliche) Sehschmerz ist schon der Beginn der Zerstörung des Lebenslichtes, aber auch wenn ich nicht sehe, bin ich „blind" — was also tun? Sehe ich, so bin ich zugleich gesehen: von dem Sehding, mag es Augen haben oder nicht, Blick und Anblick, ansehen und angesehen sein ist dasselbe Rätsel. Sehend schaffe ich die andern, also auch ihr Sehen, mache mich somit selber sichtbar, alles Sehen ist mein Sehen — oder ist das Sehding und sein Sehen die Feind-Dämonie und bannt sie mich oder banne ich sie? Mein feines Sehen (in der Nähe) läßt mich die im Minimum versteckte Feind-Dämonie entdecken-bannen. Ich habe gesehen, das „Geheimnis" gesehen, und bin zur Strafe „blind" geworden — aber habe ich nicht eben so die Schicksalsprobe bestanden, mein Lebenslicht, mein Leben für die andern geopfert, die somit sehen können und doch blind sind, da sie die Dämonie nicht sehen, die ich ja auf mich gebannt halte? Schließe ich die Augen, werde ich sehend blind (und wissend, blinder Seher, S. 335), dann habe ich die Welt negiert, weggezaubert — oder hat sie mich weggezaubert, indem sie mich erblinden läßt? Macht die Nacht bzw. der Tag (als dämon. Mächte) mich blind? Aber ich „bin" ja noch, meine A. „ist“ noch, sie ist die Allmacht, die ewig unversehrbar ist — und doch ewig in Gefahr ist, versehrt zu werden von der Feind-Dämonie, die sie ewig bannen „muß“. Das Sehen richtet sich auf das Rätsel, das Geheimnis, das Unheimliche, des Gesicht des Schicksals, das dämon. Leben oder den dämon. Tod, Gott oder Teufel usw.: werde ich den Anblick ertragen können? Wer dem Schicksal (in der Gestaltung des Sehdinges, des Dunkels, der dunkeln Zukunft, aber auch des Lichtes, autoritär erlebter Menschen, „gefährlicher“ Tiere, Pflanzen usw. usw.) ins Auge sieht, wem das Schicksal ins Auge sieht, muß selber Schicksal, somit gefeit sein. Meine A. ist das Schicksal, das die Schicksalsgefahr negiert und damit überwindet, sei es, daß sie mir das Sehen verbietet, sei es, daß sie mich sehen läßt, denn auch das Sehen geschieht ja in der A., als negatives Sehen, Weg-sehen, Sehen-nichtsehen. Fragt sich, ob die A. mein Zauber oder Fremdzauber ist, in dem sich mir die Gefahr anzeigt: in jedem Falle ist sie entmachtet, ist mein Zauber doch der Allzauber. Vielleicht, sagt mir die A., ist das Sehen gut, doch kann es auch böse sein, und da ich nie weiß, ob es gut oder böse ist und was gut oder böse ist, ist es am besten, ich bleibe blind, ich bin blind-sehend, sehend-blind. Bin ich blind, so bin ich unsichtbar, ins Jenseits ent-rückt, seelisch abwesend, habe mich dem Feind-Zauber entzogen, bin der Lebens-, Todes-Gefahr entronnen und habe sie so gebannt, ich habe auch das Sehding blind gemacht (es kann mich nicht sehen); aber auch wenn meine A. es ansieht, ist es mit dem Blickzauber annulliert. Mein Augendruck ist Feind-Zauber, ich muß immer den lähmenden Druck wegwischen, wegdrücken, mit Tränen wegschwemmen; die Tränen sind das Opfer, mit dem ich mich loskaufe, auch der Schleier, der Vorhang, hinter dem ich mich verberge, so daß ich ungesehen bin, — oder verschleiert, verhängt sich mir die Welt (vgl. Maja, „Verhängnis“ usw.)? Meine Angst ist die Tarnkappe, sie hindert auch den Sehwillen am Sehen, sie nimmt den Sehschmerz in ihr Nein-All, sie versteckt mich vor der Welt, und so beherrsche ich sie, negiere sie in das Nein-All. Leben und Tod ist in meiner Allmacht: sie macht den Blick zum Leben, Lebenbringer und zum Tode, Todbringer, sie gibt und nimmt Leben und Tod. Oder ist die A. die absolute Ohnmacht, bin ich blind gezaubert? aber auch dann kann mir der Feind-Dämon nichts anhaben, denn ich „bin“ noch, und so ist die Ohnmacht doch die Allmacht. Wenn meine A. am größten, ist auch die Gefahr am größten: sie verbietet mir dann zu sehen und macht die Gefahr ungefährlich, machtlos, unschädlich, sie nimmt auch andere Leute in ihren Dienst, so daß sie mich warnen „Aufpassen!“ oder „Sieh nicht hin!“, sie bannt auch die Versuchung, die mich zum Sehen verführen will (Wille, Mut, H. zu sehen, Neugierde, Eigen- oder Fremdzauber), ich sehe nur im Schutze meiner A., ich sehe blind (blinzeln, schielen, wegsehen, Augenschließen, starrer Blick, „verglaste Augen“, tote Augen usw.). Gespenstisches nebelt auf, aber mein Angstblick entzaubert es. Ich habe Erscheinungen, die die metaphysische Wirklichkeit sind, ich sehe in meiner Blindheit „hell“, in Perioden suchen mich die Jenseitigen heim, oft in gleicher Form (déjà vu, vgl. EdS. § 90), so bin ich auserwählt, die Herrlichkeit Gottes, die Finsternis der Hölle, die Droh-, die Schutzgeister, zu erleben, — oder ist es ein Fluch, der MICH allein getroffen hat — wofür? für eigne Schuld? für die Schuld der andern? Als kurzsichtig banne ich die Ferne, die fernen dämon. Gewalten und Gestalten, schließe meine Alleinheit und erweitere-verengere sie nach dem „Willen“ meiner A. (wechselnde Kurzsichtigkeit); der Blick in die Weite, große Welt, die Welt der Großen ist Verführung, zeigt mir die Menschenwelt, die weltliche Welt, die des Teufels ist, während meine klösterliche Angstwelt geheiligt ist, — oder bin ich ausgeschlossen, die Schönheit der Welt zu sehen, und warum? Links und rechts, unten und oben, hinten und vorn drohen die Gefahren, so muß ich starr die absolute Mitte halten („Scheuklappen“), mit dem Blicke wie der Seiltänzer auf dem über das Bodenlose gespannten haarfeinen, ja gedachten Seil balancieren, wie der Ritter durch den Zauberwald marschieren — und so die Lebens-Todesgefahren, die Verführungen, die Ungeheuer bannen. Altes (Bekanntes, Gewöhntes) ist sehbar, Neues todgefährlich, doch kann sich Altes in Neues und umgekehrt verwandeln, also Vor-sicht! Meine A. läßt zu, was zu sehen ist, und negiert, was negiert werden muß, sieht nur, was sie will (Ausfälle im Gesichtsfeld usw.), so wahrt sie ihre Allmacht und erlöst mich und damit die Menschen vom todfeindlichen Sehzauber.

β. Ohrangsttrophose.

Hypertr. Hörangst. Gefühl der Enge, Beengung, des Druckes-Dranges im Ohr, A. vorm Hören-Gehörtwerden, also auch vor den Hördingen (der Aufgabe, zu hören und gehört zu werden). Die übrigen Hörgefühle stark ahaltig. Aspasmen der vegetativen Apparate des Ohrs in den angegeb. Varianten der Periodik (wie beim Auge usw.). Aspast. Dysfunktionen des Trommelfells (Überspannung, Einziehung, Vorwölbung usw.), des Mittelohrs (spast. Versteifung der Hörknöchelgelenke, erhöhter Druck bei Spasmen der Ohrtrompete usw.) und des inneren Ohrs (erhöhter Binnendruck bei spast. Sperrung der endolymphalen Abflußwege usw., Labyrinthschwindel, auch als Symptom neurot. Menièrefälle), hierbei entspr. entotische Geräusche (Krachen, Klingen, Sausen usw.). Hörschwäche, mehr minder hochgradige Kurzhörigkeit, Schwerhörigkeit bis Taubheit (Hyp- und Anakusie), oft wechselnd mit Feinhörigkeit (Hyperakusie, Geräusch-, Lautüberempfindlichkeit), Einengung des Hörfeldes, verschwommenes ungenaues, halluzinatives usw. Hören. Dazu vasale und sekretorische Dysfunktionen bis zu entzündlichen Erscheinungen, z. B. abnorme Trockenheit des Trommelfells und des äußeren Gehörganges, anderseits Hypersekretion („laufende Ohren", Ohrpfropfen, übermäßige Abscheidung von Ohrenschmalz, auch mit blutigen Beimengungen). Gefäßspasmen der Ohrmuschel und der weiteren Umgebung (abnorm blasse, rote Ohren usw.). Hörangst mehr spezifiziert (z. B. vorm Klingeln, vorm Knistern, vorm Heulen des Sturmes, Tropfgeräusch des Regens, besonders nachts, vorm Trittgeräusch des Überwohners, vor Musik, vor der brummigen Stimme [des Vaters] usw.) oder mehr ausgebreitet.

Deutung mut. mut. wie die der Sehangst usw.

γ. und δ. Hautangsttrophosen.

γ. Tastangsttrophose.

Hypertr. Tastangst. Gefühl der Enge, Beengung, Spannung, des Druckes-Dranges in der Haut, A. vorm Berühren-Berührtwerden, vor der Selbstberührung, also auch vor den Tastgegenständen (der Aufgabe, zu berühren und berührt zu werden), A. vor möglichem Tastschmerz. Die übrigen Tastgefühle stark ahaltig. Die Druck-Dranggefühle mehr lokalisiert oder ausgebreitet, z. B. Druck auf dem Kopf (Clavus, „Nagelgefühl"), in den Schläfen, auf den Augen, im ganzen Gesicht, im Nacken, auf der Brust, um die Taille (Gürtelgefühl), auf dem Bauche (bestimmten Stellen, die auch linienmäßig verlaufen) usw., bes. oft an offen getragenen, also sicht- und berührbaren Hautregionen. Allgemeines Schweregefühl bei erhöhtem Luftdruck („Barometermensch"), verbunden mit vasalen Einengungen usw. Aspasmen der vegetativen Hautapparate, z. B. Kontraktionen der Arrectores pilorum (Haare sträuben sich, Gänsehaut), der elast. Elemente (Hautzittern, -beben, Spannung, Verhärtung, Zusammenfahren, Einziehen der Haut), der Gefäße (Blässe, Trockenheit, Rötung, Bläuung, Durchsaftung, Schwellungen, Dermographismus, Quaddelbildung, Urticaria („Allergie", z. B. bei Berührung von Wollstoff, Felltieren usw.), Überempfindlichkeit mit urticariellem usw. Exanthem z. B. bei Berührung der Hemdfalten, bei Druck des Gürtels, der Sitzfläche usw., erst recht beim Kratzen, ferner neurot. Entzündungen, viele Dermatitiden und Dermatosen, serös-blutige Ausscheidungen usw. Dazu Aspasmen der Hautdrüsen mit Sekretverstopfung bis -durchfall vor oder bei Berührungen, mehr lokalisiert (trockene Hautpartien bzw. Gesichts-, Hand-, Achselschweiß usw.) oder ausgebreitet (allgem. Hauttrockenheit bzw. profuse Schweiße), ohne oder mit entzündl. Erscheinungen. Während die Tastgefühle aktuell sind,

sind es nicht die Tastgegenstände, sie können aber interkurrieren: taktile „Sensibilitätsstörungen“ wie Hyp-, An- und Hyperästhesie (Feintastigkeit), verschwommenes, ungenaues, halluzinatives, illusives Tasten usw., Ausfälle im Tastfeld usw. Die A. kann so heftig sein, daß der Tastschmerz auch bei Verletzungen unaktuell bleibt, ähnlich wie bei Leitungsunterbrechung der Reflexbahnen (S. 56). Auch die Tastungsreflexe haben ihre je spezif. Periodik; ihr Ablauf erfolgt im systemgenet. Zusammenhang mit sensor. Reflexen, deren Aktn. als lebens-todesgefährlich (im dämon. Sinne) erscheinen, und diese Tastgegenstände sind assoziiert mit optischen Gegenständen, die eben hypertrophängstlich getastet oder gemieden werden: beim einen diese, beim andern jene — je nach Reflexstruktur. Treten die Tastängste aktuell auf, so ist die Situation hypertroph agf., z. B. beim leisen Anwehen des Windes, vor und bei Berührungen mit Wasser (A. vorm Waschen, Baden, bes. in dunkeln Fluten, in der „unendlichen See“), mit dem Messer, mit Arbeitsgeräten, mit der Bettdecke (die Nacht ist bes. gefährlich, also achtgeben, nicht schlafen! Pat. kann nur unter einer „Brücke“ schlafen), mit der elektr. Lampe („Strom“ unheimlicher Zauber), mit gewissen Tieren (bes. Erdtieren), mit autoritär erlebten Personen usw. Schon beim Denken an solche Berührungen kann „sich die Haut zusammenziehen“, „eine Gänsehaut über den Rücken laufen“, Schweißausbruch erfolgen usw. In Assoziation hiermit sensor. Zitter-, Fluchtbewegungen usw.

Der taktile Bezirk reicht auch ins „Innere“ hinein (2. Bd. § 34,(1, c)). Auch an Schleimhäuten finden taktile Aspasmen statt, z. B. an den Konjunktiven („Überempfindlichkeit“ gegen Rauch, Stäubchen, Pollen usw., taktile „Allergie“ mit Hypersekretion, Entzündung), am Tränennasengang (Verstopfung bis Durchfall, bes. heftige A. vor der Sonde mit Krampfverschluß, wie er übrigens beim ärztlichen Sondieren aller Öffnungen eintreten kann), an der Nasenschleimhaut (vgl. oben „Heuschnupfen“), im Munde-Gaumen-Rachen (Erröten-Erblassen der Lippen, Herpes usw. bei Berühren von Fett, Gewürzen, Süßigkeiten, Zigarre, Tabakrauch, größeren Bissen, vor denen sich der Mund krampfig schließt, dazu Schrunden usw. bes. in den Mundwinkeln, ferner Blässe, Trockenheit usw. oder Schwellung bis entzündliche Erscheinungen, Geschwürsbildung usw. der Mundschleimhaut, Zungenödem bei Berührung gewisser Speisen, z. B. Eiereiweiß, Fisch, dazu Gaumen-Schlundeinengung bis -verschluß (Druckgefühl, als ob da etwas, z. B. eine Gräte steckengeblieben sei, Verschluß vor „feinsten Fäserchen“, die mühsam mit der Zunge herausgefischt und am Zahnrand zerdrückt oder entfernt werden müssen, Pat. kann nur mehrfach durchgesiebte Brühe ganz allmählich durch die stricknadelenge Gaumen-Rachenöffnung rinnen lassen),

Schrumpfung oder Schwellung der Gaumenmandeln (habituelle, chronische Angina) usw. usw.

Deutung. Tastangst der Allzauber, der allen Berührungszauber negiert, mag die Berührung stattfinden oder nicht. Muß, soll, darf, kann ich anfassen-angefaßtwerden oder nicht? Usw. wie bei Sehangst. Oben in den Kopf wird ein unsichtbarer Nagel eingetrieben, eine große Spinne liegt oben und krallt sich ein, die A. warnt-schützt-bannt, verhütet, daß der unheimliche (auch schmerzhafte) Zauber wirksam wird, mich tötet. Ich muß unantastbar (tabu) sein, unangetastet bleiben, noli me tangere!, die leiseste Berührung würde mich entzaubern-entmachten (Seifenblase platzt). Wo es drückt, da droht die Schicksalsgefahr, will Dämon Leben oder Dämon Tod hinein oder heraus (?); ich merke und annulliere den Anschlag. Der Leib wird von einem dämon. Gürtel eingezwängt, ich bin gefangen, aber meine A. macht den Umschnürungszauber aus, er kann mich nicht durchschnüren. Ich darf Kranke nicht berühren oder nur ganz kurz: so banne ich den Krankheitszauber. Pat. wähnt, in den Schläfen „hämmere die Tbk.", kratzen die Tbk-Bazillen, er spüre es ganz deutlich, die Ärzte könnten nur die Diagnose nicht stellen, es sei ein stilles unheimliches Arbeiten drin, bis das Gehirn erreicht und der Tod eingedrungen sei. Luftzug ist Geisterzug, die leiseste Berührung „nimmt mit", ICH aber fühle ihr Ziehen oft als Reißen, Rheuma und banne sie damit, so kann sie auch „den andern" nichts tun, ICH bin Herr über Leben und Tod. Die dämon. Luft drückt mich zusammen, aber meine A. verhärtet mich und läßt mich so den furchtbaren Druck, die Weltlast ertragen (vgl. Atlas, der die Erde auf den Schultern trug). Im Wasser lauert der Tod: er zieht mich an, aber meine A. schützt mich vor dem bösen Zauber. Ich weiß nicht, ob ich berühre oder berührt werde, also entzaubere oder entzaubert werden soll; ich bin aber noch „da", also zaubere ich alle Berührung in das Nein-All mit Meidung der Berührung oder mit Zulassung der Berührung, die an meiner Angstmauer erlischt, mich also nicht berührt.

δ. Wärme-Kälte-Angsttrophose

Hypertr. Angst vor der Wärme-Kälte, vor und bei Übergängen der äußeren und der inneren Temperatur (A. vorm Wechsel, vor den thermischen Schwellen, Atmosphäropathie). Gefühl der Hautenge usw. Thermische Aspasmen wie die taktilen, mit denen sie auch interkurrent auftreten, also Gänsehaut, Hautzittern, -beben, Spannung, Verhärtung, Zusammenziehen, Blässe, Trockenheit, Rötung, Bläuung, Durchtränkung, Schwellung, Quaddelbildung (Wärme-Kältefriesel, Blasen bei suggerierten, halluzinativen, illusiven Wärme-Kältepunkten, 2. Bd. § 35), serös-blutige Ausscheidungen, Entzündungen als „rein" vegetative Vorgänge oder in Interkurrenz mit Wärme-Kältepunkten, vor denen die neurot. A. besteht. Mehr lokalisiert (Ohr, Nasenspitze, Gesicht, Hand) oder ausgebreitet. Periodisch wechselnd. Therm. Hyp-, An- und Hyperästhesie. Je nach Reflexstruktur richtet sich die A. auf bestimmte Wärme-Kältearten, z. B. Sonnen-, Ofen-, Wasser-, Kleidungs-, Bettwärme oder -kälte, oder ist allgemeine A. vor Wärme oder Kälte, dazu auch A. vor den warmen oder kalten optischen Gegenständen (Wind, Licht, Sonne, Wasser, Ofen, Bett, tierische, menschliche Wärme-Kälte usw.).

Der thermische Bezirk reicht auch ins „Innere" hinein. Auch an Schleimhäuten finden thermische Aspasmen statt im Zusammenhang mit Erhitzungen, Erkältungen (Temperaturwechsel) extro- und introverser Art, dabei Unter- und Übertemperatur (nervöses Fieber), De- und Intensivierung der Stoffwechselprozesse, Entzündungen usw., die den hadrotischen Erhitzungs- und Erkältungskrankheiten oft „zum Verwechseln" ähnlich (immer aber ohne anatomische Veränderungen, ohne pathogene Mikrobien, ohne echte Eiterbildung, ohne Exitus verlaufen).

D e u t u n g. Wärme-Kälteangst der Allzauber, der alle Wärme-Kälte-Dämonie negiert, mögen die Wärme-Kältepunkte (die extro- und introversen) aktuell auftreten oder nicht. Ich bin weder kalt noch warm, so habe ich die Feind-Dämonen gebannt, mögen sie Wärme (Leben, Gott, gut usw.) oder Kälte (Tod, Teufel, böse usw. — aber auch die Wärme kann tödlich, böse, die Kälte lebenschaffend, gut sein, Himmel kalt, Hölle warm — oder auch umgekehrt?) sein; die Zusammenziehung usw. ist der Wall, an dem Wärme wie Kälte ihren (auch schmerzhaften) Zauber verlieren. Meine A. zeigt mir die Lebens-Todesgefahr an und bannt sie damit zugleich. A. vorm (im) kalten Bett, vorm (im) warmen Bett (= Grab, Gruft, Hölle, Fegefeuer), Bad, Luftzug usw., vorm Warm- und vorm Kaltwerden, vor Erhitzung, vor Erkältung, die aber gerade in der A. eintreten, aber so, daß sie entmachtet werden, usw.

ε. N a s e n a n g s t t r o p h o s e.

Hypertr. Riechangst. Gefühl der Nasenenge usw. A. vorm Riechen-Gerochenwerden, also auch vor den Gerüchen (der Aufgabe, zu riechen und gerochen zu werden) und vor den riechenden Gegenständen, je nach Reflexstruktur vor gewissen oder allen möglichen. Negativierung des Riechhungers und der übrigen Riechgefühle sowie der Gerüche und riechenden Gegenstände. Aspasmen der vegetat. Apparate der Nase (als des Riechorgans): Blässe, Trockenheit, Schrumpfung der Schleimhaut einschl. Schwellkörper, Rötung, Bläuung, Schwellung, Niesen (eruptiver Schleimerguß), Schnupfen allergisch z. B. beim Riechen von

Staub, Katze u. a. Tieren, Menschen, Pflanzen, Arbeitsstoffen, Parfüms usw. Hyp-, An- und Hyperosmie (Feinriechigkeit).

D e u t u n g. Riechangst der Allzauber (Allmacht, Alldämonie), der allen Riechzauber annulliert. Düfte Lebens- und Todesdämonen, göttlich oder teuflisch, gut und schlecht, wobei fraglich, welche gut und welche schlecht sind, ob sie sich ineinander verwandeln können, ob die guten nicht maskierte schlechte, die schlechten nicht maskierte gute sind usw. Riechprobe Schicksalsprobe: stehe ich in einem schlechten Geruch (= Ruf), so bin ich verloren, stehe ich in gutem Geruch, so bin ich auch erkannt und entmachtet; kann ich die Riechprobe bestehen, d. h. die Probe, gute und böse Gerüche zu unterscheiden? und was würde sein, wenn ich sie bestehe (ich würde von den Dämonen immer weiter heimgesucht-geprüft werden bis zum „Ende"), und wenn ich sie nicht bestehe (ich wäre gleich verworfen), ist „ich rieche" aktiv oder passiv? Die Riechprobe entscheidet über Leben und Tod: meine A. bannt diese Schicksalsgefahr, ist Herr über Leben und Tod.

ζ. G a u m e n a n g s t t r o p h o s e.

Hypertr. Schmeckangst. Gefühl der Enge, Zusammenziehung im Gaumen, an der Zungenspitze und -wurzel (als Schmeckorgan). Aspasmen im Schmeckbezirk ohne oder mit aktuellen gewissen oder allen möglichen Geschmäcken usw. — analog ε. Auch die Deutungen analog ε.

η. b i s ι. M u s k e l a n g s t t r o p h o s e.

η. L a g e a n g s t t r o p h o s e.

Hypertr. Angst vor Lagepunkten und derart vor und bei Bewegungen, mehr spezifiziert oder mehr verallgemeinert, also z. B. A. vorm Stehen, Gehen, Sichlegen, Schreiben, Sprechen, Handarbeiten usw., vor Lageveränderungen, bes. solchen, die mit aktuellen Schmerzen verbunden sein können (Drehungen: A. vor Bewegungsschmerz). Die übrigen Lagegefühle, aber auch die zugehörigen Lagepunkte negativiert (ahaltig). Während die A. aktuell ist, sind die Lagepunkte unaktuell oder interkurrieren, finden also die entspr. Muskelaktionen nicht statt (Apraxie, Akinesie, Astasie, Abasie, Aphonie, Agraphie usw.) oder werden lagemäßig nur unaktuell registriert, sind aber optisch wahrzunehmen, oder werden, selbst mehr minder ataktisch, in der Art der Hyp- oder Hyperkinesie, entspr. unsicher, unklar registriert. In seiner Lageangst erlebt Pat. die Lage seiner Glieder überhaupt nicht oder nur verschwommen („schwebendes Gefühl", „Schweben über dem Bodenlosen", „alles wackelt, schwindelt, wankt und schwankt", „weiche Knie" usw.), ist die Muskel-Knochen-Existenz im kranken (und ausklingend im fastgesunden) Gebiete quoad Lage aufgehoben oder unsicher. Pat. „weiß" nicht, ob er z. B. die linke Seite oder den rechten Arm oder den Hals oder den Bauch oder die Beine überhaupt oder die Kniegegend usw. noch hat, wobei die Regionen gemäß der kinästhet. Dysfunktion mehr abgegrenzt oder mehr diffus sind, letztens soweit, daß Pat. überhaupt nicht oder nur unsicher „weiß", ob er „körperlich da ist oder nicht". Nur die A. ist „seine Existenz". Nach Absinken der Afunktionen „schnappt das Lagebewußtsein wieder ein".

Die Lageunsicherheit erstreckt sich auch auf die mit dem kr. kinästhetischen Gebiete assoziierten optischen, akustischen usw. Gegenstände, Erlebnisse (kr. kinästhet. Sk.), so daß „die Situation" bes. während der kr. Hochfunktionen mißkannt wird, Pat. z. B. Möbel der Wohnung, alltäglich gehandhabte Gegenstände, Arbeitsgeräte, Waren im Laden, die Menschen usw. auf der Straße, die Häuser, berufliche, soziale Verhältnisse usw., die Weltlage lagemäßig verschoben, verworren, „ver-legt", „verlagert", an falschen Stellen erlebt — im Zweifel, ob er und die Objekte überhaupt situativ geordnet oder ungeordnet oder lagefrei sind. Er fühlt sich immer in unsicherer Lage, als „Schwindler", „Rohr im Winde", die allgemeine Lage ist ihm immer unsicher, er weiß lagemäßig nicht aus noch ein. Die Straße hebt und senkt sich, sie bebt (oder bebe ich?), die Häuser sind merkwürdig verzerrt, ändern ihr Gesicht fortwährend, so auch die Menschen (bes. die autoritär erlebten, „alles Masken, Larven"), die Knie zittern, wackeln, versagen, sind „weg" und doch optisch noch da, an der rechten Seite öffnet sich ein Abgrund, sackt die Erde weg und doch trete ich darauf (taktil, optisch), der Kopf, die rechte Hand usw. zittert, zuckt, schüttelt (Schüttellähmung), die Wände des Zimmers, des Wagens usw. drängen auf mich zu usw. Die Erschütterungen des Bodens (von Lastwagen usw. her) „bringen mich noch um (seismographische Empfindlichkeit), es wird mir übel (Nausea), innerlich zittert alles, ich habe das Gefühl des Vergehens". „Das linke Bein liegt über dem rechten, das sehe ich, aber ‚merke' es nicht, weiß auch nicht, wie ich es wieder wegkriegen soll, dabei Zittern, Verkrampfungen bis in den Kopf hinein" (A. vor Lagewechsel, es muß immer alles beim Alten bleiben). A. vor Beförderung, Versetzung, vor jeder Erhöhung, jedem Aufstieg (Treppe, Berg usw.), aber auch jedem Abstieg (Höhen-, Tiefenschwindel) usw.

Deutung. Lageangst die Allmacht, Alldämonie, die alle Lagen, Bewegungen, Lageveränderungen annulliert, die so sich offenbarende Feind-Dämonie auslöscht, auch den Willen zu Bewegungen hemmt. Ich stehe vor der unheimlichen Bewegungsprobe: muß, darf, soll, kann ich mich bewegen und mich bewegend andere, die ganze Welt bewegen, richtig oder falsch, göttlich oder teuflisch usw. bewegen? oder werde ich bewegt? ist mein Bewegungswille Eigen- oder Fremdzauber, bin ich all- oder ohnmächtig? was wird, wenn ich die Schicksalsprüfung bestehe, muß ich da nicht immer weiter geprüft werden, nicht immer schwerere Aufgaben lösen, bis ich „am Ende" doch versage (wozu dann erst anfangen?), und was wird, wenn ich die Prüfung nicht bestehe, bin ich da nicht gleich verloren? Die Schicksalsprobe auf Leben oder Tod ist schon das Aufrichten-Aufstehen, Stehen und Gehen (wie beim Kleinkinde): wie leicht könnte man da fallen, zugrundegehen = magisch sterben, allenthalben „Fallstricke des Bösen", meine A. warnt-schützt mich vor diesem Abenteuer, und falls ich doch aufstehen „muß", „herausgefordert" werde, „macht" mir die A. die Beine, den Rücken-Nacken „fest", zur Säule (Muskelkrampf), auf der oben der Kopf sitzt wie der Kopf des Leuchtturms auf dem Gemäuer, usw. Bin ich noch Allmacht, wenn mich das Schicksal bedrohen kann, und muß mich das Schicksal nicht bedrohen, wenn ich doch die Allmacht bin (wen sonst sollte es bedrohen?). Sobald ich (stärker) zittere, schüttele, droht die Feind-Dämonie: meine A. entmachtet sie, es passiert nichts. Ist die A. Eigen- oder Fremdzauber? Bin ich als bewegungslos gebannt oder banne ich die Versuchung, mich zu bewegen, und rette mich so vor der Lebens-Todesgefahr? wenn mein Bewegen die Weltbewegung ist, darf ich mich dann im geringsten selber (separat) bewegen, ohne die Weltbewegung und so die Welt zu zerstören? oder muß ich mich umgekehrt immer bewegen? muß ich nicht mit meiner Bewegungslosigkeit die Feind-Bewegung, das Werk des Teufels oder Gottes (?) annullieren — oder bedarfs dazu nicht gerade meiner Bewegung? Zaubert mir der Feind-Dämon den Boden unter den Füßen weg, entzieht mir den Körper, versucht mich nach links (usw.) ins Bodenlose zu stürzen, hält mich von vorn auf, so daß ich keinen Zentimeter weiterkann, oder stößt mich von hinten in die Knie, daß ich einknicke und nur eben gerade noch mich aufrecht halte, macht er mir die Finger usw. zittern, klopft und hämmert und flimmert er in meinem Innern? oder ist das alles vielmehr mein Eigenzauber in Abwehr des versucherischen Feindes, er sei Leben oder Tod, Gott oder Teufel?

Wenn ich mich im geringsten bewege, scheuche ich da die Feind-Dämonen nicht aus der Ruhe auf*), so daß sie sich gegen mich bewegen, der Dämonenkampf beginnt und die Welt zu-

*) vgl. die „absolute" Ruhe des primitiven Häuptlings-Gottes im Amt.

grundegeht? Nur nicht das Schicksal herausfordern! Quieta non movere! Nur keine Unruhe stiften! Sich so bewegen, daß man sich nicht bewegt! Immer bescheiden auf seinem gewohnten Platze bleiben, nicht in die Höhe, nicht in die Tiefe steigen (die Dämonie der Höhe, der Tiefe würde mich aufschlucken, mir den Tod bringen, auf der Treppe hocken die Kobolde, mich zu Falle zu bringen, jeder Stein ist ein Stein des Anstoßes und wirft mich um, die Berggeister lähmen mich, die Höhe, die Tiefe lockt mich in den Tod, schon wird mir schwindlig, schon würde ich stürzen usw., der Vorgesetzte will mich befördern, um mich auf die Probe zu stellen: bestehe ich, würde ich immer weiter steigen, bis ich schließlich doch versage und um so tiefer stürze, ich müßte den gewohnten Schreibtisch usw. verlassen, meine A. warnt-schützt mich vor solchen Abenteuern auf Leben und Tod — usw. usw.). Meine A. ist die Allmacht, die alle Lageveränderungen, die sich in und an mir und somit in und an der Welt abspielen, verneint, sie mögen gut oder böse sein; sie müssen immer wieder da sein, um eben verneint werden zu können, meine A. ist Herr über alle Unruhe-Ruhe, über alle Lagen, Situationen, ist die Unruhe-Ruhe selber, so löse ich das Weltproblem, erlöse ich die Welt von der Dämonie der Lageveränderungen und garantiere ihr den ewigen Bestand.

ϑ. Kraftangsttrophose.

Hypertr. Angst vor Kraftpunkten als den statischen Registrierungen der Bewegungen, derart A. vor der Kraft, den Kraftäußerungen, mehr spezifiziert oder mehr verallgemeinert, wie unter η beschrieben. Akinesie, Hypo- oder Hyperkinesie mit unaktueller Funktion der sensor. statischen RSe bzw. verschwommenen Kraftpunkten, so daß Pat. zweifelt, ob er Kraft hat oder kraftlos ist, an gewissen Körperteilen (Kopf, Armen, Beinen usw.) oder „überhaupt". Dabei Schwindel, Schwanken, Neigung zu fallen, statische Ataxie (2. Bd. S. 73 f.). Verkennung des „Kräftespiels" in der Umwelt, Unsicherheit im kraftmäßigen Verhalten zu den Dingen. Angeschlossen Areflexe auf innere Organe, beschrieben als Gefühl des Vergehens, des Schlechtwerdens, des inneren Zitterns und Bebens, des Übelseins usw. im Magen (Nausea) bei See-, Reise-, Flugkrankheit, Höhen-, Tiefenschwindel, neurot. (migränoidem) Menière usw.

D e u t u n g. Kraftangst die Allmacht, Alldämonie, die alle Kräfte, Kraftveränderungen, Kraftproben (mit ihren möglichen Schmerzen usw.) annulliert, die dämon. Feind-Kräfte auslöscht, auch den Hunger nach Kraft, Kraftäußerung hemmt. Die A. warnt mich vor der Kraftprobe, die Schicksalsprüfung, Prüfung auf Leben und Tod ist, und entmachtet die Feind-Kräfte dadurch, daß ich sie meide oder im Schutze der A. ihnen begegne, so daß auch die „Niederlage" zum „Siege" wird. Der Feind-Dämon fordert mich heraus (oder fordere ich ihn heraus?), aber da ich nicht weiß, wie die Kraftprobe ausgehen wird, werde ich doch nicht so dumm sein, mich ihr zu stellen: dann kann mir nichts geschehen, und die Allmacht bleibt mit ihrem All-Nein aller Kraft gewahrt. Wird mir Kraft entzogen, bin ich also total kraftlos, entkräftet, verloren (magisch Teil = Ganzes) — oder ist meine A. als Kraftlosigkeit gerade der absolute Schutz vor jeglichem Kraftverlust durch Feind-Zauber? Die A. ist immer auf der Wacht, die Gefahr des kleinsten und somit totalen Kraftverlustes zu bannen, Gegenkräfte zu entdecken und zu annullieren. So oft meine A. sich meldet, ist Gefahr im Anzuge, die allemal Lebens-Todesgefahr ist (gemäß Hypertrophie). Der Schwindel ist der unheimliche Zauber der Höhe bzw. der Tiefe: jene will sich auf mich stürzen, diese mich hinunterreißen — schon droht das Fallen, der Tod, aber eben die Angst behütet mich vorm Ärgsten, ich meide die Gefahr oder trotze ihr, der Zauber entmachtet sich selbst im Schwindel. Das Schiff schlingert und stampft: das Zeichen, daß die Dämonie der Tiefe, des Meeres es zerbrechen und hinabziehen will: ich banne mit meinem Schwindel die Todesmacht, opfere dem Neptun mein Inneres (den Mageninhalt usw.), sehe grün und bleich aus, bin eine Leiche und lebe doch noch, das Schiff ist gerettet. Beim Autofahren werden mir die Hände plötzlich gelähmt: Wirkung des am Wege lauernden Unheils, das sein Opfer haben will. Der Wagen auf dem Sommerweg der Landstraße übt eine unheimliche Anziehungskraft auf mein Motorrad aus, so daß ich trotz aller Mühe, auf der hinreichend breiten Fahrstraße am Wagen vorbeizukommen, „richtig" an dem Wagen lande, es geht mit dem Teufel zu, die A. warnt mich, es hätte noch viel schlimmer kommen können, das nächste Mal steige ich ab und schiebe das Rad vorbei. Die Hausarbeit geht mir nicht mehr von der Hand, die Dinge kleben geradezu, ich kann keine Tasse, keine Stecknadel mehr heben, es ist ein Zauber in den Dingen, der mich lähmt, kraftlos macht — oder warnt-schützt mich die A., die Lähmung vor der todgefährlichen Kraftprobe? Es rächt sich, wenn ich meiner A. nicht gehorche. Meine Ahnung kündet mir künftiges Unglück: so kann ich es meiden. Überall wirken unheimliche Kräfte, Naturkräfte, Ursächlichkeiten: meine A. bannt den Spuk in ihr All-Nein dadurch, daß sie mir befiehlt, nur ja keine Kraft an- oder aufzuwenden, weil sonst die Feind-Kräfte mobilisiert werden und die Welt zerstören könnten.

ι. Richtungsangsttrophose.

Hypertr. Angst vor Richtungspunkten als den topischen Registrierungen der Bewegungen, derart A. vor der Richtung, Richtungsänderung, vor Zeit-, Raumabschnitten, Terminen, Uhren, Daten usw., wie unter η und ϑ beschrieben, analog auch die Deutung.

c. Angst vor sensorischem Ausdruck.

Die sensor. trophischen Aktionen sind Ein- und Ausverleibung, Arbeit und Spiel-Sport (S. 246). Die neurot. A. vor den Aus- und Einverleibungen sind im Abschn. a, α—γ besprochen worden. Neurot. A. vor der Aufnahme von Speisen und Getränken, gewisser oder aller möglichen, je nach Ausbreitung der Neurose, vor Arzneien, vor der Atemluft, wieder bestimmter (kalter, warmer, dunkler, staubiger usw.) oder vor dem Atmen überhaupt. A. vor den Ausscheidungen von Kot, Harn, Schweiß, Blut, Atem usw. A. vor den bei den sensor. Aktionen möglicherweise auftretenden aktuellen Schmerzen und ihren Folgen. An alledem sind alle sensor. Muskeln beteiligt.

Arbeitsangst.

Die Arbeitsangst richtet sich je spezifisch auf die einzelnen Arbeitsverrichtungen, die allgemeinen wie die besonderen des individuellen Berufes, kann also auf diesem oder jenem Gebiete hypertroph sein. Hierbei kann die Arbeit unterbleiben (Angstfaulheit) oder in hypertr. ängstlicher Weise (unecht, mit zuviel Angstaufwand) verrichtet werden. So A. vorm Aufstehen, Stehen, Gehen, vor der Weite, Ferne, die freilich ganz nah sein kann (z. B. Nebenzimmer, Straße usw.), A. vor und in der engen Umgebung, A. vor der räumlich-zeitlichen Schwelle, dem Übergang, dem Fort-schritt, dem Verlassen des Bisherigen und Eingehen in eine neue Sphäre, dem Kennenlernen des Neuen im allgem. oder auf dem bes. Arbeitsfelde, der Gefahr, die allemal Lebens-Todesgefahr „ist", vor Einzelheiten, Aufgaben, Entscheidungen, Prüfungen, Kritiken, vor den Tatsachen, A. vorm Lernen, vor der Bildung, vor der Forschung überhaupt oder in einzelnen Fächern, vor der Berufswahl und den beruflichen Aufgaben, vor der Selbständigkeit, Niederlassung, Verantwortung usw., vor der Handhabung der Arbeitsgeräte, vor Geschäften (Einkaufen, Verkaufen, Verpflichtungen usw.), vor Risiko, Gewinn, Verlust, Opfer, Ein- und Auskommen, Schuld(en) und Guthaben, vor Worten und Zahlen (Rede-, Schreib-, Rechtschreibe-, Lese-, Rechen-, Hörangst), vorm Denken, vor der beruflichen oder gesellschaftlichen Umgebung (A. vor Vorgesetzten usw., vor der Menge), vor der Einsamkeit (dem Verlassen der schützenden Umgebung), vor organisatorischen usw. Aufgaben, vor Verdienst, Habe, Besitz, Macht, Stellung, Beförderung, Ehre, Freiheit, Geltung und Vergeltung, vor allen mögl. Leistungen, vor der Zukunft, kurz A.

vor speziellen oder allen mögl. arbeitlichen Erlebnissen einzelner oder mehrerer Sinnesgebiete. Die übrigen Arbeitsgefühle stark ahaltig, also wie die Arbeit selbst negativiert, negiert. Die fastgesunden RSe angstnuanciert.

Spiel-Sportangst.

Hypertr. A. vor spiel-sportlichen Aufgaben, vorm Anfang (Start), Hindernis, Ziele, vor den Prüfungen, vor der Niederlage und dem Siege, vor dem Glücke und Unglücke. Meidung oder hypertr. ängstl. Verrichtung.

Deutungen die bekannten rohdämonistischen. Die Aufgabe ist nicht „bloß" eine menschliche, natürliche, also mehr minder schwierige, aber leistbare, sondern gemäß der Ahypertrophie eine über-, außer-, unmenschliche, übernatürliche, eine dämonische Prüfung auf Allmacht, die zugleich absolute Ohnmacht ist. Die Dämonie der Aufgabe wird von der A. erkannt und damit gebannt — dies eben ist die „Aufgabe" des Neurotikers —, sei es, daß er die materielle Aufgabe meidet, ihr ausweicht, sie umgeht, sei es, daß er sie scheinnormal (mit zuviel Angstaufwand im Schutze der A.) „bewältigt": das Materielle, Physische ist ja unwichtig, allein wichtig ist die Dämonie, diese gilt es auszulöschen, und das tut die Angst mit ihrem radikalen Nein. Die Erfahrung lehrt, daß „die Aufgabe", falls es gelingt, sie in der jetzigen Form zu „meistern", sich sofort in eine neue Form verwandelt und dabei immer schwieriger, gefährlicher, zauberkräftiger wird, bis sie über kurz oder lang doch wohl die Übermacht gewinnen und mein Ende (der dämon. Untergang) besiegelt sein dürfte. Könnte ich aber schon die jetzige Aufgabe nicht leisten, so wäre ich gleich durchgefallen und entmachtet, also ist das Beste, die Aufgabe, Prüfung, Kritik zu meiden (principiis obstare) oder doch nur im Schutze der allmächtigen A. heranzugehen und so ihre Dämonie zu überwältigen. Fraglich, ob die Aufgabe mir die A. einflößt und mir so ihre Dämonie verrät, so daß ich sie negieren kann oder sie sich selbst negiert, — oder ob meine A. der Eigenzauber ist, der die Aufgabe „beschwört", um sie zu annullieren. Je größer die A., desto größer die Gefahr, aber auch die geringste ist die Lebens-Todesgefahr (Dämonie, Zauber auch in kleinster Dosis 100%ig). Man kann auch andern Zauber in seinen Dienst stellen, z. B. Zauberworte, Zaubergesten, Zauberdinge (Amuletts, Apotropaia) usw. Bes. gefährlich die autoritär erlebten Personen, die die Aufgaben stellen und mich prüfen (es können auch Untergebene sein, z. B. das Fräulein mit der Unterschriftenmappe, oder der Torwächter, dem der Herr Direktor begegnet, oder der Anrufer am Fernsprecher usw.). Die Arbeit geht mir nicht von der Hand, die Dinge kleben mir am Finger, sie verschwimmen, entziehen sich meinem Zugriff, fallen mir aus der Hand, sie narren, necken mich, ein geheimnisvoller Zauber, eine Tücke ist in den Objekten, ich bin ganz benommen, ganz ratlos, es ist wie verhext usw. Ich muß mir immer alles vorbehalten, darf mich nie festlegen, sonst wäre meine Dämonie dahin, könnten die andern mit mir machen, was sie wollen. Wenn ich auch nur das Geringste zugebe, muß ich es doch mit einem winzigen Vorbehalt (den die andern gar nicht merken oder beachten) versehen, so daß ich es eigtl. nicht zugebe, das Zugeben annulliere; sonst hätte ich alles zugegeben, hätte mich verloren. Preisgeben — um keinen Preis! Immer im Schutze der Angstmauer, des Zauberkreises bleiben, den kein Zauber, also niemand und nichts überschreiten kann, weder von außen noch von innen, so bleibe ich komplett — oder bin ich etwa gebannt, gefangen, isoliert, annulliert? meine Ohnmacht ist aber eben meine Allmacht. Wenn jem. an mir den geringsten Fehler entdeckte — wer weiß übrigens, ob es einer ist? —, wäre ich nicht mehr absolut komplett, vollkommen, also total verloren, entmachtet, negiert, — aber darf der vollkommenen Vollkommenheit ein Fehler fehlen — und sind die Fehler des Vollkommenen überhaupt Fehler? Ich muß fehlerlos sein und bleiben, auch kein Fehler darf mir fehlen, und darum muß ich die Entscheidung, ob so oder so, jede geringste Kritik meiden wie die Pest, ihr immer ausweichen oder von ihr vollkommen unberührt bleiben, sie so oder so ablehnen. Ich kann nur allein arbeiten, die Anwesenheit von Arbeitsgenossen, die doch alle (offen oder heimlich) nach mir blicken, von Zuschauern, die mich aufs Korn nehmen, auf Leben oder Tod prüfen, kritisieren, ist mir unerträglich; Gegenstück: ich kann nur in Gesellschaft arbeiten, da verschwinde ich in der (schützenden) Menge, bin und bleibe unsichtbar, un-(an)greifbar usf. Ich muß erst allerlei anderes erledigen (z. B. mich correctissime anziehen, immer wieder die Hände, die Fingernägel usw. putzen, ein Dutzend Bleistifte spitzen, ein Schlückchen aus der Pulle, eine Vitamintablette nehmen, um vor dem Arbeitsdämon gefeit zu sein, usw., etwas einholen gehen, erst noch ein wenig spazieren gehen usw.), mich erst genauestens vorbereiten, bevor ich an die Arbeit gehe: vor lauter Vorbereitung komme ich nicht oder viel zu spät zur Arbeit, aber dann bin ich wenigstens einwandfrei, der Arbeitsdämon kann mir nichts anhaben, ich habe ihn zudem warten lassen, bin ihm also überlegen, Vorbereitung ist alles usf. Immer sind die andern schuld, sie fordern mich heraus, und sie hemmen mich, stellen mir ein Bein — oder hemmt mich meine A. als Warnung-Bannung der Schicksalsprobe? Zweifel um gut und böse usw. Meine A. schafft die Dämonie der Arbeit aus der Welt, den Arbeitsteufel oder -gott, beides Versucher, die über mich keine Gewalt haben: so erlöse ich die Welt vom Fluche — oder Segen der Arbeit, selber Gott oder Teufel oder beides in einem?

d. Schlaf- und Wachangst.

Schlafangst.

Idiopathische Dysgrypnie: hypertr. A. vor der Schwelle im Einschlafvorgange (S. 251 ff.), vorm Abschied vom Wachsein, Übergang zum Schlafen, also A. vorm Schlafe. Die übrigen Einschlafgefühle abnorm ahaltig, negativiert. Während die A. aktuell ist, vollendet sich das Einschlafen nicht. Dauer des Einschlafens normnah (übrige Stadien ausgleichend kurz) oder zu lang (A. zu lange aktuell, oft in wechselnder Intensität: „hinsinken und immer wieder zurückschrecken vor der Schwelle ins Jenseits") oder zu kurz (Aspasmen der Hirngefäße, dabei Minderung der Hirnernährung und -funktion). Dauer und Tiefe des Schlafes je nach Schwankung der Funktionsintensitäten. Assoziiert Organgefühle mit Aspasmen an inneren Organen (je nach Reflexstruktur), z. B. Herzjagen, Atembeklemmung, Asthmoid-Asthma, Harndrang als Enuresis, Pollakisurie, Polyurie usw., Kotdrang mit ein- oder mehrmaliger oder häufiger Entleerung, auch Verunreinigung des Bettes, inneres Zittern, innere Starre, „totale Verkrampfung", dazu Schweißausbrüche usw., dazu auch sensor. Unruhe und Starre, z. B. ängstl. Wälzen, Krämpfe, Kopf unter Decke stecken, alle Augenblicke nach der Uhr sehen, häufiges Aufstehen, Umherwandern im Zimmer, in der Wohnung, zwanghaftes Ankleiden und Spazierengehen in der Nacht, allerlei Zwangszeremoniell, Augen nicht schließen, offen halten („wachet und betet, auf daß ihr nicht in Anfechtung fallet!"), immer wieder öffnen, sich ganz steif, ganz dünn „machen", sich bebend nicht rühren („totspielen", „sich scheintot stellen") usw., dazu Zwangsdenken.

Deutung. Problematik, ob ich einschlafen muß, soll, darf, kann. Dunkelheit, Nacht, Schlaf ist Dämon Tod. Bett ist Gruft-Grab-Höhle-Hölle, Vorraum der Hölle, in die ich einschlafend hinabsinke, hinabgezogen werde, — aber vielleicht ist der Schlaf von Gott gesandt, das Bett himmlisch, Vorraum zum Himmel, in den ich hinaufschwebe („Lieber Gott, mach mich fromm, daß ich in den Himmel komm'!"), in jedem Falle steht der Tod bevor, die Todesengel oder Teufelsboten, Feen und Hexen, Nachtmahren und -fahren, die durch Fenster oder Tür oder Wand „einbrechen" (A. vor Einbrechern), geistern umher, gucken zum Fenster herein, huschen unters Bett (also dreimal nachsehen!), springen aus den Tapetenmustern, dem Bilde an der Wand, dem Schranke, der Ecke dort usw., knistern und raunen, bewegen den Rock am Haken, schlüpfen hier und dahin im magischen Schein des Mondes, hocken sich mir auf die Brust (Alpdrücken), drängen sich ins Innere, kommen das Bein herauf (es stirbt schon ab, rasch aus dem Bett!), quetschen mir Harn, Kot, Schweiß heraus, zwingen mich immer wieder auf den Nachttopf, den Abort, lassen mir keine Ruhe, machen mich blind („ich kann nichts mehr sehen"), wollen mich, meine Seele mitnehmen — wer weiß wohin? Wer sich hinlegt, ist siech, vom Tode gezeichnet, stirbt; aufstehen ist (fleischlich) auferstehen, morgen d. i. der jüngste Tag. Ich muß den Schlaf drosseln, mich kasteien, mir den Schlaf abgewöhnen, so beherrsche ich ihn. Ich muß ängstlich aufpassen, wann er (als Schlafwille, Müdigkeit = Todeszauber) kommt, und ihn so schon entmachten, notfalls aus dem Bett fliehen. Ich muß mich „richtig" hinlegen, die Hände falten, auf die Magengrube legen, in der das Leben wohnt (man merkt es an den Hebungen und Senkungen), damit es nicht entweiche. Ich muß ganz ruhig liegen, innerlich und äußerlich starr sein (imitierte Totenstarre), damit der Tod denkt, ich sei schon tot (nochmals töten kann er mich dann nicht), ich muß ihn so täuschen, ich lebe ja noch, meine A. wacht, ich bin noch bei Bewußtsein. Ich muß angespannt darauf achten, daß mich der Tod nicht „kalt macht", also den feinsten Luftzug fest-stellen usw. Ich fühle, wie mir der Tod das Leben aus den Finger- und Zehenspitzen absaugt, es rinnt sachte davon, aber im letzten Moment gebietet meine A. halt (reiben, umdrehen, aus dem Bett springen, Tod niederboxen). Ich lasse mich bis zur Schwelle hinabgleiten, bis zum Ufer des Styx, wo ich schon die Jenseitigen, die Schatten, greuliche Ungeheuer, Unholde, Engel, himmlische Landschaften erschaue (Traumbilder), sie locken, verfolgen mich, aber ich folge ihnen nicht, ich verfolge, fliehe sie, in höchster Gefahr rettet mich die A. ins Wachen, ins Leben zurück (nächtl. Aufschrecken, pavor nocturnus), so habe ich den Tod gebannt, aber ich muß ihm Ströme von Schweiß usw., meinen „Schlaf" opfern, damit „die andern" ruhig schlafen können; erst am Morgen, wann der Tag graut, der das Grauen der Nacht verscheucht, wann das Licht da ist, das die Finsternis des Todes bannt, bin ich „abgelöst" von meiner Nachtwache und kann einschlafen. Mit allen Kräften wütender A. wehre ich mich gegen die unheimlichen Gewalten, die mich überfallen und ins Totenreich ziehen-treiben wollen (epileptoide und epileptische Krämpfe, S. 327 Fn.). Ich schlafe „wie ein Toter" (Aspasmen der Hirngefäße, Ischämie), schwebe im Schutze der A. ins Totenreich hinüber wie Christus in die Hölle, aber die Unterwelt kann mich nicht halten, ich werde wieder wach — oder der Himmel ruft-schickt mich wieder ins Dasein zurück, meine A., die ja den Tod negiert, läßt mich auferstehen. So meide ich die gefährliche Schwelle, und selbst wenn ich sie überschreite, meide ich sie dennoch im Schutze der allmächtigen A., überschreite sie eigtl. nicht (d. h. mit allem Vorbehalt). Ich nehme den Schlafmittelzauber in meinen Dienst, er ist das Sakrament, die letzte Ölung, er beruhigt alle Ängste vor der Todesnacht und ihren Folgen (Jüngstem Gericht), er übernimmt sie, übernimmt meinen Schutz, so kann ich ruhig einschlafen, ich sterbe ja nicht, ich schlafe ja nur scheinbar, wachsam-wachbereit, der Zauber bannt die Todesgefahr, so daß ich, wie die Erfahrung lehrt, am Leben bleibe. Der Schlaftrunk ist das allmächtige Apotropaion (Alkohol, Baldriantee, ein Glas, ein Schluck Wasser usw., zwanghaft genommen). Aber wer einmal dem Schlafmittelzauber verfallen ist, muß ihn immer anwenden (Zwang), auch in größeren Dosen, auch in wechselnden Substanzen, nach genauem Zeremoniell, damit er sich nicht gegen den Zaubermeister wende und ihn töte: ist das Mittel also ein Gottes- oder ein Teufelszauber? Für mich wacht das Lämpchen auf dem Nachttisch, das Licht bannt die Nachtgeister, der Lebens- den Todeszauber, so und nur so kann ich einschlafen. Ich kann erst einschlafen, wann der Tag graut, also die Nacht-Todesgespenster vor dem Lichte fliehen, bis dahin muß ich aufpassen, daß nichts passiert, meine A. hält mich wach. Ich übertrage meinen Azauber auf gewisse Gegenstände, z. B. im Gebet auf das Bild der Mutter Gottes, dann wacht sie für mich, ich wache schlafend in ihr. Ein Schutz-mann, eine Schutz-frau muß meine Hand halten, sonst läßt mir die von der Nacht eingezauberte A. keine Ruhe, in meiner A. schlage ich um mich, zerreiße mir das Hemd, ächze und stöhne, bis mir der Schützer die Hand hält und für mich wacht, ich schlafe ein, bin weg, aber sofort wieder da, sobald sich der Schützer entfernt. Schlafend, von einem Schutzengel geleitet, fliehe ich aus dem Bett-Grab (Nachtwandler) und entrinne so dem Tode. So bin ich die ganze Nacht beschäftigt, den Tod zu bannen, das ist die Weltaufgabe, vor der alle andern bedeutungslos sind — und ICH bin berufen, sie mit meinem Nein-All zu bewältigen. Auch Gott darf nicht schlafen — und darf es der Teufel? Was ist dann der Tod, wenn er doch auch nicht schlafen darf, kann? und was ist dann der Schlaf? Schläft der Schlaf nicht, ist der Schlaf das eigentliche Wachen? was aber ist dann das Wachsein? Von der furchtbaren Arbeit, die ICH allein für alle leiste, bin ich morgens völlig erschöpft und kaum oder nicht imstande, das „menschliche" Tagewerk zu vollbringen, aber es kommt mir ja auch gar nicht zu (sondern nur den gewöhnlichen Sterblichen), doch muß ich mich daran beteiligen, weil auch darin die Feind-Dämonie waltet und damit die Menschen mich nicht erkennen und so meiner einzig-einmaligen Mission berauben.

Akzidentelle Dysgrypnie. Nicht eigtl. A. vorm Schlafe, sondern andere Ängste, die während des Einschlafens aktuell werden, z. B. A. vorm Einsamsein, vor Schlafgenossen (seinen Bewegungen, seinem Schnarchen usw.), vor dem Verlust eines Besitzstückes, des Schlafgenossen, des Kindes (immer wieder nachsehen, dem schlafenden Kinde ins Gesicht leuchten müssen, ob es noch atmet, usw.), A. vor lauten, leisen, leisesten Geräuschen, vor dem Quietschen des Wetterhahns, dem Schlagen der Turmuhr (gespannt darauf warten!) usw., vor dem ungewohnten Termin des Aufstehenmüssens (bei Reiseantritt usw.), vor dem Auto, das um 5 Uhr vorbeifährt, vor dem morgigen Tage mit seinen Aufgaben, vor der Zukunft, vor der Vergangenheit (d. h. vor Erinnerungen) usf., entspr. innere und äußere Ausdrucksbewegungen.

Deutung. Ich schlafe einsam, bin schutzlos den unheimlichen Gewalten der Nacht (Gespenstern, Geistern, dem Mondzauber usw.) preisgegeben, muß also wachbleiben. Der Mitschläfer stört mich, seine Anwesenheit ist irgendwie gefährlich, der Tod hat ihn heimgesucht und wird nun mich auch noch mitnehmen, ich muß immer wieder nachsehen, ob er noch „da" ist, noch lebt, für ihn wachen und den Tod bannen, ihn immer wieder wecken, sein Schnarchen ist das Todesröcheln, gleich wird er „hinüber" sein, aufpassen! Mein Kind, selber ein unheimliches Wesen, könnte mir entschwinden oder von Nachtgeistern entführt werden, ich muß wachen und immer wieder nachsehen, ich bin verantwortlich, ich rette sein Leben und meines dazu und aller Leben, wenn ich den Tod bei seinem Wirken störe-banne. Das Knistern in der Tapete usw., das Aufschlagen der Regentropfen usw. zeigt mir die Nähe der Gespenster an. Der Wetterhahn ist der Teufel-Dämon, das Quietschen ist seine Sprache, ich muß sie erlauschen und fest-stellen — und quietscht er nicht, muß ich erst recht lauschen usw. Herzschlag, Uhrschlag = Schicksalsschlag, jetzt der letzte? Aber auch die Ruhe ist beunruhigend. Die Zukunft ist dunkel, das Verhängnis: ich muß sie vorwegnehmen, nachts genauestens durchdenken, was ich morgen zu tun haben werde, so banne ich die Dämonie der Aufgaben, habe sie nachts schon erledigt, das Schicksal negierend gebannt. Die Vergangenheit steigt gespenstisch aus den Gräbern auf, ich zitiere sie oder sie tritt warnend-mahnend vor mich hin wie das (vorweggenommene) Jüngste Gericht, ich muß sie gründlichst überdenken und mich selbst aufs feinste prüfen, ob ich „alles richtigst" getan habe, also ruhig einschlafensterben, der letzten Generalprüfung entgegengehen kann, aber ist meine Prüfung ausreichend, und was wird, wenn sie es nicht ist? wer kann wissen, was gut und was böse? besser, die Gedanken scheuchen, die immer wieder kommen, die Prüfung meiden, negieren, ich könnte dann ruhig schlafen, wenn ich nur mit dem Vor- und Nach-Denken fertig würde — aber ich werde nicht fertig. Was wird, wenn ich wieder nicht schlafe? wie soll ich die morgigen Aufgaben bewältigen? Jagt mir der Teufel die Ängste ein, um mich zu entkräften und dann ein leichtes Spiel mit mir zu haben (z. B. der Lehrer, Vorgesetzte), oder ist die Angst die göttliche Allmacht, die alle Prüfungen des nächsten, also jüngsten Tages und den, der sie stellt (Dämon in verschiedenen Gestalten), entmachtet? Jedenfalls, solange ich meine A. habe, bin ich „da", „bin" ich, sie ist die Alldämonie, die für mich und die Welt wacht. Sie wacht heimlich auch dann noch, wenn ich sie in den Schlafmittelzauber verwandelt, in das Mittel übertragen habe und derart die Feind-Dämonie negiere, ich schlafe im Schutze des Schlafmittelzaubers, „eigentlich" schlafe ich nicht, nur scheinbar, das „Mittel" schläft für mich, ich wache hinter dem Zauber des Schlafmittels. Oder ist das Schlafmittel die Teufelsmacht, die mich verlockt zu schlafen, die meine A. lähmt? Indes auch die gelähmte A. ist immer noch A., ihre Dämonie bleibt erhalten und weckt mich gegen den Todeszauber immer von neuem. — Auch andere Gefühle und Gedanken, z. B. ehrgeiziger, sorglicher, neidischer, schmerzlicher, trauriger, reuiger, ärgerlicher, freudiger Art können beim Einschlafen aktuell sein, so daß Pat. eben nicht einschläft, solange sie aktuell sind. Versuche, an etwas anderes zu denken, von 1 bis 100 zu zählen usw., sind deutungsmäßig magische Verfahren gegen die störenden Dämonen und oft selber Symptome (S. 255 ff.). Oft kombiniert mit idiopath. Schlafangst.

Analog der Schlafangst die hypertr. A. vorm S t e r b e n (auch als fixe Idee), die Feigheit im Felde usw., die Todesangst in extremis. Gemeint ist nicht der physische, sondern der Dämon Tod, der überall lauert, also auch da die dämon. Deutungen: ich gehe dem Jüngsten Gericht entgegen und weiß nicht, ob ich die Prüfung bestehen, in den Himmel oder die Hölle kommen werde, was überhaupt im Jenseits sein wird; solange die A. „da" ist, negiert sie den Tod, bannt das drohende Verhängnis. Usw. Mancher Angstkranke flüchtet sich in seiner Angst vor dem (dämonischen) Tode sozusagen irrtümlicherweise in den (physischen) Tod. Der S e l b s t m ö r d e r, welcher Neurosenspezies er auch angehören mag, „meint" nicht den physischen Tod, sondern die Befreiung der Seele aus dem Gefängnis des Leibes (in diesem Sinne die „Entleibung"), den strategischen Rückzug von der Front, die zeitweilige Entrückung der eigenen Dämonie aus „der Welt" mit ihrer Feind-Dämonie, die unablässig den „ewigen Tod" androht und die der Selbstmörder entmachtet: hat er „sich" in eigner Machtvollkommenheit aus „der Welt" ins „Jenseits" entfernt, so kann ihm die Feind-Dämonie nichts mehr anhaben, mit seinem Selbstopfer kauft er sich von ihr los und hat sie so ebenfalls überwunden, die Seele kann dann in den Leib, an die Front zurückkehren. „Verleugnet euch, verlaßt die Welt!" „Tötet das Fleisch ab!" „Tod, wo ist dein Stachel, Hölle, wo ist dein Sieg!" „Wer an mich glaubt, wird leben, ob er gleich stürbe". Alle Märtyrer sind Selbstmörder: sie „lassen" sich töten, sie geben nicht eher Ruhe, als bis „die andern" sie umbringen. „Die Misère des Lebens", „die Sinnlosigkeit des Daseins", „das überall lauernde Verderben", „das Unglück in der Welt", „das Glück in der Welt, das doch nur ein Gaukelspiel der Hölle ist", „die unheilbare Krankheit" usw. (sog. „Motive" des Selbstmordes, realiter patholog. Einstellungen) werden als Wirkungen der feindlichen Schicksalsmächte aufgefaßt, die eben mit dem Selbstmorde gebannt werden. Indes: mit diesen „Schrecknissen" kann man nur kämpfen, solange man leibt und lebt! Einen „Vorteil" kann sich der Selbstmordkandidat nur versprechen, solange er ihn denken kann! Nach dem Selbstmord, könnte man sarkastisch sagen, wird er einsehen, daß es eine Rückkehr ins „Diesseits" nicht gibt, daß seine Tat Unsinn war, daß er und kein anderer etwas davon hat! Aber auch dieses „Bewußtsein" wird er nicht haben! Der Selbstmord hat nur einen Sinn, solange er nicht vollbracht wird, — und dieser Sinn ist eben der Unsinn des dämonistischen Denkens. Beispiel der Paradoxie der Neurose. Vgl. S. 258 f.

Wachangst.

Idiopathische Dysgrypnie: hypertr. A. vor der Schwelle im Erwachvorgange, vorm Abschied vom Schlafe, von der Ruhe, vorm Übergang zum Wachsein, der Unruhe des Tages. Die übrigen Erwachgefühle abnorm ahaltig. Solange die A. aktuell ist, vollendet sich das Erwachen nicht. Dauer des Erwachens normnah (die übrigen Stadien ausgleichend kurz) oder zu lang (A. zu lange aktuell, in wechselnden Intensitäten: Oszillieren um die Schwelle, Verweilen in Angstträumen; Aspasmen der Hirngefäße, kortikale Ischämie, Pat. kann sich nicht ermuntern) oder zu kurz (Aufschrecken). Die Spasmen der Hirngefäße können in schwankenden Intensitäten auch tagsüber fortdauern: Pat. erwacht müde, könnte den ganzen Tag schlafen und ist doch angsterregt, die Helligkeit der Aktn. ist mehr minder herabgesetzt bis zu Tagträumerei, ohnmachtsnahen Zuständen, Dämmerzuständen, Ohnmachten ohne oder mit sensor. Krämpfen, Absencen, kürzerem oder längerem Einschlafen. Oft abwechselnd („konkurrierend") mit Schlafangst. Pat. schläft wachend und wacht schlafend (Ausgleich von Tag und Nacht zum infantilistischen Chaos). Assoziiert Organgefühle, mit Aspasmen an inneren Organen (je nach Reflexstruktur), auch sensor. Zittern usw., auch diffuses Zwangsdenken.

Deutung. Die A. warnt mich vor dem Erwachen als der Schicksalsgefahr, der Prüfung auf Leben und Tod, dem Jüngsten Tage und Gerichte, in dem über die ewige Seligkeit oder Verdammnis entschieden wird. Der neue Tag bringt eine Unzahl von

Prüfungen, die sich an den irdischen Dingen vollziehen, aber in Wahrheit (die „die andern“ nicht ahnen) dämonisch sind. Die A. mahnt mich: bleib liegen, laß die Augen geschlossen (die Lider sind bleischwer), schlaf weiter im Bett = Grabe, im Himmel oder in der Hölle, so hast du die feindliche Macht, die dich auferwecken, auferstehen lassen will, entmachtet, bist selbst die Allmacht. Im Bett bin ich geborgen wie im Mutterleibe, in dem ich auch schlief: meine A. warnt mich, ihn zu verlassen, das „Licht der Welt“ zu erblicken, den Weckruf der Lichtdämonen zu hören, ich bleibe liegen (auch am Jüngsten Tage), annulliere das drohende Verhängnis. Bin ich nun tot? aber meine A. ist doch da, also bin ich lebendig? Die toten Seelen leben doch auch! Ist es feige, mich den Tagesaufgaben zu entziehen? bin ich faul, wenn ich bis Mittag schmökernd im Bett bleibe? nun wenn schon: in meiner A. bin ich mutiger, fleißiger als alle andern, nur in anderer Art, in der, die allein die Feind-Dämonie entmachtet: mögen mich die Leute schelten, sie wissen ja nicht, was ich für sie leiste, sie sollen und dürfen es auch gar nicht wissen oder ahnen, sonst wäre ich durch ihr Erkennen entmachtet. Für das Dämonische gelten die menschlichen Maßstäbe nicht. Stehe ich dann doch auf, so frei-willig, wann ICH will, wann meine A. es zuläßt: mit dem Hinauszögern habe ich die Feind-Dämonie annulliert: Wen ich warten lassen kann, dem bin ich überlegen. ICH lasse mich nicht kommandieren, ich „lasse“ mich nur kommandieren, zu gehorchen brauche ich da nicht. Ich werde eigtl. gar nicht wach, immer ist die A. auf der Hut, ruft mich vom vollen Wachsein zurück, bes. wann die Gefahr am dringlichsten wird; die Dinge verschwimmen, die Gedanken verblassen: die Welt zeigt sich mir in ihrer nackten Dämonie, ich lebe in der wahren Welt: der Welt der Gespenster, die Leben und Tod, Gott und Teufel in mannigfacher Verwandlung sind, die mich den Auserwählten-Verfluchten heimsuchen als die Ebenbürtig-Überlegenen, der sie ertragen, ja mit seinem Nein bannen kann. So bin ich „abwesend“ (Absence), ziehe mich mehr minder weit (ins Jenseits) zurück, schlage auch in wütender A. um mich, wenn die Feind-Dämonen mich gar zu heftig bedrängen („Anfälle“ am Tage) usw. Ich lebe in einer anderen Welt wie die irdischen Wesen, aber meine Welt ist die wirkliche, die der Sterblichen nur Schein. Dadurch, daß ich Tag und Nacht, Gott und Teufel, Leben und Tod, alle Feind-Dämonen negiere, mit meiner A. banne, erlöse ich die Welt von ihrem verhängnisvollen Wirken.

Akzidentelle Dysgrypnie. Hypertr. A. vor gewissen Verrichtungen, Dingen, die nicht zum Erwachen an sich gehören (S. 257), z. B. A. vor der Schule, A. vor Berührung des Fußbodens, weil dort Schmutz sein könnte, der Pat. verunreinigen und so entheiligen könnte, A. vorm Essen, Arbeiten usw., kurz vor dämonistisch gedeuteten Erlebnissen, die von der Wachangst negiert werden. Oft kombiniert mit der idiopath. Dysgrypnie.

B. Gegenstandstrophosen.

Sensor. Angsttrophosen. Wie wir die modale Hneurose zum Unterschied von der sensilen, der „Gier", als „Sucht" bezeichnen, so die modale Aneurose mit „Scheu", „Phobie" zum Unterschiede von dem hypertr. Agefühl (S. 341). Die Bezeichnungen sind systematologische; immer sind die modalen und idealischen Neurosen mit mehr minder intensiven (aber zurücktretenden) sensil-vegetativen Erregungen verbunden, und „Scheu" wird oft synonym mit „Angst" gebraucht.

Die Aktualität ist immer-anders. Die „Zahl" der in der Zeiteinheit ablaufenden Aktn. kann niemals größer oder kleiner sein, auch nicht innerhalb der verschiedenen Gefühlsspezies; nur die Geschwindigkeit des Ablaufes wechselt (2. Bd. S. 97 ff., 5. Bd. S. 625 f.). Der Hneurotiker erlebt also in der Zeiteinheit nicht mehr oder weniger Aktn. als der Aneurotiker usw. oder der Gesunde. Mit Ausdrücken wie „feinsichtig, feinhörig usw., überempfindlich gegen Licht, Geräusche, Berührungen usw." gibt man nicht die Zahl an, sondern kennzeichnet die Akt. als von einer bes. Beschaffenheit, nämlich als „fein", als Akt., wie sie nur gewisse Neurotiker erleben („fein" bezeichnet hier also nicht einen hohen Differenzierungsgrad, es ist hier ein pathographisches Wort). Fachlich sprechen wir von Hyperopsie, -akusie, taktiler und thermischer Hyperästhesie, Hyperosmie, -geusie, -kinesie (Überempfindlichkeit für Lage, Kraft, Richtung). Diese Art des „Hyper" ist nicht mit der allgemeinen neurot. Hyperfunktion zu verwechseln, diese ist „hyper" im Vergleiche mit der Zahl der Funktionswellen der analogen gesunden RSe, es nehmen also auch die kr. Aktn. im Erleben des Pat. einen rel. breiten Raum ein, sie sind sogar „die Hauptsache". Mit dieser allgemeinneurot. quantitativen (in- und extensiven) Hyperfunktion fällt nun aber das qualitative Hyper zusammen. Mit Hyperopsie z. B. wird angegeben, daß Pat. innerhalb seiner quantitativ übermäßigen Funktion solche Aktn. erlebt, die mit „hyper" als bes. fein gekennzeichnet werden. Solche Pat. sind die A- und Sneurotiker, nicht die übrigen Arten der Neurotiker. Der Hneurot. erlebt umrißhafte, der Tneurot. stückhafte, der Fneurot. größenhafte Gefüge. Dagegen vollzieht sich das aneurot. Erleben in rel. engen Kreisen, das sneurot. in noch engeren, feineren Drehungen, Windungen; da ist also die Einengung auf bzw. Herausstellung von Einzelheiten (Aufteilung, Zerlegung) charakteristisch, wie ja auch in der Norm, nur eben übertrieben, „hyper" (wer die Schwelle passieren will, muß mehr und mehr auf die Einzelheiten losgehen, die sich zur Öffnung-Schwelle gruppieren, bis er die Stelle des Überganges findet). Somit ist das qualitative „Hyper" der A- und Sneurotiker biolog. verständlich, mag die Schwelle normnah oder normfern sein. Alle diese Einzelheiten sind unecht (S. 124).

Nun laufen aber die kr. Funktionswellen nicht immer in voller Intensität ab, die Aktn. können also mehr oder weniger hell, auch partiell oder total unaktuell sein („ausfallen"), und zwar trifft dies für alle Aktn. aller Sinnesbezirke zu, nicht bloß für die „feinen" (a- und sgefühligen). Diese geringeren Funktionsgrade bezeichnen wir mit Hypo- und An-, sprechen also von Hyp- und Anopsie, Hyp- und Anakusie, taktiler und thermischer Hyp- und Anästhesie, Hyp- und Anosmie, -geusie, -kinesie. Das Auf und Ab der Funktionswellen findet natürlich auch in der Norm statt, wir sprechen hier aber von der Abnorm, für sie gelten diese Bezeichnungen. Wir finden z. B. neurot. Hyp- und Anopsie vor:

1. bei den Hypofunktionen überhaupt als funkt. Sehschwäche sui generis oder als die Hyperfunktion begleitende oder mit ihr abwechselnde Sehschwäche (Schwachsichtigkeit, verschwommenes usw. Sehen).
2. bei den Gefühlsneurosen während des Ablaufes der Gefühlsaktn., wobei also die gegenständl. (und begriffl.) Aktn. ausfallen oder „irrlichternd" interkurrieren (Ausfälle im Gesichtsfeld, Einengung des Gesichtsfeldes, Hemianopsie usw., Amaurose, Flimmerskotom, „Umherwirbeln der Dinge", entopt., halluzinative, illusive, visionäre Erscheinungen),
3. bei den Gefühlsneurosen mit anhaltendem tonischem Spasmus der vegetativen Apparate des Auges, also mit den neurot. Störungen der Sehschärfe (Myopie bei spast. Verlängerung, Hyperopie bei spast. Erweiterung = Verkürzung des Bulbus (der Sehachse), in Verbindung mit 2,
4. bei Störungen in der sensor. sensibel-motorischen Leitung (Lockerung des Kontaktes der Neuronen bis Diastase, also „amöboide" Gestaltveränderungen der Neuronen, Quellung der Glia bei A- und Sspasmen der regionären abführenden Gefäße, ischämische Zustände, die „schleichend" oder plötzlich (Schreck, Schock) eintreten, kürzere oder längere Zeit anhalten, sich mildern und verschlimmern, partiell oder total (Art der neurot. Amaurose) sind. — Das Analoge gilt für alle Sinnesgebiete.

Die Ausdrucksaktionen der kr. RSe sind als Hyperfunktionen spastisch (klonisch, klonoid, tonisch bis zur spast. starren bzw. weichen Lähmung, vgl. 6. Bd. S. 134 f., 265), als Hypofunktionen schlaff (bis zur schlaffen Lähmung). Z. B. sind das hkrampfige Umherschweifen des Blickes, das akrampfige engere Kreisen, Schielen, Wegsehen, Starren („Scheuklappen"), das skrampfige Verdrehen, Stechen, Blinzeln, das tkrampfige Gesenktsein, das fkrampfige Gehobensein des Blickes durchaus voneinander zu unterscheiden, und ebenso auch je von den schlaffen Bewegungen bei Hypofunktionen (z. B. aspast. Schluß der Lider von ihrer spast. Tsenkung und beide von der schlaffen Ptosis). Hyperkinesie bezeichnet speziell die koordinativen Registrierungen der a- und sneurot. Spasmen; die Spasmen der übrigen Neurosenarten werden nicht in der Art des „hyper", der „feinen" koord. Aktn. registriert, sondern diese sind umriß- bzw. stück- bzw. größenhaft wie die entspr. Aktn. der andern Sinnesbezirke. Dagegen gelten die Bezeichnungen Hypo- und Akinesie wieder für alle Neurosenarten. Die allgemeinen neurot. muskulären Hyperfunktionen heißen eben Spasmen, Krämpfe. Alle kr. Muskelaktionen sind inkoordiniert, vgl. 2. Bd. S. 156 f.; die Inkoordination in ihrer „Logik" (Zwanghaftigkeit) wird oft mit der norm. Koordination verwechselt.

Auch im Angstgebiet unterscheiden wir Einverleibungs- Ausscheidungs- und Arbeits- sowie Spiel-Sport-neurosen, vgl. S. 263 f.; auch die übrigen dortigen Ausführungen gelten mut. mut. auch hier.

a. Einverleibungstrophosen.

α. Eßangstneurose.

Funkt. Hypertr. (vw.) von sensor. ARSen einschl. DZn, deren Aktn. bestimmte Nahrungs- und Genußmittel oder ihre genetischen Derivate (Arzneien usw.) oder normaliter Ungenießbares sind, entspr. ahypertr. Ausdrucksaktionen an Mund, Schlund, Speiseröhre sowie andern an der Einverleibung beteiligten Muskelgruppen. Eßscheu (Sitophobie). Pat. erlebt in seinem kr. Bezirk die betr. Stoffe vw. engkreisig-geschlossen, infantilistisch. Ausdrucksaktionen: Bewegungsunruhe auf Angstenge, bei normferner Richtung in der Art der Meidung der Eßaufgabe (Abstinenz, Zurückhaltung, Ablehnung, Flucht, Verschluß des Mundes, des Gaumens, des Schlundes, der Speiseröhre, oft schon beim Anblick der „gefährlichen" Stoffe), bei normnaher Richtung in der Art der angstkrampfigen Bewältigung der Eßaufgabe (Abusus, zuviel Angstaufwand, Angst-Scheu beim *) Essen, vorm Zubeißen, ängstl. Schlingen, Angst, nicht genug zu kriegen, A. „um" das Essen). Je nach der Reflexstruktur richtet sich die Scheu auf bestimmte Stoffe (z. B. auf Fleisch überhaupt [Vegetarier] oder bestimmte Arten, Wurst überhaupt oder bestimmte [z. B. bluthaltige] Arten, Käse, bestimmte Fettarten, Zucker, Spinat, Erbsbrei, gewisse Gemüsearten, Gewürze usw.) oder auf mehrere Sorten, auch auf gewisse Zubereitungen (z. B. Schleimiges, Gekochtes, Gebratenes, Rohkostler usw., vgl. Mazdaznandiät u. a.

*) Die Angst-Scheu „beim" Essen ist auch Angst-Scheu „vorm" Essen: es wird ja eben mitsamt der (abnorm ahaltigen) Schwelle negiert: ist „eigentlich kein Essen".

Sektenkost), sie kann sich auch auf alle feste Nahrung richten, so daß nur flüssige Kost bleibt (manchmal in „feinstdurchgearbeiteter" Form, so daß „das feinste Fäserchen Schlundkrampf verursacht" und peinlichst entfernt wird), usw., sie kann sich auf das Essen, das Sattessen, die normalen Freuden des Daseins überhaupt richten**). Unsicherheit, was, wieviel, wie oft, wann, wo, wie gegessen werden muß, soll, darf, kann. Scheu vorm Gehen zu Tisch, vorm Eintritt in die Gaststätte, vor den Gästen (Platz suchen, „Spießruten laufen", sich in die Ecke verkriechen), vor dem Kellner (Bestellung Weltaufgabe, Pat. „läßt" den Kellner wählen, wartet, bis jem. am Nebentisch bestellt, und spricht ihm dann rasch nach, stottert irgendetwas heraus), vor der Tischordnung (pedantisches Innehalten oder Zurechtlegen der Eßgeräte), vor der Nähe und den Blicken der andern Gäste (Kloß, Würgen im Halse, Erröten-Erblassen u. a. beklemmende Unruhe, „aller Augen sind auf mich gerichtet"), anderseits vor dem Alleinessen, scheues Beobachten der andern (Wegsehen, scheues Hinsehen, Hinschielen, wie sie essen und schlucken), scheues (verlegenes, zeremoniöses) Benehmen bei Tisch, „immer zu anderer Zeit essen", alle 2 Stunden eine Kleinigkeit essen, Scheu vor Ergreifen und Handhaben von Messer und Gabel („Mordinstrumente", Fehlgreifen, zittriges Halten, Fallenlassen), vor Ergreifen und Zum-Munde-führen der Speise, vor großen Bissen (alles nur anknabbern, nur naschen), Scheu vorm Einnehmen der Speise (Pat. zittert, kriegt die Zähne nicht auseinander, kriegt die Speise nicht über die Lippen, läßt fallen), Scheu vorm Kauen (Pat. verschließt die Zähne, kriegt sie nicht zu, hält also den Mund tonisch offen, kaut klonisch), vorm Schlucken (Schlundkrampf), Scheu vorm Aufessen, vorm Restlassen, Scheu anzufangen, aufzuhören usw. Dazu auch Scheu vorm Markte, Laden, Einkaufen, Zubereiten, vorm Herde usw. Kurz, die Scheu kann sich auf alle möglichen Einzelheiten oder Gruppen von ihnen, auf das Essen überhaupt richten. Scheu vorm Einnehmen von Arznei. Vgl. S. 265 ff.

D e u t u n g. Die Eßaufgabe ist die Schicksalsprobe, die Prüfung auf Leben und Tod (im dämon. Sinne). Welches Tages du davon issest, wirst du des Todes sterben. Versuchung zu essen, aber die A. warnt und bannt den Eßzauber, sie verursacht die Methode, mit der allein ICH die drohende Gefahr entmachte (Beweis: ich bin noch „da"). Die Angst bändigt den H., den guten oder bösen Willen als den Eigen- oder Fremdzauber, die A.

**) Asketische „Bewegungen" = Sekten können sich epidemisch ausbreiten und sehr chronisch verlaufen, sich auch der Führung bemächtigen und unter dem Banner des ewigen Heils den Völkern unsägliches Unheil bringen, wie die Geschichte bezeugt. „Der schrecklichste der Schrecken, das ist der Mensch in seinem Wahn."

„dominiert“, sie ist die All-Ohnmacht. Speisen (Arzneien usw.) sind von unheimlichen Mächten besessen, sind Totes (Getötetes), und wer tötet, Totes ißt, verfällt der Rache der ausgetriebenen Lebens-Dämonen, Seelen, Geister, die als Rächer wieder töten, den Tod bewirken, sie sind „Gifte“, wie mir die A. sagt. Die Speisen machen Kot, der ist schlecht, verworfen, also muß auch das Essen, die Speise schlecht sein, muß ich das Essen meiden oder doch im Schutze meiner A. essen, d. h. eigtl. doch nicht essen, d. h. die Dämonie herausbannen, nur „Feines“, „Unschuldiges“, „Reines“ essen, nur ganz wenig nippen, mich beherrschen, in der Enthaltsamkeit üben, das Essen vergessen usw., die Askese garantiert das ewige Leben, die ewige Seligkeit. Die Speisen dürfen mein „Inneres“ nicht berühren, müssen von oben nach innen und unten „durchgleiten“ (Aspasmen auch innen, geringe Resorption usw.), so habe ich gegessen-nichtgegessen, bin ein Scheinesser, abstinent auch im Abusus, über die Angstmauer kommt der Feind-Zauber nicht hinweg. Was gut und böse ist, kann ich nicht entscheiden (A. vor der Entscheidung), ob also essen gut oder böse ist (mordere beißen = morden), ob meine A. gut oder böse ist (sie hemmt mich vor den „Lebens“-mitteln, der Eßfreude, und wenn ich gar nicht äße, müßte ich sterben, und meine „Mission“ wäre dahin), wer weiß das? Meine A. behütet mich, falsch zu essen, und gerade so esse ich falsch, wie ich an den andern beobachte, wie sie mir auch sagen; aber gerade meine Methode, sie sei falsch oder richtig, hat mich bisher gerettet. Wenn ich den Mund schließe, bin ich der Eßgefahr enthoben. Ebenso, wenn ich mich zwingen „lasse“ zu essen (vom Hunger oder von der Macht der Speisen oder von den Eltern, die mit Prügeln u. a. Strafen drohen), habe ja nicht ich gegessen, sondern habe die dämon. Gewalt des Hungers oder der Eltern gezwungen, mich zu zwingen, sie damit (mit wachsamer Unterwerfung) also verneint, ausgelöscht — und so auch die Dämonie des Essens und der Speise, auch trage ich auf diese Weise keinerlei Verantwortung, ich bin ja ohnmächtig — und damit allmächtig, kann so auch Speisen zu mir nehmen, vor denen die A. mich am dringendsten warnt, ja bin allein befähigt, sie (ihren Zauber) zu ertragen. Das Materielle am Essen, der Arznei usw. ist unwesentlich, wesentlich ist nur die Dämonie, und weil ICH sie banne, können die andern ruhig essen, ich kann sie sogar speisen-sättigen (Gott-Teufel, Christus, Gastwirt als „Priester“ usw.), sie ahnen gar nicht, was ich für sie tue: Ich esse für euch alle, auch wenn ich nur den kleinsten Bissen nehme.

Meine A. behütet mich vor dem Unheil des Beißens, Kauens, Schluckens: sie schließt den Rachen zu, ich schiebe das Fleischstück, das ich im Zwange der Eltern in den Mund nehme, in die Backentasche und spucke es verstohlen ins Taschentuch. Ich esse nie allein, immer muß ein Schutzmann oder eine Schutzfrau dabei sein, die „essen können", also in meinem Dienste die Rache der Dämonen entzaubern. Ich esse immer in Gesellschaft: diese ist mein Schutz, meine Leibgarde, ich bin der Herr (Abendmahl, „Tisch des Herrn"), der seinen Eßzauber den „Jüngern" überläßt, so daß sie fähig sind, für mich die Feind-Dämonie abzuwehren; damit opfere ich mich, sie essen mich selbst (mit der Substanz meinen Zauber), aber sie sind ja eins mit mir, ihr Zauber als mein Leben bleibt in meiner Allmacht, nur der Allherr kann sich opfern-aufopfern, ohne seine Allherrlichkeit zu verlieren, und mag es auch zweifelhaft sein, ob die Allmacht überhaupt noch mein ist, wenn „ein anderer" existiert, so ist eben dieser Zweifel „das Wesen" meiner Allmacht, die sich auch in die Ohnmacht verwandeln kann. Ich esse immer allein, heimlich, niemand sieht mich, niemand nimmt an meinem Dämonenbann teil, niemand darf mich in meinem heilig-unheiligen Zaubern stören (sonst wäre mein Zauber ausgelöscht, zerstört), niemand wird, wenn essen Schuld, Sünde ist, mitschuldig, man soll auch die Sünde, das Todesverbrechen, nicht „öffentlich" begehen, ich meide die „öffentliche" Eßprobe, entziehe mich den Prüfern und ihrer Kritik, so bin ich ihr Herr und kann essen, was, wann, wie, wieviel ich will, ich lasse mich nicht erwischen, dann hat die Sünde gar nicht stattgefunden. Auch das geringste Essen ist das ganze Essen, das Essen überhaupt; ob ich nur weniges oder „alles" anknabbere oder größere Teile esse, der Teil ist (magisch) immer das Ganze, das kleinste Verbrechen ist das Weltverbrechen: mit dem Biß würde ich die Welt zerbeißen, mit dem Schlückchen die Welt verschlingen, mit einem Schnitt die Welt zerschneiden, und ob ich eine Kartoffel, einen Apfel, einen Gemüsekopf, ein Tier usw. oder einen Menschen steche, schneide, verzehre: alles ist (animistisch-magisch) identisch, der Mensch ist auch nur eine verwandelte Kartoffel oder Rübe usw. oder „ein Tier in Menschengestalt" (er wird ja auch mit Tiernamen benannt). Ich aber meide die Sünde — auch wenn ich sie (anscheinend) begehe: meine A. ist der allmächtig-ohnmächtige Schutz, diese Entzauberung des Feindzaubers (Versuchers usw.), die Entsündung der Sünde, Entschuldung der Schuld ist die heilige Handlung, das fanum, das ICH all-ein und allein, fern vom volgus profanum vollziehen kann, darin darf mich niemand entdecken, niemand stören, der Weltzauber, der Weltkampf duldet keine Zuschauer, auch keine Teilnehmer, keine Ablenkung.

Ich fange nie zuerst an, „bitte nach Ihnen", die andern sind's gewesen, ich bin unschuldig, habe nur mitgemacht, weil ich ja mit meiner A. allein in der Lage bin, das Tun der andern zu entsünden, ich habe mich dem Willen der andern wachsam (also eigtl. nicht, nur scheinbar) unterworfen, passe auf, daß nichts passiert, nehme nur mit Vorbehalt (also eigtl. nicht, nur scheinbar) teil, habe die andern vorgeschickt, Vorposten, Voresser beauftragt, so daß sie in meiner Allmacht stehend den Feind-Dämon aus dem Essen usw. wegbannen, im Schutze meiner A. essen können. Ich muß immer zuerst anfangen, keiner darf mir zuvorkommen, ich habe A., das könnte doch geschehen, dann würde meine Allmacht, die allein die Dämonie des Essens und der Tischsituation negierend bannen kann, ausgelöscht, ich und die Welt wäre verloren; das „zuerst anfangen" kann auch eine unbemerkte Geste, ein gedachtes Zauberwort usw. sein. Ich höre zuerst auf, dann ist die Sünde noch nicht vollendet, der Eß-Tisch-Dämon „muß" warten, und ich werde eben niemals fertig. Ich lasse immer einen Rest auf dem Teller, so bin ich niemals fertig mit dem Essen, eine unvollendete Sünde ist überhaupt keine, kann nicht gerechnet und gerächt werden, so beherrsche ich die feindlichen Mächte; ich esse mich nie satt, meine A. verbietet das Wohlgefallen an der irdisch-teuflischen Speise, der „Völlerei", verhütet das satte Behagen, das die Vollendung der Sünde wäre. „Der Rest für die Gottlosen", die sowieso Teufel sind; ich opfere ihnen den Rest, so lassen sie mich in Ruhe. Ich höre zuletzt auf, so habe ich „das Ende" hinausgeschoben, ausgelöscht und den dort lauernden Tod entmachtet. Ich esse peinlichst alles auf, die letzte Spur muß getilgt sein, so ist das Ganze überhaupt nicht geschehen, meine A. triumphiert über das lauernde Verhängnis. Ich komme immer zu früh bzw. immer zu spät: so habe ich mit dem Essen nichts zu tun, habe die Termine, d. h. die daselbst lauernde Dämonie entmachtet, auch mein „Pünktlichkommen" ist doch ein Zufrüh-Zuspät, das nur eben „hintrifft"; ich komme immer haargenau, „mit dem Gongschlag": meine A., unpünktlich zu sein und mir so eine tödliche Blöße zu geben, beherrscht mit scheinbarer Unterwerfung den Terminzauber (Un-, Überpünktlichkeit, Terminangst, -zwang). Mit einem Zaubergebet am Anfang und am Ende der Mahlzeit sind die toten Seelen des „Getöteten" gebannt. Jedes Mahl ein Abendmahl, ein Sakrament (Ausklang der urtümlichen Pubertätsszene, bei der Leib und Blut des Herrn verzehrt wurde). Ich esse ganz wenig, dann habe ich überhaupt nicht gegessen, sondern nur meinen Segen gegeben, der den ewigen Tod negiert. Ich meide gewisse Speisen, die mir die A. als lebens-todesgefährlich anzeigt: so ist der Tod gebannt. Ich kaue, ohne zu kauen, d. h. bin „Hochkauer" (halte die Kiefer auseinander, kriege die Zähne nicht zusammen) oder „tue nur so, als ob ich kaue" (spast. Rhythmen), beiße nicht zu: so bin ich der Versuchung Herr. Ich lasse mir die Zähne ausziehen (mit schriftlicher Verpflichtung, an den

Zahnarzt keine Ansprüche zu stellen, weil er mir gesunde Zähne gezogen hätte), ich lege die Waffen nieder, habe wieder einen Säuglingskiefer („so ihr nicht werdet wie die Kindlein usw.), mag nicht zum „Mörder an der unschuldigen Kreatur" werden: so habe ich den Tod überwunden, die Welt erlöst. Im Fleisch lebt der Tod: ich meide es, entmachte so den Tod. „Fleischeslust" ist Verderben: ich schaffe es aus der Welt. Ich meide prinzipiell alles Blutige, Blutfarbene: Blut ist Todeszauber. Ich lasse die Speise ungekaut hinabgleiten: so ist nichts geschehen, im Innern paßt die A. weiterhin auf, daß mich der Tod nicht berühre. Ich nehme nur zehnmal gesiebte Suppe zu mir, es darf kein Fäserchen drinsein, und rutscht doch mal ein Krümelchen durch, fischt es meine Zungenspitze heraus; um einen Kinderlöffel (mein Heiligtum aus der Kindheit) Suppe durch den verengten Gaumen rinnen zu lassen, brauche ich „eine Ewigkeit" — ist das ein Essen? Ich lebe nur von Säuglingskost (Milch, Schokolade, die ich im Munde zergehen lasse, Obst usw.): so bleibe ich unschuldig, habe die Schuld gebannt. Meine A. vor dem Dickwerden kündet mir die damit verbundene Gefahr an: ich würde erkannt werden als einer, der gegessen hat („vom Baume der Erkenntnis"), als Freßteufel, der den Tod in sich trägt und in die Welt zaubert; bleibe ich ganz mager, so bleibe ich unschuldig, sogar unsichtbar, mache mich dünne, bin ein Gespenst — ein göttliches oder ein teuflisches, wenn ich „wie der Tod" aussehe, wie „eine Leiche auf Urlaub"? Ich sehe „schlecht" aus — ist Askese „schlecht"? Es setzen sich Fettdepots an (Fett wird nicht umgesetzt, sondern „abgelagert", Pat. ist „mager hinter dem Fett" — wie der Geizige arm im Reichtum usw.), sie verraten mich, ich habe doch gegessen — oder sind sie mir — bei der minimalen Nahrungsaufnahme — angehext worden („Ich weiß nicht, wo das Fett herkommt")? Ich muß sie um jeden Preis wegbringen, verheimlichen, wie der Geizhals sein geschwollenes Depot im Strumpf, in der Schublade, auf der Bank verheimlicht, ich muß es verlieren, wie der Geizhals sein Geld verliert (verschwendet), also hungern usw. aus A. vorm Dicksein. Ich esse derart, daß ich keinen Gebrauch von den Nährstoffen mache, sondern sie unbenutzt „ins Depot lege". Der H. zwingt mich „alles" zu essen, aber die A. sorgt dafür, daß sein teuflischer Trieb gebannt wird: das Essen gleitet in die Bauchhöhle-hölle hinunter, ohne „mich", mein „höheres Wesen", mein „Tabu" zu berühren, und wird dort höllisch verarbeitet und in die Erd-Hölle ausgeschieden — ein Vorgang, der sich „unterhalb meines erhabenen Ichs" vollzieht, getrennt von ihm durch die dämonische Angstmauer. Ich habe A., nicht genug zu kriegen, d. h. der Hölle nicht alles zu überliefern, so daß etwas übrig bliebe, das sich meiner Allmacht entzöge, aber meine A.

entmachtet alle Speise. Ich esse nur „geweihte" Speise, die A. weiht sie, zaubert mit ihrem Nein die Feind-Dämonie heraus, so bin ich geweiht-gefeit. Jeder Bissen eine Hostie. Das Essen muß nach genauestem Zeremoniell (Ritus) eingenommen werden, die geringste Abweichung (der Anordnung usw.) entfesselt die Feind-Dämonie, der geringste Fehler ist das Verhängnis; und wenn mich die andern pedantisch, albern, komisch usw. schelten, so mögen sie es tun: sie wissen ja nicht, worum es sich handelt, sie denken an die Materie, das Irdische, sie ahnen nicht und dürfen nicht ahnen, daß ICH, meine Allangst die Eßsünde und damit alle Sünde, den Tod und Teufel entmachte und die Welt erlöse.

Sehe ich einen Schlächterladen mit den Tierleichen, so krampft sich mir alles zusammen. Wenn ich daran denke, daß die Menschen solche Leichen essen, wird mir übel — MIR, für die andern: der Todeszauber (das Übel, Böse) wirkt auf mich, meine A. ist so fein empfindlich, und dadurch, daß sie den Zauber merkt, warnt sie mich und bannt jenen, so daß die andern das Leichenfleisch unbeschädigt essen können. Wenn ich im Lokal Leute essen sehe, möchte ich am liebsten auf sie zustürzen und sie warnen: haltet ein! ihr wißt nicht, was ihr tut! aber meine A., die mir die Lebens-Todesgefahr anzeigt, hemmt mich vor diesem Schritt (der mich den andern als den Gott- und Teufelsseher offenbaren würde, so daß sie mich anbeten und Wunder verlangen oder verfluchen, aus-lachen, in jedem Falle meine Alldämonie entmachten würden) und rettet so die Allmacht, die von meinem Platze aus auf die bösen Mächte im Essen der andern entzaubernd wirkt (Beweis: diesmal ist noch nichts passiert), ich muß immer aufpassen, in alle Gaststätten, die ja alle Filialen der Hölle mit ihrer Mordlust usw. sind, nach der Liste gehen und die Teufeleien entmachten, wie Christus in derselben Mission zur Hölle fuhr. Am gefährlichsten ist der Moment, in dem der große Bissen durch den Hals rutscht (kindliche Verwechslung des Kehlkopfes mit einem Bissen, der die Kehle vorwölbe wie bei einer Schlange); da droht der Tod mit Ersticken des Essers, wie ich es bei mir erlebt habe, damals hat mich die A. gerettet (Verschluß, Herauswürgen), und jetzt rettet sie die andern: so bin ich der Welt Retter und Heiland. Usw.

Essen ist Gift, auch A r z n e i ist Gift, enthält den Lebens- oder Todeszauber, aber wer weiß, welchen? so ist es das einzig richtige, Arznei zu meiden, „um Gottes und aller Heiligen willen kein Mittel!", der Arztzauber sitzt darin, und wer kann sagen, ob der Arzt Lebens- oder Todbringer, Gott oder Teufel ist? Das Eß-, Arzneigift bringt Krankheit, die Botin des Todes, fördert den Krankheitszauber, der mich schon besessen hält.

Die Arznei ist (auch) heilig oder unheilig, das Einnehmen ein Abendmahl (Tablette = Hostie, Medizin = Wein = Blut), ich banne mit meinem Nein die Versuchung, die Entscheidung über (ewiges) Leben und (ewigen) Tod und bin so Herr über Leben und Tod, die Allmacht. Ich stelle das Mittel in meinen Dienst gegen die Krankheit: ich nehme sofort ein, eine minimale (homöopathische) Dosis, die doch der ganze Zauber ist, das Arcanum der weisen Frau, schlucke mit ängstl. Hast hinunter, so kann die Krankheit mich nicht umbringen, der böse Zauber ist entmachtet. Ich ertrage den Todeszauber der Arznei — bin ich dann schon tot, der Tod selber, den ja der Tod nicht nochmals töten kann, — oder das Leben, dem der Tod nichts anhaben kann, — oder ist alles umgekehrt? die A. bannt die Entscheidung, sie ist in ihrer ewigen Unsicherheit mein und aller sicherer Führer.

β. Trinkangstneurose.

Trinkscheu (Potophobie) analog wie Eßscheu. Scheu vorm oder beim Trinken von (je nachdem) hellem, farbigem, klarem, trübem, warmem, kühlem usw. Wasser, von Milch (überhaupt oder kalter, warmer, roher, gekochter, mit der „Haut" versehener usw.), von Kaffee, Tee, Alkohol (überhaupt der spez. Sorten), Medikamenten usw. Abstinenz oder Abusus, in vielen Fällen wechselnd. Varianten des Verhaltens wie bei Eßscheu beschrieben.

Deutung wie bei Eßscheu beschrieben, vgl. auch S. 268 f. Problematik, ob ich überhaupt oder das „gefährliche" Getränk trinken muß, soll, darf, kann, und was passieren würde, wenn ich die Trinkprobe = Schicksalsprüfung meide oder überstehe oder nichtüberstehe („durchfalle"): meide ich sie, bin ich dann still- oder ohnmächtig gegenüber dem Trink-Getränkzauber und der (dämonisch-autoritär erlebten) Person, die mich zur Probe auf-, herausfordert? überstehe ich sie, wird sie in erschwerter Form doch wieder auftreten (magische Verwandlung der leeren Flasche in die volle usw.), bis ich am Ende doch durchfalle (unter den Tisch falle) und „am Ende", entzaubert, negiert, ausgelöscht bin? falle ich aber sogleich durch, bin ich sogleich entmachtet, also ist es „auf alle Fälle" richtig, das Einzig-Richtige, mich der Prüfung zu entziehen, mich dafür zu entscheiden, mich nicht zu entscheiden, den „Mut zur Feigheit" aufzubringen, der das wahre Heldentum ist? Meine A. ist die All-Ohnmacht, die mir die Trinkgefahr anzeigt und damit zugleich bannt: so kann mir nichts geschehen, gleichviel, ob ich das Trinken-Getränk meide oder — eben im Schutze meiner A. — zu mir nehme, denn auch da trinke ich ja eigtl. nicht, berührt „mich" der Feindzauber nicht, ich trinke ja nur mit allem Vorbehalt (tonisch-spast. Offenbleiben des Mundes usw., so daß das

Getränk nur „durch-vorbeigleitet", ebenso innere Spasmen als „Schutzmauer").

Beispiel Alkoholscheu. Pat. geht es nicht darum, das Genuß-Nahrungsmittel zu sich zu nehmen, sondern den Alkohol-Dämon zu bannen, er sei Gott oder Teufel, Leben oder Tod (vgl. die pubertätlichen Trinkproben, 4. Bd. § 8, 3 u. 4; Weißwein himmlisch, Rotwein höllisch — oder auch umgekehrt?). Meine A. befähigt mich, der unheimlichen Versuchung zu widerstehen: kein Tropfen über meine Lippen! ich bin stolz auf meine Standhaftigkeit, aber bin ich nicht eigtl. feige, flüchtig (die andern trinken und sind lustig und guter Dinge)? indes die andern können ja nur trinken, weil ICH den Alkohol negiere, den Teufelstempel (die Gaststätte, Kneipe) meide, ja die Verlockung gar nicht mehr verspüre. Ich muß meine Erlösungslehre verkünden, gegen den Alkohol predigen, eine „Abstinenzbewegung" (Sekte) schaffen, eine Zeitschrift gründen, „Apostel" anwerben usw. Ich trinke nur ganz wenig, so habe ich den Versucher überwunden. Ich kann trinken, soviel ICH will: ich trinke ja gar nicht eigentlich, sondern zeige nur dem Dämon (von Zeit zu Zeit), daß ich mir aus ihm nichts mache, ich trinke negativ; so gebe ich auch gelegentlich den Versuchern nach, die mich ermuntern, aber damit beherrsche ich sie. Ein Versucher ist auch der Durst nach Alkohol, vom Dämon mir eingezaubert, aber meine A. negiert ihn, löscht ihn aus, er hat keine Macht über mich. Auch Christus fuhr in die Hölle, wo die Völlerei verübt wird, aber nicht um selber Teufel zu werden, sondern um den Teufel in seinem Verließ aufzusuchen und zu bannen; so kann auch ich in die Kneipe, die „Höhle des Löwen" gehen im Schutze meiner allmächtigen Angst. Ich habe A., nicht genug zu kriegen, ich muß ja alle Feind-Dämonie in meine Alldämonie einnegieren, wehe, wenn mir ein noch so kleines Zauberchen entginge, dann wäre alles dahin, aber wenn ich mich aus lauter A. betrinke, hat dann der Feind-Dämon nicht von mir Besitz ergriffen? nein, ich lasse ihn bloß in mich hinein, um ihn um so sicherer zu entmachten, meine Allmacht zu wahren. Ich darf doch nicht zeigen, daß ich etwas nicht kann, ich würde sonst für einen Schwächling gehalten, ausgelacht werden, und das wäre mein Untergang. Ich trinke zeremoniös, denn Alkohol ist Blut und Leben-Tod, ist die Gottheit, das Trinken ein Gottesdienst — oder Teufelsdienst, den man genauestens zelebrieren muß (vgl. „Komment"), weil sonst der Feind-Zauber wirken, mein Allzauber verwirkt sein würde (vgl. Abendmahlswein als magische Verwandlung des Blutes des Herrn, der im Pubertätskampf überwunden wurde, Transsubstantialismus oder Symbolismus?). Der Alkohol ist vielleicht doch eine Gottesgabe, aber meine A. sagt: eine versucherische, Gott will mich bloß auf die

Probe stellen, meine Standhaftigkeit prüfen, dazu bedient er sich auch — teuflischer Mittel. Ich allein vermag, mich darbietend (opfernd), den Feind-Dämon zu bannen: so trinke ich für euch alle. Ich kann den Gottes-Teufelsdienst als Bannung des Feindes nur zelebrieren, wenn ich allein bin („stiller Suff"); ich muß dann zwar auch allerlei Zeremoniell innehalten, aber niemand darf mich bei der heilig-unheiligen Handlung beobachten, entdecken, stören: er würde meinen Zauber auslöschen, mich dem Alkoholzauber überliefern oder selbst zugrundegehen (magisch-mirakulös siegen oder untergehen — aber was nun und wie? ewiges Rätsel!); — so bin ich der heimliche Welterlöser. Mir schmeckt es nur in Gesellschaft: ich bin dann im sicheren Schutz meiner Leibgarde, die in Ausübung meines Zaubers, in meiner Allmacht trinkt. Ich muß immer vortrinken (der erste sein), ich muß immer mittrinken (inmitten sein), ich muß immer nachtrinken (der letzte sein), alles austrinken, einen Rest lassen, mit einem (für die andern unerkennbaren) Zauberwort, auch einem gedachten Gelübde, Selbstverbot usw., mit einer Zwangsgeste usw. den Feind entmachten. Usw.

Der Alkoholdämon kann sein gewöhnliches Zuhause verlassen, sich in Menschen, Tiere usw. verwandeln, mich in allerlei Gestalten verfolgen — oder bin ich es, der ihn verfolgt, ihn nötigt mir zu folgen? Ich muß mich über jem. ärgern, der Satan wirkt aus ihm, er ist ein Satan, es ist der Alkoholteufel, der mich so antreibt, in die Kneipe zu gehen und zu trinken, aber er irrt sich: ich saufe den Ärger tot. Ich flüchte mich vor drohenden Schicksalsschlägen in den Tempel des Gottes oder Teufels, an den Altar, an dem ich geborgen bin, mich mit dem heiligen oder unheiligen Zauber stärke, so daß alle Angst vor dem Schicksal verblaßt, ich mich als Herr des Schicksals, des Himmels und der Hölle, der Welt überhaupt erweise. So werden alle Anschläge des Schicksals an meiner A. zu schanden. Ist da der Alkohol mein Feind oder mein Freund? Sonderbare Gestalten verfolgen mich — oder verfolge ich sie? (deliriöser Verfolgungswahn, verfolgter Verfolger). Sind die kleinen-großen Gespenster wie weiße Mäuse, Spinnen, Würmergewimmel, Hühner, seltsame Hunde, Zentauren u. a. Spukgebilde nicht Teufelsgestalten, die ich in meinem Alkoholzauber erst sehe, so daß er mir den Zugang zur Welt der Geister eröffnet, mich selbst zu einem Geiste (Wein-geist) macht (analog alle Rauschgifte)? Trinken macht die Augen hell — ich werde Hellseher, die irdische Welt verschwindet, die jenseitige tut sich mir, dem Erwählten, auf. Ist das Gottes Segen oder Teufels Fluch — oder Gottes Fluch oder Teufels Segen? Zeigt mir Gott die Welt der Teufel, schickt er mich in die Hölle, damit ich den Teufel banne, — oder bin ich selber der Teufel und somit unter meinesgleichen, banne die Engel des Himmels,

Gott selber? Der Kampf geht auch weiter, nachdem ich in die irdische Welt zurückgekehrt bin: der Katzenjammer, der Moralische ist das Zeichen, daß die bösen (oder?) und guten Geister in mir rumoren, mich oder sich untereinander zwicken und zwacken, ich sehe sie auch noch herumschwirren als Fratzen in der Luft, in der Tapete, als allerlei Getier (weiße Mäuse usw.), Menschenköpfe usw., sie sausen mir auch als Gedankengeister im Kopfe herum...

Ich muß eine Arbeit leisten, z. B. als Kontrollbeamter von Zimmer zu Zimmer gehen und meine Allmacht beweisen (indem ich eben Fehler finden, richtig und falsch unterscheiden muß), so nuckle ich vor jeder Zimmertür verstohlen ein Tröpfchen Rotwein aus dem Kinderfläschchen, das ich in der Westentasche trage, dieser Zauber überwindet alle Hemmung, ich bin frei und unfehlbar (S. 82). Mit einem Schluck nehme ich den ganzen Zauber in mich auf, bin schon gleich beduselt, ja eigtl. schon betrunken, wenn ich Alkohol sehe; ich bin überempfindlich gegen Alkohol, intolerant, aber dies ist ja gerade die feinste Toleranz; die Fähigkeit, kleinste Dosen Gift zu binden-bändigen, der Schutz davor, mehr zu trinken. Ich kann trinken, soviel ich will, ich werde nur immer nüchterner (Aspasmen der Gefäße, so daß nicht viel Alkohol ins Blut übergeht, Anstieg der Angstintensität beim Trinken, beschleunigter Stoffwechsel), der Alkohol kann mir nichts anhaben. Usw.

Analog Abstinenz gegen M e d i k a m e n t e sowie Abusus: Medizin ist Zaubermittel, dämon. Gift, ich werde mit ihm fertig, sei es, daß ich es absolut, prinzipiell ablehne, sei es, daß ich es „unberührt" schlucke. Mag der Arzneizauber gut oder böse sein, ich bin in meiner A. gegen ihn gefeit, bin giftfest. Wäre der Zauber gut, so müßte er mir ja eigtl. willkommen sein, aber ich bin mißtrauisch: der gute Zauber kann Lug und Trug sein, sich in bösen verwandeln, versteckter böser sein usw., und wenn auch nur die geringste Möglichkeit, der Verdacht besteht (und er besteht ja), daß mir das Mittel schadet, lasse ich es lieber weg, den Ärzten ist ja auch nicht zu trauen, und am Ende ist gerade meine Krankheit das Gute, von Gott gesandt, mich gesund zu machen, sie ist der Versuch der weisen Mutter Natur, die — Krankheit, den kranken Menschen zu heilen (vgl. 6. Bd. S. 48), soll ich der weisen Mutter Natur ins Handwerk pfuschen? Weg mit den Ärzten und ihrem Arzneikrams! Höchstens Homöopathie — die könnte wohl nichts schaden, aber vielleicht doch? und nützt sie etwas? In meiner A. vor der Krankheit greife ich sofort zum Zaubermittel: es schützt mich, übernimmt meinen Angstzauber, die Krankheit ist gebannt. Ich muß für jeden Fall das Mittel bereit haben, nicht die gefährlichen Gifte aus der Apotheke, sondern biochemische usw. usw. Arcana, Hausmittel nach

„uraltem“ Rezept, die Homöopathen haben für jedes Symptom ein Mittel, ich muß mich beobachten und Symptome entdecken (es sind immer welche da, die Krankheitsdämonen haben es auf mich abgesehen, auf MICH allein, den Auserwählt-Verfluchten, der alle Krankheit für alle trägt; Hypochondrie), dann sofort einnehmen, viel und vielerlei, ja allerlei, so bin ich gefeit, negiere die Feind-Dämonie. Aber ein Tropfen Gift ist Gift überhaupt: ich nehme einen Tropfen und muß nun den Tod erwarten, ich lege mich zum Sterben schön zurecht, aber meine A. läßt mich nicht sterben, ich bleibe wach, ich treibe mein Spiel mit dem Tode. Usw.

Meine Macht über Leben und Tod im Arzneimittel kann ich auch darin beweisen, daß ich mit ihnen umgehen, sie zubereiten, verwahren, dosieren, verordnen kann, selber freilich keines nehme (wozu denn? ich bin ja ihr Meister). Den andern reiche ich den Zauber dar, nach genauer Vorschrift, da sonst der Zauber böse wirken würde. Ich muß „Hypochonder an den andern“ sein, überall Symptome — auch die feinsten — „riechen“ und allerlei Mittel dagegen anwenden, „die Krankheit“ „aus der Welt schaffen“, als „Heiland“ die Welt vom Übel erlösen (Vielverschreiber unter den Ärzten, Überdiagnostiker, Überprophylaktiker, Laienquacksalber). Ich muß an mir und andern die Zaubermittel ausprobieren, aufs feinste beobachten und alles notieren, denn ICH bin der Heiland. Ich muß aus gewissen Menschen, die mir und damit allen Tod-Feind sind, den Satan austreiben mit meinen Zaubermitteln, die ich ihnen heimlich ins Getränk mische (Giftmischer, Giftmörder); wenn auch der Leib zerfällt, die Hauptsache ist, daß der Böse ausgetrieben wird (vgl.. Hexenverbrennungen). Je zahlreicher die „Opfer“, desto sicherer wird der Satan entmachtet; man kann da gar nicht genug tun in diesem heiligen Werk, aber ist der, der so den Tod verhängt, nicht selber der Tod-Teufel? Mir wird Angst und Bange, wenn ich sehe, wie jem. Arznei nimmt: um Gottes willen, wenn bloß nichts passiert! es passiert nichts, also hat sich mein Angstzauber bewährt, den Arzneizauber erkannt-gebannt, zum Guten gewandt; es passiert (nach Meinung des Pat.-Beobachters) doch etwas (z. B. Krankheit wird schlimmer), so habe ich es geahnt, ja gleich gesagt, es hätte noch schlimmer kommen können, meine Angst-Scheu hat das verhütet. Usw.

γ. Atmungsangstneurose.

Sensor. Aspasmen am Atmungsapparat. Atmungsscheu (Pneumophobie), Stimm-Sprechscheu (Phonophobie, Phonasthenie). Scheu vorm-beim Atmen, vor der Luft überhaupt wie vor bestimmten Luftarten, Gasarten, vorm Einatmen von Rauch (bes. Tabakrauch, Angst-Scheu vorm-beim Rauchen als Abstinenz-

Abusus, Nichtraucher, Verlegenheitsraucher usw.) je nach Reflexstruktur, wie S. 379 ff. angegeben, vgl. auch S. 271 ff. Krampfige Verengung der Nasenöffnung, auch ergänzt von zuklemmenden Fingern, Verengung des Nasenganges, der Choanen, der sensor. Apparate des Kehlkopfes, ferner krampfige Kontraktion der sensor. Atmungsangstmuskeln, und zwar klonisch-klonoid-tonische Spasmen um die Angstenge zwischen Verschluß (Verstopfung, Abstinenz) und spast. Offenbleiben (Durchfall, Abusus) schwankend. So Beben, Zittern der Nasenflügel, hörbares Schniefen usw., Verschluß der Nase (in Konfunktion mit den vegetativen ARSen, wobei Schwellungen der Schleimhaut, der Schwellkörper usw., oft so intensiv und anhaltend, daß [so gut wie] nur noch Mundatmung stattfindet), Hemmung der Ein- und Ausatmung: Einengung des Atemvolumens, oft bis auf ein Minimum, das kaum merklich um die Nasenöffnung spielt, bei intermittierendem Verschluß Atemstottern usw., sensor. Anteil an Asthmoid, Asthma usw.

D e u t u n g. Problematik: muß, soll, darf, kann ich atmen oder nicht, und welches Verfahren ist das richtige oder falsche? usw. Atmungsprobe als Lebens-Todesprobe, Schicksalsprüfung wie S. 385 ff. angegeben. Einengung als eine Art Filtrierung der Luft, Abfiltrieren des „Gefährlichen"; der guten oder bösen Seele usw., der Dämonie der Wärme-Kälte, des Nebels, Rauches (auch Tabakrauches), der Bazillen, Stäubchen, Pollen usw. Höchste Sicherheit ist der „absolute" Verschluß der Nase, aber da geht die gefährliche Luft durch den Mund ins Innere, also doch absolute Unsicherheit? Die Atmungsscheu ermöglicht das Atmen-Nichtatmen, entmachtet mit ihrem All-Nein die verhängnisvolle Gefahr der Atmung, der Luft.

S t i m m - S p r e c h s c h e u. Hohl-enge, gepreßte, bange, stöhnende, schaurige Stimme (je nachdem wieweit sich das Sprechrohr spast. verengt), derart je nach Lage der Stimmenge angstvolle Bruststimme, A., daß „die Stimme ins Bodenlose sinkt", keinen Halt hat, Singen in den Bauch hinein, „Bauchsänger" analog „Bauchredner", eine Art phonetische Antiperistaltik mit spast. Kontraktionen der sensor. Atmungsmuskeln des Thorax, wobei die Luft nach unten gepreßt wird, die Stimme nicht „herauskommt", dazu spast. Kontraktionen der Amuskeln des Bauches mit Hochdrängen des Zwerchfells, auch spast. Kontraktionen des Zwerchfells, so daß die Stimme „eingekeilt" ist (Paradoxie wie bei Darm-, Blasenspasmen: Verschluß unten gegen Druck von oben). Kehle wie zugeschnürt, Kloß im Halse, Kehldeckel überlagert von der Zungenwurzel, die sich krampfig nach hinten zieht, Verschluß muß von unten her gesprengt werden, übertriebene Stimmgewalt, ferner Knödeln, Näseln (Gaumenenge, so daß Luft z. T. durch die Nase geht), „Verhalten" der Stimme bei Kiefer-Lippenenge (Paradoxie wie oben). Bei intermittierendem Verschluß der Stimmritze stockende, stotternde, stoßende Intonation, oft in der Art von habit. Schreckausrufen, Verlegenheitsräuspern usw., bei anhaltendem Verschluß spast. Stimmlosigkeit (vox faucibus haeret, Zugeknöpftheit, Verstocktheit, Mutismus, Aphonie), bei spast. Offenbleiben der Stimmritze (spast. Lähmung) eine andere Art der Aphonie (weitere Arten Aphonie bei laryngealer Hypofunktion, Störung des Kontaktes der sensibel-motorischen Leitung, bei schlaffer Lähmung der Stimmbänder — abgesehen hier von den hadrotischen Aphonien). Laryngeale Verstopfung — Durchfall, auch intermittierend und interferierend.

Hierbei handelt es sich um vw. koordinative Störungen, also solche der Intonation und der Koordination der Vokale und der Konsonanten, um Störungen der Stimm- und Sprech t e c h n i k. Von ihnen zu unterscheiden sind die Störungen des b e s c h r e i b e n d e n Sprechens (4. Bd. S. 349 ff.). Letztere können (so gut wie) für sich vorkommen, also bei (so gut wie) ungestörtem Singen, das ja als technische Funktion leichter vonstatten geht als die Beschreibung der Dinge (das Kind „kräht" zuerst, dann fängt es allmählich an zu sprechen). Ist aber die Stimme gestört, so auch immer das beschreibende Sprechen. Viele Stotterer sind nur Sprechstotterer (stottern nur beim beschreibenden Sprechen), nicht Stimm-(Kehlkopf-)Stotterer, sie können also (so gut wie) frei singen; alle Stimmstotterer sind aber auch Sprechstotterer. Bei Hypo- und Aphonie leises, zaghaftes, scheues bis stimmloses, lispelndes Sprechen (z. B. A. vor Schmerzen bei stimmhaftem Sprechen, Pat. wagt keinen Ton horvorzubringen), dies ebenso wie das Stottern usw. in Permanenz oder nur in akuten Azuständen manifest. Viele Stotterer können allein (so gut wie) frei sprechen, auch Menschen gegenüber, vor denen sie keine A. haben (Bekannte, Untergebene usw.), fangen aber sofort an, mehr minder heftig zu stottern gegenüber autoritär erlebten Personen (die auch kleine Kinder oder Untergebene sein können, als Prüfer erlebt), viele andere Phonastheniker wagen überhaupt, andere nur in Gegenwart gefürchteter Personen kein lautes Wort zu sagen, verstummen gerade dann, wann sie reden sollten, sind verstockt, wortverstopft, lassen sich jedes Wort abkaufen, es ist kein Wort aus ihnen herauszubekommen, andere stoßen in (H. u.) A. überlaute Worte hervor, reden zuviel (Rededrang, Wortsalat, Wortschwall, Wortdurchfall, leere Worte, Suada, Pseudologik), zu hastig, alles mögliche durcheinander, sprunghaft, lassen niemand zu Worte kommen, schwelgen in Ausreden, Vorwänden, Verlegen- und Verlogenheiten, ständig in Angst, ertappt und damit (magisch) vernichtet zu werden. Manche stottern „privat", sobald sie über sich selbst (ihr vermeintliches Geheimnis) und aus sich selbst sprechen sollen, „Selbstbekenntnis" ablegen, ihre persönliche Meinung sagen sollen usw., dagegen können sie öffentlich-offiziell (so gut wie) frei sprechen, z. B. der Geistliche auf der Kanzel, der ja nicht „selbst" und nicht von sich selbst spricht, sondern „Sprachrohr Gottes" ist, auswendig gelernten Text hersagt, also unverbindlich-sakraler Sprechmechanismus ist (sie bedenken nicht, daß der Mensch mit jedem Wort „sich verrät", es sei „persönlich" oder „sachlich"). Die Sprechscheu erstreckt sich nur auf gewisse Buchstaben (je nach Lage der Enge: Gutturale oder Dentale oder Labiale) oder Wörter oder ist ausgebreiteter; bei Stimmscheu ist alles Sprechen gemäß der Stimmscheu gestört. In der Angst-Scheu fehlreden, sich-versprechen, lügen, Ausflüchte vorbringen, die Pat. als Ausreden kennt oder für bare Münze hält, jedenfalls als (magischen) Schutz gegenüber der lebens-todesgefährlichen Entscheidung verwendet. Dazu spast. Dysfunktionen der vegetativen Muskeln und Drüsen: Verschleimung, Heiserkeit, häufiges Räuspern, Verlegenheitshusten usw.

Deutung. Problematik: muß, soll, darf, kann ich singen, sprechen oder nicht (koordinative Angst-Scheu vor der dämon. Prüfung auf Stimm-Sprechtechnik), und was muß usw. ich singen, sprechen und was nicht (Angst vor der dämon. Prüfung auf richtiges und falsches, gutes und böses, schönes und häßliches Beschreiben)? Was würde passieren, wenn ich es richtig mache (dann würde ich weiter und schwerer geprüft werden, am Ende doch durchfallen, darauf hat es ja der Prüfer abgesehen), und was, wenn ich es falsch mache (gleich durchgefallen, als „falsch, böse, dumm" erkannt, tödlich blamiert, vor Scham in die Erde sinken)? Also ist es besser, die Prüfung, die Kritik zu negieren, dadurch, daß ich sie meide (stumm bin wie der Tod, der Tod bin, aber auch Gott schweigt) oder spreche, ohne zu sprechen (im Schutze meiner A. spreche), negativ spreche, also eigtl. nicht spreche, nur (wie Gott und Teufel) in irgendeiner Form „orakele". Ist die Gefahr da, warnt mich meine A. und macht mich verstummen: den Stummen kann man nicht prüfen, er sei der Tod oder das Leben, ich behalte „alles" für mich, der Wort- und Gedankenschatz bleibt komplett, ich lasse mir kein Wörtchen entreißen, um so weniger, je heftiger ich bedrängt und bedroht werde, je dringlicher die Lebens-Todesgefahr wird, die in und aus den dämonischen Personen wirkt; meine A., mein ewig wachsames Mißtrauen erkennt und bannt diese Gefahr mit absoluter Sicherheit-Unsicherheit. Wie leicht könnte ich mich verraten! darum: Mund halten, Vorsicht! sonst wäre es um mich geschehen. Gebe ich ein Wörtchen preis, so mich im Ganzen, meine Alleinheit-Allmacht wäre versehrt und ausgelöscht. Die Worte sind gespenstische Zauberwesen, eines abgeben heißt: die Zaubermacht abgeben, eines verlieren heißt: sich selbst verlieren. Bes. gefährlich ist es, den Namen zu nennen, der ja ich selber (magisch identisch mit mir) ist: wer meinen Namen kennt, kann mit mir machen, was er will, mich zitieren (wie die Geister), ich muß folgen (dämonist. Deutung der realiter rein reflexmäßigen Bewegungen nach dem Gerufenwerden als spez. akustischen Aktn.). Ich spreche so leise, daß mich niemand hört („hast du was gesagt“?), niemand versteht, ich spreche so wenig, daß ich eigtl. nicht gesprochen habe, nur unverbindliche Andeutungen, Bruchstücke eines Wortes oder Satzes (nie zu „Ende“ sprechen!), die ich sofort zurücknehmen, anders auslegen kann. Ich stottere, d.h. ich mache erst eine Probe, und wenn ich am Gesicht usw. des Prüfers merke, daß er denkt, ich würde nun etwas Falsches sprechen, halte ich sofort zurück: Unheil gebannt. Ich spreche der Autorität nach dem Munde, meide so jede Diskussion mit dem Feind-Dämon, entmachte ihn so. Ich spreche nur ganz fein, Feines, vor allem groben, derben, handfesten = teuflischen Worten bewahrt mich die A. Ich spreche nusselnd, unartikuliert, undeutlich, mit Wortmanschereien, Entstellungen, Vorbeireden, mit „meiner“ Sprache. die den andern unfaßbar, unverständlich ist, also „meine Geheimnisse“ wahrt. Ich spreche soviel und so rasch, daß niemand mir folgen, mich unterbrechen kann. Ich muß immer das erste Wort, das letzte Wort haben, immer mitsprechen: so bin ich nicht zu fassen. Ich spreche grammophonartig: so bin ich es nicht, der spricht, sondern nur mein Mund. Ich spreche nach: so spricht der andere aus mir. Ich drücke mich immer so aus, daß ich auch das Gegenteil gesagt haben könnte. Ich lasse mich nicht fangen = entmachten. Ich lege mich niemals fest, meide jeden Entschluß, alles Definitive, springe von Thema zu Thema, spreche immer in Vorbehalten (die oft so versteckt sind, daß niemand sie merkt): festlegen ist bannen. Ich lüge — mal sehen, ob der Prüfer es merkt, ich prüfe den Prüfer, er ist machtlos. Werde ich ertappt, lüge ich mich aus — auch mit wahren, glaubhaften Angaben. Ich lüge, führe irre: der Prüfer kann mich nicht erwischen — wer könnte den Gott prüfen und wer den Teufel? Dazu entzaubert mein Denken, daß ich lüge, die Lüge, sie ist nur noch irdisches Wort, als solches belanglos, Schall und Hauch, das Wesentliche, das Teuflische der Lüge ist durch mein Wissen herausgebannt (reservatio mentalis). Ist denn die Lüge böse, ist sie nicht wenigstens manchmal gut, z.B. wenn ich den Vater, den Vorgesetzten nicht ärgern, den Kranken nicht entmutigen will? Lügt bloß der Teufel — oder nicht auch Gott? muß er nicht lügen, wenn doch die Menschen die Gotteswahrheit nicht ertragen können? er lügt, indem er die Wahrheit sagt, er sagt die Wahrheit in seiner Lüge — und etwas anderes tut der Satan auch nicht (5. Bd. S. 368). Aus mir spricht die Allmacht: es ist ganz gleich, was ich sage, meine A. ist mein sicherer-unsicherer Führer, Hauptsache, daß die andern mich nicht erkennen. Mundus vult decipi, ergo decipiatur. Meister der Lüge und Meister der Wahrheit — das ist die Gottheit, also ICH. Immer Recht behalten, auch im Unrecht! Ich „lasse" die Worte herausfallen, „ich" war's ja gar nicht, der sie gesprochen hat, „es" hat aus mir gesprochen, wie kann ich verantwortlich sein? Ich rede den andern, den Feind-Dämon tot, so ist er gebannt. Ich verstecke mich hinter den Schleier des substanzlosen Wortschwalles (auf den materiellen, irdischen Sinn der Worte kommt es ja nicht an, sie sind ja nur Vehikel des Dämonischen-Geistigen), so sage ich nichts und alles, hüte mich, mein Geheimnis, bin und bleibe tabu. Ich opfere in freiwilligem Zwange meine Worte dem Feind-Dämon, so läßt er mich in Ruhe, ist zufriedengestellt. Ich „muß" „alles" sagen (bekennen usw.), so ist das All gewahrt; schließlich sind ja auch die Worte der andern meine, ich „lasse" sie sprechen, aber höre nur das, was mich die A. hören läßt. Ich muß immer erproben, ob mein Wortzauber noch wirkt: Ich frage immerzu, auch geringste Kleinigkeiten, es darf mir nichts entgehen (aber gelingt das?), die andern müssen antworten, ich spreche nie positiv, Fragen sind unverbindlich. Ich stelle niemals eine Frage, sonst wüßte der Gefragte, daß ich etwas nicht weiß, daß mir etwas fehlt, ich nicht vollkommen, allwissend, dem andern unterlegen bin, er würde auch gegenfragen, ich würde vielleicht in Verlegenheit geraten, nicht oder falsch antworten, mich verraten, auf den Leim gehen, der Gott-Teufel hätte mich in seiner Gewalt usw. (vgl. Wotan und Mime in R. Wagners „Siegfried" usw.). Sage ich „alles", so habe ich nichts zu sagen unterlassen, aber wenn ich nun doch etwas vergessen-verschwiegen hätte? ein Zauberwort („usw.", „alles") muß das vielleicht Fehlende ersetzen, dann fehlt nichts, auch alles Böse habe ich gesagt, die Prüfung ist annulliert (Beichte, „Gott muß vergeben" — aber ob er's tut?). Ich rede niemals zur Sache, immer hübsch um den Kern herum oder plötzlich von ganz andern Dingen: so beherrsche ich das Wort und den Feind-Dämon, der es mir entreißen möchte. Ich rede jedem zum Munde, gebe alles zu, meide jede Erörterung, bin immer mit allem (scheinbar) einverstanden, „eine Sepia der Meinung", „ein Chamäleon des Wortes": dann kann mir der andere nichts tun. Ich sage immer Ja, aber so, daß es neinhaltig ist, ein vorbehaltloses Ja kommt nicht über meine Lippen: es würde mich verpflichten, d. h. bannen, entmachten. Ich sage zu allem Nein, das All-Nein, das alles verneint: so bin ich Herr über die Lebens-Todesgefahr, über Leben und Tod, die Allmacht, die Allein-neinheit.

b. Ausscheidungstrophosen.

Scheu vor der Abgabe von Kot, Harn, Schweiß, Blut, Gasen (Darmgasen, auch Atem, s. o.), auch vor diesen Stoffen selber sowie den Gegenständen, die bei der Abgabe benutzt werden, in die abgegeben wird (z. B. Abort), auch vor den Personen, die zur Abgabe anhalten (beim Kinde) oder dabei zugegen sind. Verschluß des Afters, der Blasenöffnung, der Öffnung der Hautporen usw. (Verstopfung), intermittierender Verschluß (Kot-, Harnstottern usw.), Sprengung des Verschlusses (vis a tergo, Hspasmen „hinter" den Aspasmen), spast. Offenbleiben (Durchfall, Harnflut, Absickern des Harnes, Inkontinenz, profuse Schweiße, blutige Ausscheidungen, Flatulenz usw.); analog Geiz-Verschwendung, alles für sich behalten, nichts für sich behalten. Zeremoniell vorm und beim Aufsuchen und Benutzen des Abortes (Zauberwort, Zaubergeste, Bibellesen usw.), beim Abwischen des Afters (daß bloß das Papier nicht reißt, sonst Finger „tödlich" beschmutzt, Waschzwang), vorm-beim Anfassen des Penis zum Harnlassen (allerlei Manipulationen mit dem Hemd, große Schwierigkeit, das Abortloch zu treffen, vorbeiurinieren und nun wieder A. vor der Entdeckung der „schändlichen" Beschmutzung) usw.

D e u t u n g : Problematik: muß, soll, darf, kann ich . . . abgeben oder nicht, und wie mache ich es richtig, gut und schön? Alleinheit-Allbesitz gefährdet-verneint-ausgelöscht mit der geringsten Abgabe (vom All darf kein noch so kleines Teilchen entweichen), also alles behalten — dies auch, wenn doch Abgabe erfolgt: ich muß in meiner Allmacht abgeben, so die Abgabe magisch verneinen, sie hat so nicht stattgefunden, alles bleibt in meinem All-Nein, und so kann ich auch viel-alles abgeben: mir gehört ja doch alles, Hauptsache, daß mir nichts entrissen werde — von Feind-Dämonen (Eltern, autoritär erlebten andern Personen, dem Abort-Teufel usw.), sie negiert meine A., die mir auch vorschreibt, wie die Scheinabgabe „richtig" gemacht werden muß (Zwangszeremoniell, stückweise Abgabe in freiwilligem Zwange, Opfer an die Feind-Dämonen, so daß ich sie befriedige und damit beherrsche, Selbstopfer, Selbstaufopferung göttlicher Anbetung würdig). Ist der Räuber-Dämon nicht dabei, so ist auch keine Gefahr, ich kann ruhig abgeben, es bleibt ja alles in meiner Allmacht. Vgl. S. 273 ff., 352 ff.

c. A r b e i t s n e u r o s e n.

Die allgemeinen Ausführungen S. 275 ff. gelten auch hier. Arbeitsscheu ist also die Scheu vor und bei der Arbeit, wobei „Arbeit" im engeren Sinne die Schwelle (Aufgabe, Leistung, Prüfung usw., S. 96) bezeichnet; die Arbeitsscheu ist also das hypertr. sensor. Astadium der Arbeit im weiteren Sinne (Berufstätigkeit als HASTF-Reihen, 4. Bd. § 7, 5, D'), so wie die Arbeitssucht das hypertr. sensor. Hstadium ist usw. Auch die Arbeitsscheu kommt als Abstinenz und als Abusus vor, wobei der

Abusus doch auch Negierung der Arbeit (Leerlauf) ist; auch hier im Einzelfall oft Wechsel von Abstinenz und Abusus.

Wie die inneren und die an den Leibesöffnungen stattfindenden Aspasmen um die Angstenge bis zum Verschlusse spielen, so variieren auch die (übrigen) sensor. Abewegungen zwischen diesen Ausschlägen. Hierbei kommt es also je nach der Anordnung der Amuskeln zu minder oder mehr weitgehenden Einengungen (z. B. der Bauchmuskeln) bzw. Beugungen vom spast. Offenbleiben in der Angstenge (z. B. feinschlägiger Tremor bis spast. Lähmung der Hand-Finger) bis zum spast. Verschlusse (z. B. spast. Faustballen). Wir sprechen also auch im sensor. Gebiete von Krampfenge und Krampfverschluß. Dem Krampfverschluß an inneren Organen und Leibespforten entsprechen die maximalen Kontraktionen der Amuskeln des Kopfes-Gesichts, z. B. spast. Augenschluß, starre Miene, ferner des Rumpfes (1. Bd. § 14, $_{10}$), also die Einschnürung des Rumpfes (Leib wie umpanzert, ummauert, lebendiges Korsett, starre Säule, entspr. Verengung des Brust-Bauchraumes, koinzident mit Erschwerung der Brust-Bauchatmung, der Magen-Darmfunktion usw.), die spast. Kontraktionen der Amuskeln des Rückens (trotziges Auffahren, Auf-Rückschleudern des Kopfes gelegentlich oder habituell als Tick, Hochziehen der Schultern gelegentlich oder habituell als Haltung, Starrköpfigkeit, Hartnäckigkeit, Halsstarrigkeit, Steifigkeit, Lineal verschluckt, wie auf Draht, Wirbel aneinandergequetscht, oft mit Auffaserung und Vorfall von Bandscheiben, oft mit heftigen Schmerzen (Spasmen der Rotatoren), neurot. Rheuma, Neuralgie, oft als hadrotisch verkannt und fehlbehandelt. Pat. kann sich nicht bücken, nicht [ver-]beugen, bricht eher), die spast. Kontraktionen der Amuskeln der Vorderseite (Art Boxerhaltung, Einrollen des Kopfes, der Brust, des Bauches, völliges Zusammenrollen zur „Igelhaltung"), ferner die spast. Kontraktionen der Amuskeln der Extremitäten in der Art der Starre, Steifigkeit (zu festes Anfassen [der geringste Verlust wäre mein Tod, das Ende meiner Alldämonie], krampfig geballte Faust mit [oft schmerzhaften] „Ausstrahlungen" in den Arm bis zur Schulter, steife, sperrige, linkische, fahrige, verlegene Bewegungen, Schreibkrampf usw., zitternde, zuckende Steife in den Beinen-Knien = „mechanischen Gehapparaten", fallen-nichtfallen, stehen-nichtstehen). Der Krampfenge an inneren Organen und an Leibespforten entsprechen tonische Spasmen der (übrigen) sensor. Amuskeln auf offener Enge (geringere Einschnürung des Rumpfes, geringere Versteifung des Rückens, Einrollen der Vorderseite in der Art des Sich-duckens, Sichunterwerfens, Schleichens, Einziehen des Kopfes zur oberen Brustapertur als „Kneifen" usw., Offenbleiben der Hand beim Zufassen, so daß der Gegenstand nicht angefaßt oder nicht gehalten werden kann, unruhiges Hin und Her, Herumzittern, -flimmern, -flattern, -springen, -zucken, -schütteln [neurot. Schüttellähmung, Paralysis agitans, Ticks], Schlottern, Wanken der Knie bis Hinfallen). Die Akontraktionen können sich wellenartig über den ganzen Körper ausbreiten (Zittern am ganzen Leibe, wie Espenlaub). Das aspast. Verhalten ist zwanghaft in der Art zeremoniöser, bizarrer, sonderbarer Bewegungen bis zu ausgesprochen klonisch-tonischen Rhythmen, die man wohl auch im engeren Sinne als Krämpfe bezeichnet.

Die patholog. Ahaltungen unterscheiden sich also als Aufsässigkeit und Unterwürfigkeit. Sie sind die beiden typischen Ausdrucksweisen der Angst-Scheu, also gleicher Reflexspezies, Gegenstücke (6. Bd. S. 233), sie können — je nach spezif. Funktion der ARSe — ineinander übergehen, um eine mittlere (scheinnormale) Haltung pendeln, sich abwechseln, die Aufsässigkeit ist „bereit" („neigt") zur Unterwürfigkeit („schlägt um") und diese zur Aufsässigkeit, beide sind in dieser Art „wachsam" und auch darin von den normalen Averhaltungen, dem echten Stolz, der echten Demut unterschieden. Die Kennzeichnung „bereit" und „wachsam" darf natürlich nicht dämonistisch aufgefaßt werden; „die Angst paßt nicht auf, wie sie sich im gegebenen Moment zu verhalten habe", sondern es laufen hypertr. Areflexe in dieser oder jener Weise ab, nur dieses biolog. Schwanken wird bezeichnet. Die Aufsässigkeit nennt man auch Trotz im S. v. Vertrotztheit; auch ein normales Averhalten kann sich dem Trotze nähern (4. Bd. S. 444); oft hat der Trotz eine deutliche Hkomponente, während die Aufsässigkeit oft eine deutliche Skomponente hat. Die Unterwürfigkeit ist zu vergleichen den Sammetpfötchen, in denen die Krallen lauern; „sanfte Tour" als Gegenstück zur „frechen Tour". Der Gesunde ist weder aufsässig noch unterwürfig, weder über- noch unterheblich (er hat eben die kranken ARSe nicht), er ist — auch als unbedingt gehorsam — einsichtig gehorsam, abnorme Aufgaben und Methoden kommen als für ihn gültig nicht in Betracht, er ist aufrecht, nicht steif, straff, nicht starr, die echte Unterwerfung, z. B. unter die Obrigkeit, das Gesetz, die echte Demut, das echte Sich-einer-Prüfung-unterziehen, die Einordnung in die Gemeinschaft-Gesellschaft ist frei von Zwang, im Unterschied von der Unterwürfigkeit (Devotismus, Servilismus, Kadavergehorsam), die nur der Neurotiker leisten und verlangen kann.

Der Hneurotiker zeigt solche typische Varianten des Verhaltens nicht: sein Verhalten ist das fanatische Drauflos (Hbeugung nach vorn, der Rücken hat keine Hmuskeln, 1. Bd. S. 338). Dagegen sehen wir solche Varianten wieder — in je spezif. Art — beim Sneurotiker (Widersetzlichkeit — steife, wachsame Nachgiebigkeit) und beim Tneurotiker (beginnendes Aufrichten —

Niedersinken), während der Fneurotiker nur krampfig aufgerichtet ist (Rückenstrecker).

Aufsässigkeit und Unterwürfigkeit sind also die typischen Methoden des Aneurotikers, des Scheuen, Negierers. Jene ist mehr die Haltung, die der Verstopfung, diese mehr die Haltung, die dem Durchfall entspricht. Der Aufsässige ist der drohenden Schwelle (der Aufgabe, dem Prüfer), weiterhin den dahinterliegenden Stadien („den Folgen") gegenüber verstockt, zugeknöpft, unzugänglich, verpanzert, verhärtet, starr, störrisch, zurückhaltend, sträubt sich mit Händen und Füßen, lehnt immer alles, d.h. jede Einzelheit ab, die sein Tod-Feind, der Verneiner seiner Alleinheit, Absolutheit ist. Während der Hneurotiker den Schutz verschmäht, lebt der Aneurotiker im „absoluten" Schutze vor den Gefahren, die ihm unmittelbar bevorstehen und sich in feineren Einzelheiten demonstrieren, so daß er auf seine Art überempfindlich, übelnehmerisch, immer auf der Hut ist. Er trägt statt des üblichen Anzugs eine schwere eiserne Rüstung und ist immer bereit, auch die kleinste Klinze zu schließen und eher zu ersticken als der vernünftigen Aufforderung, den unsinnigen Ballast abzulegen, nachzukommen: nur der Feind kann mir einen solchen Rat geben, ich denke immer an das Schaf, das der Wolf unter Friedensbeteuerungen aus dem Stalle lockte und dann auffraß, so ist jeder, der mit freundlichen Worten und Mienen zu mir spricht, bes. zu bemißtrauen, mindestens kann er ein maskierter Feind sein, und wenn diese Möglichkeit vorliegt (und das tut sie ja immer), dann muß ich mein Visier um so fester schließen, absolut schließen. Er lebt hinter Klostermauern und verrammelt die Tore, sobald „die Welt" naht und anklopft, ihn zu „versuchen". Er sichert seine Burg mit himmelhohen Wällen, und falls er dem bösen Feind, auch als maskiertem Freund die äußerste Befestigung preisgibt, baut er das Material in die inneren Wälle und Bastionen ein, und falls die Burg bis zum Burgfried erobert werden sollte, macht er sich durch einen unterirdischen Gang doch noch dünne; so ist er nie zu fangen — und lebt doch immer in der Gefangenschaft, im Selbstgefängnis, nämlich seiner Allmacht-Alldämonie-Alleinheit, die er zweifelnd für die absolute Freiheit, den absoluten Schutz hält und immer mit sich nimmt wie die Schnecke ihr Haus. Er lebt im Schleier-Nebel seiner A., und so ist ihm die Welt verschleiert-vernebelt, er lebt im magischen Kreise, um den die Dämonen geistern. Nichts und niemand kommt an ihn heran, und er kommt an nichts und niemand heran: er spielt den absoluten Herrn: unnahbar, unberührbar, unantastbar, tabu — immer unsicher, ob er in seiner Verschlossenheit als Freier in seinem „Schlosse" oder als Gefangener „hinter Schloß und Riegel" lebt. Er versteckt sich „hinter sich selbst", er ist immer „das Gegenteil vom Gegenteil", „das ewige Geheimnis" für sich und die andern, in ewiger Angst, sich zu verraten und entdeckt zu werden. Er verhält sich als Seifenblase, die bei der geringsten Berührung platzen würde. Er ist immer in Spannung (auf den „Schicksalsschlag", der somit entmachtet ist), in Überspannung, Überspanntheit. Im Schutze seines allmächtigen Zauber-Neins kann er sich sogar an die Arbeit machen; er negiert sie ja doch wie die Versucher-Prüfer, die eine „irdische" Leistung von ihm verlangen, ihn ablenken (und somit verderben) wollen von seiner Weltaufgabe: die Bannung der Feind-Dämonie.

Locker lassen kann der Aufsässige (solange er aufsässig ist) seiner Struktur nach nicht im geringsten. Er steht, geht, sitzt (bitte nur auf der Stuhlkante, fluchtbereit), hantiert, liegt steif und starr, legt auch nachts seine Rüstung nicht ab, und selbst im Zusammenbruch ist er eben nur ein „gebrochener" Mensch, latent-aufsässig und dann wieder manifest-aufsässig, sobald „der Zusammenbruch überwunden" ist, die kr. RSe ihre Hochfunktionen wieder erreicht haben. Ausweichen nur um Haaresbreite, sich nach der Decke strecken, Tatsachen erkennen und anerkennen kann der Vertrotzte nicht, Vernunft kann er nicht annehmen, er „geht hoch", wirft ruckzuck den Kopf in den Nacken (Feindzauber ausgelöscht) und stolziert-stelzt davon, die Knirpse, denkt er im Hochmut des Negierers, was können die MIR! (Somit ist alles Raten, auch das ärztliche, in den Wind gesprochen, es stößt auf — wenn auch nicht immer offen sichtbare — absolute Ablehnung; man muß die kr. Weltanschauung, ihren Unsinn aufzeigen und der realischen Erkenntnis gegenüberstellen, wie es die Erkenntnistherapie tut, man muß an der Ablehnung als „weltanschaulicher Haltung" aufklärend ansetzen, nicht gegen sie angehen wollen.)

Das Gegenstück, der Unterwürfige, ist der Mensch der offenen Enge: er kann nichts fassen, nichts halten, das Glas, das Wasser usw. fällt ihm aus der Hand, das Weinglas kann er mit seinen zitternden Fingern nicht anfassen, bes. in Gesellschaft (der Prüfer, die das Gottes-Teufelsgericht über ihn abhalten, ob er, der Kleine und doch Große, der Riesenzwerg, „schon" den feinen Stiel ergreifen, das Glas zum Munde führen und den Wein trinken kann, er nimmt also ein „handfestes" Wasserglas und gibt sich als Antialkoholiker aus, so hat er den feindlichen Zauber gebannt), er läßt alles fahren, wirft alles weg, kann das Geld usw. ebensowenig halten wie den Mund, ist Geld- usw., Wortverschwender, muß alles sagen (enfant terrible), alles an- und abgeben und damit alles gewinnen, sich aufopfern, allen dienen, Tyrann-Sklave sein — somit absoluter Herr, dem alles gehört-nichtgehört, der alle Feind-Dämonie „so oder so" entmachtet. Wer alles hingibt, dem kann man nichts nehmen, und wer nichts hingibt, dem kann man auch nichts nehmen (er hat und ist nichts — oder alles, das unteilbare Absolute). Er ist allen zugänglich, aber mit allen Vorbehalten, also eigtl. doch unzugänglich, aber zur Unterwürfigkeit gehört es, die Vorbehalte zu verheimlichen (und damit zu offenbaren: das Heimlichtun läßt sich nicht verheimlichen). Er ist scheinfreundlich = übertrieben freundlich und liebenswürdig, sanfter Heinrich, der kein Wässerchen trüben kann, Schmeichler, Speichellecker, Schleimer, Leisetreter, Kriecher, Schleicher, Mogler, scheut jedes eigene Urteil, jede Meinungsverschiedenheit, Kritik, Selbständigkeit, Verantwortlichkeit, er tut keinen Mucks, ballt aber die Faust in der Tasche, er „hat kein Rückgrat", aber seine „Weichheit" ist feine Spannung, Überspannung. Er läßt alles über sich ergehen, läßt alles mit sich machen, läßt sich treiben, über die Schwelle (das Hindernis) heben, tragen, schieben, über die Prüfung hinweghelfen (mit Lüge, Abschreiben, Vorsagen), er schließt sich immer als Mit-Nachmacher (Mali-Mali, die Nachahmekrankheit der Tagalen) an, er fällt in die Knie, beugt und duckt sich, spielt tot, weicht aus, schleicht als „vollendeter Taktiker" um die Gefahr herum, hält sich sklavisch an die Vorschrift (Vorschriftsmensch, Befehlsautomatie, „ich gehe immer bis an die Grenze des Erlaubten" usw.), ist Werkzeug, Kreatur, übt sich im Kadavergehorsam, im blinden Gehorsam, wobei „blind" das Minimum der Trotzbereitschaft, in dieser Art „blind sehend", „doch wachsam" angibt, ist allen Suggestionen hold, kriecht und verkriecht sich, nebelt sich (magisch) ein, macht sich unsichtbar und überrascht „den Feind" mit trotzigem Aufbegehren. Er wirft die Waffen, die Rüstung weg, aber eben dies ist seine Waffe, sein Schutz: wer kann dem Waffenlosen, Wehrunfähigen etwas tun? Er geht in die Niederlage, so hat er seinen Sieg: wer kann dem 100% oder auch 150% Folgsamen etwas tun? Er tut alles, was ihm aufgetragen wird, mechanistisch, dressiert, imitativ, marionettenhaft, „unpersönlich", „ohne eigne Meinung", „so gut er kann" nach dem Grundsatz „wem Gott ein Amt gibt, dem gibt-nimmt er den Verstand", so trägt er keine Verantwortung — außer der dafür, daß er verantwortungslos denkt und tut (Pedant). Er kann ja — wie jeder Neurotiker — auch Brauchbares (mit zuviel Angst-Scheu) leisten, einfache-einfältige und kompliziertere mechanische Arbeit in zwanghafter Wiederholung ausführen, dafür heischt er allerhöchste Anerkennung, hat aber wiederum davor Angst (er würde „erkannt", „genannt", „vorgezogen" werden aus der schützenden Verborgenheit, Gemeinschaft, man würde mehr von ihm verlangen, ihn befördern, er müßte wohl gar den gewohnten Platz verlassen usw.) und ist zufrieden-unzufrieden, daß er übersehen wird, das Ausbleiben des

Lohnes ist sein schönster Lohn. Überbescheidenheit ist immer Unbescheidenheit (Gegenstück)). Er betet den (tatsächlichen oder vermeintlichen) Feind, Unterdrücker an, fleht um seinen Schutz und macht ihn sich so untertänig. Er gibt alles zu, so muß ihm alles verziehen werden, ist der Richter machtlos! Er hüllt sich in den magischen Mantel seiner „absoluten Dummheit" („reiner Tor"), seiner Minderwertigkeit, so ist er vor jedem Anspruch geschützt (Krankheitsgewinn). Er frömmelt auch zu Gott, so ist Gott gezwungen, ihn zu segnen, sein Gebet, seine Wünsche zu erfüllen, er braucht sie gar nicht auszusprechen, nicht einmal zu denken: Gott muß sie ja kennen und erfüllen, so ist er mehr denn Gott, sein Allzauber beherrscht ihn, und wenn Gott seinem untertänigsten Sklaven, seiner „Kreatur" nicht gehorcht, wird aus ihm der Empörer, der auf seine Weise Gott zwingt. So hält er es auch mit dem Teufel, der Zweiächsler, der den Mantel nach dem Winde hängt, ist die Allmacht-Alldämonie, verpflichtet sich mit seinem sklavischen Dienst das Schicksal zum Sklavendienst.

Der Zusammenbruch ist hier eher ein spast. Zusammensinken, Pat. kann nicht einmal mehr die Unterwürfigkeit „leisten", gleichwohl kann auch er nicht aus seiner Haut heraus, und so setzt er alsbald sein Verfahren fort, wie es von jeher war.

Natürlich finden die Angst-Scheuverhaltungen nur eben in Asituationen statt, während der Hochfunktionen der kr. RSe; sie richten sich auf die Gegenstände, die Pat. gemäß seiner Hypertrophie als überlebensgroß, als dämonisch, lebens-todesgefährlich erlebt, also auf autoritär erlebte Personen (Eltern, Vorgesetzte usw., aber auch Kinder, Untergebene usw. als „Prüfer", die die Aufgaben stellen und deren Dämonie sich in den Aufgaben demonstriert), so auch „die Menge", die Menschen überhaupt: Menschenscheu, unheimlich erlebte Tiere (große, kleine, Erd-, Höllen-, Luft-, Himmelstiere, dunkel-, hellfarbige usw., auch tierische Stoffe wie Fleisch, Blut usw.), Pflanzen (Bäume, Grashalme usw., auch pflanzliche Zubereitungen wie Nahrungsmittel, Holzgeräte usw.) und Sachen (Möbel, Arbeitsgeräte, Zimmer, Straße-Platz, Gefährte, Sonne, Mond, Gestirne, Wind und Wetter, Blitz und Donner, Amuletts usw.) — kurz, alle Gegenstände können — beim einen Pat. diese, beim andern jene, je nach Reflexstruktur — als dämonisch wirksam erlebt werden. Aufsässigkeit und Unterwürfigkeit wechseln sich ab, wobei der eine Pat. mehr aufsässig, der andere mehr unterwürfig ist. Vgl. „Typus Radfahrer": nach oben (Katz-)buckeln, nach unten treten (das Buckeln hat „den Herrn" entmachtet, Pat. ist selber „der Herr" und benimmt sich so, wie er das Herrsein, die Herr-lichkeit „versteht": er tritt, unterdrückt, tyrannisiert. Oder: aufsässig nach oben, leutselig-herablassend nach unten. Nur sich nicht erniedrigen (aneurot. Stolz, Überheblichkeit, Vornehmtuerei, nur sich nichts vergeben) — nur sich zutiefst erniedrigen (nur kein Stolz, die vollkommene Erniedrigung ist der „rechte Stolz", „wer sich selbst erniedrigt, wird erhöht werden", „die letzten werden die ersten sein", Aschenputtel-Prinzessin, würdelos-allwürdig). Solcher Wechsel oft „in einem Atemzuge": Pat. betet an, was und wen er verachtet, kriecht und droht, bettelt und fordert, schwankt fortgesetzt zwischen den Extremen, „verwandelt sich" wie ein Chamäleon, ist eine „Fuchsnatur" und erzwingt sich so deutungsgemäß die Anbetung als Gott oder Teufel, als Allmacht. Er stellt sich seine Aufgaben selbst in Kraft seiner Allmacht, der die Sterblichen natürlich keine Aufgaben stellen können (oder doch alle Aufgaben stellen, ja stellen „müssen") — und er „läßt" sich alle Aufgaben stellen, die somit samt dem, der sie stellt, entmachtet sind; so kann ihn auch niemand und jeder zur Verantwortung ziehen, auch sie ist negiert, annulliert, in die All-Unverantwortlichkeit eingezaubert (S. 133 ff.). Der aufsässige Schüler unterwirft sich der Drohung, bestraft zu werden, der Angestellte, entlassen zu werden, aber innerlich sind beide aufsässig, und kaum ist die Gefahr vorüber, trumpfen sie auf: in beiden Arten haben sie „den Alten" entmachtet, ihre Allmacht gewahrt. Usw. Der Aufsässige kann zwar geduckt (sanft oder scharf angefaßt, gestaucht, gebrochen), der Unterwürfige ermuntert (sanft beredet oder hart angelassen) werden, d. h. die Typen verändern oft in solchen Erlebnissen ihre Haltung zur gegenstücklichen, die zeitweise scheinnormal sein kann, so daß der suggestive Erzieher, Arzt usw. „stolz auf seinen Erfolg" ist, aber der „Erfolg" ist eben nur ein Scheinerfolg, keine echte Heilung, diese ist nur mittels Erkenntnistherapie möglich.

α. Sensor. Augenangsttrophose.

Funkt. Hypertr. (vw.) von sensor. optischen ARSen. Sehscheu, Zwangssehen in der Art der Krampfenge (unruhiges Blicken im engen Kreise, hin-wegsehen, enger Gesichtskreis, in dem die feinen Sehdinge rasch wechseln, zugelassen und ausgeschieden werden, vorüberhuschen, irrlichtern, Lidspalte spast. offen, häufig verengt, habituelles Blinzeln, Zwinkern, Blepharospasmus, Ticks, Schielen, Augenreiben usw.) und des Krampfverschlusses (starres Fixieren einer agf. Punktreihe mit Ausschluß des übrigen Gesichtsfeldes, häufiger Lidschluß usw., auch länger anhaltender Lidschluß, Verdecken der Augen mit Fingern, Hutkrempe usw.). Das scheue Sehen zuckt-zittert im engen Bogen um den „Kern der Sache" herum, ist ein negatives-negierendes Sehen, ein Sehen „in Scheuklappen", ein Fehlsehen, das ein normfernes oder normnahes Sehziel mit zuviel Angstaufwand erreicht. Der unterwürfige Blick ist ausweichend, flüchtig, flackernd, schleichend, schielend, nystagmisch, verlegen, verlogen, unaufrichtig, „falsch", „scheinheilig", frömmlerisch, heuchlerisch, tückisch, lauernd, mißtrauisch. Der aufsässige Blick ist spastisch starr, „unbeweglich", entsetzt, gezwungen-zwingend, trotzig, frech, überheblich, in dieser Art gehemmt. Period. Hochfunktion der kr. RSe, doch sind auch die übrigen Sehfunktionen je nach Ausbreitung der Neurose mehr minder scheuhaltig (Dominanz der kr. RSe). Aktuelle oder unaktuelle Konfunktion der vegetativen Apparate des Auges (Kurzsichtigkeit usw., S. 390 ff.) sowie der systemgenet. angeschlossenen inneren Organe. Über Hyper-, Hyp- und Anopsie s. S. 415. Zu den Augenbewegungen stimmen die je nach Reflexschaltung (spezif. Funktionsperiodik) über den kr. optischen Bezirk innervierten übrigen sensor. Bewegungen (z. B. bizarre Kopf-, Armbewegungen), diejenigen also, die sich wie die Scheu selber auf die agf. Sehdinge richten und die — je nach Struktur der Gefüge — als kr. Einzelaktionen oder als Teile größerer Vollzüge ablaufen.

Die Aktn. sind wie alle neurotischen inftlsch, also verschwommen usw., für sich gruppiert oder an differenziertere Reihen angeschlossen oder in sie eingestreut, es dominiert das enge bis geschlossene Rund, alles andere „tritt zurück", das Scheuerlebnis ist die Hauptsache, das Einzig-Wesentliche, das „Zentrum des Lebens", alle andern Erlebnisse, Aufgaben sind hiernach nuanciert und nur insofern beachtlich. Die Scheu richtet sich auf die Schwelle (Sstadium) und auf das Jenseits der Schwelle (T- und Fstadien des jeweiligen Erlebnisses), darüber hinaus auf die sich künftig (vermutlich) anschließenden Erlebnisse, kurz, auf die Zukunft, das Unbekannte, Neue, Bevorstehende, Geheimnis, Dunkel, in das man die Schwelle überschreitend hineinspringt, das Schicksal, das Verhängnis, die Versuchung, die Prüfung, in der deutungsgemäß über das ewige Leben und den ewigen Tod entschieden, der dämon. Kampf mit „dem Menschen" als Feind-Dämon um die Allmacht, die Götterdämmerung stattfinden würde, die aber eben der Scheue negiert-negativiert, im allmächtigen Schutze seiner Scheu meidet oder scheinübersteht. Im Astadium sieht Pat. die Schwelle „durch die Angstbrille", er lebt noch vor der Schwelle in der Öffnung, die immer enger wird, ihn einzwängt, bedrängt, hemmt und somit warnt vor der noch engeren Schwelle und ihrer Gefahr und ihren Folgen, ihn ausweichen oder erstarren „macht" und somit „absolut" schützt. Je näher die Schwelle, desto näher rückt die Gefahr, ihr entspricht die Intensität der Angst-Scheu, die vor der Schwelle liegt, deutungsmäßig „flößt die Gefahr die Angst-Scheu ein", ein magisches Geschehen, bei dem die Gefahr zu ihrem Nachteil sich selber anmeldet, somit entmachtet (die Gefahr erkennen, heißt: sie bannen), oder ist die Angst-Scheu der Eigenzauber, der die drohende Gefahr auch in feinen Dosen, die aber doch die ganze Gefahr, ja sogar noch — als heimlich, versteckt — bes. „gefährlich“ sind, sofort fest-stellt und mit ihrem All-Nein bannt.

Die S. 276 angegebene Gruppierung der Dinge, auf die sich die Arbeitsfunktionen richten, gelten auch für die Arbeitsscheu — wie für die übrigen Arten der Arbeitsneurose; sie gelten für alle Sinnesbezirke.

1. Scheu vor dem eignen Leibe, der Selbstentdeckung, -erforschung, -erkenntnis, vor Lüftung des eignen Geheimnisses usw. — s. S. 277.

2. Scheu vor aufzunehmenden und angegebenen Stoffen sowie den mit ihnen unmittelbar zusammenhängenden Gegenständen, also Scheu vor dem Anblick von (gewissen) Speisen, Getränken usw. — s. S. 277.

3. Scheu vor Berufsgegenständen — s. S. 278.

Die Prüfungen, vor und bei (S. 416 Fn.) denen die Scheu besteht, sind Eigen- und Fremdprüfungen, d. h. die Gegenstände (Prüfungsgegenstände) treten in Erlebnissen auf, die wir als Eigenprüfungen (ich prüfe mich an selbstgestellten Aufgaben) und als Fremdprüfungen (ich werde geprüft an fremdgestellten Aufgaben) bezeichnen. Viele Neurotiker haben aktuelle Scheu nur vor und bei Fremdprüfungen, die dabei geforderten Leistungen können sie bei Eigenprüfungen auf ihre Weise verrichten, nicht aber, falls jem. dabei ist (z. B. Unterschriften vollziehen); andere sind gerade dann erst in ihrer Art leistungsfähig, betätigen sich demonstrativ, führen sich vor. Jene scheuen den Menschen (Großen-Alten-Gott-Teufel) als den Versucher-Fremdprüfer (trotzen ihm, verweigern die Prüfung oder unterwerfen sich ihm, bitten um Erlaß der Aufgabe, um Hilfe, spekulieren unter Einmischung genischer Reflexe auf freundschaftlich-liebevolle Rücksicht usw.); diese scheuen die Aufgabe als solche, der Fremdprüfer nimmt aber mit seiner Aufforderung, seinem Zusehen der Aufgabe die Gefahr, übernimmt sie und die Verantwortung, „muß“ Anerkennung zollen, Pat. beherrscht ihn, indem er sich „seinem Auge“ unterwirft (Verfahren des Ehrgeizes, übrigens entspr. auch der Ehrsucht). Andere Neurotiker kommen weder bei der Eigen- noch bei der Fremdprüfung an die Aufgabe heran. Der Neurotiker erlebt die Aufgabe-Prüfung nächstanalog wie der Primitive die Pubertätsprüfung (6. Bd. § 1, $_{s, F}$): „welches Tages du davon issest, wirst du des Todes sterben“. Der Sicherheitskommissarius bannt die Unsicherheit mit ihrer eignen Methode; indem er der Unsicherheit genauestens und immer wachsam nachgeht, benimmt er sich immer unsicher und ist — Unsicherheitskommissarius.

Auch die Fremdprüfungen fallen unter die obengen. drei Gruppen:

1. Scheu vor und bei der Fremdbeobachtung des eignen Leibes, also vor dem Blick des (der) andern, seinem Gesichtsausdruck, seinem Gebaren dem Pat. gegenüber oder zu andern über den Pat. (Beziehungswahn), vor Entblößung (Blick böse, kann „abgucken"), vor Klatsch, vor jeder (zutreffenden oder unzutreffenden) Kritik, vor der ärztlichen Untersuchung (Scheu, sich in den Mund, die Nase sehen zu lassen, sich zu entkleiden, abhorchen, „ausfragen" zu lassen, seine „Geheimnisse" preiszugeben, sich magisch in die Hand des Arztes zu geben), vor der Begutachtung im Sportgewand, das „alles" offenbart (die vermeintlich oder tatsächlich krummen Beine, den Bauch, das vorstehende Schlüsselbein, die abfallende Schulter, irgendein Fleckchen usw., den Leib, das Fleisch überhaupt, vgl. „der Leibhaftige" = der Satan usw.). Hiermit verbunden auch Scheu vor der „Entdeckung des Menschen", auch des andern: starres oder schielendes, huschendes Hinsehen nach körperbaulichen usw. Eigentümlichkeiten, „so tun, als ob man nicht sehe", was man eben in der Art der Scheu sieht, also sehen-nichtsehen, usw.

2. Scheu vor und bei der Fremdbeobachtung des Essens, Trinkens, Atmens usw., des Gehens auf den Abort oder gar der Entleerung von Harn, Kot usw. („lieber sterben als das", „was sollen die Leute von mir denken, daß ich auch sowas mache!", dabei entspr. Hemmungen der Funktionen) usw.

3. Scheu vor und bei der Fremdbeobachtung der Berufstätigkeit (ständig in der Prüfung, „ewig vor der Hinrichtung"), des Besitzes usw.

D e u t u n g. Problematik, ob ich arbeiten, hier: sehen als arbeitliche Funktion muß, soll, darf, kann (vgl. S. 392 f.). Meine Sehscheu ist die Allmacht-Alldämonie, die alles — auch den guten oder bösen Sehhunger als Eigen- oder Fremdzauber — in ihrem Banne hält und alles, was sich daraus entfernen könnte, in die Allheit, Allein-neinheit zaubert. Sie bannt „so oder so" alle Gefahr, die sich MIR dem Feinsichtigen anzeigt, damit schon entmachtet, annulliert, oder die sich mir anzeigen muß (Wirkung meines Sehzaubers) und somit entmachtet. Ob mir also die Scheu von der dämon. Gefahr eingezaubert wird, oder ob mir meine Scheu die drohende Gefahr verkündet: jedenfalls bin ICH ihrer Herr, Herr über Leben und Tod, die Allmacht. Die Hemmung (übergroße Vor-sicht usw.) mag Fremd- oder Eigenzauber sein: sie schützt mich und damit die Welt vor jeglicher Gefahr, das All-Nein ist das Wort der Allmacht, die auch Ohnmacht heißen mag (im Absoluten, Chaotischen gibt es keine Gegensätze). Die Hemmung ist Nachteil, Teufelswerk, aber nein, sie ist Vorteil, Gotteswerk: sie ist die einzige Methode, alle Gefahr zu bannen, mag sie von Teufel oder Gott gesandt sein. Meine Scheu macht jede Versuchung machtlos. Ich sehe weg: so sehe ich die Gefahr weg, sie hat keine Macht über mich; ich starre sie an: so ist sie fest-gemacht und unschädlich. Wenn ich nur hinschiele, so habe ich „nichts gesehen“ und doch „alles“ gesehen. Meine Scheu sagt mir, was zu sehen verboten, d. h. eben lebens-todesgefährlich ist, und behütet mich absolut sicher davor, mich zum „andern“ Sehen verlocken zu lassen, denn wenn ich „anders“ sähe, würde ich (magisch) erblinden = sterben, meine Allmacht verlieren — doch kommt das nicht vor, da eben meine Scheu immer wacht. Aber ist das „Verbotene“ nicht doch vielleicht gerade das Richtige-Gute-Schöne (Gesunde)? wird es mir vorenthalten — von Gott als Fluch (wofür?), vom Teufel als Fluch (wofür?), von Gott als Segen (weil die schöne Welt teuflisch ist), vom Teufel als Segen (weil die schöne Welt göttlich und auch so tödlich ist)? Der Blick der andern mag gut oder böse, belebend oder tödlich sein, aber wer kann das entscheiden? die Möglichkeit besteht immer, daß er böse ist (der gute Blick kann verkappter böser sein), also ist es besser, ja das einzig Richtige, dem Blicke auszuweichen, ihn oft zu unterbrechen und so zu entmachten (Blinzeln, Lidflimmern usw.), mein Auge zu schließen usw., kurz, so zu sehen, daß (als ob) ich nicht sehe, so zu sehen, daß ich den Blick der andern banne, nicht aber er meinen Blick fest-hält. Vielleicht habe ich den bösen Blick, scheue das Gotteslicht, habe ein schlechtes Gewissen, bin ein Teufel, eine Hexe, sehe das Böse in der und in die Welt, banne das Gute-Göttliche? „Falscher Kerl“, sagt man von mir, „kann keinem ins Auge sehen“ — aber verkennen sie mich nicht? bin ich nicht gerade göttlich, wenn ich doch den Teufelsblick nachmache, um das Teuflische eben zu entdecken und zu bannen, denn wer das Böse unschädlich machen will, muß ihm immer-überall nachgehen und seine Methoden aufs genaueste imitieren, auch auf die Gefahr hin, von den blinden Sterblichen für den Teufel selbst gehalten zu werden: ich muß das Kreuz auf mich nehmen, mich verkennen lassen, mich aufs tiefste erniedrigen und erniedrigen lassen, nur dann erlöse ich die Welt ... usw.

Beim Ansehen bestimmter (d. h. autoritär erlebter) Personen ziehen sich mir die Augen zu, ob ich will oder nicht: ist das nicht Zauber des Todes (den Toten drückt man die Augen zu), ich werde benommen, müde (todmüde) — muß ich sterben, bin ich schon tot? aber ich lebe noch, bin noch „da“, „bei mir“, „bei Bewußtsein“? oder ist der unwiderstehliche Augenschluß mein Schutzzauber gegen den Tod und somit seine Überwindung (er kann mir nicht ins Auge dringen, ich stelle mich tot usw.). Muß ich die Augen nicht krampfig offenhalten gegen den Todeszauber, der sie mir schließen, mich erblinden, sterben machen will? so auch nachts, wo der Tod umgeht? Ich spüre, wie der Tod mich sanft berührt, aber mit Auswischen, Ausreiben der Augen wische, reibe ich diesen gefährlichen Zauber aus. Sehe ich ein Messer, eine Schere, spitze Gegenstände, so würden sie mir ins Auge fahren, wenn ich die Augen nicht schließen, abwenden würde: so bannt meine A. den unsichtbar-sichtbaren Anschlag auf mein Leben. Solange **ich** spreche (das Wort führe = dem andern überlegen bin), bleibt das Auge offen; sobald der andere spricht (mir das Wort = das Leben abschneidet) zieht sich mir das Auge unwiderstehlich zu (= sterbe ich, verstecke mich hinter meine Lider, mache mich unsichtbar und rette mein Leben auch im Tode, wahre die Allmacht). Mitunter dazu Zwangsgähnen usw. (Angstmüdigkeit S. 369 f.).

Zweifel, ob ich **Prüfling** oder **Geprüfter** sein soll. Stelle ich mir die Aufgabe oder stellt sie sich mir oder stellt sie mich? Prüfe ich den Lehrer-Vorgesetzten usw., ob er mir „richtige" Aufgaben stellen, meine Lösung „richtig" (d. h. so, wie ich es erwarte) beurteilen kann, oder prüft er mich? und wozu? um mich hereinzulegen, wenn nicht gleich, so doch später, mich sicher zu machen, um mich um so sicherer zu verderben? oder um mich zu fördern? — und was wäre dann, wenn ich immer mehr lernen würde? auch die unendliche Reihe muß doch mal ein Ende haben — und das wäre mein Ende. Vor alldem bewahrt mich meine Scheu. Es handelt sich nicht darum, irdische Aufgaben zu lösen (das kann jeder), sondern ihre Dämonie zu bannen (das kann nur ICH).

Mein **Leib**, d. h. gewisse Stellen üben einen unheimlichen Zwang auf „mich" aus, sie anzusehen, — oder zwinge „ich" sie, sich mir zu zeigen? würde ich aber genau hinsehen, so wär's um mich geschehen, meine Sehscheu bewahrt mich davor, ich schiele nur hin, rasch hin und rasch weg, ich blinzle nur so von der Seite hin, so habe ich gesehen und doch nicht gesehen, bin nicht erblindet, nicht entmachtet; auch wenn ich hinstarre (Basiliskenblick), so sehe ich nicht in der gefährlichen Art, sondern in der gefahrbannenden Art. Da ist ein **Fleck**, winzig zwar, aber meine Scheu verrät mir, daß da die Lebens-Todesdämonie heimlich droht, sie setzt mir die Angstbrille auf, und mit dieser kann ich den zerstörenden Tod, das zerstörende Leben beobachten. Der Fleck — die andern beachten ihn gar nicht — ist die leise beginnende **Krankheit**, der Todesbote, somit der Tod; er sucht sich vor mir zu verstecken, er wandelt sich in andere Flecken hie und da, aber mir entgeht „er" nicht: ich erschiele ihn, wohin er sich auch flüchtet, und mache ihn so unschädlich, und wie das Fleckchen, so jedes „Anzeichen" der tückisch von außen-innen anschleichenden Dämonin „Krankheit" (aneurot. **Hypochon-**

der, entspr. dem hneurot. H., dem Krankheitssüchtigen, der die Feind-Dämonie mit seinem „Willen" vernichtet). Sowie ich ein solches (vermeintliches oder tatsächliches) „Anzeichen" entdecke, muß ich eiligst den Befehl meiner Angst-Scheu, den Arznei- u. a. Zauber zu „nehmen", erfüllen (S. 422, 426). Meine Nase ist (vermeintlich oder tatsächlich) verunstaltet, ich muß immer hinschielen, immer daran denken, Gott oder Teufel hat mich „gezeichnet" (vgl. Kainszeichen, „hütet euch vor den Gezeichneten!" usw.), ich bin der Schuldig-Unschuldige, der Allsünder-Sühner, ich muß „das Zeichen" bannen, ich darf mich nirgends sehen, mich nicht entdecken lassen usw.; ich habe einen chronischen Nasen-Stirn-Kieferhöhlenkatarrh, bin ständig in fachärztlicher Behandlung, der Schleim ergießt sich gegenüber autoritären Persönlichkeiten = übermächtigen Dämonen, ich muß meinen Schleim = mich ihnen hingeben, unterwerfen, opfern, sie so entmachten (sie können mir nichts tun), dazu die Nase ständig mit dem Taschentuch bedecken, sie verbergen, das „Zeichen" und somit „mich" unsichtbar machen, aber das fällt gerade auf usw. Hypochondrische „Überbetonung" vermeintlicher oder tatsächlicher anatomischer Symptome, die in der Art der neurotischen Verkrampfung der Gewebe usw. sich verschlimmern usw. Ich muß alle Krankheit übernehmen, auf mich nehmen, deine Krankheit ist meine Krankheit, ICH kann sie ertragen und erlöse so die Welt von Krankheit-Tod-(ewigem) Verderben. „Hypochonder bei andern": meine Scheu läßt mich an andern Personen die „Anzeichen" der Krankheitsdämonie schon viel früher entdecken, als sie auch den andern sichtbar werden: ich brauche nur „anzuvisieren" — und schon ist die Krankheit fest-gestellt, negiert, gebannt, ehe sie sich auswirken kann (Feinsichtigkeit, „Feindiagnostik" neurot. Ärzte und Laien). Symptome sind „Übel", Sünden oder Strafen, Wirkungen ("Fügungen") Gottes oder Teufels: mein scheuer Blick erlöst die Welt vom Übel, Sünde und Strafe, er sieht das alles weg. Bes. gefährlich sind die dunkeln, geheimen usw. Stellen, aber auch die hellen, offen gezeigten sind als Maskierungen verdächtig. Ich muß mich aber schwer hüten, meine „Fehler" von andern, vor allem von den Ärzten entdecken zu lassen; ich muß zwar alle möglichen Ärzte aufsuchen, aber nur um sie zu prüfen, ob sie mich auch wirklich nicht entdecken können, ich muß sie irreführen, mich vor ihnen verstecken, meine Scheu warntschützt mich vor der Untersuchung (des Mundes usw.), und wenn schon der Arzt „ins Innere" schaut, so muß ich mich so benehmen, daß er „mein Übel" nicht sieht, und wenn er es dennoch sieht, so muß ich es leugnen und damit aus der Welt schaffen, muß den Arzt und seine Mittel aus-lachen und so entwerten, entmachten. Ich werde doch nicht zeigen, daß ich den Tod-Teufel im Leibe habe; es kann ja auch die Gottesfügung sein, ICH bin eben der Auserwählte-Verfluchte, und so darf mir kein Arzt helfen können, ich kann höchstens ihm helfen, ICH der Heiland, der alle Leiden trägt und für mich und alle Welt unschädlich macht. Bes. gefährlich sind die Menschenkenner, die Psychologen, die meine weiße oder schwarze Seele enthüllen könnten; ich muß gerade sie meiden oder gerade sie auf die Probe stellen und, sobald meine Angst-Scheu die Gefahr der Entdeckung anmeldet, mich verschließen, schleunigst entfernen, die Flucht ergreifen, Honorar als „Lösegeld" zahlen, den Arzt kränken, aufsässig-unterwürfig sein, ihn mit seinem Zauber überwinden, meine Allmacht-Alldämonie wahren. Ich lasse die Dämonin „Krankheit" um keinen Preis an mich herankommen, ich vertraue meinem Mißtrauen: sobald meine Angst-Scheu etwas Böses ahnt, meide ich die gefährliche Situation (Wetter, Straße, Krankenzimmer, Krankenhaus usw.) oder gehe im Schutze meiner Angst-Scheu, mit allerlei (übertriebenen) Vorsichtsmaßregeln, schlotternden Knien, Herzklopfen usw. in die Gefahr, die ich eben damit doch meide-banne. Ich negiere meine Krankheit, lehne auch die ärztliche Diagnose ab: so ist die Krankheit weg (Eingebildet-Gesunde*)), aber um negiert werden zu können, muß sie doch da sein?

Die S t e r n e schweben rätselhaft und ewig unergründlich am Himmel, jeder ein anderer und doch immer dasselbe Rätsel, jeder die magische Verwandlung jedes andern, die Augen Gottes und der Engel, die alles sehen, nicht nur nachts, sondern auch am Tage (sie stehen da unsichtbar auch am Himmel). Sie könnten mich entdecken, blenden, festmachen, aber ich verstecke mich unter einem gewaltigen (Wotans-)Hut, die Krempe (Tarnkappe) verbirgt meine Augen, macht mich unsichtbar, ich schiele nur darunter hervor, sehe und sehe zugleich nicht. Die Sterne bestimmen-zeigen mit ihrem Wandel geheimnisvoll die menschlichen Geschicke: sehe ich den gestirnten Himmel, sehe ich dem Schicksal ins Auge. Die Sonne ist das Gottesauge: ich starre es angstvoll-scheu an, so kann es mir nichts tun, und sobald ich merke, daß doch die Gefahr näherrückt, schließe ich das Auge, blinzle, sehe (die Sonne) weg, fange sie ins Auge („Sonnenbällchen", „Sonnenkinder"), sie ist mein wie die ganze Welt, ich bin das All. Ich „kokettiere" mit der Sonne, ob sie mir wohl nachläuft, gehe aus der Sonne in den Schatten und schiele zurück — entgehen darf mir kein Strahl, sonst wäre meine Allmacht dahin, — und folgt sie mir nicht, so gehe eben ich in die Sonne zurück

*) In unserer Zeit der Neurosenepidemie gibt es wohl mehr Eingebildet-Gesunde als Eingebildet-Kranke (d. s. Neurotiker, die an der Einbildungskrankheit leiden), s. hierüber sowie über Simulation usw. in meinem Buche „Erkenntnistherapie für Nervöse", Kap. 5 und im 8. Bde.

(kommt der Berg nicht zu Mohammed, kommt Mohammed zum Berge), es war ja auch gar nicht ernst gemeint, nur ein Spiel, das ICH spiele, die Sonne sollte ja eigtl. gar nicht nachkommen.

Die Straße, der Platz ist die Unendlichkeit, wie mir meine Scheu verrät. Sie lockt mich, sie breitet mir ein graues Gewebe vor die Füße, das die ahnungslosen Menschen Stein oder Erde oder Asphalt nennen, das in meiner Wirklichkeit aber nur Dunst ist, auf und in den ich hineinfallen soll — zum Sturz ins Bodenlose. Die Dämonie der Tiefe zaubert solchen Lug und Trug hin, aber meine Scheu annulliert die drohende Gefahr, auch die Gefahr der Gefährte, der Tiere, Bäume, der wogenden Menschenmenge, die mich verschlingen will: ich bleibe daheim, ich überschaue das unheimliche Treiben vom sicheren Fensterplatz aus und zittere den drohenden Unfall oder seine Folgen weg: es passiert nichts, mein Zittern bannt das Unglück; ich zaudere an der Tür, übe ein Zauberzeremoniell, sage ein Zauberwort, räuspere mich auch nur, kaufe mich mit einem Harn- oder Kotopfer los; ich bleibe auf der Gehbahn, studiere den Stadtplan und richte es so ein, daß ich die Straße nie zu überschreiten brauche; ich gehe immer denselben Weg (den bekannten, auf dem mir erfahrungsgemäß die Dämonen nichts tun, sie lauern auf dem andern Weg, auf den sie mich locken wollen, aber ich meide ihn); ich gehe immer einen andern Weg (die Dämonen denken, ich käme auf dem alten Weg wieder, lauern daselbst, ich aber bin unterdes woanders); ich bleibe starr mit innerem Zittern, mit Beklemmung, Herzjagen, Schweiß, mit zitternden Knien an der Bordschwelle stehen, nicht um die Welt setze ich einen Fuß auf das tückische Spinngewebe „Straße"; ich haste scheu über die Straße, wie man beim Gottesurteil mit nackten Sohlen über glühendes Eisen ging, wie Christus (dessen magische Verwandlung ich bin) über die Wogen des Sees wandelte, angetan mit dem allmächtigen Schutz: so komme ich hinüber, ohne zu versinken, und wenn ich falle, ist mein Fall der Zauber, der alle Gefährte still stehen macht, Hilfe der Menschen herbeiholt, ich stehe eben wieder auf, habe gewonnen, und daß der Schupo, die Leute schimpfen, geht mich nichts an, sie wissen ja nicht (und dürfen es auch nicht wissen), daß ICH den Tod gebannt halte und es ihnen erst ermögliche, auf der Straße und über sie zu gehen, „als ob" sie fester Boden wäre. Ich muß erst meinen Scheuzauber wirken lassen; sobald die Scheu sagt: nun geh! (Areflexe abgesunken), kann ich unbesorgt gehen. Ich nehme mir ein Kind als „Kugelfang" mit, verstecke mich hinter seinen Zauber, der ja eigtl. mein Zauber ist (Vorposten); ich schließe mich an andere Passanten an, „lasse" sie vor mir hergehen, stelle ihren Zauber in meinen Dienst. Ich schleiche mich über die Straße: so entgehe ich dem lauernden Dämon (Beweis: ich komme unversehrt hinüber). Ich wage mich nur abends auf die Straße, da bin ich unsichtbar wie das Dunkel selbst, niemand sieht mich, ich benutze Schleichwege, damit mich ja kein Bekannter sieht und anspricht und fest-macht, ich schlängele mich an den Häusern entlang, ziehe den Hut tief ins Gesicht, ändere meinen Gang, schlüpfe in ein Haus, einen Laden: so entgehe ich der Gefahr. Ich bin ein Dunkelmann, eine Hexe: so kann mir die mit mir identische Teufelei nichts anhaben (eine Krähe hackt der andern die Augen nicht aus), aber ich bin eigtl. doch ein Hellmann, eine Fee, die ja auch im Dunkeln dahinschweben und die dunkeln Mächte entmachten (wie Christus die Hölle).

Die Maus (der Käfer, der Regenwurm, die Spinne usw.) ist ein todgefährliches Wesen, der Teufel ist nach eignem Bekenntnis „der Herr der Ratten und der Mäuse, der Fliegen, Frösche, Wanzen, Läuse“: ich kann solche Erd-Höllentiere nicht sehen, ich gucke weg, ich starre sie fest, bekreuzige mich, ich springe kreischend auf den Stuhl, halte den Rock zu, sonst schlüpft mir das Teufelstier in den Leib hinein, — die andern lachen über mich, aber sie ahnen ja nicht, daß das harmlos erscheinende Mäuschen ein satanisches Scheu-sal ist, das ich fliehend oder ängstlich standhaltend banne. Das Pferd, bes. das schwarze, braune ist ein gewaltiges Ungetüm, der Teufel hat einen Pferdefuß und hinkt (alle Hinker sind — Henker, schwarze, braune, rote Teufelskerle, wie die Schmiede, Schornsteinfeger, Schlächter usw.); es gibt auch weiße Rosse, Gottesrenner, Wotanspferde, auf denen die Walküren ritten — um den Tod zu bringen. Dunkle Vögel und ihr Geschrei, Krächzen künden den Tod. Überall-immer droht der Tod: meine Scheu warnt mich und bannt ihn. Die Lokomotive ist ein Höllenwesen, die schwarzen Männer die Teufel, die die Hölle heizen und in den Wagen die Menschenfracht ins Unendliche, den Tod fahren; daher Abschiedsszenen, Winken usw.: nur nicht hinsehen, sonst wird man mitgenommen! so wahrt man auch das Leben der Ab-reisenden: sie kehren zurück, die Seelen, Abgeschiedenen — dank meiner Angst. Der Wagen entführt die Menschen-Seelen, man steigt ein, die Tür klappt zu, man ist gefangen, kann nicht hinaus, schon schnürt der Tod die Brust zu, droht den Lebensfaden abzuschneiden, die Menschen-Dämonen sind Tode, sehen mich tödlich an, schon wird mir übel, schwindelig, höllenheiß, die Sinne vergehen — mit letzter Kraft halte ich mich zitternd, bebend aufrecht, meine Angst-Scheu bewahrt mich vorm Ärgsten. Auch wenn ich ohnmächtig niederstürze, die Feind-Dämonie mir die Beine wegzieht, also selbst und gerade in der „Niederlage“ bleibe ich Sieger: ich erwache ja wieder, die andern haben in meinem Zauber mir gedient. Selbst auf offener Straße, auf dem Markte, im Verkehr, vorm-im Laden usw. er- und durchlebe ich die todgefährlichen „Anfälle“.

Alles Enghöhlig-Geschlossene enthält und kündet den Tod: Hemd, Hose, Jacke, Mütze, Hut, Gürtel, Kragen, Sessel, Zimmer, Abort, Keller, usw., ebenso alles Dunkel: Mund, Nase, Augen, Hautunreinigkeiten, Schmutz, geheime (bekleidete) Körperregionen, bes. die zwischen den Beinen, ferner Zimmerecke, Dunkel unterm Tisch (nachsehen?!), Bett, in den Spalten, Ritzen der Möbel, im Schubfach, Schrank, Nebenzimmer, Schatten auf der Straße, Ritzen der Gehbahn, Dreck, Staub, Stäubchen (an mir, am Anzug, an den Möbeln, also immerzu putzen: Sauberkeitsfimmel, Waschzwang, alle Öffnungen (Eingänge ins Haus, Fenster, Eingang in die Ubahn usw.), die dunkle Kleidung, der Trauerflor, die Nacht mit ihren Gespenstern, die aber meine Scheu auch am Tage entdeckt-bannt: kurz, wo es dunkel ist, ist „die Sache dunkel". Die Geige liegt im Kasten = schläft im schwarzen Sarg, der Vater, der gewaltige Zauberer, macht sie lebendig, läßt sie singen mit seinem Zauberstrich; ich muß das auch können, aber einstweilen darf ich sie nicht anfassen, muß ich die Versuchung bannen, so den großen Zauber überwinden. Der braune Zucker ist — wie alles Braune (Dunkelfarbige) — teuflisch, ich meide ihn, aber auch aus weißem Zucker kann man braunen machen, also ist der weiße verkappter böser. Das Streichholz ist feurig: ich muß es meiden wie die Pest — oder ich muß damit spielen in ständiger Angst, daß es sein Höllenfeuer losläßt — oder ist es Himmels-Lebensfeuer? — und ob ich es dann beherrsche, ob es nicht die Welt in Brand steckt? ich muß eins nach dem andern anzünden, schwarz werden lassen, dann beerdigen (in die Erde-Hölle stecken, wo es erlischt: ich bin der Herr). Den Schlächterladen kann ich „nicht sehen", dort wohnt der Tod-Töter, hängen Tierleichen: rasch weggucken. Am Sargladen muß man vorbeisehen oder mit starrem Blick den dort hockenden Tod bannen: der Tod erscheint nur dem, der ihn aushält. Blut ist Tod — oder Leben? wer blutet, stirbt, verblutet sich (Teil = Ganzes): da darf man nicht hinsehen, sieht man ihm ins Auge, muß man mit. Leichen darf man nicht ansehen: der Tod schwebt zu ihren Häupten oder Füßen, er holt sich sein Opfer, den, der ihn und den er sieht; ich sehe weg = ich „sehe ihn weg", banne so seinen Zauber, die Versuchung ihn anzusehen. Daher Spiegel verhängen, der die Seelen einzaubert, Gebete sprechen, jammern oder Radau machen und so die „Rächer" beruhigen oder irreführen (die Seelen sind blind und dumm, aber sie sehen dennoch und richten in ihrer Dummheit das Weltunheil an, übrigens sind sie aber allwissend — wie alle Dummen). Ich merke, wie ich am Grabe in die Tiefe gezogen werde, schon schwinden mir die Sinne, die Ohnmacht kommt über mich — und ist meine Rettung: ich wache wieder auf; man soll nicht ins Grab schauen — nur mit der Scheu, die den lockenden Tod bannt, ich kann ihn so auch aus-lachen (Lachzwang bei traurigen Gelegenheiten). Im dunkeln Wasser wohnt der Tod, er haust in der Tiefe, sie lockt geheimnisvoll (Nixen usw., vgl. Goethes „Fischer“), aber meine Angst kündet mir die Gefahr: ich gehe nicht ins Wasser, ich bade in der Wanne (Wasserscheu). Usw.

Auch alles Strahlende, Helle kann todgefährlich sein: die Sonne, der Tag, die weißen Vögel, die Schönheit usw. Der Brief ist außen weiß, aber er enthält vielleicht den Schicksalsschlag, die unangenehme, also „tödliche“ Nachricht, und auch eine angenehme Nachricht wäre irgendwie verdächtig. Soll, darf ich ihn ansehen, öffnen, lesen? Besser liegen lassen, aufschieben, verstecken unter andern ungeöffneten Briefen, verlegen: Schicksal gebannt, Schreiber unschädlich gemacht. Mit Herzklopfen, zitternden Händen öffnen, Buchstaben verschwimmen usw.: die Scheu warnt-schützt mich vor Lektüre und Entscheidung. Briefe soll man grundsätzlich nicht beantworten, der Absender will mich zwingen, aber ich zwinge ihn zu warten, darauf allein kommt es an; ich beantworte nur Briefe, vor denen die Scheu nicht warnt: Briefe von Untergebenen, Sklaven, Kreaturen, die das schreiben, was ich befohlen habe, Briefe, die ich eigtl. mir selber schreibe, und da ich das nicht immer vorher wissen kann, stelle ich Leute an, die die Briefe öffnen, prüfen, mögen sie auch daran zugrunde gehen (sie gehen aber nicht zugrunde, weil sie ja in meinem Auftrage, in meiner Allmacht handeln). Schreibscheu: Schreiben und Schrift aneurot. inkoordiniert, zu eng, gepreßt, dünn, zart, zittrig usw., Schreibstottern analog Stimm-Sprechstottern (S. 428), Scheu vor der Prüfung des Schreibens und der Schrift, Schreibkrampf (oft mit Schmerzen bis Schulter-Nacken-Kopf hinauf): Federhalter = Zauberstab, macht durch Teufelstücke („Tücke des Objekts“, F. Th. Vischer) vielleicht Fehler, muß in meinem Zauber stehen, will sich selbständig machen (rutscht aus den Fingern, guckt mit der Feder in die Luft usw., S. 460), soll mir magisch entrissen werden, schreibt heilige oder unheilige (?), gute oder schlechte Schrift, fixiert „mich“ aufs Papier, verrät „mich“ usw. (eine Pat. hatte Schreibkrampf im rechten Fuß, d. h. beim Schreiben, das mit Zittern und Zagen „ging“, krampften sich die Zehen des r. Fußes zusammen mit Schmerzen bis zur Hüfte; Diagnose: Ischias!). Ich schreibe unleserlich: so bleibe ich unentdeckt, schreibe, ohne mitzuteilen, denn jede Mit-teilung wäre das Ende meiner Allheit; ich kann zwar für mich schreiben, aber das Geschriebene niemand vorlegen-senden: es könnte ein Fehlerchen drin sein, ich (meine Fehlerlosigkeit-Unfehlbarkeit) wäre vernichtet, entzaubert usw. Das Buch lockt mich, es aufzuschlagen, aber kann ich wissen, was drin steht? wenn ich das nicht weiß, werde ich mich schwer hüten, es zu lesen, es könnte ja, denkt der allwissende Herr Professor, gar etwas Neues = Tödliches drinstehen; ich gebe es einem Assistenten zur Berichterstattung, er ist zwar ein Esel, aber damit gerade bewahrt er mich vor der Lektüre, denn sagt er, es sei gut, so ist sein Urteil wertlos, und sagt er, es sei schlecht, nun, so brauche ich es erst recht nicht zu lesen, wenn schon der Esel das Buch als schlecht erkennt, aber eigtl. müßte ich es lesen, aber ich mag mich mit dem Verfasser nicht streiten, aber ich darf mich bei meiner weltbedeutenden Arbeit nicht stören lassen, sie ist zwar geringfügig, aber in der Beschränkung (lies: Beschränktheit) zeigt sich eben doch der Meister. Die Zeitung zu lesen warnt mich meine Scheu: es steht doch nur der Tod drin, und wenn mal etwas Lebendiges drinstünde, ist es auch nur verkappte Todesnachricht (weil ja alles Lebende stirbt). Der Buchstabe ist ein geheimnisvoller-unheimlicher Geselle (vgl. Buchenstabe-Runen), ein lebendiges Gekringel-Geringel und doch fixiert = tot („toter Buchstabe“, fixiertes Leben), er wandelt sich unausgesetzt, hat in sich versteckten Sinn, er demonstriert die Schwarzkunst auf Weiß (Druckerschwärze, Tintenteufel); warum ist das A ein A, das B ein B, warum große und kleine Buchstaben, wieso reihen sie sich zu Wortdrachen? ich muß rasch hinwegsehen, den Anfangsbuchstaben des Wortes (den Drachenkopf) anstarren, das übrige (den Drachenleib-schweif) „schätzen“, so habe ich den Zauber gebannt, und darauf kommt alles an (nicht aber auf das „gewöhnliche Lesen“, das jeder lernen kann). Bes. gefährlich sind die fremden Sprachen, die „toten“ Sprachen, die Sprachen des Todes, der Vergangenheit: lassen wir die Toten ruhen! Alles Fremde ist unheimlich, feind-dämonisch. Analog Zahlzauber (Rätsel: Zahl), Zählzauber (Rätsel: Addieren, Dividieren usw.), kabbalistische Spielereien mit Zahlen als Beherrschung ihrer Dämonie, des Schicksals.

Der Fernsprecher ist ein Werkzeug des Dämons, der mich unsichtbar aus der Ferne prüfen will. Schwarz, tot steht der Kasten da, plötzlich beginnt er zu leben: zu klingeln, ich schrecke zusammen, soll ich abheben oder nicht? nein, ich lasse klingeln, ich werde doch nicht so dumm sein, mich zu melden, wer weiß, wer da im Kasten und was er spricht, ich lasse einen andern sich melden, vorgeben, ich sei gerade in einer wichtigen Konferenz, sei nicht daheim usw., so habe ich den Versucher (Satan oder Gott?) annulliert, — oder ich hebe mit aller Vorsicht (zitternden Händen, Herzklopfen usw.) ab, sage aber nur „Hallo“, dann habe ich noch immer Zeit, zu sagen „falsch verbunden“ oder anzuhängen, bin zu nichts verpflichtet, würde ich aber meinen Namen sagen, so wüßte ihn ja der andere und könnte mich festhalten, — oder ich stottere etwas aus gepreßter Kehle heraus, spreche leise, undeutlich, rede unentwegt, so ist der andere machtlos, ich lasse mich nie auf feste Zusagen, Verabredungen ein, dann wäre ich ja gebunden, und ich muß doch „unverbindlich" bleiben, somit allmächtig.

Ich muß das Zimmer, bevor ich es verlasse, genauestens nachsehen, ob ich alles peinlichst genau geordnet („Testament, Hinterlassenschaft fehlerlos gemacht") habe, nichts (an falscher Stelle) liegengelassen habe, nichts aus meiner Alleinheit verloren habe, sonst wäre ich verloren. Habe ich nach stundenlangem ängstlich-schmerzlichem Prüfen und mit allerlei Zauber (Zählen bis 3, Klopfen usw. als Entmachtungsverfahren) das Zimmer verlassen, packt mich alsbald die A., ich hätte vielleicht doch etwas liegengelassen und was es wohl gewesen sein könnte, wenn etwas liegengeblieben wäre, was ja möglich ist, ich muß xmal zurückkehren, ich schwitze Blut und Wasser, die mahnenden Gedanken fallen über mich her, der Wullimann (Popanz im Kleinkindalter) könnte mir etwas genommen, somit mein Tabu verletzt haben, der Teufel könnte mir etwas = mich geholt haben, ich muß zitternd und bebend überlegen, alles, was ich bei mir hatte, mir vorstellen und so ermitteln, ob ich etwas vergessen haben könnte und was, und komme erst los, wenn ich die Erinnerung an das, was ich vergessen haben könnte, herbeigekratzt habe; dann ist meine Alleinheit-Allwissenheit gewahrt, habe ich nichts verloren. Schon als Kleinkind „fürchterliche Ordnung" gehalten, nichts hergegeben usw.

Was will eigtl. der Lehrer von mir? Meine Angst-Scheu warnt mich vor dem Unheimlichen, der alles weiß und doch immer fragt: weiß er wirklich nicht, was er von mir wissen will, weiß er also nichts, oder will er mich bloß auf die Probe stellen und hereinlegen? Meint er es gut oder böse? Immer erzählt und zeigt er Neues, aber so neugierig ich bin (bin ich es wirklich?), ich habe ein Grauen vor all dem Neuen, das nie ein Ende nimmt, das die Dämonie in immer verwandelter Gestaltung ist, bis ich vielleicht „zuletzt", „am Ende", machtlos, erledigt bin. Blamage ist nicht bloß, daß man etwas nicht weiß und die andern lachen, sondern ist „vor Scham in die Erde sinken", „vergehen", „aus-gelacht" werden, die Allwissenheit, Alles verloren haben, verloren sein, da ist es besser, sich in die Unwissenheit zu flüchten, die ja auch Allwissenheit ist (im All gibt es keine Einzelheiten, sie sind ja eben die Tod-Feinde des All, das „All" ist auch die absolute Unwissenheit), die Frage negieren, den Lehrer annullieren, den Mund halten, irgendetwas stammeln, stottern, lispeln usw. oder aufsässig den Kopf in den Nacken werfen und am Lehrer vorbei zum Fenster hinaussehen, als ob der Lehrer gar nicht existierte, oder ein Stäubchen vom Ärmel blasen: so blase ich dich Lehrer weg. Man kann auch die Stunde schwänzen, Schaufenster ansehen, die Schiffe auf dem Flusse beobachten, auf den Sportplatz gehen usw.; ertappt, redet man sich irgendwie aus, lügt und schwindelt: es kommt ja nur darauf an, die Feind-Dämonie „Lehrer“ zu entmachten, und dazu ist jedes Mittel recht, ja der Zweck heiligt auch die verworfensten Mittel. An „Motivierungen“ ist kein Mangel, die Ausflucht ist die Spezialität des Angstneurotikers, er wähnt, man könne ihm dann nicht beikommen, und falls es doch versucht wird, hat er immer neue Ausflüchte bereit oder nimmt übel, schnappt ein, macht sich dünne.

Der aufsässige Examenscheue deutet: der Prüfer ist der böse Geist, der Teufel, der mich doch nur durchfallen lassen will (z. B. aus Rache, weil mein Vater nicht mehr mit ihm Skat spielt, usw. usw.), ich werde ihm aber nicht die Freude machen, er wird mich gerade das fragen, was ich nicht weiß, und wenn ich weiß, was er fragt, so wird er weiter fragen, bis ich nicht mehr weiter weiß, ich will ihn auch davor behüten, sein Unrecht zu verüben, das er mit mir vorhat, denn wissen tue ich mehr als genug für das Examen, wenn er mich aber Dinge fragen würde, die ich — in meiner Allwissenheit — im einzelnen gar nicht zu wissen brauche, so würde er die schwerste Schuld auf sich laden — und das könnte ich nicht verantworten, ihn hierzu veranlaßt, ja gezwungen zu haben, so sage ich im letzten Moment ab, das wird ihm eine Lehre sein, die den andern Prüflingen zugute kommt, so daß ich mich für sie opfere, in der Niederlage Sieger bin, freilich in einem ganz andern Sinne, als wie es „die andern“ verstehen können. Ich gehe zwar ins Examen, aber lese dem Prüfer gehörig die Leviten, er soll mich nur fragen, ich antworte ausweichend, frech, bewußt dummes Zeug, benutze eine Klatsche, die Gedanken sind wie weggeblasen, mir wird übel, ich entschuldige mich mit Krankheit usw. und verlange jede Rücksichtnahme. Der Unterwürfige deutet: ich bin ja noch lange nicht fähig, vor dem „Herrn“ zu erscheinen, es wäre eine Vermessenheit, jetzt schon hinzugehen, ich bin noch ganz unwissend, das Thema einer schriftlichen Prüfungsarbeit erfordert das Studium von 17 großen Werken, in denen so viele Literaturangaben stehen, die ich weiterhin nachlesen müßte, daß ich noch langer, jahrelanger Vorbereitung bedarf usw.; oder: ich war immer besonders devot, kenne den Prüfer „persönlich“, habe öfter Grüße von meinen Eltern bestellt, ich schaff's mit Liebenswürdigkeit, schmiere mich an, richte mich immer nach seiner Miene, imitiere ihn aufs genaueste, „übernehme“ ihn — so ist er in meiner Macht-Allmacht, kann mir nichts tun, kann mich nicht durchfallen lassen. Die Verhaltungen wechseln: der Aufsässige klappt plötzlich zusammen und wird kleinlaut usw., der Demütige plötzlich frech usw. Die Prüfungen sind, so sage ICH, überhaupt fragwürdige Einrichtungen, sie müßten abgeschafft werden, man geht nicht auf die Schule, um die lächerlichen Examina zu machen, bei denen der Prüfer doch nur seine Autorität zeigen will und doch nur sein Unvermögen, die Schüler „so schon“ zu beurteilen, zeigt, manch einer hat keinerlei Prüfungen bestanden und ist doch ein großes Tier geworden, wer könnte MICH den vom Himmel gefallenen Meister prüfen, MIR ein Zeugnis ausstellen — absurder Gedanke! „man“ muß sich geradezu rühmen, den „Bonzen“ ein Schnippchen geschlagen zu haben, er „verbummeltes Genie“ heischt-fordert bes. Anerkennung, verachtet „die Streber“, d. s. für ihn alle fleißigen Studenten, er weicht auf andere Gebiete, z. B. Sport, Journalistik, Politik aus, die „bequemer“ sind als die vertikale Entwicklung, die Vollendung des Studiums, zu der er die Hochschule bezogen hat, er kann nun das große Wort führen und mit „intelligenter Dummheit“ die Urteilsschwachen betölpeln, dazu gewiß auch manches Brauchbare leisten, aber ein Versager ist er doch. Der Gesunde besteht seine Prüfungen und irrt nicht ab.

Kritikscheu als Scheu vor der Selbstkritik, vor der Kritik an andern und vor der Kritik der andern: jede Kritik ist eine Entscheidung über Leben und Tod (im dämon. Sinne), die Angst-Scheu warnt-schützt davor, „richtet nicht, auf daß ihr nicht gerichtet werdet!“, es bleibt alles im Ungewissen-Unklaren, man ist „milde“, negiert die Kritik mit negativistischen Argumenten, verbittet sich und verbietet jede Kritik, denn sie könnte, ja müßte der Alleinheit-Alldämonie Abbruch tun und sie somit überhaupt auslöschen (wer dürfte, könnte Gott-Teufel kritisieren! „was Gott tut, das ist wohlgetan, es bleibt gerecht sein Wille“, auch wenn er — nach dem schwachen menschlichen Ermessen — unrecht ist), man mißbraucht die normale Erfahrung, daß es neurot. Kritiker (Kritikaster usw.) gibt, zur „Begründung“ der Verallgemeinerung, daß alle Kritik Teufelei sei, dem „Genie“ nur auf seinem Wege Beine stelle, die Gottheit entmachte, man beruft sich auf Goethes Wort „Hängt ihn auf den Hund, er ist ein Rezensent!“, man läßt nur die „befohlene Kritik“ zu (die also keine echte Kritik ist), nur Lobhudelei und Anbetung. Kritisiert der Kritikscheue doch, so bewegt er sich in Vor-urteilen, redet unverbindliche Phrasen — günstige, falls es sich um eine „Autorität“ handelt (unterwürfig), ungünstige, falls der Kritisierte „unbekannt“ oder beim Vorgesetzten unbeliebt ist, man liest ängstlich, flüchtig über das Buch hin und ist schon fertig, zur Vertiefung ist der Kritikaster unfähig, alles Neue lehnt er stur und starr ab, er mißversteht, verfälscht, entstellt das, was der Autor gesagt hat, scheut sich in seiner Kritikscheu nicht vor den übelsten Gemeinheiten usw. (vgl. 1. Bd. Vorwort S. 19 ff.). Der Kritisierte ist ja auch wehrlos, die Zeitungen und Zeitschriften beschäftigen ja nur sakrosankte Mitarbeiter, Allwisser, sie „dürfen“ keine Dummköpfe sein, wo bliebe sonst die sakrosankte Autorität der Schriftleitung! also „darf" der Kritisierte nicht berichtigen, dem gedruckten Unsinn-Unrecht nicht entgegentreten, man wirft berechtigte und unberechtigte Kritik in einem Topf, man deklassiert jeden, der gegen eine Kritik Einspruch erhebt, zum — Kritikscheuen usw. Auch ein Prüfungszeugnis ist eine Kritik, der Scheue pfeift auf das Zeugnis, er steht außer (unter, über) aller Kritik, und hat er doch Zeugnisse, so legt er darauf „keinerlei Wert", höchstens in einer Gefahr flüchtet er sich in seine Zeugnisse, sonst sind ihm die Urteile der Menschen null und nichtig.

Der Fehlerscheue deutet: wenn ich die Aufgabe in Angriff nehme, könnte ich einen (geringsten) Fehler begehen, somit „den Fehler überhaupt" (die Fehle, Sünde, Schuld), man könnte den Fehler früher oder später entdecken, dann wäre meine Unfehlbarkeit dahin, also meide ich die Aufgabe (das ist doch klar) — oder wenn ich doch herangehe, so nur mit allem Vorbehalt (Zauberwort, Zaubergedanke, Zaubergeste usw.), der den möglichen Fehler entfehlert: im Schutze meiner Fehlerscheu kann ich alles tun, was ich tue, es ist immer richtig, gut und schön und immer falsch, schlecht und häßlich, ich nicht und niemand kann das entscheiden, denn ich nicht und niemand weiß, was richtig und falsch usw. ist, so bin ich unfehlbar, auch wenn ich die gröbsten Fehler mache, der Unfehlbarkeit kann auch kein Fehler fehlen, die Fehler sind eben keine, da meine Scheu sie magisch entfehlert und das Irdische unwesentlich ist, mit der Negierung jeder Entscheidung, jeden Entschlusses negiere ich auch die Möglichkeit, einen Fehler zu begehen, und wenn ich ihn doch begehe, liegt er innerhalb meiner Unfehlbarkeit wie alles Richtige auch. Was „die andern" sagen, wird wiederum negiert. Die Sünde, auch die feinste, ist das Böse, die Teufelei: würde ich sie begehen, so würde man mich als Teufel erkennen und davonjagen, in die Hölle schicken, entmachten, und würde ich sie nicht begehen, so würde man mich als Gott erkennen, weiterhin Göttliches (Zeichen und Wunder) von mir verlangen, mich so zwingen und entmachten, vielleicht auch gen Himmel schicken, denn die Sterblichen können weder Teufel noch Gott ertragen — und umgekehrt (Gott und Teufel erkennen heißt: sie bannen, darum wohnen sie im Jenseits), vielleicht würde ich aber die Welt zerstören, ich sei Gott oder Teufel oder beides die Allmacht, also hat die Allmacht alle Entscheidungen usw. zu meiden oder zweideutig, in ständiger Angst vor der Entdeckung zu vollziehen, also eigtl. doch zu meiden, alle Verantwortung zu negieren und so zu übernehmen — wie Christus alle Sünden mied und damit annullierte, übernahm: der Sündlos-Sündige, der Allsünder-Allsühner, der weltverneinende Welterlöser, — und so auch alle seine Nachfolger — aber ist es nicht eben die größte

Sünde, sich sündenfrei zu dünken? aber diese „Erkenntnis" bannt ja nun wieder auch diese größte Sünde?

Der Menschenscheue sieht die Menschen verhüllt vom Schleier der Maja: sie zeigen ihre wahre Natur nicht, trau, schau wem! mein ewiges Mißtrauen ist mein Heil und aller Heil, denn es bannt jede Gefahr, sie sei gut- oder böse-dämonisch. Jeder Mensch ist auch jeder andere, nur die magische Verwandlung „des" Menschen, d. h. des Gottes-Teufels in der menschlichen Gestalt, sie können sich auch in Tiere usw. verwandeln, wie sie ja auch „zoologisch" (Fuchs, Ochse, Löwe, Schlange, Hahn usw.) usw. heißen und benannt werden, auch mir selber muß ich immer mißtrauen. Der Menschen Sinnen und Trachten ist böse von Jugend auf immerdar, auch die Strafe Gottes hat sie nicht zu bessern vermocht (obwohl das Gott doch eigtl. — auch ohne Strafe — ein Leichtes hätte sein müssen und sein müßte, warum also der Aufwand mit „Sünd"flut, Christus usw.? und doch hat die Erlösung wohl gar nicht stattgefunden, weil doch das Jüngste Gericht und eventuell die ewige Verdammnis droht?). Wenn Gott das erkannt hat, wie sollte ich da nicht prinzipiell mißtrauisch sein? Ich lasse mich nie aus der Reserve locken, rede immer unverbindlich, in allgemeinen Phrasen, um den Brei (die Sache, das Thema) herum, und so handle ich auch in Wahrung meiner Allmacht, die sich auch das, was sie sagt und tut, vorbehält. Dem Blick des Menschen weiche ich aus oder starre ihn weg, ich sehe ihm auf die Nasenspitze, auf die Kravatte, dann wird er verlegen, er denkt, da sei etwas nicht in Ordnung, — und das denke ich auch, wenn mich einer so ansieht: da fahren die Finger an die angeguckte Stelle und fingern unruhig daran herum, bringen in Ordnung — oder erst in Unordnung? Sehen mich die Leute („so eigentümlich") an, so müssen sie doch etwas an mir auffällig finden, z. B. daß ich schlecht aussehe, also schlecht bin, eine häßliche Hexe, ein böser Geist, der Böse selbst — oder ist das nur die heilige Übernahme des Bösen, Häßlichen? —, daß ich krank, also vom Tode gezeichnet, der Tod selbst — oder ein Märtyrer bin? daß mir etwas fehlt, also fehl-, sündhaft, nicht fehlerlos, absolut rein, sondern die Sünde, das Böse selber bin — oder doch der Heilige, auf den das Böse seinen Schatten wirft, dessen Reinheit nur äußerlich, vom bösen Blick usw. verunreinigt ist, ohne eigentlich berührt zu werden, sonst wäre ich ja verloren; es könnte mir jem. etwas „abgucken" oder „angucken", weg- oder anzaubern und so meine Alleinheit auslöschen, meine Allvollkommenheit zerstören. Angesehensein ist Entdeckt-gebannt-entmachtet sein; den Angesehenen (den Ansehnlichen, den „von Ansehen") darf man nicht ansehen — so wenig wie den Unangesehenen (Unansehnlichen, den „ohne Ansehen"). Ich bin umgeben von Spionen, es bleibt mir nur übrig, mich hinter einen Schleier von Schweiß zu verstecken, — aber den merken die Spione doch nun gerade, sie sehen, daß ich etwas zu verbergen habe und fixieren-arretieren-verdammen mich, darum bin ich immer auf der Flucht, auch während ich sitze (Bewegungsunruhe, Verfolgungswahn). Meine Verlegenheit zeigt mir die dämonische Gefahr an und bannt sie: es passiert mir nichts, meine Scheu hat mich gerettet wie immer, sie funktioniert tadellos, sie ist immer da, sobald die Gefahr droht; ich bin als „verlegen" ein anderer als ich bin, bleibe also unentdeckt. Ein Tadel wäre mein Tod, aber auch ein Lob ist lebensgefährlich: wer könnte die Allvollkommenheit, wer den Gott-Teufel tadeln oder loben? nur wer mächtiger wäre als die Allmacht und sie so auslöschen könnte. Ich verstecke mich in meine kosmetische Maske, dann fühle ich mich sicher, aber die Maske muß tadellos sein, also fleißig nachkontrollieren! Ich verstecke mich hinter die Häßlichkeit, Liederlichkeit als Zeichen meiner Erdenferne. Ich verstecke mich in meine Kleider: also bin ich unsichtbar, niemand darf ahnen, daß darunter ein (nackter, irdisch-höllischer — oder göttlich-erhabener?) Leib ist, ich würde mich zu Tode schämen, wenn die Leute dächten, ich hätte einen Bauch; ich muß mich steif, unbewegt-unbeweglich bewegen, hölzern dahinstaken, dahinschweben wie — nein, als Gespenst, Kleiderpuppe, Schaufensterfigur, tot und doch lebendig, lebendig und doch tot, „nur Kopf" auf Stange, Hexe oder Heilige oder beides, alles — nur nicht Mensch! Gehe ich in eine Geselligkeit, so muß ich erst „alles" vor dem Spiegel ordnen, ich muß warten, bis ein anderer kommt, hinter dem ich mich (bescheiden, bitte sehr!) ins Zimmer hineinschlängle, es ist natürlich fatal für mich, so lange herumzudrucksen, aber meine Scheu sagt mir: warte noch, damit der andere zuerst in meinem Auftrage-Zauber den Feindzauber der Blicke, des Grußes, der Kritik der Anwesenden abfängt; man hat seine liebe Not, aber das ist die Tugend.

Inmitten der Menschen sehe ich mich inmitten eines wogenden Meeres, das jeden Augenblick über mich zusammenschlagen kann: nur eben meine Scheu bannt die Wogen. Die Menschen verschwimmen zu einem allgemeinen Nebel, in dem ich ersticken würde, wenn das meine Scheu nicht verhütete. Sie sind wesenlose Wesen, böse Geister, Schemen, die mich umzingeln und erdrücken wollen. Ich muß bei Tisch, im Theater immer am Rande sitzen, dann kann ich sofort entwischen, sobald meine Scheu es mir befiehlt; wäre ich in der Mitte, so könnte ich nicht hinaus, so wär's um mich geschehen. Sitze ich in der Mitte, so ganz starr, unbeweglich, zusammengerafft, schwitzend, alles zittert in mir, aber niemand merkt etwas von mir, meine Scheu macht mich scheintot, unsichtbar, unmerkbar: so kann mir nichts geschehen. Aufstehen kann ich freilich nicht, das würde ja Aufsehen erregen, man würde mich ansehen, und das wäre mein Tod: so halte ich im Schutze meiner Allmacht, d. h. in furchtbarer Qual durch, entzaubere die Umwelt, die Todesdämonie, errette mich und die Welt, sie sollte mich dafür preisen, aber die darf es nicht, sonst wäre ich ja erkannt und gebannt. So bin ich allein, ob ich nun einsam bin (die Gemeinschaft meide) oder gemeinsam bin (gepanzert in die Menge gehe).

Ich scheue die Einsamkeit, sie ist ein Ungeheuer, das mich verschlingen würde, wenn ich meine Scheu nicht hätte; ich muß immer eine Menge als Schutzwall um mich haben, als Leibgarde, die in meinem Zauber, als ein Zauberkreis mich umgibt, so daß die draußen herumschwebenden Dämonen nicht herüberkönnen (ich auch nicht hinüber!), ich bin Zentrum, der Allherr auch über die machtlosen Dämonen, der Alleine auch in der Gemeinschaft (Individualist-Kollektivist), absolut getrennt-verbunden von-mit dem „Andern“, dem „Draußen“. Ich kann auch Mitglieder der Umgebung auswechseln, sogar wegschicken, aber dabei muß der Zauberkreis geschlossen bleiben, er mag kleiner oder größer werden, erstens und letztens ist die ganze Welt nur zu meinem Schutze da und beherrsche ich sie so, banne alles Unheil „hinaus“, so muß ich aus lauter Angst-Scheu die Welt, sie negierend, einnehmen, — aber wenn ich soviel des Schutzes bedarf, bin ich dann nicht ein Schwächling, ja der größte Schwächling, neben dem kein Schwächerer sein darf, — und so ist die Schwäche, die Ohnmacht doch die Allmacht? Ich scheue die Gesellschaft, ich war schon immer „etwas Besonderes“, „Außergewöhnliches“, lebte und lebe immer abgesondert, als Sonderling, ganz für mich, odi profanum vulgus et arceo, beatus procul negotiis, bene vixit, qui bene latuit, meine Scheu warnt: die Menge ist deiner nicht würdig, sie würde dich erdrücken, die Meute würde über dich herfallen, dich (magisch) zerfleischen, sie würde dich erkennen als Gott oder Teufel und deine Allmacht annullieren, so meide die Schwelle, und wenn du es schon nicht kannst, so meide sie beim Über-schreiten dennoch, verschließe dich, bleibe steif, fürnehm, unnahbar, beobachte fein das Gebahren, halte Distanz, entschlüpfe unbemerkt den fremden Blicken und Anschlägen.

Kommt jem. zu dir und klopft, so sage nicht „herein!“, sondern nimm deine Pistole aus dem Schubfach und schieße vorbeugend durch die Tür: vielleicht naht der Feind, auch wenn er sich als Freund gebärdet (timeo Danaos et dona ferentes!). „Siehe die Sünde lauert vor der Tür, laß ihr aber nicht ihren Willen, sondern herrsche über sie!“, indem du die Tür verrammelst, einen Zauber sprichst, schweigst = nicht anwesend bist, sofort gegenklopfst, dreimal klopfst, dreimal herein rufst („du mußt es dreimal sagen“) und so den Teufel-Tod entmachtest — — oder entmachtet er dich, indem er dich nötigt? Wie stark der Feind-Zauber ist, kann ich daran ermessen, daß ich nicht schreiben kann, wenn jem. dabei steht, mir über die Schulter guckt; alles zieht sich mir zusammen, das Gesicht wird pappig, der Kopf rückt in die Brust hinein, der Hals wird zur steinernen Säule (kann also nicht durchgeschlagen werden), die Gänsehaut läuft mir über den Rücken, die Finger zittern und zappeln, der Federhalter dreht sich in die Luft: und das sollte kein Zauber sein? Ich wäre ausgelöscht aus der Liste der Lebenden, wenn nicht eben die Angst-Scheu mich schützte: so entgehe ich der furchtbaren Anwandlung, überstehe die Gefahr, bleibe leben. Ich kritzle dennoch, oder ich schicke den Zaubergeist weg, ich sage: bitte nachher, jetzt habe ich keine Zeit usw.

Was wollen die Menschen von mir? Auf der Straße sehen sie mich an, flüstern sich etwas zu, das sich ja nur auf mich beziehen kann, und kneifen dann höhnisch, wenn ich sie zur Rede stelle, die Teufel verfolgen mich beständig, sie haben es auf MICH abgesehen, ich ziehe sie an, nehme die Verfolgung auf mich, damit die andern ruhig ihres Weges gehen können, — oder verfolge ich sie, fliehen sie vor mir oder ich vor ihnen? verfolgter Verfolger, Auserwählter-Verfluchter. Ich kann mir denken, was sie denken, sie denken meine Gedanken, ich „lese“ sie, sie könnten Schlechtes denken, weil ich auch Schlechtes denke, wenn ich aber wüßte, daß sie Schlechtes — oder auch Gutes über mich denken, wäre ich ja erkannt-gebannt, sie sollten überhaupt nicht über mich denken, aber ich muß ja immer denken, daß sie eben doch über mich denken, — und das beweist doch, daß sie über mich denken „so oder so“, ich muß sie aufs feinste-kleinste beobachten, ihre Gedanken bannen, für alle alles denken, und mich so absolut schützen. Sie sind hinter mir her, sie sind auch vor mir, neben mir, der Tod ist in ihnen verkörpert, wie er auch gestaltlos um mich ist, ich fühle es genau, er ist hinter mir, drehe ich mich aber um, so ist er plötzlich weg, er ist dann rasch hinter meinen Kopf geschwebt, denn wohin ich sehe, ist vorn. Aber auch vor mir lauert der Tod: auf der Flucht vorm Tode renne ich in den Tod, nur meine Scheu, die mir das alles sagt, rettet mich vorm ewigen Verderben. Usw.

Scheu vor B e w e r b u n g. Ich zweifle, ob die Stelle für mich geeignet ist, ob die Bewerbung Erfolg haben wird, höchstwahrscheinlich nicht, es hat also gar keinen Zweck, sich erst zu bewerben, schade um das Porto. Wenn mich der Chef wirklich zu sich bestellen würde, würde er mich ausfragen, peinlich prüfen, mich in Verlegenheit setzen (dazu bestellt er mich ja bloß!), so daß ich vor Aufgeregtheit nicht mehr ein und aus wüßte, und dann würde er mich wegschicken, und wenn er mich doch einstellen sollte, wer weiß, was mir dann für Teufeleien in den Weg treten würden, bis ich hinausgedrängt werden würde, flüchten müßte. Die andern bleiben doch auch, sagt ihr? Ja die andern, die ahnen ja gar nicht, was meine Scheu mir verrät: daß es sich für m i c h um Übermenschliches handelt, m e i n e Bewerbung ist eine Sache auf Leben und Tod, m e i n Brief wird von einem Feind-Dämon wie beim Jüngsten Gericht geprüft werden, ich muß ihn zehnmal mit zitternden Fingern schreiben, zehnmal sehe ich Fehlerchen, ich lasse ihn lieber ungeschrieben, schicke ihn gar nicht erst ab (ich werde mich doch dem Feind nicht in die Hände liefern), und wenn ich ihn abschicke, weiß ich, daß der Feind doch noch Fehler entdecken wird (dazu will er ja handschriftliche Bewerbung haben), und dadurch, daß ich das weiß, den Feind kenne, bin ich vorbereitet, habe ich den Feind negiert, er mag nun machen, was er will, mich läßt es kalt. Schon die Anzeige in der Zeitung ist verdächtig, da ist ein Wort drin, das ich auch oft gebrauche, und das beweist mir, daß ich gemeint bin, daß der Chef mich sucht, herausfordert; reagiere ich nicht, so denkt er, ich hätte seine geheime Absicht gleich erkannt-gebannt, und reagiere ich, so hat er seine Genugtuung und bin ich der Dumme, also tue ich lieber so, als ob ich den Zauber nicht bemerkt hätte, — und habe ihn doch bemerkt, bin auf der Hut, ob ich nun schreibe oder nicht.

„Der Chef" kann sich verwandeln, in allen Chefs wirkt derselbe Dämon, der Chef-Dämon. Soll ich überhaupt erst hingehen? Gut, ich mache mich auf den Weg, das verpflichtet ja zu nichts, ich habe sonderbaren Aufenthalt unterwegs (Chefzauber? Eigenzauber? jedenfalls magische Warnung: „Mönchlein, Mönchlein, du gehst jetzt einen schweren Gang . . . ."), ich komme ans Geschäftshaus: deutliche Hemmung der Schritte, rasendes Herzklopfen, Schweißausbruch, eine innere Stimme flüstert: halt ein, du rennst in dein Verderben! ich folge der Stimme, gehe nicht hinein, es ist ja auch noch zu früh (Chef noch nicht da), es ist schon zu spät (wie sähe das aus! Chef wäre nicht mehr zu sprechen, Stelle schon vergeben, aber man könnte sich mit „Verkehrsstockung" usw. ausreden, also soll ich — oder nicht?). Ich gehe hinein, schleiche mich hinein, stelze-stolziere hinein, bin zum Chef unterwürfig (sage zu allem Ja und Amen, dann kann er mich nicht prüfen, auch nicht wegschicken, aber wenn's Ernst wird, sage ich „wohlwollend", er möge es sich noch überlegen, auch ich wolle und müsse es mir nochmal überlegen, mit dem Vater, der Frau besprechen, die Stelle wäre vielleicht doch zu schwer, oder ich könnte doch eine höhere Stelle beanspruchen usw. — so kommt man los) — oder aufsässig (gebe dreiste Antworten, mache hochnäsige Mienen und Gesten usw., so kann er mich nicht einstellen, die Verantwortung trägt er). Ich sehe auf Anhieb, daß „das wieder nichts für mich ist", ich kann doch nicht dafür, daß es keine Stelle für mich gibt, ich bewerbe mich fleißig, wenn also die andern meine Leistungsfähigkeit nicht würdigen können, ist es ihre Schuld, nicht meine. Ist eine Stelle für mich geeignet, so ist sie — ungeeignet; die Stellen, die ich haben möchte, bekomme ich nicht, und die Stellen, die man mir anbietet, kommen für mich nicht in Betracht. — Analog A. vor Beförderung usw.

Lampenfieber. Ich soll einen Vortrag halten, meine Angst-Scheu sagt mir: wie wird das gehen, ich zittere schon Wochen vorher, wenn ich daran denke, ich bereite mich unablässig vor, ich nehme Stärkungsmittel, je näher „der Tag der Hinrichtung" rückt, desto dringlicher warnt mich die Angst, ich sage ab „wegen Überlastung", „wegen Indisposition" (klingt gut! kann jedem passieren), ich gehe hin, da ist der Platz, wo mich alle sehen, mein Gott, wie soll ich das überstehen, umkehren wäre das Beste, aber nein, los! hinauf! ich kann mich doch nicht blamieren, ich fingere das Manuskript heraus, die Menge unten starrt mich an, das Ungeheuer hat den Schlund geöffnet, das Chaos wallt gespenstisch, zaubert mir die Angst-Scheu ein — oder ist sie mein Eigenzauber? jedenfalls kündet sie mir die Lebens-Todesgefahr, läßt mich einen Zauber verrichten (dreimal Klopfen an den Tisch, linkes Bein anlehnen, dreimal denken: es geht alles gut usw.), da sitzt einer, der so verdächtig herschaut, was hat er? oder da sitzt einer, der beruhigend wirkt, auf den werde ich immer hinsehen, er steht in meinem Zauber, er bannt für mich die Schar, die mich prüfen will, (vgl. den Neurotiker Kant, der bei der Vorlesung immer einen „ruhenden Punkt" ansehen mußte) usw. Ich stottere, lispele, verspreche mich andauernd, der Teufel hat's mit mir, die Kehle wird trocken, der Schweiß rinnt, wenn's bloß keiner merkt, was für Höllenqualen ich zu ertragen habe und — ertragen kann, weil ich ja eben doch der Gottesbote bin, der Gottesweisheit offenbart, die Teufelei zu bannen vermag. Ich schaff's — meine Angst-Scheu hat mich errettet. Usw.

Dies einige Beispiele, wie ich ja hier überhaupt nur wenige Beispiele anführen kann (weitere im 8. Bande); an diesen Beispielen sind die andern neurot. Sachverhalte zu durchschauen.

β. Sensor. Ohrangsttrophose.

Funkt. Hypertr. (vw.) von sensor. akustischen ARSen. Hörscheu, Zwangshören in der Art der Krampfenge (unruhiges Hören im engen Kreise, hin-weghören, enger Hörkreis, in dem die feinen Hördinge rasch wechseln, zugelassen und ausgeschieden werden, vorüberhuschen, irrlichtern) oder des Krampfverschlusses (starres Fixieren einer agf. Hörpunktreihe mit Ausschluß des übrigen Hörfeldes, Zuhalten, Zustopfen der Ohren usw., vgl. „einer Bitte sein Ohr verschließen"). Scheues Hören, analog dem scheuen Sehen, wie S. 440 beschrieben. Aktuelle oder unaktuelle Konfunktion der vegetativen Apparate des Ohrs sowie der angeschlossenen inneren Organe. Über Hyper-, Hyp- und Anakusie s. S. 414 ff. Das Ohr bewegt sich beim Menschen nur mit dem Kopfe, das unterwürfige und das aufsässige Hören ist an der unterwürfigen bzw. aufsässigen Bewegung und Haltung zunächst des Kopfes, dann auch des übrigen Körpers erkennbar. Auch im übrigen gelten die Ausführungen bei Sehscheu, für „Sehen" ist immer „Hören" zu setzen, die agf. akustischen Gegenstände (eignc und fremde Geräusche, Klänge, Töne, Stimme und Sprache) — sie dominieren im kr. Erleben — sind mit den entspr. optischen Gegenständen assoziiert. Das scheue Hören ist Hören „durch Angstschleier", negatives-negierendes Hören, ein Hören-Nichthören, hier also im Arbeitsgebiete. Die Höraufgabe (-prüfung) usw. wird negiert-negativiert in Form der Meidung (Flucht usw., normferne Richtung) oder des Überstehens, das ja auch nur eine Art der Meidung ist (Aufgabe wird im Schutze der Scheu, also ohne „heranzukommen", erledigt, scheinbestanden, normnahe Richtung).

D e u t u n g. Problematik, ob ich (arbeitlich) hören muß, soll, darf, kann usw. — wie bei Sehscheu S. 443 ff. beschrieben. Die Hörscheu ist die Allmacht-Alldämonie, die mich vor der an der Hörschwelle (Aufgabe, Leistung, Prüfung) drohenden dämon. Lebens-Todesgefahr warnt und schützt in einem. Mir dem Feinhörigen zeigt sich das Schicksal auch in leisesten Geräuschen usw. an und bannt sich damit selbst, oder mein Eigenzauber zitiert, erlauscht das (akustische) Nahen des Schicksals und bannt es damit. Die Geräusche usw. sind Gespenster, Zaubereien der optischen dämonischen Gebilde, von denen sie verursacht werden, ihre Verwandlungen, somit identisch mit ihnen. Der Motor knattert, das ist seine Sprache, das ist er selbst, ich erlausche ihn schon von ganz fern, je näher er kommt, desto mehr steigt meine Angst-Scheu (mit Herzklopfen = Klopfen des Motors) an, desto dringlicher wird ihre Warnung: der Tod naht, von Gott oder Teufel geschickt, hüte dich! auf dem Kraftrad kommt der Bote des Himmels oder der Hölle, mit einem Briefe, der vielleicht von der Behörde gesandt wird, einen Tadel oder ein Lob, einen Auftrag, eine Verfügung bringt, eine Prüfung auferlegt: wer weiß, ob ich sie bestehen kann usw.; nun das Erlebnis geht vorüber, ich lebe noch, meine Angst-Scheu hat mich gerettet dadurch, daß sie die dämon. Gefahr sofort erkannte und bannte, der Brief usw. als irdisches Ding ist unwesentlich. So Tropfen des Regens, Heulen des Windes, Knistern in den Tapeten, Möbeln, Schlagen der Uhr, Hin- und Hergehen der Nachbarn, das Klappen der Tür, das Klingeln des Fernsprechers, das Quietschen des Wetterhahns, der Lärm der Straße usw., die Musik, die eigne, die fremde Stimme und Sprache (im allgem. oder nur gewisse Stimmen, Laute, Worte, Sätze). Die ganze Welt ist (auch) akustisch diffus belebt, beseelt, und unheimlich waltet die Dämonie immer-überall, sie kündet sich mir bes. in Form ihrer „Verlautbarungen", ich erschrecke (bes. nachts) schon bei ihrem feinen Wispern, stelle die Geräusch-Dämonen fest, so können sie mir nicht und niemandem etwas tun. Das Schicksal naht nicht immer mit Blitz und Donner, mit lautem Knall, mit der Stimme der „Autorität", sie sei Gott oder Teufel, nein, sein Nahen kündet sich oft schon im leisen Wehen an, ICH aber allein habe den großen Zauber, es zu erlauschen und so zu bannen — oder davon zu laufen, die Ohren zu verschließen, das Gefährliche draußen zu lassen und so zu annullieren; die irdischen Geräusche usw. würden mich natürlich nicht stören, ich höre nur eben die Dämonie in ihnen, und das ist die Hauptsache. Wäre die Dämonie nicht in ihnen, so müßte ich doch nicht so angespannt lauschen, bes. nachts, wann die Geister sowieso losgelassen sind und suchen, wen sie mitnehmen können in ihr dunkles Reich, ich würde ja sonst nicht so zusammenfahren, Herzklopfen kriegen usw., kurz: die Heftigkeit meiner Angst-Scheu beweist unwiderleglich, daß mir und der Welt dämon. Gefahren drohen, die Dämonie beweist, daß meine Angst-Scheu berechtigt ist, ja daß sie das einzige Verfahren ist, das drohende Verhängnis zu bannen, und ICH bin ausersehen, diese Weltaufgabe zu lösen. Andere haben zwar auch Angst-Scheu, aber sie ist ja insgesamt meine Angst-Scheu, die Allangst habe doch nur ICH, Konkurrenz kann ich nicht dulden wieder aus Angst um meine Alleinheit-Einzigkeit-Absolutheit. Ich kann also vor den Geräuschdämonen usw. flüchten oder sie starr weghören, ich kann sie auch mit allerlei andern Zaubermethoden bannen, z. B. sie aufs feinste nachahmen, sofort oder in bestimmtem Zwischenraum (Anfrage — warten lassen — Antwort), lauter abklopfen, sie übertönen, mißverstehen (in meinen Zauber übersetzen, aber wie war nun das eigtl. Geräusch, Wort usw.?), ich kann die Uhr anhalten und so ihre Stimme (die Stimme der dämon. Zeit) lähmen, die Uhr vor- und nachstellen (dann habe ich ihren Zeitzauber annulliert), gegen die Stimme, die Worte des Vaters u. a. Dämonen singen, die Geräusche der Nacht, des Kellers, des Friedhofes, des Waldes usw. wegräuspern, wegbefehlen, mit lustigem Trällern tun, als ob ich nicht die geringste Angst hätte, eine Zaubergeste machen, z. B. das Geräusch wegwischen, beruhigen, nach unten in die Hölle (wohin es gehört) fegen usw. usw. Das fremde Wort (auch das Fremdwort) ist ein zu meiner Alleinheit Zukommendes, sie Aufhebendes, muß also über-, weggehört, somit entzaubert, in die Alleinheit eingezaubert werden, das Physische „am" Wort ist unwesentlicher Schall. Die Worte häufen sich im Gehörgang wie Geröll, Schutt, ich lasse sie nicht ins Innere, schüttele sie hinaus, bleibe unversehrt. Die Scheu läßt mich Fragen, Ge- und Verbote usw. nur undeutlich vernehmen, so daß ich immer mich ausreden kann, die Dämonie der Fragen, der Vorschriften und der Personen, die sie mir entgegenhalten, mich zwingen wollen, annulliere. Feinstversteckte Andeutungen, Anspielungen höre ich heraus, sie können mich nicht treffen, meine Angst-Scheu zaubert ihre Wirksamkeit aus, mein Übel-nehmen erspürt das drohende Übel und macht ihm den Garaus. Ich habe immer Ausreden, Ausflüchte, Beschönigungen, Umgehungen, Lügen *) bereit (S. 428 f.), flüchte mich ins Unklar-Allgemeine, sage nie (ein echtes) Ja oder Nein, meide jede Entscheidung, lasse mich nie fest-legen und so entmachten, chaotisiere die Einzelheit, die Vertiefung in eine Aufgabe und entzaubere so ihren Zwang, ich lasse immer alles in der Schwebe und bin selbst auch in Worten u. a. Ausdrücken Schwebewesen usw.; vgl. S. 430 f.

γ. und δ. Sensor. Hautangsttrophosen.

γ. Sensor. Tastangsttrophose.

Funkt. Hypertr. (vw.) von sensor. taktilen ARSen. Tastscheu, Zwangstasten in der Art der Krampfenge (unruhiges Tasten im engen Kreise, hin-wegtasten, enger Tastkreis, in dem die feinen Tastdinge rasch wechseln, zugelassen und ausgeschieden werden, vorüberhuschen, irrlichtern) oder des Krampfverschlusses (starres Fixieren einer agf. Tastpunktreihe mit Ausschluß des übrigen Tastfeldes, Zuhalten, Verdecken der gefährdeten Stelle. Scheues Tasten analog dem scheuen Sehen, Hören. Aktuelle oder unaktuelle Konfunktion der vegetativen Apparate der Haut-Schleimhaut sowie der angeschlossenen inneren Organe. Über taktile Hyper-, Hyp- und Anästhesie s. S. 414 ff. Das scheue Tasten zuckt-zittert im engen Bogen um den „Kern der Sache" herum, d. h. um die (lebens-todes-) gefährliche Tastschwelle, die möglicherweise mit aktuellem Tastschmerz verbunden ist; als unterwürfig ist das Tasten ausweichend, flüchtig, fahrig, schlei-

*) Die Verlogenheit ist das hervorstechendste Symptom der „moral insanity" (Prichard, 1835), einer der Phrenose ganz nahestehende schizoide Neurose (HAS-Neurose); daneben Brutalität, Großtuerei, Geltungssucht, Eitelkeit, Frechheit, Zynismus, Rechthaberei, Pseudointelligenz, Pseudologia phantastica usw.

chend usw., als aufsässig spastisch starr, „am Orte“, gezwungen-zwingend usw. Auch im übrigen gelten die Ausführungen bei Sehscheu, für „Sehen“ ist sinngemäß immer „Tasten“ zu setzen. Die agf. Tastpunkte — sie dominieren im kr. Erleben — sind mit den entspr. optischen Gegenständen assoziiert. Das scheue Tasten ist Tasten „durch den Angstschleier“, negatives-negierendes Tasten, ein Tasten-Nichttasten. Die Tastaufgabe wird negiert-negativiert in Form der Meidung (Flucht vor der Eigen- und Fremdberührung, normferne Richtung) oder des Überstehens, das ja auch nur eine Art der Meidung ist (Pat. „läßt“ sich zur Berührung zwingen, „freiwilliger Zwang“ [4. Bd. S. 313 usw.], die Aufgabe wird im Schutze der Scheu über-, ausgestanden, also doch nur scheinbestanden, normnahe Richtung). Das Anfassen z. B. mit der Hand geschieht als spast. Offenbleiben, so daß der Gegenstand herausfällt, zu lose gehalten wird usw., oder als spast. Verschluß, so daß der Gegenstand entweder gar nicht oder zu heftig umfaßt wird (evtl. dabei zerbricht). Beim leisesten Tastschmerz zuckt der Tastscheue zurück oder zusammen: der optische Gegenstand fällt aus der Hand bzw. wird gerade erst heftig umfaßt, Flucht vom Schmerz weg bzw. in den Schmerz, nach hinten bzw. nach vorn.

Deutung. Problematik, ob ich (arbeitlich) tasten muß, soll, darf, kann, und ob ich richtig oder falsch usw. tasten würde, und was dann geschehen würde — wie bei Seh- und Hörscheu beschrieben. Ist das Tasten, der Tastpunkt mein Eigen- oder der Fremdzauber, taste ich oder werde ich getastet? Fordere ich die „Dinge“ heraus, mich anzutasten, oder fordern sie mich heraus, sie anzutasten? Wer oder was mich antastet, „berührt“ mich nicht bloß „irdisch“, sondern dämonisch, entzaubert mich, entlädt mich meiner Zauberkraft, verletzt mich, d. h. meine „Integrität“, „Unantastbarkeit“, mein Tabu, tödlich: meine Scheu warnt-schützt mich vor jeglicher Tastgefahr, und wenn ich doch angetastet werde, annulliert sie die Dämonie der Berührung und damit auch die des Mich-berührenden. Oder ist das Tasten ein guter Zauber, z. B. ein Heilzauber (Handauflegen usw.), der sich auf mich übertragen möchte? wäre meine Scheu dann nicht ein böser Zauber, der den guten fernhält? aber kann ich es wissen, ob der Tastzauber gut oder böse ist? das kann mir niemand vorher sagen, und auch der Versicherung, es sei ein guter Zauber, muß ich mißtrauen, sie kann ja der Versuch einer Irreführung, einer Versuchung des Bösen sein, der vermeintlich gute Zauber kann ja verkappter böser sein, und wenn auch nur diese leiseste Vermutung besteht (und sie besteht ja immer), ist es besser, die Berührung zu meiden, auch so, daß ich sie im Schutze meiner Angst-Scheu zulasse, sie berührt mich dann eben doch nicht, und wenn ich alle Berührung annulliere, bleibe ich auf alle Fälle unversehrt, ist meine Scheu Herr über den guten und den bösen Tastzauber und den, der ihn aus-, verüben möchte, somit Herr über Leben und Tod, Gott und Teufel (in allen möglichen Gestalten), die Allmacht, die auch Ohnmacht heißen mag, die absolute Macht, die Alleinheit. Und wie, wenn ich antaste? ist mein Zauber gut oder böse, Segen oder Fluch? Wie, wenn ich mich selbst berühre? heilige oder entheilige, säubere oder beflecke ich mich, entlade ich mich meines eignen Zaubers, oder schließe ich den magischen Kreis, unzugänglich für jede Fremdberührung? Die Entscheidung zu fällen, verbietet mir die Scheu, sie ist die Allmacht, und was die tut, ist immer gut und böse usw. zugleich, und jedenfalls entmachte ich tastend alle Feind-Dämonie, deren Wirken eben meine Scheu mir anzeigt oder die sich mir sozusagen selbstmörderisch anzeigt. So können „die andern" ruhig tasten: ICH der Alleine taste für alle die Feind-Dämonie in und aus allen Dingen, erlöse so die Welt vor dem heimlich-unheimlichen Walten des Verhängnisses.

Die Tastpunkte sind Gespenster oder Zaubereien der Sehdinge, in denen der Tastzauber wohnt. Ich werde auch oft berührt von unsichtbaren Wesen, sie streifen mich an bald hier, bald da, sie necken mich, Ameisen laufen mir über die Füße, es kriecht mir das rechte Bein herauf, jetzt das linke, jetzt über den Rücken, ein Gürtel schlingt sich um den Leib, wie ein Schlänglein windet es sich um den Hals, ich muß hinsehen, hinfassen, aber es ist dann „nichts" (halluzinative, illusive Tastpunkte). „Die Luft" berührt mich, aber nein, die Dämonie der Luft zeigt sich mir dem Feinstastigen an, der feine Zugwind ist ja der Zug der Geister, die mitnehmen wollen, wen sie berühren, die Erkältung = Tod bringen, aber bei mir zieht sich gleich alles zusammen, so geht der Geisterzug unschädlich an mir (und andern) vorüber, mein Tast-Nein hat ihn gebannt. Auf der Kopfplatte spüre ich eine unheimliche Berührung, die bald mehr, bald weniger drückt, es ist, als ob eine große, dicke Spinne draufliegt und sich festkrallt, als ob ein Nagel (Clavus) eindringen will, ich spüre aber auch, wie sich die Stelle zusammenzieht, so daß nichts passieren kann. Nachts ist der Druck von außen — oder von innen? — bes. auffällig, ich lege dann die Kopfplatte gegen die Bettwand: diese schützt die gefährdete Stelle. An den Schläfen, wo der Knochen am dünnsten ist, drückt und schabt ein Unheimliches, vielleicht sind es Bazillen, die den Knochen anfressen, um ins Gehirn zu kommen und mich umzubringen; ich muß da einen Schläfenschützer tragen, auch immerzu da waschen mit Desinfiziermitteln usw. Sitze ich im Zimmer, so verspüre ich das leise Ziehen der Todesstrahlen, die nach den neuesten Forschungen aus der Erde aufsteigen und Krebs verursachen; ich muß also das Zimmer, die Wohnung verlassen, mir eine neue suchen, vorher aber von einem „Sachverständigen“ (mit allerlei Zauberapparaten) ermitteln lassen, ob da auch Todesstrahlen aufsteigen; es ist schwer, eine Tabu-Wohnung zu finden, und dann, kaum daß ich eingezogen bin, beginnt der Spuk doch wieder, also wieder ausziehen; endlich habe ich eine Wohnung, in deren Zimmer ein Kreis von etwa 2 m Durchmesser ohne Todesstrahlen ist, dort habe ich mich nun niedergelassen, mit meiner Frau, versteht sich, wir sitzen da wie in einem schützenden Bannkreise, wie auf dem Throne der unberührbaren Allmacht, die den Tod — für alle — überwunden hat, es ist ein mühseliges Dasein, da wir immer vermuten, daß doch auch da wieder die verdammten Strahlen auftreten und Krebs bewirken, aber welcher Magier-Erlöser hätte es nicht schwer?! Auf meinen ganzen Körper drückt die Luft, der Luftdruck ist dämonisch, ich muß ihn aushalten, mein ganzer Leib ist von einem harten Panzer umgeben, der mich und alle davor schützt, erdrückt, zerquetscht, dämonisch entmachtet zu werden, wobei gewiß auch der irdische Leib zerfallen würde, aber der ist ja ganz unwesentlich. Ich verspüre deutlich den Sonnendruck (Druck der Sonnenstrahlen), sie lastet auf MIR, ich trage die Weltlast im ewig unsicheren Gleichgewicht zwischen unten und oben, Himmel und Hölle, Gott und Teufel. Das Wasser ist todgefährlich, die Nässe unheimlich, ich scheue davon zurück und banne den Zauber, ja wenn es trockenes Wasser gäbe!

Die Geister können auch ins Innere gehen, der Leib ist kein Hindernis für sie, ich spüre ein inneres Berühren, ein Stoßen, Klopfen, Reiben, Hin- und Herfahren, Rumoren — was soll das? wollen die Geister heraus, sind sie gute oder böse, Lebens- oder Todesgeister? ließe ich die Todesgeister heraus, so töteten sie die Welt, ließe ich die Lebensgeister heraus, so wäre ich tot, der Tod, alle guten Geister hätten mich verlassen, ich muß sie also in mir halten, ich habe sie gefangen, sie sind in meiner Allmacht, der Leib zieht sich zusammen, innen ist alles zu, alle Öffnungen sind zu. Aber auch wenn mal was herausfährt, ist es doch bloß Materie, ihr Dämonisches hält meine Scheu fest; so sind mein Kot, Harn usw. nur unwesentliche Substanzen, ich scheue mich aber obendrein, sie zu berühren, die Scheu schreibt mir allerlei sonderbare, umständliche Verfahrensweisen vor, die Berührung zu meiden, den After usw. muß ich immer und immer wieder säubern, die Hände, die durch das Papier hindurch beschmutzt sein könnten, zehnmal waschen und immer wieder auf „minimalste Partikelchen“ untersuchen, denn wer Dreck anfaßt, besudelt sich, und ich muß absolut rein bleiben, dann kann mir auch kein Schmutz etwas schaden, ich kann mich also ruhig-unruhig beschmutzen „lassen“, in den ärgsten Unrat

„hinabsteigen" wie Christus in die Hölle, dem Reinen ist alles rein, auch der Schmutz, er ist eben magisch entschmutzt, er kommt durch die Schutzschicht nicht an „mich" heran. Oder werde, bin ich doch beschmutzt? Ist nicht der Leib, bes. die verhüllten Regionen, Schmutz, Häßlichkeit, Sünde, Teufelei? Wenn ich aufstehe und die Sohle auf den „ganz sauberen" Bettvorleger setze, ist da nicht schon doch etwas Schmutz an mich gekommen, bin ich da nicht schon seelisch verworfen? besser, ich bleibe im Bett, aber da kann ich mich nicht waschen, auch in der Luft sind Stäubchen, essen muß ich auch, auch da ist Schwarzes-Dunkles dran, und dann muß ich doch mal aufstehen, aber da binde ich mir die Daumen an ein Band, das durch eine an der Bluse befestigte Sicherheitsnadel läuft, so daß eine gewisse Bewegungsfreiheit besteht, ich aber nicht nach unten fassen kann, auch stecke ich mir die Ärmel an der Bluse fest, auch muß ich beim Hinsetzen fein darauf achten, daß der Rocksaum 20 cm über dem Boden bleibt, und mir das zehnmal vom Mädchen bestätigen lassen, das Hinsetzen dauert zwar sehr lange, es ist mehr ein Hinfallen, aber ich bin dann wenigstens beruhigt, daß ich mich nicht beschmutzt, daß ich den Schmutzteufel gebannt habe, der ja nur auf Mich die Heilige lauert, — oder bin ich ein solches Schwein, daß ich solcher langwierigen Methoden bedarf, um mich vorm Schmutz zu behüten, daß ich Tag und Nacht nichts weiter tue als die Versuchung bannen? Welche Not — und welche Tugend!

An mir bin ich absolut sauber, ich habe aber eine kleine Hölle in einem Schubfach im Schlafzimmer, wohin ich allen Schmutz, z. B. schmutzige Wäschestücke, Monatsbinden, auch Kotstücke usw., verbanne; niemand darf das wissen, es ist ein Fach in einer sehr kostbaren antiken Kommode, da kommt niemand auf den Gedanken, daß ich dort meine Hölle habe; es „riecht" natürlich, aber — Parfüm drüber! Alltäglich muß ich zu bestimmter Stunde den Unrat anfassen, zaghaft-heftig zupacken „wie in die Brennesseln": stehe ich die Pikfeine nun im Banne des Satans, oder steht er in meinem Banne, bin ich eigentl. ein „Ferkel", ein Kind des Teufels selbst oder eine Heilige, die auch in den scheußlichsten Unrat fassen kann, ohne sich zu beschmutzen, ja darin gerade ihre Lebensaufgabe sieht? Oft stelle ich mir mich als kleines Kind vor: ganz sauber und ganz überzogen von Kot, sauber unterm Kot, der durch eine magische Isolierschicht „mich" nicht berühren kann und der doch zu „mir" gehört.

Der Hut, der Kragen, die Hemdfalte, die Hose usw. drücken mich „unerträglich", aber ich ertrage den Druck doch: ich erkenne die drohende Gefahr und banne sie damit, auch mit allerlei Zaubereien. Ich setze keinen Hut, keine Mütze auf, ich trete für die hutlose Mode, für Abhärtung usw. ein, erkläre, man müsse das edle Haupt frei tragen, ich habe ja schon als Kleinkind eine heillose Angst vor der Mütze gehabt, vor dem großen Hut des Vaters, vor Hüten überhaupt, die unheimlich von oben her den Kopf einschnüren, ich habe mich immer gegen das unheimliche Oben gesträubt-geduckt, ich bin immer Empörer, empört (empor!) gewesen, auch wenn ich scheinbar kleinbeigab, ich kann überhaupt nichts über mir ertragen, ich muß das Haupt ober, über allen Häuptern, das Ober-Haupt an sich, der Allherr (auch als Allsklave) sein. Und wenn es nun mal nicht anders geht, setze ich einen Hut, eine Mütze auf, die mir viel zu groß ist, so daß ich den Druck ent-drucke und dazu den Vorteil habe, mich in den Hut, die Mütze mit dem großen Schirm, der mir fast bis zur Nasenspitze reicht (so daß ich nur eben so drunter hervorschielen kann), zu verstecken, somit unsichtbar (Tarnkappe) zu machen. Ich fahre zwischen Hals und Kragen mit dem Finger ringsum und drücke so den Druckzauber weg, der von gewissen Personen usw. mittels des folternden Kragens auf mich ausgeübt wird mit dem Ziele, mir den Hals, das Leben abzudrücken. Ich trage den Hals frei und offen, bin „Reformer", nur darf niemand ahnen, daß ich das aus purer Angst bin, und ich selber habe das allmählich vergessen und glaube selbst an meine „Ideen". Ich halte zierlich mit zwei Fingerspitzen das Kleid von der „Druckstelle" links seitlich 10 cm unterm Rippenbogen, nachts schlafe ich unter einer „Brücke", das Hemd, die Bettdecke würde mich zermalmen, ihre Tod-Dämonie setzt an jener Stelle an. Der Schneider muß mir um das Gesäß ganz weite Hosen bauen, so daß ich ihren fatalen Druck negiert habe. Usw.

Im Messer haust der Messerzauber, er zerstört-tötet, ich merke das, meine Scheu verbietet mir das Messer anzufassen, ich zittere, greife fehl, lehne das Messer als Tischgerät ab, esse deshalb kein Fleisch u. a. Speisen, die zerschnitten werden, nur um nicht mit dem Mordinstrument in Berührung zu kommen; übrigens beiße ich auch nicht, bin Hochkauer, habe mir die teuflischen Zähne, die ersten Tötungswaffen ziehen lassen, um „rein" (Säuglingskiefer) zu bleiben von allem Mordgelüst; ich lasse die andern für mich schneiden, stechen, beißen, auch schießen usw. Ich packe das Messer ganz fest an, fange es ein mit seinem Todeszauber, halte ihn in meiner Allmacht, das Messer zittert (oder zittere ich?), will los, es ist gebannt. Den Federhalter anzufassen, ist, wie mir meine Scheu sagt, ein unheimliches Wagnis: er enthält den Schreibzauber, und Schreiben und Schrift sind dunkle Rätsel (wie dem Kleinkinde), die das Schicksal künden, das Vergängliche „fixieren", aufs Papier bannen, alle Buchstaben-Worte sind voll guten oder bösen Zaubers (S. 451 f.), sie würden mich verraten, meine Gedanken festlegen. Wer den Zauberstab anfaßt, muß ihn beherrschen, sonst beherrscht der Zauber ihn und löscht ihn aus. Die Hand zittert mir, ich meide das Anfassen, ich schreibe nicht, ich gehe lieber zu dem Menschen hin, dem ich sonst geschrieben hätte, (gesprochenes Wort ist unverbindlich), — umständlich, aber sicher; ich diktiere, ich nehme lieber den Bleistift, der ist, wie mir die Scheu sagt, nicht so gefährlich, er schreibt nicht so fein, er schreibt leserlich-unleserlich, man kann das Geschriebene leichter ausradieren als Tintenschrift usw. Ich fasse den Federhalter ganz fest, mit durchgebogenem Zeigefinger (Schreibkrampf), ich banne mit meinem „Schraubstock" den Griffelzauber, aber er wirkt doch weiter, er lähmt mir Hand und Arm, verursacht mir Schmerzen, ich halte das nur kurz aus, dann lege ich den Halter weg: er soll nicht triumphieren — oder triumphiert er doch (sieh nur, wie er grinst!). Ich fasse den Halter mit einer Hülse an, die den Zauber isoliert, so kann ich schreiben, aber auch da Vorsicht: der Zauberstab läßt mich zittrig, falsch, ungerade usw. schreiben. Die Arbeitsgeräte, vor denen meine Scheu mich warnt, sind alle todgefährlich, ebenso die Menschen, Tiere, Pflanzen usw., ich merke die feine Ausstrahlung bestimmter „Wesen" und meide die Berührung oder drücke fest zu, so sind sie entmachtet.

Bevor ich das Zimmer verlasse, muß ich alles nochmals abtasten, überblicken, stundenlang nachsehen, ob alles in Ordnung, ob nichts vergessen sei, kein Zauberding sich meinem Allzauber entzogen und ihn ausgelöscht habe; ich muß das Abtasten auch nach Verlassen des Zimmers in Gedanken fortsetzen, es melden sich ein, zwei, viele „Häkchen", sie zwingen mich zurück — oder zitiere ich sie als die Punkte, die noch (magisch, eben mit dem Zitieren) zu „erledigen" sind? Usw.

δ. Sensor. Wärme-Kälte-Angsttrophose.

Funkt. Hypertr. (vw.) von sensor. thermischen ARSen. Wärme-Kälte-Scheu, Zwangsbewegungen analog dem Zwangstasten, mit den Tastpunkten sind ja immer auch thermische Punkte assoziiert. Thermische Hyper-, Hyp- und Anästhesie s. S. 414 ff.

Deutung. Wärme und Kälte sind gespenstische Mächte, Zaubereien, Verwandlungen der warmen und kalten Sehdinge. Die dämon. Gefahr bedroht mich von der thermischen Schwelle aus, die evtl. mit aktuellen Schmerzen verbunden ist, am Übergang, Temperaturwechsel, bei der Prüfung, ob ich den Übergang, die Wärme, Kälte aushalten werde oder nicht: meine Scheu warnt mich und annulliert die Dämonie der Schwelle. Kälte ist Tod, Frieren ist magisches Erfrieren (Wirkung des äußeren-inneren Frierzaubers), aber auch Wärme kann töten, Kälte beleben, im Himmel ist es kalt, in der Hölle warm, aber auch umgekehrt? Niemand, auch kein Physiker weiß, was „Wärme" und „Kälte“ sind; sie sagen „Energieform“, aber was ist „Energie“? die geheimnisvolle dämon. Kraft oder Macht, die sich geheimnisvoll verwandeln kann. Es gibt wahrscheinlich gute und böse Kälte und Wärme, aber den Tod drohen mir beide an. Der Tod berührt mich mit kalten, starren Fingern, mit kaltem Hauch (Luftzug = Gespensterzug, bei dem man fröstelt, sich erkältet, Schmerzen, Reißen bekommt, Vorboten des Todes), ich erschauere, es zieht und zieht mich mit. Aber auch Wärme ist todgefährlich, sie brennt und verbrennt, das Fieber, jene unerklärliche geheime Macht, schüttelt mich, die Hitze steigt mir in den Kopf (Hitzewallungen), die Haut brennt, z. B. bei der Arbeit, der Begegnung mit gewissen Personen, deren Dämonie ich so erkenne und banne, das Höllenfeuer fächelt um mich (Röte), die Nase, die Ohren, die Hände werden heiß und kalt hoffentlich merkt es niemand, sonst wäre ich erkannt-gebannt. Ich verstecke mich hinter die plötzlich aufflammende Röte des Gesichts, dann hinter die Totenblässe, spiele so Leben und Tod vor — je nachdem, verwandle meine Larve und „mich“, bin immer ein anderer, das „Gegenteil vom Gegenteil“, ein Chamäleon, bleibe hinter meiner Tarnkappe unerkannt und ungebannt, Herr über Leben und Tod. Die Wärme verweichlicht, sie drückt-belastet-belästigt mich im Bett, im Bade, im Mantel, in der Sonne. Im Bett erwache ich schweißgebadet, glühheiß: Fegefeuer, Höllenfeuer, Bett = Höhle-Hölle; Erwachen = Auferstehen zum Licht usw. Ich muß mich gegen Wärme und Kälte mit Kleidern, Bewegungen usw. absolut schützen, am besten ich bin und bleibe lauwarm, weder kalt noch warm (thermisches Chaos) und banne so jede thermische Entscheidung. Usw., s. auch S. 295 ff., 397 f.

ε. Sensor. Nasenangsttrophose.

Funkt. Hypertr. (vw.) von sensor. olfaktorischen ARSen. Riechscheu, Zwangsriechen in der Art der Krampfenge (unruhiges Riechen im engen Kreise, hin-wegriechen, enger Riechkreis, in dem die feinen Riechdinge (Gerüche) rasch wechseln, zugelassen und ausgeschieden werden, vorüberhuschen, irrlichtern, Verengung der Nasenöffnung, auch mit den Fingern) oder des Krampfverschlusses (starres Fixieren einer agf. Riechpunktreihe mit Ausschluß des übrigen Riechfeldes, Zuhalten, Zustopfen der Nase). Die agf. Gerüche dominieren im kr. Erleben. Usw., s. bei Seh-, Hörscheu usw. Hyper-, Hyp-, Anosmie S. 414 ff.

Deutung. Die Riechscheu warnt-schützt mich vor der Riechprüfung, vor der Entscheidung über gut und böse, vor der an der Riechschwelle lauernden Lebens-Todesgefahr. Ich meide die gefährlichen Gerüche, sie mögen göttlich oder teuflisch sein; sowie ich den feinsten, verdächtigen Geruch wahrnehme, ergreife ich die Flucht. Ich filtriere die Dämonie der Gerüche dadurch heraus, daß ich die Nasenöffnung zusammenziehe (schniefe). Ich banne die scharfen, stechenden Gerüche dadurch, daß ich sie mit aller Reserve fest-stelle. Alle Gerüche gehen in mein geruchliches All-Nein ein, auch die sich im feinen, leisen Geruch ankündigende Schicksalsmacht. Usw., s. S. 299 f., 399 f.

ζ. Sensor. Gaumenangsttrophose.

Schmeckscheu, Zwangsschmecken wie bei Riechscheu. Hyper-, Hypo-, Ageusie S. 414 ff.

Deutung wie unter ε, s. auch S. 225, 315.

η. bis ι. Sensor. Muskelangsttrophosen.

η. Sensor. Lageangsttrophose.

Funkt. Hypertr. (vw.) von sensor. kinästhetischen ARSen. Lage-, Bewegungsscheu, Zwangsbewegungen in der Art der Krampfenge (Bewegungen-Lagepunkte im engen Kreise, zaudern, schwanken, wanken, schwindeln, ausweichen, umschleichen, flüchten) oder des Krampfverschlusses (starres Festhalten einer agf. Lage, Zittern „am Orte", Leib zur [bebenden] Säule erstarrt, Hand spast. zur Faust geballt). Kinästhetische Hyper-, Hypo-, Akinesie S. 414 ff. Aufsässige und unterwürfige Bewegungen s. S. 435 ff. Die scheuen Bewegungen meiden die Schwelle (normferne Richtung, Abstinenz) oder „nehmen" sie scheinbar, im Schutze der Scheu, also in der Art der krampfigen Überwindung (normnahe Richtung, Abusus). Die Bewegungsaufgabe (Leistung usw.) wird in beiden Fällen negiert-negativiert, die Gefahr „aufgehoben". S. auch S. 300 f., 399 f.

Deutung. Problematik, ob ich mich (arbeitlich) über die Schwelle bewegen muß, soll, darf, kann, ob ich es richtig oder falsch, gut oder böse, schön oder häßlich machen würde, und was in den einzelnen Fällen geschehen könnte. Die Scheu warntschützt mich vor der Prüfung, Entscheidung, die als Verhängnis erscheint, die beengte, beschränkte, abgeschlossene Lage ist die Allmacht-Alldämonie, die auch als zugänglich (krampfoffen) unzugänglich oder überhaupt (krampfverschlossen) unzugänglich, in beiden Fällen unversehrbar ist. Ich meide jede Lageveränderung (als Schwelle, Übergang) oder überstehe sie im Schutze meiner Scheu, in beiden Fällen ist sie negiert, annulliert: so beherrscht meine Scheu mit ihrem All-Nein alle gefährliche Lage, somit die Lage überhaupt, in meiner ewigen Unruhe lösche ich alle Unruhe aus, in meine Unsicherheit negiere ich alle Unsicherheit ein — und das eben ist meine und der Weltlage

Sicherheit. Die Allmacht ist die absolute Ruhe-Unruhe, sie „späht" immer-überall nach der gefährlichen Einzelheit der Lage, die die Ruhe-Unruhe aufheben würde, meine ununterbrochene Lageveränderung, auch wenn ich zitternd stillstehe oder mich heimlich ganz leicht bewege (z. B. mit den Fingern spiele, unruhig auf dem Stuhle hin- und herrutsche, mit dem Afterschließmuskel „schnappe", mit dem Augenlid zittere, innerlich bebe, mich mit enggeschlossenen Beinen, fest verschlungenen Händen, äußerlich und innerlich verkrampft in die Ecke des Sessels drücke usw.), bannt jede Lageveränderung als den feind-dämon. An- und Eingriff in mein Alleinsein, in meine All-Lage, denn um den Feind zu binden, muß man immer und überallhin folgen, seine Methode bis in alle Feinheiten nachmachen, es bleibt dabei fraglich, ob ich ihn binde oder er mich bindet, ob ich oder er das Gesetz des Handelns hat, ob ich oder er der Gott oder der Teufel, das Leben oder der Tod ist: jedenfalls lehrt die Erfahrung, daß ich in meiner Lagescheu absolut unangreifbar bin, denn noch lebe ich, bin also unsterblich. Entziehe ich mich jeder Prüfung, so kann weder sie noch der Prüfer mir das geringste „an-haben": bin ich nun die Allmacht oder die Ohnmacht — oder beides in einem? ich kontrolliere aufs feinste jede Bewegung der andern, „ringsum", bin immer fluchtbereit, ja eigtl. immer auf der Flucht, die auch Flucht nach vorn sein kann: so ist jede Feind-Bewegung machtlos.

Gemäß der Lagescheu sind auch die optischen usw. Gegenstände im kranken (und nuancenmäßig im fastgesunden) Gebiete dyskoordiniert, fehlgelagert (abnorme kinästhet. Sk.), es dominiert auch da die Enge, Beschränktheit, Verschlossenheit, die S i t u a t i o n ist „immer" ängstlich, die andersgefühligen Stadien sind abnorm angsthaltig und nur insofern wichtig („alles" verschwommen, schwankend, schwindelnd, Welt mit Brettern vernagelt). Ich wollte schon immer meine Lage (Stellung, Einkommen usw.) verbessern, sagt ein Pat., aber immer schob ich die Entscheidung (Kündigung usw.) wieder auf, es eilte ja auch nicht, und je näher der jeweilige Kündigungstermin kam, desto mehr geriet ich ins Schwanken: soll ich oder soll ich nicht? ich ging zum Geschäft wie auf Wolken, wie auf weicher Watte, die Straße hob und senkte sich unter meinen Füßen, die Häuser wackelten, die Magen-Leberkrämpfe meldeten sich wieder heftiger usw.; ich „ermannte mich", ging zum Chefzimmer, aber schlich vorbei, einmal aber „nahm ich mich zusammen", ich konnte kaum klopfen, kaum die Türklinke finden, und als ich dann dem Gewaltigen gegenüberstand, tanzten die Möbel um mich herum usw., mir fiel das Herz in die Hosen, ich fand das entscheidende Wort nicht, brachte irgendetwas vor und verschwand schleunigst mit tausend Entschuldigungen; und es war gut so: wer weiß, ob ich eine andere Stellung gefunden hätte und, wenn ja, was für eine, usw.; zwar fühle ich mich zurückgesetzt vom Schicksal, ich könnte viel mehr leisten, aber ich bin wenigstens in „gesicherter Lage", vorläufig, wer weiß, wie lange? ich bin wohl doch bloß ein Feigling? Ein anderer Pat. stößt, stottert die Kündigung hervor, aber in der Art des Stotterns usw., also im Schutze seiner Scheu hat er die Entscheidung doch gemieden, sie dem Chef über„lassen", in seiner Allmacht behalten, annulliert, mag nun der Chef „irdisch" ablehnen oder zustimmen. Ein dritter Pat. benimmt sich derart aufsässig, daß der Chef ihn entläßt: so hat Pat. ihn ge- und bezwungen, die Situation beherrscht, die tatsächliche Lageveränderung entmachtet, in seiner Allmacht gehalten.

Ob das Schwanken der Feindzauber ist, der sich mir anzeigt und so annulliert, oder der Eigenzauber, der die Dinge schwanken „macht" und so die Gefahr ankündigt und bannt, — immer erscheint alles lagemäßig zweifelhaft, immer droht das Schicksal mit seinen ungewissen Fügungen und Wendungen, immer das Verhängnis, das die Zukunft „verhängt" und das gemieden oder starr überstanden werden, somit annulliert werden muß, denn geht es gut aus, so könnte das doch nur eine Falle sein, und geht es schlecht aus, nun so muß es auch entmachtet werden, es ist aber immer möglich, daß es schlecht ausgeht, und diese Möglichkeit genügt mir, um alles und noch etwas mehr zu tun, dem Verhängnis aus dem Wege zu gehen. Dies geschieht eben dadurch, daß ich die geschäftliche, wirtschaftliche, politische usw. Lage (die Tatsachen) nicht prüfe, wegsehe, die Augen schließe, hinstarre und doch nichts sehe, die etwaigen Schwierigkeiten banne, mich nicht herausfordern, also prüfen lasse, alles in der Schwebe, im Unklaren halte, keine Entscheidungen treffe, mich tragen „lasse", auf die „Eingebung" warte, den blinden Zufall walten „lasse" und, mich ihm so unterwerfend, ihn mir zu dienen zwinge: er regiert in meinem Auftrage, es geschieht alles, was geschieht, sei es günstig oder ungünstig, Glück oder Unglück im Zauber meiner Scheu, meines Zögerns, Zauderns, meiner ewigen Hemmung, meines stets unruhigen, gespannten Gehen„lassens": so bin ich immer Herr der Lage und bewahre die Welt vor dem tödlichen Umsturz, dem ewigen Verderben. Aber das darf niemand wissen, daß ich eigentlich ein Feigling bin, auch wenn ich nach vorn fliehe; ich muß im Gegenteil versichern, daß, muß so tun, als ob ich keiner sei, denn die Sterblichen wissen nicht, welcher Mut zur Feigheit gehört, und daß die Scheu als Aufsässigkeit oder Unterwürfigkeit den Willen der Götter und Teufel, das Schicksal selbst in meine Dienste zwingt.

ϑ. Sensor. Kraftangsttrophose.

Funkt. Hypertr. (vw.) von sensor. statischen RSen. Kraftscheu (Scheu vor und bei Bewegungen quoad Kraft, vor und bei Kraftäußerungen), Zwangsbewegungen in der Art der Krampfenge (Bewegungen-Kraftpunkte im engen Kreise, schwanken, wanken, ausweichen usw.) oder des Krampfverschlusses (starres Verharren in einer agf. Kraftäußerung, Steh- und Gehscheu, Zittern „am Orte", Balanzieren „auf haardünnem Seil über dem bodenlosen Abgrund, über der Unendlichkeit"). Statische Hyper-, Hypo-, Akinesie S. 402. Aufsässige und unterwürfige Kraftäußerungen s. S. 435 ff. Der Kraftscheue meidet die Schwelle (normferne Richtung) oder „nimmt" sie scheinbar, in der Art der krampfigen Überwindung, mit Überanstrengung = addierter Schwäche (normnahe Richtung). Die Kraftaufgabe, Kraftprobe wird in beiden Fällen negiert-negativiert, die Gefahr „aufgehoben". S. auch S. 305, 402.

Deutung. Problematik, ob ich die Kraftprobe wagen muß, soll, darf, kann, ob ich es kraftmäßig richtig oder falsch usw. machen würde und was im einen oder andern Falle geschehen könnte. Ist Kraftscheu — Kraft oder Unkraft, Schwäche, Kraftlosigkeit? Sie warnt-schützt mich vor der Kraftprobe, sie bannt die dort lauernde Dämonie, also ist die Allkraft und die Allschwäche, die Allmacht und die Ohnmacht zugleich, das Kraft-All, das auch Schwäche-All heißen mag: nichts und niemand vermag sie herauszufordern, zu prüfen, anzugreifen. Mein Kraftzauber (meine Zauberkraft) erspürt auch die feinste Regung der Feind-Kraft, sie geht ihr ebenfalls mit feinsten Regungen (feinsten Bewegungen, Gesten, Zwangszeremoniell) nach, ja ist immer an sie gebunden und bindet sie: die gegenseitige Bannung ist der un-lös-bare Zweifel, in dem ich aber existiere, ja der meine Existenz ist. Bereit sein ist alles, so bin ich immer bereit, ich bleibe immer bereit, in Vorbereitung und in Bereitschaft, ich lasse mich nicht verführen, mein ewiges Bereitsein zu verlassen und in die Kraftprobe einzutreten, denn mit dem Bereitsein hätte ich mich selbst verloren, also wenn's ernst wird, ICH bleibe in Vorbereitung-Bereitschaft, banne so die verhängnisvolle Kraftprobe (den Schwellendämon-Versucher), „die andern" können im Schutze meiner Scheu alles wagen, sie müssen es auch für mich tun, nämlich um (mir) meine Allmacht zu bestätigen. Die ewige Bereitschaft (Zurückhaltung usw.) kostet viel mehr Kraft als das einfache Losgehen, ja sie ist die Allkraft, die alle Einzelkräfte negiert und so in sich begreift. Mein Kraftgeiz ist die Wahrung der Allkraft (nicht das geringste Kräftchen darf verloren gehen) — ebenso wie meine Kraftvergeudung (alle Kraft gehört ja mir). Alles lebt und stirbt in meiner Kraft, im Anfang war die Kraft, und die Kraft war bei Gott, und Gott war die Kraft, sie wirkt in und aus MIR, sie bewirkt, daß ich mit meiner Scheu jegliche Feind-Kraft annulliere, wobei das irdische Werden und Vergehen ganz unwesentlich, nur die Folie für die dämon. Kräfte-Mächte sind. Oder ist meine Kraft Teufelskraft, die Kraft des Bösen? ist sie beides zugleich, die Gottes-Teufelskraft? In der Allkraft spielen die Gottes- und die Teufelskräfte ihr ewiges Spiel, das ICH die Allkraft ewig schaffend verneine und verneinend schaffe. Zu jeder Kraftänderung sage ich prinzipiell Nein, der absoluten Kraft kann nichts widerfahren, auch nicht der absoluten Schwäche, so bin ICH aller Kräfte kraftloser Herr.

Ich wage nicht ans Fenster zu treten: es ist die Schwelle zum Draußen, zur Tiefe, zum Tode, meine Scheu warnt-schützt mich, ich werde schwindelig, gelähmt usw. zum Zeichen, daß der Tod mir naht, aber gebannt wird, denn ich bleibe am Leben. Mit einem andern, auch einem Kinde kann ich ans Fenster gehen: in dem Begleiter wirkt mein Zauber, er fängt die tödliche Kraft ab. Ich gehe zitternd ans Fenster: das Zittern ist mein Schutz. So Kraftscheu vor jeder „todgefährlichen" Schwelle. Die Tiefe würde mich hinab-, die Höhe emporziehen (und dann fallen lassen?): ich banne mit meiner Scheu (Schwindel usw.) die „Anziehungskräfte" der Tiefe und der Höhe, der Hölle und des Himmels, ich bleibe immer in der Schwebe, ein Gespenst. So auch Scheu vor der „Anziehung" von links oder rechts, hinten oder vorn usw. Warum kann-darf ich nicht liegen bleiben? wer liegt, kann nicht fallen, aber ich muß aufstehen, ich halte mich mit meiner Scheu aufrecht (lies: steif, starr, S. 401 f. Ich schleiche geduckt dahin, spiele den Kraftlosen: so bin ich gefeit, — oder ich trage die Weltlast für alle? Ich gehe des Weges, aber schon wird das Bein mir lahm, schwer und schwerer: die Höllenkräfte wollen mich entkräften, hinabziehen, zu Falle bringen, „magnetische" Kräfte wirken verhängnisvoll, ich kann nicht mehr weiter, muß stehen bleiben, noch ein Schrittchen, ja einen Millimeter — und ich wäre zu Grunde gegangen, verloren; die Hölle will ihr Opfer haben, ich bin der Sohn eines Mörders-Teufels (Vater war Waffenfabrikant und Jäger), schon früh habe ich mit Waffen gespielt, dann auch geknallt, geschossen, den Tod in die Welt gesetzt, bin selbst Mörder-Teufel und gehöre in die Hölle, aber meine Scheu (stehenbleiben, Herzklopfen, usw.) behütet mich vor dem Sinken in die Tiefe, und so bin ich doch wohl der Gott, der ja auch über den Tod verfügt und ihn bannt. Mir ist, als ob mich „etwas" von hinten in die Knie stößt, so daß sie einknicken, aber gerade das Einknicken verrät mir den Feind-Zauber, so daß ich nicht falle, sondern den Zauber annulliere.

Auf der Brücke über den rauschenden Bach merke ich, wie „es“ mich ins Wasser zieht — stückweise: den Fingerring, das Armband, den Arm — mich im ganzen, aber ich meide die Brücke, oder ich balle die Faust, verkrampfe die Hände, so ist schon im Anfang der feindliche Angriff entmachtet. Ich muß die Hand des Besuchers mit meinen beiden Händen fest nehmen und somit festnehmen, das sieht herzlich, wohlwollend aus, aber ich annulliere damit die in der Hand, im Handdruck wirksame Dämonie des Besuchers, der offen oder heimlich mein Feind ist, bes. wenn er sich als Freund gebärdet, ich entkräfte ihn in meine Allkraft — oder klammere ich mich an ihn wie das Kleinkind an Vaters-Mutters Hand und bin selber kraftlos? ich überstehe aber die Kraftprobe, so hat meine Scheu und ihr Krampfverfahren mich vor dem Zauber der Fremd-Kraft bewahrt. In dieser Art fasse ich alle Dinge an, übernehme so ihre Kraft, annulliere sie — oder ich meide das Anfassen und lösche so ihre Kraft aus. Ich klammere mich an mich selber an, z. B. mit der einen Hand an die andere (krampfiges Verschlingen der Hände), so schließe ich den Zauberkreis der Eigenkraft, der Allkraftschwäche und bin unnahbar, gefährdet-ungefährdet. Usw.

Gemäß der Kraftscheu sind auch die optischen usw. Gegenstände im kranken (und nuancenmäßig im fastgesunden) Gebiete kraftmäßig dyskoordiniert (abnorme statische Sk.), das „Kräftespiel“ wird mißkannt, die Kräfte (Schwere, Druck, Vermögen usw.) falsch eingeschätzt und eingesetzt, die Prüfung negiert, mag es sich um Vorgänge im persönlichen Arbeitsbereiche oder um allgemeine wirtschaftliche, politische usw. Vorgänge handeln. Alles ist immer kraftmäßig unsicher, immer-überall bedrohen die Lebens- die Todeskräfte und umgekehrt, und wenn ich das weiß, werde ich meine Allkraft dafür einsetzen, keine Kraft einzusetzen, jeden Krafteinsatz (geschäftliche Entscheidungen usw.) zu negieren, das „freie Kräftespiel“ (Konjunktur usw.) auf die starre Linie einzuengen und so zu annullieren, so daß sich keine Kraft mehr regen kann, alles tot und eben damit ewig-lebendig ist. Aus Scheu vor dem Risiko, d. h. vor dem drohenden geschäftlichen Tode flieht Pat. in den geschäftlichen Tod, z. B. er setzt seine Kräfte falsch ein, disponiert falsch (übervorsichtig usw.), zögert zu lange, Aufträge anzunehmen (erst genaueste Erkundigungen einziehen usw.), und dann sind sie längst vergeben, er verpatzt und verpaßt die Gelegenheiten, er zieht aus Scheu vor möglichem Verlust möglichst viel Geld aus seinem Geschäft, verliert das Geld z. T. oder ganz bei anderweiter Anlage und läßt sein Geschäft verkommen. Aus Scheu vor einem möglichen Fehler macht Pat. einen Fehler nach dem andern, denkt und tut bestenfalls normnah. Die Scheu ist ja selber Fehler, für den Pat. kommt es aber nicht auf das irdische Geschehen an, sondern auf die Bannung der Feind-Kräfte, und diese Weltaufgabe erledigt er ebenso mit der geizigen Kraftsparung wie mit der Kraftverschwendung (dem geschäftlichen usw. Ruin).

ι. Sensor. Richtungsangsttrophose.

Funkt. Hypertr. (vw.) von sensor. topischen RSen. Richtungsscheu (Scheu vor und bei Bewegungen quoad Richtung), Zwangsbewegungen in der Art der Krampfenge (Bewegungen-Richtungspunkte im engen Kreise, Schwanken usw. in der Richtung) oder des Krampfverschlusses (starres Einhalten einer Richtung, spast. Fixierung einer agf. topischen Punktreihe, Ausschluß der andern Richtungen-Richtungspunkte). Topische Hyper-, Hypo-, Akinesie S. 414 ff.; Desorientiertheit s. 2. Bd. S. 140, 146. Aufsässige und unterwürfige Richtungen, also Bewegungen quoad Richtung, S. 435 ff. Der Richtungsscheue meidet die Schwelle (normferne Richtung, sich verirren usw.) oder „nimmt" sie scheinbar, in der Art der krampfigen Überwindung (normnahe Richtung). Die Richtungsaufgabe (Prüfung, Leistung quoad Richtung, Richtungswechsel) wird in beiden Fällen negiert-negativiert, „die Gefahr aufgehoben". S. auch S. 309, 403.

Deutung. Problematik, ob ich die Richtungsprobe wagen muß, soll, darf, kann, ob ich es richtig oder falsch usw. machen würde und welche Folgen sich daraus ergeben würden. Die Richtungsscheu ist die Allmacht-Alldämonie, die jede Richtungsaufgabe als Richtungs-auf-gabe, als dämon. Versuchung, als Lebens-Todesgefahr annulliert. Ich bleibe in meiner Versuchung, koste es, was es wolle, aus Angst-Scheu, die Richtung, mich selbst, die Allmacht zu verlieren. Seiner Richtung absolut treu bleiben, heißt: die Allmacht wahren, die auch Ohnmacht heißen mag, aber alle Einzel-Richtungen im All-Nein hält. Ich dulde nicht das allergeringste Abweichen von meiner abweichenden (absonderlichen) Richtung; auch wenn meine Richtung der Richtung der andern gleich zu sein scheint (normnah ist), ist und bleibt sie eben doch MEINE Richtung, die einzige, in die ich alle „andern" Richtungen aufsässig oder unterwürfig einzaubere. Ob meine Richtung richtig oder falsch, gut oder böse ist, ob sie in den ewigen Tod oder das ewige Leben führt, kann ich nicht und niemand entscheiden, sie ist eben die Allrichtung, in der sich alle Richtungen abspielen und die sie alle negiert, also zugleich die absolute Richtungslosigkeit ist: so bin ich aller Richtungen richtungsloser Herr.

Ich halte an dem „gewohnten" Umwege von A nach B starr fest, er ist zwar $1/2$ Stunde länger, auch beschwerlicher, aber darauf kommt es nicht an, es kommt nur darauf an, die dämon.

Versuchung, die mich von meinem Wege ablocken und somit entmachten, verderben will, zu bannen. Jede Richtungsänderung wäre das Einschlagen einer neuen Richtung: da ich nicht weiß, was dann werden würde, da ich den Versicherungen der andern prinzipiell mißtraue, bes. wenn sie in freundlicher Weise gegeben werden, werde ich mich hüten, meine Richtung aufzugeben, die mich bisher immer zu meinem Ziele geführt hat, und wenn dieses Ziel den andern falsch erscheint, so wissen sie eben nicht, daß es auf irdische Ziele gar nicht ankommt, sondern auf die Bannung der Feind-Richtungen; sie führen mich irre? aber ich muß ja, um die Irreführung in jeder Form zu annullieren, diese Irreführungen verfolgen, also selber irregehen, die Irreführung irreführen. Ob ich irregeführt werde (von Gott oder Teufel) oder irreführe, das zu entscheiden warnt mich meine Scheu, so gehe ich blind wie ein Nachtwandler und doch ewig wachsam MEINES Weges: was dabei irdisch herauskommt, ist gleichgültig, auch die Götter sind blind und nicht minder die Teufel, und dabei sehen sie doch alles, und wesentlich ist nur ihre gegenseitige Bannung, das dämon. Geschehen, das sich „am" und „im" Irdischen als dem unwesentlichen Material, der Materie vollzieht (vgl. „Rauch ist alles ird'sche Wesen, wie des Dampfes Säule weht, schwinden alle Erdengrößen, nur die Götter [-Teufel] bleiben stet"). Ich umkrampfe das Steuerrad meines Autos — oder klammere ich mich daran? —: jeder Baum — es ist ja immer derselbe Baum, d. h. Baumdämon, — ein grinsender oder harmlos tuender Versucher, mich abzulenken in den Zusammenstoß, in den Tod, ich aber bändige ihn und komme heil davon. Der Baumzauber wirkt auch auf die Straße, vernebelt sie, ich weiß nicht wohin, jetzt rückt der Baum mir in den Weg, ich biege aus — und fahre an den (tatsächlichen) Baum oder in den Straßengraben, aber den Zauber habe ich bei allem irdischen Unglück, das vielleicht ein Glück ist (es hätte schlimmer kommen können usw.), doch annulliert; vgl. den Ritter, der von allen Richtungen umdroht durch den Zauberwald geht. Das Auto ist von seiner Eigenrichtung beseelt, die könnte sich gegen mich wenden, ich muß es fest am Steuer packen, mit aller Gewalt in meiner Richtung halten, gewiß mache ich das Auto so kaputt, aber das will ich ja auch (magisch), es soll und muß bezwungen werden. Ich kann mich nicht bücken, sofort wird mir schwindelig, die Dämonie des „Unten" verwirrt mir die Sinne, die Infimi wollen mich hinabziehen-drücken, die Scheu vorm-beim Bücken rettet mich. Beim Treppen-, Bergsteigen stürzt sich das Oben auf mich herab: meine Scheu bannt es (ich meide das Steigen, ich werde schwindelig, ich steige krampfig, innerlich-äußerlich ver-krampft, mit allerlei Zeremoniell). Ich kann nicht nach links (nach rechts usw.) gehen, nicht einmal sehen: so verrät sich mir die Dämonie und annulliert sich selbst. Usw. Usw.

Gemäß der Richtungsscheu sind auch die optischen usw. Gegenstände im kranken (und nuancenmäßig im fastgesunden) Gebiete richtungsmäßig dyskoordiniert (abnorme topische Sk.), die Richtungen der Umwelt werden verkannt, ihre Prüfung negiert. Alles ist richtungsmäßig immer unsicher, ich aber der Richtungs-Gott-Teufel banne alle Richtungen in die Sicherheit meiner Unsicherheit.

Die koordinativen Gegenstandstrophosen sind hier getrennt dargestellt, kommen aber klinisch kombiniert vor, wie S. 311 ff. ausgeführt; die dortige Beschreibung trifft auch hier zu, nur ist für das Erleben und Verhalten des Süchtigen das entsprechende des Scheuen einzusetzen, das vorstehend ja wohl hinreichend gekennzeichnet ist. Lage, Kraft und Richtung sind zusammen die Koordinatik, die Ordnung. Der Ordnungsscheue ist ungeordnet-unordentlich in der Art seiner negativistischen Krampfigkeit, in der er jede Prüfung als drohenden Ein- und Angriff auf seine All-Unordnung aufsässig oder unterwürfig meidet, deutungsmäßig annulliert, auslöscht, entzaubert. Er lebt (wie jeder Neurotiker) in einer (angstspezifischen) Sonder- oder Privatordnung, einer zweifelig-zweifelhaften Ordnung, die weder Unter- noch Über- noch Einordnung und doch zugleich alles in einem seltsamen Zusammen (Ordnungschaos) ist, in einer normnahen und normfernen Ordnung, in der Fehlordnung. Seine Weltaufgabe ist, diese Sonderordnung als die Allmacht-Ohnmacht zu wahren gegenüber jeder Umordnung. Er ist der ordo ordinans. SEINE Ordnung, mögen „die andern" sie nennen, wie sie wollen, ist die einzige, die Weltordnung, die auch im unablässigen Verfolg der feindlichen Unordnung alle Unordnung in sich begreift, damit erst fähig ist, die Versuche der feindlichen Unordnung, mag sie sich auch Ordnung nennen, zu bannen-bändigen. So muß im Schubfach, im Zimmer usw. alles stehen und liegen, wie ER es (an)geordnet hat, die geringste Abweichung wäre der Fehler des Fehlerlosen und wie die leiseste Einrede oder Kritik, wie der geringste Eingriff die totale Aufhebung der Allordnung, ihre und damit der Welt Verneinung, die also verneint werden muß. Er muß vor Verlassen des Zimmers (stundenlang!) aufs feinste nachsehen, daß alles an seinem Platz ist (S. 453); er muß nach Verlassen des Zimmers „geistig im Zimmer bleiben" und die Zauberdinge fest-stellen und -legen, zumal sie sich so gern verstecken, verlegen, verschieben, die Allordnung stören = zerstören wollen, die Augen blind machen, so daß sie „das Nächstliegende" übersehen, und die ängstlichen Zweifel bestürmen ihn, ob er auch alles in absoluter (fehlerfreier) Ordnung hinterlassen habe und der von der

Angst angekündigten Prüfung auf Fehlerlosigkeit-Unfehlbarkeit mit der Entscheidung über die ewige Seligkeit oder Verdammnis entgegengehen könne, — eine Prüfung-Entscheidung, die eben von der Angst-Scheu zusammen mit den möglichen magischen Eingriffen in die Allordnung negiert, annulliert, entmachtet wird. Die kr. Angst vor der Ordnung negiert die Ordnung überhaupt, die Scheu vor der Ordnung dagegen gehört ausdrucksmäßig zu einem Ordnungsverfahren, nämlich zu dem, in dem Krampfenge und Krampfverschluß dominieren. In seiner Scheu ist Pat. unfähig, eine andere Ordnung wie die seinige, also auch die normale Ordnung im geringsten zu prüfen und gar anzuerkennen, aber er lehnt auch die Prüfung seiner Ordnung ab: es könnte ja sogleich oder alsbald eine ungünstige Entscheidung, d. h. aber eine Entmachtung der Allmacht eintreten, und es ist überhaupt absurd, die Allmacht, die Allordnung prüfen zu wollen oder zu sollen, gleichwohl droht beständig diese Gefahr und ist es ewig zweifelhaft, ob da die Allordnung überhaupt noch besteht, aber dieser „ewige" Zweifel ist ja eben die Bannung des Feind-Dämons, die „absolute" Garantie, daß die Weltordnung nicht zerfällt. Pat., der in seiner Ordnung erstarrt, verstockt ist, „muß" alle andern in seine Zwangsjacke zwingen und kann in seiner Hartnäckigkeit sogar den Eindruck von „Führertum" machen und eine Sekte bilden, er ist aber doch nur Rädelsführer und gleicht dem Kleinkinde, das z. B. die Verschiebung eines Stuhles als Verletzung seiner Allordnung durchaus nicht duldet (den Stuhl also wieder „zurechtrückt"). Eine Störung = Zerstörung der „gewohnten" Ordnung ist auch jeder (vertikale, echte) F o r t s c h r i t t: er muß negiert, das Bisherige krampfig festgehalten werden. Das Schicksal kleidet sich in die Form des N e u e n, es ist der Tod des Alten, es muß abgelehnt, ausgelöscht, ent-neut, zum Alten umgezaubert werden: alles Neue ist ja nur eine andere Form des Ewig-Dämonischen, des Ewig-Unveränderlichen, also doch auch nur „das Alte"; so leugnet der Scheue jeden Fortschritt, ja die Möglichkeit hierzu, er lehnt es z. B. als Wissenschaftler a priori ab, etwas „angeblich" Neues überhaupt zur Kenntnis zu nehmen, er hört und liest und prüft „so etwas" gar nicht, es wäre ja sein wissenschaftlicher Tod, wenn es wirklich etwas Neues gäbe. (Ben Akiba hat mit seinem vielzitierten Ausspruch hoffentlich nicht gemeint, daß sich die Kulturstufen und gar die Hochkultur von der Tiefkultur in nichts unterschieden.)

Lage und Richtung werden mit räumlichen und zeitlichen Wörtern beschrieben, und auch die Kraftangabe (Gewicht, Druck usw.) enthält im- oder explicite räumliche und zeitliche Bestimmungen (s. 2. Bd. im § 30). Die Schwelle ist sonach Raum- und Zeitabschnitt, T e r m i n. Der Ordnungsscheue negiert auch die

Termine, d. h. die Dämonie der Termine (lat. terminus Grenzgott), er ist der Herr der Termine, „richtet“ sich nur nach „seinen“ Terminen (S. 404). Er scheut den Sprung in die dunkle Zukunft und bannt so das drohende Verhängnis (Zeit-Raumchaos). Er kommt „grundsätzlich“ zu früh oder zu spät (unpünktlich), und auch falls er mal „Glück hat“ und zu „gleicher“ Zeit am „gleichen“ Ort wie die andern erscheint, hat er doch nur „seinen“ Termin innegehalten; auch die Überpünktlichkeit ist Unpünktlichkeit, der Terminzwang hat mit der norm. Var.-B. des Termineinhaltens nichts zu tun. Man muß den Pat. nach Kenntnis seiner regelmäßigen Verfrühung oder Verspätung entsprechend später oder früher einladen, dann kann es ungefähr klappen. Es kommt immer etwas „Wichtiges“ dazwischen, er hat z. B. eben wieder seinen „Anfall“, der hypochondrisch aufgebauscht wird, er wird mit dem Anziehen nicht fertig, da ist gerade ein Knopf abgeplatzt usw., die Elektrische war gerade weggefahren, er war leider in den falchen Zug gestiegen, wurde unterwegs aufgehalten usw. Er entschuldigt (absolviert) sich, also darf der andere keinen Vorwurf erheben, sonst ist Se. Allmacht schwer beleidigt (Dämonie des Vorwurfs gebannt). Er will pünktlich sein, aber dann kommt die Angst-Scheu vor dem Termin und hält ihn (in Gestalt des willkommenen-unwillkommenen Zufalls usw.) auf, und es bleibt fraglich, ob der Satan ihm einen Streich spielt oder Gott ihn vor dem Termin bewahrt, jedenfalls hat der Termin als Lebens-Todesgefahr, als „Abschnitt des Lebensfadens“ keine Macht über ihn. Jede Verabredung ist Zwang: wer den andern warten läßt, hat dessen Dämonie ausgelöscht. Ebenso ist die Macht des Schicksals-Termins ausgelöscht mit Zufrühkommen. Auch örtliche Verabredungen (als magische Bindungen-Entmachtungen) werden so annulliert; Pat. kann sich auch an einem andern Orte als dem verabredeten einfinden, jedenfalls: er muß frei bleiben. Die räumliche Schwelle ist todgefährlich: man muß sie meiden (auf Umwegen aus dem Haus, ins Haus usw. kommen) oder starr bezwingen (niedertrampeln, steif hinübersteigen und so auch meiden), man muß sich hinübertragen, -treiben lassen, sich an einen andern anschließen, eine Weile warten usw.; der Schwellendämon muß gebannt werden, sonst ist's um mich geschehen. Die Tischordnung muß umgeordnet werden (bitte mir zu Liebe! mit allerlei Tricks usw.), die Eßgeräte müssen sich peinlich nach meiner Ordnung richten, sonst kriege ich keinen Bissen hinunter usw. Die Tageseinteilung wird von meiner Scheu angeordnet: sie bannt die Lebens-Todesgefahr der Stunde und ihrer Aufgaben, sie zwingt den Zwang, sich ihr zu fügen. Die Uhr wird angehalten aus Angst-Scheu vor ihrem Schlag, der Schicksalsschlag ist, das letzte Stündlein anzeigt (Uhrzauber,

Zeitzauber); sie wird ängstlich in Gang gehalten, damit sie nicht aus-schlägt, die (Lebens-)Zeit zu Ende ist. Anfang und Ende der Woche wird annulliert, Sonn- und Wochentag arbeitlich ausgelöscht, ausgetauscht, die Dämonie der Tage und Nächte gebannt: der Anfang wie das Ende wie die Mitte sind Schwellen-Dämonen, ich meide sie oder erstarre, so können sie mir nichts tun. Alle Festtage sind verhängnisvoll (analog dem einst einzigen Jahresfeste, der Pubertätsprüfung), aber auch die andern Tage tragen Götter-Teufelsnamen. Bes. gefährlich ist der Sonntag, Sonnentag, Gottestag (mit Gottesdienst usw.), davor habe ich einen heillosen Respekt (Gottesprüfung) und immer schlechte Laune, habe meine Anfälle, die mir es ermöglichen, den schlimmen Tag zu überstehen, mir aber auch die „Feind-Dämonie anzeigen („Sonntagsneurose", die gewohnte Arbeit usw. fehlt). Die Arbeit muß, koste es, was es wolle, bis zu „meinem" (selbstgesetzten) Termin fertig werden, ich muß auch allen andern die Termine bestimmen, vor- oder nachverlegen, z. B. die Hälfte der angeblich erforderlichen Zeit festsetzen usw. Wie die Arbeit ausfällt, ist unwichtig, wichtig ist nur, daß ICH „absolut frei" (d. h. in zwanghafter Ungezwungenheit!) Zeit und Raum bestimme, der Allherr über Zeit und Raum, der Ewige-Unendliche bin und bleibe, keine andern Termine anerkenne außer denen, die meine Scheu bestimmt und doch dabei unbestimmt läßt.

d. Arbeits- und Spiel-Sportscheu.

Die Abgrenzung der Arbeits- und der Spiel-Sportneurosen sowie die Aufstellung der Typen dieser Neurosen S. 315 f. gelten auch hier.

Arbeitsscheu.

Arbeitsnegativismus als Arbeitslosigkeit (Meidung) und als Überarbeit (starres Überstehen) der Arbeitsaufgabe, wobei unter „Aufgabe" immer die vergleichbare Normalaufgabe verstanden wird (§ 2, 2, A). Es kommt Pat. nicht darauf an, wie die andern zu arbeiten, sondern die Feind-Dämonie der Arbeit und des Arbeitgebers zu negieren-negativieren, somit seine Allmacht-Alldämonie gegen den unmittelbar drohenden „Ein-" oder „Angriff" zu wahren. Im Einzelnen folgendes.

Zu 1. Der aneurot. Arbeitslose (vgl. S. 316 ff.). Arbeitliche Weitenscheu: Scheu vor der näheren oder ferneren Schwelle, z. B. vor der Schwelle des Zimmers, des Hauses, des Ortes usw., vor dem Draußen („Wär' der Kreuzweg nicht gekommen, so wär' ich schon wer weiß wie weit"). Die Schwelle trennt-verbindet immer ein Innen und Außen, das Außen ist nach Überschreitung ein anderes (neues) Innen, so ist die Scheu vor dem Draußen immer auch eine Scheu vor dem neuen Drinnen,

z. B. vor der Schwelle zum Fahrstuhl, zur Straße, zur Bahn, zum Wagen, zur Brücke, zum Schiff, zum Laden, zur Schule, zur Arbeitsstätte usw., zur neuen Umgebung, die eine neue Enge, zur Freiheit, die erst recht Gefangenschaft sein würde. Die Scheu vor dem Verlassen der gewohnten Umgebung ist also zugleich Scheu vor der neuen Umgebung. In seiner gewohnten Umgebung kann sich Pat. einigermaßen frei bewegen, sie ist allemal kindartig, und zwar im genetischen Anschluß an die frühkindliche Alleinheit ein kleinerer oder umfänglicherer Kreis je nach spezif. Reflexstruktur, je nach Ausbreitung der Neurose: mancher Pat. scheut sich, das Bett (Wiege im Großformat) zu verlassen, an den Tisch zu gehen, vom Stuhl aufzustehen, über die Zimmerschwelle zu gehen usw., andere scheuen sich vor dem Verlassen der Wohnung, des Hauses, des Wohnortes usw., andere können nur in einem bestimmten Straßenviertel (auf bestimmten Wegen) umherwandern, sobald aber „die höhere Aufgabe an sie herantritt", d. h. das Scheuerlebnis aktuell wird, z. B. in den Laden gehen, um einzukaufen, oder sich um eine Anstellung bemühen (kann das ein Kleinkind?) ist die Schwelle unüberschreitbar, auch falls sie — im Schutze der Angst-Scheu — überschritten wird. Mancher Pat. scheut zunächst „schwierigere" Schwellen, kann sich also in seiner gewohnten Umgebung noch — in einer inftlschen Weise — betätigen; dann hypertrophieren mehr und mehr die Angst-Scheureflexe, so daß sich die „gefährlichen" Schwellen vervielfältigen und Pat. auch das nicht mehr tun kann, was er bisher noch tun konnte, also z. B. sich nicht mehr aus dem Bett, der Wohnung rühren kann.

Der Deutung nach ist die Schwelle die dämon. Lebens-Todesgefahr, das Verhängnis, wäre die Überschreitung der Schwelle, z. B. zur Arbeitsstätte, der „Gang zum Eisenhammer", der Sprung ins Ungewisse, von wo es keine Rückkehr gibt; die Scheu bannt mit ihrem allmächtigen Nein den Schwellenzauber, das furchtbar lockende-drohende Schicksal. Die Angst-Scheu meldet mir auch die dämon. Gefahr an, die die Schwelle nach innen zu überschreiten droht, das Unheimliche des Fremden, der autoritär erlebten Person (z. B. des Briefboten, einer Amtsperson, die Botschaften des Schicksals bringt, usw.), jedes Besuchers, aber auch eines Tieres (schwarzen Hundes usw.), einer Sache, die überbracht wird und den tödlichen Zauber enthält; die Scheu „sagt": wer und was soll denn zu mir kommen wenn nicht ein gespenstisches Wesen, das dir ans Leben will, und wenn auch nur der leiseste Verdacht besteht (und er besteht immer), so verrammle deine Tür, verschließe dich, mach dich unsichtbar, so hast du die Gefahr gebannt, mag sie von Gott oder Teufel geschickt sein. Wer dem Arbeitsgott-teufel den kleinen Finger gibt, ist ganz verloren: die Aufgaben werden immer schwerer, zuletzt kannst du sie nicht mehr bewältigen, also meide die erste Aufgabe. Eltern, Lehrer, Vorgesetzte usw. sind, auch wenn sie es gut zu meinen vorgeben, dämon. Feinde: meide sie und die Aufgaben, die sie stellen „von vornherein", principiis obsta! Die Kinder in der Klasse, die Arbeitsgenossen usw. warten nur darauf, daß du als Lehrer, Mitarbeiter usw. dich blamierst — und die Blamage wäre der magische Tod: geh nicht hin, so rettest du dein Leben, das Leben überhaupt. Vorm Dorfe auf der Anhöhe der Busch — dort haust ein Dämon, dort geht es um, schon wenn ich in seine Nähe komme, werden mir die Beine schwer, die Arme rucken so eigentümlich, der Tod weht um mich, ich werde ohnmächtig: meide die „verrufene" Stelle, dann können „die andern" unbehelligt vorbeigehen, denn nur auf dich, den Ebenbürtigen, hat es der Dämon abgesehen, du allein kannst ihn von ferne bannen. Was die Leute bei mir „bummeln, faulenzen" nennen, ist in Wahrheit die Leistung der Weltaufgabe, die Entmachtung der weltfeindlichen Mächte, die Erlösung der Welt.

Analog Scheu vor Beruf, Stellung, Lernen, Bildung, Forschung, Unternehmungen, Besitz, Macht, Geltung, Größe, Ehre, Freiheit, Pflicht und Recht, Selbständigkeit, Verantwortung. Einen bestimmten Beruf ergreifen? nein, das wäre ja die Entscheidung, und die will ich mir noch offen lassen, ich scheue jede Bindung, für mich gibt es keinen Beruf, mein Beruf ist: berufslos zu sein, alle Berufe zu negieren, alle Möglichkeiten zu zerpflücken (es bleibt keine übrig), so bin ich Fachmann auf allen Gebieten, beherrsche alle Berufe und könnte sie alle erst richtig ausgestalten, wenn nur die Leute auf mich und meine Ideen hören wollten, aber ich bin nun mal ein verkanntes Genie — oder doch ein Schwächling, Taugenichts, verkommenes Subjekt, das sich von jeder Arbeit drückt, und den „die andern" ernähren „müssen"? aber das ist ja nur die irdische Meinung, in Wahrheit bin ich (wirkt in und aus mir) die Allmacht, die alle Berufe, Stellungen usw. in ihrem All-Nein hält und sich somit nicht für einen Beruf, eine Stellung usw. entscheiden kann und darf, alle feind-dämon. Versuche (Versuchungen) auslöscht. Ich warte also ab, was meine Scheu mir rät, die innere Stimme, die mich warnt-schützt, und stecke unterdes die Beine unter Vaters Tisch, lasse mich von der Mutter, der Frau-Mutter ernähren, das ist ja ihre heilige, verdammte Pflicht. Bietet sich mir ein Posten, so bin ich mißtrauisch: man will mich wohl bloß reinlegen, festlegen, warum wird gerade mir die Stelle angeboten, was hat man mit mir vor? man will mir bloß meine Unfähigkeit nachweisen, mich aus-lachen, erniedrigen, weil man meine Allfähigkeit nicht erkennt — oder sie doch erkennen und verneinen will? Hoch und niedrig, fähig und unfähig, arm und reich usw. usw. — alle Gegensätze, Unter- und Verschiedenheiten sind eingeglichen in mein ewiges All-Nein, ich lösche sie aus, wo immer sie sich im feinsten zeigen, ich mache alle Berufe, alle Stellungen, alle Unternehmungen, allen Besitz, alle Macht, Geltung, Ehre, Größe, alle Rechte und Pflichten usw. gleich: ich der Allmächtige, vor dem alle Menschen gleich sind. Da doch alles eins-keins, null und nichtig ist, wozu „etwas" tun? wozu „etwas" lernen, der Versuchung „am Baume der Erkenntnis" erliegen, in den ewigen Tod gehen? „Selig sind, die da geistlich arm sind, denn das Himmelreich ist ihr" (usw. Ev. Matth. 5, V. 3-10). Die absolute Dummheit schützt vor jedem (tödlichen) Anspruch; der Dummling („Däumling") hat Glück, die dümmsten Bauern haben die größten Kartoffeln. Du sollst nicht fragen, nicht forschen, du sollst blind glauben — an wen? an dich-mich, an die Allmacht, an Gott und Teufel als die allmachtfeindlichen Allmächte — wie einfach und wie schwer, das Einfachste-Schwerste!

Du hast vom Vater ein Unternehmen geerbt und ihm beim Tode versprochen, es zu erhalten und zu fördern; wie, sagt die Scheu, kannst du das anders tun denn damit, jedes Risiko zu meiden, dieses droht aber in jedem Geschäftsvorgang, also ist es das einzig Richtige, ihn zu bannen, überfleißig im Negieren zu sein, unaufhörlich jede andrängende Entscheidung aufzuschieben — oder am Ende gar nicht ins Geschäft zu gehen, nur hin und wieder mal dort einen Besuch abzustatten („nach dem Rechten sehen", d. h. die Leute aufhalten), im übrigen sich mit Spielereien zu beschäftigen, die Zeit totzuschlagen, sich zu amüsieren, — aber ist das wirklich das Richtige und nicht vielmehr das Unrichtige? gleichviel: der Feind-Dämon „Risiko" (mit dem drohenden Verlust, der auch die Form des Gewinnes [verkappter, späterer Verlust] annehmen kann) ist gebannt, das ist die Hauptsache.

Irgend etwas, sei es auch nur ein zerschlissener Anzug, „hat" jeder; der Besitzscheue verschließt sich der Möglichkeit jeder Mehrung seiner „Habe": was über die Schwelle hinzukommen könnte, wäre Verneinung seiner Allmacht und muß mitsamt der Schwelle verneint werden, der Allmacht gehört alles, sie hat keine Grenzen, es kann nichts hinzukommen — es kann aber auch nichts abgehen, und so verschließt sich der Besitzscheue auch der Möglichkeit jeder Minderung seiner „Habe". Der Verschluß ist aber nicht dauernd durchführbar (Krampfverschluß wird abgelöst von offener Krampfenge, niemand kann ohne Aufnahme und Abgabe, ohne Besitzveränderungen leben), doch annulliert der Besitzscheue magisch auch das Zukommende und Abgehende, er „läßt" es zukommen und abgehen, er „macht" es ungeschehend, zu belanglosen Vorgängen in seiner Allmacht, seinem All-Unbesitz. Er ist abwechselnd geizig und verschwenderisch, auf der einen Seite geizig, auf der andern verschwenderisch, er verfügt auch über das, was ihm tatsächlich nicht gehört, nimmt und gibt als Gottheit „nach Belieben". Geiz und Verschwendung sind die gegenstücklichen Verfahrensweisen der Negierung von Mein und Dein. Der Individualist leugnet die Besitzunterschiede (alles eins-meins) wie der Kollektivist (alles allen, und das All bin ICH). Mein und Dein sind nur irdischer Schein, Trug der Hölle, Versuche und Versuchungen, die Allmacht zu stürzen, — aber kann die Allmacht versucht und gar gestürzt werden? Besitz, Macht usw. sind Teufelswerk, Sünde, Schuld, Verderben. Hänge dein Herz nicht an den vergänglichen, verächtlichen Tand und banne den etwa aufkommenden Hunger nach ihm als den Teufelszauber, der „von hinten" kommt. Sei „freiwillig" (d. h. hier aus Angst-Scheu, also zwanghaft in dieser Art) arm, macht-, ehrlos: so hast du allen Reichtum, alle Macht, alle Ehre. Wer könnte MIR auch etwas geben-nehmen, MIR Ehre erweisen-absprechen, der alle Ehre in seiner Ehrlosigkeit verneint und somit besitzt!

Der aneurot. Überarbeiter (vgl. S. 320 ff.). Die Arbeit des Neurotikers ist im kranken Gebiete inftlsch, im fastgesunden — wenn auch noch so hochdifferenzierten — Gebiete inftlsch-nuanciert, bestenfalls brauchbar. In seiner Scheu ist der Arbeitslose sehr beschäftigt, sogar übergeschäftig, z. B. putzt ein Student stundenlang seinen Schreibtisch, ehe er sich ans Studium begibt, das aber auch nur ein Herumblättern in allerlei Büchern ist. Die Arbeitsscheuen können sich auch organisieren und in einem inftlschen Hokuspokus sehr „fleißig" sein. Dadurch, daß ICH den Arbeitsdämon und seine Verlockungen, den Arbeitgeber-Blutsauger-Unterdrücker unentwegt banne, können „die andern" — in meinem Dienste, versteht sich — arbeiten (schuften) und verdienen, sie müssen es sogar zum Beweise meiner Allmacht, sie müssen mich ernähren, wenn sie mich in ihrem Unverstand auch Faulenzer nennen, die Gemeinschaft muß mich ernähren, nicht aber etwa Gehalt zahlen (das man doch nur für irdische Leistungen zahlt), sie muß für mich (alles) opfern, der ich mich für sie opfere, ich bin stolz auf mein Bettlertum, auf mein unterwürfiges Bitten, das doch eine Forderung ist, der sich niemand entziehen darf, ich sammle auch Genossen um mich, eine Bettlergilde, der ich meinen Heiligenschein anzaubere, die das ganze Land, die Länder überzieht und die Arbeits-, Besitz-, Ehr-, Macht-, kurz die Weltflucht predigt, die Negierung der Welt als die einzige Erlösung (wovon? vom Schicksal, vom Gott, der auch Böses tut, vom Teufel, der auch Gutes tut, von allem „Übel", das doch auch Gottes Fügung sein kann oder muß, das also doch auch Gutes sein kann oder muß, vom Leben, vom Tode, von — sich selbst? wer weiß das? —, von der MIR der Allmacht feindlichen Dämonie, deren Existenz aber doch die Allmacht schon verneint hat????).

Andere Arbeitsscheue „lassen" sich zur Arbeit zwingen, sie zwingen den Feind-Dämon, sie zu zwingen, und haben ihn so entmachtet. Not lehrt beten: das erzwungene Gebet annulliert die Not und den, der sie „schickt", er sei Gott oder Teufel. Erzwungene Arbeit ist „keine (echte) Arbeit", es ist nur der Schauplatz der Arbeitsscheu von der Straße in die Betriebe verlegt. Hier wie dort spielt Pat. arbeiten, kann darin sogar äußerst geschäftig sein, hastet hin und her, ist überall zur Stelle, wo „Arbeit droht", um sie zu verscheuchen, abzuschaffen, zu negieren, schusselt und zappelt im engen Leerlauf, in negativer Arbeit, die auch dann negativ bleibt, falls er die erforderte Leistung, das Soll (normnah) vollführt: der Unterwürfige bannt ja eben mit seiner Unterwürfigkeit den Feind-Dämon „Arbeit", „Arbeitgeber", wohin auch sein Zauber sich verstecken mag, alle seine Verrichtungen sind „Arbeit gegen die Arbeit", so zwingt er den „Zwingherrn", entmachtet ihn mit „absolutem Gehorsam". Die Vorschrift ist auch nur Zauberformel, von Gott oder Teufel ersonnen, die Menschen zu knechten: man annulliert sie mit Aufsässigkeit und Unterwürfigkeit. Auch in der einfachsten Arbeit lauert der böse Feind — und gerade dort versteckt er sich am liebsten; Pat. nimmt also einen geringen, den geringsten Posten an, er hat dabei den „Vorteil", sich zu erniedrigen oder erniedrigen zu „lassen", das Aschenputtel zu sein, aus höchstem Geblüt verzaubert-verwunschen, vom Himmel herabgeschickt zu sein zu geringstem Dienst, der doch der höchste ist, denn Arbeit ist Arbeit, überall waltet die Feind-Dämonie, und die Niedrigen werden erhöhet werden, die Elenden das Land erobern (Ps. 37, V. 11).

Ein solch steriles, unproduktives Hin und Her verrichtet auch der in seinen fastgesunden RSen höherdifferenzierte Arbeitsscheue. Er leistet zwar seine Aufgaben, aber doch immer „vom Standpunkte der Scheu aus", mit dem Einschlag der Scheu, die alle Aufgaben negiert, er leistet sie bestenfalls normnah, er leistet sie nicht um der irdischen Leistung willen, sondern um die Feind-Dämonie zu bannen und seine Allmacht zu wahren. So „muß" er überaus „fleißig" sein, „darf" nie mit der Arbeit fertig werden, denn die Dämonie verwandelt sich ja in immer neue Aufgaben, und so muß er unablässig auf der Hut sein, daß sie ihn nicht beherrsche. Er muß jeden Auftrag sofort ausführen in Angst zu versagen, es darf ihm kein Auftrag entgehen, er muß „alles" in negativer Eile-Hast erledigen, d. h. wegzaubern, alles für die andern, für die Gemeinschaft, nichts für sich — und doch nur für sich, denn ER ist das Ganze, die Welt — und die Welt, das Weltgeschehen, das Wirken des Schicksals, der Allmacht, der Gottheit-Teufelheit ist ein ewiger Leerlauf: es kommt nichts dabei heraus. Er arbeitet nicht eigentlich, sondern erweist Gefälligkeiten — wie Gott nicht arbeitet, sondern begnadet; er nimmt kein Geld oder auch nur aus Gefälligkeit und legt keinen Wert darauf. Er wacht ängstlich darüber, daß niemand ihm eine Arbeit wegnimmt; er besoldet seine Angestellten dafür, daß sie ihn (den Chef) alles machen lassen (sie würden ja alles falsch machen). Die Aufgaben sind ihm Probleme: eines nach dem andern, am laufenden Bande treten sie in steter Verwandlung an, hergezaubert von der Scheu oder vom Versucher, sie müssen „gelöst", d. h. durchgestrichen, verneint, gebannt werden — und bleiben doch ewig ungelöst. Und was wäre, wenn die Arbeit aufhören würde, keine Probleme mehr zu „lösen" sein würden? dann hätte Pat. die Fühlung mit dem Feinde verloren, der Bann wäre gebrochen, das Ende der Arbeit (gegen die Arbeit), verkündet vom Schicksalsschlag der Uhr, wäre sein Ende, der Welt Ende: daher muß die Arbeit Tag und Nacht weitergehen, als Geisterspiel hin und her spuken, springen, irrlichtern in der grenzenlosen Arbeitsstätte (alle Grenzen, Schwellen negiert), Pat. darf nicht müde werden, nicht schlafen, sich nicht durch Ausruhen, Vergnügungen, Liebe ablenken lassen von seiner Weltaufgabe: unablässig den Arbeitsgott-teufel zu verfolgen, darin selbst Arbeitsgott-teufel zu sein. Fraglich, ob er den Arbeitsdämon (im engen Kreise) hetzt oder dieser ihn usw., aber das ewige Rätsel ist ja eben die ewig bedrohte Allmacht.

Manche Neurotiker von geringer Differenzierung im fastgesunden Anteil werden als Erben oder Verwandte oder Schützlinge oder Parteibuchinhaber oder Konjunkturritter in hohe Stellungen gehoben (eine Art der Emporkömmlinge, Parvenus), sie können natürlich ihre „Arbeit" auch nur auf ihrem geringen Niveau „leisten", sie sind den echten Ansprüchen ihrer Stellung nicht gewachsen und in ständiger Angst, „entdeckt" zu werden und sich selber zu entdecken, im ewigen Zweifel, ob sie all- oder nichtswürdig sind, sie fühlen sich freier nur „unten" bei ihresgleichen, sind „leutselig", machen sich „kommune", bleiben aber doch immer mißtrauisch, sie „nehmen zur Kenntnis", geben höchstens ihre möglichst unleserliche Unterschrift, schieben Entscheidungen weiter, scheuen jede Selbständigkeit und Verantwortlichkeit und wähnen, dies gerade sei höchste Selbständigkeit und Verantwortlichkeit, sie sitzen auf ihrem hohen Stuhle wie das Kleinkind auf dem seinen, sie glänzen durch Anwesenheit-Abwesenheit, im übrigen stören sie nur, sie ergehen sich in allgemeinen Phrasen, die sie „Richtlinien" usw. nennen (z. B.

„wir müssen strengstens darauf achten, immer so eingerichtet zu sein, daß dem Unternehmen nichts widerfahren kann, dazu muß jeder von uns alle Kräfte einsetzen, denn es geht auch bei scheinbaren Kleinigkeiten doch immer um das Ganze, das uns ja allen am Herzen liegt und liegen muß und soll.....“ ad infinitum), die Einzelheiten überlassen sie den Untergebenen, diese können sie auch nur ausführen, weil Se. Allmacht ihre Dämonie aufsässig oder unterwürfig negiert hat, sie berufen sich auf die normale Tatsache, daß der Direktor oder höhere Beamte sich nicht um jede Kleinigkeit kümmern kann (minima non curat praetor), sie sitzen an der Futterkrippe, die ihnen von der echten Arbeit „der andern“, vom „Vater Staat“ gefüllt wird, und leben daraus wie der Säugling aus der Mutterbrust.

Andere Neurotiker arbeiten sich (z. T. hneurotisch, also fanatisch usw.) in Stellungen hinauf, die dem hohen Differenzierungsgrade ihres fastgesunden Anteils entsprechen. Sie „erledigen“ ihre Aufgaben, die weit über dem Basis- oder Mittelniveau liegen können, gleichwohl nicht in echter Arbeit mit richtigem, gutem und schönem (gesundem) Ergebnis, sondern in der Art des Zuviel-Zuwenig, überfleißig im Negieren aller Ansprüche, bes. alles Neuen — und somit höchst anspruchsvoll. Dabei kann ihre negative Arbeit der positiven (gesunden) ganz ähnlich aussehen: wer die Dämonie der Aufgabe in ihren mannigfachsten Verwandlungen mattsetzen will, muß ihrer Methodik getreulich nachgehen, ja sie ohne die geringste Abweichung (Zwangszeremoniell) nachmachen. Ob das bannende oder gebannte Verfahren richtig oder falsch, gut oder böse, göttlich oder teuflisch ist, das zu entscheiden verbietet wiederum die Scheu: diese Urteile wären ja auch bloß irdische, also belanglose, und belanglos ist auch, was mit dem Irdischen geschieht, Hauptsache ist die Wahrung der Allmacht, die somit alles Gute und alles Böse begehen kann und muß, Gott und Teufel in einem ist. Sie machen immer alles mit Vorbehalt, der das Tun ungetan, den Rückzug offen läßt, die Verbindung zum „ewig Gestrigen“, mag sie so dünn sein wie ein Kunstseidenfaden und noch dünner, erhält, sie sind im „Freibleiben“ be- und gefangen. Indes vermag der Kenner (der Psychobiologe) das krampfige Ingrediens auch am fastgesunden Verhalten des Neurotikers zu erkennen, dieses Verhalten also vom gesunden abzusetzen. Daneben findet man beim Neurotiker immer das kranke Gebaren, das leerläufige Gehabe und Getue vor, z. B. das Hin und Her von Akten usw., die übertriebene Vorbereitung (z. B. muß Pat. immer „geschniegelt und gebügelt“ sein, sich aufs feinste erst im Spiegel kontrollieren usw., bevor er sich an die Arbeit begibt, denn die geringste „Unkorrektheit“ wäre ein Fehler in der Rüstung zum Kampfe, somit der „schwache Punkt“, „die Blöße“, die der

Feind-Dämon natürlich ausnutzen würde), das spielerische Handhaben der Arbeitsgeräte, die „absolute Abneigung gegen alles Neue", das leere Herumzappeln und -rennen usw. Und dazu kommen die periodischen kleineren und größeren Zusammenbrüche, während deren Pat. auch zu seiner unechten Arbeit unfähig ist.

Der Med.-Prakt.M. „hat sich schon als Kleinkind bes. mit dem Rätsel Mensch beschäftigt" und natürlich wie alle Kleinkinder in der alleinendämonischen Welt gelebt. Im Zuge der Entwicklung seines „Welträtsels Mensch" blieb er, soweit krank, im primitiven Erleben (Mensch als Lebens-Todesdämon, Gott-Teufel, Versucher-Prüfer usw.), erreichte, soweit gesünder und fastgesund, etwa die Reife des medizin. Staatsexaminanden, doch hypertrophierten die kr. ARSe mehr und mehr, so daß er sich durch das Examen nur „mogelte". Sein Wunsch, Heiland zu sein, wurde so von der Angst vor der Probe aufs Exempel überwuchert. Seine Angst-Scheu galt nicht so sehr den Toten (er konnte 8 Monate des prakt. Jahres patholog.-anatom., also im Totenreiche, als Christus in der Hölle arbeiten und die Dissertation fast fertig machen) als vielmehr den Kranken, die er als Arzt-Heiland „vom Tode erretten sollte": war er selbst der Lebens- oder Todesbringer, der Überwinder des Todes, der als Krankheit den Kranken befallen hatte und ihn aufzehrte oder der Überwinder des Lebens, also Bundesgenosse des Todes, und wiederum der Gott oder der Teufel (beide verhängen Tod wie Leben)? Die Entscheidung würde fallen in dem Augenblick, wo er sich an das Krankenbett heranwagen würde, und so wagte er sich nicht heran, er „konnte" sich nicht zum Dienst bei einem Internisten melden, denn der würde ihn sogleich auf die Station mitnehmen und der Prüfung auf Leben und Tod unterziehen. Diese Gefahr wurde von seiner Scheu gebannt — oder war sie der Zauber des Feind-Dämons, der von allen Kranken aus fernwirkte? Gleichviel, er blieb dem Krankenhaus fern, bewarb sich nicht, schickte Anfragen nicht ab, lief in höchster Unruhe, mit Herzjagen, Schweißausbrüchen usw., mit quälenden Zwangsgedanken in seiner Stube herum: so bannte seine All-Ohnmacht von ferne den Tod, der die Menschen heim-suchte, und rettete den Kranken das Leben. Die methodische Aufklärung über den weltanschaulichen Sinn, lies: Unsinn seiner Symptome, also die Erkenntnistherapie führte auch hier in wenigen Wochen zur Heilung.

Der berühmte Chirurgieprofessor B. litt vor jeder Operation „Höllenqualen", die Toilette war ein umständliches Zeremoniell, „wie vor der eignen Hinrichtung", das Messer zitterte und zappelte ihm in der Hand usw., erst nach Abklingen der heftigen Areflexe konnte er es ansetzen, mußte aber mit äußerster Schnelligkeit operieren, die natürlich auch ihren guten Sinn hatte, hier aber zwanghaft war. B. war schon als Kleinkind „Chirurg" gewesen (schnitt alles auf, mußte immer „ins Innere", „dahinter" gucken), aber auch da schon mit Erwartungsängsten (was werde ich da finden, wird es gelingen, werde ich den Messerdämon beherrschen und so auch den Dämon des „Operierten" oder bannt er mich?), es muß, um den drohenden Tod zu bannen, unheimlich rasch, mit magischer Sofortigkeit operiert werden, so daß der Tod nicht dazu kommt, sein Opfer zu holen, ihm zu entreißen. In dieser Art, mit virtuoser Technik, die doch ängstliche Hast war, operierte denn auch der ältere Chirurg, die bewunderte Sicherheit war nur routinierte Unsicherheit. Er hatte dabei Zwangsgedanken: wenn die Assistenten und Studenten wüßten, wie es in mir aussieht! bin ich eigentlich Chirurg, ein berühmter sogar — oder ein übler Pfuscher, der jeden Moment danebenhauen kann, bin ich nicht eigtl. Theologe, der mit dem Messer gegen den Tod-Teufel im Menschen angeht, ein Christus als Messerheld, vom Tode ständig versucht (1 mm daneben — und er hat „gesiegt") — oder ein Teufel, der jeden Moment den Kranken töten kann? usw. Wie aber, wenn ich meine Angst nicht hätte, die die Entscheidung über Leben und Tod meidet und somit beides annulliert und somit beherrscht? würde ich dann nicht ein „schlechter Chirurg" werden? würde mein Ruhm nicht verblassen und ich von aller Welt verneint, abgelehnt werden? Nein, niemand darf mich entdecken, ich muß meine fürchterliche Unsicherheit hinter einer betonten Sicherheit verbergen — aber offenbart diese Schauspielerei nicht gerade meine Unwahrhaftigkeit? Usw.

Prof. H. hastet unruhig in seinem Laboratorium hin und her, stößt um, läßt fallen, experimentiert mit zitternden Händen, flackernden Augen usw. — „wie der Alchemist in der Hexenküche", alle Augenblicke in Gefahr, von den Dämonen entwaffnet, ausgelöscht zu werden, dennoch ist ihm in seinem vorsichtig-feinen „exakten" „Verfolgen der Naturmächte" manche brauchbare, sogar berühmte Erfindung gelungen — nur das „Geheimnis des Geschehens" hat er nicht entdeckt (vgl. Faust), er hat es aber gebannt und muß es immer wieder bannen. Die Feind-Dämonie verfolgt ihn auch in die Vorlesung, strahlt ihm aus den Augen der gespenstischen Hörer, aus den zur wogenden Masse verschmolzenen Leibern entgegen: er bannt die Schicksalsprobe mit seiner Angst-Scheu, die ihn zufrüh-zuspät anfangen und enden, stottern, lispeln, sprunghaft reden, Blut und Wasser schwitzen läßt usw. Er hat — wie jeder seiner Leidensgenossen — nicht einfach Menschliches zu leisten, sondern er hat die Aufgabe, den Geist-Ungeist, das „wirksame Prinzip", die „Kausalität" usw., die Feind-Dämonie in der Welt zu bannen und so die Welt zu erlösen.

Der überfleißige Kaufmann kann zu großem Ansehen und Reichtum kommen — in all seiner Angst-Scheu vor Ansehen und Reichtum, er ist geizig-verschwenderisch wie der Bettler-Heilige, und es ist ihm bei seiner Vielgeschäftigkeit wissentlich oder unwissentlich nicht um „das Irdische" zu tun, sondern um die Annullierung der drohenden dämon. Lebens-Todesgefahr. So wähnt auch der übergeschäftige Machtscheue, mag er eine kleine oder große irdische Machtstellung erreichen, doch immer nur seine Allmacht zu wahren — im steten Zweifel, ob sie nicht doch die (absolute) Ohnmacht sei.

Zu 3. Mechanifizierte Arbeitsscheu. Mensch als Arbeitsmaschine, vgl. S. 323 f. Hypertr. koordinativer RSe, also des koord. Anteils der sensor. Muskelaktionen. Scheues Meiden der Arbeitsdinge oder scheues mechanisches Herumhantieren, das auch bis zur Virtuosität einexerziert, eintrainiert sein kann. In dieser Art kann z. B. der Handwerker die Maschine bedienen, aber auch der Dipl.-Ing., kann der Laborant Chemikalien mischen, aber auch der Chemieprofessor, und es können sich bei solchem scheu-mechanistischem Tun sogar brauchbare Resultate ergeben, man möchte sagen: als Nebenher bei dem nur auf Bannung der Feind-Mächte gerichteten Herumhantieren. Die aneurot. Inkoordination ist für den Pat. die All-Unordnung, All-Unsystematik, die koordinative Sicher-Unsicherheit, die alle „feindliche" Ordnung, Systematik, zeiträumliche Grenzsetzung, Gesetzlichkeit usw. „auslöscht". Die feind-dämon. Methodik muß eben aufs feinste nachgemacht werden, so wird ihr Bann gebrochen, sie selber gebannt.

Zu 6. Arbeitsscheu auf dem Spiel-Sportgebiete, vgl. S. 324 Pat. ist arbeitsscheu an einer falschen Stelle.

Spiel- und Sportscheu.

Zu 2. Der aneurot. Spiel-Sportlose (vgl. S. 325 f.) meidet alle spiel-sportlichen Schwellen, den Start, die Mitte, das Ziel, er zittert-zappelt usw. am Start und gibt da schon auf, bricht vor einem Hindernis aus, ist dicht vorm Ziele wie gelähmt (doch können die Hreflexe den Angststop überwinden), er kann ein paar Spiele gewinnen (z. B. als routinierter Skatspieler) und dann erst wird seine Scheu so heftig, daß er verzagt, dummes Zeug macht, das Endziel mit der Hauptgefahr meidet (Rekordscheu; „Ich weiß nicht, ob ich das ‚letzte' Spiel gewinnen werde, die Niederlage wäre mein Tod, aber auch wenn ich gewinnen würde, wäre das Spiel und damit mein Bannverfahren zu ‚Ende', ich würde weiterhin herausgefordert werden, bis ich doch verliere, zeige ich also, daß ich spielen kann, weiche aber der letzten Entscheidung aus, überlasse ‚großmütig', ‚unbescheiden bescheiden' den Endgewinn den andern, bleibe so in der Niederlage der heimliche Sieger.").

Der aneurot. Überspieler-sportler flieht in der Angst-Scheu vor der Aufgabe in die Aufgabe hinein (normnahe Richtung), nimmt das Hindernis mit Überanstrengung, kommt mit äußerster Anspannung ans normnahe Ziel oder bleibt auf der Strecke, versagt früher oder später, ist nach seiner Leistung erschöpft. Es kommt ihm nicht darauf an, über irdische Hindernisse zum irdischen Ziele zu gelangen, sondern darauf, die dort lauernde Feind-Dämonie zu bannen, in dieser Art die Aufgabe und ihre Leistung zu negieren. Sieg und Niederlage als irdisches Geschehen oder Urteil sind belanglos und abzulehnen, sie liegen im Dämonischen und müssen da ewig unentschieden bleiben, da die Bannung Leben : Tod, Gott : Teufel usw. gegenseitig ist und ewig sein muß. Der aneurot. Soldat flieht, falls er nicht nach hinten ausreißt, nach vorn; das mag tapfer aussehen, ist aber nur Feigheit in normnaher Richtung. Der aneurot. Stratege ist entschlußunfähig: Zögerer (Cunctator), Verzager und Versager, schielt nach den Bewegungen des Gegners und macht sie ängstlich nach — im steten Zweifel, ob er oder der Gegner das Gesetz des Handelns habe, er überläßt die Entscheidung den Sternen oder der „weisen Frau" oder dem Gotte, um dessen Orakel er fleht, er gibt halbe (oberflächlich-ungenaue) Anordnungen und überträgt Ausführung und Verantwortung „den andern", und falls er sich nach zu langem Hin und Her einen Entschluß abringt oder abringen läßt, ist das Zuspät genau so falsch wie das Zufrüh des aus Angst um ein Versäumnis überstürzten (Pseudo-)Entschlusses, der doch mit allem Vorbehalt gefaßt wird, also wie jener nur ein Scheinentschluß, ein negativer-negativierter Entschluß ist. Er riskiert zu wenig oder zu viel, er meidet jedes Risiko, bis der Gegner ihn zwingt, „etwas" zu tun, er setzt die Kräfte falsch ein, greift an falscher Stelle an und nimmt an falscher Stelle zurück usw. Auch der normnah gerichtete Entschluß ist doch eben nur normnah und somit fehlerhaft. Gleichwohl kann „das Kriegsglück ihm hold sein", auch der Krieg hat seine Konjunktur, aber „auf die Dauer hat nur der Tüchtige Glück" (Otto v. Bismarck). Die tapferen Truppen können „für IHN" manchen Sieg gewinnen und werden ihm zujubeln, und in seinem „Triumph" wird er die Bestätigung seiner Angstmethodik finden — im Zweifel, ob er der All-Nichtskönner, All-Nichtswürdige ihn wirklich verdiene. Ihm kommt es ja auch nicht auf das Irdische an, er sagt zwar, er wolle Menschen usw. sparen, oder er müsse sie opfern, aber er meint doch nur die Wahrung seiner All-Ohnmacht, die sich eben dieser Mittel bediene, um die Feind-Dämonie zu bannen, er ist auch als Soldat „Welterlöser". Einem neurot. Feldherrn zu folgen, ist eine sehr große Gefahr für den Soldaten wie für das Vaterland. Keine Krankheit hat gebracht, bringt und wird bringen soviel Unheil über die Menschen wie die Neurose.

Zu 5. Qualifizierte Spiel-Sportscheu, analog -sucht, S. 325.

Zu 4. Spiel-Sportscheu auf dem Arbeitsgebiete, analog -sucht, S. 326. Pat. erlebt pervers spiel-sportliche Aufgaben auf dem Arbeitsgebiete, betreibt insofern die Arbeit spielsportlich in der Art des angstkrampfigen Meidens oder Überstehens, z. B. wird die berufliche Autofahrt als Sport verkannt und mit sportlicher Scheu unterlassen, unterbrochen, überstanden, d. h. die Dämonie der Schwelle, des Hindernisses, der „drohenden" Tankstelle, des Überholens usw. gebannt.

e. Schlaf- und Wachscheu.

Schlafscheu.

Unter Schlafscheu als neurot. Dysgrypnie verstehen wir die der Schlafangst als Gefühlsablauf entsprechenden sensor. Vorgänge des Einschlafens, das zwanghaft-unruhige Meiden-Überstehen der Schlafschwelle, d. h. der Schlafstätte mit den zugehörigen Funktionen Auskleiden usw.; vgl. Schlafsucht. Dominanz der Areflexe, der agf. Aktn., Ausdruck: Zögern, Zaudern, Umherirren im engen Kreise, Zittern „wie vorm letzten Stündlein" usw., Meiden der Wohnung, des Schlafzimmers, des Bettes (im Lehnstuhl schlafen), Abstellen der Uhr, Hinausschieben des Zubettgehens mit Lektüre, allabendlich „Testament machen“ (alles ordnen, „fehlerlos“ hinterlassen „für alle Fälle“) usw., Zwangszeremoniell beim Auskleiden (Kleider in ganz bestimmter Ordnung hinlegen, evtl. — bei Störung usw. — mehrfach wiederholen), beim Ordnen des Nachttisches, des Bettes, Starren nach der Türklinke (hat sie sich bewegt oder nicht, habe ich die Tür verschlossen oder nicht? zehnmal nachsehen, zuletzt Zauberformel: „sie soll zu sein!“), Zudecken der Uhr, deren Ticken unerträglich ist, Gebetszwang usw. usw. Schlafmittel zurecht legen, eine Tablette herausnehmen, mit allerlei Zeremoniell einnehmen, unruhige Bewegungen im Bett, dreimal mit der großen Zehe an die Bettwand klopfen (böse Geister verjagen), unter die Bettdecke kriechen (sich für die Nachtgeister unsichtbar machen), sich starr hinlegen (totspielen, den Tod täuschen, umpanzert sein), Nacken ganz steif machen (Kopf sichern), Ohren zustopfen (Hörscheu), Mund fest zumachen (Seele kann nicht heraus, böse Seele nicht hinein, Zähneknirschen), epileptoide und epileptische Krämpfe (S. 327 Fn.), nicht allein schlafen (Schutz fehlt, den Todesmächten preisgegeben; jem. muß die Hand halten usw.), nur allein schlafen (Schlafgenosse stört mit Atmen usw.), mit seiner Nähe, ist selbst ein unheimlicher Dämon), immer wieder aufstehen und nachsehen, ob „alles“ in Ordnung, kein „Einbrecher“ kommt, Schlaf drosseln, sich kasteien usw. usw.

Deutung. Problematik, ob ich schlafengehen, im Bett liegen muß, soll, darf, kann und was nun zu erwarten ist. Bett = Sarg (Sarg, σαρκόφαγος = Fleischfresser, 4. Bd. S. 504 Fn.), Grab, Falle, Höhle-Hölle usw., Nacht, Schlaf = Tod, den die Schlafscheu bannt, also Welt vom Tode erlöst usw., s. S. 327.

Analog Betäubungs-, Rausch-, Todesscheu (S. 328).

Wachscheu.

Unter Wachscheu als neurot. Dysgrypnie verstehen wir die der Wachangst als Gefühlsablauf entsprechenden sensor. Vorgänge des Erwachens, das zwanghaft-unruhige Meiden-Überstehen der Wachschwelle, d. h. des Erwachens, Aufstehens usw., vgl. Wachsucht. Zögern, zaudern, Augen geschlossen halten, Kopf unter die Decke stecken, sich zusammenkrümmen, Scheu zu hören, zu sehen usw., zu früh, zu spät aufstehen (Termindämonie annullieren), mit Zeremoniell aufstehen (nicht mit dem linken Bein zuerst, noch dreimal atmen, dreimal ans Bett klopfen, mehrere Ansätze machen usw.), Gebetszwang, Zauberformeln sprechen oder denken, in ganz bestimmter Weise Kleider anlegen usw. — zahlreiche Variationen des Morgenzaubers. Weiterhin allerlei Zwangsbewegungen, mit denen man lange Zeit, ja den ganzen Tag, etwa bis zum Abend („wenn die Lampen brennen, wird mir wohler“) verspielt, auch epileptoide und epileptische Krämpfe (Astadium im Abwehr-Angriff gegen die Feind-Dämonie) usw.

Deutung. Problematik, ob ich aufstehen soll usw. Tag als Licht-Gottheit, als Jüngster Tag mit den vielen Prüfungen, die allesamt auf Leben und Tod abgestellt sind und die ich mit meinem scheuen All-Nein banne, bis mich der Abend, die Nacht in die milden Arme nimmt und alle Angst-Scheu stillt, usw., s. S. 328.

C. Begriffstrophosen.

Denk-, Begriffsscheu, Zwangsdenken als Ablauf eng-runder bis verschlossener, hohler, leerer, feiner (S. 328) phänomenaler und phänomenologischer Begriffsreihen, die um den „Kern der Sache" (die Schwelle, die Denkaufgabe, Denkarbeit im e. S.) herum- und hin-und-herflattern, von ihm weg in andere weitere oder engere Kreise abirren (normferne Richtung) oder ihn starr überspringen-umschleichen, in beiderlei Weise die Denkaufgabe mit ihren Einzelheiten, die Entscheidung negieren-negativieren. Gedankenhemmung, Gedankenflucht als beschleunigte Hemmung, Grübelei, Gedankenstarre-steifheit, „fixe Ideen", vgl. S. 328, 369 ff. Aufsässiges-unterwürfiges Denken (und entspr. Sprechen u. a. Verhalten).

Die kr. Begriffsreihen sind Erinnerungen an die systemgenet. zugehörigen Gegenstände, die nur eben (wie die Gefühle) bei den Begriffsneurosen mehr minder weit zurücktreten, so daß sich das kr. Erleben und Beschreiben vw. in der Begrifflichkeit vollzieht, auch in den Zonen der kr. Kollektivbegriffe, also des Verstandes und der Vernunft. Bei der Aneurose dominieren patholog. die eng-runden bis verschlossenen Reihen, die übrigen Stadien sind hiernach nuanciert (negativiert). S. weiter S. 328.

Deutung. Problematik, ob ich denken, d. h. die Denkaufgabe lösen muß, soll, darf, kann und was in diesem oder jenem Falle geschehen könnte: würde ich die Denkaufgabe lösen, so wäre sie doch im eigtl. (d. h. dämonist.) Sinne ungelöst geblieben, sie würde nur in schwierigerer Form neu erstehen, mich immer weiter locken, in Versuchung führen, bis ich zuletzt doch „am Ende" wäre, und würde ich sie nicht lösen könnnen, so wäre ich gleich „am Ende", also negiere ich denkend so oder so jede Denkaufgabe, jede denkerische Entscheidung, alles Neue, Fremde, allen Fortschritt, alles Unheimliche. Das Denken ist der Fluch, an dem die Menschheit stirbt, oder ist es nicht gerade das ewige Leben, das Göttliche in mir, das die irdische Welt erst schafft und im Negieren immer neu schafft? Das Denken ist der Geist, der heilige-unheilige Geist, die Quintessenz aller (irdischen) Dinge, die ewige Idee, die mir den Unwert der Welt zeigt, somit mich vor der Versuchung warnt-schützt, aus dem metaphysischen Sein, aus der reinen Geistigkeit ins Physische, Unreine hinabzusinken. Somit ist das (scheue) Denken die Allmacht-Alldämonie, die mit ihrem All-Nein jede Versuchung vor mir, aber auch hinter mir (Denkhunger) sowie alle möglichen Folgen der (schmerzlichen) Überschreitung der Denkschwelle, des „Essens vom Baume der Erkenntnis" bannt, mich und damit sich selber warnt-schützt, die absolute Warnung-Schützung ist, mag sie auch Denkohnmacht sein. Die Versuchung lockt: spring ab vom Denkkarussell!, aber das wäre der Todessprung. Der Denkallmacht kann „man" ebenso wenig „etwas" entreißen wie der Denkohnmacht, der Allwissenheit ebenso wenig wie der Unwissenheit; würde ihr, d. h. MIR (denn das Denken, d. h. der Geist, Weltgeist, der heilige-unheilige Geist, die Gottheit-Teufelheit, der Weltverstand, die Weltvernunft bin ICH) auch nur der geringste Gedanke abgerungen, abgezwungen werden (und das würde der Fall sein, wenn ich mich zu einer Entscheidung, einem Entschlusse verlocken ließe), so wäre ich negiert, annulliert, verloren, die Feind-Dämonie würde über mich triumphieren. Ich muß also die Eigen- wie die Fremdprüfungen annullieren, auch die Gedanken der andern, die meine Scheu vermutet und mit absolutem Mißtrauen verfolgt, ungültig machen, denn der Feind kann sich auch in die Gedanken anderer verwandeln, mich auch aus andern heraus auf die Probe stellen, die über Leben und Tod usw. entscheidet. Fraglich, ob die Vorstellungen, d. s. dämonische Gebilde, Geister, die sich mir als Aufgabe stellen, in mir selbst auftreten oder von andern („irdischen Wesen") eingezaubert werden, ob meine Denkscheu sie zitiert-bannt, oder ob sie meine Scheu und dazu innere seelische Erregungen wachrufen-bannen (Zweifel der „bedrohten Allmacht"), ob meine Denkscheu Eigen- oder Fremdzauber ist, ob sie aus dem Hunger (Willen, Wunsch usw.) geboren ist, als Vorposten in seinem Dienste steht, oder ob sie den Hunger beherrscht, der ihr ebenfalls feindlich ist, nämlich mich ins Verderben treiben will, ob sie der gute (heilige) Geist ist, der mich vor dem Willen (dem eignen oder fremden?) und vor der drohenden-verlockenden Schwelle, vor jeder Mehrung-Minderung des Wissens, vorm Zu-Ende-denken warnt-schützt, oder der böse (unheilige) Geist, der meine Gedanken, mich lähmt, mir Gedanken, ja das Denken zu entziehen, mich geistig und damit überhaupt auszulöschen versucht, ob mich teuflische oder göttliche, unter- oder überirdische Wesen und ihre jenseitigen Stimmen mit unheimlicher Hast, Hartnäckigkeit, Gleichartigkeit („in ewiger Wiederholung") heimsuchen, beunruhigen, umwirbeln, umzucken, umnebeln, verwirren, bedrängen, sinnlos und vielleicht eben darin zutiefst sinnvoll, dumm und vielleicht eben darin letzte Weisheit, — gleichviel, meine Denkscheu, sei sie geistiger Tod oder geistiges Leben, ist noch da, ich bin noch da, in meiner Scheu kann nichts und niemand mir etwas anhaben, in meiner All-Ohnmacht bin ich absolut, und alles, was geschieht, geschieht im Absoluten, aber ist diese eben durch gesondertes, einzelnes Geschehen, durch den winzigsten Einzelgedanken nicht schon aufgehoben? Ich kann mich mit meinen Gedanken-Geistern oder sie können sich mit einander unterhalten „angesichts" des unmittelbar andrängenden-angedrängten Problems (in welcher Gestalt es auch, sich verwandelnd, auftreten mag), der eine kann zu-, der andere abraten, beide fragend, zweifelnd, unsicher, gespenstische Unbegreiflichkeiten, die unhörbar sprechen können, die hin und her flimmern und flackern, ihren Irrlichter-Reigentanz aufführen, als „Bedenken" unruhig hin und her springen und in ihrem All-Nein kein Ende finden, damit aber eben sich und mich und die Welt ewig erhalten. Sie können die drohenden-verlockenden Bilder und Stimmen „bedingungslos" ablehnen (z. B. lauten: kommt gar nicht in Frage", „fällt mir nicht im Traume ein", „ich weigere mich durchaus" usw.: aufsässige Gedanken) oder sich ihnen geneigt zeigen oder „bedingungslos" zustimmen (z. B. lauten: „das wäre wohl das Richtige", „gewiß, man muß das bedenken", „ich bin gewiß bereit, das alles anzunehmen" usw.; unterwürfige Gedanken); sie können vor dem Problem ausweichen, seit-rückwärts fliehen, es meiden oder es umschleichen, darüberweghuschen, nach vorn fliehen: immer sind es Nein-Gedanken, machen das Problem unsichtbar, zaubern es weg, annullieren es, sie sind immer „mit Vorbehalt geladen", die Vorbehalte selber (wenn auch als solche für die andern und sogar für mich nicht immer erkennbar), aber das gehört zu ihrer Geheimnishaftigkeit, die sie sich auch erhalten, wenn sie (scheinbar) „offen" sind, das Sphinxhafte, Rätselhafte, Unzugängliche ist ja eben die Rettung vor der drohenden Sphinx, dem Rätsel, das in der Art des Bannens „gelöst" wird. Ich kann in Gedanken alles oder nichts zugeben, ich kann lügen oder „die Wahrheit" denken oder sagen, ja oder nein aussprechen: es ist immer das allmächtige Nein, das in mir denkt und aus mir spricht und handelt, und das auch die Entscheidung gegen die Entscheidung, was Lüge und was Wahrheit, richtig und falsch usw. ist, ob das Ja ein Nein, ja sogar ob das Nein ein Nein ist, verneint. Mit diesem Nein kann ich alles, was ich sage und tue, verneinen, somit entzaubern, die Feind-Dämonie, sie sei gut oder böse, entmachten. So annulliere ich auch die Entscheidung darüber, ob mein Denken gesund oder krank sei, in meine All-Unwissenheit; zwar habe ich den Gedanken, es könne wohl krank (zwanghaft) sein, es müsse wohl anders sein, der Arzt und andere Leute bestätigen mir das (für die Lügen werde ich sogar bestraft), ich kann mir ausdenken, wie mein Denken anders sein könnte oder müßte, mir das auch sagen lassen (auto- und allotherapeut. Gedanken), aber all das lasse ich auch nicht an mich heran, „es ist ja nur Theorie", es können ja und sind „vermutlich sicher" verderbliche Gedanken, die mich nur aus meiner Denkweise herauslocken wollen, ich halte starr und steif an meinem Denken fest, auch wenn ich mich unterwerfe, also so tue, als ob ich mein Denken aufgäbe (ich ziehe mich nur zurück). Alles Neue, auch alles neue Denken, alles, was mich aus meiner Denkgewohnheit herauszwingen oder -schmeicheln möchte, ist, so verführerisch es klingen mag, doch eben — verführerisch und würde, wenn es in mich eindringen würde, meine All-Ohnmacht, meine geistig-seelische Unversehrheit-Absolutheit, meine Weltherrschaft (vermutlich) auslöschen: davor warnt-schützt mich meine Scheu, meine All-Ohnmacht, der All-Ungeist in mir, der alles und auch sich selbst ewig verneint. Vgl. auch S. 329 ff.

Beispiele.

Pat. L., 56 J., Arzt, leidet an begrifflicher Diagnostizierscheu, er muß sich „immer" allerlei Kranke vorstellen, die ihn fragend-mahnend bedrängen, ihn zwingen, die Diagnose zu stellen, doch handelt es sich nicht bloß um die Einzeldiagnose, sondern um die Erkennung-Bannung der Sphinx „Krankheit", die ihm dem Alldiagnostiker in immer neuer Gestalt „vorschwebt". Kommt ein Pat. zu ihm, so ist er der dämonische Prüfer, die Verkörperung der Sphinx, die sogleich „vor sein geistiges Auge tritt", die ihm „zuruft": du Heilgott kannst ja nicht einmal diagnostizieren, erst mußt du mich, das Rätsel „Krankheit" gelöst haben, das kannst du nicht, also laß die Hände vom Pat., sonst stellst du vielleicht-sicher eine Fehldiagnose und gibst Fehlverordnungen, und Pat. stirbt, und du bist schuld, du hast ihn gemordet. Er „sieht" den zwangsvorgestellten Kranken (Begriffstypus Kranker) als „das Übel, von dem er die Welt erlösen muß", als „den Tod", und so ist das Problem eben das Lebens-Todesproblem, das Leib-Seele-Geist-Problem, mit dem er sich „hoffnungslos schaudernd" (negierend-negativ) tagsüber und in den schlaflosen Nächten beschäftigen muß und das er so unschädlich macht. Am Tage ist er noch oft „abgelenkt", aber nachts fällt ihn das fatale Gespenst an und läßt ihn nicht zur Ruhe kommen, er muß sich dann die einzelnen Pat. vorstellen, die er behandelt hat („irdisches" Ergebnis unwesentlich), und sich neuerlich vergeblich um die Diagnose bemühen, auch unaufhörlich überlegen, ob die Diagnose und demnach auch die Therapie richtig oder falsch war, ob er überhaupt Arzt oder ein übler Pfuscher sei, den die Gewissenslast erdrücke. Dazu Herzklopfen, Beklemmung, Harnflut usw. In der Praxis Unsicherheit, falsch-fehlerhaftes Handeln, Mechanistik — zwanghaftes Anklammern an die auswendig gelernte Vorschrift, die eintrainierte Regel. „Das Dunkel" ist ihm schon als Kleinkind unheimlich gewesen, es war ihm der Tod, der gegen die Helle, das Leben steht, usw. Als 3jähriger wäre er beinahe ins Wasser gefallen, doch hat ihn die Mutter noch rechtzeitig erwischt; auch diese Erinnerung tritt oft zwanghaft auf: ein memento mori. Auch sonst hat er es immer mit dem Tode zu tun gehabt. Als Vater starb (Pat. war 6 J. alt), hat er am Grabe gemerkt, wie es ihn hinabzog. Die Krankheit war der Tod, also muß man die Krankheit bannen, um den Tod zu bannen und die Welt zu erlösen (Weltheiland). Aber die Krankheit war auch von Gott geschickt, auch Gott kann töten, selbst die Ärzte „zu sich rufen" (also auch krank sein?) usw. An jedem Menschen und auch sonstwo finden sich dunkle Stellen vor: also geht der Tod um, er wohnt auch in jedem Menschen, alle Menschen sind krank, es gibt nur e i n e Krankheit (in verschiedenen Formen), man muß sie aufs feinste verfolgen, aber sie versteckt sich, und das eben muß die Diagnostik ermitteln, und die Aufgabe kann ich eben nicht lösen — oder ist gerade meine Unentschiedenheit, mein Schwanken vor der Sphinx, meine ewige Bedenklichkeit die einzig mögliche Art, die Sphinx zu bannen, den Dämonen „Krankheit" und „Tod" die Macht zu nehmen? bin ich der unfähigste und gerade damit der fähigste Arzt, der mit der Diagnose „fertig wird" dadurch, daß er sie negiert? Ich habe in meinem Leben noch keine Diagnose gestellt, und wenn ich doch diagnostizierte, so mit allem innern Vorbehalt, also doch negativ. Ich gelte als sehr gewissenhafter Arzt, und das mag stimmen: soviel „Gewissen", wie ich „mir mache", kann sich sonst wohl keiner machen (sagt er in herber Selbstironie). Wer der Heiland sein will, kann sich nicht mit Einzeldiagnosen, die doch bloß irdische Veränderungen bezeichnen, abgeben, sondern muß „die" Diagnose „stellen", den Tod stellen, fest-machen, im Metaphysischen die Feind-Dämonie der Menschen, der Welt auslöschen. Usw.

Pat. M., 36 J., „angeblich Buchhändler", berichtet: Vater saß und las, war ein Träumer und Phantast, unfähig zu wirklicher Arbeit — wie ich, Mutter führte ein kleines Weißwarengeschäft und war unsere Ernährerin, meine Schwester half schon früh im Geschäft, hat es auch jetzt noch. Ich war schon immer ein Denker und kein Täter, scheute mich vor aller Berührung mit „der Welt", hockte einsam herum und grübelte — „über alles". Begriff nichts. Schule mit Mühe und Not absolviert, dann verschiedene Lehrstellen, hielt nirgends durch, dachte zu viel, hatte zunehmend Angst vor den Leistungen, die man, wie ich einsah, von mir verlangen konnte. Kam durch Vermittlung eines mitleidigen Bekannten in einen Buchladen: da konnte ich prachtvoll schmökern, auch mechanisch Kunden bedienen, in den Büchern waren ja Gedanken enthalten — und ich war doch ein „Denker". Wechselte mehrfach die Stellung, seit längerer Zeit arbeitslos, „praktisch unbrauchbar". Ich muß alles, was ich zu tun oder zu lassen beabsichtige, was von wir verlangt wird, immer und immer wieder moralisch bedenken, aber weiterhin auch alles, was geschehen könnte von andern, von Naturkräften, vom waltenden Schicksal: wird es richtig oder falsch, gut oder schlecht sein und ausgehen, d. h. welche Folgen wird es verursachen? so bin ich die Vorsehung selber, die eben alles voraussieht und -bedenkt. An allem, was geschieht, bin ich schuld wie die Gottheit, als die Gottheit — bin ich so auch schuldig? kann die Gottheit, die Schuldlosigkeit überhaupt schuldig werden? geht nicht alle Schuld vom Teufel aus? aber wirkt der nicht auf Veranlassung, mit Zulassung Gottes? dann wäre es die Schuld Gottes und somit meine Schuld, daß der Teufel die Menschen schuldig werden läßt, — oder läßt Gott die Menschen schuldig werden, um sie nach angemessener Pein von der Schuld zu erlösen. Ich glaube, daß Gottes Geist in mir wohnt. So darf ich mir in meiner Schuldlosigkeit nichts zu schulden kommen lassen, darf niemand etwas schuldig bleiben — weder Worte noch Gefälligkeiten noch Geld — überhaupt nichts, aber kann ich das, wenn ich doch z. B. dem Kaufmann nach Empfang der Ware bis zur Zahlung eine Minute das Geld schuldig bleibe? und ich sehe doch soviel Schuld in der Welt: alles mea culpa, mea maxima culpa, wie unser Pfarrer sagte. Ist meine Schuldlosigkeit somit erloschen — oder gerade erst mit der Übernahme aller Schuld und Schulden erwiesen? Mit all meinen Gedanken komme ich zu keiner Entscheidung: sie irren umher, kreisen und kreiseln, ich sehe keinen Ausweg, aber liegt nicht gerade die Vereinheitlichung aller Schuld und aller Unschuld, alles Bösen und alles Guten in meiner Schuldlosigkeit, die allein die Schuld aller zu übernehmen, somit auszulöschen vermag? Das Problem von Schuld und Unschuld geistert Tag und Nacht in meinem Kopfe und findet keine Lösung. Was soll demgegenüber die irdische Arbeit, die irdische Liebe! Ich lebe als „Mönch in Zivil", Vater Staat gibt mir, was ich brauche — und das ist ja nicht viel. (Aneurotisches Skrupulantentum, Verwechslung von pragmatischer Schuld — als Debet und Credit — mit ethischer Schuld, Erlöserwahn).

Pat. S., 22 J., Handlungsgehilfe, berichtet u. v. a.: Vater war Zimmermann, wochentags außerhalb des Häuschens und Wohnortes tätig, kam nur sonnabends spät mit Axt und Säge nach Hause: ein Fremdling, unheimlich wie seine „Waffen", ein dämon. Gast, der kam und ging, der Menschenfresser, der das Kind hochhob und küßte, wobei es aus dem schwarz-roten Munde (nach Kautabak) stank, der Teufel-Tod, dem ich mich in meiner Scheu unterwarf, von dem ich mich widerstandslos und doch wachsam, daß er mich nicht beiße, küssen ließ, und den ich so beherrschte (er fraß mich nicht). Er brachte mir auch immer etwas mit, war also wohl doch der gute Dämon. So oder so: ich war in meiner Angst-Scheu seiner mächtig. Wochentags mit Mutter allein, dem andern unheimlichen Dämon, der immer hinter mir her war, mich schon als Dreikäsehoch zur Mitarbeit in Haus und Hof anhielt, immer fragte und hetzte: hast du das und das gemacht, zeigt mal her, geh mal da und dort hin, hol dies und das, sieh nach dem Bock (schwarzen Ziegenbock in der Stall-Hölle) usw. War sie ein guter oder böser Dämon, eine Hexe wie die, die abends zum Fenster herein guckte oder über die Felder huschte, oder eine Fee, in deren Schutz ich all das Gruselige ausführen konnte, und war ich der Kleine, Zwerg der Dämonie der Riesen untertan und gerade damit übertan (sie taten mir wider Erwarten nichts, sie standen in meinen Diensten), war ich ein Engel oder ein Bengel, ein Gott oder ein Teufel oder beides? Das Schlimmste war die Begegnung mit dem Vater. Auch der fragte immerzu: warst du brav, was hast du gemacht die ganze Zeit, erzähl mal usw., da wollte kein Wort über meine Lippen, ich schwitzte am ganzen Leibe, es war fürchterlich. Und fürchterlich war es dann auch in der Schule: die ewige Fragerei des unheimlichen Wesens „Lehrer", die vielen Kinder um mich, den Eigenbrödler, das Hexen- oder Feenkind, herum, die schwarze Tafel, an die der Lehrer seltsame Zeichen malte, usw. — kurz, immer war ich bedrängt, immer in der Prüfung, alles wollte der Lehrer von mir wissen, auch wenn er die andern fragte, fühlte ich mich getroffen, er erzählte so sonderbare Dinge, lauter Märchen, oft auch Lügen, denn ich wußte es besser, und dann, wenn er nicht weiter wußte, wollte er sich bei mir Rat holen, stellte mich auf die Probe (wußte er selber nicht, was er fragte, — und er war doch der Alte-Große, oder verstellte er sich nur — und warum?). Ich galt als begabtes Kind, aber alles, was ich lernte, blieb draußen, fremdes Gespenst-Gespinst, immer neu verwandeltes altes Gaukelspiel der rätselhaften Gedanken, die immer nur „die Prüfung", die einzig-einmalige Schicksalsprobe darstellten und die ich einen nach dem andern mitsamt der ganzen Prüfungsszene auslöschte. Ich lernte nicht, um in mich aufzunehmen, sondern um alles, was an mich herantrat, abzulehnen und zu bannen, denn alles war feindlich, bes. wenn es freundlich aussah, und diesen feindlichen Mächten galt mein Kampf, mein Nein. So war es mir gleichgültig, was die andern von mir sagten, ob sie mich lobten oder tadelten, — wie hätte mich das treffen können, der ich in einer ganz andern Welt lebte und die einzige-einmalige Aufgabe zu erledigen hatte: die feindliche Dämonie, wie immer sie auftrat, zu entmachten! Ein Grübler war ich schon immer gewesen, bes. abends und nachts konnte ich lange wachliegen und mit den Geistern spielen, aber so, daß sie nicht an mich herankamen, ich war mehr Zuschauer, aber doch zugleich der Drahtzieher, der die „Puppen" tanzen ließ. Im Laufe der Schuljahre und Lehrjahre hat sich dieses Gedankenspiel derart ausgebreitet, daß ich es überhaupt nicht mehr los werde, auch am Tage, während ich „nebenbei" die Kunden bediene, bin ich eigtl. immer wo anders. Manchmal sehe ich die Geister, die mich prüfen wollen, geradezu leibhaftig um mich schweben, wie in einem Zauberkreis, den sie nicht überschreiten können — ich aber auch nicht. Ich bin dann zeitweise abwesend, kann aber wie tief unter mir die eingeübten Handgriffe und Worte „machen", so daß es zur Not geht, dabei schwitze ich aber so, daß mir der Schweiß über die Stirn rollt, auch die Hände ganz naß werden, da ich immer Angst habe, man könnte „mich" entdecken, wenn ich „drüben" bin, denn die Kunden kommen ja nur, um mich von meinem Alldenken abzulenken, mein Zauberspiel zu stören-zerstören. Nachts ist die Welt versunken, und ich kann dann um meine Probleme herumknobeln, nein, ich muß es. Welche das sind? Die alt-neuen und neu-alten. Fragen, immer Fragen. Vater, Mutter tauchen auf, die Lehrer, die Alten-Großen der Kindheit und späteren Zeit, der Chef, die Kunden, sie sind alle Fragezeichen, auch die Waren, die ich betreue und verkauft habe, die Worte, die dabei gesprochen sind, kurz: Gott und die ganze Welt. Ich muß mir die Schreckgespenster anschauen, aber sie sind ungenau, verschwimmend, wenn auch fein und zart, sie schwanken hin und her. sie sind die Rätsel, die ich lösen soll und doch nicht darf oder kann, die ich nur wie die ewige Prüfung anstarre oder wegscheuche, ohne daß sie wegbleiben, — vielleicht hole ich sie aber auch herbei, vielleicht fliehe ich vor ihnen — wer kann das entscheiden? Was sollte auch geschehen, wenn sie wegblieben, wenn ich gesund wäre? das kann ich mir gar nicht vorstellen, mir kommt das vor, als ob mein Leben dann gar keinen Wert mehr hätte, alles zu Ende wäre. Wenn in und vor meinem Geiste alle Probleme erscheinen, ich sie zwinge oder sie mich zwingen, wenn ich sie geistig auslöschen kann, so daß sie keinen Schaden stiften können, wie sollte das werden, wenn ich diese meine Fähigkeit verloren hätte, die Unfähigkeit, das Unlösbare zu lösen, die doch die einzige Fähigkeit ist, mit den Problemen fertig zu werden, mit den Geistern, die mich und die Welt ins Verderben locken wollen, das eintreten würde, wenn ein Problem wirklich endgültig gelöst wäre, was ja aber unmöglich ist. Usw. im verfilzten Knäuel der Wiewenns und Alsobs.

Pat. H., 34 J., Prokurist, muß, bevor er etwas tut, immer erst „mit den Geistern Zwiesprache halten", d. h. er stellt sich die gegenständliche („irdische") Aufgabe begrifflich (er sagt: ihrer Quintessenz nach) vor und erörtert nun in Gedanken „alle" Möglichkeiten, wobei sich „die Aufgabe in alle möglichen andere verwandelt", er also in ein wirbelndes Gedränge gerät, die Aufgabe aber nicht durch-denkt, sondern nach „endlosen" emsig-feinen Bedenken, die wie die Bienen schwärmen, im Non liquet hängen bleibt. Er denkt an „der" Aufgabe vorbei und „erledigt" sie so. Nach solcher Befragung des Orakels äußert er sich „mit dem gesunden Mißtrauen vor allem, was man nicht sicher wissen kann, und nichts ist sicher", die Zukunft = das Schicksal ist immer dunkel, man muß immer das Schlimmste annehmen, dann ist man vorbereitet und kann es einen nicht treffen, und es hätte allemal noch schlimmer kommen können, denn was das Schlimmste ist, das kommen könnte, kann ja niemand ermessen, natürlich kann es auch gut gehen, aber wer weiß, ob es gut geht und ob das Gutgehen nicht nur ein getarntes Mißlingen ist, das sich erst in fernerer Zukunft als solches erweisen würde. Dadurch, daß er so — unter Heranziehung von x Vergleichen — um den Brei herumredet, hat er aus seiner geistigen Sphäre heraus die Dämonie der Aufgabe gebannt, und nun ist es gleich, was irdisch geschieht, irgend etwas muß ja geschehen, es kann ja nicht nichts geschehen, und es ist ja wohl immer auch besser, wenn irgend etwas getan wird, als wenn nichts getan würde, und wenn es ein Fehler, Fehlschlag ist, so hat man es vorausgesehen und damit entfehlert, und wenn es kein Fehler ist, so ist der eben durch meine Prophetie gebannt und ist es gut, im Richtigen das Fehlerhafte zu vermuten, also laissez faire, laissez aller, mein gewissenhaftes Bedenken aller Möglichkeiten rechtfertigt mich unter allen Umständen — wie die Vorsehung immer gerechtfertigt ist, mag geschehen, was will.

Pat. M., Mitte 40, Buchhalter, muß, bevor er an die eigtl. Rechenarbeit kommt, immer erst „im Kopfe" eine Art Zahlenkabbalistik betreiben, und zwar die letzten Ziffern aller gleichstelligen Zahlen einer Kolumne addieren, diese Ergebnisse wiederum addieren und die Summe durch 3 dividieren: geht das auf, dann wird auch die Berufsarbeit klappen, geht es nicht auf, dann muß (im Zahlenspiel) eine Zahl so geändert werden, daß es doch aufgeht, somit ist Pat. der Herr der Zahl, durch das zeitraubende Zeremoniell ist die Macht der Zahl gebannt, und nun kann Pat. die Rechenarbeit durchführen, doch muß sie sehr fix gehen, damit die gebannte Dämonie sich nicht wieder einmischen kann. Stört ihn jem., so muß er mit dem Zauber von vorn anfangen. — Pat. K., Mitte 30, Bankbeamter, hat sich, „seit er denken kann", mit dem Rätsel Zahl beschäftigt, sie war ihm immer ein unheimliches Gebilde, das auf alle Fragen stumm blieb („die Zahl sagt mir nichts", was ist die Zahl, warum $2 \times 2 = 4$ und nicht 5 oder 7, warum jenes richtig, dieses falsch? usw.). Im Zuge dieser Entwicklung ging er zu den „Zahlensachverständigen und Rechenkünstlern" in die Lehre, der Zauberlehrling zum Zaubermeister, es galt zu lernen, wie man mit den Zahlen als Zauberzeichen umgeht, er hat das Rechnen nur im Rahmen seiner Neurose „gelernt": die Zahlen verändern magisch ihre Gestalt, ihren „Wert", verschieben, verwirren sich, der Rechenteufel spielt ihm fortgesetzt Streiche, er muß immer erst „ins Unreine" rechnen, auf Zettel, die er in Mengen herumliegen hat, dorthin bannt er den Zahlzauber, dann kann er in den Geschäftsbüchern die Zahlen eintragen, weiß aber doch nie, ob er richtig oder falsch gerechnet habe, muß oft durchstreichen, so daß nunmehr die Entlassung droht. Aber das Schlimmste ist das „Kopfrechnen": er muß tags und bes. nachts immerzu rechnen und rechnen, ohne zu einem Resultat zu kommen, die Summe, der Teil usw. „rutschen mir weg", während er unausgesetzt rechnet, kann er eigtl. doch nicht rechnen, wird nie fertig, kommt zu keinem Ende — und das ist seine Rettung: denn es handelt sich ja nicht um das irdische Rechnen, sondern um die Bannung des Zahlzaubers, der Dämonie der Aufgabe und ihrer Folgen, des (richtigen oder falschen usw.) Ergebnisses. Er muß sich auch dazu die Zettel vorstellen und in Gedanken den „richtigen" heraussuchen und dabei Höllenqualen ausstehen, da auch der Zettel sich in der Menge versteckt. Usw.

Denkscheu im Akustischen*).

Pat. W., 56 J., Textilprof., war schon als Säugling (wie ihm die Mutter erzählt hat) äußerst geräuschempfindlich, zuckte bes. bei jedem Klopfen zusammen, so interessant dem Kleinkind die väterliche Weberei war, so sehr störten ihn doch die Geräusche, in denen er bes. Klopfen hörte. Die Hör-angst-scheu ging später mehr und mehr ins Begriffliche über: ich höre innerlich, in Gedanken eigtl. immer ein Klopfen, zwar bin ich oft abgelenkt oder höre es dann nicht, aber dann ist es wieder da und war „unter der Schwelle" immer da, ich weiß nicht, lenkt mich die Arbeit vom Klopfen oder das Klopfen von der Arbeit ab, es hat allerlei Nuancen, ist aber doch immer dasselbe, es ist ein ausgesprochen ängst-

*) Analog in den übrigen Sinnesgebieten, vgl. S. 334.

liches Geräusch, ich weiß nicht, ist es selber gefährlich, oder ist es das Anzeichen einer drohenden Gefahr, ein Warnungssignal, aber das ist ja schließlich auch dasselbe, es drängt sich in die Arbeit, den Gedankengang ein, unterbricht beides mit zwingender Gewalt, ich kann einfach nicht weiter, muß hinhören und weiß nicht, ob mir nun Gefahr droht, wenn ich ihm folge oder wenn ich ihm nicht folge, aber folgen muß ich ihm ja, vielleicht provoziere ich es selber, denn ich lausche innerlich doch immer nach ihm, manchmal finde ich nachträglich, daß mich das Klopfen wie ein guter Geist vor einem Fehler behütet hat, dann wäre es die Stimme der guten Vorsehung, die mich warnt, aber anderseits ist es so lästig, hemmt mich, stellt mir sozusagen ein Bein, dann wäre es wohl die Stimme der bösen Vorsehung, wenn es so etwas gibt (ich glaube nicht an solche dämon. Mächte, aber woher und was soll das unheimliche Klopfen sein? man wird da doch irre und abergläubisch). Habe ich mich zu Bett gelegt, so sind die Klopfgeister erst recht mobil, sie hindern mich stundenlang am Einschlafen, und sobald ich etwas eindämmere, klopft es mich wach, aber da droht mir doch keine Gefahr? Doch, die Gefahr des Einschlafens-Sterbens (s. bei Dysgrypnie). Ich habe schon x Ohrenärzte, darunter größte Kapazitäten befragt, sie haben untersucht und mit mir herumexperimentiert, aber keiner wußte mir Auskunft zu geben (die Ärzte „schütteln ja immer den Kopf") oder zu helfen, Befund war keiner, man sagte, ich bilde mir das ein, und lachte mich aus, für meine Not — es ist wirklich überaus lästig — fand ich bei niemand Verständnis, ich weiß nicht, ob ich mir das Klopfen nicht doch bloß einbilde, aber damit wäre mir ja auch nicht geholfen. (Nein, geholfen konnte ihm nur werden mit der Aufklärung über den dämonist. Sinn seines Symptoms — es war natürlich nicht das einzige, aber das lästigste — und Überführung seiner Denkweise in die realisch-biologische, in der alle Dämonie, sie heiße, wie sie mag, entfällt.) — Analog „die hartnäckige Melodie"; vielen Menschen gehen gewisse Taktfolgen, bes. sog. „Schlager" tage- und wochenlang nicht aus dem Sinn, diese gehäufte aktuelle Funktion der betr. akust. DZn gehört oft noch in die Norm, oft aber in die Abnorm: die Melodie, auch eine selbstersonnene, „haftet" zu lange, klingt „unaufhörlich" wieder auf „wie ein lästiges Insekt, das vergeblich gescheucht wird". Fraglich, was die Melodie mit ihrem unheimlichen Zwang „will", ob sie ein Warnungssignal vor einer Gefahr, ein Mahnzeichen wie ein Denkzettel oder selbstgefährlich ist, auch als ganz harmlos, ja lustig klingend. Nicht zu verwechseln mit halluzinativen, illusiven, entotischen Geräuschen usw., die gegenständlich sind; es ist ein „geistiges Klingen und Singen, göttlich oder teuflisch, drohend oder lockend, Sphärenmusik oder Höllenzauber".

Denkscheu als Wortdenken.

Pat. K., 27 J., hört allerlei Stimmen „in sich", er weiß nicht, ob es eigene oder fremde sind, sie sprechen in seiner Sprache, aber das kann ja auch Fremdzauber sein. Bes. beunruhigend ist die Stimme: „Stich dir die Augen aus!" K. ist schon als Kleinkind „dauernd" in augenärztlicher Behandlung gewesen, der Arzt im weißen Kittel, mit seinen Instrumenten usw. war ihm Lebens-Todesbringer (konnte das Augenlicht = Leben erhalten oder nehmen usw.), den er mit seiner furchtbaren A. bannte. Vater hatte grauen Star, mußte operiert werden („Star stechen"), starb an einem „durch die Operation verursachten Nierenleiden". Sehen = leben, Augenausstechen = sterben, der Zwangsgedanke war also göttlicher oder teuflischer Befehl zum Selbstmord („ich habe ‚gesehen' und muß-soll nun dafür sterben, die Strafe aber selbst vollziehen [Harakiri], somit bin ich Herr über Leben und Tod — oder ein dem Tod verfallener Verbrecher — oder ein Auserwählter, dem die

Gottheit die einzige Möglichkeit angibt, sich aus dem höllischen Erdendasein in die ewige Seligkeit zu zaubern"?), der furchtbare Gedanke bedrängte ihn derartig, daß er allen spitzen Instrumenten (Nadel, Schere, Messer) aus dem Wege ging, den gefährlichen Federhalter, Bleistift usw. mied, das Studium aufgab, vom Erbe lebend sein Ende erwartete. Seine Angst-Scheu hatte ihn bisher auch vor der Gewalt der Stimme gerettet, die ihm in der Bahn befahl: „Jetzt mußt du dich hinausstürzen!" Er dachte auch Gegenformeln wie: „Ach da bist du schon wieder, laß mich in Ruhe, fort mit dir!" und hatte darin so größe Übung, daß schon das Flüstern und Zischeln der Stimmen den Warnschutz wachriefen, doch war er tagsüber und einen großen Teil der Nacht mit den „Todesanfällen", den „Stimmen aus dem Äther" beschäftigt, diese „Arbeit" war ja auch viel wichtiger als irdische Arbeit, ja die einzig wesentliche überhaupt. — So auch das begriffliche Stimmenhören anderer Pat.: drohende-lockende, befehlende-warnende-mahnende, gute-böse, göttliche-teuflische Stimmen. Es bleibt dem Pat. fraglich, ob er die Stimmen selber denkt, oder ob sie in ihn hineingedacht werden, ob er (seine Scheu) die Stimmen als die Schicksalsstimmen zitiert, somit das drohende Verhängnis erlauscht und bannt, oder ob ihn die Stimmen „von sich aus" bedrängen, die Scheu wachrufen und sich so selbst anzeigen-entmachten, jedenfalls künden sie dem Auserwählt-Verfluchten die Gefahr, in der er schwebt und die allein ER negieren kann. Der Zwang, die Dringlichkeit der Stimmen „beweisen" ihre Dämonie, wie sie ja schon als „Geisterstimmen" un-über-unterirdisch sind. — Nicht zu verwechseln mit halluzinativem, illusivem Stimmenhören, wobei die Stimmen gegenständlich sind.

Andere Pat. leiden an N a m e n s s c h e u (vgl. S. 429): Der Name ist das Rätselwesen, das Geistige dessen, der so heißt, er selbst in vergeistigter Form, es taucht plötzlich auf „aus den dunkeln Tiefen des Unbewußten" oder irgendwoher aus der übersinnlichen Welt und will mich prüfen, ob ich die Lebensgeschichte mit Jahreszahlen usw. hersagen kann, — wie mich einst der Lehrer in Geschichte prüfte, wie ich noch früher um das Rätsel „ich und du", „Sein-Nichtsein", „Herkunft" usw. Märchen sann und spann. Ich stottere in Gedanken allerlei daher, weiß aber nie, ob es richtig oder falsch ist, denke das alles mit dem Vorbehalt: „ich dächte, das wäre der und der, und in dem oder jenem Jahre usw.", ich sehe auch in Büchern nach, erkundige mich, „soweit ich dazu in der Lage bin" (aber wie weit ist das?), stelle eine Art Familiengeschichte auf, aber all das viele, viele Denken ist nur ein Getue, mit dem ich das drohende Namensgespenst umgehe, besänftige, entmachte, ich kann es auch mit heftigen Zauberworten wegscheuchen, mich auflehnen, in Notizbücher bannen (und mit einem Koffer voll umherreisen und immer mehr — in Stenographie usw. — vollschreiben, denn es könnte ja sein, daß ich mal einen Namen brauche, und wenn ich ihn nicht „feststellen" könnte, wäre es aus mit mir) usw. So entgehe ich der Prüfung, aber alsbald wandelt sich der Name, als anderer, neuer schwebt er wieder her (oder habe ich ihn verwandelt?), es ist letztens ja auch ganz gleich, welche „Auskunft" ich ihm gebe, es ist ja immer derselbe Name, nur umgestellt und verstellt, alle Einzelheiten schwimmen ja doch ins Allgemeine, alle Geschichten ins Geschehen, mit jedem Namen tritt die Schicksalsfrage vor mich hin: vor mich den Auserwählten-Verfluchten, der ewig dem Schicksal begegnet und ewig es verneinen „muß". Und da soll ich mich noch mit irdischen Aufgaben beschäftigen? Sind sie nicht nur Ablenkungen von meiner ewigen metaphysischen Aufgabe, Versuchungen, die versuchen, mich dem Feind-Dämon zu überliefern?

Ich stehe vor einer E n t s c h e i d u n g, ich werde mir die Sache überschlafen, d. h. ich werde nicht schlafen, sondern mich ins Jenseits („Trance") begeben und dort „die Frage ventilieren": ich stelle mir vor, was geschehen könnte, wenn ich mich so, und was, wenn ich mich anders entscheiden würde, es gibt zahllose Möglichkeiten, und ich muß sie alle bedenken, um „allen Eventualitäten gewachsen zu sein", es ist also unmöglich, daß ich in einer Nacht fertig werde, ich muß die Entscheidung aufschieben, die Verabredung absagen (unter irgendeinem Vorwande), selbst hingehen, um mitzuteilen, daß ich mich nach reiflichster Überlegung nicht „binden" könne, zu früh hinkommen und dann „beleidigt" weggehen, zu spät hinkommen und dann hoffentlich niemand mehr antreffen usw. — und weiter Möglichkeiten ausdenken. Der Entscheidung bin ich entgangen — glücklicher- oder unglücklicherweise? bin ich Sieger oder Besiegter oder beides in einem? Hauptsache: ich habe den Zwang, die Dämonie der Entscheidung entmachtet, auf das Irdische kommt es nicht an.

Ob das Denken, das Wissen gut oder böse, ein Gottes- oder Teufelsgeschenk ist, kann ich nicht und kann niemand wissen. Mir, erzählt Pat., war „das Denken" (d. h. also das Begriffliche) unheimlich, so lange ich denken kann, es war ein gespenstisches Herumhuschen im Kopfe und doch nicht im Kopfe, das mich schwer ängstigte. So habe ich mich von klein auf vorm Lernen gedrückt, wo ich nur konnte, denn durch das Lernen wurden die Geister wachgerufen, immer mehr und mehr, und je mehr ich lernte und wußte, desto mehr wurde ich gefragt, geprüft, desto schwerer wurden die Prüfungen, desto näher rückte die Gefahr, ausgefragt, und wenn ich etwas nicht wüßte, aus-gelacht, aus-gelöscht zu werden. „Der reine Tor" — mein Ideal; von ihm kann man nichts verlangen, ihm kann nichts passieren, er ist gefeit. Ich verschloß mich dem Wissen, nahm es nicht auf, und was ich scheinbar doch aufnahm, blieb ein Fremdkörper. Ich nahm es nur auf, um es zu negieren, ich nahm es in negativ-negierender Art, also eigentlich nicht auf, aber um es in dieser Art aufzunehmen (zu speichern), mußte ich fortwährend ängstlich feststellen, ob noch „alle" Wisseneinzelheiten in meinem Allnein, meiner Allunwissenheit vorhanden wären und mir, dem Panhistor, immer zur Verfügung stünden: Kopfregistratur (Kopf als Wohnung des heiligen-unheiligen Geistes, ich selbst das Geistwesen usw.), Zettelkasten des Wissens, um dessen Vollständigkeit ich immer bangen mußte, ohne je von meinem Wissen den rechten Gebrauch zu machen. Ich verschloß mein Wissen, ließ nichts aus ihm hinaus, war verstockt-verstopft, gab trotzig keine Antwort oder eine solche, die keine war (ausweichen usw.). Mein Wissen zog sich in der Gefahr, sich zu verlieren, in die Vergessenheit (Lethe) zurück. Ich hatte ein Wissen, aber dies war wie eine unübersteigliche Mauer, eine Zauberfront, die nichts herein- und nichts hinausließ (sonst wäre sie ganz erloschen), so negierte ich alles Wissen und Denken, aber doch eben mit meinem Wissen und Denken: wußte ich nun etwas oder war ich unwissend, dachte ich oder dachte ich nicht — oder kann man das Denken nicht anders negieren als denkend, das Wissen nicht anders als wissend? man muß doch denken, um das Denken verneinen zu können, man muß doch wissen, daß man unwissend ist, und wäre nun auch dieses Denken, Wissen zu verneinen, verneint sich das Denken denkend, das Wissend wissend? gibt es überhaupt Wissen, wenn doch alles Wissen negativ ist? kann Gott, Teufel, Mensch überhaupt etwas oder gar sicher wissen, wenn doch alles Wissen unsicher ist? und woran wäre es erkennbar, ob ein Wissen, ein Gewußtes sicher sei, wenn doch auch wieder diese Erkenntnis unsicher wäre? Setzt aber die Negierung des Wissens usw. nicht gerade seine Existenz voraus (ich kann nur negieren, was „da" ist; negative Anerkennung, vgl. Atheismus usw.)? Es irrt der Mensch, so lang er denkt, und: nur der Irrtum ist das Leben, und das Wissen ist der Tod, die Wahrheit von heute ist doch immer nur der Irrtum von morgen usw. — ich habe mich leidenschaftlich gern geirrt und so den Tod gebannt. Diese Fragen hätten doch nur wieder das Denken,

Wissen beantworten können, aber diese Antwort wäre ja eine Entscheidung gewesen, die Weltentscheidung, und vor dieser bewahrte mich eben meine Denk-, Wissensscheu. Ist man, wenn man „etwas" weiß, noch unwissend, und ist man, wenn man „etwas" weiß, noch allwissend? Kann die All-Unwissenheit irgendwie beeinträchtigt werden? kann jem. den Wissensschatz, der keiner ist, aus-fragen, mit Fragen ausleeren, annullieren? Die Allwissenheit kann nicht antworten, aber auch nicht die Unwissenheit. Meine Denk-, Wissensscheu hat mich davor bewahrt, die All-Unwissenheit zu verlieren; denn wenn ich „etwas" „richtig" zugelernt hätte, so wäre der Gewinn doch der absolute Verlust jener gewesen, weil ich ja dann eben nicht all-unwissend gewesen wäre, wenn ich „etwas" hätte zulernen können; und ebenso wenn ich „etwas" „richtig" abgegeben, eine „richtige" Antwort gegeben hätte („richtig" heißt hier: irdisch, menschlich, denn was dämonist. „richtig oder falsch" wäre, das zu entscheiden verbot mir ja wieder die Denkscheu). Das Wissen, oft ganz belangloser Sachen, drängte sich mir immer wieder, in quälender Wiederholung auf und fragte mich, ob ich es auch noch wissse, das Wissen noch zitieren und so beherrschen könne. In dieser „Geistesverfassung" bin ich Wissenschaftler geworden: im ewigen Negieren aller Wissenschaft mit den Mitteln der Wissenschaft, die ich natürlich auch in den Feinheiten kennen lernen mußte, um sie im Ganzen zu verneinen. Ein Faust unter vielen Fausten, und in der Art der magischen Identität der einzige Faust. Alles Neue, alle Errungenschaften wurden mit allem Nachdruck abgelehnt, für null und nichtig „erklärt". Mein Denken, Wissen aufzugeben, war unmöglich, es wäre die Weltkatastrophe gewesen, denn mit meinem negativistischen Denken, Wissen bannte ich ja die Feind-Dämonie aller Aufgaben, Prüfungen, Entscheidungen. Das Wissen von der Wertlosigkeit alles Wissens war mir der einzige, der absolute Wert. Nie habe ich etwas „Fremdes" in mein All-Unwissen zugelassen, echt aufgenommen, ich habe es immer „außen draufgepappt". So bin ich eine Autorität geworden, eine Scheinautorität, ein verwissenschaftlichter, verbildeter Inhaber eines Lehrstuhls, der in Wahrheit ein Leerstuhl ist, ein Lexikon, das sich selbst hersagt, eine Grammophonplatte oder ein Papagei. Die Lebenspraxis, die verächtliche, blieb mir fremd. Was ich für entsetzliches Unrecht verübt habe in meinem „wissenschaftlichen" Leben, sehe ich erst jetzt — am Ende der Erkenntnistherapie. Ich sehe auch, daß ich nun nicht etwa mein Amt aufgeben muß, sondern daß jetzt erst, nach Verschwinden des Bannringes mein Wissen aus „totem Ballast" in meinen echten Besitz übergegangen ist und daß ich ein vernünftiger Denker geworden bin. Ich wage, was ich bisher nicht gewagt habe: zu wissen, zu denken, einfach rein menschlich, frei von aller Dämonie.

Frl. M., 26 J., steht frühmorgens nicht auf, ruft die Mutter: hilf mir, ich habe dir gestern abend gesagt, es sei 10 Uhr 5 Min., und nun habe ich die ganze Nacht fürchterliche Angst gehabt, ob das auch richtig war, es könnte doch eine oder zwei oder wieviele? Minuten früher oder später gewesen sein, und wenn es nicht richtig war, habe ich gelogen, eine Sünde begangen, die ich beichten muß, aber ich weiß ja nicht, ob es nicht doch richtig war, dann hätte ich keine Sünde begangen, brauchte sie nicht zu beichten, und ganz richtig kann man doch die Uhr gar nicht erkennen, weil sie immer weitergeht, ich habe auch so genau nicht hingesehen, wie die Zeiger standen, aber dann hätte ich die Zeit nicht angeben dürfen, hätte sagen müssen „ungefähr", aber „ungefähr" war es doch eben nicht, „ungefähr wäre ein zu weiter Spielraum gewesen, und du wolltest doch wissen, wie spät es wirklich sei, nicht „ungefähr", also wäre dann meine Angabe falsch gewesen oder doch nicht so richtig, wie sie hätte sein können, aber was ist nun richtig und falsch überhaupt, was gut und böse? was muß ich nun beichten: daß ich es nicht gewußt habe, aber ist das eine Sünde, da doch Gott allein die Wahrheit kennt, aber uns ist doch die Lüge verboten, aber wenn Gott allein die Wahrheit kennt, müssen wir doch um Gottes willen lügen, dann ist es auch eine Lüge, wenn ich eine Sünde beichten würde, die gar keine war, aber das wäre vielleicht gerade eine Lüge, wenn ich es nicht täte, wenn ich doch die Wahrheit überhaupt nicht kenne — wie aber dann die Lüge? ich muß sie doch von der Wahrheit unterscheiden können? Du sagst „Unsinn", aber ich habe doch nun mal ein so feines Gewissen, und das ist doch göttlich, da muß ich doch eine Heilige sein, aber eine, die — sündigt? denn wenn ich zweifle, ob ich die Wahrheit oder die Lüge gesagt habe, bin ich doch keine Heilige mehr, weil die nicht zweifeln kann? dann ist mein feines Gewissen vielleicht eine Höllenqual, teuflisch selbst, ich bin eine Teufelin — oder doch eine Heilige im Höllenfeuer, ein göttliches Wesen, weiblicher Christus, der allein die Höllenpein ertragen und damit bannen kann? Usw. in infinitum. Skrupulantismus (A.-Sneurose).

Der Geist, meditiert der Negativist, unterscheidet den Menschen vom Tier, aber er ist der Selbst- und Weltverneiner, der Ungeist, wie das Denken das Undenken, das Wissen das Unwissen, er ist die All-Ohnmacht, Gott und Teufel zugleich, Gott muß den Teufel, der Teufel Gott verneinen, und ICH bin der Geist, der alles verneint, in sein All-Nein erlöst. Der Geist ist der Widersacher der Seele, er will das Leben ertöten, er ist der Tod des Lebens, die Seele wirkt aus der kollektiven Tiefe, die die eigentliche Existentialschicht der Persönlichkeit ist. Der Geist sieht die Welt an aus seiner Weltenferne, Verstand und Vernunft sind die geistigen Mächte, die das in der Welt ewig flutende Leben abtöten. Ich kann also das ewige Leben, die Seele nur retten dadurch, daß ich den Geist, den Verstand, die Vernunft, die Ratio negiere. Das Wissen, die Wissenschaft muß „rückwärts reformiert", abgebaut, eingeebnet, das Denken verboten werden. Hinab zu den Müttern, zu den Anfängen! Das wissende Unwissen ist die Allwissenheit. Die Negierung des Denkens, die Denkscheu, Wissensscheu, Verstandes- und Vernunftscheu, die Denk- und Weltflucht ist das ewige Heil. Die Verherrlichung, Vergottung, Verabsolutierung der Dummheit ist die ewige Weisheit, daher muß ICH die Allweisheit auch die Menschen dumm halten und sie nur darüber „aufklären", daß alle Aufklärung als Teufelswerk striktest zu meiden ist. Der Angstneurotiker ist ein gelehrter oder ungelehrter „Philosoph" des Negativismus (vgl. S. 341).

Lehrbuch der Psychobiologie

...Das ist kein „Lehrgebäude", kein totes Gemäuer und trocknes Gebälk, in dessen Innern es von hohlen Phrasen widerhallt, sondern „gewachsener Boden". Mit Lungwitz' Psychobiologie ist neues Leben aufgegangen, nicht ein neuer Seelenapparat fabriziert worden. Dieses Leben wird beschienen von der Sonne der Erkenntnis und der biologischen Wissenschaften. Die Nebel der dämonistischen Weltanschauung schwinden vor dieser Sonne; der Zwiesinn der „zwei Welten", diese Prozeßpsychose der Menschheit, wird heilen, und das werden wir der gewaltigen Geistesschöpfung des Nervenarztes Hans Lungwitz verdanken. Es ist ein Werk eigenster, ursprünglichster Art, und — mit Stolz sei's gesagt — die Psychobiologie ist Ausdruck und Kennzeichen des deutschen Genius.

Psych.-Neurol. Wschr. 1933, H. 34 (Obermed.-Rat Dr. Joh. Bresler, Direktor der Heil- u. Pflegeanstalt Kreuzburg, Schl.).

...Man staunt darüber, daß Verfasser neben seiner ärztlichen Tätigkeit ein derartiges natur- und geisteswissenschaftliches Werk konzipieren und fertigstellen konnte... die Beherrschung des Stoffes, die Originalität der Auffassung. ... *Fortschr. d. Medizin 1933, H. 47.*

...Die Lehre Lungwitz' bedeutet einen wissenschaftlichen und weltanschaulichen Fortschritt, der seinesgleichen in der Geschichte des menschlichen Denkens vergeblich sucht... Man kann nur mit Staunen feststellen, mit welcher Gründlichkeit Lungwitz nicht nur die Gebiete der Philosophie und Medizin, sondern auch der Psychologie, Physik, Chemie, Biologie, Sprachkunde usw. durchforscht hat, noch mehr aber bewundern, mit welcher Meisterschaft es ihm gelingt, die Fülle der Tatsachen zu beherrschen und unter Befreiung von allen dämonistischen Deutungen zum realischen Weltbilde zu vereinen . . . der unvergängliche Wert des Werkes... Lungwitz zieht den dichten Schleier von der Welt hinweg, so daß sie in voller Klarheit und Wahrheit erstrahlt. Was alle Menschen allezeit für unmöglich geglaubt haben; hier ist's Ereignis — das Rätsel „Wesen der Dinge" ist gelöst. Der Name des deutschen Arztes und Philosophen Hans Lungwitz wird unvergänglich sein: die größte Geistestat seit Menschengedenken — Hans Lungwitz hat sie vollbracht. *Allg. Deutscher Hochschulführer 1933 (Dr. H.-G. Rahn).*

... in diesem umfangreichen, gelehrten, überall hochinteressanten Werk... *Berl. Tageblatt 22. 10. 1933.*

...Die Lungwitzsche Lehre allseitig geschlossen ... eine umfassende Fülle grundsätzlicher Tatsachen aus allen Lebens- und Wissensgebieten ins Licht der Erkenntnis gerückt... Es ergreift einen zunächst das Staunen, daß ein Mensch — neben zeitraubender nervenärztlicher Berufstätigkeit — Zeit findet, diese umfassende Zusammenschau nicht nur denkerisch zu erarbeiten, sondern auch in musterhafter Ordnung und Gewissenhaftigkeit niederzuschreiben. Beim Lesen selbst ergreift einen aber ein noch viel größeres Staunen über die Fülle des Dargebotenen, über die Selbstverständlichkeit dieser Neuordnung, über die Einfachheit, in der sich dieser Lehre nach alles Erleben vollzieht.

Deutsche Zeitung 26. 10. 1933.

...Gerade darin, daß Lungwitz nicht in einer Einzelkritik des Kausalitätsgedankens sich erschöpft, sondern positiv aufbauend ein ganz neues, kausalitätsfreies Erkenntnisgebäude errichtet, ist die zukunftweisende Bedeutung seines Werkes zu erblicken.

Ztschr. f. Religionspsychol., Bd. 8, H. 1, 1934 (Prof. Dr. K. Beht, Wien).

...Im Gegensatz zu diesem Skeptizismus sagt Lungwitz: non ignoramus, also wir wissen doch. In seinem gewaltigen Werke... Damit ist allerdings das erste Welträtsel: die Frage nach dem Wesen und der Entstehung der Materie in einfachster Weise gelöst... Zweifellos ein Meisterwerk gründlicher deutscher Gelehrtenarbeit.

Die Tagespost, Graz, 1. Nov. 1934 (Prof. Dr. K. Sapper).

...Lungwitz, der die bahnbrechende Lehre von der Psychobiologie begründete... *Deutsches Ärzteblatt 1934, H. 9 (Dr. Steinhoff).*

...Schon der Respekt vor einer so gewaltigen Arbeit bedingt eingehende Versenkung... *Zentralbl. f. d. ges. Neurol. u. Psychiatrie 1934, Bd. 75, H. 3 (Prof. Dr. W. Gruhle).*

... vieles, was auch ich für richtig halte, und auch wer wie Ref. mit den Grundgedanken nicht einverstanden ist, muß doch sein eigenes psychologisches Inventar gründlich durchprüfen.

Münch. Med. Wschr. 1934, H. 26 (Prof. Dr. E. Bleuler, Zürich).

... eine Weltanschauung, die von allen bisherigen abweicht, weil die fiktionale Vorstellung, daß außerhalb von uns eine Materie existiere, von der aus in rätselhafter Weise auf eine sagenhafte Psyche eingewirkt werde, entfällt. *Deutsche Med. Wschr. 1934, H. 28.*

... ungeheure Vielseitigkeit ... das Werk kann jedem viel bringen...

Der Naturforscher 1934, H. 6.

... Lungwitz gelangt zu der seit Menschengedanken höchsten Geistestat und löste als erster das Problem von Körper und Seele ... mit Recht Anspruch auf den Titel „Praeceptor mundi" ... ewig dauernder Wert, Urquelle jeder warhaft naturwissenschaftlichen und philosophischen Biologie und Psychologie... Der seit Menschengedenken größte Triumph: Die Lösung des Rätsels „Wesen der Dinge" knüpft sich an den Namen des Verfassers. ... eine Wissenschaft, der an Bedeutung kaum eine andere in der Geschichte der menschlichen Weltanschauung ähnlich ist.

Orvosi Havi Ertesitö, Budapest, März 1934.

... Wo soll man anfangen, es zu besprechen, was soll man hervorheben, wie soll man es empfehlen, dieses Werk, dessen Einheitlichkeit, Großartigkeit, dessen schöpferischer Wert eigentlich nur demjenigen offenbar werden kann, der es selbst gelesen hat? ... Gehet hin und leset dieses Buch, und tiefe, vollkommen befriedigende Erkenntnis wird euch, die ihr so viel gelesen habet und so wenig als endgültige Errungenschaft betrachten konntet, erfüllen!

Mediz. Ztschr., Fachbl. d. deutschen Ärzte in Rumänien, 1934, H. 10.

... ungeheure Lebensarbeit eines Mannes, der mit unendlichem Gelehrtenfleiß das gesamte Gebiet menschlicher Erkenntnis durchschaut und durchforscht hat. Je weiter man sich in dieses Werk hineinliest, desto mehr wird man gefesselt von der Weite der Gedanken und der Tiefe ihrer Behandlung. Man weiß nicht, was man mehr bewundern soll: das universale Wissen, die neuen Forschungsergebnisse oder die plastische packende Darstellungsweise. Wer irgendwie Interesse an philosophischen Fragen hat, greife zu diesem Werke, denn hier werden ihm für sein Weltbild ganz neue Perspektiven eröffnet... Wendepunkt in der erkenntnistheoretischen Literatur... *Berliner Lehrerztg. 1934, H. 36.*

... Das umfassende Wissen des Verfassers ist ebenso bewundernswürdig wie seine Fähigkeit, alle, aber auch alle Dinge in seine Weltanschauung, die realisch-biologische einzuordnen. Das Lehrbuch der Psychobiologie ist eine Leistung ersten Ranges und muß nicht nur die Fachleute, sondern alle weltanschaulich interessierten Menschen aufs tiefste ergreifen. *Ärzteblatt für Bayern 1934, H. 29.*

... Das ganze Werk legt Zeugnis ab nicht nur von dem umfassenden Wissen des Verfassers, sondern auch von seiner genialen Fähigkeit, die Zusammenhänge zu entdecken, und seiner Meisterschaft der Darstellung, die den Charakter mathematischer Schärfe und Klarheit hat. Die Findung und Darstellung der Psychobiologie ist eine Großtat ersten Ranges. Insbesondere die Ärzte sind dem Kollegen Lungwitz zu größtem Dank verpflichtet, nicht nur dafür, daß er in unablässiger und völlig uneigennütziger Arbeit sein Werk niedergeschrieben hat und weiterhin niederschreibt, sondern auch dafür, daß er die Medizin als ein wesentliches Fundament für den Aufbau der Lehre aufzeigt, die das Hauptproblem der Menschheit, das Leib-Seele-Problem gelöst hat, endlich dafür, daß er uns die Erkenntnistherapie geschenkt hat, die den ebenso einfachen wie tatsachensicheren Weg zur Heilung der Neurosen zeigt.

Psych.-Neurol. Wschr. 1934, H. 34.

... Es gibt kein Problem, auf das Verfasser nicht eingegangen wäre, aber auch keines, das sich im Rahmen der Gesamtauffassung nicht sozusagen von selbst löste... Dieses große Werk hat Hans Lungwitz über die bisherige Philosophie und Psychologie hinaus geleistet: er ist der Denker, der den von so vielen Vorgängern beschrittenen Weg zur Lösung des Leib-Seele-Problems zu Ende gegangen ist.

Psych.-Neurol. Wschr. 1935, H. 34.

... Il „problema dell'anima e del corpo", che, come l'A. dice nella prefazione, costituisce ancor oggi l'enigma degli enigme e la cui soluzione involge quelle dell'essenza di tutta la realtâ.

Rivista di Psicologia 1935, H. 4 (Prof. Dr. Bonaventura).

... merita di venire profondamente considerata, perchè rappresenta un nuovo e talora brillante tentativo di costruire una filosofia della sensazione e della cerebrazione su base puramente organica e fisiologica.

(Arch. gen. di Neurol., Psichiatria e Psicoanalisi 1935, Bd. 16, H. 1.)

... Lungwitz ist nicht nur exakter Psychologe und Erkenntnistheoretiker, er ist auch ebenso exakter Naturwissenschaftler. Das gewaltige Gedankengebäude, dessen hervorstechendstes Merkmal auch für den geisteswissenschaftlich Geschulten die Neuheit und Originalität der Gedanken ist, ist von einer so imponierenden Weite und Tiefe, daß der ernsthaft nach Erkenntnis strebende Gebildete unmöglich an Lungwitz' Ideenwelt vorbeigehen kann... Mit einer Kühnheit sondergleichen und mit einer unleugbar universalen Sachkenntnis ist er an die Lösung der letzten Fragen alles Seins herangegangen. Seine Gedankengänge sind revolutionär, man kann sie anerkennen oder ablehnen, keineswegs aber kann man vorübergehen an der Fülle dieser neuen, befruchtenden Ideen dieses deutschen Arztes und Denkers, der seinem Leben die höchste Zielsetzung in vollendeter Form gegeben hat: die Dinge aus dem Dunkel der Mystik in das klare Licht der Erkenntnis zu rücken.

Karlsbader Tageblatt, 21. Juli 1935

... Bedeutende Philosophen haben Hans Lungwitz Anerkennung gezollt. L. scheidet alle fiktiven Elemente unseres Weltbildes, sogar die Kausalität aus. Die Welt von ihren Rätseln zu befreien, ist ihm Methode ... *Frankfurter Zeitung, 8. Sept. 1935.*

Der berühmte Berliner Nervenarzt und Philosoph legt die neue Lehre ausführlich dar. Seine Werke legen Zeugnis dafür ab, daß er der selbstgestellten Aufgabe voll gewachsen war. Alles in allem: wir stehen vor einer ganz großen, ja einzigartigen Leistung, der der höchste wissenschaftliche Orden „Genialität" zuerkannt werden muß.

Morgenpost, Brünn, 15. Dez. 1935.

... Was da geboten wird, ist einfach universal. Es ist schlechterdings nichts vergessen. Verfasser bittet immer wieder um strengste Nachprüfung, um Angabe einer Tatsache, an der die Lehre scheitern müßte. Schon die Reinheit der wissenschaftlichen Gesinnung verdient höchste Anerkennung, ebenso die forscherische Unerschrockenheit, mit der Lungwitz die einzelnen Probleme angeht, die solide Konsequenz, mit der er sie löst... Und all diese Tatsachen marschieren in lückenlos geschlossener Reihe auf, man späht vergeblich nach einer Möglichkeit, in ihr Gefüge Bresche zu schlagen. Prachtvoll, wie die mechanische Theorie der Nervenfunktion ad absurdum geführt wird. Die Bücher geben einen unschätzbaren Gewinn für Theorie und Praxis.

Ärzteblatt für Bayern 1935, H. 47.

... Das Lungwitzsche Werk ist originell und bahnbrechend. Es steht auf dem festen Boden der Wirklichkeit und läßt eigentlich kein weltanschauliches Rätsel mehr übrig... *Ärzteblatt für Hessen 1935, H. 1.*

... There is great stimulus in this work for one keenly interested in the signifiance of speech behavior... we are admiringly struck by the cholarly character of this recent contribution to the study of the human personality.

The Journal of Nervous and Mental Disease, New York, 1935, Febr.

... Lungwitz weist unwiderleglich nach, daß alle sog. seelisch-geistigen Vorgänge biologische und aus der Struktur und Funktion der Denkzellen, des Nervensystems überhaupt vollkommen verstehbar sind, so daß wir des Sprunges ins Metaphysische nicht mehr bedürfen. Und hier liegt das — man darf, ja muß wohl sagen: unsterbliche Verdienst Hans Lungwitzens... Wem es gelungen ist, sich die realische Weltanschauung zu erarbeiten, der erst kann ermessen, welche Klarheit, welche Einfachheit, welches Erkenntnisglück mit der Überwindung des „Zweiweltensystems" zu gewinnen ist, und welch einzigartige Leistung hier ein einzelner Mensch, ein Deutscher wohlgemerkt, in aller Stille, mit unermüdlichem und schöpferischen Fleiß, mit einer vorbildlich reinen wissenschaftlichen Gesinnung vollbracht hat.

Zeitschr. f. Psychol. 1936, Bd. 128, H. 1.

... Lungwitz geht mit sich äußerst streng ins Gericht. Nicht bloß in der Grundsätzlichkeit seiner Fragestellung, sondern auch in der Forderung der unbeschränkten Fundierung, des Nachweises der allgemeinen Gültigkeit, der Durchführung der Lehre bis zu den letzten Folgerungen. Und so hat er ... in unermüdlicher Arbeit geradezu ein Hochgebirge von Tatsachen hingebaut, an dem eigentlich jeder Zweifel verstummen muß... Die Lungwitzsche Lehre ist durchaus Eigengewächs. Lungwitzsches Eigengewächs ist auch die Lehre von der biologischen Funktion des Nervensystems einschließlich der Hirnrinde als des Organs des Bewußtseins. Auch hier ist Lungwitz ein Erster.

Kant-Studien 1936, H. 1 (Prof. Dr. Fiederling).

... das gigantische, durch keinen Ehrenpreis genug zu würdigende Lebenswerk eines Hans Lungwitz...

Psychol.-Neurol. Wschr. 1936, H. 34.

... a most original and striking work...

The Journal of Nervous and Mental Disease, New York, 1936 Juni.

... Die Lösung des Leib-Seele- und des Neurosenproblems ist sein Werk. Er ist einer unserer größten Ärzte, Forscher und Denker.

Joh. Bresler, Lebenserinnerungen, 1936.

... überwältigender Gedankenreichtum ... ein weltanschaulicher Fortschritt, wie er ein zweites Mal nicht ausdenkbar erscheint ... Seltenheitsleistung ganz hohen Ranges... Ausdrucksmöglichkeiten bis zur letzten Neige ausgeschöpft ... Mehr als einmal hatte ich geradezu das Gefühl, zum ersten Male vor einem Manne zu stehen, der wirklich weiß, was denken heißt. Schonungslos; Pardon wird nicht gegeben, weder gibt es ihn dem Leser noch sich — sich selbst am allerwenigsten.

Zeitschr. f. pädagog. Psychologie 1937, Nov.-Dez. (Prof. Dr. W. Rieger).

Mit seinem Lebenswerk hat Lungwitz ein geschlossenes System von exakter Konsequenz und eine Weltanschauung von klarer Präzision geschaffen. Es zeugt von umfassenden Kenntnissen, klarer Kritik und reifer Erfahrung, läßt aber auch das gütige Herz des verstehenden Arztes und mitfühlenden Helfers erkennen... Nirgend verliert sich Lungwitz in spekulative Deduktionen, sondern bleibt stets Empiriker, seine Sprache ist glasklar, anschaulich, zuversichtlich, aber auch fein geschliffen. Er regt an und will nicht bloß gelesen, sondern studiert werden. Alle Kühnheit und Großzügigkeit seiner Konzeption wird von Kritik und Erfahrung getragen, so daß es ein Genuß, ja ein Erlebnis ist, seinen Gedankengängen zu folgen.

Berliner Gesundheitsblatt 1952, H. 3-5 (Min.-Rat Prof. Dr. E. Gerfeldt).

... Hans Lungwitz hat mit seiner Psychobiologie alle Fragen, mit denen sich die psycho-physischen Forscher vergeblich abgemüht haben und noch abmühen, endgültig beantwortet... eine höchst geniale Leistung...

Berliner Gesundheitsblatt 1952, H. 11.

... Die Darstellung bewegt sich völlig innerhalb der rein biologischen Empirie, die uns alle Tatsachen voll verständlich macht. Der Einblick in die Fülle der Erkenntnisse, die uns Verfasser in seiner vollendeten medizin. und philosoph. Anthropologie darbietet, ist geradezu überwältigend und bringt uns für die Praxis unschätzbaren Gewinn...

Ärztliche Praxis 1952, H. 7 (Dr. Joh. Ludw. Clauss).

... Die Forderungen der naturwissenschaftlichen Medizin nach höchstmöglicher Exaktheit sind hier erfüllt, und die Ganzheitsmedizin ist als exakt-biologische Wissenschaft neu erstanden. Das Buch muß studiert werden. Wer dies tut, erfährt eine entscheidende Wandlung im Sinne der Fortentwicklung seiner Weltanschauung und gewinnt eine unschätzbare Klarheit im diagnostischen Denken und therapeutischen Handeln.

Ärztliche Mitteilungen 1954,, H. 20 (Dr. H. Brückner).

... Man staunt über das ungeheuer reiche Wissen des Verfassers. ... Mit bewunderungswürdiger mathematisch-naturwissenschaftlicher Genauigkeit ... mit geradezu messerscharfer Logik ... mit kristallklarer Exaktheit führt Verfasser seine Nachweise. Der Stil ist flüssig, so daß sich das, wenn auch sehr umfangreiche, Werk gut und leicht lesen läßt.

Konstitutionelle Medizin 1954/55 (Dr. H.-E. Dennemark).

... Lungwitz' Sprache ist außerordentlich sinnfällig und zeugt von einer enormen Beobachtungsgabe ebenso von einer eminenten Fähigkeit der Beschreibung. Seine Anschauung vertritt er mit Nachdruck. Der mutig zu Auseinandersetzung bereite Arzt wird nach genauem Studium feststellen, daß sein Weltbild sich erheblich verändert und geweitet hat, und daraus Nutzen für seine Arbeit ziehen, sei sie rein wissenschaftlich-forscherisch oder praktisch diagnostisch und therapeutisch.

Die Medizinische 1954, H. 11 (Med.-Rat Dr. L. Leonhardt).

Das Leib-Seele-Problem beschäftigt von jeher die Denker. Ihm steht das Kausal-Problem an der Seite. Diese Probleme sind Eigentümlichkeit einer Entwicklungsstufe der Weltanschauung, die man als „Denken in Problemen" oder „Problemdenken" zu bezeichnen hat. Sie sind also innerhalb des Problemdenkens unlösbar. Eine Lösung ist nur im Sinne der Überwindung zu erreichen. Lungwitz hat die Psychobiologie als die medizinische-philosophische Anthropologie gegründet und erkannt, daß die sogenannten seelisch-geistigen Vorgänge einschließlich der Entstehung des Bewußtseins rein biologische Nerven-Gehirnfunktionen sind. Die von ihm so genannte realische Weltanschauung ist auch für die Medizin von Bedeutung, besonders für die Neurosenkunde.

Die Medizinische 1954, H. 52 (Die Schriftleitung, Doz. Dr. E. Volhard).

... Abbiamo definita quest'opera originale e non possiamo lascare di aggiuncere che si tratta dell'opera di un dotto. È scritta in uno stile piano anche quando vengono trattata questioni complesse. Ad ogni modo è opera da meditare e non da leggere superficialmente. Ogni categoria di medici trarrà da essa ottimi consigli.

La Clinica, Bologna, Vol. XV Fasc. 3, 1955.

Usw. usw. Dazu auch gelegentlich Kritikasterei, s. Vorwort.

Hohe Anerkennungen haben auch die übrigen Werke von Hans Lungwitz gefunden:

Die Entdeckung der Seele

Allgemeine Psychobiologie

Erkenntnistherapie für Nervöse

Psychobiologie der Volksseuche Neurose

Sämtliche Werke erschienen im Verlag Walter de Gruyter & Co, Berlin.

www.ingramcontent.com/pod-product-compliance
Lightning Source LLC
LaVergne TN
LVHW092150300926
849161LV00002B/232